NE 능률

'고수는 고수가 알아본다'

중등 수학
1-1
2015 개정 교육과정

수학 고수가 제안하는 내신 만점 학습 전략
- 다양한 내신 빈출 문제 및 심화 유형 학습
- 유형, 실전, 최고난도로 이어지는 3단계 집중 학습
- 새 교육과정에 맞춘 창의 · 융합, 서술형 문제 학습

내신 상위권 심화학습서

수학의 고수

지은이 | 능률수학교육연구소 신가나 김기영

NE 능률

심화 유형 3단계 반복 학습

단계별 반복 훈련으로 고난도 문제도 문제 없이 클리어!

시험에 나오는 순서대로 공부한다!

시험에 자주 출제되는 대표 빈출 문제 수록

실전형 문제로 시험 완벽 대비

적중률 100% 실전문제와 서술형 문제로 내신 만점

중1~중3

초등 수학 3-1

수학의 고수

초3~초6

- 심화 유형 3단계 집중 학습
- 시험에 꼭 나오는 대표 빈출 문제 수록
- 실전 문제와 서술형 문제로 시험 완벽 대비

www.nebooks.co.kr

상위권 심화학습서

2015 개정 교육과정

유형
더블

유형을 꽉 잡는

유형 더블 체크 유형북 더블북

유형 더블

❶ '답'의 채점이 아닌 '풀이'의 채점을 한다.
- ◯ 정확하게 알고 답을 맞혔다.
- ◬ 답은 맞혔지만 뭔가 찝찝함이 남아 있다.
- ✓ 틀렸다.
- ⊗ 틀렸지만 단순 계산 실수이다.

❷ 유형북과 더블북의 채점 결과를 확인한 후 셀프 코칭을 한다.
예 다시 보기, 시험 기간에 다시 보기, 질문하기, 완성! 등

Ⅰ. 수와 식

01 유리수와 순환소수

유형	문제	유형북	더블북	셀프 코칭
01	01			
	02			
	03			
02	04			
	05			
	06			
	07			
03	08			
	09			
	10			
04	11			
	12			
	13			
	14			
05	15			
	16			
	17			
06	18			
	19			
	20			
	21			
07	22			
	23			
	24			
	25			
08	26			
	27			
09	28			
	29			
10	30			
	31			
	32			
	33			
11	34			
	35			
	36			
	37			
12	38			
	39			
	40			
13	41			
	42			
	43			
	44			
14	45			
	46			
15	47			
	48			
16	49			
	50			
	51			
	52			
17	53			
	54			
18	55			
	56			
19	57			
	58			
	59			

02 단항식의 계산

유형	문제	유형북	더블북	셀프 코칭
01	01			
	02			
	03			
	04			
02	05			
	06			
	07			
	08			
03	09			
	10			
	11			
	12			
04	13			
	14			
	15			
	16			
05	17			
	18			
	19			
	20			
06	21			
	22			
	23			
07	24			
	25			
	26			
	27			
08	28			
	29			
	30			
	31			
09	32			
	33			
	34			
	35			
10	36			
	37			
	38			
	39			
11	40			
	41			
	42			
	43			
12	44			
	45			
	46			
	47			
13	48			
	49			
	50			
	51			
14	52			
	53			
	54			
15	55			
	56			
	57			
	58			
16	59			
	60			
	61			
	62			

03 다항식의 계산

유형	문제	유형북	더블북	셀프 코칭
01	01			
	02			
	03			
	04			
02	05			
	06			
	07			
03	08			
	09			
	10			
04	11			
	12			
	13			
	14			
05	15			
	16			
	17			
	18			
06	19			
	20			
	21			
07	22			
	23			
	24			
	25			
08	26			
	27			
	28			
	29			
09	30			
	31			
	32			
10	33			
	34			
	35			
	36			
11	37			
	38			
	39			
12	40			
	41			
	42			
	43			

Ⅱ. 일차부등식

04 일차부등식

유형	문제	유형북	더블북	셀프 코칭
01	01			
	02			
	03			
02	04			
	05			
	06			
03	07			
	08			
	09			
	10			
04	11			
	12			
	13			
05	14			
	15			
	16			
	17			
06	18			
	19			
	20			
07	21			
	22			
	23			
	24			
08	25			
	26			
	27			
	28			
09	29			
	30			
	31			
	32			
10	33			
	34			
	35			
	36			
11	37			
	38			
	39			
	40			
12	41			
	42			
13	43			
	44			

05 일차부등식의 활용

유형	문제	유형북	더블북	셀프 코칭
01	01			
	02			
	03			
	04			
02	05			
	06			
	07			
03	08			
	09			
	10			
04	11			
	12			
	13			
05	14			
	15			
	16			
	17			
06	18			
	19			
	20			
07	21			
	22			
	23			
08	24			
	25			
	26			
09	27			
	28			
	29			
	30			
10	31			
	32			
	33			
	34			
11	35			
	36			
	37			
12	38			
	39			
	40			
13	41			
	42			
	43			
14	44			
	45			
	46			
15	47			
	48			
	49			
16	50			
	51			
	52			
	53			

Ⅲ. 연립일차방정식

⓪⑥ 연립일차방정식

유형	문제	유형북	더블북	셀프 코칭
01	01	☐	☐	
	02	☐	☐	
	03	☐	☐	
02	04	☐	☐	
	05	☐	☐	
	06	☐	☐	
	07	☐	☐	
03	08	☐	☐	
	09	☐	☐	
	10	☐	☐	
	11	☐	☐	
04	12	☐	☐	
	13	☐	☐	
	14	☐	☐	
05	15	☐	☐	
	16	☐	☐	
06	17	☐	☐	
	18	☐	☐	
07	19	☐	☐	
	20	☐	☐	
	21	☐	☐	
08	22	☐	☐	
	23	☐	☐	
	24	☐	☐	
	25	☐	☐	
09	26	☐	☐	
	27	☐	☐	
	28	☐	☐	
	29	☐	☐	
10	30	☐	☐	
	31	☐	☐	
	32	☐	☐	
	33	☐	☐	
11	34	☐	☐	
	35	☐	☐	
	36	☐	☐	
	37	☐	☐	
12	38	☐	☐	
	39	☐	☐	
13	40	☐	☐	
	41	☐	☐	
14	42	☐	☐	
	43	☐	☐	
	44	☐	☐	
	45	☐	☐	
15	46	☐	☐	
	47	☐	☐	
	48	☐	☐	
16	49	☐	☐	
	50	☐	☐	
	51	☐	☐	
17	52	☐	☐	
	53	☐	☐	
	54	☐	☐	
18	55	☐	☐	
	56	☐	☐	
	57	☐	☐	

⓪⑦ 연립일차방정식의 활용

유형	문제	유형북	더블북	셀프 코칭
01	01	☐	☐	
	02	☐	☐	
	03	☐	☐	
02	04	☐	☐	
	05	☐	☐	
	06	☐	☐	
	07	☐	☐	
03	08	☐	☐	
	09	☐	☐	
	10	☐	☐	
04	11	☐	☐	
	12	☐	☐	
	13	☐	☐	
05	14	☐	☐	
	15	☐	☐	
	16	☐	☐	
06	17	☐	☐	
	18	☐	☐	
	19	☐	☐	
07	20	☐	☐	
	21	☐	☐	
	22	☐	☐	
08	23	☐	☐	
	24	☐	☐	
	25	☐	☐	
09	26	☐	☐	
	27	☐	☐	
	28	☐	☐	
10	29	☐	☐	
	30	☐	☐	
	31	☐	☐	
11	32	☐	☐	
	33	☐	☐	
	34	☐	☐	
12	35	☐	☐	
	36	☐	☐	
	37	☐	☐	
13	38	☐	☐	
	39	☐	☐	
	40	☐	☐	
14	41	☐	☐	
	42	☐	☐	
	43	☐	☐	
	44	☐	☐	
15	45	☐	☐	
	46	☐	☐	
	47	☐	☐	
16	48	☐	☐	
	49	☐	☐	
	50	☐	☐	

Ⅳ. 일차함수

⓪⑧ 일차함수와 그래프 (1)

유형	문제	유형북	더블북	셀프 코칭
01	01	☐	☐	
	02	☐	☐	
	03	☐	☐	
02	04	☐	☐	
	05	☐	☐	
	06	☐	☐	
	07	☐	☐	
03	08	☐	☐	
	09	☐	☐	
	10	☐	☐	
	11	☐	☐	
04	12	☐	☐	
	13	☐	☐	
	14	☐	☐	
	15	☐	☐	
05	16	☐	☐	
	17	☐	☐	
	18	☐	☐	
	19	☐	☐	
06	20	☐	☐	
	21	☐	☐	
	22	☐	☐	
	23	☐	☐	
07	24	☐	☐	
	25	☐	☐	
	26	☐	☐	
	27	☐	☐	
08	28	☐	☐	
	29	☐	☐	
	30	☐	☐	
	31	☐	☐	
09	32	☐	☐	
	33	☐	☐	
	34	☐	☐	
	35	☐	☐	
10	36	☐	☐	
	37	☐	☐	
	38	☐	☐	
	39	☐	☐	
11	40	☐	☐	
	41	☐	☐	
	42	☐	☐	
	43	☐	☐	
12	44	☐	☐	
	45	☐	☐	
	46	☐	☐	
	47	☐	☐	
13	48	☐	☐	
	49	☐	☐	
	50	☐	☐	
	51	☐	☐	
14	52	☐	☐	
	53	☐	☐	
	54	☐	☐	
	55	☐	☐	
15	56	☐	☐	
	57	☐	☐	
	58	☐	☐	
16	59	☐	☐	
	60	☐	☐	
	61	☐	☐	

⓪⑨ 일차함수와 그래프 (2)

유형	문제	유형북	더블북	셀프 코칭
01	01	☐	☐	
	02	☐	☐	
	03	☐	☐	
02	04	☐	☐	
	05	☐	☐	
	06	☐	☐	
	07	☐	☐	
03	08	☐	☐	
	09	☐	☐	
	10	☐	☐	
04	11	☐	☐	
	12	☐	☐	
	13	☐	☐	
	14	☐	☐	
05	15	☐	☐	
	16	☐	☐	
	17	☐	☐	
	18	☐	☐	
06	19	☐	☐	
	20	☐	☐	
	21	☐	☐	
	22	☐	☐	
07	23	☐	☐	
	24	☐	☐	
	25	☐	☐	
08	26	☐	☐	
	27	☐	☐	
	28	☐	☐	
	29	☐	☐	
09	30	☐	☐	
	31	☐	☐	
	32	☐	☐	
	33	☐	☐	
10	34	☐	☐	
	35	☐	☐	
	36	☐	☐	
	37	☐	☐	
11	38	☐	☐	
	39	☐	☐	
	40	☐	☐	
	41	☐	☐	
12	42	☐	☐	
	43	☐	☐	
	44	☐	☐	
	45	☐	☐	
13	46	☐	☐	
	47	☐	☐	
	48	☐	☐	
	49	☐	☐	
14	50	☐	☐	
	51	☐	☐	
	52	☐	☐	
	53	☐	☐	
15	54	☐	☐	
	55	☐	☐	
	56	☐	☐	
16	57	☐	☐	
	58	☐	☐	
	59	☐	☐	

①⓪ 일차함수와 일차방정식의 관계

유형	문제	유형북	더블북	셀프 코칭
01	01	☐	☐	
	02	☐	☐	
	03	☐	☐	
	04	☐	☐	
02	05	☐	☐	
	06	☐	☐	
	07	☐	☐	
	08	☐	☐	
03	09	☐	☐	
	10	☐	☐	
	11	☐	☐	
	12	☐	☐	
04	13	☐	☐	
	14	☐	☐	
	15	☐	☐	
	16	☐	☐	
05	17	☐	☐	
	18	☐	☐	
	19	☐	☐	
	20	☐	☐	
06	21	☐	☐	
	22	☐	☐	
	23	☐	☐	
	24	☐	☐	
07	25	☐	☐	
	26	☐	☐	
	27	☐	☐	
	28	☐	☐	
	29	☐	☐	
	30	☐	☐	
08	31	☐	☐	
	32	☐	☐	
	33	☐	☐	
	34	☐	☐	
09	35	☐	☐	
	36	☐	☐	
	37	☐	☐	
10	38	☐	☐	
	39	☐	☐	
	40	☐	☐	
	41	☐	☐	
11	42	☐	☐	
	43	☐	☐	
	44	☐	☐	
	45	☐	☐	
12	46	☐	☐	
	47	☐	☐	
	48	☐	☐	
	49	☐	☐	
13	50	☐	☐	
	51	☐	☐	
	52	☐	☐	
	53	☐	☐	
14	54	☐	☐	
	55	☐	☐	
	56	☐	☐	
15	57	☐	☐	
	58	☐	☐	
	59	☐	☐	
	60	☐	☐	
16	61	☐	☐	
	62	☐	☐	
	63	☐	☐	
17	64	☐	☐	
	65	☐	☐	

유형 더블

중등수학
2-1

구성과 특징

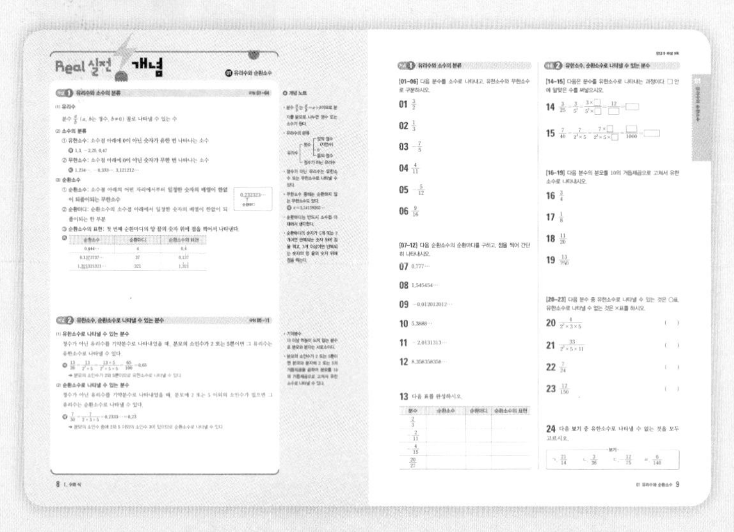

개념

실전에 꼭 필요한 개념을 단원별로 모아 정리하고 기본 문제로 확인할 수 있습니다.
예, **참고**, **주의**, **⊕ 개념 노트**를 통하여 탄탄한 개념 학습을 할 수 있으며, 개념과 관련된 유형의 번호를 바로 확인할 수 있습니다.

Real 실전 유형

유형 01 유한소수와 무한소수

(1) 유한소수: 소수점 아래에 0이 아닌 숫자가 유한 번 나타나는 소수
(2) 무한소수: 소수점 아래에 0이 아닌 숫자가 무한 번 나타나는 소수
예 0.75, −3.141 → 유한소수
0.111⋯, 0.1347⋯, 3.315315⋯ → 무한소수

01 다음 보기 중 유한소수인 것의 개수는?

보기
ㄱ. 3.7　ㄴ. π
ㄷ. 1.324324324⋯　ㄹ. 0.1212212221⋯
ㅁ. −0.54　ㅂ. −12.5

① 1　② 2　③ 3　④ 4　⑤ 5

02 다음 중 분수를 소수로 나타내었을 때, 무한소수가 아닌 것은?

① $\frac{1}{6}$　② $-\frac{5}{6}$　③ $\frac{1}{12}$　④ $\frac{2}{15}$　⑤ $\frac{16}{25}$

03 다음 중 옳지 않은 것은?

① 6.3은 유한소수이다.
② 3.242424⋯는 무한소수이다.
③ $\frac{1}{7}$을 소수로 나타내면 무한소수이다.
④ $\frac{1}{20}$을 소수로 나타내면 유한소수이다.
⑤ $\frac{3}{12}$을 소수로 나타내면 무한소수이다.

유형 02 순환마디

순환마디: 순환소수의 소수점 아래에서 일정한 숫자의 배열이 한없이 되풀이되는 한 부분
예 2.1292929⋯ → 순환마디: 29

04 다음 중 순환마디가 바르게 연결된 것은?

① 0.222⋯ → 22　② 0.070707⋯ → 70　③ 1.212121⋯ → 12　④ 3.5141414⋯ → 14　⑤ 2.361361361⋯ → 613

05 분수 $\frac{13}{11}$을 소수로 나타낼 때, 순환마디는?

① 11　② 18　③ 81　④ 118　⑤ 181

06 다음 중 분수를 소수로 나타낼 때, 순환마디를 이루는 숫자의 개수가 가장 많은 것은?

① $\frac{4}{3}$　② $\frac{13}{6}$　③ $\frac{4}{7}$　④ $\frac{3}{22}$　⑤ $\frac{1}{27}$

07 두 분수 $\frac{8}{11}$과 $\frac{3}{13}$을 소수로 나타낼 때, 순환마디를 이루는 숫자의 개수를 각각 x, y라 하자. 이때 $x+y$의 값을 구하시오.

유형 03 순환소수의 표현

순환소수는 첫 번째 순환마디의 양 끝의 숫자 위에 점을 찍어 나타낸다.

08 다음 중 순환소수의 표현이 옳은 것을 모두 고르면? (정답 2개)

① $0.202020\cdots=0.\dot{2}$　② $1.9888\cdots=1.9\dot{8}$　③ $5.4242424\cdots=5.\dot{4}2\dot{4}$　④ $0.327327327\cdots=0.\dot{3}2\dot{7}$　⑤ $2.5013013013\cdots=2.5\dot{0}1\dot{3}$

09 분수 $\frac{7}{12}$을 순환소수로 나타내면?

① $0.5\dot{8}$　② $0.\dot{5}\dot{8}$　③ $0.58\dot{3}$　④ $0.\dot{5}8\dot{3}$　⑤ $0.5\dot{8}\dot{3}$

10 다음 중 옳지 않은 것은?

① $\frac{7}{3}=2.\dot{3}$　② $\frac{4}{9}=0.\dot{4}$　③ $\frac{11}{12}=0.91\dot{6}$　④ $\frac{10}{33}=0.\dot{3}0\dot{3}$　⑤ $\frac{2}{45}=0.0\dot{4}$

유형 04 소수점 아래 n번째 자리의 숫자 구하기

11 분수 $\frac{12}{37}$를 소수로 나타낼 때, 소수점 아래 40번째 자리의 숫자를 구하시오.

12 순환소수 $0.5\dot{1}\dot{7}$의 소수점 아래 35번째 자리의 숫자를 a, 소수점 아래 70번째 자리의 숫자를 b라 할 때, $a+b$의 값을 구하시오.

13 다음 중 순환소수의 소수점 아래 20번째 자리의 숫자를 나타낸 것으로 옳지 않은 것은?

① $0.\dot{3}$ → 3　② $0.4\dot{1}$ → 1　③ $0.\dot{3}0\dot{2}$ → 0　④ $2.5\dot{3}\dot{2}$ → 2　⑤ $1.89\dot{4}$ → 4

14 분수 $\frac{7}{44}$을 소수로 나타낼 때, 소수점 아래 첫 번째 자리의 숫자부터 소수점 아래 100번째 자리의 숫자까지의 합을 구하시오.

12 Ⅰ. 수와 식　　01 유리수와 순환소수 13

유형

전국 학교 시험에 출제된 모든 문제를 분석하여 엄선된 유형과 최적화된 문제 배열로 구성하였습니다.
내신 출제 비율 70 % 이상인 유형의 경우 **집중** 유형으로 표시하였고, 꼭 풀어 봐야 하는 문제는 **중요** 표시를 하여 효율적인 학습을 하도록 하였습니다.
모든 문제를 더블북의 문제와 1 : 1 매칭시켜서 반복 학습을 통한 확실한 복습과 실력 향상을 기대할 수 있습니다.

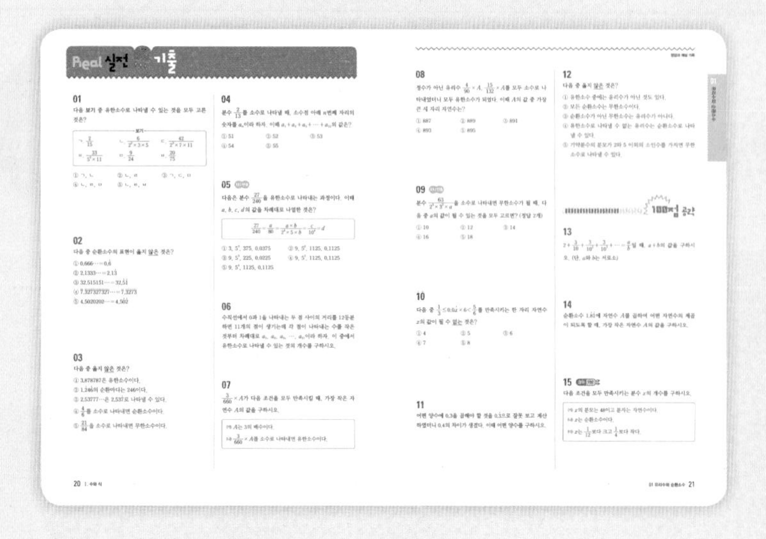

기출

단원별로 학교 시험 형태로 연습하고 **창의 역량**, **최다빈출**, 서술형 문제를 풀어 봄으로써 실전 감각을 최대로 끌어올릴 수 있습니다.
또한 **100점 공략** 문제를 해결함으로써 학교 시험 고난도 문제까지 정복할 수 있습니다.

유형북 Real 실전 유형의 모든 문제를 복습할 수 있습니다.

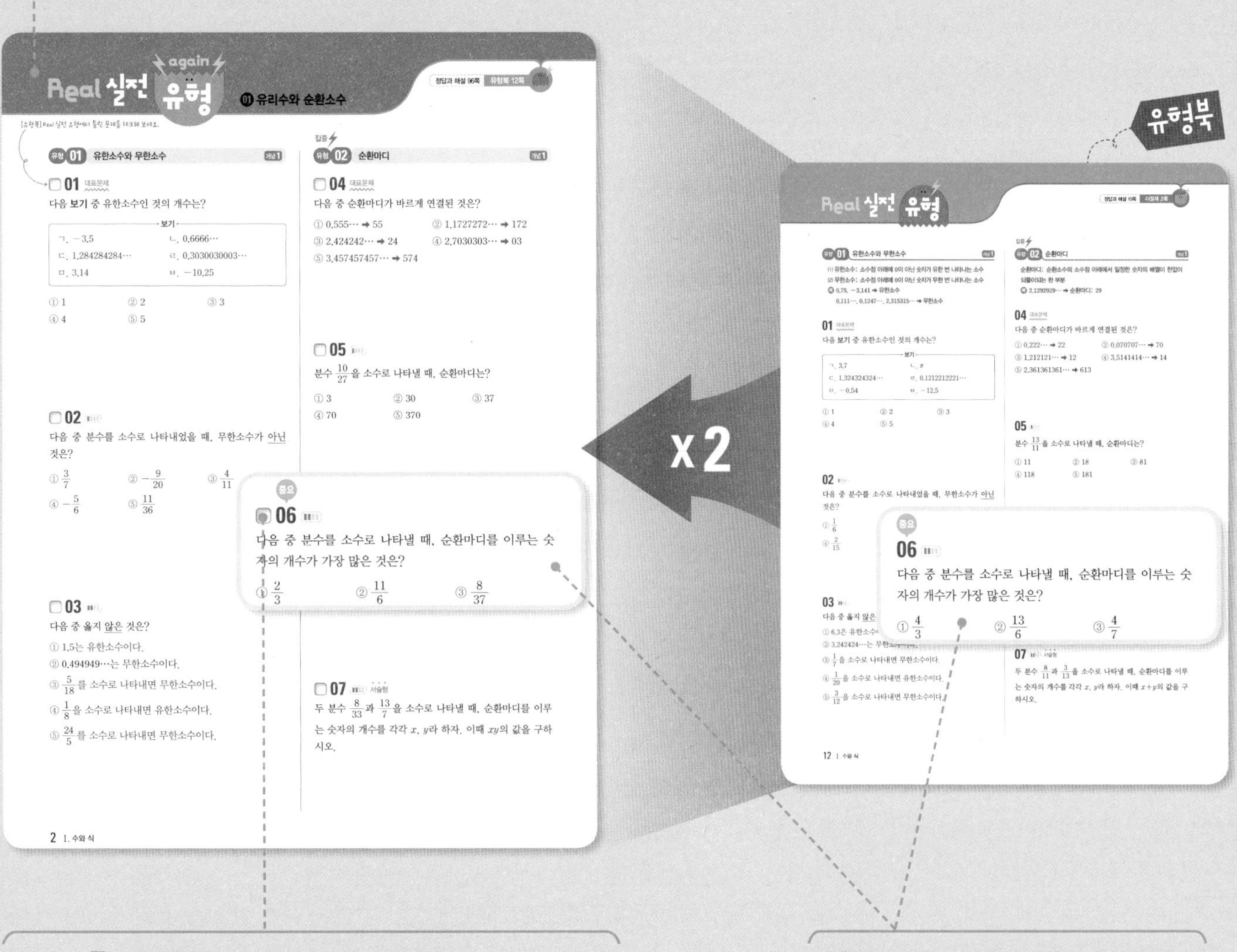

체크박스 □ 에는 유형북에서 틀린 문제를 체크해 보세요.
한 번 더 풀어 보면서 맞혔던 문제는 잘 알고 풀었던 것인지, 틀렸던 문제는 이제 완전히 이해하였는지 점검할 수 있습니다.

유형북과 더블북의 모든 문제의 위치가 동일하여 문제를 매칭해 보기 용이합니다.

아는 문제도 다시 풀면 다르다!

유형 더블은 수학 문제를 온전히 자기 것으로 만드는 방법으로 '반복'을 제시합니다.
가장 효율적인 반복 학습을 위해 자신에게 맞는 더블북 활용 방법을 찾아보고
다음 페이지에서 학습 계획을 세워 보세요!

유형별 복습형

- 유형 단위로 끊어서 오늘 푼 유형북 범위를 더블북으로 바로 복습하는 방법입니다.
- 해당 범위의 내용이 아직 온전히 내 것으로 느껴지지 않는 경우에 적합합니다.
- 유형 단위로 바로바로 복습하다 보면 조금 더 빠르게 유형을 내 것으로 만들 수 있습니다.

단원별 복습형

- 유형북에서 단원 1~3개를 먼저 다 푼 뒤, 해당 범위의 더블북을 푸는 방법입니다.
- 분명 풀 때는 이해한 것 같은데 조금만 시간이 지나면 내용이 잘 생각이 나지 않거나 잘 이해하고 푼 것이 맞는지 의심이 되는 경우에 적합합니다.
- 좀 더 넓은 시야를 가지고 유형을 파악하게 되어 문제해결력을 높일 수 있습니다.

시험기간 복습형

- 유형북만 먼저 풀고 시험 기간에 더블북을 푸는 방법입니다.
- 유형북을 풀 때 이미 어느 정도 내용을 잘 이해한 경우에 적합합니다.
- 유형북을 풀 때, 어려웠던 문제나 실수로 틀린 문제 또는 나중에 다시 복습하고 싶은 문제 등을 더블북에 미리 표시해 두면 좀 더 효율적으로 복습할 수 있습니다.

학습 계획표

대단원	중단원	분량	유형북 학습일	더블북 학습일
Ⅰ. 수와 식	01 유리수와 순환소수	개념 4쪽		
		유형 8쪽		
		기출 3쪽		
	02 단항식의 계산	개념 4쪽		
		유형 8쪽		
		기출 3쪽		
	03 다항식의 계산	개념 2쪽		
		유형 6쪽		
		기출 3쪽		
Ⅱ. 일차부등식	04 일차부등식	개념 4쪽		
		유형 6쪽		
		기출 3쪽		
	05 일차부등식의 활용	개념 2쪽		
		유형 8쪽		
		기출 3쪽		
Ⅲ. 연립일차방정식	06 연립일차방정식	개념 4쪽		
		유형 8쪽		
		기출 3쪽		
	07 연립일차방정식의 활용	개념 2쪽		
		유형 8쪽		
		기출 3쪽		
Ⅳ. 일차함수	08 일차함수와 그래프 (1)	개념 4쪽		
		유형 8쪽		
		기출 3쪽		
	09 일차함수와 그래프 (2)	개념 4쪽		
		유형 8쪽		
		기출 3쪽		
	10 일차함수와 일차방정식의 관계	개념 4쪽		
		유형 9쪽		
		기출 3쪽		

유형북의 차례

Ⅰ 수와 식

Ⅱ 일차부등식

Ⅲ 연립일차방정식

Ⅳ 일차함수

I. 수와 식

01 유리수와 순환소수

7~22쪽
2~9쪽

유형 01 유한소수와 무한소수

집중 유형 02 순환마디

집중 유형 03 순환소수의 표현

집중 유형 04 소수점 아래 n번째 자리의 숫자 구하기

유형 05 10의 거듭제곱을 이용하여 분수를 소수로 나타내기

집중 유형 06 유한소수로 나타낼 수 있는 분수

집중 유형 07 $\frac{B}{A} \times x$가 유한소수가 되도록 하는 x의 값 구하기

유형 08 유한소수가 되도록 하는 수를 찾고 기약분수로 나타내기

유형 09 두 분수가 모두 유한소수가 되도록 하는 값 구하기

유형 10 $\frac{B}{A \times x}$가 유한소수가 되도록 하는 x의 값 구하기

유형 11 순환소수가 되도록 하는 미지수의 값 구하기

집중 유형 12 순환소수를 분수로 나타내기 (1)

집중 유형 13 순환소수를 분수로 나타내기 (2)

유형 14 순환소수의 대소 비교

유형 15 순환소수를 포함한 식의 계산

유형 16 순환소수를 포함한 방정식의 풀이

유형 17 순환소수에 적당한 수를 곱한 경우

유형 18 기약분수의 분모, 분자를 잘못 보고 소수로 나타낸 경우

집중 유형 19 유리수와 소수의 관계

Real 실전 개념

개념 1 유리수와 소수의 분류 (유형 01~04)

(1) 유리수

분수 $\frac{a}{b}$ (a, b는 정수, $b\neq0$) 꼴로 나타낼 수 있는 수

(2) 소수의 분류

① **유한소수**: 소수점 아래에 0이 아닌 숫자가 유한 번 나타나는 소수

예 1.3, -2.25, 0.47

② **무한소수**: 소수점 아래에 0이 아닌 숫자가 무한 번 나타나는 소수

예 $1.234\cdots$, $-0.333\cdots$, $3.121212\cdots$

(3) 순환소수

① **순환소수**: 소수점 아래의 어떤 자리에서부터 일정한 숫자의 배열이 한없이 되풀이되는 무한소수

② **순환마디**: 순환소수의 소수점 아래에서 일정한 숫자의 배열이 한없이 되풀이되는 한 부분

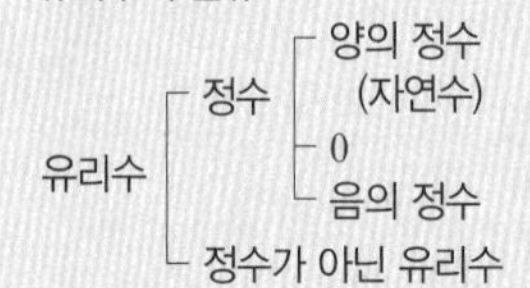

③ **순환소수의 표현**: 첫 번째 순환마디의 양 끝의 숫자 위에 점을 찍어서 나타낸다.

예

순환소수	순환마디	순환소수의 표현
$0.\underline{4}44\cdots$	4	$0.\dot{4}$
$0.1\underline{37}3737\cdots$	37	$0.1\dot{3}\dot{7}$
$1.\underline{321}321321\cdots$	321	$1.\dot{3}2\dot{1}$

⊕ 개념 노트

- 분수 $\frac{a}{b}$는 $\frac{a}{b}=a\div b$이므로 분자를 분모로 나누면 정수 또는 소수가 된다.
- 유리수의 분류

유리수 ┬ 정수 ┬ 양의 정수 (자연수)
│ ├ 0
│ └ 음의 정수
└ 정수가 아닌 유리수

- 정수가 아닌 유리수는 유한소수 또는 무한소수로 나타낼 수 있다.
- 무한소수 중에는 순환하지 않는 무한소수도 있다.
  예 $\pi=3.14159265\cdots$
- 순환마디는 반드시 소수점 아래에서 생각한다.
- 순환마디의 숫자가 1개 또는 2개이면 반복되는 숫자 위에 점을 찍고, 3개 이상이면 반복되는 숫자의 양 끝의 숫자 위에 점을 찍는다.

개념 2 유한소수, 순환소수로 나타낼 수 있는 분수 (유형 05~11)

(1) 유한소수로 나타낼 수 있는 분수

정수가 아닌 유리수를 기약분수로 나타내었을 때, 분모의 소인수가 2 또는 5뿐이면 그 유리수는 유한소수로 나타낼 수 있다.

예 $\frac{13}{20}=\frac{13}{2^2\times5}=\frac{13\times5}{2^2\times5\times5}=\frac{65}{100}=0.65$

➜ 분모의 소인수가 2와 5뿐이므로 유한소수로 나타낼 수 있다.

(2) 순환소수로 나타낼 수 있는 분수

정수가 아닌 유리수를 기약분수로 나타내었을 때, 분모에 2 또는 5 이외의 소인수가 있으면 그 유리수는 순환소수로 나타낼 수 있다.

예 $\frac{7}{30}=\frac{7}{2\times3\times5}=0.2333\cdots=0.2\dot{3}$

➜ 분모의 소인수 중에 2와 5 이외의 소인수 3이 있으므로 순환소수로 나타낼 수 있다.

- 기약분수
  더 이상 약분이 되지 않는 분수로 분모와 분자는 서로소이다.
- 분모의 소인수가 2 또는 5뿐이면 분모와 분자에 2 또는 5의 거듭제곱을 곱하여 분모를 10의 거듭제곱으로 고쳐서 유한소수로 나타낼 수 있다.

개념 1 유리수와 소수의 분류

[01~06] 다음 분수를 소수로 나타내고, 유한소수와 무한소수로 구분하시오.

01 $\frac{3}{2}$

02 $\frac{1}{3}$

03 $-\frac{7}{5}$

04 $\frac{4}{11}$

05 $-\frac{5}{12}$

06 $\frac{9}{16}$

[07~12] 다음 순환소수의 순환마디를 구하고, 점을 찍어 간단히 나타내시오.

07 $0.777\cdots$

08 $1.545454\cdots$

09 $-0.012012012\cdots$

10 $5.3888\cdots$

11 $-2.0131313\cdots$

12 $8.358358358\cdots$

13 다음 표를 완성하시오.

분수	순환소수	순환마디	순환소수의 표현
$\frac{2}{3}$			
$-\frac{2}{11}$			
$-\frac{4}{15}$			
$\frac{20}{27}$			

개념 2 유한소수, 순환소수로 나타낼 수 있는 분수

[14~15] 다음은 분수를 유한소수로 나타내는 과정이다. □ 안에 알맞은 수를 써넣으시오.

14 $\frac{3}{25}=\frac{3}{5^2}=\frac{3\times\square}{5^2\times\square}=\frac{12}{\square}=\square$

15 $\frac{7}{40}=\frac{7}{2^3\times5}=\frac{7\times\square}{2^3\times5\times\square}=\frac{\square}{1000}=\square$

[16~19] 다음 분수의 분모를 10의 거듭제곱으로 고쳐서 유한소수로 나타내시오.

16 $\frac{3}{4}$

17 $\frac{1}{8}$

18 $\frac{11}{20}$

19 $\frac{13}{250}$

[20~23] 다음 분수 중 유한소수로 나타낼 수 있는 것은 ○표, 유한소수로 나타낼 수 없는 것은 ×표를 하시오.

20 $\frac{4}{2^2\times3\times5}$ ( )

21 $\frac{33}{2^2\times5\times11}$ ( )

22 $\frac{7}{24}$ ( )

23 $\frac{12}{150}$ ( )

24 다음 **보기** 중 유한소수로 나타낼 수 없는 것을 모두 고르시오.

보기

ㄱ. $\frac{21}{14}$ ㄴ. $\frac{3}{36}$ ㄷ. $-\frac{12}{75}$ ㄹ. $\frac{6}{140}$

01 유리수와 순환소수

개념 3 순환소수를 분수로 나타내기 유형 12~18

순환소수는 다음과 같은 방법으로 분수로 나타낼 수 있다.

방법1 10의 거듭제곱 이용하기

❶ 순환소수를 x로 놓는다.

❷ 양변에 10의 거듭제곱을 곱하여 주어진 순환소수와 소수점 아래의 부분이 같아지도록 만든다.

❸ 두 식을 변끼리 빼서 x를 구한다.

예 순환소수 $0.\dot{3}$을 분수로 나타내어 보자.

❶ $0.\dot{3}$을 x로 놓으면 $x=0.333\cdots$ …… ㉠

❷ ㉠의 양변에 10을 곱하면 $10x=3.333\cdots$ …… ㉡

❸ ㉡−㉠을 하면

$9x=3 \quad \therefore x=\frac{3}{9}=\frac{1}{3}$

$$\begin{array}{r} 10x=3.333\cdots \\ -)\quad x=0.333\cdots \\ \hline 9x=3 \end{array}$$

방법2 공식 이용하기

❶ 분모에는 순환마디를 이루는 숫자의 개수만큼 9를 쓰고, 그 뒤에 소수점 아래 순환마디에 포함되지 않는 숫자의 개수만큼 0을 쓴다.

❷ 분자에는 전체의 수에서 순환하지 않는 부분의 수를 뺀다.

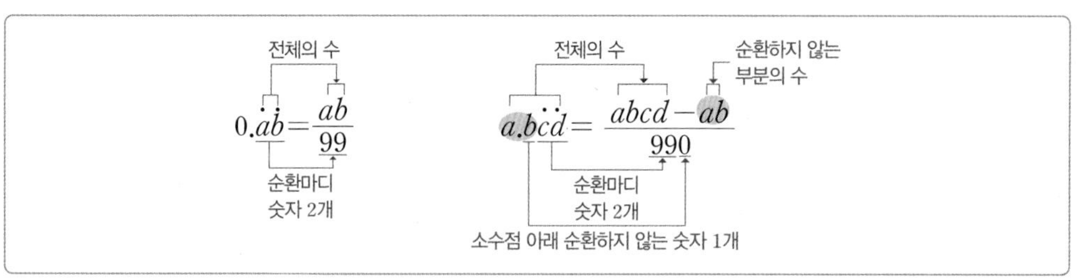

예 순환소수 $2.1\dot{3}\dot{2}$를 분수로 나타내어 보자.

❶ 순환마디를 이루는 숫자가 2개, 소수점 아래 순환마디에 포함되지 않는 숫자가 1개이므로 분모는 990

❷ 분자는 (전체의 수)−(순환하지 않는 부분의 수)$=2132-21=2111$

$\therefore 2.1\dot{3}\dot{2}=\frac{2111}{990}$

개념 노트

• 소수점 아래의 부분이 같은 두 순환소수의 차는 정수이다.

• a, b, c가 0 또는 한 자리 자연수일 때

$0.\dot{a}=\frac{a}{9}$

$0.\dot{a}b\dot{c}=\frac{abc}{999}$

$0.a\dot{b}=\frac{ab-a}{90}$

$0.a\dot{b}\dot{c}=\frac{abc-ab}{900}$

개념 4 유리수와 소수의 관계 유형 19

(1) 정수가 아닌 유리수는 유한소수 또는 순환소수로 나타낼 수 있다.

(2) 유한소수와 순환소수는 모두 유리수이다.

소수
- 유한소수 ─ 유리수
- 무한소수
  - 순환소수 ─ 유리수
  - 순환소수가 아닌 무한소수 ─ 유리수가 아니다.

• 유한소수와 순환소수는 모두 a, b $(b\neq0)$가 정수인 분수 $\frac{a}{b}$로 나타낼 수 있으므로 유리수이다.

개념 3 순환소수를 분수로 나타내기

[25~28] 다음은 순환소수를 분수로 나타내는 과정이다. □ 안에 알맞은 수를 써넣으시오.

25 $x=0.\dot{2}$

$$\begin{array}{rl} \square\, x= & 2.222\cdots \\ -)\quad x= & 0.222\cdots \\ \hline 9x= & \square \end{array}$$

$\therefore x=\dfrac{\square}{9}$

26 $x=2.\dot{5}\dot{3}$

$$\begin{array}{rl} \square\, x= & 253.535353\cdots \\ -)\quad x= & 2.535353\cdots \\ \hline 99x= & \square \end{array}$$

$\therefore x=\dfrac{\square}{99}$

27 $x=0.1\dot{5}$

$$\begin{array}{rl} 100x= & 15.555\cdots \\ -)\ \square\, x= & 1.555\cdots \\ \hline \square\, x= & 14 \end{array}$$

$\therefore x=\dfrac{\square}{45}$

28 $x=0.4\dot{1}\dot{5}$

$$\begin{array}{rl} 1000x= & 415.151515\cdots \\ -)\ \square\, x= & 4.151515\cdots \\ \hline \square\, x= & 411 \end{array}$$

$\therefore x=\dfrac{\square}{330}$

[29~32] 다음은 순환소수를 분수로 나타내는 과정이다. □ 안에 알맞은 수를 써넣으시오.

29 $0.\dot{7}\dot{3}=\dfrac{73}{\square}$

30 $1.\dot{2}4\dot{3}=\dfrac{1243-\square}{\square}=\dfrac{\square}{999}=\dfrac{\square}{37}$

31 $1.4\dot{9}=\dfrac{149-\square}{90}=\dfrac{\square}{90}=\dfrac{\square}{2}$

32 $0.3\dot{2}\dot{7}=\dfrac{327-\square}{990}=\dfrac{\square}{990}=\dfrac{\square}{55}$

[33~40] 다음 순환소수를 기약분수로 나타내시오.

33 $0.\dot{8}$

34 $0.\dot{3}\dot{5}$

35 $0.\dot{6}2\dot{4}$

36 $2.\dot{5}$

37 $4.\dot{1}\dot{9}$

38 $1.\dot{4}8\dot{1}$

39 $0.2\dot{7}$

40 $3.2\dot{0}\dot{4}$

개념 4 유리수와 소수의 관계

[41~45] 다음 중 옳은 것은 ○표, 옳지 않은 것은 ×표를 하시오.

41 모든 유한소수는 분수로 나타낼 수 있다. (　　)

42 모든 유한소수는 유리수이다. (　　)

43 모든 무한소수는 순환소수이다. (　　)

44 모든 순환소수는 유리수이다. (　　)

45 정수가 아닌 유리수는 모두 유한소수로 나타낼 수 있다. (　　)

유형 01 유한소수와 무한소수 개념 1

(1) 유한소수: 소수점 아래에 0이 아닌 숫자가 유한 번 나타나는 소수
(2) 무한소수: 소수점 아래에 0이 아닌 숫자가 무한 번 나타나는 소수
예 0.75, −3.141 → 유한소수
0.111⋯, 0.1247⋯, 2.315315⋯ → 무한소수

01 대표문제

다음 **보기** 중 유한소수인 것의 개수는?

보기

ㄱ. 3.7	ㄴ. π
ㄷ. 1.324324324⋯	ㄹ. 0.1212212221⋯
ㅁ. −0.54	ㅂ. −12.5

① 1 ② 2 ③ 3
④ 4 ⑤ 5

02

다음 중 분수를 소수로 나타내었을 때, 무한소수가 아닌 것은?

① $\frac{1}{6}$ ② $-\frac{5}{6}$ ③ $\frac{1}{12}$
④ $\frac{2}{15}$ ⑤ $\frac{16}{25}$

03

다음 중 옳지 않은 것은?

① 6.3은 유한소수이다.
② 3.242424⋯는 무한소수이다.
③ $\frac{1}{7}$을 소수로 나타내면 무한소수이다.
④ $\frac{1}{20}$을 소수로 나타내면 유한소수이다.
⑤ $\frac{3}{12}$을 소수로 나타내면 무한소수이다.

집중

유형 02 순환마디 개념 1

순환마디: 순환소수의 소수점 아래에서 일정한 숫자의 배열이 한없이 되풀이되는 한 부분
예 2.1292929⋯ → 순환마디: 29

04 대표문제

다음 중 순환마디가 바르게 연결된 것은?

① 0.222⋯ → 22 ② 0.070707⋯ → 70
③ 1.212121⋯ → 12 ④ 3.5141414⋯ → 14
⑤ 2.361361361⋯ → 613

05

분수 $\frac{13}{11}$을 소수로 나타낼 때, 순환마디는?

① 11 ② 18 ③ 81
④ 118 ⑤ 181

중요

06

다음 중 분수를 소수로 나타낼 때, 순환마디를 이루는 숫자의 개수가 가장 많은 것은?

① $\frac{4}{3}$ ② $\frac{13}{6}$ ③ $\frac{4}{7}$
④ $\frac{3}{22}$ ⑤ $\frac{1}{27}$

07 서술형

두 분수 $\frac{8}{11}$과 $\frac{3}{13}$을 소수로 나타낼 때, 순환마디를 이루는 숫자의 개수를 각각 x, y라 하자. 이때 $x+y$의 값을 구하시오.

정답과 해설 11쪽 | 더블북 3쪽

집중

유형 03 순환소수의 표현 개념1

순환소수는 첫 번째 순환마디의 양 끝의 숫자 위에 점을 찍어 나타낸다.

예 $0.3555\cdots=0.3\dot{5}$, $1.323232\cdots=1.\dot{3}\dot{2}$, $3.142142142\cdots=3.\dot{1}4\dot{2}$

08 대표문제

다음 중 순환소수의 표현이 옳은 것을 모두 고르면? (정답 2개)

① $0.202020\cdots=\dot{0}.\dot{2}$
② $1.9888\cdots=1.9\dot{8}$
③ $5.4242424\cdots=5.4\dot{2}\dot{4}$
④ $0.327327327\cdots=0.\dot{3}\dot{2}\dot{7}$
⑤ $2.5013013013\cdots=2.5\dot{0}1\dot{3}$

09

분수 $\frac{7}{12}$을 순환소수로 나타내면?

① $0.5\dot{8}$ ② $0.\dot{5}\dot{8}$ ③ $0.58\dot{3}$
④ $0.5\dot{8}\dot{3}$ ⑤ $0.\dot{5}8\dot{3}$

10

다음 중 옳지 않은 것은?

① $\frac{7}{3}=2.\dot{3}$ ② $\frac{4}{9}=0.\dot{4}$
③ $\frac{11}{12}=0.91\dot{6}$ ④ $\frac{10}{33}=0.\dot{3}0\dot{3}$
⑤ $\frac{2}{45}=0.0\dot{4}$

집중

유형 04 소수점 아래 n번째 자리의 숫자 구하기 개념1

$0.\dot{2}4\dot{7}$의 소수점 아래 50번째 자리의 숫자

➡ 순환마디를 이루는 숫자는 2, 4, 7의 3개이다.

이때 $50=3\times16+2$이므로 소수점 아래 50번째 자리의 숫자는 순환마디의 두 번째 숫자인 4이다.
(└ 나머지 2)

참고 n을 순환마디를 이루는 숫자의 개수로 나눈 후, 나머지만큼 순환마디의 순서에 따라 소수점 아래 n번째 자리의 숫자를 구한다.

11 대표문제

분수 $\frac{12}{37}$를 소수로 나타낼 때, 소수점 아래 40번째 자리의 숫자를 구하시오.

12

순환소수 $0.\dot{5}1\dot{7}$의 소수점 아래 35번째 자리의 숫자를 a, 소수점 아래 70번째 자리의 숫자를 b라 할 때, $a+b$의 값을 구하시오.

13

다음 중 순환소수의 소수점 아래 20번째 자리의 숫자를 나타낸 것으로 옳지 않은 것은?

① $0.\dot{3}$ ➡ 3 ② $0.\dot{4}\dot{1}$ ➡ 1 ③ $0.\dot{3}0\dot{2}$ ➡ 0
④ $2.5\dot{3}\dot{2}$ ➡ 2 ⑤ $1.89\dot{4}$ ➡ 4

14 서술형

분수 $\frac{7}{44}$을 소수로 나타낼 때, 소수점 아래 첫 번째 자리의 숫자부터 소수점 아래 100번째 자리의 숫자까지의 합을 구하시오.

유형 05 10의 거듭제곱을 이용하여 분수를 소수로 나타내기 개념 2

기약분수의 분모의 소인수가 2 또는 5뿐이면 분모를 10의 거듭제곱으로 고쳐서 유한소수로 나타낼 수 있다.

예 $\frac{3}{50}=\frac{3}{2\times5^2}=\frac{3\times2}{2\times5^2\times2}=\frac{2\times3}{2^2\times5^2}=\frac{6}{100}=0.06$

2와 5의 지수가 같아지도록 분모, 분자에 2 또는 5의 거듭제곱을 곱한다.

15 대표문제

다음은 분수 $\frac{12}{75}$를 유한소수로 나타내는 과정이다. 이때 $a+b+c+d$의 값은?

$$\frac{12}{75}=\frac{a}{5^2}=\frac{a\times b}{5^2\times b}=\frac{c}{100}=d$$

① 20.16 ② 24.08 ③ 24.16
④ 32.08 ⑤ 32.16

중요
16

다음은 분수 $\frac{27}{60}$을 유한소수로 나타내는 과정이다. □ 안에 알맞은 수로 옳지 않은 것은?

$$\frac{27}{60}=\frac{9}{2^{①}\times5}=\frac{9\times②}{2^2\times5\times③}=\frac{④}{100}=⑤$$

① 2 ② 5 ③ 5^2
④ 45 ⑤ 0.45

17 서술형

분수 $\frac{3}{80}$을 $\frac{a}{10^n}$ 꼴로 고쳐서 유한소수로 나타낼 때, 두 자연수 a, n에 대하여 $a+n$의 값 중 가장 작은 값을 구하시오.

집중
유형 06 유한소수로 나타낼 수 있는 분수 개념 2

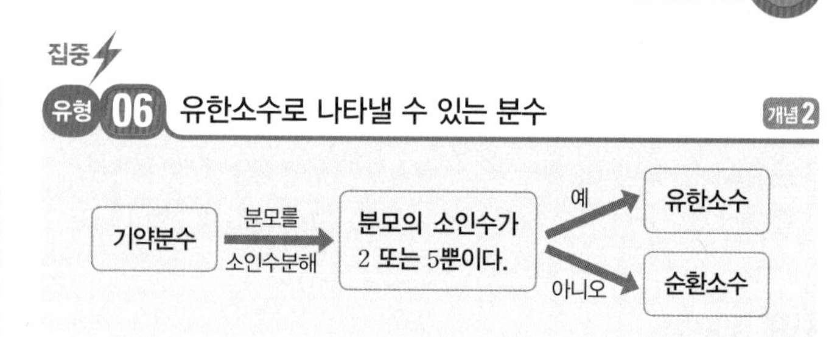

18 대표문제

다음 분수 중 유한소수로 나타낼 수 있는 것을 모두 고르면? (정답 2개)

① $\frac{4}{3}$ ② $\frac{1}{14}$ ③ $\frac{9}{24}$
④ $\frac{21}{35}$ ⑤ $\frac{8}{60}$

19

다음 분수 중 유한소수로 나타낼 수 없는 것은?

① $\frac{6}{2\times3\times5^2}$ ② $\frac{18}{2^2\times3^2}$ ③ $\frac{45}{2^2\times3^2\times5}$
④ $\frac{55}{2^2\times3^2\times11}$ ⑤ $\frac{63}{2^2\times5^2\times7}$

20

다음 분수를 소수로 나타낼 때, 유한소수로 나타낼 수 없는 것의 개수를 구하시오.

$$\frac{5}{4},\ \frac{8}{12},\ \frac{15}{18},\ \frac{3}{66},\ \frac{6}{70}$$

21

분수 $\frac{1}{15}, \frac{2}{15}, \frac{3}{15}, \cdots, \frac{14}{15}$를 소수로 나타낼 때, 유한소수로 나타낼 수 있는 분수의 개수를 구하시오.

집중

유형 07 $\frac{B}{A}\times x$가 유한소수가 되도록 하는 x의 값 구하기 개념2

$\frac{14}{12}\times x$를 소수로 나타낼 때, 유한소수가 되려면

$\frac{14}{12}=\frac{7}{6}=\frac{7}{2\times3}$이므로 x는 3의 배수이어야 한다.
└ 2와 5를 제외한 소인수들의 곱의 배수

22 대표문제

분수 $\frac{15}{1050}\times a$를 소수로 나타내면 유한소수가 될 때, a의 값이 될 수 있는 가장 작은 두 자리 자연수는?

① 10 ② 12 ③ 14
④ 16 ⑤ 18

23

분수 $\frac{33}{3^2\times5^3\times11}\times a$를 소수로 나타내면 유한소수가 될 때, 다음 중 a의 값이 될 수 없는 것은?

① 12 ② 21 ③ 36
④ 40 ⑤ 45

24

분수 $\frac{13}{3^2\times5^3\times7}\times A$를 소수로 나타내면 유한소수가 될 때, A의 값이 될 수 있는 가장 작은 세 자리 자연수를 구하시오.

25

분수 $\frac{n}{72}$을 소수로 나타내면 유한소수가 될 때, 72 미만의 자연수 n의 개수를 구하시오.

유형 08 유한소수가 되도록 하는 수를 찾고 기약분수로 나타내기 개념2

분수 $\frac{x}{60}=\frac{x}{2^2\times3\times5}$를 소수로 나타낼 때, 유한소수가 되려면

❶ 분모의 소인수가 2와 5뿐이어야 하므로 x는 3의 배수이어야 한다.

❷ $x=3, 6, 9, \cdots$일 때, $\frac{x}{60}$를 기약분수로 나타내면

➡ $\frac{3}{60}=\frac{1}{20}, \frac{6}{60}=\frac{1}{10}, \frac{9}{60}=\frac{3}{20}, \cdots$

26 대표문제

분수 $\frac{a}{350}$를 소수로 나타내면 유한소수가 되고, 기약분수로 나타내면 $\frac{11}{b}$이 된다. a가 100 이하의 자연수일 때, $a-b$의 값을 구하시오.

27 서술형

분수 $\frac{a}{120}$를 소수로 나타내면 유한소수가 되고, 기약분수로 나타내면 $\frac{7}{b}$이 된다. a가 $40\leq a\leq50$인 자연수일 때, $a+b$의 값을 구하시오.

유형 09 두 분수가 모두 유한소수가 되도록 하는 값 구하기 개념2

두 분수 $\frac{1}{12}=\frac{1}{2^2\times3}, \frac{3}{70}=\frac{3}{2\times5\times7}$에 각각 x를 곱하여 두 분수 모두 유한소수가 되게 하려면 x는 3과 7의 공배수이어야 한다.

28 대표문제

두 분수 $\frac{3}{42}$과 $\frac{7}{210}$에 각각 a를 곱하면 두 분수를 모두 유한소수로 나타낼 수 있다고 한다. 이때 a의 값이 될 수 있는 가장 작은 자연수를 구하시오.

29

두 분수 $\frac{6}{165}\times A, \frac{26}{360}\times A$를 소수로 나타내었더니 모두 유한소수가 되었다. 이때 가장 작은 세 자리 자연수 A의 값을 구하시오.

유형 10 $\frac{B}{A\times x}$가 유한소수가 되도록 하는 x의 값 구하기 개념2

$\frac{6}{20\times x}$을 소수로 나타낼 때, 유한소수가 되려면

$\frac{6}{20\times x}=\frac{3}{2\times 5\times x}$이므로 x가 될 수 있는 수는

(1) 소인수가 2 또는 5뿐인 수 ➡ $2, 2^2, 5, 2^3, 2\times 5, \cdots$

(2) 3의 약수 ➡ $1, 3$

(3) $3\times$(소인수가 2 또는 5뿐인 수) ➡ $2\times 3, 2^2\times 3, 5\times 3, \cdots$

30 대표문제

분수 $\frac{28}{40\times a}$을 소수로 나타내면 유한소수가 될 때, 다음 중 a의 값이 될 수 없는 것은?

① 5 ② 7 ③ 14
④ 35 ⑤ 42

31

분수 $\frac{18}{3\times 5^2\times a}$을 소수로 나타내면 유한소수가 될 때, 다음 중 a의 값이 될 수 없는 것을 모두 고르면? (정답 2개)

① 6 ② 9 ③ 15
④ 20 ⑤ 21

32

분수 $\frac{6}{8\times a}$을 소수로 나타내면 유한소수가 될 때, a의 값이 될 수 있는 한 자리 자연수의 개수를 구하시오.

33

분수 $\frac{33}{20\times a}$을 소수로 나타내면 유한소수가 된다. a가 $20<a<30$인 자연수일 때, 모든 a의 값의 합을 구하시오.

유형 11 순환소수가 되도록 하는 미지수의 값 구하기 개념2

$\frac{6}{8\times x}$을 소수로 나타낼 때, 순환소수가 되려면 $\frac{6}{8\times x}=\frac{3}{2^2\times x}$이므로

$x=1$ ➡ $\frac{3}{2^2}$ (유한소수), $x=2$ ➡ $\frac{3}{2^3}$ (유한소수)

$x=3$ ➡ $\frac{1}{2^2}$ (유한소수), $x=4$ ➡ $\frac{3}{2^4}$ (유한소수)

⋮

$x=7$ ➡ $\frac{3}{2^2\times 7}$ (순환소수), ⋯

$\therefore x=7, 9, \cdots$

34 대표문제

분수 $\frac{6}{2^3\times 5^2\times a}$을 소수로 나타내면 순환소수가 될 때, a의 값이 될 수 있는 모든 한 자리 자연수의 합을 구하시오.

35

분수 $\frac{a}{180}$를 소수로 나타내면 순환소수가 될 때, 다음 중 a의 값이 될 수 있는 것은?

① 9 ② 27 ③ 36
④ 39 ⑤ 45

36

분수 $\frac{21}{5^2\times a}$을 소수로 나타내었을 때, 순환소수가 되게 하는 가장 작은 자연수 a의 값을 구하시오.

37

분수 $\frac{14}{a}$를 소수로 나타내면 순환소수가 될 때, 다음 중 a의 값이 될 수 없는 것은?

① 12 ② 18 ③ 21
④ 24 ⑤ 35

집중 유형 12 순환소수를 분수로 나타내기 (1) 개념 3

순환소수 $0.\dot{3}\dot{1}$을 분수로 나타내기

➡ $x=0.\dot{3}\dot{1}$로 놓으면

$$\begin{array}{rl} 100x=31.313131\cdots \\ -)\quad x=\ 0.313131\cdots \\ \hline 99x=31 \quad \therefore x=\frac{31}{99} \end{array}$$

양변에 10의 거듭제곱을 곱하여 소수점 아래의 부분이 같은 두 식을 만든다.

두 식을 변끼리 빼서 x를 구한다.

38 대표문제

다음은 순환소수 $0.1\dot{4}\dot{3}$을 분수로 나타내는 과정이다. (가)~(라)에 알맞은 수를 구하시오.

> $x=0.1\dot{4}\dot{3}$으로 놓으면 $x=0.1434343\cdots$ ······ ㉠
> ㉠의 양변에 [(가)]을 곱하면
> [(가)] $x=143.434343\cdots$ ······ ㉡
> ㉠의 양변에 [(나)]을 곱하면
> [(나)] $x=1.434343\cdots$ ······ ㉢
> ㉡−㉢을 하면 [(다)] $x=142$ $\quad\therefore x=\frac{\text{(라)}}{495}$

39

순환소수 $5.\dot{6}2\dot{7}$을 분수로 나타내려고 한다. $x=5.\dot{6}2\dot{7}$이라 할 때, 다음 중 이용할 수 있는 가장 간단한 식은?

① $10x-x$ ② $100x-x$ ③ $100x-10x$
④ $1000x-x$ ⑤ $1000x-10x$

40

다음 중 순환소수 $x=12.4272727\cdots$에 대한 설명으로 옳지 않은 것은?

① $12.4\dot{2}\dot{7}$로 나타낸다.
② 순환마디는 27이다.
③ $x=12.4+0.0\dot{2}\dot{7}$
④ $1000x-10x=12303$
⑤ 분수로 나타내면 $x=\frac{1357}{111}$

집중 유형 13 순환소수를 분수로 나타내기 (2) 개념 3

a, b, c가 0 또는 한 자리 자연수일 때,

(1) $0.\dot{a}=\frac{a}{9}$ (2) $0.\dot{a}\dot{b}=\frac{ab}{99}$

(3) $0.a\dot{b}=\frac{ab-a}{90}$ (4) $0.ab\dot{c}=\frac{abc-ab}{900}$

41 대표문제

다음 중 순환소수를 분수로 나타낸 것으로 옳지 않은 것은?

① $0.\dot{3}\dot{5}=\frac{35}{99}$ ② $0.4\dot{7}=\frac{43}{90}$
③ $1.\dot{6}=\frac{16}{9}$ ④ $0.\dot{2}5\dot{9}=\frac{7}{27}$
⑤ $2.\dot{3}0\dot{2}=\frac{2279}{990}$

42

다음 중 순환소수를 분수로 나타내는 과정으로 옳은 것을 모두 고르면? (정답 2개)

① $2.\dot{5}=\frac{25}{9}$ ② $1.3\dot{2}=\frac{132-13}{90}$
③ $3.0\dot{4}=\frac{304-3}{90}$ ④ $1.\dot{2}7\dot{6}=\frac{1276-12}{990}$
⑤ $3.\dot{1}7\dot{8}=\frac{3178-3}{900}$

43

분수 $\frac{a}{18}$를 순환소수로 나타내면 $3.2\dot{7}$일 때, 자연수 a의 값은?

① 56 ② 57 ③ 58
④ 59 ⑤ 60

44 서술형

순환소수 $0.\dot{2}\dot{7}$의 역수를 a, 순환소수 $1.4\dot{6}$의 역수를 b라 할 때, ab의 값을 구하시오.

유형 14 순환소수의 대소 비교 개념3

방법1 순환소수를 풀어 쓴 후, 각 자리의 숫자를 차례대로 비교한다.

예 $0.\dot{1}$, 0.1에서 $0.111\cdots>0.1$이므로 $0.\dot{1}>0.1$

방법2 순환소수를 분수로 나타낸 후, 통분하여 대소를 비교한다.

예 $0.\dot{1}$, 0.1에서 $0.\dot{1}=\frac{1}{9}$, $0.1=\frac{1}{10}$이므로 $0.\dot{1}>0.1$

45 대표문제

다음 중 두 수의 대소 관계가 옳지 않은 것은?

① $5.\dot{1}>5.1$
② $\frac{13}{11}<1.1\dot{8}$
③ $0.\dot{4}=0.\dot{4}\dot{0}$
④ $1.\dot{1}\dot{2}<1.1\dot{2}$
⑤ $0.3\dot{2}\dot{4}<0.\dot{3}2\dot{4}$

46

다음 중 가장 큰 수는?

① 0.364
② $0.36\dot{4}$
③ $0.3\dot{6}\dot{4}$
④ $\frac{18}{55}$
⑤ $\frac{364}{999}$

유형 15 순환소수를 포함한 식의 계산 개념3

순환소수를 분수로 나타내어 계산한다.

예 $0.\dot{2}+0.\dot{5}=\frac{2}{9}+\frac{5}{9}=\frac{7}{9}=0.\dot{7}$

$0.\dot{1}\dot{2}\div0.\dot{6}=\frac{12}{99}\div\frac{6}{9}=\frac{12}{99}\times\frac{9}{6}=\frac{18}{99}=0.\dot{1}\dot{8}$

47 대표문제

$a=3.\dot{7}\dot{5}$, $b=6.\dot{8}$일 때, $\frac{a}{b}$의 값은?

① 0.54
② 0.545
③ $0.\dot{5}\dot{4}$
④ $0.5\dot{4}$
⑤ $0.\dot{5}4\dot{5}$

48

$1.\dot{5}$보다 $0.\dot{7}$만큼 큰 수를 순환소수로 나타내시오.

유형 16 순환소수를 포함한 방정식의 풀이 개념3

$\frac{4}{9}+x=0.\dot{3}$을 만족시키는 x의 값

➜ $\frac{4}{9}+x=0.\dot{3}$에서 $\frac{4}{9}+x=\frac{3}{9}$ $\quad\therefore x=\frac{3}{9}-\frac{4}{9}=-\frac{1}{9}=-0.\dot{1}$

순환소수를 분수로 나타낸다.

49 대표문제

$\frac{7}{11}=x+0.\dot{3}\dot{1}$일 때, x의 값을 순환소수로 나타내면?

① $0.\dot{3}$
② $0.3\dot{2}$
③ $0.\dot{3}\dot{2}$
④ $0.3\dot{2}\dot{4}$
⑤ $0.\dot{3}2\dot{4}$

중요

50

$0.\dot{5}\dot{6}=A-0.\dot{4}$일 때, A의 값을 순환소수로 나타내면?

① $1.\dot{1}$
② $1.0\dot{1}$
③ $1.\dot{0}\dot{1}$
④ $1.0\dot{0}\dot{1}$
⑤ $1.00\dot{1}$

51 서술형

다음 등식을 만족시키는 x의 값을 순환소수로 나타내시오.

$$1.5\dot{3}-x=\frac{1}{2}\times0.9\dot{7}$$

52

$0.4\dot{7}\dot{1}=A\times0.0\dot{0}\dot{1}$일 때, A의 값은?

① 463
② 465
③ 467
④ 469
⑤ 471

유형 17 순환소수에 적당한 수를 곱한 경우 개념 3

$0.1\dot{3}\times a$의 값이 자연수가 되도록 하는 가장 작은 자연수 a의 값

순환소수를 기약분수로 나타낸다.

➜ $0.1\dot{3}=\frac{13-1}{90}=\frac{2}{15}$이므로 a는 15의 배수이어야 한다.

따라서 가장 작은 자연수 a의 값은 15이다.

53 대표문제

순환소수 $0.\dot{4}\dot{2}$에 a를 곱한 결과가 자연수일 때, 두 자리 자연수 a의 개수를 구하시오.

54

순환소수 $0.3\dot{5}\dot{4}$에 어떤 자연수를 곱하여 유한소수가 되도록 할 때, 곱할 수 있는 가장 작은 자연수는?

① 3 ② 9 ③ 11
④ 21 ⑤ 22

유형 18 기약분수의 분모, 분자를 잘못 보고 소수로 나타낸 경우 개념 3

기약분수를 소수로 나타낼 때,
(1) 분자를 잘못 보았다. ➜ 분모는 바르게 보았다.
(2) 분모를 잘못 보았다. ➜ 분자는 바르게 보았다.

55 대표문제

어떤 기약분수를 순환소수로 나타내는데 유라는 분모를 잘못 보아 $0.\dot{2}\dot{1}$로 나타내었고, 지민이는 분자를 잘못 보아 $0.5\dot{6}$으로 나타내었다. 이때 처음 기약분수를 순환소수로 바르게 나타내시오.

56

기약분수 $\frac{a}{999}$를 순환소수로 나타내는데 분모를 잘못 보아서 $0.\dot{6}8\dot{3}$으로 나타내었다. 이때 처음 기약분수를 순환소수로 바르게 나타내시오. (단, a는 자연수)

집중 유형 19 유리수와 소수의 관계 개념 4

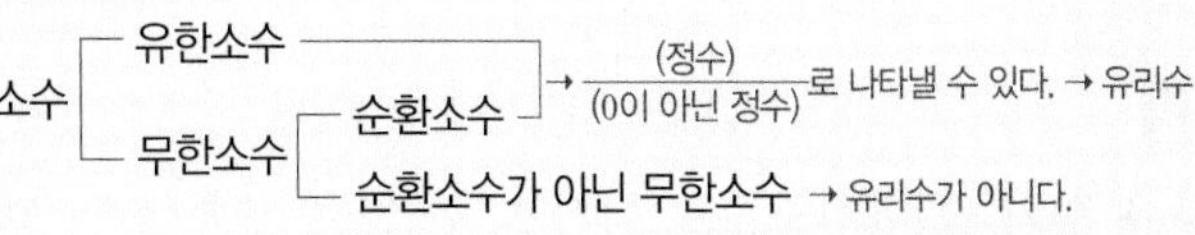

참고 순환소수가 아닌 무한소수는 분수로 나타낼 수 없다.

57 대표문제

다음 중 옳은 것을 모두 고르면? (정답 2개)

① 모든 유한소수는 유리수이다.
② 모든 순환소수는 유한소수이다.
③ 모든 소수는 분수로 나타낼 수 있다.
④ 모든 유리수는 유한소수로 나타낼 수 있다.
⑤ 무한소수 중에는 유리수가 아닌 것도 있다.

58

다음 **보기** 중 유리수인 것의 개수는?

보기
ㄱ. -0.2483　ㄴ. 7　ㄷ. $3.21\dot{3}$
ㄹ. 5π　ㅁ. 0　ㅂ. $-2.020020002\cdots$

① 1 ② 2 ③ 3
④ 4 ⑤ 5

중요

59

다음 **보기** 중 옳은 것을 모두 고른 것은?

보기
ㄱ. 모든 기약분수는 유한소수로 나타낼 수 있다.
ㄴ. 순환소수 중에는 유리수가 아닌 것도 있다.
ㄷ. 모든 순환소수는 $\frac{(\text{정수})}{(0\text{이 아닌 정수})}$ 꼴로 나타낼 수 있다.
ㄹ. 기약분수의 분모의 소인수가 2 또는 5뿐이면 유한소수로 나타낼 수 있다.

① ㄱ ② ㄷ ③ ㄱ, ㄹ
④ ㄴ, ㄷ ⑤ ㄷ, ㄹ

Real 실전 기출

01

다음 **보기** 중 유한소수로 나타낼 수 있는 것을 모두 고른 것은?

보기

ㄱ. $\frac{2}{15}$　　ㄴ. $\frac{6}{2^2\times3\times5}$　　ㄷ. $\frac{42}{2^3\times7\times11}$

ㄹ. $\frac{33}{5^2\times11}$　　ㅁ. $\frac{9}{24}$　　ㅂ. $\frac{20}{75}$

① ㄱ, ㄴ　② ㄴ, ㄹ　③ ㄱ, ㄷ, ㅁ
④ ㄴ, ㄹ, ㅁ　⑤ ㄴ, ㄹ, ㅂ

02

다음 중 순환소수의 표현이 옳지 않은 것은?

① $0.666\cdots=0.\dot{6}$
② $2.1333\cdots=2.1\dot{3}$
③ $32.515151\cdots=32.\dot{5}\dot{1}$
④ $7.327327327\cdots=7.3\dot{2}7\dot{3}$
⑤ $4.5020202\cdots=4.5\dot{0}\dot{2}$

03

다음 중 옳지 않은 것은?

① 3.878787은 유한소수이다.
② $1.\dot{2}4\dot{6}$의 순환마디는 246이다.
③ $2.53777\cdots$은 $2.53\dot{7}$로 나타낼 수 있다.
④ $\frac{4}{6}$를 소수로 나타내면 순환소수이다.
⑤ $\frac{21}{84}$을 소수로 나타내면 무한소수이다.

04

분수 $\frac{2}{13}$를 소수로 나타낼 때, 소수점 아래 n번째 자리의 숫자를 a_n이라 하자. 이때 $a_1+a_2+a_3+\cdots+a_{12}$의 값은?

① 51　② 52　③ 53
④ 54　⑤ 55

05 최다빈출

다음은 분수 $\frac{27}{240}$을 유한소수로 나타내는 과정이다. 이때 a, b, c, d의 값을 차례대로 나열한 것은?

$$\frac{27}{240}=\frac{a}{80}=\frac{a\times b}{2^4\times5\times b}=\frac{c}{10^4}=d$$

① 3, 5^3, 375, 0.0375　② 9, 5^2, 1125, 0.1125
③ 9, 5^3, 225, 0.0225　④ 9, 5^3, 1125, 0.1125
⑤ 9, 5^4, 1125, 0.1125

06

수직선에서 0과 1을 나타내는 두 점 사이의 거리를 12등분하면 11개의 점이 생기는데 각 점이 나타내는 수를 작은 것부터 차례대로 a_1, a_2, a_3, $\cdots$, a_{11}이라 하자. 이 중에서 유한소수로 나타낼 수 있는 것의 개수를 구하시오.

07

$\frac{3}{660}\times A$가 다음 조건을 모두 만족시킬 때, 가장 작은 자연수 A의 값을 구하시오.

(가) A는 3의 배수이다.
(나) $\frac{3}{660}\times A$를 소수로 나타내면 유한소수이다.

08

정수가 아닌 유리수 $\frac{4}{90} \times A$, $\frac{15}{132} \times A$를 모두 소수로 나타내었더니 모두 유한소수가 되었다. 이때 A의 값 중 가장 큰 세 자리 자연수는?

① 887 ② 889 ③ 891
④ 893 ⑤ 895

09 최다빈출

분수 $\frac{63}{2^3 \times 3^2 \times a}$을 소수로 나타내면 무한소수가 될 때, 다음 중 a의 값이 될 수 있는 것을 모두 고르면? (정답 2개)

① 10 ② 12 ③ 14
④ 16 ⑤ 18

10

다음 중 $\frac{1}{3} \le 0.0\dot{x} \times 6 < \frac{5}{6}$를 만족시키는 한 자리 자연수 x의 값이 될 수 없는 것은?

① 4 ② 5 ③ 6
④ 7 ⑤ 8

11

어떤 양수에 0.3을 곱해야 할 것을 $0.\dot{3}$으로 잘못 보고 계산하였더니 0.4의 차이가 생겼다. 이때 어떤 양수를 구하시오.

12

다음 중 옳지 않은 것은?

① 유한소수 중에는 유리수가 아닌 것도 있다.
② 모든 순환소수는 무한소수이다.
③ 순환소수가 아닌 무한소수는 유리수가 아니다.
④ 유한소수로 나타낼 수 없는 유리수는 순환소수로 나타낼 수 있다.
⑤ 기약분수의 분모가 2와 5 이외의 소인수를 가지면 무한소수로 나타낼 수 있다.

100점 공략

13

$2+\frac{3}{10}+\frac{3}{10^2}+\frac{3}{10^3}+\cdots=\frac{a}{b}$일 때, $a+b$의 값을 구하시오. (단, a와 b는 서로소)

14

순환소수 $1.\dot{8}\dot{1}$에 자연수 A를 곱하여 어떤 자연수의 제곱이 되도록 할 때, 가장 작은 자연수 A의 값을 구하시오.

15 창의 역량

다음 조건을 모두 만족시키는 분수 x의 개수를 구하시오.

> (가) x의 분모는 48이고 분자는 자연수이다.
> (나) x는 순환소수이다.
> (다) x는 $\frac{1}{12}$보다 크고 $\frac{1}{4}$보다 작다.

정답과 해설 16쪽

서술형

16

분수 $\frac{a}{360}$를 소수로 나타내면 유한소수가 되고, 기약분수로 나타내면 $\frac{1}{b}$이 된다. a가 $10<a<20$인 자연수일 때, $b-a$의 값을 구하시오.

풀이

답

17

분수 $\frac{3}{7}$을 소수로 나타낼 때, 소수점 아래 25번째 자리의 숫자를 a, 소수점 아래 50번째 자리의 숫자를 b라 하자. 이때 $0.\dot{a}\dot{b}+0.\dot{b}\dot{a}$의 값을 기약분수로 나타내시오.

풀이

답

18

$3-x=0.\dot{6}$, $\frac{11}{30}=y+0.1\dot{4}$일 때, $x+y$의 값을 순환소수로 나타내시오.

풀이

답

19

다음은 어떤 기약분수를 소수로 나타내고 성우와 유하가 나눈 대화이다. 대화를 읽고 처음 기약분수를 순환소수로 나타내시오.

성우: 나는 분모를 잘못 보아 $0.3\dot{7}\dot{2}$가 나왔어.
유하: 나는 분자를 잘못 보아 $0.\dot{3}8\dot{7}$이 나왔어.

풀이

답

20 100점

분수 $\frac{x}{30}$를 소수로 나타내면 유한소수가 되고,

$0.5\dot{9}<\frac{x}{30}<0.\dot{8}$일 때, 자연수 x의 값을 모두 구하시오.

풀이

답

21 100점

어떤 수 x에 $0.\dot{2}\dot{3}$을 곱해야 할 것을 잘못하여 $0.2\dot{3}$을 곱하였더니 그 계산 결과가 정답보다 $0.\dot{0}\dot{5}$만큼 커졌다. 이때 x의 값을 구하시오.

풀이

답

02

I. 수와 식

단항식의 계산

23 ~ 38쪽
10 ~ 17쪽

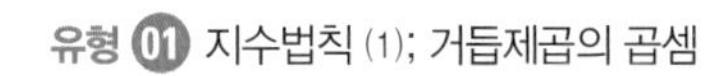

Real 실전 개념

개념 1 지수법칙 (1)

유형 01, 02, 06~11

(1) 거듭제곱의 곱셈

m, n이 자연수일 때,

$a^m \times a^n = a^{m+n}$ ← 지수끼리 더한다.

예 $a^2 \times a^3 = (a \times a) \times (a \times a \times a) = a \times a \times a \times a \times a = a^5$ ➡ $a^2 \times a^3 = a^{2+3} = a^5$ (지수의 합)

(2) 거듭제곱의 거듭제곱

m, n이 자연수일 때,

$(a^m)^n = a^{mn}$ ← 지수끼리 곱한다.

예 $(a^2)^3 = a^2 \times a^2 \times a^2 = a^{2+2+2} = a^6$ ➡ $(a^2)^3 = a^{2\times3} = a^6$ (지수의 곱)

주의 다음과 같이 계산하지 않도록 주의한다.

① $a^m \times b^n \neq a^{m+n}$　② $a^m + a^n \neq a^{m+n}$

③ $a^m \times a^n \neq a^{mn}$　④ $(a^m)^n \neq a^{m^n}$

개념 노트

- 거듭제곱의 밑과 지수: $\underbrace{a \times a \times \cdots \times a}_{m개} = a^m$ (← 지수, ↑ 밑)
- $a = a^1$으로 정한다.
- $(a^m)^n = (a^n)^m$이 성립한다.
- 지수끼리 더하는 것은 밑이 같은 경우에만 적용할 수 있다.

개념 2 지수법칙 (2)

유형 03~11

(1) 거듭제곱의 나눗셈

$a \neq 0$이고 m, n이 자연수일 때,

① $m > n$이면 $a^m \div a^n = a^{m-n}$

② $m = n$이면 $a^m \div a^n = 1$

③ $m < n$이면 $a^m \div a^n = \dfrac{1}{a^{n-m}}$

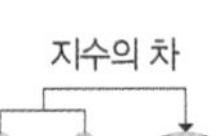

예 ① $a^5 \div a^2 = \dfrac{a^5}{a^2} = \dfrac{a \times a \times a \times a \times a}{a \times a} = a \times a \times a = a^3$ ➡ $a^5 \div a^2 = a^{5-2} = a^3$

② $a^2 \div a^2 = \dfrac{a^2}{a^2} = \dfrac{a \times a}{a \times a} = 1$ ➡ $a^2 \div a^2 = 1$

③ $a^2 \div a^5 = \dfrac{a^2}{a^5} = \dfrac{a \times a}{a \times a \times a \times a \times a} = \dfrac{1}{a \times a \times a} = \dfrac{1}{a^3}$ ➡ $a^2 \div a^5 = \dfrac{1}{a^{5-2}} = \dfrac{1}{a^3}$ (지수의 차)

주의 다음과 같이 계산하지 않도록 주의한다.

① $a^m \div a^n \neq a^{m \div n}$　② $a^m \div a^m \neq 0$

(2) 곱과 몫의 거듭제곱

m이 자연수일 때,

① $(ab)^m = a^m b^m$

② $\left(\dfrac{a}{b}\right)^m = \dfrac{a^m}{b^m}$ (단, $b \neq 0$)

예 ① $(ab)^2 = ab \times ab = (a \times a) \times (b \times b) = a^2b^2$ ➡ $(ab)^2 = a^2b^2$ (지수의 분배)

② $\left(\dfrac{a}{b}\right)^2 = \dfrac{a}{b} \times \dfrac{a}{b} = \dfrac{a \times a}{b \times b} = \dfrac{a^2}{b^2}$ ➡ $\left(\dfrac{a}{b}\right)^2 = \dfrac{a^2}{b^2}$

- $a^m \div a^n$을 계산할 때는 먼저 m, n의 크기를 비교한다.
- $(-a)^m = \begin{cases} a^m & (m이\ 짝수) \\ -a^m & (m이\ 홀수) \end{cases}$

개념 1 지수법칙 (1)

[01~05] 다음 식을 간단히 하시오.

01 $x^3 \times x^2$

02 $5^2 \times 5^6$

03 $y^2 \times y^4 \times y^3$

04 $3^2 \times 3^7 \times 3^3$

05 $a^2 \times b^3 \times a \times b^4$

[06~10] 다음 식을 간단히 하시오.

06 $(x^3)^4$

07 $(3^4)^2$

08 $(y^2)^3 \times (y^5)^2$

09 $(-x)^4 \times (-x)^5$

10 $(a^5)^3 \times (a^4)^2 \times (a^3)^3$

[11~15] 다음 □ 안에 알맞은 수를 써넣으시오.

11 $x^2 \times x^{\square} = x^5$

12 $a^{\square} \times a^4 \times a^3 = a^{11}$

13 $(y^4)^{\square} = y^{20}$

14 $(b^{\square})^3 = b^{21}$

15 $x^{\square} \times (x^5)^3 = x^{24}$

개념 2 지수법칙 (2)

[16~20] 다음 식을 간단히 하시오.

16 $x^5 \div x^3$

17 $2^{10} \div 2^2$

18 $a^6 \div a^6$

19 $b^4 \div b^7$

20 $x^6 \div x \div x^2$

[21~24] 다음 식을 간단히 하시오.

21 $(x^3y^4)^2$

22 $(-2a^4)^2$

23 $\left(\frac{x^3}{5}\right)^4$

24 $\left(-\frac{a^4}{b^2}\right)^3$

[25~28] 다음 □ 안에 알맞은 수를 써넣으시오.

25 $x^8 \div x^{\square} = x^3$

26 $a^4 \div a^{\square} = \frac{1}{a}$

27 $(x^{\square}y^3)^5 = x^{10}y^{\square}$

28 $\left(\frac{a^{\square}}{b^6}\right)^4 = \frac{a^{16}}{b^{\square}}$

Real 실전 개념

개념 3 단항식의 곱셈 유형 12

단항식의 곱셈은 다음과 같은 방법으로 계산한다.

① 계수는 계수끼리, 문자는 문자끼리 곱한다.

② 같은 문자끼리의 곱셈은 지수법칙을 이용하여 간단히 한다.

예 $3xy^3\times(-4x^2y)=3\times x\times y^3\times(-4)\times x^2\times y$ ← 교환법칙

$=3\times(-4)\times(x\times x^2\times y^3\times y)$ ← 계수는 계수끼리, 문자는 문자끼리 계산한다.

$=-12x^3y^4$

참고 수는 문자 앞에, 문자는 알파벳 순서대로 쓴다.

개념 4 단항식의 나눗셈 유형 13

단항식의 나눗셈은 다음과 같은 방법으로 계산한다.

방법 1 분수 꼴로 바꾸어 계산한다.

$$A\div B=\frac{A}{B}$$

방법 2 역수를 이용하여 나눗셈을 곱셈으로 바꾸어 계산한다.

$$A\div B=A\times\frac{1}{B}=\frac{A}{B}$$

(곱셈으로, 역수로)

예 방법 1 $6x^3\div(-2x)=\dfrac{6x^3}{-2x}$

$=-3x^2$

방법 2 $6x^3\div(-2x)=6x^3\times\left(-\dfrac{1}{2x}\right)$

$=\left\{6\times\left(-\dfrac{1}{2}\right)\right\}\times\left(x^3\times\dfrac{1}{x}\right)$

$=-3x^2$

개념 5 단항식의 곱셈과 나눗셈의 혼합 계산 유형 14~16

단항식의 곱셈과 나눗셈이 혼합된 식은 다음과 같은 순서로 계산한다.

❶ 괄호가 있으면 지수법칙을 이용하여 괄호를 먼저 푼다.

❷ 나눗셈은 분수 꼴 또는 역수를 이용하여 곱셈으로 바꾼다.

❸ 부호를 결정한 후 계수는 계수끼리, 문자는 문자끼리 계산한다.

예 $4x^2y^3\div2xy^2\times(-2xy)^2$ ← 지수법칙을 이용하여 괄호를 푼다.

$=4x^2y^3\div2xy^2\times4x^2y^2$ ← 나눗셈은 역수의 곱셈으로 바꾼다.

$=4x^2y^3\times\dfrac{1}{2xy^2}\times4x^2y^2$ ← 계수는 계수끼리, 문자는 문자끼리 계산한다.

$=8x^3y^3$

개념 노트

- 단항식
  하나의 항으로 이루어진 다항식
- 계수
  문자를 포함한 항에서 문자에 곱해진 수
- 곱셈의 교환법칙
  $a\times b=b\times a$
- 곱셈의 결합법칙
  $(a\times b)\times c=a\times(b\times c)$
- 역수
  두 수의 곱이 1이 될 때, 한 수를 다른 수의 역수라 한다.
- 역수를 구할 때, 부호는 그대로 두고 분자와 분모를 서로 바꾼다.
- 곱셈과 나눗셈이 혼합된 식은 앞에서부터 차례대로 계산한다.
  ➜ $A\div B\times C=\dfrac{A}{B}\times C=\dfrac{AC}{B}$
  $A\times B\div C=AB\div C=\dfrac{AB}{C}$
- 단항식의 곱셈, 나눗셈에서 부호
  ① 음수가 홀수 개: $(-)$
  ② 음수가 짝수 개: $(+)$

개념 3 단항식의 곱셈

[29~33] 다음 식을 간단히 하시오.

29 $3x^2 \times 2y$

30 $(-2a^3) \times 4b^2$

31 $5xy^2 \times 3x^4y^3$

32 $4a^3b^2 \times (-3a^2b)$

33 $2xy^2 \times (-3x^3y) \times 5x^4y^2$

[34~38] 다음 식을 간단히 하시오.

34 $(-3x^3)^2 \times 4xy$

35 $5a^3b \times (-2a^2b^3)^3$

36 $(xy^3)^2 \times \left(\frac{x^4}{y}\right)^3$

37 $\left(\frac{3}{ab}\right)^2 \times \left(-\frac{2b}{a}\right)^3$

38 $\left(\frac{2y}{x}\right)^2 \times (-5x^2y) \times (xy)^3$

개념 4 단항식의 나눗셈

[39~45] 다음 식을 간단히 하시오.

39 $6x^5 \div 3x$

40 $-8a^3b^2 \div 4ab^2$

41 $6x^3y^2 \div \frac{1}{3x^2y}$

42 $\frac{3}{2}a \div \left(-\frac{3}{4ab}\right)$

43 $5x^2y \div \frac{x^2}{4y}$

44 $12a^5 \div 2a \div \frac{1}{a^2}$

45 $15x^4y \div 3xy \div 5x^2$

[46~49] 다음 식을 간단히 하시오.

46 $(-3x^4y^5)^2 \div (xy^3)^2$

47 $\left(-\frac{4a}{b}\right)^2 \div (a^3b^2)^2$

48 $(x^3y)^2 \div \left(-\frac{2x^4}{y}\right)^3$

49 $(-4a^3b)^2 \div (ab)^3 \div \frac{8}{a^2b}$

개념 5 단항식의 곱셈과 나눗셈의 혼합 계산

[50~54] 다음 식을 간단히 하시오.

50 $12x^2 \div 4x^3 \times 3x^2$

51 $4ab^2 \times 3a^3 \div 6a^2b$

52 $9x^3y \times (-2xy^2) \div 3x^3y$

53 $(-6a^5b^3) \div a^3b^5 \times \left(-\frac{a^2b}{2}\right)$

54 $3x^3y \times 2x^4y^2 \div (-2y)^2$

유형 01 지수법칙 (1); 거듭제곱의 곱셈 개념 1

m, n이 자연수일 때,

$a^m \times a^n = a^{m+n}$ ← 지수의 합

예 $a^2 \times a^4 = a^{2+4} = a^6$

01 대표문제

$3^2 \times 81 = 3^{\square}$일 때, $\square$ 안에 알맞은 수는?

① 2 ② 3 ③ 4
④ 5 ⑤ 6

02

$a^2 \times a^5 \times b^3 \times a \times b^2 \times b^6$을 간단히 하면?

① a^6b^{12} ② a^7b^{11} ③ a^8b^{11}
④ a^8b^{12} ⑤ $a^{11}b^{12}$

03

다음 중 $\square$ 안에 알맞은 수가 가장 큰 것은?

① $x \times x^{\square} = x^4$
② $a^3 \times a \times a^2 = a^{\square}$
③ $a \times b^5 \times a^3 \times b^2 = a^4b^{\square}$
④ $y \times y^2 \times y^{\square} = y^9$
⑤ $x^4 \times y^{\square} \times x^3 \times y^2 = x^7y^8$

중요

04

다음 $\square$ 안에 알맞은 두 수의 합을 구하시오.

$2^{x+5} = 2^x \times \square$, $5^x \times 5^2 \times 5^{\square} = 5^{x+4}$

유형 02 지수법칙 (2); 거듭제곱의 거듭제곱 개념 1

m, n이 자연수일 때,

$(a^m)^n = a^{mn}$ ← 지수의 곱

예 $(a^2)^4 = a^{2\times4} = a^8$

05 대표문제

$(2^4)^3 \times (2^{\square})^4 = 2^{32}$일 때, $\square$ 안에 알맞은 수는?

① 2 ② 3 ③ 4
④ 5 ⑤ 6

06

$(a^2)^3 \times (b^4)^2 \times a^5 \times (b^2)^4$을 간단히 하면?

① $a^{10}b^{12}$ ② $a^{10}b^{16}$ ③ $a^{11}b^{12}$
④ $a^{11}b^{16}$ ⑤ $a^{12}b^{16}$

07

다음 $\square$ 안에 알맞은 세 수의 합을 구하시오.

(가) $(a^2)^{\square} = a^{10}$
(나) $(a^3)^2 \times a = a^{\square}$
(다) $(a^5)^2 \times (a^{\square})^3 = a^{25}$

08 서술형

$(x^a)^4 \times (y^3)^3 \times y = x^{24}y^b$일 때, 자연수 a, b에 대하여 $a+b$의 값을 구하시오.

집중

유형 03 지수법칙 (3); 거듭제곱의 나눗셈 개념2

$a\neq 0$이고 m, n이 자연수일 때,

$$a^m \div a^n = \begin{cases} a^{m-n} & (m>n) \\ 1 & (m=n) \\ \dfrac{1}{a^{n-m}} & (m<n) \end{cases}$$

(a^{m-n}, a^{n-m}: 지수의 차)

예 $a^4\div a^2=a^{4-2}=a^2$, $a^4\div a^4=1$, $a^2\div a^4=\frac{1}{a^{4-2}}=\frac{1}{a^2}$

09 대표문제

다음 중 옳은 것을 모두 고르면? (정답 2개)

① $a^6\div a^2=a^3$ ② $a^5\div a^5=a$

③ $a\div a^2=\frac{1}{a}$ ④ $a^3\div a^2\div a^3=\frac{1}{a^2}$

⑤ $(a^4)^3\div(a^3)^4=0$

중요

10

다음 중 계산 결과가 나머지 넷과 다른 하나는?

① $x^7\div x^4$ ② $x^8\div x\div x^4$

③ $x^5\div(x^2\div x)$ ④ $(x^3)^4\div x^9$

⑤ $(x^5)^4\div(x^3)^3\div(x^4)^2$

11

$a^{15}\div a^{2x}\div a^3=a^4$일 때, 자연수 x의 값은?

① 1 ② 2 ③ 3

④ 4 ⑤ 5

12

$(x^5)^3\div(x^3)^2\div x^{\square}=x^7$일 때, □ 안에 알맞은 수는?

① 1 ② 2 ③ 3

④ 4 ⑤ 5

집중

유형 04 지수법칙 (4); 곱의 거듭제곱 개념2

l, m, n이 자연수일 때,

$(ab)^m=a^mb^m$, $(a^mb^n)^l=a^{ml}b^{nl}$

예 $(a^3b^4)^2=a^{3\times2}b^{4\times2}=a^6b^8$

13 대표문제

$(-2x^ay^4)^b=-8x^{15}y^c$일 때, 자연수 a, b, c에 대하여 $a+b+c$의 값은?

① 12 ② 14 ③ 16

④ 18 ⑤ 20

14

다음 중 옳지 않은 것은?

① $(x^2y)^2=x^4y^2$ ② $(-4y)^2=16y^2$

③ $(3a^2b^3)^2=9a^4b^6$ ④ $\left(\frac{1}{3}x^2y\right)^3=\frac{1}{3}x^6y^3$

⑤ $(-a^2b^3c^4)^2=a^4b^6c^8$

중요

15

$(Ax^By^4z)^3=-27x^{15}y^Cz^D$일 때, 정수 A와 자연수 B, C, D에 대하여 $A+B+C+D$의 값은?

① 13 ② 15 ③ 17

④ 19 ⑤ 21

16 서술형

$108^4=(2^x\times3^3)^4=2^y\times3^{12}$일 때, 자연수 x, y에 대하여 $x+y$의 값을 구하시오.

02 단항식의 계산

유형 05 지수법칙 (5); 몫의 거듭제곱 개념 2

$b\neq0$이고 l, m, n이 자연수일 때,

$\left(\frac{a}{b}\right)^m=\frac{a^m}{b^m}$, $\left(\frac{a^m}{b^n}\right)^l=\frac{a^{ml}}{b^{nl}}$

예 $\left(\frac{a^2}{b^3}\right)^3=\frac{a^{2\times3}}{b^{3\times3}}=\frac{a^6}{b^9}$

17 대표문제

$\left(\frac{2x^A}{y^2}\right)^3=\frac{Bx^9}{y^C}$일 때, 정수 A, B, C에 대하여 $A+B+C$의 값은?

① 9 ② 11 ③ 14 ④ 17 ⑤ 20

18

다음 중 옳지 않은 것은?

① $\left(\frac{a}{b^3}\right)^3=\frac{a^3}{b^9}$
② $\left(\frac{x^2y}{z}\right)^2=\frac{x^4y^2}{z^2}$
③ $\left(-\frac{x^2y}{2}\right)^4=\frac{x^8y^4}{16}$
④ $\left(-\frac{a^2}{bc^3}\right)^5=-\frac{a^{10}}{bc^{15}}$
⑤ $\left(\frac{xy^3}{3z^4}\right)^2=\frac{x^2y^6}{9z^8}$

19

$\left\{\left(-\frac{2x}{3}\right)^3\right\}^2$을 간단히 하면?

① $-\frac{2^5x^5}{3^5}$ ② $-\frac{2^6x^6}{3^6}$ ③ $\frac{2^5x^5}{3^5}$ ④ $\frac{2^6x^6}{3^5}$ ⑤ $\frac{2^6x^6}{3^6}$

20 서술형

$\left(\frac{x^Ay^2}{Bz}\right)^3=-\frac{x^{18}y^C}{8z^D}$일 때, 정수 B와 자연수 A, C, D에 대하여 $A+B+C+D$의 값을 구하시오.

집중

유형 06 지수법칙 (6); 종합 개념 1, 2

m, n이 자연수일 때,

(1) $a^m\times a^n=a^{m+n}$

(2) $(a^m)^n=a^{mn}$

(3) $a^m\div a^n=\begin{cases} a^{m-n} & (m>n) \\ 1 & (m=n) \\ \frac{1}{a^{n-m}} & (m<n) \end{cases}$ (단, $a\neq0$)

(4) $(ab)^m=a^mb^m$, $\left(\frac{a}{b}\right)^m=\frac{a^m}{b^m}$ (단, $b\neq0$)

21 대표문제

다음 **보기** 중 옳은 것을 모두 고르시오.

보기

ㄱ. $x^3\times x^4\times x^2=x^9$
ㄴ. $a^{12}\div a^4=a^3$
ㄷ. $(-x^3y^4)^2=-x^6y^8$
ㄹ. $\left(\frac{2a^3}{b^2}\right)^5=\frac{10a^{15}}{b^{10}}$
ㅁ. $3^5\div3^2\div3^2=3$
ㅂ. $\left(-\frac{xz^3}{y^2}\right)^4=\frac{xz^{12}}{y^8}$

22

다음 중 계산 결과가 $\frac{1}{x}$인 것은?

① $x^5\div x^4$ ② $(x^3)^2\div x^5$ ③ $(x^3)^2\div(x^4)^2$ ④ $x^4\times x^3\div x^8$ ⑤ $x^7\div x^3\div(x^2)^3$

23

다음 중 □ 안에 알맞은 수가 나머지 넷과 다른 하나는?

① $x^4\div x^{\square}=x^2$
② $a^7\div(a^3)^3=\frac{1}{a^{\square}}$
③ $\left(\frac{a}{b^{\square}}\right)^4=\frac{a^4}{b^{12}}$
④ $(-x^4y^3)^{\square}=x^8y^6$
⑤ $x^{\square}\div x^3\times(x^2)^2=x^3$

집중

유형 07 지수법칙의 응용 (1)

개념 1, 2

$2^{x+1}=4^3$에서 x의 값

➡ (우변)$=(2^2)^3=2^6$이므로 $2^{x+1}=2^6$ ← 양변의 밑이 같도록 변형한 후, 지수가 같음을 이용한다.

$x+1=6$ $\quad \therefore x=5$

24 대표문제

$27^{x+1}=3^{11-x}$일 때, 자연수 x의 값은?

① 1 ② 2 ③ 3 ④ 4 ⑤ 5

25

$2^{\square}\div 8^2=32^3$일 때, $\square$ 안에 알맞은 수는?

① 18 ② 19 ③ 20 ④ 21 ⑤ 22

26

$3^{2x}\times 27^3\div 9^5=3^9$일 때, 자연수 x의 값은?

① 1 ② 2 ③ 3 ④ 4 ⑤ 5

27 서술형

$4^{x+2}\times 8^{x+1}=16^3$일 때, 자연수 x의 값을 구하시오.

유형 08 지수법칙의 응용 (2)

개념 1, 2

m이 자연수일 때,

$\underbrace{a^m+a^m+a^m+\cdots+a^m}_{a\text{개}}=a\times a^m=a^{m+1}$

예 $4^3+4^3+4^3+4^3=4\times 4^3=4^4$

28 대표문제

$3^3+3^3+3^3=3^x$, $3^3\times 3^3\times 3^3=3^y$일 때, 자연수 x, y에 대하여 xy의 값은?

① 32 ② 34 ③ 36 ④ 38 ⑤ 40

29

$5^9+5^9+5^9+5^9+5^9$을 5의 거듭제곱으로 나타내시오.

30

다음 중 계산 결과가 나머지 넷과 다른 하나는?

① $(4^2)^3$ ② $2^4\times 2^4\times 2^4$ ③ 8^4+8^4 ④ $4^5+4^5+4^5+4^5$ ⑤ $2^{10}+2^{10}+2^{10}+2^{10}$

31

$\dfrac{2^6+2^6+2^6+2^6}{27^3}\times\dfrac{3^7+3^7+3^7}{8^2+8^2}$을 간단히 하면?

① $\dfrac{1}{3}$ ② $\dfrac{1}{2}$ ③ $\dfrac{2}{3}$ ④ 1 ⑤ $\dfrac{3}{2}$

유형 09 지수법칙의 응용 (3) 개념 1, 2

m, n이 자연수일 때, $a^n=A$이면
$a^{mn}=(a^n)^m=A^m$, $a^{m+n}=a^m\times a^n=a^mA$
예 $2^a=A$일 때, 8^{2a}을 A를 사용하여 나타내면
$8^{2a}=(2^3)^{2a}=2^{6a}=(2^a)^6=A^6$

32 대표문제

$A=2^{x+1}$일 때, 32^x을 A를 사용하여 나타내면?

① $32A^5$ ② $16A^5$ ③ $\frac{A^4}{16}$
④ $\frac{A^4}{32}$ ⑤ $\frac{A^5}{32}$

33

$\frac{1}{2^{10}}=A$일 때, $\frac{1}{4^{20}}$을 A를 사용하여 나타내면?

① $\frac{1}{A^4}$ ② $\frac{1}{A^2}$ ③ A^2
④ A^4 ⑤ A^{10}

중요

34

$A=3^{x+1}$, $B=5^{x-1}$일 때, 15^x을 A, B를 사용하여 나타내면?

① $\frac{AB}{15}$ ② $\frac{3}{5}AB$ ③ AB
④ $\frac{5}{3}AB$ ⑤ $15AB$

35

$2^3=A$, $3^6=B$라 할 때, $4^5\times27^4$을 A, B를 사용하여 나타내면?

① A^3B^2 ② A^4B^2 ③ $2A^3B^2$
④ $3A^3B^2$ ⑤ $6A^3B^2$

유형 10 지수법칙의 응용 (4) 개념 1, 2

밑이 같고 지수가 미지수인 덧셈은 분배법칙을 이용하여 간단히 한다.
예 $5^{x+1}+5^x=5^x\times5+5^x=5^x(5+1)=6\times5^x$

36 대표문제

$2^{x+2}+2^{x+1}+2^x=56$일 때, 자연수 x의 값은?

① 1 ② 2 ③ 3
④ 4 ⑤ 5

37

$3^{x+1}+3^x=36$일 때, 자연수 x의 값은?

① 1 ② 2 ③ 3
④ 4 ⑤ 5

38

$5^{x+2}+2\times5^{x+1}+5^x=180$일 때, 자연수 x의 값은?

① 1 ② 2 ③ 3
④ 4 ⑤ 5

39 서술형

$3^{2x}(3^x+3^x+3^x+3^x)=108$일 때, 자연수 x의 값을 구하시오.

집중

유형 11 자릿수 구하기 개념 1, 2

$2^m \times 5^n$이 몇 자리 자연수인지 구할 때는 $a \times 10^k$ (a, k는 자연수) 꼴로 나타낸다.

예 $2^3 \times 5^2 = 2 \times 2^2 \times 5^2 = 2 \times (2 \times 5)^2 = 2 \times 10^2$
따라서 $2^3 \times 5^2$은 세 자리 자연수이다.

참고 ($a \times 10^k$의 자릿수)$=$(a의 자릿수)$+k$ (단, a, k는 자연수)

40 대표문제

$2^7 \times 5^8$은 몇 자리 자연수인가?

① 6자리 ② 7자리 ③ 8자리
④ 9자리 ⑤ 10자리

41

$2^6 \times 4^3 \times 5^8$이 n자리 자연수일 때, n의 값은?

① 6 ② 7 ③ 8
④ 9 ⑤ 10

42

$\dfrac{4^5 \times 15^7}{18^2}$이 m자리 자연수이고, 각 자리의 숫자의 합이 n일 때, $m+n$의 값은?

① 16 ② 17 ③ 18
④ 19 ⑤ 20

43 서술형

$15 \times 20 \times 25 \times 30$이 n자리 자연수일 때, n의 값을 구하시오.

집중

유형 12 단항식의 곱셈 개념 3

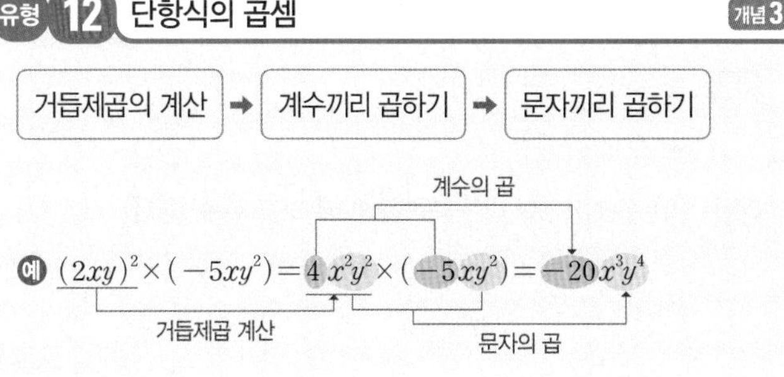

44 대표문제

$(2x^2y)^3 \times (-3xy^2)^2 \times (-x^3y^2)$을 간단히 하면?

① $-72x^{10}y^9$ ② $-72x^{11}y^9$ ③ $-72x^{11}y^{10}$
④ $72x^{10}y^9$ ⑤ $72x^{11}y^9$

45

$\left(-\dfrac{4a^3b}{5}\right)^2 \times \left(\dfrac{5a}{2}\right)^3$을 간단히 하시오.

46

$(-3x^2y^3)^3 \times (-2xy)^4 \times \left(\dfrac{1}{6}x^2y\right)^2 = Ax^By^C$일 때, 정수 A와 자연수 B, C에 대하여 $A+B+C$의 값은?

① 17 ② 18 ③ 19
④ 20 ⑤ 21

47 서술형

$Ax^4y^3 \times (-2xy)^B = -24x^7y^C$일 때, 자연수 A, B, C에 대하여 $A+B-C$의 값을 구하시오.

유형 13 단항식의 나눗셈 개념 4

방법 1 분수 꼴로 바꾸어 계산한다.

→ $A\div B=\frac{A}{B}$

방법 2 역수를 이용하여 나눗셈을 곱셈으로 바꾸어 계산한다.

곱셈으로

→ $A\div B=A\times\frac{1}{B}=\frac{A}{B}$

역수로

48 대표문제

$(-6x^3y^2)\div 2x^5y^3\div\left(-\frac{1}{3}x^2y\right)$를 간단히 하면?

① $-\frac{9}{x^4y^2}$ ② $-\frac{1}{x^4y^2}$ ③ $\frac{1}{x^4y^2}$
④ $\frac{9}{x^4y^2}$ ⑤ $\frac{9}{x^4y}$

49

$(-4a^4b^5)^3\div(2a^2b^3)^4$을 간단히 하시오.

50

$12x^6y^4\div(-2xy^2)^3\div 3xy^5=\frac{x^A}{By^C}$일 때, 자연수 A, C와 정수 B에 대하여 $A+B+C$의 값은?

① 7 ② 10 ③ 13
④ 16 ⑤ 19

51 서술형

$(9x^2y^3)^a\div(3x^2y^b)^3=\frac{3}{x^cy^6}$일 때, 자연수 a, b, c에 대하여 $a+b-c$의 값을 구하시오.

유형 14 단항식의 곱셈과 나눗셈의 혼합 계산 개념 5

❶ 지수법칙을 이용하여 괄호를 먼저 푼다.
❷ 나눗셈은 분수 꼴 또는 역수의 곱셈으로 바꾼다.
❸ 부호를 결정한 후 계수는 계수끼리, 문자는 문자끼리 계산한다.

52 대표문제

$(-x^3y^2)^3\div\left(-\frac{2x}{y}\right)^3\times\left(-\frac{4y}{x^5}\right)^2$을 간단히 하면?

① $-\frac{2y^{11}}{x^4}$ ② $-\frac{y^{11}}{x^4}$ ③ $\frac{2y^{11}}{x^4}$
④ $\frac{2y^{12}}{x^4}$ ⑤ $\frac{4y^{11}}{x^4}$

중요

53

다음 중 옳지 않은 것을 모두 고르면? (정답 2개)

① $(-2a^4b)^3\times(a^2b^3)^2=-8a^{16}b^9$
② $(-3x^3)^4\div\left(\frac{3x^2}{2}\right)^3=24x^6$
③ $8ab^3\div(-2a^2b^4)^2\times 5a^3b^5=10ab$
④ $(-3xy^3)^2\div\left(-\frac{x^2y}{2}\right)^3=-\frac{72y^3}{x^4}$
⑤ $(-6x^2y^3)^2\times\left(-\frac{x}{y}\right)^3\div(-3xy^2)^3=-\frac{4x^4}{3y^3}$

54

$(3x^6y^2)^A\div(-6x^By^2)^2\times 4xy^2=Cx^5y^4$일 때, 자연수 A, B, C에 대하여 $A+B+C$의 값은?

① 7 ② 10 ③ 13
④ 16 ⑤ 19

집중

유형 15 단항식의 계산에서 □ 안의 식 구하기 개념 5

(1) $A\div\square\times B=C \Rightarrow A\times\dfrac{1}{\square}\times B=C \quad \therefore \square=A\times B\times\dfrac{1}{C}$

(2) $A\times\square\div B=C \Rightarrow A\times\square\times\dfrac{1}{B}=C \quad \therefore \square=\dfrac{1}{A}\times B\times C$

55 대표문제

$(6x^3y)^2\div\square\times(-2x^5y^4)=-9x^3y^2$일 때, □ 안에 알맞은 식은?

① $8x^7y^4$ ② $8x^8y^4$ ③ $8x^8y^5$
④ $16x^8y^4$ ⑤ $16x^9y^5$

56

어떤 식에 $-\dfrac{3}{xy^2}$을 곱했더니 $6xy$가 되었다. 어떤 식을 구하면?

① $-18x^2y^3$ ② $-3x^2y^3$ ③ $-2x^2y^3$
④ $2x^2y^3$ ⑤ $18x^2y^3$

57

$(-18x^5y^3)\times\square\div(3xy^2)^3=2x^4y^4$일 때, □ 안에 알맞은 식을 구하시오.

58

다음 □ 안에 알맞은 식을 구하시오.

$$(-2x^3y^4)^3\div\left(-\frac{1}{3}x^2y\right)^2\div\square=6xy$$

유형 16 단항식의 곱셈과 나눗셈의 활용 개념 5

(1) (직육면체의 부피)=(가로의 길이)×(세로의 길이)×(높이)
(2) (기둥의 부피)=(밑넓이)×(높이)
(3) (뿔의 부피)=$\dfrac{1}{3}$×(밑넓이)×(높이)

59 대표문제

오른쪽 그림과 같이 밑면의 반지름의 길이가 $3a^2b^3$, 높이가 $\dfrac{4a^3}{b}$인 원기둥의 부피를 구하시오.

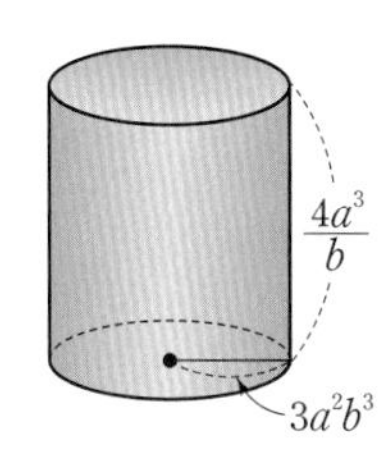

60

밑변의 길이가 $5ab$이고, 넓이가 $15a^2b^3$인 삼각형의 높이를 구하시오.

61

오른쪽 그림과 같이 직육면체의 밑면은 한 변의 길이가 $4x^2y$인 정사각형이다. 이 직육면체의 부피가 $48x^5y^4$일 때, 이 직육면체의 높이는?

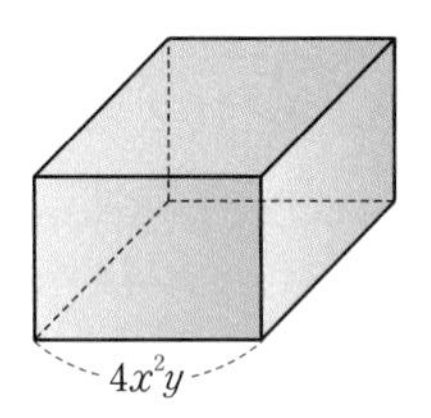

① $3xy$ ② $3xy^2$
③ $3x^2y$ ④ $3x^2y^2$
⑤ $12x^3y^3$

62 서술형

오른쪽 그림과 같이 밑면의 지름의 길이가 $8x^2$인 원뿔의 부피가 $16\pi x^5y$일 때, 이 원뿔의 높이를 구하시오.

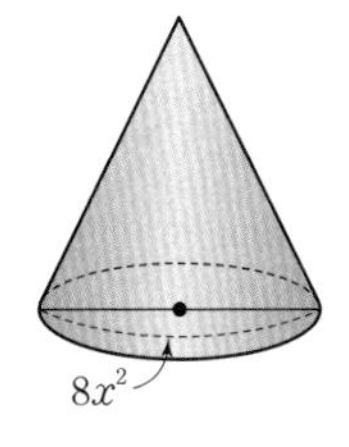

Real 실전 기출

01

$a\times a^2\times a^3\times a^x=a^{2x}$일 때, 자연수 x의 값은?

① 5　② 6　③ 7
④ 8　⑤ 9

02

자연수 x, y에 대하여 $x+y=4$이고 $a=2^x$, $b=2^y$일 때, ab의 값은?

① 4　② 8　③ 16
④ 32　⑤ 64

03 최다빈출

$8\times 9\times 10\times 11\times 12=2^a\times 3^b\times 5^c\times 11^d$일 때, 자연수 a, b, c, d에 대하여 $a+b+c+d$의 값은?

① 8　② 9　③ 10
④ 11　⑤ 12

04 창의 역량

컴퓨터의 저장 용량을 나타내는 단위에는 B(바이트), KiB(키비바이트), MiB(메비바이트), GiB(기비바이트) 등이 있으며 1 KiB$=2^{10}$ B, 1 MiB$=2^{10}$ KiB, 1 GiB$=2^{10}$ MiB이다. 8 GiB$=2^k$ B일 때, 자연수 k의 값을 구하시오.

05

다음 중 계산 결과가 나머지 넷과 다른 하나는?

① $x^{10}\div x^5$　② $x^3\times x\times x$
③ $(x^3)^5\div(x^5)^2$　④ $x^4\div x^5\times x^6$
⑤ $x^9\div x^2\div x^3$

06

다음을 모두 만족시키는 자연수 x, y에 대하여 xy의 값을 구하시오.

$$16^2\div 2^x=\frac{1}{64},\quad 81\div 3^{y+1}\times 3^{12}=3^x$$

07

$\{(2^5)^3\}^2=2^x$, $3^5+3^5+3^5=3^y$, $5^2\times 5^2\times 5^2=5^z$일 때, 자연수 x, y, z에 대하여 $x+y+z$의 값을 구하시오.

08

$A=2^x$, $B=3^{x+1}$일 때, 24^x을 A, B를 사용하여 나타내면?

① $\frac{AB}{3}$　② $\frac{AB^3}{3}$　③ $\frac{A^3B}{3}$
④ A^3B　⑤ $3A^3B$

09 최다빈출

다음 중 옳지 않은 것은?

① $(2xy)^3 \div 4x^3y^4 = \frac{2}{y}$
② $(-3a^3b) \times (2a^2b)^2 = -12a^7b^3$
③ $12x^5 \times (-6x^4) \div (-3x^3)^2 = -8x^3$
④ $ab^3 \div 15a^4b^6 \times (-5a^2b^3)^2 = \frac{1}{3}ab^3$
⑤ $(-3x^2y^2)^4 \div \left(-\frac{3}{2}xy^2\right)^3 \div (-2x^3y^2) = 12x^2$

10

$(-2xy^3)^A \div 6x^By^5 \times 9x^6y^3 = Cx^3y^7$일 때, 자연수 A, B, C에 대하여 $A+B+C$의 값은?

① -6　② -3　③ 3
④ 6　⑤ 9

11

다음 그림에서 □ 안의 식은 바로 아래의 두 식을 곱한 결과이다. 이때 A에 알맞은 식을 구하시오.

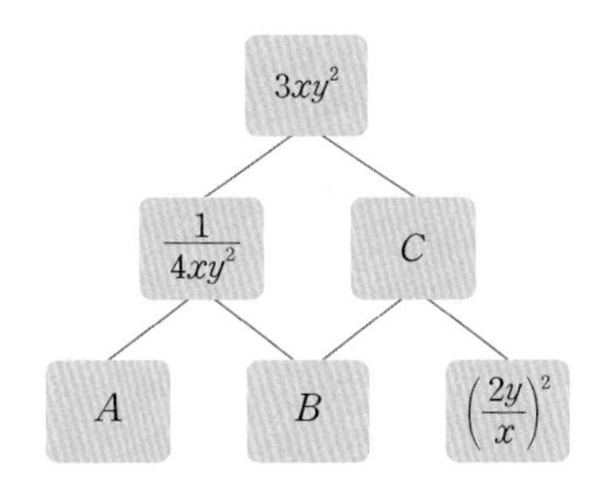

12

오른쪽 그림과 같이 밑면의 반지름의 길이가 $2a^2b^3$, 높이가 $\frac{6b^2}{a}$인 원기둥 모양의 물통에 $\frac{3}{4}$만큼 물을 채웠다. 이때 물통에 담긴 물의 부피를 구하시오.

(단, 물통의 두께는 생각하지 않는다.)

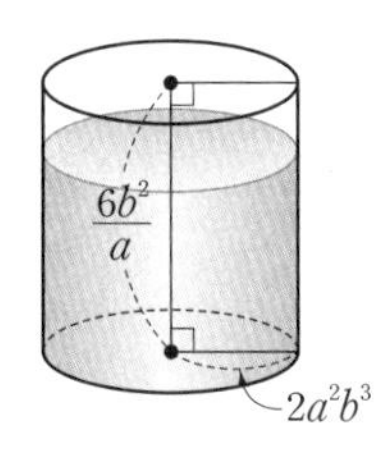

100점 공략

13

n이 자연수일 때, $(-1)^{n+1} \times (-1)^n \times (-1)^{2n-1}$의 값을 구하시오.

14

$7^{30} \div (7^5)^2$의 일의 자리의 숫자는?

① 1　② 3　③ 5
④ 7　⑤ 9

15

$2^x \times 5^8 \times 11$이 10자리 자연수가 되도록 하는 모든 자연수 x의 값의 합은?

① 30　② 32　③ 34
④ 36　⑤ 38

서술형

16

$\dfrac{12^4\times5^{12}}{45^2}$이 n자리 자연수일 때, n의 값을 구하시오.

17

다음 두 식 A, B에 대하여 $A\div B$를 간단히 하시오.

$$A=3x^3y^4\times(-6xy^3),\quad B=27x^5y^3\div\frac{3}{2}x^4y^2$$

18

어떤 식에 $3x^4y^3$을 곱해야 할 것을 잘못하여 나누었더니 $-4x^2y$가 되었다. 이때 바르게 계산한 결과를 구하시오.

19

오른쪽 그림의 직사각형과 삼각형의 넓이가 서로 같다. 삼각형의 밑변의 길이가 $4a^2b^3$일 때, 삼각형의 높이를 구하시오.

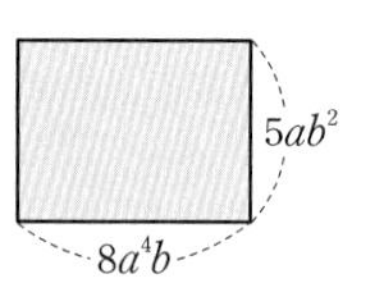

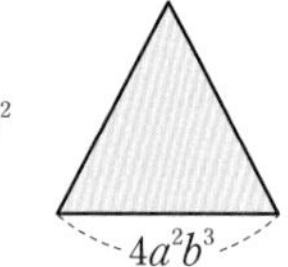

20 100점

다음 두 식을 만족시키는 자연수 x, y에 대하여 $x+y$의 값을 구하시오.

$$\frac{54^{10}}{36^5}=3^x,\quad \frac{8^4+8^4+8^4+8^4}{2^5+2^5+2^5+2^5}=2^y$$

풀이

답

21 100점

두 식 a, b에 대하여 $*$, ★를 $a*b=ab$, $a★b=a^2\div b$로 약속하자. 이때 $A*2x^3=-2x^5y^3$, $6xy★B=3x^2y$를 만족시키는 두 식 A, B에 대하여 $A\div B$를 간단히 하시오.

03

I. 수와 식

다항식의 계산

39 ~ 50쪽

18 ~ 23쪽

Real 실전 개념

개념 1 다항식의 덧셈과 뺄셈 (유형 01~04)

(1) **다항식의 덧셈과 뺄셈**

괄호를 풀고 동류항끼리 모아서 간단히 한다. 이때 뺄셈은 빼는 식의 각 항의 부호를 바꾸어 더한다.

(2) **이차식**

한 문자에 대한 차수가 2인 다항식을 그 문자에 대한 이차식이라 한다.

예 x^2+3, $5x^2-x+2$ ➡ x에 대한 이차식

$3x^2+2x-1$ (차수: 2)

(3) **이차식의 덧셈과 뺄셈**

괄호를 풀고 동류항끼리 모아서 간단히 한다.

개념 2 단항식과 다항식의 곱셈 (유형 05, 07~09)

(1) **(단항식)×(다항식), (다항식)×(단항식)의 계산**

분배법칙을 이용하여 단항식을 다항식의 각 항에 곱한다.

(2) **전개와 전개식**

① 전개: 단항식과 다항식의 곱을 하나의 다항식으로 나타내는 것

② 전개식: 전개하여 얻은 다항식

$2x(x+3)=2x^2+6x$ (전개 → 전개식)

개념 3 다항식과 단항식의 나눗셈 (유형 06~09)

다항식과 단항식의 나눗셈은 다음과 같은 방법으로 계산한다.

방법 1 분수 꼴로 바꾸어 분자의 각 항을 분모로 나눈다.

$$(A+B)\div C=\frac{A+B}{C}=\frac{A}{C}+\frac{B}{C}$$

방법 2 단항식의 역수의 곱셈으로 바꾸고 분배법칙을 이용한다.

$$(A+B)\div C=(A+B)\times\frac{1}{C}=A\times\frac{1}{C}+B\times\frac{1}{C}$$

예 **방법 1** $(6xy+3y^2)\div 3y=\frac{6xy+3y^2}{3y}=\frac{6xy}{3y}+\frac{3y^2}{3y}=2x+y$

방법 2 $(6xy+3y^2)\div 3y=(6xy+3y^2)\times\frac{1}{3y}=6xy\times\frac{1}{3y}+3y^2\times\frac{1}{3y}=2x+y$

개념 4 식의 대입 (유형 10~12)

주어진 식의 문자 대신 그 문자를 나타내는 다른 식을 대입하여 주어진 식을 다른 문자의 식으로 나타낼 수 있다.

예 $y=x-1$일 때, $2x-3y+1$을 x의 식으로 나타내면

$2x-3y+1=2x-3(x-1)+1=2x-3x+3+1=-x+4$

개념 노트

- 동류항
다항식에서 곱해진 문자와 그 문자에 대한 차수가 각각 같은 항
- 다항식에서 차수가 가장 큰 항의 차수를 그 다항식의 차수라 한다.
- 여러 가지 괄호가 있는 식은 (소괄호) → {중괄호} → [대괄호]의 순서로 괄호를 풀어 간단히 한다.
- 분배법칙
(1) $a(b+c)=ab+ac$
(2) $(a+b)c=ac+bc$
- 계수가 분수인 단항식으로 나눌 때는 방법 2를 이용하는 것이 편리하다.
- 사칙계산이 혼합된 식의 계산
❶ 거듭제곱을 먼저 정리한다.
❷ 괄호를 푼다.
❸ 분배법칙을 이용하여 곱셈, 나눗셈을 한다.
❹ 동류항끼리 덧셈, 뺄셈을 한다.
- 다항식을 대입할 때는 괄호를 사용한다.

개념 1 다항식의 덧셈과 뺄셈

[01~04] 다음 식을 간단히 하시오.

01 $(a+4b)+(3a+2b)$

02 $(-2x+3y)-(-5x-y)$

03 $(3a+b-4)+(2a+3b)$

04 $(4x+2y-3)-(x-2y+2)$

[05~06] 다음 식을 간단히 하시오.

05 $(a^2+2a-3)+(4a^2+3a-1)$

06 $(-2x^2+x+2)-(-x^2-5x+1)$

[07~08] 다음 식을 간단히 하시오.

07 $-2x+\{4x+3y-(x-2y)\}$

08 $3a-[2a+\{3a+b-(4a+5b)\}]$

개념 2 단항식과 다항식의 곱셈

[09~12] 다음 식을 간단히 하시오.

09 $x(4x+3)$

10 $(2a-b)\times(-3b)$

11 $-2x(2x-y+3)$

12 $(-a+2b-5)\times(-3a)$

[13~14] 다음 식을 간단히 하시오.

13 $a(2a-1)+3a(-a+1)$

14 $2x(3x+y)-(x+y)\times(-y)$

개념 3 다항식과 단항식의 나눗셈

[15~18] 다음 식을 간단히 하시오.

15 $(6a^2-10a)\div 2a$

16 $(18x^2y-6xy)\div(-3xy)$

17 $(2a^2-3a)\div\frac{1}{3}a$

18 $(x^2y-2xy^2)\div\left(-\frac{1}{2}xy\right)$

[19~20] 다음 식을 간단히 하시오.

19 $\frac{9a^2+6a}{3a}-\frac{8a^2b-6ab}{2ab}$

20 $(2x^2-4x)\div 2x+(12xy-6y)\div(-3y)$

개념 4 식의 대입

[21~22] $a=2b-5$일 때, 다음 식을 b의 식으로 나타내시오.

21 $-a+4b$

22 $2a-6b+3$

[23~24] $x-y=1$일 때, 다음 식을 x의 식으로 나타내시오.

23 $2x+y+3$

24 $3x-5y+7$

유형 01 다항식의 덧셈과 뺄셈 개념 1

$(a+4b)+(2a-5b)=a+4b+2a-5b=3a-b$

$(2x+y)-(4x-2y)=2x+y-4x+2y=-2x+3y$

└ 빼는 식의 각 항의 부호를 바꾸어 더한다.

01 대표문제

$\left(\frac{1}{2}a+\frac{1}{6}b-1\right)-\left(\frac{1}{3}a-\frac{1}{2}b-1\right)$을 간단히 하면?

① $\frac{1}{6}a+\frac{1}{3}b$ ② $\frac{1}{6}a+\frac{1}{2}b$
③ $\frac{1}{6}a+\frac{2}{3}b$ ④ $\frac{1}{3}a+\frac{2}{3}b$
⑤ $\frac{1}{6}a+\frac{2}{3}b-2$

02

$(7x-5y+8)+4(-x+3y-1)$을 간단히 하였을 때, x의 계수와 상수항의 합은?

① 6 ② 7 ③ 8
④ 9 ⑤ 10

중요

03 서술형

$\left(\frac{1}{3}x+\frac{3}{4}y\right)-\left(\frac{5}{6}x-\frac{1}{2}y\right)=ax+by$일 때, 상수 a, b에 대하여 ab의 값을 구하시오.

04

$\frac{3x-y}{2}-\frac{2x-5y}{3}-\frac{1}{6}y$를 간단히 하시오.

유형 02 이차식의 덧셈과 뺄셈 개념 1

$(2x^2+x-1)+(5x^2-3x-4)=2x^2+x-1+5x^2-3x-4$
$=7x^2-2x-5$

$(5x^2-2x+5)-(3x^2-x+6)=5x^2-2x+5-3x^2+x-6$
$=2x^2-x-1$

05 대표문제

$(2x^2+5x-3)-(-3x^2-x+4)=ax^2+bx+c$일 때, 상수 a, b, c에 대하여 $a+b+c$의 값은?

① 1 ② 2 ③ 3
④ 4 ⑤ 5

06

$\left(-x^2+\frac{5}{2}x-\frac{1}{6}\right)-\left(-2x^2+\frac{1}{2}x-\frac{2}{3}\right)$를 간단히 하면?

① $-3x^2+2x-\frac{5}{6}$ ② $-3x^2+3x+\frac{1}{2}$
③ $x^2+2x-\frac{5}{6}$ ④ $x^2+2x+\frac{1}{2}$
⑤ $x^2+3x-\frac{5}{6}$

07

$(x^2+4x-2)-6\left(\frac{2}{3}x^2-\frac{1}{2}x-1\right)$을 간단히 하였을 때, x^2의 계수와 상수항의 합을 구하시오.

집중

유형 03 여러 가지 괄호가 있는 식의 계산 개념1

여러 가지 괄호가 있는 식은

(소괄호) ➡ {중괄호} ➡ [대괄호]

의 순서대로 괄호를 푼다.

예 $3x-\{2x-(x-2y)+y\}=3x-(2x-x+2y+y)$
$=3x-(x+3y)$
$=3x-x-3y=2x-3y$

08 대표문제

$2a-[3b-\{5a-(8a-b+1)\}]$을 간단히 하면?

① $-a-2b-1$ ② $-a-3b+1$
③ $-a+2b-1$ ④ $-4a+b-1$
⑤ $a-2b-1$

09

$5x-[4x-2y-\{2x+3y-(7x+y)\}]=ax+by$일 때, 상수 a, b에 대하여 $a+b$의 값은?

① -2 ② -1 ③ 0
④ 1 ⑤ 2

10

다음 식을 간단히 하면?

$$3x^2-[4x+x^2-\{2x^2+3x-(-5x+4x^2)\}]$$

① $-4x$ ② x^2+4x ③ $2x^2$
④ $4x$ ⑤ $4x^2$

집중

유형 04 어떤 식 구하기 (1) 개념1

(1) $A+B=C$ ➡ $A=C-B$
(2) $A-B=C$ ➡ $A=C+B$
(3) $B-A=C$ ➡ $A=B-C$

11 대표문제

어떤 식에서 $3x^2-4x-2$를 빼어야 할 것을 잘못하여 더했더니 $7x^2-2x+3$이 되었다. 이때 바르게 계산한 식은?

① x^2-2x+3 ② x^2+6x+7
③ $4x^2+2x+5$ ④ $10x^2-6x+1$
⑤ $13x^2-10x-1$

12

$2a+3b-1$에서 다항식 A를 빼었더니 $-2a+b+4$가 되었다. 이때 다항식 A는?

① $-4a+2b-5$ ② $-4a-2b+5$
③ $4a+2b-3$ ④ $4a+2b-5$
⑤ $4a+2b+5$

중요

13 서술형

어떤 식에 $3x-2$를 더해야 할 것을 잘못하여 빼었더니 $2x^2-4x+5$가 되었다. 이때 바르게 계산한 식을 구하시오.

14

$5x^2-\{x-2x^2-(\square+3x^2)\}+1=9x^2+4x+4$일 때, $\square$ 안에 알맞은 식을 구하시오.

유형 05 단항식과 다항식의 곱셈 개념 2

(1) $A(B+C)=AB+AC$ (2) $(A+B)C=AC+BC$

예 (1) $-2a(a-3b)=-2a\times a-2a\times(-3b)=-2a^2+6ab$

(2) $(4-2a)\times 5a=4\times 5a-2a\times 5a=20a-10a^2$

15 대표문제

$-2x(-5x+4)-3(2x^2-4x-1)$을 간단히 하면?

① $4x^2+4x-3$ ② $4x^2+4x+3$
③ $4x^2+20x+3$ ④ $16x^2+20x+3$
⑤ $16x^2+4x+3$

16

$-3x(x^2-2x+3)=ax^3+bx^2+cx$일 때, 상수 a, b, c에 대하여 $a+b-c$의 값을 구하시오.

17

$5a(3a-2b+6)-3a(-4b-a)$를 간단히 하면?

① $3a^2-7ab+30a$ ② $6a^2-10ab+30a$
③ $18a^2-2ab+30a$ ④ $18a^2+2ab+30a$
⑤ $27a^2-7ab+30a$

18

$\frac{1}{3}x(4x-1)-\frac{3}{2}x(x-3)-(-3x^2+4x-5)$를 간단히 하면 ax^2+bx+c일 때, 상수 a, b, c에 대하여 $a+b+c$의 값을 구하시오.

유형 06 다항식과 단항식의 나눗셈 개념 3

$(12x^2-8x)\div 4x$를 간단히 하면 다음과 같다.

방법 1 나눗셈을 분수 꼴로 바꾼다.

$$(12x^2-8x)\div 4x=\frac{12x^2-8x}{4x}=\frac{12x^2}{4x}-\frac{8x}{4x}=3x-2$$

방법 2 나누는 식을 역수의 곱셈으로 바꾼다.

$$(12x^2-8x)\div 4x=(12x^2-8x)\times\frac{1}{4x}$$
$$=12x^2\times\frac{1}{4x}-8x\times\frac{1}{4x}=3x-2$$

19 대표문제

$(18x^2y^3-6xy)\div\frac{3}{2}xy^2$을 간단히 하면?

① $12xy-\frac{4}{y}$ ② $12xy-\frac{1}{4y}$
③ $12xy-4$ ④ $12xy-4y$
⑤ $27xy-\frac{9}{y}$

20

$\frac{-4a^4b^3-12a^3b^2+6a^2b}{2a^2b}$를 간단히 하면?

① $-2a^2b-6ab+3$ ② $-2a^2b^2-6ab-3$
③ $-2a^3b^2-6a^2b+3$ ④ $-2a^2b^2-6ab+3$
⑤ $-2a^2b^2-6ab^2-3$

중요

21 서술형

$A=(27x^2-12xy)\div 3x$, $B=(21xy^2-14x^2y)\div\frac{7}{2}xy$일 때, $A-B$를 간단히 하시오.

유형 07 어떤 식 구하기 (2)

개념 2, 3

(1) $A\times B=C \rightarrow A=C\div B$
(2) $A\div B=C \rightarrow A=C\times B$

22 대표문제

$\square\times\left(-\frac{x}{3y}\right)=x^2y^2-2x^2y+3x$일 때, $\square$ 안에 알맞은 식은?

① $-3xy^3-6xy^2-9y$
② $-3xy^3+6xy^2-9y$
③ $-3xy^3+2xy^2-9y$
④ $-3xy^3+xy-9y$
⑤ $3xy^3-6xy^2+9y$

23

$\square\div 2ab^2=2a^2-4b-3$일 때, $\square$ 안에 알맞은 식은?

① $2a^3b^2-8ab^2-6ab^2$
② $2a^3b^2-8ab^3-6ab^2$
③ $4a^2b^3-8ab^2-6ab^2$
④ $4a^3b^2-8ab^2-6ab^2$
⑤ $4a^3b^2-8ab^3-6ab^2$

24

다항식 A를 $3x$로 나눈 결과가 $\frac{4}{3}xy-x-\frac{5}{6}y$일 때, 다항식 A를 구하시오.

25

다항식 A에 $5x-3$을 더한 후 $-2x$를 곱한 결과가 $8x^2+6xy-18x$일 때, 다항식 A를 구하시오.

유형 08 사칙계산이 혼합된 식의 계산

개념 2, 3

사칙계산이 혼합된 식은

거듭제곱 → 괄호 → 곱셈, 나눗셈 → 덧셈, 뺄셈

의 순서대로 계산한다.

26 대표문제

$-6y(2x-3)+(9x^3y-18x^2y+36x^2)\div(-3x)^2$을 간단히 한 식에서 xy의 계수를 a, y의 계수를 b라 할 때, $a+b$의 값을 구하시오.

27

$\frac{3a^2-15ab}{3a}-\frac{4ab+12b^2}{-2b}$을 간단히 하면?

① $a+b$
② $a-11b$
③ $3a$
④ $3a-b$
⑤ $3a+b$

28

다음 중 옳지 않은 것은?

① $a-\{4a-(a-5b)\}=-2a-5b$
② $-x(x-3y-2)=-x^2+3xy+2x$
③ $a(3a-2)-(3a+1)\times(-a)^2=-3a^3+2a^2-2a$
④ $3x(-x+y)-(4x^2y-12xy^2)\div y=-7x^2+15xy$
⑤ $(4a-6a^2)\div 2a-(5a^2-3a)\div(-a)=2a+5$

중요

29 서술형

$\frac{3}{2}x(8x-4y)-\left(\frac{5}{3}x^2y-20xy\right)\div\left(-\frac{5}{6}y\right)$를 간단히 한 식에서 x^2의 계수를 a, xy의 계수를 b라 할 때, $a-b$의 값을 구하시오.

유형 09 다항식과 단항식의 곱셈과 나눗셈의 활용 개념 2, 3

(1) (삼각형의 넓이)$=\frac{1}{2}\times$(밑변의 길이)$\times$(높이)
(2) (직사각형의 넓이)$=$(가로의 길이)$\times$(세로의 길이)
(3) (기둥의 부피)$=$(밑넓이)$\times$(높이)
(4) (뿔의 부피)$=\frac{1}{3}\times$(밑넓이)$\times$(높이)

30 대표문제

오른쪽 그림과 같이 가로의 길이가 $6y$, 세로의 길이가 $3x$인 직사각형에서 색칠한 부분의 넓이는?

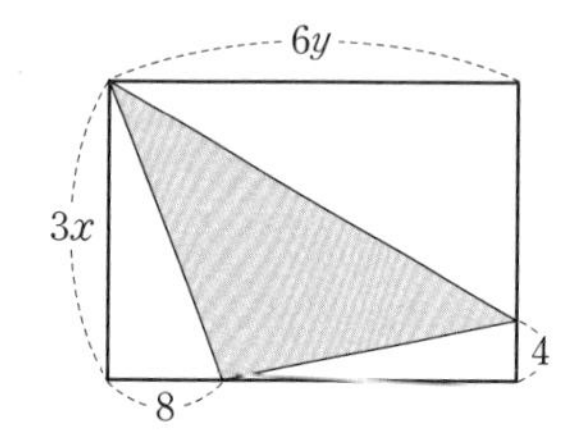

① $9xy-12x-32$
② $9xy+12x-16$
③ $9xy-12x-16$
④ $9xy-12x+16$
⑤ $9xy-12y-16$

31

오른쪽 그림과 같은 전개도로 만든 직육면체의 겉넓이를 구하시오.

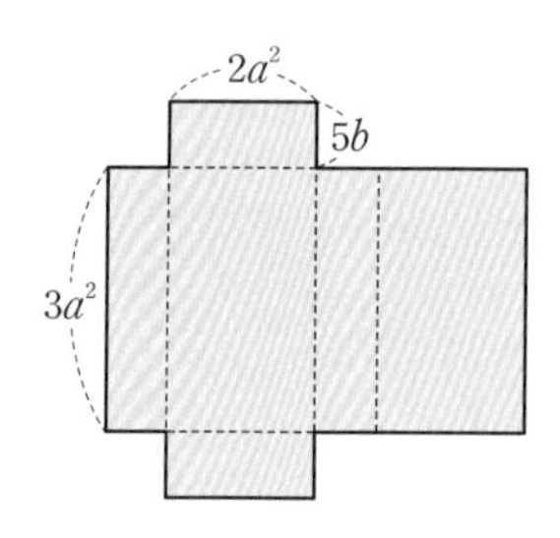

32 서술형

오른쪽 그림과 같이 밑면의 반지름의 길이가 $2x$인 원뿔의 부피가 $36\pi x^3y-12\pi x^2y$일 때, 이 원뿔의 높이를 구하시오.

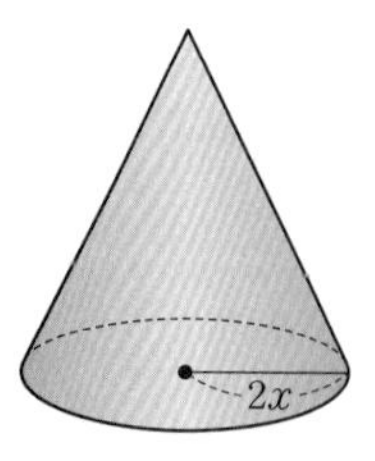

유형 10 식의 값 개념 4

❶ 주어진 식을 간단히 한다.
❷ ❶의 문자에 주어진 수를 대입하여 식의 값을 구한다.
주의 대입하는 수가 음수이면 괄호로 묶어서 대입한다.

33 대표문제

$x=5$, $y=-3$일 때, $(15x^2y-18xy^2)\div3xy$의 값은?

① 37 ② 39 ③ 41
④ 43 ⑤ 45

34

$a=-2$, $b=-1$일 때, $a(b+1)-(a-b+2)$의 값은?

① -2 ② -1 ③ 0
④ 1 ⑤ 2

35

$x=-1$, $y=\frac{1}{3}$일 때,

$(xy^2-xy)\div\left(-\frac{y}{3}\right)-(10x^2-15xy)\div5x$의 값을 구하시오.

중요 36

$x=\frac{1}{2}$, $y=-3$일 때, $\frac{6x^3y^2-5xy}{xy}-(y^2-3xy)\times(-2x)$의 값은?

① 1 ② 2 ③ 3
④ 4 ⑤ 5

집중

유형 11 식의 대입 개념 4

❶ 주어진 식을 간단히 한다.
❷ 대입하는 식을 괄호로 묶어서 대입한다.
❸ ❷의 식을 간단히 정리한다.

37 대표문제

$A=2x-y$, $B=3x+2y$일 때, $3A-\{A-(2A+B)\}$를 x, y의 식으로 나타내면?

① $5x-6y$ ② $7x$ ③ $9x-y$
④ $11x-2y$ ⑤ $11x+2y$

38

$b=-3a+1$에 대하여 $a-2b+7$을 a의 식으로 나타내었을 때, a의 계수는?

① -1 ② 1 ③ 3
④ 5 ⑤ 7

39 서술형

$A=\dfrac{2x+5y}{3}$, $B=\dfrac{3x-y}{5}$일 때, $2B-\{A-4(A-3B)\}$를 x, y의 식으로 나타내시오.

집중

유형 12 등식의 변형 개념 4

$x-y=2$일 때, $4x-7y$에 대하여

(1) x의 식으로 나타내면 $y=x-2$이므로
$4x-7y=4x-7(x-2)=4x-7x+14=-3x+14$

(2) y의 식으로 나타내면 $x=y+2$이므로
$4x-7y=4(y+2)-7y=4y+8-7y=-3y+8$

40 대표문제

$2x+3y=3x-y$일 때, $2(4x-y)-(x+5y)$를 y의 식으로 나타내면?

① $7y$ ② $14y$ ③ $21y$
④ $28y$ ⑤ $35y$

41

$a:b=3:2$일 때, $5a-3b+1$을 a의 식으로 나타내시오.

42

$3x+2y=4$일 때, $2x+4y-[x+5y-\{y-(3x-2y)\}]$를 x의 식으로 나타내시오.

중요

43 서술형

$\dfrac{1}{x}+\dfrac{1}{y}=3$일 때, $\dfrac{5(x+y)-3xy}{2(x+y)}$의 값을 구하시오.

Real 실전 기출

01

다음 **보기** 중 이차식인 것을 모두 고르시오.

보기

ㄱ. $-2x-x^2$　　ㄴ. $2x-y+3$

ㄷ. $b^2-7b-(b-b^2)$　　ㄹ. $2x^2+3x-2-(2x^2+x)$

ㅁ. $x^3+4x^2-5-(x+x^3)$

02 창의 역량

다음 표에서 가로 방향으로는 두 칸의 식을 더한 결과를 마지막 칸에, 세로 방향으로는 위의 칸의 식에서 아래 칸의 식을 뺀 결과를 마지막 칸에 적을 때, A에 알맞은 식을 구하시오.

가로: (+) →, 세로: (−) ↓

$3a-b$	$-a-2b+4$	
$-a+5b+2$	$2a-3b$	
$4a-6b-2$		A

03

$3(x^2-4x+5)-2(3x^2-2x-1)$을 간단히 하였을 때, x의 계수와 상수항의 합은?

① 5　② 7　③ 9　④ 12　⑤ 15

04 최다빈출

다음 등식을 만족시키는 상수 a, b, c에 대하여 $a+b+c$의 값을 구하시오.

$$\frac{x^2-x-4}{3}-\frac{2x^2-4x+2}{5}=ax^2+bx+c$$

05

$4x^2-1-x\{1-x-3(2-5x)\}+3x$를 간단히 한 식에서 x^2의 계수를 a, x의 계수를 b라 할 때, $a+b$의 값은?

① -4　② -2　③ 0　④ 2　⑤ 4

06

$-2x(x-3y+1)-x(1+y-3x)$를 간단히 하시오.

07

$\frac{4x^2+\square-6xy}{2x}=x-3y-5$일 때, $\square$ 안에 알맞은 식은?

① $-2x^2-10x$　② $-2x^2+10x$

③ $2x^2-10xy$　④ $-2x^2-12xy-10x$

⑤ $-6x^2-10x$

08

어떤 식을 $-\frac{1}{2}ab$로 나누어야 할 것을 잘못하여 곱했더니 $-2a^3b^2+a^2b^3-3a^2b^2$이 되었다. 이때 바르게 계산한 식을 구하시오.

09 최다빈출

다음 중 옳지 않은 것은?

① $2a(a+1)=2a^2+2a$
② $-3a(ab-a+2b)=-3a^2b+3a^2-6ab$
③ $(x^2-3xy-6x)\div\left(-\frac{3}{4}x\right)=-\frac{4}{3}x+4y+8$
④ $2(-x+y)-(3x^2y-12xy^2)\div 3xy=-3x+6y$
⑤ $-x(2y-3)+(4x^3y-12x^2y)\div(-2x)^2=-xy$

10

오른쪽 그림과 같이 직사각형 모양의 꽃밭에 폭이 a인 길을 만들었다. 길을 제외한 나머지 꽃밭의 넓이를 구하시오.

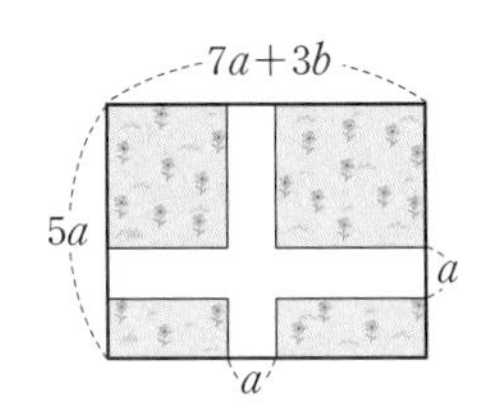

11

$x=-3$, $y=4$일 때,

$A=3x(x+2y)-y(2x-5y)$
$B=(x^2y^3-8xy^2)\div(-y)^2$

에 대하여 A, B 중 식의 값이 더 큰 것을 구하시오.

12

$a:b:c=2:1:3$일 때,
$\frac{a(ab+bc)+b(bc+ca)+c(ca+ab)}{abc}$의 값을 구하시오.

100점 공략

13

$5(x^2y+ax^2-x)-3x(xy+x-a)+2x^2$을 간단히 하면 x^2의 계수가 14일 때, x의 계수는? (단, a는 상수)

① 2 ② 3 ③ 4
④ 5 ⑤ 6

14

오른쪽 그림은 큰 직육면체 위에 부피가 $18x^3+9x^2$인 작은 직육면체를 올려놓은 것이다. 큰 직육면체와 작은 직육면체의 높이의 합이 $4x+1$일 때, 큰 직육면체의 부피를 구하시오.

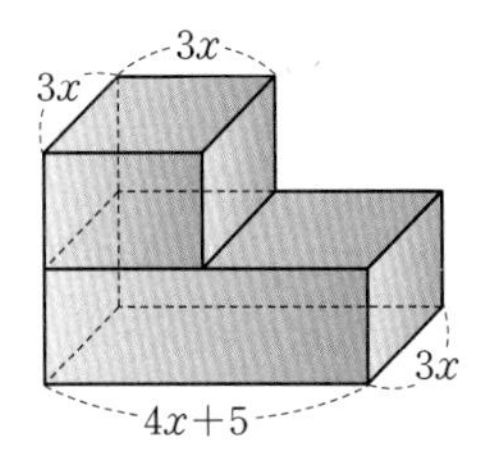

15

두 수 x, y에 대하여 $x\bigstar y=\frac{2x+y}{3x-y}$로 약속하자.

$x\bigstar y=\frac{1}{2}$일 때, $2(y\bigstar x)$의 값을 구하시오.

정답과 해설 31쪽

서술형

16

$-2(x^2-3x+1)-6\left(\frac{1}{3}x^2-x+\frac{3}{2}\right)=ax^2+bx+c$일 때, 상수 a, b, c에 대하여 $a+b-c$의 값을 구하시오.

17

$2x-[3x-6y+1-\{x+2y-(5x+y-4)\}]$를 간단히 하였을 때, x의 계수와 상수항의 합을 구하시오.

18

어떤 식에 $5x^2-x-4$를 더해야 할 것을 잘못하여 빼었더니 $-3x^2+4x-1$이 되었다. 이때 바르게 계산한 식을 구하시오.

19

$x=-\frac{1}{5}$, $y=-\frac{3}{2}$일 때,

$(3x^2y-5xy^2)\div x-\frac{3}{2}y(12x-10y)$의 값을 구하시오.

20 100점

오른쪽 그림과 같은 사다리꼴의 넓이가 $10a^3b+4a^2b^2-3ab$일 때, 이 사다리꼴의 아랫변의 길이를 구하시오.

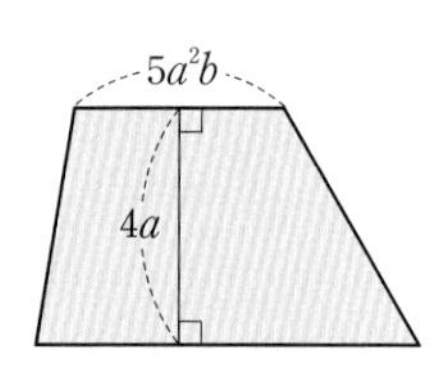

풀이

답

21 100점

다음 두 식 A, B에 대하여 $2A+\{A-3B-(4A-5B)\}$를 x, y의 식으로 나타내시오.

$$A=(-3x^2y+6xy^2)\div\frac{3}{2}xy,\quad B=\frac{5}{4}\left(2x-\frac{2}{5}y\right)$$

풀이

답

Ⅱ. 일차부등식

04 일차부등식

유형북 51 ~ 64쪽
더블북 24 ~ 29쪽

개념 1 부등식과 그 해 유형 01~03

(1) **부등식**

부등호 >, <, ≥, ≤를 사용하여 수 또는 식의 대소 관계를 나타낸 식

예 $2x+8\le 3$, $-x+1>2$

$x+2>3$ (좌변: $x+2$, 우변: 3, 좌변과 우변: 양변)

(2) **부등식의 표현**

$a>b$	$a<b$	$a\ge b$	$a\le b$
a는 b보다 크다. a는 b 초과이다.	a는 b보다 작다. a는 b 미만이다.	a는 b보다 크거나 같다. a는 b보다 작지 않다. a는 b 이상이다.	a는 b보다 작거나 같다. a는 b보다 크지 않다. a는 b 이하이다.

(3) **부등식의 해:** 부등식을 참이 되게 하는 미지수의 값

(4) **부등식을 푼다:** 부등식의 해를 모두 구하는 것

예 x의 값이 -1, 0, 1일 때, 부등식 $2x-1<1$을 풀어 보자.

x	좌변의 값	대소 비교	우변의 값	참, 거짓
-1	$2\times(-1)-1=-3$	<	1	참
0	$2\times 0-1=-1$	<	1	참
1	$2\times 1-1=1$	=	1	거짓

따라서 주어진 부등식의 해는 0, -1이다.

개념 2 부등식의 성질 유형 04, 05

(1) 부등식의 양변에 같은 수를 더하거나 양변에서 같은 수를 빼어도 부등호의 방향은 바뀌지 않는다.

➡ $a>b$이면 $a+c>b+c$, $a-c>b-c$

예 $5>3$의 양변에 2를 더하면 $7>5$

$5>3$의 양변에서 2를 빼면 $3>1$

(2) 부등식의 양변에 같은 양수를 곱하거나 양변을 같은 양수로 나누어도 부등호의 방향은 바뀌지 않는다.

➡ $a>b$, $c>0$이면 $ac>bc$, $\frac{a}{c}>\frac{b}{c}$

예 $8>2$의 양변에 2를 곱하면 $16>4$

$8>2$의 양변을 2로 나누면 $4>1$

(3) 부등식의 양변에 같은 음수를 곱하거나 양변을 같은 음수로 나누면 부등호의 방향이 바뀐다.

➡ $a>b$, $c<0$이면 $ac<bc$, $\frac{a}{c}<\frac{b}{c}$

예 $6>4$의 양변에 -2를 곱하면 $-12<-8$

$6>4$의 양변을 -2로 나누면 $-3<-2$

개념 노트

- 부등식에서 부등호의 왼쪽 부분을 좌변, 부등호의 오른쪽 부분을 우변이라 하고, 좌변과 우변을 통틀어 양변이라 한다.
- $a\ge b$ ➡ $a>b$ 또는 $a=b$
  $a\le b$ ➡ $a<b$ 또는 $a=b$
- 부등식의 참, 거짓
  부등식에서 미지수에 어떤 수를 대입하였을 때, 좌변과 우변의 값의 대소 관계가
  ① 주어진 부등호의 방향과 일치하면 ➡ 참
  ② 주어진 부등호의 방향과 일치하지 않으면 ➡ 거짓
- 부등식의 성질은 부등호 <, ≥, ≤에 대해서도 성립한다.
- 0으로 나누는 경우는 생각하지 않는다.

개념 1 부등식과 그 해

[01~04] 다음 중 부등식인 것은 ○표, 부등식이 아닌 것은 ×표를 하시오.

01 $4x=2$ ( )

02 $7+3>0$ ( )

03 $x-2\le 8$ ( )

04 $5x+2y-6$ ( )

[05~09] 다음 문장을 부등식으로 나타내시오.

05 x에 5를 더하면 7 미만이다.

06 x의 2배는 15보다 작지 않다.

07 x의 3배에 2를 더한 수는 x에서 6을 뺀 수보다 크다.

08 한 개에 800원인 과자 x개의 값은 5000원 이하이다.

09 무게가 1 kg인 바구니에 2 kg짜리 물건 x개를 담아 전체 무게를 재었더니 10 kg을 초과했다.

10 다음 **보기** 중 $x=1$일 때, 참인 부등식을 모두 고르시오.

보기

ㄱ. $3x+1\le 1$　　ㄴ. $x+3<6$

ㄷ. $4x-2\ge 2$　　ㄹ. $x-5>0$

[11~13] x의 값이 -2, -1, 0, 1, 2일 때, 다음 부등식의 해를 모두 구하시오.

11 $x+3<4$

12 $2x-1\ge 3$

13 $7-4x\le 5$

개념 2 부등식의 성질

[14~17] $a<b$일 때, 다음 ○ 안에 알맞은 부등호를 써넣으시오.

14 $a+3$ ○ $b+3$

15 $a+(-3)$ ○ $b+(-3)$

16 $a-5$ ○ $b-5$

17 $a-(-5)$ ○ $b-(-5)$

[18~21] $a>b$일 때, 다음 ○ 안에 알맞은 부등호를 써넣으시오.

18 $\frac{3}{2}a$ ○ $\frac{3}{2}b$

19 $-4a$ ○ $-4b$

20 $a\div 5$ ○ $b\div 5$

21 $a\div\left(-\frac{1}{7}\right)$ ○ $b\div\left(-\frac{1}{7}\right)$

[22~25] 다음 ○ 안에 알맞은 부등호를 써넣으시오.

22 $a+2>b+2$이면 a ○ b

23 $a-5<b-5$이면 a ○ b

24 $3a\ge 3b$이면 a ○ b

25 $a\div(-8)\le b\div(-8)$이면 a ○ b

개념 3 일차부등식의 풀이 유형 06, 07, 10~13

(1) 일차부등식

부등식의 우변에 있는 모든 항을 좌변으로 이항하여 정리한 식이

(일차식)>0, (일차식)<0, (일차식)≥ 0, (일차식)≤ 0

중 어느 하나의 꼴로 나타나는 부등식

예 $3x-2\geq 3$에서 3을 좌변으로 이항하면 $3x-2-3\geq 0$ $\therefore 3x-5\geq 0$ ➡ 일차부등식이다.
$2-x<3-x$에서 3, $-x$를 모두 좌변으로 이항하면 $2-x-3+x<0$ $\therefore -1<0$ ➡ 일차부등식이 아니다.

(2) 일차부등식의 풀이

❶ 미지수 x를 포함한 항은 좌변으로, 상수항은 우변으로 이항한다.

❷ 양변을 정리하여 $ax>b$, $ax<b$, $ax\geq b$, $ax\leq b$ $(a\neq 0)$ 중 어느 하나의 꼴로 나타낸다.

❸ 양변을 x의 계수로 나누어

$x>$(수), $x<$(수), $x\geq$(수), $x\leq$(수)

중 어느 하나의 꼴로 나타낸다. 이때 a가 음수이면 부등호의 방향은 바뀐다.

예 $2x-1>3$에서 -1을 우변으로 이항하면 $2x>3+1$
양변을 정리하면 $2x>4$
양변을 2로 나누면 $x>2$

(3) 일차부등식의 해를 수직선 위에 나타내기

일차부등식의 해를 수직선 위에 나타내면 다음과 같다.

$x>a$	$x<a$	$x\geq a$	$x\leq a$
a	a	a	a

개념 4 복잡한 일차부등식의 풀이 유형 08~12

(1) 괄호가 있는 일차부등식

분배법칙을 이용하여 괄호를 풀고 동류항끼리 정리한 후 푼다.

예 $2(x-1)<x-1$에서 괄호를 풀면 $2x-2<x-1$
양변을 정리하여 해를 구하면 $x<1$

(2) 계수가 소수인 일차부등식

양변에 10의 거듭제곱을 곱하여 계수를 모두 정수로 고쳐서 푼다.

예 $0.2x-1\geq 0.4$의 양변에 10을 곱하면 $2x-10\geq 4$
양변을 정리하여 해를 구하면 $x\geq 7$

(3) 계수가 분수인 일차부등식

양변에 분모의 최소공배수를 곱하여 계수를 모두 정수로 고쳐서 푼다.

예 $\frac{1}{2}x-\frac{1}{3}<\frac{1}{6}x$의 양변에 분모의 최소공배수 6을 곱하면 $3x-2<x$
양변을 정리하여 해를 구하면 $x<1$

개념 노트

- 일차식: 차수가 1인 다항식
- 이항: 등식 또는 부등식의 한 변에 있는 항을 부호를 바꾸어 다른 변으로 옮기는 것
- 이항할 때 부등호의 방향은 바뀌지 않는다.
- 수직선에서 '∘'에 대응하는 수는 부등식의 해에 포함되지 않고, '•'에 대응하는 수는 부등식의 해에 포함된다.
- 분배법칙
  $a(b+c)=ab+ac$
  $(a+b)c=ac+bc$
- 분배법칙을 이용할 때는 괄호 앞의 부호에 주의한다.
- 부등식의 양변에 10의 거듭제곱이나 최소공배수를 곱할 때 모든 항에 빠짐없이 곱해야 한다.

개념 3 일차부등식의 풀이

[26~29] 다음 중 일차부등식인 것은 ○표, 일차부등식이 아닌 것은 ×표를 하시오.

26 $4x<2-x$ ( )

27 $x+6\geq x^2$ ( )

28 $3x+2>x$ ( )

29 $x-8\leq 5+x$ ( )

[30~32] 다음 일차부등식의 해를 오른쪽 수직선 위에 나타내시오.

30 $x>4$

1 2 3 4 5 6

31 $x\leq -6$

−8 −7 −6 −5 −4 −3

32 $x\geq 2$

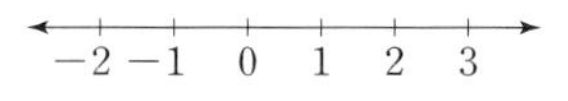

[33~36] 다음 일차부등식을 풀고, 그 해를 오른쪽 수직선 위에 나타내시오.

33 $x+7<6$

−2 −1 0 1 2 3

34 $3x-2>1$

−2 −1 0 1 2 3

35 $5-x\geq 3$

−2 −1 0 1 2 3

36 $4-2x\leq 2x+4$

−2 −1 0 1 2 3

개념 4 복잡한 일차부등식의 풀이

[37~40] 다음 일차부등식을 푸시오.

37 $4(x-2)>3x$

38 $3x+6\leq -(x+2)$

39 $1-2(x+5)<4x+9$

40 $3(x-2)\geq 2(7-x)$

[41~44] 다음 일차부등식을 푸시오.

41 $0.5x>0.2x+1.2$

42 $0.6-0.5x\leq 0.3x-1$

43 $0.3x<0.01x-0.58$

44 $0.02x+0.1\geq 0.15x-0.03$

[45~48] 다음 일차부등식을 푸시오.

45 $\frac{2x+1}{5}<3$

46 $\frac{1}{3}x-\frac{1}{4}x\leq -1$

47 $\frac{3x-7}{5}>\frac{1}{2}x-2$

48 $\frac{2}{3}x-2\geq\frac{1}{6}x+\frac{5}{2}$

유형 01 부등식 개념1

부등식: 부등호 $>$, $<$, $\geq$, $\leq$를 사용하여 수 또는 식의 대소 관계를 나타낸 식

예 $3x-1=0$ ➡ 부등식이 아니다.
$x+7\geq 3x$, $2<3$ ➡ 부등식이다.

01 대표문제

다음 중 부등식인 것을 모두 고르면? (정답 2개)

① $3x+1=5$　② $7-5\geq 4$
③ $-y+11$　④ $a-3<6$
⑤ $2x-(1-2x)$

02

다음 중 부등식이 아닌 것은?

① $x+2<1$　② $3x>x$
③ $1-5\geq 6$　④ $2x-3=7-x$
⑤ $4x+3\leq 5x-2$

03

다음 **보기** 중 부등식인 것의 개수는?

보기
ㄱ. $x\geq 7$　ㄴ. $5a+1<-3$
ㄷ. $x+6$　ㄹ. $6x-(3-4x)$
ㅁ. $\frac{1}{2}b+3\leq b-5$　ㅂ. $3\times(-2)+9=4$

① 1　② 2　③ 3
④ 4　⑤ 5

유형 02 부등식으로 나타내기 개념1

(1) x는 2보다 크다. ➡ $x>2$
(2) x는 2보다 작다. ➡ $x<2$
(3) x는 2보다 크거나 같다. ➡ $x\geq 2$
(4) x는 2보다 작거나 같다. ➡ $x\leq 2$

04 대표문제

다음 중 문장을 부등식으로 나타낸 것으로 옳지 않은 것은?

① x를 3배하여 2를 빼면 6보다 작다. ➡ $3x-2<6$
② x에 5를 더한 수의 2배는 10보다 작지 않다.
➡ $(x+5)\times 2>10$
③ 한 변의 길이가 x인 정사각형의 둘레의 길이는 24 이하이다. ➡ $4x\leq 24$
④ 오리 x마리와 고양이 y마리의 전체 다리 수는 40보다 크거나 같다. ➡ $2x+4y\geq 40$
⑤ 시속 5 km로 x시간 동안 걸은 거리는 10 km 미만이다.
➡ $5x<10$

중요

05

x의 4배에서 2를 뺀 수는 x에 5를 더한 것의 3배보다 작거나 같을 때, 이를 부등식으로 나타내시오.

06

다음 중 문장을 부등식으로 나타낸 것으로 옳은 것은?

① 한 개에 500원인 사탕 x개와 한 개에 2000원인 마카롱 2개의 총 가격은 8000원을 넘지 않는다.
➡ $500x+4000<8000$
② 밑변의 길이가 x cm, 높이가 6 cm인 삼각형의 넓이는 42 cm^2 이상이다. ➡ $3x>42$
③ 무게가 500 g인 상자에 한 개에 x g인 귤 12개를 넣으면 전체 무게는 900 g 초과이다. ➡ $500+12x\geq 900$
④ 농도가 x %인 소금물 200 g에 들어 있는 소금의 양은 4 g보다 많다. ➡ $2x>4$
⑤ 반지름의 길이가 x cm인 원의 둘레의 길이는 26π cm보다 길지 않다. ➡ $2\pi x<26\pi$

유형 03 부등식의 해 개념 1

$x=a$를 부등식에 대입했을 때
(1) 부등식이 참 ➜ $x=a$는 부등식의 해이다.
(2) 부등식이 거짓 ➜ $x=a$는 부등식의 해가 아니다.
예 부등식 $x-1>3$에서
$x=2$일 때, $2-1>3$ (거짓) ➜ $x=2$는 해가 아니다.
$x=5$일 때, $5-1>3$ (참) ➜ $x=5$는 해이다.

07 대표문제

다음 중 부등식 $5x-1>3$의 해를 모두 고르면? (정답 2개)

① -2 ② -1 ③ 0
④ 1 ⑤ 2

08

다음 부등식 중 $x=-2$를 해로 갖는 것은?

① $x+2>4$ ② $3-x<5$
③ $-x+1\le 3$ ④ $2x-1\ge -3$
⑤ $3x+5\ge 0$

09

다음 중 [ ] 안의 수가 주어진 부등식의 해가 아닌 것은?

① $2x-5\ge -1$ [3]
② $3(2-x)<4$ [1]
③ $4x+1>3x-1$ [0]
④ $\frac{1}{2}x-3<2$ [-2]
⑤ $0.1-x\le -0.3x$ [-3]

10

x가 4 이하의 자연수일 때, 부등식 $1-2x\ge x-5$의 해를 구하시오.

집중

유형 04 부등식의 성질 개념 2

부등식의
(1) 양변에 같은 수를 더하면 / 양변에서 같은 수를 빼면 ➜ 부등호의 방향이 바뀌지 않는다.
(2) 양변에 같은 양수를 곱하면 / 양변을 같은 양수로 나누면 ➜ 부등호의 방향이 바뀌지 않는다.
(3) 양변에 같은 음수를 곱하면 / 양변을 같은 음수로 나누면 ➜ 부등호의 방향이 바뀐다.

11 대표문제

$a\ge b$일 때, 다음 중 옳지 않은 것은?

① $3a+5\ge 3b+5$ ② $a\div\left(-\frac{4}{7}\right)\le b\div\left(-\frac{4}{7}\right)$
③ $-a-2\ge -b-2$ ④ $2a-(-1)\ge 2b-(-1)$
⑤ $-4a+\frac{1}{3}\le -4b+\frac{1}{3}$

12

다음 중 ○ 안에 들어갈 부등호의 방향이 나머지 넷과 다른 하나는?

① $a+3\le b+3$이면 a ○ b
② $2a+1\le 2b+1$이면 a ○ b
③ $-a+\frac{2}{3}\ge -b+\frac{2}{3}$이면 a ○ b
④ $\frac{a}{4}-6\ge\frac{b}{4}-6$이면 a ○ b
⑤ $-5a-1\ge -5b-1$이면 a ○ b

13

$-3a-4>-3b-4$일 때, 다음 **보기** 중 옳은 것을 모두 고르시오.

보기

ㄱ. $a>b$ ㄴ. $-2a>-2b$
ㄷ. $4a-1<4b-1$ ㄹ. $1-\frac{a}{2}>1-\frac{b}{2}$
ㅁ. $-a\div(-5)>-b\div(-5)$

집중

유형 05 부등식의 성질을 이용하여 식의 값의 범위 구하기 개념2

$1<x\le 2$일 때, $2x+3$의 값의 범위

➡ $1<x\le 2$의 각 변에 2를 곱하면 $2<2x\le 4$

$2<2x\le 4$의 각 변에 3을 더하면 $5<2x+3\le 7$

14 대표문제

$2<x<3$이고 $A=3x-5$일 때, A의 값의 범위는?

① $-1<A<4$　② $-1<A<1$
③ $1<A<4$　④ $1<A<5$
⑤ $6<A<9$

15

$3\le x<4$일 때, 다음 중 $2x+1$의 값이 될 수 있는 것은?

① 1　② 3　③ 5
④ 7　⑤ 9

16

$-1<x\le 2$일 때, 다음 중 옳지 않은 것은?

① $0<x+1\le 3$　② $-6<6x\le 12$
③ $-\frac{1}{2}<\frac{x}{2}\le 1$　④ $-10<-5x\le 5$
⑤ $1\le 3-x<4$

17 서술형

$-6\le x\le 6$일 때, $A=2-\frac{x}{3}$를 만족시키는 모든 정수 A의 값의 합을 구하시오.

유형 06 일차부등식 개념3

부등식의 우변에 있는 모든 항을 좌변으로 이항하여 정리한 식이

(일차식)>0, (일차식)<0, (일차식)≥ 0, (일차식)≤ 0

중 어느 하나의 꼴로 나타내어지면 일차부등식이다.

예 $x+3>0$ ➡ 일차부등식이다.

$2x^2-x\le 0$ ➡ 일차부등식이 아니다.

18 대표문제

다음 중 일차부등식이 아닌 것을 모두 고르면? (정답 2개)

① $5x+2<4+5x$　② $x-3x<6$
③ $3x-2\le 2x+5$　④ $4x-3>9-x^2$
⑤ $x^2-x\ge x^2+8x-2$

19

다음 **보기** 중 일차부등식인 것을 모두 고른 것은?

보기

ㄱ. $7-2<3$　ㄴ. $x-3<6x$
ㄷ. $x+5=2$　ㄹ. $4x-2\le 4x+1$
ㅁ. $\frac{1}{x}-1\ge 8$　ㅂ. $x^2-3<x(x+2)$

① ㄱ, ㄴ　② ㄴ, ㄹ　③ ㄴ, ㅂ
④ ㄴ, ㄷ, ㅂ　⑤ ㄴ, ㅁ, ㅂ

중요

20

다음 중 부등식 $4x-3\ge ax+5-2x$가 일차부등식이 되도록 하는 상수 a의 값이 아닌 것은?

① -4　② -2　③ 2
④ 4　⑤ 6

집중

유형 07 일차부등식의 풀이 개념 3

❶ x항은 좌변으로, 상수항은 우변으로 이항한다.
❷ $ax>b$, $ax<b$, $ax\geq b$, $ax\leq b$ $(a\neq 0)$ 중 어느 하나의 꼴로 나타낸다.
❸ 양변을 x의 계수로 나누어 부등식의 해를 구한다.

21 대표문제

다음 부등식 중 해가 나머지 넷과 다른 하나는?

① $2x>4$　② $3x-2>4$
③ $-x+2>-3x+6$　④ $5x-1<6x-3$
⑤ $-4x+2<-x-7$

22

다음 부등식 중 해가 $x\leq -1$인 것은?

① $2x+7\leq 3$　② $-2x-1\leq x+2$
③ $3x+5\leq 5x+7$　④ $2x-8\geq 6x-12$
⑤ $8-x\geq 4x+13$

23

다음 중 부등식 $-x-5<2x+7$의 해를 수직선 위에 바르게 나타낸 것은?

①
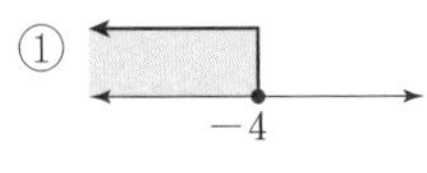

②
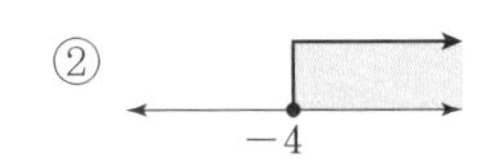

③
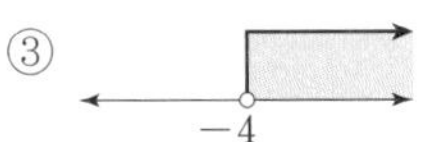

④
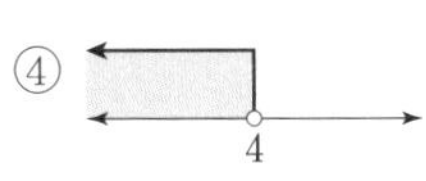

⑤
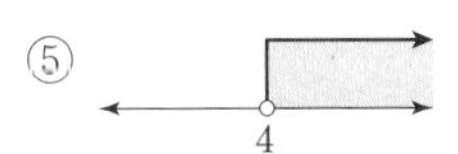

24

다음 부등식 중 해를 수직선 위에 나타낸 것이 오른쪽 그림과 같은 것은?

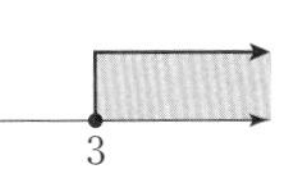

① $2x+1\leq 7$　② $x+3\geq 2x$
③ $-5x\geq -24+3x$　④ $-x+10\leq 3x-2$
⑤ $1+7x\leq 4+6x$

유형 08 괄호가 있는 일차부등식의 풀이 개념 4

괄호가 있으면 분배법칙을 이용하여 괄호를 먼저 푼다.
➡ $a(b+c)=ab+ac$, $a(b-c)=ab-ac$

25 대표문제

부등식 $4(x-4)>3(3x-2)$를 풀면?

① $x<-3$　② $x<-2$　③ $x>-2$
④ $x<2$　⑤ $x>2$

26

다음 중 부등식 $3(x+1)-5x\geq 1$의 해인 것은?

① 1　② 2　③ 3
④ 4　⑤ 5

27

다음 중 부등식 $2(x-2)<2-3(x+7)$의 해를 수직선 위에 바르게 나타낸 것은?

①
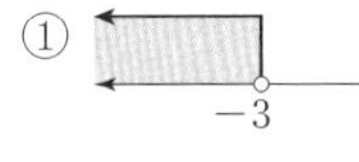

②
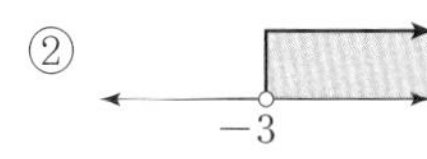

③
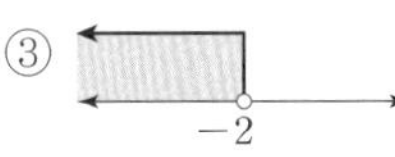

④
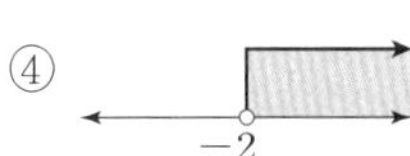

⑤
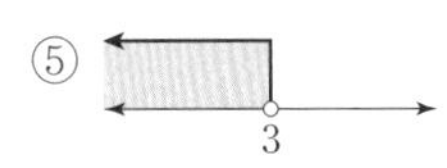

28 서술형

부등식 $2(x-1)-1\geq 5-3(4-x)$를 만족시키는 자연수 x의 값의 합을 구하시오.

집중

유형 09 계수가 소수 또는 분수인 일차부등식의 풀이 개념 4

(1) 계수가 소수 ➔ 양변에 10의 거듭제곱을 곱한다.
(2) 계수가 분수 ➔ 양변에 분모의 최소공배수를 곱한다.

29 대표문제

부등식 $0.5x-2<0.3x-\frac{1}{5}$을 풀면?

① $x<0$ ② $x<9$ ③ $x>9$
④ $x<11$ ⑤ $x>11$

30

다음 중 부등식 $\frac{2x-1}{3}-\frac{5-x}{2}\geq 3$의 해를 수직선 위에 바르게 나타낸 것은?

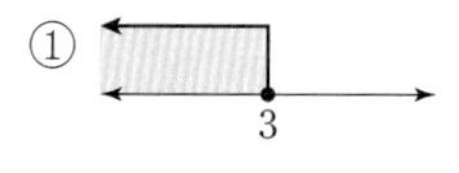

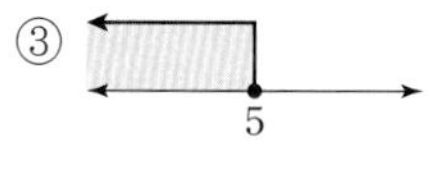
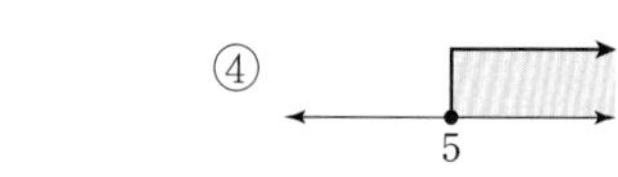

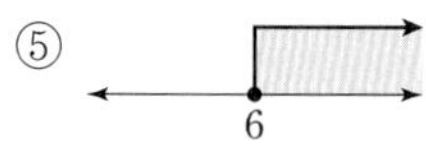

31

다음 부등식 중 해가 나머지 넷과 다른 하나는?

① $0.3x<1-0.2x$ ② $0.2x<0.05(x+6)$
③ $\frac{1+x}{3}<1$ ④ $\frac{1}{4}x+1>\frac{1}{3}x+\frac{3}{4}$
⑤ $0.5x-1<\frac{1}{3}(x-2)$

32 서술형

부등식 $0.1x+0.05\leq 0.15x-0.3$의 해가 $x\geq a$이고, 부등식 $\frac{x-3}{2}-\frac{2x-1}{5}>0$의 해가 $x>b$일 때, 상수 a, b에 대하여 $a+b$의 값을 구하시오.

집중

유형 10 x의 계수가 문자인 일차부등식의 풀이 개념 3, 4

$ax>b$에서
(1) $a>0$이면 ➔ $x>\frac{b}{a}$
(2) $a<0$이면 ➔ $x<\frac{b}{a}$

33 대표문제

$a>0$일 때, x에 대한 일차부등식 $2-ax\leq 3$을 풀면?

① $x\leq -\frac{1}{a}$ ② $x\geq -\frac{1}{a}$ ③ $x\leq \frac{1}{a}$
④ $x\geq \frac{1}{a}$ ⑤ $x\geq a$

34

$a<0$일 때, x에 대한 일차부등식 $ax>2a$를 풀면?

① $x<-2$ ② $x>-2$ ③ $x<\frac{1}{2}$
④ $x<2$ ⑤ $x>2$

35

$a<0$일 때, x에 대한 일차부등식 $3(1-ax)\leq ax-5$를 풀면?

① $x\leq \frac{2}{a}$ ② $x\geq \frac{2}{a}$ ③ $x\leq \frac{4}{a}$
④ $x\geq \frac{4}{a}$ ⑤ $x\leq \frac{5}{a}$

36

$a<2$일 때, x에 대한 일차부등식 $ax-2a<2x-4$를 만족시키는 가장 작은 정수 x의 값을 구하시오.

집중

유형 11 부등식의 해가 주어진 경우 개념 3, 4

일차부등식 $ax>4$의 해가 $x<-2$일 때, 상수 a의 값
➜ 주어진 부등식과 해의 부등호의 방향이 서로 반대이므로
$a<0$이고, $\frac{4}{a}=-2$ $\therefore a=-2$

37 대표문제

일차부등식 $ax-5<3$의 해가 $x>-2$일 때, 상수 a의 값은?

① -4 ② -2 ③ -1
④ 2 ⑤ 4

38

일차부등식 $5x-1>3x+a$의 해가 $x>2$일 때, 상수 a의 값을 구하시오.

39 서술형

일차부등식 $x-4\le\frac{3x-a}{2}$의 해를 수직선 위에 나타내면 오른쪽 그림과 같을 때, 상수 a의 값을 구하시오.

-1

중요

40

일차부등식 $ax-1>x-3$의 해가 $x<1$일 때, 상수 a의 값을 구하시오.

유형 12 해가 서로 같은 두 일차부등식 개념 3, 4

두 일차부등식 $2x>4$, $-3x<a+1$의 해가 서로 같을 때, 상수 a의 값

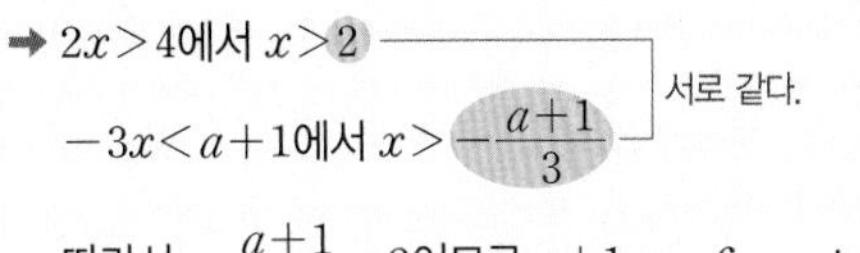

따라서 $-\frac{a+1}{3}=2$이므로 $a+1=-6$ $\therefore a=-7$

41 대표문제

두 일차부등식 $2x-1>5x+8$, $4x+a<x-2$의 해가 서로 같을 때, 상수 a의 값을 구하시오.

42

두 일차부등식 $\frac{3}{2}x+\frac{5}{6}\ge\frac{8-x}{3}$, $2(x-1)\le4x+a$의 해가 서로 같을 때, 상수 a의 값을 구하시오.

유형 13 자연수인 해의 개수가 주어진 경우 개념 3

부등식을 만족시키는 자연수가 n개일 때, 수직선을 그려 해결한다.

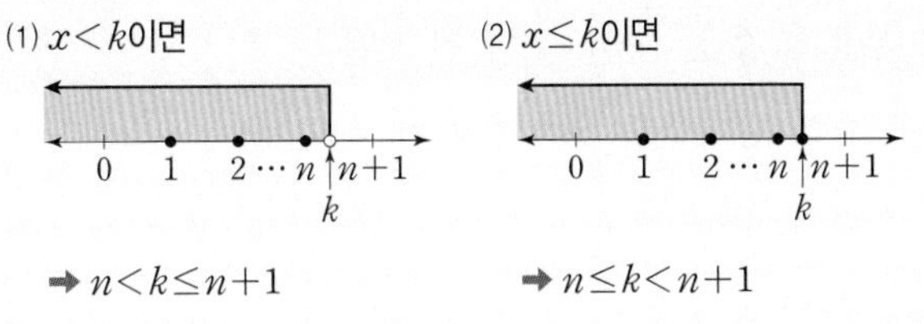

43 대표문제

일차부등식 $3x-a\le x$를 만족시키는 자연수 x가 2개일 때, 상수 a의 값의 범위는?

① $2\le a<3$ ② $2<a\le3$ ③ $4<a<6$
④ $4\le a<6$ ⑤ $4\le a\le6$

44

일차부등식 $4x+1>5x+2a$를 만족시키는 자연수 x가 4개일 때, 상수 a의 값의 범위를 구하시오.

Real 실전 기출

01

다음 **보기** 중 문장을 부등식으로 나타낸 것으로 옳은 것을 모두 고른 것은?

보기

ㄱ. a의 3배는 a에서 5를 뺀 것보다 작지 않다. ➡ $3a \geq a-5$

ㄴ. 한 개에 x원인 참외 10개의 가격은 10000원 이하이다. ➡ $10x < 10000$

ㄷ. 전체가 120쪽인 책을 하루에 7쪽씩 a일 동안 읽으면 남은 쪽수는 15쪽보다 많지 않다. ➡ $120-7a < 15$

ㄹ. 걸어서 2 km를 가다가 시속 7 km로 x시간 동안 달린 전체 거리는 10 km 미만이다. ➡ $2+7x < 10$

① ㄱ　② ㄴ　③ ㄱ, ㄷ
④ ㄱ, ㄹ　⑤ ㄱ, ㄷ, ㄹ

02

다음 부등식 중 $x=2$일 때, 참인 것은?

① $x-7 \leq -6$　② $3x-2 \geq 5$
③ $4-3x < 2(x-2)$　④ $0.9x-1.5 < 0$
⑤ $\frac{x}{2}-1 > 0$

03

다음 부등식 중 방정식 $2x+5=1$을 만족시키는 x의 값을 해로 갖는 것은?

① $2x \leq -5$　② $3-2x < 3x$
③ $4(x+2) > 3$　④ $0.3x-5 \geq -1$
⑤ $\frac{1-4x}{3} \geq x$

04

$-7a-5 > -7b-5$일 때, 다음 중 옳지 않은 것은?

① $-3a > -3b$　② $4a-6 < 4b-6$
③ $7-a > 7-b$　④ $1-\frac{a}{5} < 1-\frac{b}{5}$
⑤ $-\frac{3}{2}+a < -\frac{3}{2}+b$

05 최다빈출

$-2 \leq x < 3$이고 $A=-2x+5$일 때, A의 값의 범위는 $a < A \leq b$이다. 이때 상수 a, b에 대하여 $a+b$의 값을 구하시오.

06

다음 중 일차부등식인 것을 모두 고르면? (정답 2개)

① $3x+5 > 7+3x$　② $-4x+6=3x-2$
③ $-2(x+3) \leq 2x-1$　④ $5-x \geq \frac{1}{2}(3-2x)$
⑤ $2x^2-4x+1 < 2x(x+2)-4$

07

다음 중 부등식 $5(x+2) > 2(1-x)-x$의 해를 수직선 위에 바르게 나타낸 것은?

① 1　② 1

③ -1

④ 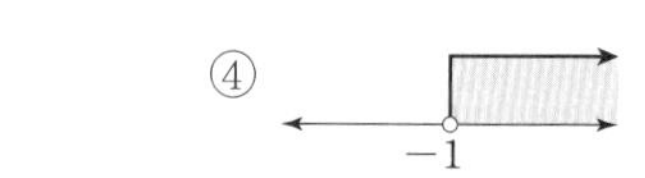

⑤ -2

08 최다빈출

다음 부등식 중 해가 나머지 넷과 다른 하나는?

① $4-3x<1$
② $5x-7>2(x-2)$
③ $0.2(x+5)<0.3(x+3)$
④ $1.5x>\frac{5x+1}{4}$
⑤ $0.5x-\frac{5}{6}<0.\dot{3}(2-3x)$

09

부등식 $\frac{4(1-x)}{3}\le 5+\frac{1}{2}x$를 만족시키는 x의 값 중 가장 작은 정수는?

① -3　② -2　③ -1
④ 1　⑤ 2

10

부등식 $5-a>3a+1$을 만족시키는 a에 대하여 x에 대한 일차부등식 $ax-3a<x-3$의 해는?

① $x<-3$　② $x>-3$　③ $x>\frac{1}{3}$
④ $x<3$　⑤ $x>3$

11

일차부등식 $x-1\ge\frac{ax-2}{3}$의 해를 수직선 위에 나타내면 오른쪽 그림과 같을 때, 상수 a의 값을 구하시오.

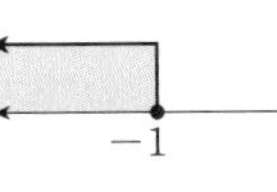

12

일차부등식 $2(x+a)\ge 3x+1$을 만족시키는 x의 값 중 가장 큰 정수가 -1일 때, 상수 a의 값의 범위를 구하시오.

100점 공략

13

$a<c<0<d<b$일 때, 다음 중 옳지 않은 것은?

① $a+c<c+b$
② $bc<b^2$
③ $a-c>a-d$
④ $\frac{c}{a}+2<\frac{b}{a}+2$
⑤ $3-ac<3-dc$

14 창의 역량

일차부등식 $(a+b)x+a-2b>0$의 해가 $x<1$일 때, 일차부등식 $(a+2b)x+2a-6b<0$의 해를 구하시오.
(단, a, b는 상수)

15

일차부등식 $3x+2\le 2a-1$을 만족시키는 자연수 x의 값이 존재하지 않을 때, 상수 a의 값의 범위는?

① $a<2$　② $a\le 2$　③ $a<3$
④ $a\le 3$　⑤ $a\ge 3$

서술형

16

부등식 $0.3x+1 \geq 0.5(x-2)$를 만족시키는 x의 값 중 가장 큰 정수를 a, 부등식 $\frac{2x+1}{3}-\frac{3x-5}{4}<1$을 만족시키는 x의 값 중 가장 작은 정수를 b라 할 때, $a+b$의 값을 구하시오.

17

일차방정식 $x-2=\frac{x-a}{4}$의 해가 3보다 작지 않을 때, 상수 a의 값의 범위를 구하시오.

18

일차부등식 $5-2x \leq a+x$의 해 중 가장 작은 수가 1일 때, 상수 a의 값을 구하시오.

19

다음 두 일차부등식의 해가 서로 같을 때, 상수 a의 값을 구하시오.

$$7(1-x)>2-5(x-3), \quad 2x-1>ax+4$$

풀이

답

20 100점

$-3<2x-1<1$일 때, $3x+y=1$을 만족시키는 y의 값의 범위는 $a<y<b$이다. 이때 상수 a, b에 대하여 $a+b$의 값을 구하시오.

풀이

답

21 100점

일차부등식 $\frac{x-2a}{3} \geq x-1$을 만족시키는 자연수 x가 4개 이하가 되도록 하는 가장 작은 정수 a의 값을 구하시오.

풀이

답

Ⅱ. 일차부등식

05 일차부등식의 활용

65 ~ 78쪽
30 ~ 37쪽

Real 실전 개념

개념 1 일차부등식의 활용 (1)

유형 01~10, 16

(1) 일차부등식의 활용 문제는 다음과 같은 순서로 푼다.

❶ 미지수 정하기: 문제의 뜻을 이해하고 구하려고 하는 것을 미지수 x로 놓는다.

❷ 부등식 세우기: 수량 사이의 대소 관계를 파악하고 x에 대한 일차부등식을 세운다.

❸ 부등식 풀기: 일차부등식을 풀어 x의 값의 범위를 구한다.

❹ 확인하기: 구한 해가 문제의 뜻에 맞는지 확인한다.

예 한 개에 500원인 사탕 2개와 한 개에 800원인 초콜릿을 사는데 전체 금액이 5000원 이하가 되게 하려고 한다. 이때 초콜릿은 최대 몇 개까지 살 수 있는지 구해 보자.

❶ 미지수 정하기: 초콜릿을 x개 산다고 하자.

❷ 부등식 세우기: $500\times2+800x\le5000$

❸ 부등식 풀기: $800x\le4000$ $\quad\therefore x\le5$

따라서 초콜릿은 최대 5개까지 살 수 있다.

❹ 확인하기: 초콜릿을 5개 살 때 전체 금액은 $500\times2+800\times5=1000+4000=5000$

초콜릿을 6개 살 때 전체 금액은 $500\times2+800\times6=1000+4800=5800$

따라서 최대로 살 수 있는 초콜릿은 5개임을 확인할 수 있다.

(2) **수에 대한 문제**

① 연속하는 세 정수: $x-1$, x, $x+1$ 또는 x, $x+1$, $x+2$

② 연속하는 세 홀수(짝수): $x-2$, x, $x+2$ (단, $x>2$)

(3) **유리한 방법을 선택하는 문제**

① 할인되는 곳이 유리한 경우

➡ (할인되는 곳을 이용할 때의 비용)$<$(가까운 곳을 이용할 때의 비용)

② x명이 입장할 때 단체 입장료를 지불하는 것이 유리한 경우

➡ (할인되는 단체 입장료)$<$(x명의 입장료)

개념 2 일차부등식의 활용 (2)

유형 11~16

(1) **거리, 속력, 시간에 대한 문제**

① (거리)$=$(속력)$\times$(시간)

② (속력)$=\dfrac{(\text{거리})}{(\text{시간})}$

③ (시간)$=\dfrac{(\text{거리})}{(\text{속력})}$

(2) **농도에 대한 문제**

① (소금물의 농도)$=\dfrac{(\text{소금의 양})}{(\text{소금물의 양})}\times100\ (\%)$

② (소금의 양)$=\dfrac{(\text{소금물의 농도})}{100}\times$(소금물의 양)

개념 노트

- 이상, 이하, 초과, 미만에 해당하는 표현을 찾아 부등호를 결정한다.
- 물건의 개수, 인원 수, 나이, 횟수 등을 x로 놓았을 때는 구한 해 중에서 자연수만을 답으로 한다.
- 유리하다는 것은 전체 비용이 적게 든다는 것이므로 부등호 $\le$, $\ge$는 사용하지 않는다.
- 거리, 속력, 시간에 대한 문제를 풀 때는 단위를 통일한다.
  ① $1\text{ km}=1000\text{ m}$
  ② 1시간$=$60분, 1분$=\frac{1}{60}$시간
- 소금물에 물을 더 넣거나 물을 증발시켜도 소금의 양은 변하지 않음을 이용하여 부등식을 세운다.

개념 1 일차부등식의 활용 (1)

01 다음은 어떤 자연수에 3을 더한 후 2배한 수가 30보다 작다고 할 때, 어떤 자연수 중 가장 큰 수를 구하는 과정이다. □ 안에 알맞은 것을 써넣으시오.

미지수 정하기	어떤 자연수를 x라 하자.
부등식 세우기	어떤 자연수에 3을 더한 후 2배한 수는 □ 이 수가 30보다 작으므로 부등식을 세우면 □
부등식 풀기	부등식을 풀면 $x<$□ 따라서 어떤 자연수 중 가장 큰 수는 □이다.

[02~05] 한 개에 1000원인 참외와 한 개에 800원인 오이를 합하여 12개를 사는데 그 금액이 11000원 이하가 되게 하려고 한다. 참외를 최대 몇 개까지 살 수 있는지 구하려고 할 때, 다음 물음에 답하시오.

02 참외를 x개 산다고 할 때, 오이는 몇 개 사는지 구하시오.

03 부등식을 세우시오.

04 부등식을 푸시오.

05 참외는 최대 몇 개까지 살 수 있는지 구하시오.

[06~09] 현재 아버지의 나이는 40살, 예은이의 나이는 7살이다. 아버지의 나이가 예은이의 나이의 4배보다 적어지는 것은 몇 년 후부터인지 구하려고 한다. 다음 물음에 답하시오.

06 x년 후의 아버지의 나이와 예은이의 나이를 차례대로 구하시오.

07 부등식을 세우시오.

08 부등식을 푸시오.

09 아버지의 나이가 예은이의 나이의 4배보다 적어지는 것은 몇 년 후부터인지 구하시오.

개념 2 일차부등식의 활용 (2)

[10~13] 집에서 출발하여 산책을 하는데 갈 때는 시속 2 km로 걷고, 올 때는 같은 길을 시속 3 km로 걸어서 2시간 이내에 산책을 마치려고 한다. 집에서 최대 몇 km 떨어진 곳까지 갔다 올 수 있는지 구하려고 할 때, 다음 물음에 답하시오.

10 집에서 x km 떨어진 곳까지 갔다 온다고 할 때, 다음 표를 완성하시오.

	거리(km)	속력(km/h)	시간(시간)
갈 때	x	2	
올 때	x	3	

11 부등식을 세우시오.

12 부등식을 푸시오.

13 집에서 최대 몇 km 떨어진 곳까지 갔다 올 수 있는지 구하시오.

[14~17] 10 %의 소금물 200 g에 물을 넣어서 농도가 8 % 이하인 소금물을 만들려고 한다. 최소 몇 g의 물을 넣어야 하는지 구하려고 할 때, 다음 물음에 답하시오.

14 물을 x g 넣는다고 할 때, 다음 표를 완성하시오.

	농도(%)	소금물의 양(g)	소금의 양(g)
물을 넣기 전	10	200	$\frac{10}{100}\times 200$
물을 넣은 후	8		

15 부등식을 세우시오.

16 부등식을 푸시오.

17 최소 몇 g의 물을 넣어야 하는지 구하시오.

Real 실전 유형

정답과 해설 40쪽 | 더블북 30쪽

집중

유형 01 수에 대한 문제 개념1

(1) 정수 또는 자연수에 대한 조건이 주어지면 '어떤 수'를 x로 놓고 식을 세운다.

(2) 연속하는 세 정수에 대한 문제

➡ $x-1$, x, $x+1$ 또는 x, $x+1$, $x+2$로 놓고 식을 세운다.

(3) 연속하는 세 홀수 (짝수)에 대한 문제

➡ $x-2$, x, $x+2$로 놓고 식을 세운다. (단, $x>2$)

01 대표문제

연속하는 세 자연수의 합이 45보다 작거나 같다고 한다. 이와 같은 수 중 가장 큰 세 자연수를 구하시오.

02 서술형

어떤 수의 3배에서 5를 뺀 수는 그 수에 4를 더한 수의 2배보다 크다고 한다. 이와 같은 수 중 가장 작은 자연수를 구하시오.

03

차가 4인 두 정수의 합이 20 이하이다. 두 정수 중 큰 수를 x라 할 때, x의 값이 될 수 있는 가장 큰 수를 구하시오.

04

연속하는 세 홀수의 합이 75보다 작다고 한다. 세 홀수 중 가장 큰 수를 x라 할 때, x의 값이 될 수 있는 가장 큰 수는?

① 19 ② 21 ③ 23
④ 25 ⑤ 27

유형 02 평균에 대한 문제 개념1

(1) 두 수 a, b의 평균 ➡ $\frac{a+b}{2}$

(2) 세 수 a, b, c의 평균 ➡ $\frac{a+b+c}{3}$

05 대표문제

유리는 세 과목의 시험에서 90점, 82점, 84점을 받았다. 네 과목의 평균이 85점 이상이 되려면 네 번째 과목의 시험에서 몇 점 이상을 받아야 하는가?

① 82점 ② 83점 ③ 84점
④ 85점 ⑤ 86점

06

민희는 3회에 걸친 100 m 달리기 대회에서 평균 16.2초의 기록을 얻었다. 4회까지의 대회 기록의 평균이 16.5초 이하가 되려면 4회째 대회에서 몇 초 이내로 들어와야 하는지 구하시오.

07

인우네 반의 남학생 20명의 평균 키가 167 cm, 여학생의 평균 키가 158 cm이다. 인우네 반 학생 전체의 평균 키가 163 cm 이상일 때, 여학생은 최대 몇 명인가?

① 15명 ② 16명 ③ 17명
④ 18명 ⑤ 19명

유형 03 개수에 대한 문제 (1)

개념 1

한 개에 a원인 물건 x개를 사고 포장비가 b원일 때, 필요한 금액
→ $(ax+b)$원

08 대표문제

한 다발에 2500원인 안개꽃 두 다발과 한 송이에 1500원인 장미를 섞어 꽃다발을 만들려고 한다. 포장비가 3000원일 때, 전체 비용을 20000원 이하로 하려면 장미는 최대 몇 송이까지 넣을 수 있는가?

① 6송이 ② 7송이 ③ 8송이
④ 9송이 ⑤ 10송이

09

성희는 한 개에 1200원인 쿠키를 한 개의 상자에 넣어 선물하려고 한다. 상자의 금액이 1000원일 때, 전체 금액이 10000원 미만이 되게 하려면 쿠키를 최대 몇 개까지 넣을 수 있는가?

① 6개 ② 7개 ③ 8개
④ 9개 ⑤ 10개

10 서술형

지수는 최대 용량이 450 kg인 엘리베이터를 이용하여 1개에 30 kg인 물건을 한 번에 나르려고 한다. 지수의 몸무게가 50 kg일 때, 이 엘리베이터에 물건을 최대 몇 개까지 실을 수 있는지 구하시오.

집중

유형 04 개수에 대한 문제 (2)

개념 1

한 개에 a원인 물건 A와 한 개에 b원인 물건 B를 합하여 n개를 살 때, 물건 A를 x개 산다고 하면
(1) 물건 B의 개수 → $n-x$
(2) 필요한 금액 → $\{ax+b(n-x)\}$원

11 대표문제

한 개에 1200원인 사과와 한 개에 600원인 자두를 합하여 18개를 사려고 한다. 총 금액을 15000원 이하로 하려면 사과는 최대 몇 개까지 살 수 있는가?

① 5개 ② 6개 ③ 7개
④ 8개 ⑤ 9개

12

어느 전시회의 1인당 입장료가 어른은 3000원, 어린이는 1000원이다. 어른과 어린이를 합하여 20명이 45000원 이하로 전시회를 관람하려면 어른은 최대 몇 명까지 입장할 수 있는지 구하시오.

13 서술형

온라인 마트에서 한 개에 2000원인 과자와 한 개에 1200원인 컵라면을 합하여 15개를 구입하려고 한다. 배송료가 3000원일 때, 전체 금액이 25000원보다 적으려면 과자는 최대 몇 개까지 살 수 있는지 구하시오.

유형 05 추가 요금에 대한 문제 개념 1

k개의 가격이 a원이고, k개를 초과하면 한 개당 가격이 b원일 때, x개의 가격 (단, $x>k$)
➜ $\{a+b(x-k)\}$원

14 대표문제

어느 주차장의 주차 요금은 30분까지는 2500원이고 30분이 지나면 1분마다 100원씩 요금이 추가된다고 한다. 주차 요금이 5000원 이하가 되게 하려면 최대 몇 분 동안 주차할 수 있는지 구하시오.

15

어느 통신사의 한 휴대폰 요금제는 매달 데이터 250 MB가 무료이고, 250 MB를 넘으면 1 MB당 40원의 요금이 부과된다. 이 요금제를 한 달 동안 사용할 때, 데이터 사용 요금이 5000원을 넘지 않게 하려면 데이터를 최대 몇 MB까지 사용할 수 있는지 구하시오.

16 서술형

어느 사진관에서는 사진을 인화하는데 기본 15장에 5000원이고 15장을 초과하면 한 장당 300원씩 추가된다고 한다. 전체 금액이 8000원 이하가 되게 하려면 사진은 최대 몇 장까지 인화할 수 있는지 구하시오.

중요
17

양말을 사는데 10켤레까지는 한 켤레당 1000원이고 10켤레을 초과하면 한 켤레당 800원이라 한다. 양말 한 켤레당 가격이 900원 이하가 되게 하려면 양말을 몇 켤레 이상 사야 하는지 구하시오.

유형 06 예금액에 대한 문제 개념 1

현재 예금액이 a원이고 매달 b원씩 예금할 때, x개월 후의 예금액
➜ $(a+bx)$원

18 대표문제

현재 수지의 저축액은 15000원, 지태의 저축액은 10000원이다. 다음 달부터 매달 수지는 2000원씩, 지태는 3000원씩 저축한다면 몇 개월 후부터 지태의 저축액이 수지의 저축액보다 많아지는가?

① 5개월 후 ② 6개월 후 ③ 7개월 후
④ 8개월 후 ⑤ 9개월 후

19

현재 정원이의 통장에는 9000원이 들어 있다. 내일부터 매일 1000원씩 저금한다면 며칠 후부터 예금액이 25000원보다 많아지는가?

① 15일 후 ② 16일 후 ③ 17일 후
④ 18일 후 ⑤ 19일 후

20 서술형

현재 은비의 저축액은 70000원, 태주의 저축액은 20000원이다. 다음 달부터 은비는 매달 5000원씩, 태주는 매달 4000원씩 예금한다고 할 때, 은비의 저축액이 태주의 저축액의 2배보다 적어지는 것은 몇 개월 후부터인지 구하시오.

집중

유형 07 유리한 방법을 선택하는 문제 (1) 개념 1

동네 상점에서 사는 것보다 교통비를 들여 할인점에서 사는 것이 유리한 경우
→ (할인점 가격)×(개수)+(왕복 교통비)<(동네 상점 가격)×(개수)

21 대표문제

동네 꽃집에서는 한 송이의 가격이 1000원인 튤립을 꽃 도매시장에서는 800원에 팔고 있다. 꽃 도매시장에 가려면 왕복 교통비가 2500원이 든다고 할 때, 튤립을 몇 송이 이상 사야 꽃 도매시장에서 사는 것이 유리한가?

① 10송이 ② 11송이 ③ 12송이
④ 13송이 ⑤ 14송이

22

동네 문구점에서는 공책 한 권의 가격이 1500원인데 인터넷 쇼핑몰에서는 이 가격에서 20 % 할인된 금액으로 판매한다. 인터넷 쇼핑몰에서 구입하는 경우 2500원의 배송료를 내야 한다고 할 때, 공책을 몇 권 이상 사야 동네 문구점보다 인터넷 쇼핑몰을 이용하는 것이 유리한지 구하시오.

23

서희네 부엌에 식기세척기를 들이려고 한다. 식기세척기를 구입하는 경우와 대여하는 경우의 가격이 다음과 같을 때, 구입하는 것이 대여하는 것보다 유리하려면 식기세척기를 몇 개월 이상 사용해야 하는지 구하시오.

	구입	대여
가격	650000원	매달 30000원
추가 비용	매달 10000원	없음

유형 08 유리한 방법을 선택하는 문제 (2) 개념 1

x명이 입장한다고 할 때, a명의 단체 입장료를 지불하는 것이 유리한 경우 (단, $x<a$)
→ (a명의 단체 입장료)<(x명의 입장료)

24 대표문제

어느 전시관의 입장료는 한 사람당 5000원이고, 30명 이상의 단체인 경우는 입장료의 20 %를 할인해 준다고 한다. 30명 미만의 단체는 몇 명 이상부터 30명의 단체 입장권을 사는 것이 유리한가?

① 23명 ② 24명 ③ 25명
④ 26명 ⑤ 27명

중요

25

어느 공원의 입장료는 한 사람당 2000원이고 50명 이상의 단체인 경우의 입장료는 한 사람당 1500원이라 한다. 50명 미만의 단체는 몇 명 이상부터 50명의 단체 입장권을 사는 것이 유리한가?

① 35명 ② 36명 ③ 37명
④ 38명 ⑤ 39명

26 서술형

어느 놀이공원의 이용권은 한 사람당 25000원이고, 40명 이상의 단체인 경우는 이용권의 25 %를 할인해 준다고 한다. 40명 미만의 단체는 몇 명 이상부터 40명의 단체 이용권을 사는 것이 유리한지 구하시오.

유형 09 정가, 원가에 대한 문제 개념 1

(1) 원가가 x원인 상품에 a %의 이익을 붙인 정가
➜ $x\left(1+\frac{a}{100}\right)$원

(2) 정가가 y원인 상품을 b % 할인한 가격
➜ $y\left(1-\frac{b}{100}\right)$원

27 대표문제

원가가 9000원인 물건을 정가의 10 %를 할인하여 팔아서 원가의 20 % 이상의 이익을 얻으려고 할 때, 정가는 얼마 이상으로 정해야 하는가?

① 10000원　② 11000원　③ 12000원
④ 13000원　⑤ 14000원

28

원가가 3000원인 상품을 팔아서 원가의 40 % 이상의 이익을 얻으려고 한다. 정가는 얼마 이상으로 정해야 하는지 구하시오.

29

원가가 6000원인 티셔츠를 정가의 20 %를 할인하여 팔아서 원가의 10 % 이상의 이익을 얻으려고 한다. 원가에 최소 얼마를 더해서 정가를 정해야 하는지 구하시오.

30

어느 상품에 원가의 25 %의 이익을 붙여 정가를 정하였다. 세일 기간에 정가에서 3000원을 할인하여 판매하였더니 원가의 10 % 이상의 이익을 얻었다고 할 때, 이 상품의 원가는 얼마 이상인지 구하시오.

집중

유형 10 도형에 대한 문제 개념 1

(1) 삼각형의 세 변의 길이 사이의 관계
➜ (가장 긴 변의 길이)<(나머지 두 변의 길이의 합)

(2) 도형의 넓이 또는 부피가 a 이상일 때
➜ (도형의 넓이 또는 부피)$\geq a$

31 대표문제

삼각형의 세 변의 길이가 $x+1$, $x+3$, $x+6$일 때, 다음 중 x의 값이 될 수 없는 것은?

① 2　② 3　③ 4
④ 5　⑤ 6

32

윗변의 길이가 5 cm이고 높이가 8 cm인 사다리꼴이 있다. 이 사다리꼴의 넓이가 56 cm^2 이상일 때, 사다리꼴의 아랫변의 길이는 몇 cm 이상이어야 하는지 구하시오.

33

오른쪽 그림과 같이 밑면의 반지름의 길이가 9 cm인 원뿔의 부피가 270π cm^3 이상일 때, 원뿔의 높이는 몇 cm 이상이어야 하는지 구하시오.

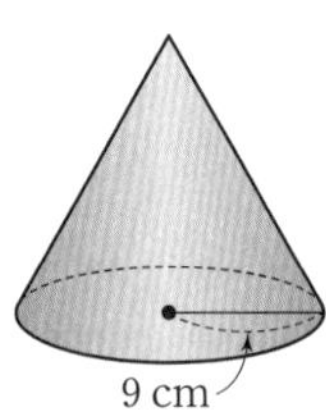

34 서술형

가로의 길이가 세로의 길이보다 5 cm 긴 직사각형을 만들려고 한다. 이 직사각형의 둘레의 길이가 150 cm 이상이 되게 하려면 세로의 길이는 몇 cm 이상이어야 하는지 구하시오.

유형 11 거리, 속력, 시간에 대한 문제 (1) 개념2

A 지점에서 B 지점까지 가는 데 걸린 시간

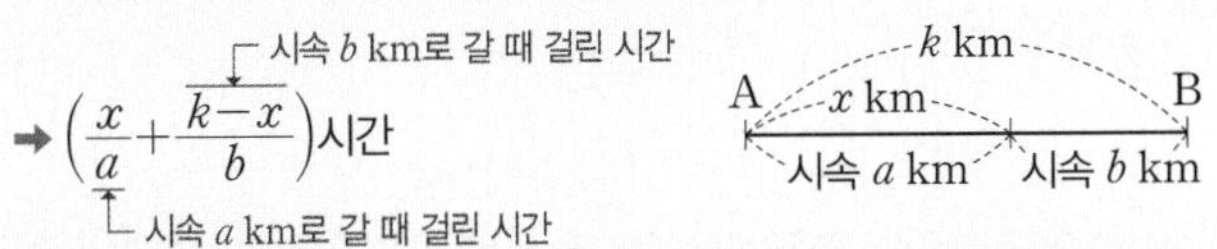

참고 (거리)=(속력)×(시간), (속력)=$\frac{(\text{거리})}{(\text{시간})}$, (시간)=$\frac{(\text{거리})}{(\text{속력})}$

35 대표문제

집에서 출발하여 10 km 떨어진 도서관까지 가는데 처음에는 시속 4 km로 걷다가 도중에 시속 3 km로 걸어서 3시간 이내에 도서관에 도착하였다. 이때 시속 4 km로 걸은 거리는 몇 km 이상인가?

① 4 km ② 5 km ③ 6 km
④ 7 km ⑤ 8 km

36

A 지점에서 8 km 떨어진 B 지점까지 가는데 처음에는 시속 2 km로 걷다가 도중에 시속 6 km로 뛰어서 2시간 이내에 B 지점에 도착하였다. 이때 시속 2 km로 걸은 거리는 몇 km 이하인지 구하시오.

37

지희가 집에서 14 km 떨어진 한강까지 가는데 처음에는 자전거를 타고 시속 18 km로 달리다가 도중에 자전거를 자전거 보관소에 두고 그 지점에서부터 시속 3 km로 걸어갔더니 1시간 30분 이내에 한강에 도착하였다. 집에서 자전거 보관소까지의 거리는 몇 km 이상인지 구하시오.

(단, 자전거 보관에 걸리는 시간은 무시한다.)

집중

유형 12 거리, 속력, 시간에 대한 문제 (2) 개념2

(1) 왕복하는 데 걸린 시간
→ (갈 때 걸린 시간)+(올 때 걸린 시간)

(2) 중간에 쉬거나 물건을 사고 왕복하는 데 걸린 시간
→ (갈 때 걸린 시간)+(중간에 쉬거나 물건을 사는 데 걸린 시간)
+(올 때 걸린 시간)

38 대표문제

기차역에서 기차가 출발하기 전까지 1시간 30분의 여유가 있어서 이 시간을 이용하여 상점에 가서 선물을 사 오려고 한다. 상점에서 선물을 사는 데 30분이 걸리고 시속 4 km로 걸을 때, 기차역에서 몇 km 이내에 있는 상점을 이용할 수 있는가?

① 2 km ② 2.5 km ③ 3 km
④ 3.5 km ⑤ 4 km

중요

39 서술형

희주가 집에서 출발하여 산책을 하는데 갈 때는 시속 2 km로 걷고, 20분 쉬다가 올 때는 같은 길을 시속 3 km로 걸어서 2시간 이내로 산책을 마치려고 한다. 이때 집으로부터 최대 몇 km 떨어진 곳까지 갔다 올 수 있는지 구하시오.

40

보현이가 등산을 하는데 올라갈 때는 시속 2 km로 걷고 내려올 때는 올라갈 때보다 1 km 더 먼 길을 시속 5 km로 걸었다. 등산하는 데 걸린 시간이 3시간 이내였다면 최대 몇 km 지점까지 올라갔다 올 수 있는지 구하시오.

유형 13 거리, 속력, 시간에 대한 문제 (3) 개념 2

A, B 두 사람이 같은 지점에서 서로 반대 방향으로 동시에 출발할 때, A, B 사이의 거리가 a 이상이다.
➡ (A가 이동한 거리)+(B가 이동한 거리)$\geq a$

41 대표문제

미희와 진수가 같은 지점에서 동시에 출발하여 서로 반대 방향으로 직선 도로를 따라 달리고 있다. 미희는 시속 5 km, 진수는 시속 7 km로 달릴 때, 미희와 진수가 6 km 이상 떨어지려면 몇 분 이상 달려야 하는가?

① 20분 ② 25분 ③ 30분
④ 35분 ⑤ 40분

42 서술형

두 사람 A, B가 같은 지점에서 동시에 출발하여 A는 동쪽으로 분속 300 m, B는 서쪽으로 분속 200 m로 달려가고 있다. A, B가 2 km 이상 떨어지는 것은 출발한 지 몇 분 후부터인지 구하시오.

43

연주와 성주가 같은 지점에서 출발하여 서로 반대 방향으로 직선 도로를 따라 걷고 있다. 연주는 성주가 출발한 지 15분 후에 출발하였고, 연주는 시속 2 km, 성주는 시속 4 km로 걸을 때, 연주와 성주가 7 km 이상 떨어지는 것은 성주가 출발한 지 몇 분 후부터인가?

① 70분 후 ② 75분 후 ③ 80분 후
④ 85분 후 ⑤ 90분 후

집중

유형 14 농도에 대한 문제 (1) 개념 2

(1) 농도가 a %인 소금물 A g에 물 x g을 넣으면 농도가 k % 이하가 될 때,
➡ $\frac{a}{100}\times A\leq\frac{k}{100}\times(A+x)$

(2) 농도가 a %인 소금물 A g에서 물 x g을 증발시키면 농도가 k % 이상이 될 때,
➡ $\frac{a}{100}\times A\geq\frac{k}{100}\times(A-x)$

44 대표문제

20 %의 소금물 400 g에 물을 넣어 농도가 8 % 이하인 소금물을 만들려고 할 때, 최소 몇 g의 물을 넣어야 하는가?

① 400 g ② 600 g ③ 800 g
④ 1000 g ⑤ 1200 g

중요

45

10 %의 설탕물 200 g에서 물을 증발시켜 농도가 20 % 이상인 설탕물을 만들려고 할 때, 최소 몇 g의 물을 증발시켜야 하는가?

① 60 g ② 80 g ③ 100 g
④ 120 g ⑤ 140 g

46 서술형

물 320 g에 소금 48 g을 넣어 만든 소금물에 물을 넣어 농도가 12 % 이하인 소금물을 만들려고 할 때, 최소 몇 g의 물을 넣어야 하는지 구하시오.

유형 15 농도에 대한 문제 (2)

개념 2

a %의 소금물 x g과 b %의 소금물 y g을 섞은 소금물의 농도가 c % 이상이 될 때,

→ $\frac{a}{100}\times x+\frac{b}{100}\times y\geq\frac{c}{100}\times(x+y)$

47 대표문제

5 %의 소금물 200 g과 8 %의 소금물을 섞어서 농도가 7 % 이상인 소금물을 만들려고 할 때, 8 %의 소금물은 몇 g 이상 섞어야 하는가?

① 200 g ② 300 g ③ 400 g
④ 500 g ⑤ 600 g

48

20 %의 설탕물 100 g과 10 %의 설탕물을 섞어서 농도가 14 % 이하인 설탕물을 만들려고 할 때, 10 %의 설탕물은 최소 몇 g을 섞어야 하는가?

① 100 g ② 150 g ③ 200 g
④ 250 g ⑤ 300 g

49 서술형

8 %의 소금물과 13 %의 소금물을 섞어서 농도가 10 % 이상인 소금물 500 g을 만들려고 할 때, 8 %의 소금물은 몇 g 이하로 섞어야 하는지 구하시오.

유형 16 여러 가지 부등식의 활용

개념 1, 2

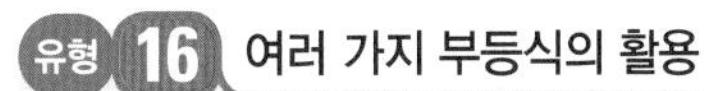

미지수 x 정하기 → 부등식 세우기 → 부등식 풀기

50 대표문제

50000원을 두 사람 A, B에게 나누어 주려고 한다. A의 몫의 3배가 B의 몫의 2배 이상이 되게 하려면 A에게 최소 얼마를 줄 수 있는가?

① 5000원 ② 10000원 ③ 15000원
④ 20000원 ⑤ 25000원

51

현재 A 탱크에는 500 L, B 탱크에는 200 L의 물이 들어 있다. A, B 2개의 물탱크에서 1분에 20 L씩 동시에 물을 뺀다고 하면 몇 분 후부터 A 탱크의 물의 양이 B 탱크의 물의 양의 4배 이상이 되는지 구하시오.

중요

52

현재 아버지의 나이는 45살, 딸의 나이는 15살일 때, 몇 년 후부터 아버지의 나이가 딸의 나이의 2배 이하가 되는지 구하시오.

53

오른쪽 표는 두 식품 A, B의 100 g에 들어 있는 단백질의 양을 나타낸 것이다. 두 식품을 합해서 400 g을 섭취하여 단백질을 31 g 이상 섭취하려고 한다. 식품 A는 최소 몇 g을 섭취해야 하는지 구하시오.

식품	단백질(g)
A	10
B	7

05 일차부등식의 활용

Real 실전 기출

01

어떤 홀수를 3배 하여 8을 빼면 이 수의 2배보다 작다. 이와 같은 홀수 중에서 가장 큰 수는?

① 5　② 7　③ 9　④ 11　⑤ 13

02

연속하는 세 짝수의 합이 85보다 크다고 한다. 이와 같은 세 수 중 가장 작은 수를 x라 할 때, x의 값이 될 수 있는 가장 작은 수는?

① 22　② 24　③ 26　④ 28　⑤ 30

03

성주는 두 번의 수학 시험에서 81점, 76점을 받았다. 세 번에 걸친 수학 시험의 평균이 80점 이상이 되려면 세 번째 수학 시험에서 몇 점 이상을 받아야 하는지 구하시오.

04

유라는 30개, 지호는 8개의 구슬을 가지고 있다. 유라가 지호에게 구슬을 몇 개 주어도 지호가 가진 것의 2배보다 많게 하려면 유라는 지호에게 구슬을 최대 몇 개까지 줄 수 있는지 구하시오.

05 최다빈출

어느 분식점에서 참치김밥은 3500원, 야채김밥은 2000원에 팔고 있다. 참치김밥과 야채김밥을 합하여 12줄을 30000원 이하로 사려면 참치김밥은 최대 몇 줄까지 살 수 있는가?

① 2줄　② 3줄　③ 4줄　④ 5줄　⑤ 6줄

06

어느 음악 사이트는 매달 회비 6500원을 내고 정회원으로 가입하면 음악을 무제한으로 내려받을 수 있고, 정회원이 아닌 경우에는 음악을 한 곡당 800원에 내려받을 수 있다. 정회원으로 가입하는 것이 유리하려면 한 달에 몇 곡 이상 내려받아야 하는가?

① 6곡　② 7곡　③ 8곡　④ 9곡　⑤ 10곡

07

어느 액세서리를 원가에 3000원의 이익을 붙여 정가를 정하였다. 이 액세서리를 정가의 20 %를 할인하여 판매하였더니 손해를 보지 않았다고 할 때, 원가는 얼마 이하인지 구하시오.

08

어떤 물건에 원가의 50 %의 이익을 붙여서 정가를 정하였다. 이 물건을 정가의 x %를 할인하여 팔아서 원가의 20 % 이상의 이익을 얻으려고 할 때, x의 값 중 가장 큰 값은?

① 18 ② 18.5 ③ 19
④ 19.5 ⑤ 20

09 최다빈출

은우는 오전 9시까지 집에서 1.8 km 떨어진 기차역에 가야 한다. 오전 8시 30분에 집에서 출발하여 분속 50 m로 걷다가 늦을 것 같아서 도중에 분속 200 m로 뛰어서 기차역에 늦지 않게 도착하였다. 이때 분속 50 m로 걸은 거리는 몇 m 이하인지 구하시오.

10

자동차로 할머니 댁에 가는데 집에서 출발하여 할머니 댁에 도착할 때까지 시속 100 km로 달리면 시속 60 km로 달릴 때보다 10분 이상의 시간이 단축된다고 한다. 집에서 할머니 댁까지 시속 60 km로 달릴 때, 최소 몇 분이 걸리는지 구하시오.

11

8 %의 소금물 250 g이 있다. 이 소금물에서 물을 증발시킨 후 증발시킨 물의 양만큼 소금을 넣어 농도가 12 % 이상이 되게 하려고 한다. 최소 몇 g의 물을 증발시켜야 하는가?

① 5 g ② 10 g ③ 15 g
④ 20 g ⑤ 25 g

100점 공략

12

일의 자리의 숫자가 십의 자리의 숫자보다 4만큼 큰 두 자리 자연수가 있다. 십의 자리의 숫자와 일의 자리의 숫자를 서로 바꾼 수는 처음 수에서 6을 뺀 수의 5배보다 크다. 처음 수를 구하시오.

13 창의 역량

어느 미술관의 입장료가 1인당 10000원이고 단체 입장권의 할인율이 다음과 같다. 10명 이상 20명 미만의 학생이 단체 입장을 하려고 할 때, 몇 명 이상이면 20명의 단체 입장권을 사는 것이 유리한지 구하시오.

인원 수	할인율
10 이상 20 미만	입장료의 10 % 할인
20 이상	입장료의 20 % 할인

14

성인 한 명이 하면 6일이 걸리고, 청소년 한 명이 하면 10일이 걸려서 끝낼 수 있는 일이 있다. 성인과 청소년을 합하여 8명이 이 일을 하루 안에 끝내려고 할 때, 성인은 몇 명 이상 필요한지 구하시오.

정답과 해설 45쪽

서술형

15

무게가 500 g인 상자에 무게가 300 g인 물건을 여러 개 넣어 총 무게가 5 kg보다 무겁지 않게 하려고 한다. 이때 상자에 물건을 최대 몇 개까지 넣을 수 있는지 구하시오.

풀이

답 ____________

16

어느 도서 대여점의 소설책 한 권의 대여료는 1500원이고, 대여 기간은 5일이다. 5일이 지난 후에는 연체료를 하루에 400원씩 내야 한다. 어떤 소설책의 정가가 12000원일 때, 소설책을 대여하는 비용이 책값보다 적으려면 소설책을 최대 며칠 동안 대여할 수 있는지 구하시오.

풀이

답 ____________

17

현재 현주의 통장에는 50000원, 연재의 통장에는 24000원이 예금되어 있다. 다음 달부터 매달 현주는 5000원씩, 연재는 8000원씩 예금한다면 몇 개월 후부터 현주의 예금액이 연재의 예금액보다 적어지는지 구하시오.

풀이

답 ____________

18

기차역에서 기차가 출발하기 전까지 50분의 여유가 있어서 이 시간을 이용하여 서점에 가서 책을 사오려고 한다. 서점에서 책을 사는 데 10분이 걸리고 시속 3 km로 걸을 때, 기차역에서 몇 km 이내에 있는 서점을 이용할 수 있는지 구하시오.

풀이

답 ____________

19 100점

어느 체험관의 입장료가 어른은 5000원, 어린이는 3000원이고, 15명의 단체 입장권의 경우는 어른 15명의 입장료에서 20 %를 할인해 준다고 한다. 어른과 어린이를 합하여 13명이 입장하려고 할 때, 어른이 몇 명 이상이면 15명의 단체 입장권을 사는 것이 유리한지 구하시오.

풀이

답 ____________

20 100점

용량이 300 L인 빈 물통에 1분에 20L씩 물이 나오는 호스 A로 물을 채우다가 중간에 1분에 25L씩 물이 나오는 호스 B로 바꿔서 물통을 가득 채우려고 한다. 물통에 물을 가득 채우는 데 걸리는 시간이 14분 이내가 되게 하려면 호스 A로는 최대 몇 분 동안 물을 채울 수 있는지 구하시오.

풀이

답 ____________

Ⅲ. 연립일차방정식

06 연립일차방정식

유형북 79 ~ 94쪽

더블북 38 ~ 45쪽

Real 실전 개념

06 연립일차방정식

개념 1 미지수가 2개인 일차방정식 (유형 01~03)

(1) **미지수가 2개인 일차방정식**

미지수가 2개이고, 그 차수가 모두 1인 방정식

➡ $ax+by+c=0$ (단, a, b, c는 상수, $a\neq0$, $b\neq0$)

예 $x+y+1=0$, $2x-y-4=0$

(2) **미지수가 2개인 일차방정식의 해**

미지수가 x, y의 2개인 일차방정식을 참이 되게 하는 x, y의 값 또는 그 순서쌍 (x, y)

(3) **방정식을 푼다:** 방정식의 해를 모두 구하는 것

예 x, y가 자연수일 때, 일차방정식 $3x+y=14$의 해를 구하면

x	1	2	3	4	5
y	11	8	5	2	-1

따라서 일차방정식의 해는 $(1, 11)$, $(2, 8)$, $(3, 5)$, $(4, 2)$이다.

개념 2 미지수가 2개인 연립일차방정식 (유형 04~06)

(1) **연립방정식**

두 개 이상의 방정식을 한 쌍으로 묶어 나타낸 것

(2) **미지수가 2개인 연립일차방정식**

미지수가 2개인 두 일차방정식을 한 쌍으로 묶어 놓은 것

예 $\begin{cases}2x-y=1\\x+3y=4\end{cases}$, $\begin{cases}x+3y+1=0\\5x-y+2=0\end{cases}$

(3) **연립방정식의 해**

두 일차방정식을 동시에 참이 되게 하는 x, y의 값 또는 그 순서쌍 (x, y)

(4) **연립방정식을 푼다:** 연립방정식의 해를 구하는 것

예 x, y가 자연수일 때, 연립방정식 $\begin{cases}x+y=5 & \cdots\cdots ㉠\\2x+y=9 & \cdots\cdots ㉡\end{cases}$의 해를 구하면

㉠의 해

x	1	2	3	4
y	4	3	2	1

㉡의 해

x	1	2	3	4
y	7	5	3	1

따라서 연립방정식의 해는 ㉠, ㉡의 공통인 해이므로 $(4, 1)$이다.

개념 3 연립방정식의 풀이; 가감법 (유형 07, 12~16)

(1) **가감법**

한 미지수를 없애기 위하여 두 일차방정식을 변끼리 더하거나 빼어서 연립방정식을 푸는 방법

(2) **가감법을 이용한 연립방정식의 풀이**

❶ 양변에 적당한 수를 곱하여 없애려는 미지수의 계수의 절댓값이 같아지도록 한다.

❷ ❶의 두 일차방정식을 변끼리 더하거나 빼어서 한 미지수를 없앤 후 방정식을 푼다.

❸ ❷에서 구한 해를 두 일차방정식 중 간단한 일차방정식에 대입하여 다른 미지수의 값을 구한다.

개념 노트

- 방정식: 미지수의 값에 따라 참이 되기도 하고 거짓이 되기도 하는 등식
- 미지수가 1개인 일차방정식의 해는 한 개이지만 미지수가 2개인 일차방정식의 해는 여러 개일 수 있다.
- 연립일차방정식을 간단히 연립방정식이라고도 한다.
- 미지수가 2개인 연립방정식에서 한 미지수를 없애는 것을 소거라 한다.
- 가감법을 이용하여 연립방정식의 해를 구할 때, 없애려는 미지수의 계수의 절댓값을 같게 한 후
  ① 계수의 부호가 같으면 두 방정식을 변끼리 뺀다.
  ② 계수의 부호가 다르면 두 방정식을 변끼리 더한다.

개념 1 미지수가 2개인 일차방정식

[01~04] 다음 중 미지수가 2개인 일차방정식인 것은 ○표, 아닌 것은 ×표를 하시오.

01 $5x-y=4$ ( )

02 $3x-\frac{4}{y}=1$ ( )

03 $2x+y=2x-4y-3$ ( )

04 $x+y^2=y^2+3y-5$ ( )

[05~08] 다음 일차방정식 중 x, y의 순서쌍 $(2, -1)$을 해로 갖는 것은 ○표, 해로 갖지 않는 것은 ×표를 하시오.

05 $x+2y=1$ ( )

06 $2x-y=5$ ( )

07 $\frac{3}{2}x+y=2$ ( )

08 $x-3=3y+4$ ( )

[09~10] 일차방정식 $3x+2y=15$에 대하여 다음 물음에 답하시오.

09 다음 표를 완성하시오.

x	1	2	3	4	5
y					

10 x, y가 자연수일 때, 일차방정식 $3x+2y=15$의 해를 x, y의 순서쌍 (x, y)로 나타내시오.

개념 2 미지수가 2개인 연립일차방정식

[11~13] 연립방정식 $\begin{cases} x+y=6 \\ 3x+y=10 \end{cases}$에 대하여 다음 물음에 답하시오.

11 일차방정식 $x+y=6$에 대하여 다음 표를 완성하시오.

x	1	2	3	4	5
y					

12 일차방정식 $3x+y=10$에 대하여 다음 표를 완성하시오.

x	1	2	3	4
y				

13 x, y가 자연수일 때, 위의 연립방정식의 해를 x, y의 순서쌍 (x, y)로 나타내시오.

개념 3 연립방정식의 풀이; 가감법

14 다음은 연립방정식 $\begin{cases} 2x+y=7 & \cdots\cdots ㉠ \\ x-2y=1 & \cdots\cdots ㉡ \end{cases}$을 가감법으로 푸는 과정이다. □ 안에 알맞은 수를 써넣으시오.

> ㉡×□를 하면 $2x-4y=2$ ······ ㉢
> ㉠−㉢을 하면 $5y=5$ ∴ $y=$□
> $y=$□을 ㉡에 대입하면 $x=$□

[15~17] 다음 연립방정식을 가감법으로 푸시오.

15 $\begin{cases} x+y=3 \\ x-y=7 \end{cases}$

16 $\begin{cases} x-2y=5 \\ x-6y=9 \end{cases}$

17 $\begin{cases} 3x+2y=8 \\ x-3y=-1 \end{cases}$

Real 실전 개념

개념 4 연립방정식의 풀이; 대입법

유형 08, 12~16

(1) 대입법

한 일차방정식에서 한 미지수를 다른 미지수의 식으로 나타낸 후 다른 일차방정식에 대입하여 연립방정식을 푸는 방법

(2) 대입법을 이용한 연립방정식의 풀이

❶ 한 일차방정식에서 한 미지수를 다른 미지수의 식으로 나타낸다.

❷ ❶의 식을 다른 일차방정식에 대입하여 한 미지수를 없앤 후 방정식을 푼다.

❸ ❷에서 구한 해를 ❶의 식에 대입하여 다른 미지수의 값을 구한다.

개념 5 복잡한 연립방정식의 풀이

유형 09~16

(1) 괄호가 있는 연립방정식

분배법칙을 이용하여 괄호를 풀고 동류항끼리 정리한 후 푼다.

예 $\begin{cases} 2(x-y)+y=3 \\ x+3(x+y)=5 \end{cases} \xrightarrow[\text{푼다.}]{\text{괄호를}} \begin{cases} 2x-2y+y=3 \\ x+3x+3y=5 \end{cases} \xrightarrow[\text{정리한다.}]{\text{동류항끼리}} \begin{cases} 2x-y=3 \\ 4x+3y=5 \end{cases}$

(2) 계수가 소수인 연립방정식

양변에 10의 거듭제곱을 곱하여 계수를 모두 정수로 고쳐서 푼다.

예 $\begin{cases} 0.2x-y=0.1 & \cdots\cdots ㉠ \\ 0.03x+0.05y=0.04 & \cdots\cdots ㉡ \end{cases} \xrightarrow[㉡\times 100]{㉠\times 10} \begin{cases} 2x-10y=1 \\ 3x+5y=4 \end{cases}$

(3) 계수가 분수인 연립방정식

양변에 분모의 최소공배수를 곱하여 계수를 모두 정수로 고쳐서 푼다.

예 $\begin{cases} \frac{1}{3}x-y=\frac{4}{3} & \cdots\cdots ㉠ \\ \frac{3}{2}x+\frac{2}{3}y=\frac{5}{6} & \cdots\cdots ㉡ \end{cases} \xrightarrow[㉡\times 6]{㉠\times 3} \begin{cases} x-3y=4 \\ 9x+4y=5 \end{cases}$

(4) $A=B=C$ 꼴의 방정식

$A=B=C$ 꼴의 방정식은 다음 세 연립방정식 중 가장 간단한 것을 선택하여 푼다.

➡ $\begin{cases} A=B \\ A=C \end{cases}$, $\begin{cases} A=B \\ B=C \end{cases}$, $\begin{cases} A=C \\ B=C \end{cases}$ ← 어떤 것을 선택하여 풀어도 그 해는 모두 같다.

개념 6 해가 특수한 연립방정식

유형 17, 18

(1) 해가 무수히 많은 연립방정식

두 일차방정식을 변형하였을 때, 미지수의 계수와 상수항이 각각 같으면 연립방정식의 해는 무수히 많다.

예 $\begin{cases} 2x-y=3 & \cdots\cdots ㉠ \\ 4x-2y=6 & \cdots\cdots ㉡ \end{cases} \xrightarrow{㉠\times 2} \begin{cases} 4x-2y=6 \\ 4x-2y=6 \end{cases}$ ➡ 두 방정식이 일치하므로 해가 무수히 많다.

(2) 해가 없는 연립방정식

두 일차방정식을 변형하였을 때, 미지수의 계수는 각각 같고 상수항이 다르면 연립방정식의 해는 없다.

예 $\begin{cases} x+2y=3 & \cdots\cdots ㉠ \\ 2x+4y=4 & \cdots\cdots ㉡ \end{cases} \xrightarrow{㉠\times 2} \begin{cases} 2x+4y=6 \\ 2x+4y=4 \end{cases}$ ➡ x, y의 계수는 각각 같고 상수항이 다르므로 해가 없다.

⊕ 개념 노트

- 두 일차방정식 중 어느 한 방정식이 $x=(y$의 식$)$ 또는 $y=(x$의 식$)$ 꼴일 때는 대입법을 이용하면 편리하다.
- 가감법과 대입법 중 어느 방법을 이용하여 풀어도 연립방정식의 해는 같다.
- 분배법칙을 이용할 때는 괄호 앞의 부호에 주의한다.
- $A=B=C$ 꼴의 방정식은 세 식 A, B, C 중 형태가 간단하거나 항의 개수가 적은 것을 기준으로 연립방정식을 만들어 푼다. 특히, C가 상수이면 $\begin{cases} A=C \\ B=C \end{cases}$를 푸는 것이 가장 간단하다.
- 연립방정식 $\begin{cases} ax+by=c \\ a'x+b'y=c' \end{cases}$에서
  ① $\frac{a}{a'}=\frac{b}{b'}=\frac{c}{c'}$
  ➡ 해가 무수히 많다.
  ② $\frac{a}{a'}=\frac{b}{b'}\neq\frac{c}{c'}$
  ➡ 해가 없다.

개념 4 연립방정식의 풀이; 대입법

18 다음은 연립방정식 $\begin{cases} x-y=1 & \cdots\cdots ㉠ \\ 2x+y=5 & \cdots\cdots ㉡ \end{cases}$를 대입법으로 푸는 과정이다. □ 안에 알맞은 것을 써넣으시오.

> ㉠에서 x를 y의 식으로 나타내면
> $x=$□ $\cdots\cdots$ ㉢
> ㉢을 ㉡에 대입하면 $2($□$)+y=5$
> $\therefore y=$□
> $y=$□을 ㉢에 대입하면 $x=$□

[19~22] 다음 연립방정식을 대입법으로 푸시오.

19 $\begin{cases} y=-2x \\ x+2y=3 \end{cases}$

20 $\begin{cases} x=y-2 \\ 4x+y=7 \end{cases}$

21 $\begin{cases} 3x-2y=1 \\ 2y=x-3 \end{cases}$

22 $\begin{cases} 2x-y=1 \\ 3x+2y=5 \end{cases}$

개념 5 복잡한 연립방정식의 풀이

[23~28] 다음 연립방정식을 푸시오.

23 $\begin{cases} 4x+5y=6 \\ 3x-2(x-y)=3 \end{cases}$

24 $\begin{cases} 3(x-2y)+4y=2 \\ 2x-(x+y)=-1 \end{cases}$

25 $\begin{cases} 0.2x+0.3y=0.5 \\ 0.4x+0.5y=1.1 \end{cases}$

26 $\begin{cases} 0.3x+0.4y=-1 \\ 0.02x-0.01y=0.08 \end{cases}$

27 $\begin{cases} \frac{1}{2}x-\frac{1}{4}y=1 \\ \frac{1}{3}x+\frac{1}{2}y=2 \end{cases}$

28 $\begin{cases} x-\frac{1}{5}y=\frac{3}{5} \\ \frac{2}{3}x-\frac{1}{4}y=\frac{1}{6} \end{cases}$

[29~30] 다음 방정식을 푸시오.

29 $3x+y=2x-y=5$

30 $2x-y-2=x+y=3x-4y-1$

개념 6 해가 특수한 연립방정식

[31~32] 다음 연립방정식을 푸시오.

31 $\begin{cases} x-2y=1 \\ 3x-6y=3 \end{cases}$

32 $\begin{cases} 3x+2y=-4 \\ 9x+6y=12 \end{cases}$

Real 실전 유형

정답과 해설 47쪽 더블북 38쪽

유형 01 미지수가 2개인 일차방정식 개념1

등식의 모든 항을 좌변으로 이항하여 정리하였을 때, 미지수가 2개이고 그 차수가 모두 1인 방정식을 미지수가 2개인 일차방정식이라 한다.

미지수의 차수가 모두 1

➡ $ax+by+c=0$ (단, a, b, c는 상수, $a\neq0$, $b\neq0$)

미지수가 2개 / 등식

01 대표문제

다음 중 미지수가 2개인 일차방정식이 아닌 것을 모두 고르면? (정답 2개)

① $3x+y=0$
② $y=2x-3$
③ $x+y^2=y^2-4$
④ $x-xy=5$
⑤ $x-4y=2(x+2y)$

02

다음 **보기** 중 미지수가 2개인 일차방정식인 것을 모두 고른 것은?

보기

ㄱ. $3y-x=5$
ㄴ. $x^2+y=2$
ㄷ. $\frac{2}{x}-\frac{3}{y}=1$
ㄹ. $\frac{2}{3}x+\frac{1}{2}y=3$
ㅁ. $2(x-2y)+4y=6$
ㅂ. $x^2+x(1-x)+y=0$

① ㄱ, ㄷ
② ㄴ, ㄹ
③ ㄱ, ㄹ, ㅂ
④ ㄱ, ㅁ, ㅂ
⑤ ㄷ, ㄹ, ㅂ

중요

03

다음 중 등식 $3x+2y-1=(a+1)x-2y+5$가 미지수가 2개인 일차방정식일 때, 상수 a의 값이 될 수 없는 것은?

① -1
② 0
③ 1
④ 2
⑤ 3

유형 02 미지수가 2개인 일차방정식의 해 개념1

(1) x, y의 순서쌍 (m, n)이 일차방정식 $ax+by+c=0$의 해이다.
➡ $x=m$, $y=n$을 $ax+by+c=0$에 대입하면 등식이 성립한다.
➡ $am+bn+c=0$

(2) x, y가 자연수일 때, 일차방정식 $ax+by+c=0$의 해 구하기
➡ x 또는 y에 자연수 1, 2, 3, …을 차례대로 대입하여 x, y가 모두 자연수가 되는 x, y의 순서쌍 (x, y)를 찾는다.

04 대표문제

다음 중 일차방정식 $x-3y=5$의 해가 아닌 것은?

① $(8, 1)$
② $\left(4, -\frac{1}{3}\right)$
③ $(2, -1)$
④ $(-1, 2)$
⑤ $(-4, -3)$

05

다음 일차방정식 중 $x=1$, $y=2$를 해로 갖는 것을 모두 고르면? (정답 2개)

① $x-y=1$
② $x-2y=-3$
③ $2x+y=5$
④ $3x-4y=5$
⑤ $5x-2y-1=0$

중요

06

x, y가 6 이하의 자연수일 때, 일차방정식 $2x-y=7$의 모든 해를 x, y의 순서쌍 (x, y)로 나타내시오.

07 서술형

x, y가 자연수일 때, 일차방정식 $3x+2y=21$을 만족시키는 x, y의 순서쌍 (x, y)는 모두 몇 개인지 구하시오.

집중

유형 03 일차방정식의 해가 주어질 때 미지수의 값 구하기 개념1

일차방정식의 해 또는 계수가 문자로 주어질 때
➜ 주어진 해를 일차방정식에 대입하면 등식이 성립함을 이용하여 미지수의 값을 구한다.

08 대표문제

일차방정식 $ax+y-1=0$의 한 해가 $x=2$, $y=-1$일 때, 상수 a의 값은?

① -2　② -1　③ 1
④ 2　⑤ 3

09

x, y의 순서쌍 $(-3,\ k)$가 일차방정식 $4x+5y=3$의 한 해일 때, k의 값은?

① -2　② -1　③ 1
④ 2　⑤ 3

10

일차방정식 $2x+ay-3=0$에서 $x=3$일 때, $y=1$이다. $y=-3$일 때, x의 값은? (단, a는 상수)

① -3　② -2　③ -1
④ 2　⑤ 3

11 서술형

x, y의 순서쌍 $(4,\ 2)$, $(a+1,\ -1)$이 모두 일차방정식 $bx-5y=2$의 해일 때, $a+2b$의 값을 구하시오.
(단, b는 상수)

유형 04 연립방정식으로 나타내기 개념2

200원짜리 지우개 x개와 500원짜리 연필 y개를 합하여 10개를 사고, 3500원을 지불하였다.

➜ $\begin{cases}(\text{개수에 대한 일차방정식})\\(\text{전체 금액에 대한 일차방정식})\end{cases}$ ➜ $\begin{cases}x+y=10\\200x+500y=3500\end{cases}$

12 대표문제

어느 농구 선수가 2점짜리 슛 x골과 3점짜리 슛 y골을 합하여 12골을 성공하여 28점을 득점하였다. 다음 중 x, y에 대한 연립방정식으로 옳은 것은?

① $\begin{cases}x+y=12\\2x+y=28\end{cases}$　② $\begin{cases}x+y=12\\x+3y=28\end{cases}$

③ $\begin{cases}x+y=12\\2x+3y=28\end{cases}$　④ $\begin{cases}x-y=12\\2x+3y=28\end{cases}$

⑤ $\begin{cases}x-y=12\\3x+y=28\end{cases}$

13

다음 문장을 x, y에 대한 연립방정식으로 나타내면 $\begin{cases}x+y=a\\100x+by=c\end{cases}$ 일 때, 상수 a, b, c에 대하여 $\dfrac{ab}{c}$의 값을 구하시오.

> 100원짜리 동전 x개와 500원짜리 동전 y개를 합하여 8개가 있고, 전체 금액은 2000원이다.

14

수지는 집에서 2 km 떨어진 공원에 가는데 처음에는 시속 6 km로 뛰다가 중간에 시속 4 km로 걸어서 총 20분이 걸렸다. 뛰어간 거리를 x km, 걸어간 거리를 y km라 하고 연립방정식을 세울 때, 다음 **보기** 중 필요한 식을 모두 고르시오.

보기

ㄱ. $x+y=2$　ㄴ. $x-y=2$
ㄷ. $\dfrac{x}{6}+\dfrac{y}{4}=20$　ㄹ. $\dfrac{x}{6}+\dfrac{y}{4}=\dfrac{1}{3}$

유형 05 연립방정식의 해 개념2

x, y의 순서쌍 (m, n)이 연립방정식 $\begin{cases} ax+by=c \\ a'x+b'y=c' \end{cases}$의 해이다.
➡ $x=m$, $y=n$을 두 일차방정식에 각각 대입하면 등식이 성립한다.
➡ $am+bn=c$, $a'm+b'n=c'$

15 대표문제

다음 연립방정식 중 x, y의 순서쌍 $(1, -2)$를 해로 갖는 것은?

① $\begin{cases} x+y=-1 \\ 3x+y=0 \end{cases}$ ② $\begin{cases} x+y=1 \\ x-2y=5 \end{cases}$ ③ $\begin{cases} x-y=3 \\ 2x-y=4 \end{cases}$
④ $\begin{cases} 3x+2y=1 \\ x-4y=9 \end{cases}$ ⑤ $\begin{cases} 4x-y=6 \\ 5x+4y=-4 \end{cases}$

16

x, y가 자연수일 때, 연립방정식 $\begin{cases} 2x+y=8 \\ 3x-2y=5 \end{cases}$의 해를 x, y의 순서쌍 (x, y)로 나타내시오.

집중

유형 06 연립방정식의 해가 주어질 때 미지수의 값 구하기 (1) 개념2

연립방정식의 해 또는 계수가 문자로 주어질 때
➡ 주어진 해를 두 일차방정식에 각각 대입하면 등식이 성립함을 이용하여 미지수의 값을 구한다.

17 대표문제

연립방정식 $\begin{cases} ax+y=2 \\ 3x-by=5 \end{cases}$의 해가 $x=3$, $y=-4$일 때, 상수 a, b에 대하여 $a+b$의 값을 구하시오.

18 서술형

x, y의 순서쌍 $(b, -1)$이 연립방정식 $\begin{cases} x-4y=a \\ 3x+5y=7 \end{cases}$의 해일 때, $a-b$의 값을 구하시오. (단, a는 상수)

집중

유형 07 가감법을 이용한 연립방정식의 풀이 개념3

양변에 적당한 수를 곱하여 없애려는 미지수의 계수의 절댓값이 같아지도록 한다.
(1) 계수의 부호가 같으면 ➡ 두 방정식을 변끼리 뺀다.
(2) 계수의 부호가 다르면 ➡ 두 방정식을 변끼리 더한다.

19 대표문제

연립방정식 $\begin{cases} 5x-2y=-1 \\ 8x+3y=17 \end{cases}$의 해가 $x=a$, $y=b$일 때, $b-a$의 값은?

① -2 ② -1 ③ 1
④ 2 ⑤ 3

20

연립방정식 $\begin{cases} 5x+4y=9 & \cdots\cdots ㉠ \\ 2x-3y=-1 & \cdots\cdots ㉡ \end{cases}$에서 y를 없애서 가감법으로 풀려고 한다. 이때 필요한 식은?

① ㉠×2−㉡×5 ② ㉠×2+㉡×5
③ ㉠×3−㉡×4 ④ ㉠×3+㉡×4
⑤ ㉠×4+㉡×3

중요

21 서술형

연립방정식 $\begin{cases} 2x+3y=-4 \\ 3x-4y=11 \end{cases}$의 해가 일차방정식 $5x+ay=7$을 만족시킬 때, 상수 a의 값을 구하시오.

집중

유형 08 대입법을 이용한 연립방정식의 풀이 개념 4

x, y에 대한 연립방정식에서 한 일차방정식이

$x=(y$의 식$)$ 또는 $y=(x$의 식$)$

꼴이거나 위의 꼴로 정리하기 쉬울 때, 이 식을 다른 일차방정식에 대입하여 한 미지수를 없앤 후 해를 구한다.

22 대표문제

연립방정식 $\begin{cases} x=2-y \\ 3x-4y=-1 \end{cases}$의 해가 $x=a$, $y=b$일 때, $a+b$의 값을 구하시오.

23

연립방정식 $\begin{cases} y=-2x+2 & \cdots\cdots ㉠ \\ 2x-3y=14 & \cdots\cdots ㉡ \end{cases}$에서 ㉠을 ㉡에 대입하여 y를 없애면 $kx=20$이다. 이때 상수 k의 값은?

① 5 ② 6 ③ 7 ④ 8 ⑤ 9

24

연립방정식 $\begin{cases} x-2y=-1 \\ 5x-7y=4 \end{cases}$를 대입법으로 푸시오.

25 서술형

연립방정식 $\begin{cases} y=5x-9 \\ y=-3x+7 \end{cases}$의 해가 일차방정식 $4x-2y=a$를 만족시킬 때, 상수 a의 값을 구하시오.

유형 09 괄호가 있는 연립방정식의 풀이 개념 5

분배법칙을 이용하여 괄호를 풀고 동류항끼리 정리한 후 푼다.

→ $a(x-y)=ax-ay$, $-a(x-y)=-ax+ay$

26 대표문제

연립방정식 $\begin{cases} 2(3x-1)+y=6 \\ 3x-2(y-2)=3 \end{cases}$을 만족시키는 x, y의 값에 대하여 $x+y$의 값은?

① -2 ② -1 ③ 1 ④ 2 ⑤ 3

27

연립방정식 $\begin{cases} x+4y=-9 \\ 5x-2(x+2y)=5 \end{cases}$를 푸시오.

28

연립방정식 $\begin{cases} 2(3x-y)-3x=2-y \\ 5x-\{2x-(x-3y)-5\}=1 \end{cases}$의 해가 $x=a$, $y=b$일 때, ab의 값을 구하시오.

29

연립방정식 $\begin{cases} 3x-4(x-y)=2 \\ 2(x+y)-6=y-1 \end{cases}$의 해가 일차방정식 $3x-ay=5$를 만족시킬 때, 상수 a의 값은?

① -5 ② -3 ③ 1 ④ 3 ⑤ 5

유형 10 계수가 소수 또는 분수인 연립방정식의 풀이 개념 5

(1) 계수가 소수이면 ➡ 양변에 10의 거듭제곱을 곱하여 계수를 모두 정수로 고쳐서 푼다.
(2) 계수가 분수이면 ➡ 양변에 분모의 최소공배수를 곱하여 계수를 모두 정수로 고쳐서 푼다.

30 대표문제

연립방정식 $\begin{cases} 0.2x-0.5y=0.8 \\ \dfrac{x-1}{2}-\dfrac{y+1}{3}=-\dfrac{2}{3} \end{cases}$ 를 푸시오.

31

연립방정식 $\begin{cases} 0.3x-0.7y=0.4 \\ 0.02x-0.05y=0.01 \end{cases}$ 을 만족시키는 x, y의 값에 대하여 $x+y$의 값을 구하시오.

32

연립방정식 $\begin{cases} \dfrac{1}{3}x+\dfrac{1}{4}y=-\dfrac{5}{2} \\ \dfrac{x+2}{4}-\dfrac{y-2}{2}=1 \end{cases}$ 의 해가 $x=a$, $y=b$일 때, $b-a$의 값은?

① 1 ② 2 ③ 3
④ 4 ⑤ 5

중요
33

연립방정식 $\begin{cases} 0.\dot{3}x-0.\dot{5}y=0.\dot{4} \\ \dfrac{1}{3}x+\dfrac{1}{6}y=-1 \end{cases}$ 을 푸시오.

유형 11 $A=B=C$ 꼴의 방정식의 풀이 개념 5

$A=B=C$ 꼴의 방정식
➡ $\begin{cases} A=B \\ A=C \end{cases}$, $\begin{cases} A=B \\ B=C \end{cases}$, $\begin{cases} A=C \\ B=C \end{cases}$ 중 가장 간단한 것을 선택하여 푼다.

참고 C가 상수일 때는 $\begin{cases} A=C \\ B=C \end{cases}$를 풀면 가장 간단하다.

34 대표문제

다음 방정식을 푸시오.

$4x+y+4=5x-2y=x+6$

35

방정식 $2x+y-2=3x-y+5=x$를 풀면?

① $x=-2$, $y=1$ ② $x=-1$, $y=3$
③ $x=1$, $y=1$ ④ $x=1$, $y=3$
⑤ $x=3$, $y=-1$

36 서술형

방정식 $\dfrac{x+2y+3}{4}=\dfrac{x-y}{2}=3$의 해가 $x=a$, $y=b$일 때, $a-b$의 값을 구하시오.

37

방정식 $3x+y=ax+4y-2=x+1$의 해가 $x=1$, $y=b$일 때, 상수 a, b에 대하여 $a+b$의 값을 구하시오.

집중

유형 12 연립방정식의 해가 주어질 때 미지수의 값 구하기 (2) 개념 3~5

x, y에 대한 연립방정식 $\begin{cases} ax+by=1 \\ bx-ay=8 \end{cases}$의 해가 $x=2$, $y=-1$이면

➡ $\begin{cases} 2a-b=1 \\ 2b+a=8 \end{cases}$, 즉 a, b에 대한 연립방정식이 된다.

38 대표문제

연립방정식 $\begin{cases} ax+by=15 \\ bx-ay=-5 \end{cases}$의 해가 $x=3$, $y=-1$일 때, 상수 a, b에 대하여 $a+b$의 값을 구하시오.

39

x, y의 순서쌍 $(2, 3)$이 연립방정식 $\begin{cases} ax-by=-8 \\ ax+2by=10 \end{cases}$의 해일 때, 상수 a, b에 대하여 $b-a$의 값을 구하시오.

유형 13 연립방정식의 해와 일차방정식의 해가 같을 때 개념 3~5

연립방정식의 해를 한 해로 갖는 일차방정식이 주어질 때

❶ 세 일차방정식 중 계수와 상수항이 모두 수로 주어진 두 일차방정식으로 연립방정식을 만들어 해를 구한다.

❷ ❶에서 구한 해를 나머지 일차방정식에 대입하여 미지수의 값을 구한다.

40 대표문제

연립방정식 $\begin{cases} 4x+ay=6 \\ 2x-y=-7 \end{cases}$의 해가 일차방정식 $4x-5y=1$을 만족시킬 때, 상수 a의 값을 구하시오.

41

연립방정식 $\begin{cases} 2x-3y=a \\ 0.3x-0.4y=0.5 \end{cases}$의 해 $x=p$, $y=q$가 일차방정식 $x+2y=5$의 해일 때, 상수 a, p, q에 대하여 $a+p+q$의 값을 구하시오.

유형 14 연립방정식의 해에 대한 조건이 주어질 때 개념 3~5

x, y에 대한 조건을 다음과 같이 식으로 나타낸다.

(1) x의 값이 y의 값의 k배이다. ➡ $x=ky$

(2) y의 값이 x의 값보다 k만큼 크다. ➡ $y=x+k$

(3) x와 y의 값의 비가 $m : n$이다. ➡ $x : y=m : n$, 즉 $nx=my$

(4) x와 y의 값의 합이 a이다. ➡ $x+y=a$

42 대표문제

연립방정식 $\begin{cases} x+ay=4 \\ 3x-y=5 \end{cases}$를 만족시키는 x의 값이 y의 값의 2배일 때, 상수 a의 값을 구하시오.

중요

43

연립방정식 $\begin{cases} x+y=1 \\ 2x-y=1-k \end{cases}$를 만족시키는 y의 값이 x의 값보다 3만큼 클 때, 상수 k의 값을 구하시오.

44 서술형

연립방정식 $\begin{cases} 2ax-3y=9 \\ x-4y=-1 \end{cases}$을 만족시키는 x와 y의 값의 비가 $3 : 1$일 때, 상수 a의 값을 구하시오.

45

연립방정식 $\begin{cases} x+0.3y=-0.2 \\ 5x+3y=4a \end{cases}$를 만족시키는 x, y의 값의 합이 4일 때, 상수 a의 값은?

① 2 ② 3 ③ 4 ④ 5 ⑤ 6

유형 15 계수 또는 상수항을 잘못 보고 구한 해 개념 3~5

(1) 계수 또는 상수항을 잘못 보고 푼 경우
➜ 잘못 본 계수 또는 상수항을 k로 놓고 잘못 구한 해를 대입한다.
(2) 계수 a, b를 바꾸어 놓고 푼 경우
➜ a와 b를 바꾼 새로운 연립방정식에 잘못 구한 해를 대입한다.

46 대표문제

연립방정식 $\begin{cases} 2x+y=5 \\ 3x+2y=4 \end{cases}$를 푸는데 $3x+2y=4$의 y의 계수를 잘못 보고 풀어서 $x=6$을 얻었다. y의 계수를 어떤 수로 잘못 보고 풀었는지 구하시오.

47

연립방정식 $\begin{cases} ax+by=-1 \\ bx-ay=3 \end{cases}$에서 잘못하여 상수 a와 b를 바꾸어 놓고 풀었더니 $x=1$, $y=-2$이었다. 이때 처음 연립방정식의 해는?

① $x=-2$, $y=-1$　② $x=-2$, $y=1$
③ $x=-1$, $y=2$　④ $x=1$, $y=-2$
⑤ $x=2$, $y=-1$

48 서술형

유리와 민서가 연립방정식 $\begin{cases} x+3y=a \\ 4x-by=3 \end{cases}$을 푸는데 유리는 상수 a를 잘못 보고 풀어서 $x=-3$, $y=-3$을 얻었고, 민서는 상수 b를 잘못 보고 풀어서 $x=-4$, $y=3$을 얻었다. 이때 처음 연립방정식의 해를 구하시오.

집중

유형 16 해가 서로 같은 두 연립방정식 개념 3~5

두 연립방정식의 해가 서로 같을 때
❶ 두 연립방정식에서 계수와 상수항이 모두 수로 주어진 두 일차방정식으로 연립방정식을 만들어 해를 구한다.
❷ ❶에서 구한 해를 나머지 두 일차방정식에 대입하여 미지수의 값을 구한다.

49 대표문제

두 연립방정식 $\begin{cases} x-y=9 \\ 2x+y=a \end{cases}$, $\begin{cases} 3x+y=7 \\ x+by=-1 \end{cases}$의 해가 서로 같을 때, 상수 a, b에 대하여 $a+b$의 값은?

① 2　② 3　③ 4
④ 5　⑤ 6

50 서술형

네 일차방정식 $ax+y=5$, $y=2x-1$, $x+3y=4$, $7x-5by=2$가 한 쌍의 공통인 해를 가질 때, 상수 a, b의 값을 각각 구하시오.

51

다음 두 연립방정식의 해가 서로 같을 때, 상수 a, b에 대하여 ab의 값을 구하시오.

$$\begin{cases} x-(2y-1)=-3 \\ a(x+2)+by=10 \end{cases}, \quad \begin{cases} bx-ay=1 \\ 2x+3y=13 \end{cases}$$

유형 17 해가 무수히 많은 연립방정식 개념 6

연립방정식의 한 일차방정식을 변형하였을 때, 나머지 방정식과 미지수의 계수, 상수항이 각각 같으면 해가 무수히 많다. ← 두 일차방정식이 일치

➡ $\begin{cases} ax+by=c \\ a'x+b'y=c' \end{cases}$에서 $\frac{a}{a'}=\frac{b}{b'}=\frac{c}{c'}$이면 해가 무수히 많다.

52 대표문제

연립방정식 $\begin{cases} 3x-5y=a \\ bx-10y=4 \end{cases}$의 해가 무수히 많을 때, 상수 a, b의 값은?

① $a=1$, $b=3$ ② $a=2$, $b=3$
③ $a=2$, $b=6$ ④ $a=4$, $b=3$
⑤ $a=6$, $b=6$

53

다음 연립방정식 중 해가 무수히 많은 것을 모두 고르면? (정답 2개)

① $\begin{cases} x+4y=3 \\ x-4y=3 \end{cases}$ ② $\begin{cases} 2x+y=1 \\ 4x+4y=2 \end{cases}$
③ $\begin{cases} x-2y=-1 \\ 5x-10y=-5 \end{cases}$ ④ $\begin{cases} 6x-2y=8 \\ 3x-y=2 \end{cases}$
⑤ $\begin{cases} 4x+6y=8 \\ 2x+3y=4 \end{cases}$

중요

54

일차방정식 $\frac{x}{4}-\frac{y}{3}=1$을 만족시키는 모든 x, y의 값에 대하여 일차방정식 $ax+by=12$가 항상 성립할 때, 상수 a, b에 대하여 ab의 값을 구하시오.

유형 18 해가 없는 연립방정식 개념 6

연립방정식의 한 일차방정식을 변형하였을 때, 나머지 방정식과 미지수의 계수가 각각 같고 상수항만 다르면 해가 없다.

➡ $\begin{cases} ax+by=c \\ a'x+b'y=c' \end{cases}$에서 $\frac{a}{a'}=\frac{b}{b'}\neq\frac{c}{c'}$이면 해가 없다.

55 대표문제

연립방정식 $\begin{cases} 2x-ay=3 \\ 8x-12y=10 \end{cases}$의 해가 없을 때, 상수 a의 값은?

① 2 ② 3 ③ 4
④ 5 ⑤ 6

56

다음 연립방정식 중 해가 없는 것을 모두 고르면? (정답 2개)

① $\begin{cases} x-2y=3 \\ 2x-4y=1 \end{cases}$ ② $\begin{cases} x+5y=0 \\ 5x+y=0 \end{cases}$
③ $\begin{cases} -x+2y=-2 \\ 4x-8y=-8 \end{cases}$ ④ $\begin{cases} 3x+6y=-12 \\ -x-2y=4 \end{cases}$
⑤ $\begin{cases} 3x-4y+2=0 \\ 6x-8y+4=0 \end{cases}$

57 서술형

연립방정식 $\begin{cases} x-3y=-1 \\ -2x+(a+1)y=2 \end{cases}$의 해가 무수히 많고, 연립방정식 $\begin{cases} bx+y=-3 \\ 12x+3y=9 \end{cases}$의 해가 없을 때, 상수 a, b에 대하여 $a+b$의 값을 구하시오.

Real 실전 기출

01

다음 중 미지수가 2개인 일차방정식인 것을 모두 고르면? (정답 2개)

① $2x+1=0$　② $x=2y-5$
③ $xy+x^2=x^2-3$　④ $\frac{1}{x}+\frac{1}{y}=1$
⑤ $3x-2y=2(x-2y)$

02

다음 중 미지수가 2개인 일차방정식과 그 해가 바르게 짝지어진 것은?

① $-x+y=5$ ➡ $(3, 2)$　② $x+2y=4$ ➡ $(2, 2)$
③ $4x-y=3$ ➡ $(1, 1)$　④ $2x+3y=0$ ➡ $(-1, 1)$
⑤ $3x-4y=9$ ➡ $(-3, -4)$

03

일차방정식 $0.\dot{2}x-0.\dot{5}y=1.\dot{4}$의 해가 $x=a$, $y=1$일 때, a의 값을 구하시오.

04 최다빈출

연립방정식 $\begin{cases} 2x-y=1 \\ 3x+ay=5 \end{cases}$를 만족시키는 x의 값이 -3일 때, 상수 a의 값은?

① -3　② -2　③ -1
④ 1　⑤ 2

05

연립방정식 $\begin{cases} 3x+4y=7 & \cdots\cdots ㉠ \\ 2x-3y=-1 & \cdots\cdots ㉡ \end{cases}$에서 x를 없애서 가감법으로 풀려고 한다. 이때 필요한 식은?

① ㉠$\times 2-$㉡$\times 3$　② ㉠$\times 2+$㉡$\times 3$
③ ㉠$\times 3-$㉡$\times 4$　④ ㉠$\times 3+$㉡$\times 4$
⑤ ㉠$\times 4+$㉡$\times 3$

06

다음 중 연립방정식의 해가 나머지 넷과 다른 하나는?

① $\begin{cases} x+y=4 \\ x-4y=-1 \end{cases}$　② $\begin{cases} x-y=2 \\ 2x+y=7 \end{cases}$
③ $\begin{cases} x+2y=5 \\ x+3y=6 \end{cases}$　④ $\begin{cases} x-2y=1 \\ 2x-y=5 \end{cases}$
⑤ $\begin{cases} 4x-y=2 \\ y=3x \end{cases}$

07

연립방정식 $\begin{cases} y-3(x-y)=11 \\ 2(x+1)=4(y-3) \end{cases}$의 해가 $x=a$, $y=b$일 때, $a+b$의 값을 구하시오.

08

연립방정식 $\begin{cases} 0.05x+0.01y=0.2 \\ \frac{x}{3}-\frac{y+1}{4}=\frac{8}{3} \end{cases}$ 의 해가 일차방정식 $2x-ay=5$를 만족시킬 때, 상수 a의 값은?

① -5 ② -3 ③ -1
④ 1 ⑤ 3

09

x, y의 순서쌍 $(-2, 1)$, $(5, -1)$이 모두 일차방정식 $ax+by=-3$의 해일 때, 상수 a, b에 대하여 $a-b$의 값은?

① -7 ② -5 ③ -2
④ 2 ⑤ 5

10 최다빈출

방정식 $ax+by=2ax+4by=x+y$의 해가 $x=3$, $y=-1$일 때, 상수 a, b에 대하여 $a+b$의 값을 구하시오.

11

연립방정식 $\begin{cases} ax-y=7 \\ 3x+by=2 \end{cases}$ 를 푸는데 갑은 상수 a를 잘못 보고 풀어서 $x=1$, $y=1$을 얻었고, 을은 상수 b를 잘못 보고 풀어서 $x=3$, $y=-1$을 얻었다. 이때 처음 연립방정식의 해를 구하시오.

12

a, b가 5 이하의 자연수일 때, 연립방정식 $\begin{cases} ax+y=1 \\ 6x+3y=b \end{cases}$ 의 해가 없도록 하는 a, b의 순서쌍 (a, b)의 개수를 구하시오.

100점 공략

13

연립방정식 $\begin{cases} 1:(y+1)=2:(x+8) \\ \frac{2x+1}{3}-\frac{x-ay}{5}=3 \end{cases}$ 의 해가 일차방정식 $\frac{7}{2}x+4y=1$을 만족시킬 때, 상수 a의 값을 구하시오.

14

연립방정식 $\begin{cases} \frac{3}{x}-\frac{2}{y}=-8 \\ \frac{1}{x}+\frac{4}{y}=2 \end{cases}$ 를 만족시키는 x, y의 값에 대하여 $2x+y$의 값을 구하시오.

15 창의 역량

연립방정식 $\begin{cases} 3x-2y=-3 \\ 5x+ay=9 \end{cases}$ 를 만족시키는 x, y의 값이 연립방정식 $\begin{cases} bx+5y=7 \\ x+2y=5 \end{cases}$ 를 만족시키는 x, y의 값의 각각 3배이다. 상수 a, b의 값을 각각 구하시오.

정답과 해설 54쪽

서술형

16

일차방정식 $a(x+1)-(a+2)y=4$의 한 해가 $x=2$, $y=1$이다. $x=-3$일 때, y의 값을 구하시오.

(단, a는 상수)

17

세 일차방정식 $x+2y=4$, $2x-3y=-13$, $ax+3y=5$를 모두 만족시키는 해가 존재할 때, 상수 a의 값을 구하시오.

18

두 연립방정식 $\begin{cases} 6x+5y=-8 \\ ax+4y=11 \end{cases}$과 $\begin{cases} 3x+7y=5 \\ x+by=9 \end{cases}$의 해가 서로 같을 때, 상수 a, b에 대하여 $a+b$의 값을 구하시오.

19

연립방정식 $\begin{cases} 6x+15y=a \\ -2x+by=2 \end{cases}$의 해가 무수히 많을 때, 일차방정식 $ax+by=-17$의 자연수인 해를 구하시오.

(단, a, b는 상수)

풀이

답

20 100점

일차부등식 $2(x+3)-3x>x+1$을 만족시키는 가장 큰 정수를 k라 할 때, 연립방정식 $\begin{cases} 0.3x-0.2y=1.2 \\ 4x+2y=k \end{cases}$의 해를 구하시오.

풀이

답

21 100점

방정식 $\frac{x+y+3}{4}=\frac{x-2y+5}{2}=-\frac{x-4y-1}{3}$의 해가 일차방정식 $3x-y+a=0$을 만족시킬 때, 상수 a의 값을 구하시오.

풀이

답

Ⅲ. 연립일차방정식

07 연립일차방정식의 활용

95 ~ 108쪽
46 ~ 53쪽

개념 1 연립일차방정식의 활용 (1)

유형 01~09

(1) 미지수가 2개인 연립일차방정식의 활용 문제는 다음과 같은 순서로 해결한다.

❶ **미지수 정하기:** 문제의 뜻을 이해하고 구하려고 하는 것을 미지수 x, y로 놓는다.

❷ **연립방정식 세우기:** 문제의 뜻에 맞게 x, y에 대한 연립방정식을 세운다.

❸ **연립방정식 풀기:** 연립방정식을 푼다.

❹ **확인하기:** 구한 해가 문제의 뜻에 맞는지 확인한다.

예 합이 40이고, 차가 12인 두 자연수를 구해 보자.

❶ 미지수 정하기: 큰 수를 x, 작은 수를 y라 하자.

❷ 연립방정식 세우기: $\begin{cases} x+y=40 \\ x-y=12 \end{cases}$

❸ 연립방정식 풀기: 위의 연립방정식을 풀면 $x=26$, $y=14$

❹ 확인하기: 두 자연수 26, 14의 합은 $26+14=40$, 차는 $26-14=12$이므로 구한 해가 문제의 뜻에 맞는다.

(2) **수에 대한 문제**

십의 자리의 숫자가 x, 일의 자리의 숫자가 y인 두 자리 자연수에서

① 처음 수 ➡ $10x+y$

② 십의 자리의 숫자와 일의 자리의 숫자를 바꾼 수 ➡ $10y+x$

(3) **물건의 가격, 개수에 대한 문제**

A, B 한 개의 가격을 알 때, 전체 개수와 전체 가격이 주어지면

① (A의 개수)+(B의 개수)=(전체 개수)

② (A의 전체 가격)+(B의 전체 가격)=(전체 가격)

(4) **증가, 감소에 대한 문제**

① x에서 a % 증가한 경우 ➡ 증가량: $\frac{a}{100}x$, 전체 양: $x+\frac{a}{100}x=\left(1+\frac{a}{100}\right)x$

② x에서 b % 감소한 경우 ➡ 감소량: $\frac{b}{100}x$, 전체 양: $x-\frac{b}{100}x=\left(1-\frac{b}{100}\right)x$

(5) **일에 대한 문제**

전체 일의 양을 1로 놓고 한 사람이 단위 시간(1일 또는 1시간)에 할 수 있는 일의 양을 미지수로 놓고 식을 세운다.

개념 2 연립일차방정식의 활용 (2)

유형 10~16

(1) **거리, 속력, 시간에 대한 문제**

① (거리)=(속력)×(시간)　② (속력)$=\frac{(\text{거리})}{(\text{시간})}$　③ (시간)$=\frac{(\text{거리})}{(\text{속력})}$

(2) **농도에 대한 문제**

① (소금물의 농도)$=\frac{(\text{소금의 양})}{(\text{소금물의 양})}\times 100$ (%)

② (소금의 양)$=\frac{(\text{소금물의 농도})}{100}\times$(소금물의 양)

참고 농도가 다른 두 소금물을 섞는 문제는 다음을 이용하여 식을 세운다.

① (두 소금물의 양의 합)=(섞은 후 소금물의 양)

② (두 소금물의 소금의 양의 합)=(섞은 후 소금물의 소금의 양)

+ 개념 노트

- 답을 구할 때는 반드시 단위를 함께 쓴다.
- 나이, 개수, 횟수 등은 자연수이고 길이, 거리 등은 양수임에 주의한다.
- 나이에 대한 문제
  현재 x살인 사람의
  ① a년 전의 나이: $(x-a)$살
  ② b년 후의 나이: $(x+b)$살
- 거리, 속력, 시간에 대한 문제를 풀 때는 방정식을 세우기 전에 단위를 통일하도록 한다.
  ① 1 km=1000 m
  ② 1시간=60분, 1분$=\frac{1}{60}$시간
- 소금물에 물을 더 넣거나 증발시키는 문제는 소금의 양이 변하지 않음을 이용하여 식을 세운다.

개념 1 연립일차방정식의 활용 (1)

01 다음은 합이 55이고 큰 수가 작은 수의 2배보다 5만큼 작은 두 자연수를 구하는 과정이다. □ 안에 알맞은 것을 써넣으시오.

미지수 정하기	큰 수를 x, 작은 수를 y라 하자.
연립방정식 세우기	큰 수와 작은 수의 합이 55이므로 □$=55$ 큰 수가 작은 수의 2배보다 5만큼 작으므로 $x=$□ 따라서 연립방정식을 세우면 $\begin{cases} \square=55 \\ x=\square \end{cases}$
연립방정식 풀기	위의 연립방정식을 풀면 $x=$□, $y=$□ 따라서 큰 수는 □, 작은 수는 □이다.

[02~03] 400원짜리 볼펜과 800원짜리 수첩을 합하여 10개를 사고 6000원을 지불하였다. 다음 물음에 답하시오.

02 볼펜의 개수를 x, 수첩의 개수를 y라 할 때, x, y에 대한 연립방정식을 세우시오.

03 연립방정식을 풀어 볼펜과 수첩의 개수를 각각 구하시오.

[04~05] 어느 농장에서 오리와 토끼를 합하여 15마리를 기르고 있다. 오리와 토끼의 다리의 수의 합이 36일 때, 다음 물음에 답하시오.

04 오리의 수를 x마리, 토끼의 수를 y마리라 할 때, x, y에 대한 연립방정식을 세우시오.

05 연립방정식을 풀어 오리와 토끼는 각각 몇 마리인지 구하시오.

개념 2 연립일차방정식의 활용 (2)

[06~08] 수지는 집에서 4 km 떨어진 공원에 가는데 처음에는 시속 3 km로 걷다가 도중에 시속 6 km로 뛰어서 1시간이 걸렸다. 다음 물음에 답하시오.

06 걸어간 거리를 x km, 뛰어간 거리를 y km라 할 때, 다음 표를 완성하시오.

	걸어간 구간	뛰어간 구간	전체
거리 (km)	x	y	
시간 (시간)			

07 x, y에 대한 연립방정식을 세우시오.

08 연립방정식을 풀어 걸어간 거리와 뛰어간 거리를 각각 구하시오.

[09~11] 8 %의 소금물과 5 %의 소금물을 섞어서 7 %의 소금물 300 g을 만들었다. 다음 물음에 답하시오.

09 8 %의 소금물의 양을 x g, 5 %의 소금물의 양을 y g이라 할 때, 다음 표를 완성하시오.

	8 %의 소금물	5 %의 소금물	7 %의 소금물
소금물의 양 (g)	x	y	
소금의 양 (g)	$\frac{8}{100}\times x$		

10 x, y에 대한 연립방정식을 세우시오.

11 연립방정식을 풀어 8 %의 소금물의 양과 5 %의 소금물의 양을 각각 구하시오.

정답과 해설 56쪽 더블북 46쪽

집중

유형 01 수에 대한 문제

개념 1

(1) x, y가 자연수일 때, x를 y로 나누면 몫이 q이고, 나머지가 r이다.
→ $x=yq+r$ (단, $0\le r<y$)

(2) 십의 자리의 숫자가 x, 일의 자리의 숫자가 y인 두 자리 자연수에서
① 처음 수 → $10x+y$
② 십의 자리의 숫자와 일의 자리의 숫자를 바꾼 수 → $10y+x$

(3) 세 수 a, b, c의 평균 → $\frac{a+b+c}{3}$

01 대표문제

두 자리 자연수가 있다. 이 수의 각 자리의 숫자의 합은 8이고, 이 수의 십의 자리의 숫자와 일의 자리의 숫자를 바꾼 수는 처음 수보다 18만큼 크다고 한다. 처음 수를 구하시오.

02 서술형

합이 25인 두 자연수가 있다. 큰 수를 작은 수로 나누면 몫은 2이고 나머지는 1일 때, 두 수 중 큰 수를 구하시오.

03

정우의 수학, 영어, 과학 점수의 평균은 76점이고, 수학 점수가 과학 점수보다 4점이 더 높다고 한다. 정우의 영어 점수가 82점일 때, 수학 점수는?

① 65점 ② 68점 ③ 71점
④ 75점 ⑤ 78점

유형 02 가격, 개수에 대한 문제

개념 1

(1) A, B 한 개의 가격을 알 때, 전체 개수와 전체 가격이 주어지면 A, B의 개수를 각각 x, y로 놓고 연립방정식을 세운다.
→ $\begin{cases} (\text{A의 개수})+(\text{B의 개수})=(\text{전체 개수}) \\ (\text{A의 전체 가격})+(\text{B의 전체 가격})=(\text{전체 가격}) \end{cases}$

(2) A, B 각각의 개수와 전체 가격을 알 때, A, B 한 개의 가격을 각각 x원, y원으로 놓고 연립방정식을 세운다.

04 대표문제

1200원짜리 초콜릿과 500원짜리 사탕을 합하여 9개를 사고 6600원을 지불하였다. 사탕은 몇 개 샀는가?

① 3개 ② 4개 ③ 5개
④ 6개 ⑤ 7개

05

100원짜리 동전과 500원짜리 동전을 합하여 10개를 모았더니 금액이 1800원이 되었다. 100원짜리 동전은 몇 개인지 구하시오.

06

한 개에 1200원인 사과와 한 개에 800원인 자두를 합하여 여러 개를 사고 10000원을 지불하였다. 자두의 개수가 사과의 개수의 3배보다 1개 적다고 할 때, 자두는 몇 개 샀는지 구하시오.

중요

07

어느 미술관의 어른 3명과 어린이 2명의 입장료의 합은 61000원이고 어른 2명과 어린이 4명의 입장료의 합은 62000원이다. 어른 1명과 어린이 3명의 입장료의 합을 구하시오.

유형 03 득점, 감점에 대한 문제 개념 1

맞히면 a점을 얻고, 틀리면 b점을 잃는 시험에서 맞힌 문제가 x개,
↳ 득점은 $+a$ ↳ 감점은 $-b$

틀린 문제가 y개일 때, 받은 점수는
➜ $(ax-by)$점

08 대표문제

어느 시험에서 총 20문제가 출제되는데 한 문제를 맞히면 4점을 얻고, 틀리면 2점을 잃는다고 한다. 민주는 20문제를 모두 풀어서 56점을 얻었다고 할 때, 민주가 틀린 문제 수를 구하시오.

09

어느 공장에서 양말을 생산하는데 합격품은 한 개당 500원의 이익을 얻고, 불량품은 한 개당 800원의 손해를 본다고 한다. 이 양말을 100개 생산하여 43500원의 이익을 얻었다고 할 때, 합격품의 개수는?

① 89 ② 91 ③ 93
④ 95 ⑤ 97

10 서술형

어느 퀴즈 대회에서 한 문제를 풀어 맞히면 10점을 얻고, 틀리면 5점을 감점한다고 한다. 정아가 맞힌 문제 수는 틀린 문제 수의 3배이고 얻은 점수는 125점일 때, 정아가 맞힌 문제 수를 구하시오.

유형 04 계단에 대한 문제 개념 1

가위바위보를 하여 이기면 a계단을 올라가고 지면 b계단을 내려갈 때,
↳ 올라가는 것은 $+a$ ↳ 내려가는 것은 $-b$

x회 이기고 y회 진 사람의 위치는
➜ $(ax-by)$계단

참고 A, B 두 사람이 비기는 경우 없이 가위바위보를 할 때
(A가 이긴 횟수)=(B가 진 횟수)

11 대표문제

준수와 서희가 가위바위보를 하여 이긴 사람은 2계단을 올라가고, 진 사람은 1계단을 내려가기로 하였다. 얼마 후 준수는 처음 위치보다 10계단을 올라가 있었고, 서희는 처음 위치보다 2계단을 내려가 있었다. 준수가 이긴 횟수는?
(단, 비기는 경우는 없다.)

① 2 ② 3 ③ 4
④ 5 ⑤ 6

12

진영이와 민서가 가위바위보를 하여 이긴 사람은 5계단을 올라가고, 진 사람은 3계단을 내려가기로 하였다. 얼마 후 진영이는 처음 위치보다 16계단을 올라가 있었고, 민서는 처음 위치 그대로였다. 민서가 이긴 횟수는?
(단, 비기는 경우는 없다.)

① 3 ② 4 ③ 5
④ 6 ⑤ 7

13

미소와 성주가 가위바위보를 하여 이긴 사람은 3계단을 올라가고, 진 사람은 2계단을 내려가기로 하였다. 얼마 후 미소는 처음 위치보다 14계단을, 성주는 처음 위치보다 4계단을 올라가 있었다. 가위바위보를 한 횟수를 구하시오.
(단, 비기는 경우는 없다.)

유형 05 비율에 대한 문제 개념1

(1) 전체의 $\frac{n}{m}$ ➡ (전체 수)$\times\frac{n}{m}$

(2) 전체의 a % ➡ (전체 수)$\times\frac{a}{100}$

14 대표문제

어느 봉사 동아리의 회원이 총 25명인데 이 중 남자 회원의 $\frac{1}{3}$과 여자 회원의 $\frac{3}{4}$이 농촌 봉사 활동에 참여했다고 한다. 농촌 봉사 활동에 참여한 회원이 전체 회원의 $\frac{3}{5}$일 때, 이 동아리의 남자 회원 수를 구하시오.

15

학생 수가 30명인 어느 학급에서 새로운 안건에 대하여 찬반 투표를 진행하였는데 남학생의 25 %와 여학생의 50 %가 반대했다고 한다. 반대한 학생이 12명일 때, 이 학급의 남학생 수를 구하시오.

16

어느 학급의 학생이 총 36명인데 남학생의 $\frac{3}{5}$과 여학생의 $\frac{3}{4}$이 안경을 썼다고 한다. 안경을 쓴 학생이 전체 학생의 $\frac{2}{3}$일 때, 이 학급의 여학생 수는?

① 16 ② 18 ③ 20
④ 22 ⑤ 24

집중

유형 06 증가, 감소에 대한 문제 개념1

(1) x에서 a % 증가한 경우

➡ 증가량: $\frac{a}{100}x$, 전체 양: $\left(1+\frac{a}{100}\right)x$

(2) x에서 b % 감소한 경우

➡ 감소량: $\frac{b}{100}x$, 전체 양: $\left(1-\frac{b}{100}\right)x$

17 대표문제

어느 학교의 작년 학생 수는 1000명이었는데 올해는 남학생이 8 % 줄고, 여학생이 4 % 늘어서 974명이 되었다. 올해 여학생 수는?

① 432 ② 450 ③ 468
④ 550 ⑤ 568

중요

18

어느 헬스클럽의 지난달 회원 수는 250명이었는데 이번 달에는 남자 회원이 5 % 줄고, 여자 회원이 10 % 늘어서 전체 회원 수는 10명이 늘었다고 한다. 지난달 남자 회원 수를 구하시오.

19 서술형

어느 과수원에서 사과와 배를 재배하고 있다. 이 과수원의 작년 수확량은 사과와 배를 합하여 450상자이고, 올해는 작년에 비해 사과는 20 %, 배는 15 % 감소하여 총 370상자를 수확하였다. 올해 배의 수확량을 구하시오.

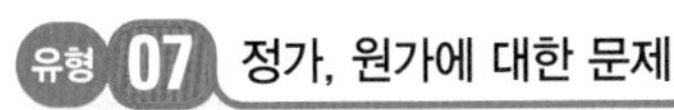

유형 07 정가, 원가에 대한 문제 개념 1

(1) x원에 a % 이익을 붙인 가격

→ $\left(1+\frac{a}{100}\right)x$원

(2) x원에서 b % 할인한 가격

→ $\left(1-\frac{b}{100}\right)x$원

참고 (정가)=(원가)+(이익)

20 대표문제

A, B 두 상품을 합하여 42000원에 사서 A 상품은 원가의 15 % 이익을 붙이고, B 상품은 원가에서 5 % 할인하여 판매하였더니 3500원의 이익이 생겼다. B 상품의 원가를 구하시오.

21

어느 건강식품 회사에서 A, B 두 영양제를 새로 출시하였다. A 영양제는 원가의 10 %, B 영양제는 원가의 20 %의 이익을 붙여서 판매하였더니 4500원의 이익을 얻었다. A, B 두 영양제의 원가의 합이 35000원일 때, A 영양제의 원가는?

① 10000원 ② 15000원 ③ 18000원
④ 21000원 ⑤ 25000원

22

원가가 2000원인 A 제품과 원가가 3000원인 B 제품을 합하여 200개를 구입하였다. A 제품은 원가의 25 %, B 제품은 원가의 30 %의 이익을 붙여서 모두 판매하면 132000원의 이익이 발생한다고 할 때, A 제품의 개수는?

① 80 ② 100 ③ 120
④ 140 ⑤ 160

집중 유형 08 일에 대한 문제 개념 1

❶ 전체 일의 양을 1로 놓는다.

❷ 한 사람이 단위 시간(1일 또는 1시간)에 할 수 있는 일의 양을 각각 x, y로 놓고 연립방정식을 세운다.

참고 1일(시간) 동안 할 수 있는 일의 양이 $\frac{1}{a}$이면 그 일을 끝내는 데 a일(시간)이 걸린다.

23 대표문제

연주와 지민이가 함께 일을 하면 8일 만에 끝내는 일을 연주가 10일 동안 일하고 나머지를 지민이가 4일 동안 일하여 끝냈다. 이 일을 지민이가 혼자 하면 며칠이 걸리는가?

① 12일 ② 15일 ③ 18일
④ 21일 ⑤ 24일

중요

24

어떤 수조에 물을 가득 채우는데 A, B 두 호스로 4시간 동안 물을 넣으면 가득 찬다고 한다. 또, 이 수조에 A 호스로 5시간 동안 물을 넣고 B 호스로 2시간 동안 물을 넣었더니 수조가 가득 찼다. 이 수조를 A 호스로만 가득 채우는 데는 몇 시간이 걸리는가?

① 4시간 ② 6시간 ③ 8시간
④ 10시간 ⑤ 12시간

25 서술형

A, B 두 사람이 페인트칠을 하려고 한다. A가 9일 동안 칠하고 나머지를 B가 3일 동안 칠하여 끝낼 수 있는 일을 A가 6일 동안 칠하고 나머지를 B가 4일 동안 칠하여 끝냈다. 이 일을 B가 혼자 하면 며칠이 걸리는지 구하시오.

집중

유형 09 도형에 대한 문제 개념 1

(1) (직사각형의 둘레의 길이)
$=2\times\{$(가로의 길이)$+$(세로의 길이)$\}$
(2) (사다리꼴의 넓이)
$=\frac{1}{2}\times\{$(윗변의 길이)$+$(아랫변의 길이)$\}\times$(높이)

26 대표문제

둘레의 길이가 24 cm인 직사각형이 있다. 이 직사각형의 가로의 길이가 세로의 길이의 2배일 때, 이 직사각형의 가로의 길이는?

① 2 cm ② 4 cm ③ 6 cm
④ 8 cm ⑤ 10 cm

27

길이가 35 cm인 줄을 잘라서 두 개로 나누었더니 긴 줄의 길이가 짧은 줄의 길이의 3배보다 1 cm만큼 짧았다. 긴 줄의 길이는?

① 18 cm ② 20 cm ③ 22 cm
④ 24 cm ⑤ 26 cm

28 서술형

오른쪽 그림과 같이 높이가 6 cm인 사다리꼴에서 아랫변의 길이가 윗변의 길이보다 5 cm 만큼 길고 그 넓이가 57 cm²일 때, 아랫변의 길이를 구하시오.

유형 10 거리, 속력, 시간에 대한 문제 (1) 개념 2

(1) 도중에 속력이 바뀐 경우
➡ (시속 a km로 간 거리)$+$(시속 b km로 간 거리)$=$(전체 거리)
(시속 a km로 갈 때 걸린 시간)$+$(시속 b km로 갈 때 걸린 시간)$=$(전체 걸린 시간)
(2) 올라갈 때의 속력과 내려올 때의 속력이 다른 경우
➡ (올라간 거리)$+$(내려온 거리)$=$(전체 거리)
(올라갈 때 걸린 시간)$+$(내려올 때 걸린 시간)$=$(전체 걸린 시간)

29 대표문제

정수네 집에서 기차역까지의 거리는 4 km이다. 정수는 집에서 출발하여 기차역을 향해 시속 3 km로 걷다가 기차 시간에 늦을 것 같아 도중에 시속 8 km로 달렸더니 55분이 걸렸다. 정수가 달린 거리를 구하시오.

30

등산을 하는데 올라갈 때는 A 코스의 길을 시속 2 km로 걷고, 내려올 때는 B 코스의 길을 시속 5 km로 걸어서 모두 5시간이 걸렸다. 총 16 km를 걸었다고 할 때, 내려온 거리는?

① 4 km ② 6 km ③ 8 km
④ 10 km ⑤ 12 km

31

선주가 집에서 출발하여 도서관을 갔다 오는데 갈 때는 시속 4 km로 걷고, 올 때는 갈 때보다 500 m 더 먼 길을 시속 3 km로 걸어서 모두 1시간 30분이 걸렸다. 도서관에서 머문 시간이 10분일 때, 선주가 걸은 거리는 몇 km인지 구하시오.

유형 11 거리, 속력, 시간에 대한 문제 (2) 개념2

(1) A, B 두 사람이 같은 방향으로 시간 차를 두고 같은 지점에서 출발하여 만나는 경우

→ $\begin{cases} \text{(시간 차에 대한 식)} \\ \text{(A의 이동 거리)=(B의 이동 거리)} \end{cases}$

(2) A, B 두 사람이 동시에 마주보고 출발하여 만나는 경우

→ $\begin{cases} \text{(A의 이동 거리)+(B의 이동 거리)=(전체 거리)} \\ \text{(A가 걸린 시간)=(B가 걸린 시간)} \end{cases}$

32 대표문제

언니가 집에서 출발하여 분속 60 m로 학교를 향해 걸어간 지 12분 후에 동생이 자전거를 타고 분속 240 m로 언니를 따라갔다. 두 사람이 학교 정문에 동시에 도착했을 때, 언니가 학교 정문까지 가는 데 몇 분이 걸렸는지 구하시오.

33

16 km 떨어진 두 지점에서 유리와 선희가 동시에 마주보고 출발하여 도중에 만났다. 유리는 시속 5 km, 선희는 시속 3 km로 걸었다고 할 때, 두 사람이 만날 때까지 유리가 걸은 거리는?

① 9 km ② 9.5 km ③ 10 km
④ 10.5 km ⑤ 11 km

34 서술형

둘레의 길이가 1.3 km인 트랙을 민호와 기범이가 같은 지점에서 서로 반대 방향으로 동시에 출발하였다. 민호는 분속 80 m로, 기범이는 분속 50 m로 걸을 때, 민호와 기범이가 처음으로 만나는 것은 출발한 지 몇 분 후인지 구하시오.

유형 12 거리, 속력, 시간에 대한 문제 (3) 개념2

(1) 강을 거슬러 올라갈 때의 배의 속력

→ (정지한 물에서의 배의 속력)−(강물의 속력)

(2) 강을 따라 내려올 때의 배의 속력

→ (정지한 물에서의 배의 속력)+(강물의 속력)

35 대표문제

배를 타고 길이가 24 km인 강을 거슬러 올라가는 데 3시간, 내려오는 데 2시간이 걸렸다. 정지한 물에서의 배의 속력은? (단, 배와 강물의 속력은 각각 일정하다.)

① 시속 4 km ② 시속 6 km
③ 시속 8 km ④ 시속 10 km
⑤ 시속 12 km

36

배를 타고 길이가 1000 m인 강을 거슬러 올라가는 데 10분, 내려오는 데 4분이 걸렸다. 강물의 속력은 분속 몇 m인지 구하시오. (단, 배와 강물의 속력은 각각 일정하다.)

37

종영이는 수영을 하여 길이가 240 m인 강을 거슬러 올라가는 데 12분, 내려오는 데 8분이 걸렸다. 이 강에 종이배를 띄운다면 이 종이배가 100 m를 떠내려가는 데 몇 분이 걸리는지 구하시오. (단, 종영이와 강물의 속력은 각각 일정하고, 종이배는 바람 등의 외부의 영향을 받지 않는다.)

유형 13 거리, 속력, 시간에 대한 문제 (4) 개념2

기차가 일정한 속력으로 터널 또는 다리를 통과할 때
→ (터널 또는 다리를 완전히 통과하는 동안 기차가 움직인 거리)
=(터널 또는 다리의 길이)+(기차의 길이)

38 대표문제

일정한 속력으로 달리는 기차가 1.2 km 길이의 터널을 완전히 통과하는 데 45초가 걸리고, 1.5 km 길이의 다리를 완전히 지나는 데 55초가 걸린다. 이 기차의 길이는?

① 100 m ② 120 m ③ 150 m
④ 180 m ⑤ 200 m

39

일정한 속력으로 달리는 화물열차가 200 m 길이의 터널을 완전히 통과하는 데 12초가 걸리고, 800 m 길이의 철교를 완전히 지나는 데 32초가 걸린다. 이 화물열차의 속력은?

① 초속 15 m ② 초속 20 m
③ 초속 25 m ④ 초속 30 m
⑤ 초속 35 m

중요
40

길이가 240 m인 A 기차가 어느 터널을 완전히 통과하는 데 20초가 걸리고, 길이가 120 m인 B 기차는 A 기차의 2배의 속력으로 이 터널을 완전히 통과하는 데 7초가 걸린다. 터널의 길이를 구하시오.
(단, A 기차와 B 기차의 속력은 일정하다.)

집중
유형 14 농도에 대한 문제 (1) 개념2

(1) $(\text{소금의 양})=\dfrac{(\text{소금물의 농도})}{100}\times(\text{소금물의 양})$
(2) 농도가 다른 두 소금물 A, B를 섞을 때
→ $\begin{cases}(\text{소금물 A의 양})+(\text{소금물 B의 양})=(\text{전체 소금물의 양})\\(\text{A의 소금의 양})+(\text{B의 소금의 양})=(\text{전체 소금의 양})\end{cases}$

41 대표문제

6 %의 소금물과 9 %의 소금물을 섞어서 7 %의 소금물 300 g을 만들었다. 6 %의 소금물의 양은?

① 100 g ② 120 g ③ 150 g
④ 180 g ⑤ 200 g

42

10 %의 설탕물에 설탕을 더 넣어 28 %의 설탕물 500 g을 만들었다. 더 넣은 설탕의 양은?

① 80 g ② 100 g ③ 120 g
④ 150 g ⑤ 180 g

43 서술형

8 %의 소금물과 5 %의 소금물 200 g을 섞어서 7 %의 소금물을 만들었다. 7 %의 소금물의 양을 구하시오.

44

4 %의 설탕물 500 g이 있다. 이 설탕물의 일부를 덜어낸 후 10 %의 설탕물을 넣었더니 6 %의 설탕물 600 g이 되었다. 덜어낸 4 %의 설탕물의 양을 구하시오.

유형 15 농도에 대한 문제 (2) 개념2

농도가 다른 두 소금물을 섞을 때, 소금의 양은 변하지 않음을 이용하여 연립방정식을 세운다.

45 대표문제

농도가 다른 두 종류의 소금물 A, B가 있다. 소금물 A를 200 g, 소금물 B를 100 g 섞으면 4 %의 소금물이 되고, 소금물 A를 100 g, 소금물 B를 200 g 섞으면 5 %의 소금물이 된다. 소금물 B의 농도는?

① 3 % ② 4 % ③ 5 %
④ 6 % ⑤ 7 %

46

농도가 다른 두 종류의 설탕물 A, B를 각각 300 g씩 섞으면 11 %이 설탕물이 되고, 설탕물 A를 400 g, 설탕물 B를 500 g 섞으면 12 %의 설탕물이 된다. 설탕물 A, B의 농도를 각각 구하시오.

47

농도가 다른 두 종류의 소금물 A, B가 각각 500 g씩 있다. 두 소금물 A, B에서 각각 200 g씩 덜어서 바꾸어 섞었더니 소금물 A의 농도는 8 %, 소금물 B의 농도는 6 %가 되었다. 처음 소금물 A의 농도는?

① 6 % ② 8 % ③ 10 %
④ 12 % ⑤ 14 %

유형 16 합금, 식품에 대한 문제 개념2

(1) $(\text{금속의 양})=\dfrac{(\text{금속의 비율})}{100}\times(\text{합금의 양})$

(2) $(\text{영양소의 양})=\dfrac{(\text{영양소의 비율})}{100}\times(\text{식품의 양})$

48 대표문제

A는 구리를 30 %, 주석을 10 % 포함한 합금이고, B는 구리를 20 %, 주석을 40 % 포함한 합금이다. 이 두 종류의 합금을 녹여서 구리를 150 g, 주석을 100 g 얻으려고 할 때, 필요한 합금 B의 양은?

① 150 g ② 200 g ③ 250 g
④ 300 g ⑤ 350 g

49 서술형

구리가 80 % 포함된 합금 A와 구리가 40 % 포함된 합금 B를 합하여 구리가 50 % 포함된 합금 400 g을 만들려고 한다. 필요한 합금 A, B의 양의 차를 구하시오.

50 중요

다음 표는 두 식품 A, B의 100 g에 들어 있는 열량과 단백질의 양을 나타낸 것이다. 두 식품에서 열량 420 kcal, 단백질 19 g을 얻으려면 식품 A, B를 합하여 몇 g을 섭취해야 하는지 구하시오.

식품	열량 (kcal)	단백질 (g)
A	100	5
B	120	4

Real 실전 기출

01

현재 어머니와 아들의 나이의 차는 26살이고, 지금부터 12년 후에 어머니의 나이는 아들의 나이의 2배가 된다고 한다. 현재 아들의 나이는?

① 14살 ② 15살 ③ 16살
④ 17살 ⑤ 18살

02

두 자리 자연수가 있다. 이 수는 각 자리의 숫자의 합의 4배이고 십의 자리의 숫자와 일의 자리의 숫자를 바꾼 수는 처음 수의 2배보다 12만큼 작다고 한다. 처음 수를 구하시오.

03 최다빈출

연필 8자루와 공책 5권을 합한 가격은 9200원이고, 연필 4자루와 공책 3권을 합한 가격은 5200원이다. 이때 연필 한 자루의 가격을 구하시오.

04

어느 퀴즈 대회에서 총 20문제가 출제되는데 기본 100점에서 시작하여 한 문제를 맞히면 100점을 얻고, 틀리면 50점이 감점된다고 한다. 민수는 20문제를 모두 풀어서 1350점을 얻었다고 할 때, 민수가 틀린 문제 수를 구하시오.

05

진성이와 민주가 가위바위보를 하여 이긴 사람은 4계단을 올라가고, 진 사람은 2계단을 내려가기로 하였다. 얼마 후 진성이는 처음 위치보다 16계단을 올라가 있었고, 민주는 처음 위치보다 2계단을 내려가 있었다. 가위바위보를 한 횟수를 구하시오. (단, 비기는 경우는 없다.)

06

학생 수가 32명인 어느 학급에서 남학생의 $\frac{3}{4}$과 여학생의 $\frac{1}{2}$이 야구를 좋아한다고 한다. 야구를 좋아하는 학생이 전체 학생의 $\frac{5}{8}$일 때, 이 학급의 여학생 수를 구하시오.

07

어떤 중학교의 올해 학생 수는 작년에 비하여 남학생은 8 % 줄고, 여학생은 2 % 늘어서 전체 학생 수는 25명이 줄어 725명이 되었다. 올해 여학생 수는?

① 343 ② 350 ③ 357
④ 364 ⑤ 370

08

어느 가게에서 청바지는 20 % 할인하고, 티셔츠는 15 % 할인하여 판매하기로 하였다. 할인하기 전 청바지와 티셔츠의 판매 가격의 합은 41000원이고, 할인한 후 청바지와 티셔츠의 판매 가격의 합은 할인하기 전보다 7400원이 적을 때, 할인된 청바지의 판매 가격을 구하시오.

09

둘레의 길이가 18 cm인 직사각형이 있다. 이 직사각형의 가로의 길이를 2배로 늘이고, 세로의 길이를 2 cm 늘였더니 둘레의 길이가 32 cm가 되었다. 처음 직사각형의 넓이를 구하시오.

10

준우와 윤지가 달리기를 하는데 준우는 출발 지점에서 초속 6 m, 윤지는 준우보다 20 m 앞에서 초속 4 m로 동시에 출발하였다. 두 사람이 만나는 것은 출발한 지 몇 초 후인지 구하시오.

11 최다빈출

15 %의 소금물과 10 %의 소금물을 섞은 후 물 100 g을 더 넣었더니 11 %의 소금물 500 g이 되었다. 10 %의 소금물의 양을 구하시오.

12 창의 역량

오른쪽 표는 두 식품 A, B에 들어 있는 단백질과 지방의 비율을 나타낸 것이다. 두 식품에서 단백질 27 g, 지방 18 g을 얻으려면 식품 B는 몇 g을 섭취해야 하는지 구하시오.

식품	단백질(%)	지방(%)
A	10	8
B	12	6

100점 공략

13

어느 합창단 오디션에서 1차 오디션에 합격한 지원자의 남자와 여자의 수의 비는 7 : 9이다. 이 중 2차 오디션에 합격한 지원자의 남자와 여자의 수의 비는 2 : 3이고, 2차 오디션에 불합격한 지원자의 남자와 여자의 수의 비는 5 : 6이다. 2차 오디션에 합격한 지원자가 100명일 때, 1차 오디션에 합격한 지원자 수를 구하시오.

14

A 혼자 3일 동안 일을 한 후 남은 일을 A, B 두 사람이 함께 하여 2일 만에 끝낼 수 있는 일이 있다. 이 일을 A가 9일 동안 한 후 남은 일을 A, B 두 사람이 함께 하여 1일 만에 끝낼 수 있을 때, 이 일을 A가 혼자 하면 며칠이 걸리는지 구하시오.

15

길이가 200 m인 터널을 일반열차가 완전히 통과하는 데 32초가 걸렸고, 일반열차보다 길이가 40 m 긴 특급열차는 일반열차의 2배의 속력으로 이 터널을 완전히 통과하는 데 18초가 걸렸다고 한다. 일반열차의 길이는?

(단, 일반열차와 특급열차의 속력은 일정하다.)

① 60 m ② 80 m ③ 100 m
④ 120 m ⑤ 140 m

정답과 해설 63쪽

서술형

16

정우네 반 학생의 30 %는 해외여행 경험이 있고, 해외여행 경험이 있는 학생은 해외여행 경험이 없는 학생보다 12명이 적다고 한다. 정우네 반에서 해외여행 경험이 있는 학생 수를 구하시오.

풀이

답

17

어느 공장에서 제품을 생산하는데 합격품은 한 개당 600원의 이익을 얻고, 불량품은 한 개당 1000원의 손해를 본다고 한다. 이 제품을 100개 생산하여 44000원의 이익을 얻었다고 할 때, 불량품의 개수를 구하시오.

풀이

답

18

7 km 떨어진 두 지점에서 동희와 서진이가 동시에 마주보고 출발하여 도중에 만났다. 동희는 시속 4 km, 서진이는 시속 3 km로 걸었다고 할 때, 두 사람이 만날 때까지 서진이는 몇 km를 걸었는지 구하시오.

19

원점에서 출발하여 수직선 위를 움직이는 점 P가 있다. 주사위를 던져서 홀수의 눈이 나오면 점 P를 왼쪽으로 3만큼 이동하고, 짝수의 눈이 나오면 점 P를 오른쪽으로 4만큼 이동하기로 하였다. 주사위를 12번 던지고 난 후 점 P가 나타내는 수가 20이었을 때, 홀수의 눈이 나온 횟수를 구하시오.

20 100점

둘레의 길이가 3 km인 호수를 A, B 두 사람이 돌고 있다. 두 사람이 같은 지점에서 동시에 출발하여 같은 방향으로 돌면 1시간 후에 처음으로 만나고, 반대 방향으로 돌면 12분 후에 처음으로 만난다고 한다. 이때 A의 속력은 시속 몇 km인지 구하시오. (단, A가 B보다 더 빠르게 돈다.)

21 100점

8 %의 소금물과 6 %의 소금물을 섞은 후 물을 증발시켜 10 %의 소금물 200 g을 만들었다. 이때 6 %의 소금물의 양이 증발시킨 물의 양의 2배일 때, 증발시킨 물의 양을 구하시오.

풀이

답

Ⅳ. 일차함수

08 일차함수와 그래프 (1)

유형북	109 ~ 124쪽
더블북	54 ~ 61쪽

- 유형 01 함수
- 유형 02 함숫값
- 유형 03 함숫값을 이용하여 미지수의 값 구하기
- 유형 04 일차함수
- 집중 유형 05 일차함수의 함숫값
- 집중 유형 06 일차함수의 그래프 위의 점
- 유형 07 일차함수의 그래프의 평행이동
- 집중 유형 08 평행이동한 그래프 위의 점
- 유형 09 일차함수의 그래프의 x절편, y절편
- 집중 유형 10 x절편, y절편을 이용하여 미지수의 값 구하기
- 유형 11 일차함수의 그래프의 기울기
- 집중 유형 12 두 점을 지나는 일차함수의 그래프의 기울기
- 유형 13 세 점이 한 직선 위에 있을 조건
- 집중 유형 14 일차함수의 그래프의 기울기와 x절편, y절편
- 집중 유형 15 일차함수의 그래프 그리기
- 집중 유형 16 일차함수의 그래프와 좌표축으로 둘러싸인 도형의 넓이

개념 1 함수와 함숫값

유형 01~03

(1) 함수

두 변수 x, y에 대하여 x의 값이 정해짐에 따라 y의 값이 오직 하나씩 정해지는 관계가 있을 때,
(변수: 여러 가지로 변하는 값을 나타내는 문자)

y를 x의 함수라 하고, 기호로 $y=f(x)$와 같이 나타낸다.

예 한 개에 100원인 물건 x개의 가격을 y원이라 하면

x(개)	1	2	3	4	5	6	…
y(원)	100	200	300	400	500	600	…

➡ x의 값이 정해짐에 따라 y의 값이 오직 하나씩 정해지므로 함수이다.

(2) 함숫값

함수 $y=f(x)$에서 x의 값에 따라 하나씩 정해지는 y의 값 $f(x)$를 x에 대한 함숫값이라 한다.

예 함수 $f(x)=2x+1$에서 x의 값이 -1, 0, 1일 때의 함숫값을 각각 구하면

$x=-1$일 때, $f(-1)=2\times(-1)+1=-1$

$x=0$일 때, $f(0)=2\times0+1=1$

$x=1$일 때, $f(1)=2\times1+1=3$

(3) 함수의 그래프

함수 $y=f(x)$에서 x의 값과 그 값에 따라 정해지는 y의 값의 순서쌍 (x, y)를 좌표로 하는 점 전체를 좌표평면 위에 나타낸 것을 그 함수의 그래프라 한다.

개념 노트

- x의 값 하나에 대하여 y의 값이 정해지지 않거나 2개 이상 정해지면 y는 x의 함수가 아니다.
- 0이 아닌 상수 a에 대하여 정비례 관계 $y=ax$와 반비례 관계 $y=\frac{a}{x}(x\neq0)$는 x의 값이 정해짐에 따라 y의 값이 오직 하나씩 정해지므로 y는 x의 함수이다.
- 함수 $y=3x$와 $f(x)=3x$는 같은 표현이다.
- 함수 $y=f(x)$에서 $f(a)$는
  ① $x=a$에서의 함숫값
  ② $x=a$일 때의 y의 값
  ③ $f(x)$에 x 대신 a를 대입하여 얻은 값

개념 2 일차함수의 뜻과 그래프

유형 04~08

(1) 일차함수

함수 $y=f(x)$에서 y가 x에 대한 일차식 $y=ax+b$ (a, b는 상수, $a\neq0$)로 나타내어질 때, 이 함수를 x의 일차함수라 한다.

예 ① $y=x+2$, $y=-3x$, $y=\frac{1}{4}x-5$ ➡ 일차함수이다.

② $y=x^2+x+1$, $y=-\frac{1}{2x}$, $y=2$ ➡ 일차함수가 아니다.

(2) 평행이동: 한 도형을 일정한 방향으로 일정한 거리만큼 이동한 것

(3) 일차함수 $y=ax+b$의 그래프

일차함수 $y=ax+b$ $(b\neq0)$의 그래프는 일차함수 $y=ax$의 그래프를 y축의 방향으로 b만큼 평행이동한 직선이다.

① $b>0$이면 y축의 양의 방향으로 b만큼 평행이동한다.

② $b<0$이면 y축의 음의 방향으로 b의 절댓값만큼 평행이동한다.

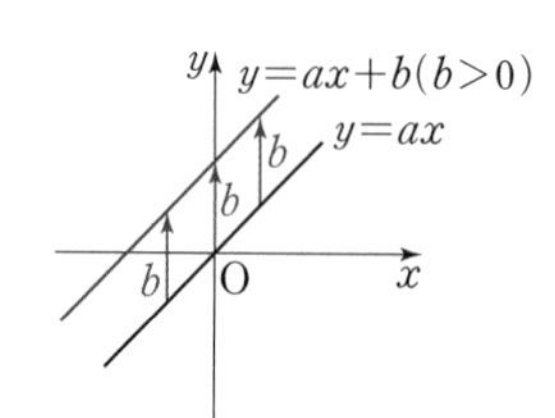

예 두 일차함수 $y=2x$와 $y=2x+3$에 대하여 x의 각 값에 대응하는 y의 값을 비교하면

x	…	-2	-1	0	1	2	…
$y=2x$	…	-4	-2	0	2	4	…
$y=2x+3$	…	-1	1	3	5	7	…

➡ 일차함수 $y=2x+3$의 그래프는 $y=2x$의 그래프를 y축의 방향으로 3만큼 평행이동한 직선이다.

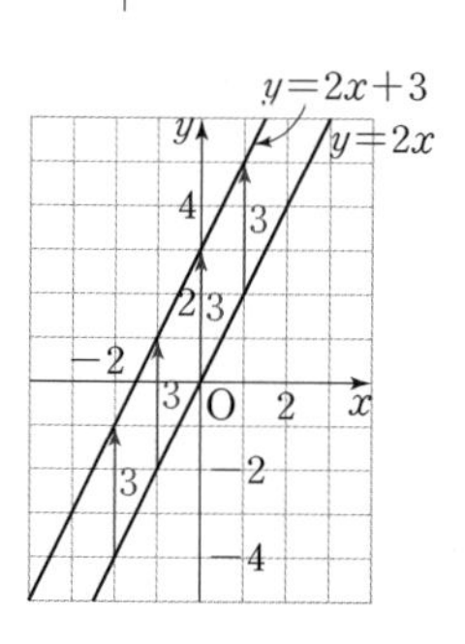

- a, b가 상수이고 $a\neq0$일 때
  ① $ax+b$ ➡ x에 대한 일차식
  ② $ax+b=0$ ➡ x에 대한 일차방정식
  ③ $ax+b>0$ ➡ x에 대한 일차부등식
  ④ $y=ax+b$ ➡ x에 대한 일차함수
- 일차함수 $y=ax$의 그래프는 원점을 지나는 직선이다.
  ① $a>0$이면 오른쪽 위로 향하는 직선이다.
  ② $a<0$이면 오른쪽 아래로 향하는 직선이다.

개념 1 함수와 함숫값

[01~02] 다음 표를 완성하고, y가 x의 함수인 것은 ○표, 함수가 아닌 것은 ×표를 하시오.

01 자연수 x보다 4만큼 큰 수 y ( )

x	1	2	3	4	…
y					…

02 자연수 x의 배수 y ( )

x	1	2	3	4	…
y					…

[03~04] 함수 $f(x)=3x-2$에 대하여 다음 함숫값을 구하시오.

03 $f(-2)$

04 $f\left(\frac{1}{3}\right)$

[05~06] 함수 $f(x)=\frac{12}{x}$에 대하여 다음 함숫값을 구하시오.

05 $f(4)$

06 $f\left(-\frac{1}{6}\right)$

[07~08] 넓이가 24 cm^2인 직사각형의 가로, 세로의 길이를 각각 x cm, y cm라 하면 y는 x의 함수이다. 다음 물음에 답하시오.

07 $y=f(x)$라 할 때, $f(x)$를 구하시오.

08 $f(8)$의 값을 구하시오.

개념 2 일차함수의 뜻과 그래프

[09~12] 다음 중 y가 x의 일차함수인 것은 ○표, 일차함수가 아닌 것은 ×표를 하시오.

09 $xy=8$ ( )

10 $y=-x+6$ ( )

11 $y=(x+1)(x-1)$ ( )

12 $y=\frac{3x+2}{5}$ ( )

[13~15] 다음 문장에서 y를 x에 대한 식으로 나타내고, y가 x의 일차함수인지 말하시오.

13 현재 10000원이 들어 있는 통장에 매달 5000원씩 예금할 때, x달 후의 예금액은 y원이다.

14 시속 x km로 y시간 동안 이동한 거리는 50 km이다.

15 한 변의 길이가 x cm인 정사각형의 넓이는 y cm^2이다.

[16~17] 일차함수 $y=2x$의 그래프가 오른쪽 그림과 같을 때, □ 안에 알맞은 수를 쓰고 주어진 일차함수의 그래프를 그리시오.

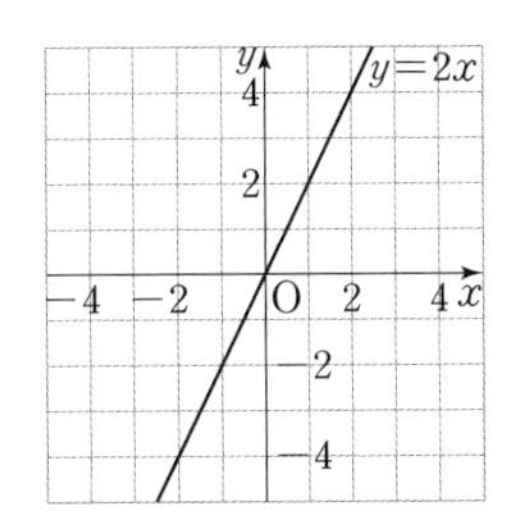

16 $y=2x+4$

➜ 일차함수 $y=2x+4$의 그래프는 일차함수 $y=2x$의 그래프를 y축의 방향으로 □만큼 평행이동한 것이다.

17 $y=2x-3$

➜ 일차함수 $y=2x-3$의 그래프는 일차함수 $y=2x$의 그래프를 y축의 방향으로 □만큼 평행이동한 것이다.

[18~21] 다음 일차함수의 그래프를 y축의 방향으로 [ ] 안의 수만큼 평행이동한 그래프가 나타내는 일차함수의 식을 구하시오.

18 $y=5x$ $[-2]$

19 $y=-3x$ $\left[\frac{2}{5}\right]$

20 $y=\frac{4}{3}x$ $[1]$

21 $y=-\frac{1}{5}x$ $\left[-\frac{3}{2}\right]$

개념 3 일차함수의 그래프와 절편 유형 09, 10, 14~16

(1) 일차함수의 그래프의 x절편, y절편

① x절편: 함수의 그래프가 x축과 만나는 점의 x좌표

➡ $y=0$일 때 x의 값

② y절편: 함수의 그래프가 y축과 만나는 점의 y좌표

➡ $x=0$일 때 y의 값

③ 일차함수 $y=ax+b$의 그래프에서 x절편은 $-\frac{b}{a}$, y절편은 b이다.

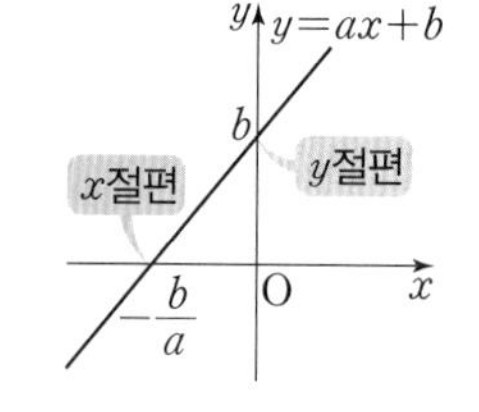

예 일차함수 $y=3x+5$의 그래프에서

① $y=0$일 때, $0=3x+5$에서 $x=-\frac{5}{3}$ ➡ x절편은 $-\frac{5}{3}$이다.

② $x=0$일 때, $y=3\times0+5=5$ ➡ y절편은 5이다.

(2) x절편과 y절편을 이용하여 일차함수의 그래프 그리기

❶ x절편, y절편을 각각 구한다.

❷ x절편, y절편을 이용하여 x축, y축과 만나는 두 점을 좌표평면 위에 나타낸다.

❸ 두 점을 직선으로 연결한다.

예 일차함수 $y=-\frac{1}{2}x+3$의 그래프 그리기

❶ $y=0$일 때 $0=-\frac{1}{2}x+3$이므로 $x=6$, $x=0$일 때 $y=-\frac{1}{2}\times0+3=3$

즉, x절편은 6이고, y절편은 3이다.

❷ 좌표평면 위에 두 점 $(6, 0)$, $(0, 3)$을 나타낸다.

❸ 두 점 $(6, 0)$, $(0, 3)$을 직선으로 연결한다.

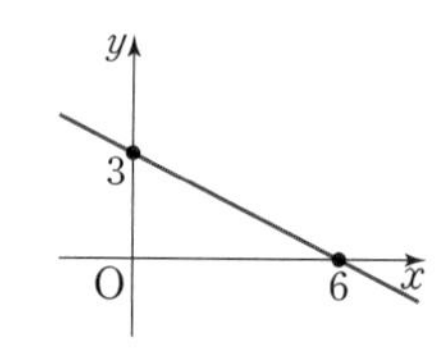

개념 4 일차함수의 그래프와 기울기 유형 11~16

(1) 일차함수의 그래프의 기울기

일차함수 $y=ax+b$에서 x의 값의 증가량에 대한 y의 값의 증가량의 비율은 항상 일정하며, 그 비율은 x의 계수 a와 같다. 이 증가량의 비율 a를 일차함수 $y=ax+b$의 그래프의 기울기라 한다.

$$(\text{기울기})=\frac{(y\text{의 값의 증가량})}{(x\text{의 값의 증가량})}=a$$

↑ x의 계수이고, 항상 일정하다.

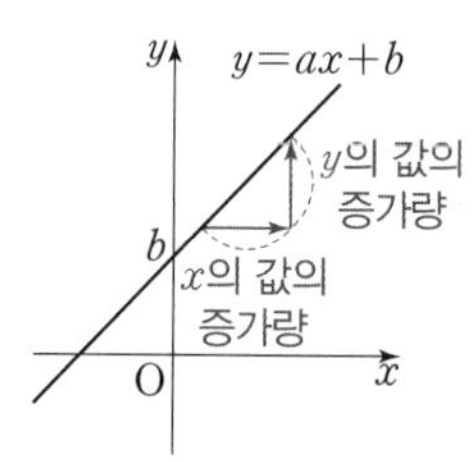

예 일차함수 $y=2x+4$의 그래프에서

➡ 기울기는 2이고, 이것은 x의 값이 1만큼 증가할 때, y의 값은 2만큼 증가한다는 뜻이다.

(2) 기울기와 y절편을 이용하여 일차함수의 그래프 그리기

❶ y절편을 이용하여 y축과 만나는 한 점을 좌표평면 위에 나타낸다.

❷ 기울기를 이용하여 그래프가 지나는 다른 한 점을 찾는다.

❸ 두 점을 직선으로 연결한다.

예 일차함수 $y=\frac{3}{2}x+1$의 그래프 그리기

❶ y절편이 1이므로 점 $(0, 1)$을 좌표평면 위에 나타낸다.

❷ 그래프의 기울기가 $\frac{3}{2}$이므로 점 $(0, 1)$에서 x의 값이 2만큼, y의 값이 3만큼 증가한 점 $(2, 4)$를 지난다.

❸ 두 점 $(0, 1)$, $(2, 4)$를 직선으로 연결한다.

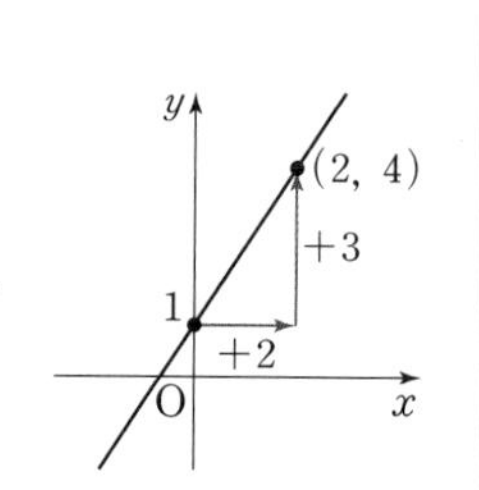

개념 노트

- x절편과 y절편은 순서쌍이 아니라 수이다.
- 일차함수의 그래프가
  ① x축과 만나는 점의 좌표 ➡ $(x\text{절편}, 0)$
  ② y축과 만나는 점의 좌표 ➡ $(0, y\text{절편})$
- 일차함수의 그래프는 직선이므로 그래프 위의 서로 다른 두 점을 알면 그 그래프를 그릴 수 있다.
- $y=ax+b$ (↑ a: 기울기, ↑ b: y절편)
- 두 점 (x_1, y_1), (x_2, y_2)를 지나는 일차함수의 그래프에서

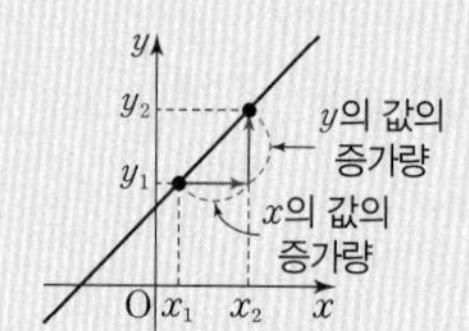

➡ $(\text{기울기})=\frac{(y\text{의 값의 증가량})}{(x\text{의 값의 증가량})}=\frac{y_2-y_1}{x_2-x_1}$

개념 3 일차함수의 그래프와 절편

[22~24] 오른쪽 그림과 같은 세 일차 함수의 그래프 l, m, n의 x절편과 y절편을 각각 구하시오.

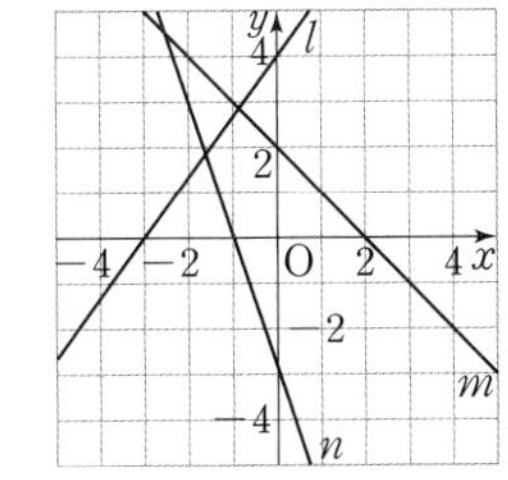

22 그래프 l

23 그래프 m

24 그래프 n

[25~28] 다음 일차함수의 그래프의 x절편과 y절편을 각각 구하시오.

25 $y=2x-4$

26 $y=-3x+9$

27 $y=\frac{1}{4}x+\frac{1}{8}$

28 $y=-\frac{4}{3}x-6$

[29~30] 다음 일차함수의 그래프의 x절편과 y절편을 각각 구하고, 이를 이용하여 그 그래프를 그리시오.

29 $y=\frac{1}{2}x+1$

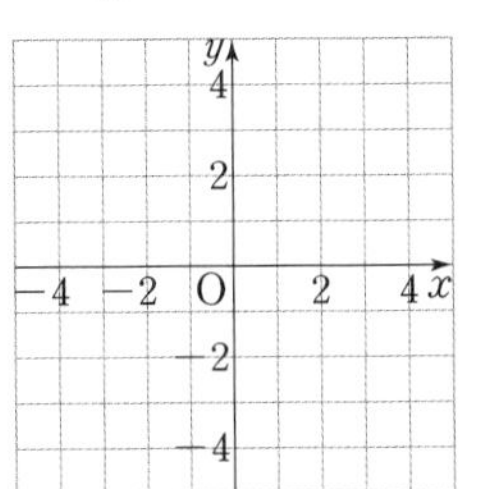

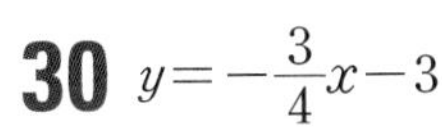

30 $y=-\frac{3}{4}x-3$

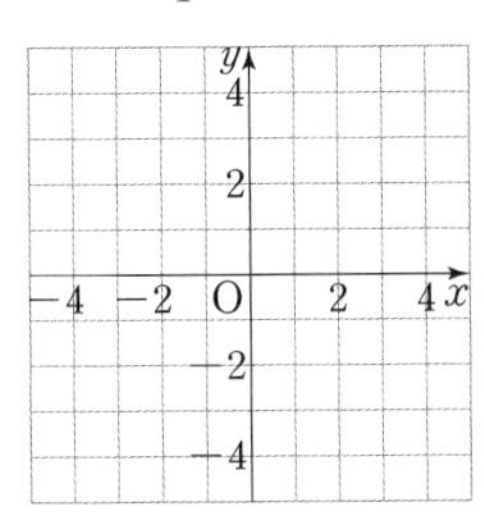

개념 4 일차함수의 그래프와 기울기

[31~32] 다음 일차함수의 그래프에서 □ 안에 알맞은 수를 써넣고, 기울기를 구하시오.

31

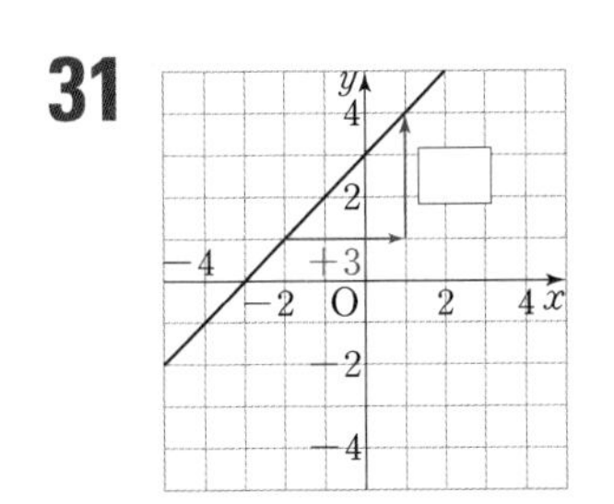

➜ 기울기: ______

32

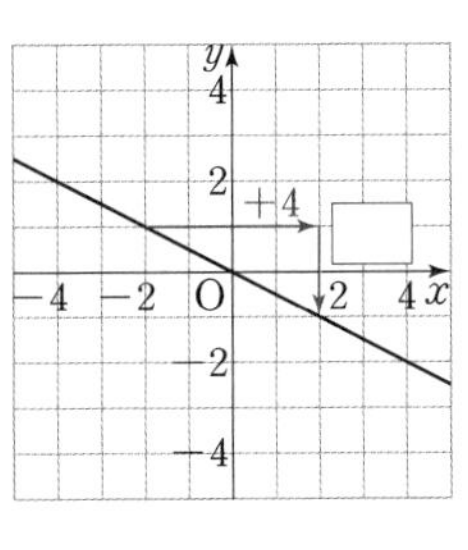

➜ 기울기: ______

[33~34] 다음 일차함수의 그래프의 기울기를 이용하여 x의 값이 [ ] 안의 수만큼 증가할 때, y의 값의 증가량을 구하시오.

33 $y=x-1$ [3]

34 $y=-\frac{5}{2}x+3$ [4]

[35~36] 다음 두 점을 지나는 일차함수의 그래프의 기울기를 구하시오.

35 $(-3, 0)$, $(0, 6)$

36 $(2, 1)$, $(-4, 9)$

[37~38] 다음 일차함수의 그래프의 기울기와 y절편을 각각 구하고, 이를 이용하여 그 그래프를 그리시오.

37 $y=3x-4$

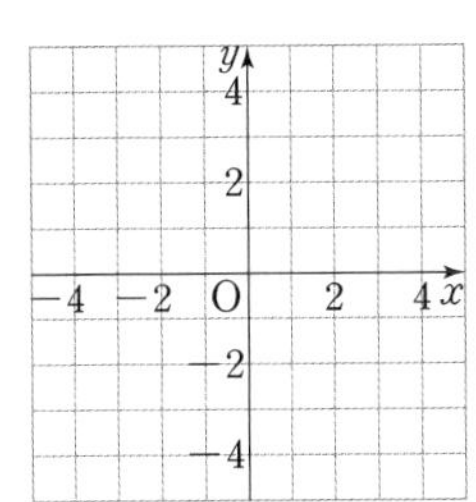

38 $y=-\frac{3}{2}x+2$

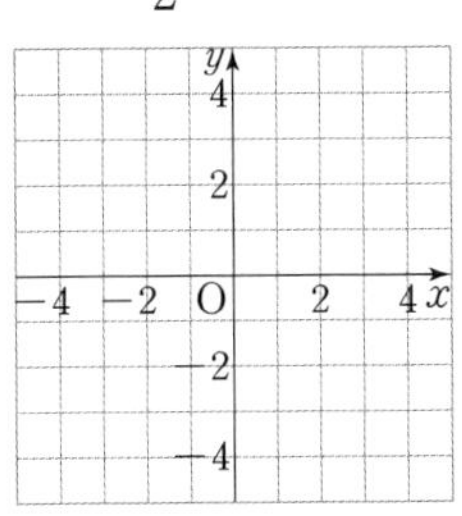

유형 01 함수 개념1

x의 값 하나에 대하여 y의 값이
(1) 오직 하나씩 정해지면 ➡ y는 x의 함수이다.
(2) 정해지지 않거나 두 개 이상 정해지면 ➡ y는 x의 함수가 아니다.

01 대표문제

다음 중 y가 x의 함수가 아닌 것은?

① 자연수 x보다 작은 짝수의 개수 y
② 절댓값이 x인 수 y
③ 한 변의 길이가 x cm인 정삼각형의 둘레의 길이 y cm
④ 시속 x km로 y시간 동안 달린 거리 100 km
⑤ 반지름의 길이가 x cm인 원의 둘레의 길이 y cm

02

다음 **보기** 중 y가 x의 함수인 것을 모두 고르시오.

보기
ㄱ. 자연수 x의 약수 y
ㄴ. 한 개에 1200원인 빵 x개의 값 y원
ㄷ. 하루 중 낮의 길이가 x시간일 때, 밤의 길이 y시간
ㄹ. 키가 x cm인 학생의 몸무게 y kg

03

다음 중 y가 x의 함수인 것을 모두 고르면? (정답 2개)

① 자연수 x와 서로소인 수 y
② 자연수 x보다 작은 소수 y
③ 자연수 x와 4의 공배수 y
④ 자연수 x 이하의 홀수의 개수 y
⑤ 자연수 x를 3으로 나누었을 때의 나머지 y

유형 02 함숫값 개념1

함수 $y=f(x)$에 대하여 $f(a)$는
(1) $x=a$에서의 함숫값
(2) $x=a$일 때의 y의 값
(3) $f(x)$에 x 대신 a를 대입하여 얻은 값

04 대표문제

함수 $f(x)=\frac{1}{3}x$에 대하여 $2f(3)+6f(-1)$의 값을 구하시오.

05

다음 **보기** 중 $f(-2)=3$을 만족시키는 것을 모두 고르시오.

보기
ㄱ. $f(x)=\frac{2}{3}x$　　ㄴ. $f(x)=-\frac{3}{2}x$
ㄷ. $f(x)=-\frac{6}{x}$　　ㄹ. $f(x)=\frac{3}{2x}$

중요

06

함수 $f(x)=$(자연수 x의 약수의 개수)에 대하여 다음 중 옳지 않은 것은?

① $f(4)=3$　　② $f(6)=4$
③ $f(2)+f(5)=4$　　④ $f(12)-f(3)=9$
⑤ $f(10)=f(21)$

07 서술형

두 함수 $f(x)=-\frac{5}{3}x$, $g(x)=\frac{24}{x}$에 대하여 $f(6)=a$일 때, $g(a)$의 값을 구하시오.

유형 03 함숫값을 이용하여 미지수의 값 구하기 개념1

함수 $f(x)=2x$에 대하여 $f(a)=4$일 때, 상수 a의 값
➜ $f(x)$에 x 대신 a를 대입
➜ $f(a)=2\times a=4$이므로 $a=2$

08 대표문제

함수 $f(x)=3x$에 대하여 $f(a)=-9$, $f(2)=b$일 때, $a+b$의 값은?

① -3 ② 0 ③ 3
④ 6 ⑤ 9

09

함수 $f(x)=-\frac{10}{x}$에 대하여 $f(a)=5$일 때, a의 값을 구하시오.

10

함수 $f(x)=\frac{a}{x}$에 대하여 $f(2)=3$일 때, $f(a^2)$의 값은? (단, a는 상수)

① -6 ② $-\frac{1}{6}$ ③ $\frac{1}{6}$
④ 1 ⑤ 6

11 서술형

함수 $f(x)=ax$에 대하여 $f(-4)=2$, $f(b)=\frac{5}{2}$일 때, $2a+b$의 값을 구하시오. (단, a는 상수)

유형 04 일차함수 개념2

y를 포함한 항은 좌변, 나머지 항은 우변으로 이항한 후 정리하여
$y=$(x에 대한 일차식)이면 일차함수이다.
➜ $y=ax+b$ (a, b는 상수, $a\neq 0$)
└ $a=0$이면 일차함수가 아니다.

12 대표문제

다음 **보기** 중 y가 x의 일차함수인 것을 모두 고르시오.

보기

ㄱ. $x=1$ ㄴ. $4x+y=-1$
ㄷ. $y+x^2=x^2-x+2$ ㄹ. $x^2=y+3$
ㅁ. $y=\frac{x}{3}-y$ ㅂ. $y=-\frac{1}{x}+5$

13

다음 중 y가 x의 일차함수가 아닌 것은?

① $y=\frac{x+9}{2}$ ② $xy=5$
③ $-x+y=x+1$ ④ $y=-3(x-1)-4$
⑤ $y^2+y=y^2-x+2$

14

다음 중 y가 x의 일차함수인 것을 모두 고르면? (정답 2개)

① 전체가 120쪽인 책을 x쪽 읽었을 때 남은 쪽수 y쪽
② 반지름의 길이가 x cm인 원의 넓이 y cm²
③ 5000원을 내고 700원짜리 음료수 x개를 샀을 때 거스름돈 y원
④ x각형의 대각선의 총 개수 y
⑤ 1.8 L의 우유를 x개의 컵에 똑같이 나누어 담을 때 한 컵에 담기는 우유의 양 y L

중요
15

$y=-(3-2x)+ax$가 x의 일차함수가 되도록 하는 상수 a의 조건을 구하시오.

집중

유형 05 일차함수의 함숫값 개념 2

일차함수 $f(x)=ax+b$에서 $x=k$일 때의 함숫값을 구하려면
➡ $f(x)$에 $x=k$를 대입한다.
➡ $f(k)=ak+b$

16 대표문제

일차함수 $f(x)=-x+a$에 대하여 $f(2)=6$일 때, $f(-3)$의 값은? (단, a는 상수)

① 8 ② 9 ③ 10
④ 11 ⑤ 12

17

일차함수 $f(x)=\frac{5}{2}x-3$에 대하여 $f(a)=7$일 때, a의 값을 구하시오.

18 서술형

일차함수 $f(x)=ax+b$에 대하여 $f(-1)=2$, $f(3)=10$일 때, 상수 a, b에 대하여 $a+b$의 값을 구하시오.

19

두 일차함수 $f(x)=ax+3$, $g(x)=-\frac{2}{5}x+b$에 대하여 $f(2)=9$, $g(-5)=3$일 때, $f(-4)+g(5)$의 값은?
(단, a, b는 상수)

① -12 ② -11 ③ -10
④ -9 ⑤ -8

집중

유형 06 일차함수의 그래프 위의 점 개념 2

점 (p, q)가 일차함수 $y=ax+b$의 그래프 위에 있으면
➡ 일차함수 $y=ax+b$의 그래프가 점 (p, q)를 지난다.
➡ $q=ap+b$

20 대표문제

일차함수 $y=ax-6$의 그래프가 두 점 $(-2, -7)$, $(b, -4)$를 지날 때, $a+b$의 값은? (단, a는 상수)

① $\frac{5}{2}$ ② 3 ③ $\frac{7}{2}$
④ 4 ⑤ $\frac{9}{2}$

21

점 $(a, -2a)$가 일차함수 $y=2x+12$의 그래프 위에 있을 때, a의 값을 구하시오.

중요

22

다음 중 일차함수 $y=-3x+1$의 그래프 위에 있는 점은?

① $(-4, 11)$ ② $(-1, 2)$ ③ $(0, 3)$
④ $(2, -5)$ ⑤ $(5, -16)$

23 서술형

두 일차함수 $y=ax-5$, $y=\frac{1}{3}x+2$의 그래프가 모두 점 $(6, b)$를 지날 때, ab의 값을 구하시오. (단, a는 상수)

유형 07 일차함수의 그래프의 평행이동 개념2

일차함수 $y=ax+b$의 그래프를 y축의 방향으로 p만큼 평행이동한 그래프의 식
➜ $y=ax+b+p$

24 대표문제

일차함수 $y=4x-1$의 그래프를 y축의 방향으로 7만큼 평행이동하였더니 일차함수 $y=ax+b$의 그래프가 되었다. 상수 a, b에 대하여 $a-b$의 값을 구하시오.

25

다음 일차함수 중 그 그래프가 일차함수 $y=-\frac{5}{6}x$의 그래프를 평행이동하여 겹쳐지는 것은?

① $y=\frac{6}{5}x$ ② $y=\frac{5}{6}x+1$
③ $y=-\frac{5}{6}x+2$ ④ $y=-\frac{6}{5}x-7$
⑤ $y=-5x+\frac{2}{3}$

26

일차함수 $y=-5x+a$의 그래프를 y축의 방향으로 -3만큼 평행이동하였더니 일차함수 $y=bx-4$의 그래프가 되었다. 상수 a, b에 대하여 $a+b$의 값을 구하시오.

27 서술형

일차함수 $y=\frac{3}{4}x-2$의 그래프를 y축의 방향으로 k만큼 평행이동하였더니 일차함수 $y=3ax$의 그래프를 y축의 방향으로 -4만큼 평행이동한 그래프와 겹쳐졌다. ak의 값을 구하시오. (단, a는 상수)

집중

유형 08 평행이동한 그래프 위의 점 개념2

일차함수 $y=ax+b$의 그래프를 y축의 방향으로 k만큼 평행이동한 그래프가 점 (p, q)를 지날 때, k의 값 구하기
❶ 평행이동한 그래프의 식을 구한다. ➜ $y=ax+b+k$
❷ ❶의 식에 $x=p$, $y=q$를 대입하여 k의 값을 구한다.

28 대표문제

일차함수 $y=-3x+1$의 그래프를 y축의 방향으로 -3만큼 평행이동한 그래프가 점 $(p, 1)$을 지날 때, p의 값은?

① $-\frac{3}{2}$ ② -1 ③ $-\frac{2}{3}$
④ $\frac{2}{3}$ ⑤ 1

29

다음 중 일차함수 $y=-\frac{5}{2}x$의 그래프를 y축의 방향으로 2만큼 평행이동한 그래프 위의 점이 아닌 것은?

① $(-6, 17)$ ② $(-2, 7)$ ③ $\left(1, -\frac{1}{2}\right)$
④ $(4, -6)$ ⑤ $(8, -18)$

30

일차함수 $y=2x+k$의 그래프를 y축의 방향으로 -1만큼 평행이동하면 점 $\left(\frac{1}{2}, -\frac{5}{2}\right)$를 지날 때, 상수 k의 값을 구하시오.

31 서술형

일차함수 $y=a(x+1)$의 그래프를 y축의 방향으로 4만큼 평행이동하면 두 점 $(-5, 3)$, $(b, 5)$를 지날 때, ab의 값을 구하시오. (단, a는 상수)

유형 09 일차함수의 그래프의 x절편, y절편 개념3

일차함수 $y=ax+b$의 그래프에서

(1) x절편 ➡ $y=0$일 때의 x의 값: $-\frac{b}{a}$

(2) y절편 ➡ $x=0$일 때의 y의 값: b

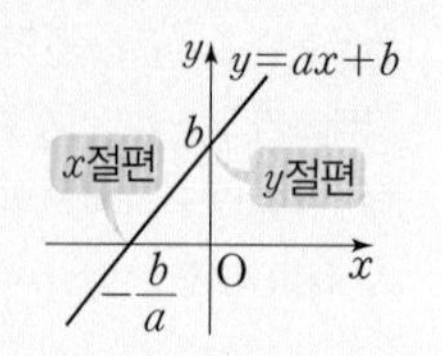

32 대표문제

일차함수 $y=4x-8$의 그래프의 x절편을 a, y절편을 b라 할 때, $a+b$의 값을 구하시오.

33

다음 일차함수의 그래프 중 x절편이 나머지 넷과 다른 하나는?

① $y=-2x+6$ ② $y=-x+3$
③ $y=-\frac{1}{3}x+1$ ④ $y=3x+9$
⑤ $y=4x-12$

34

일차함수 $y=kx-3$의 그래프가 점 $(-2, 1)$을 지날 때, 이 그래프의 x절편을 구하시오. (단, k는 상수)

35

일차함수 $y=-\frac{2}{3}x+2$의 그래프를 y축의 방향으로 -6만큼 평행이동한 그래프의 x절편을 a, y절편을 b라 할 때, $a-b$의 값은?

① -10 ② -6 ③ -4
④ -2 ⑤ 2

집중

유형 10 x절편, y절편을 이용하여 미지수의 값 구하기 개념3

일차함수 $y=ax+b$의 그래프의 x절편이 m, y절편이 n
➡ 그래프가 두 점 $(m, 0)$, $(0, n)$을 지난다.
➡ $0=am+b$, $n=b$

36 대표문제

일차함수 $y=ax-2$의 그래프를 y축의 방향으로 7만큼 평행이동한 그래프의 x절편이 $\frac{5}{2}$, y절편이 b일 때, $a+b$의 값은? (단, a는 상수)

① 2 ② 3 ③ 4
④ 5 ⑤ 6

37

일차함수 $y=-4x+k$의 그래프의 y절편이 6일 때, x절편을 구하시오. (단, k는 상수)

38

일차함수 $y=x-k$의 그래프의 x절편이 일차함수 $y=-3x+2k+3$의 그래프의 y절편과 같을 때, 상수 k의 값을 구하시오.

중요

39 서술형

두 일차함수 $y=\frac{1}{2}x+3$, $y=-\frac{2}{3}x+k$의 그래프가 x축에서 만날 때, 상수 k의 값을 구하시오.

유형 11 일차함수의 그래프의 기울기 개념 4

일차함수 $y=ax+b$의 그래프에서

→ (기울기)$=\dfrac{(y\text{의 값의 증가량})}{(x\text{의 값의 증가량})}=a$

40 대표문제

일차함수 $y=\frac{2}{5}x-1$에서 x의 값이 10만큼 증가할 때, y의 값은 -2에서 a까지 증가한다. 이때 a의 값은?

① 0 ② 1 ③ 2 ④ 3 ⑤ 4

41

다음 일차함수 중 x의 값이 4만큼 감소할 때, y의 값이 2에서 5까지 증가하는 것은?

① $y=-2x+1$ ② $y=-\frac{5}{4}x-2$ ③ $y=-\frac{3}{4}x+3$ ④ $y=\frac{1}{2}x-1$ ⑤ $y=\frac{3}{4}x+5$

42

일차함수 $y=kx+1$에서 x의 값이 1에서 4까지 증가할 때, y의 값이 9만큼 감소한다. x의 값이 2만큼 감소할 때, y의 값의 증가량을 구하시오. (단, k는 상수)

43 서술형

일차함수 $y=2kx+k+1$의 그래프가 점 $(-1, 5)$를 지날 때, 이 그래프의 기울기는 m이고, y절편은 n이다. $m+n$의 값을 구하시오. (단, k는 상수)

집중

유형 12 두 점을 지나는 일차함수의 그래프의 기울기 개념 4

두 점 (a, b), (c, d)를 지나는 일차함수의 그래프에서

→ (기울기)$=\dfrac{b-d}{a-c}=\dfrac{d-b}{c-a}$

44 대표문제

두 점 $(1, k)$, $(-2, 10)$을 지나는 일차함수의 그래프의 기울기가 -4일 때, k의 값은?

① -2 ② -1 ③ 0 ④ 1 ⑤ 2

45

두 점 $(3, 1)$, $(-3, 6)$을 지나는 일차함수의 그래프에서 x의 값이 6에서 2까지 감소할 때, y의 값의 증가량은?

① 4 ② $\frac{10}{3}$ ③ 3 ④ $\frac{8}{3}$ ⑤ 2

46

x절편이 -2이고 y절편이 k인 일차함수의 그래프의 기울기가 -3일 때, k의 값을 구하시오.

중요

47

오른쪽 그림과 같은 두 일차함수 $y=f(x)$, $y=g(x)$의 그래프의 기울기를 각각 p, q라 할 때, $p+q$의 값을 구하시오.

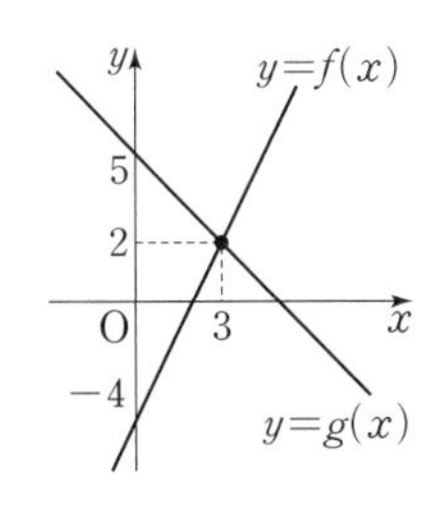

유형 13 세 점이 한 직선 위에 있을 조건 개념 4

서로 다른 세 점 A, B, C가 한 직선 위에 있으면
→ (직선 AB의 기울기)
=(직선 BC의 기울기)
=(직선 AC의 기울기)

48 대표문제

세 점 $(-3,\ -2)$, $(-1,\ 4)$, $(4,\ k)$가 한 직선 위에 있을 때, k의 값은?

① 13 ② 15 ③ 17
④ 19 ⑤ 21

49

세 점 $(-2,\ 4)$, $(a,\ 1)$, $(b,\ 3)$이 한 직선 위에 있을 때, $a-3b$의 값을 구하시오.

중요

50

두 점 $(2k,\ k-1)$, $(0,\ -4)$를 지나는 직선 위에 점 $(3,\ -10)$이 있을 때, k의 값을 구하시오.

51

오른쪽 그림과 같이 세 점 A, B, C가 한 직선 위에 있을 때, k의 값은?

① $\frac{3}{2}$ ② 2
③ $\frac{5}{2}$ ④ 3
⑤ $\frac{7}{2}$

집중

유형 14 일차함수의 그래프의 기울기와 x절편, y절편 개념 3, 4

일차함수 $y=ax+b$의 그래프에서
(1) 기울기: a
(2) x절편: $-\frac{b}{a}$
(3) y절편: b

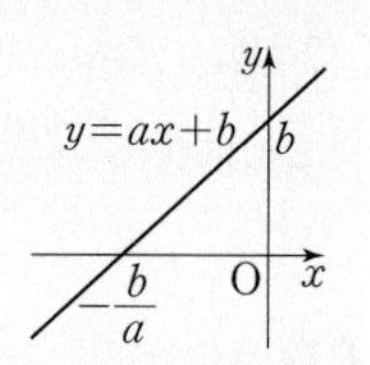

52 대표문제

일차함수 $y=-\frac{2}{5}x+6$의 그래프의 기울기를 a, x절편을 b, y절편을 c라 할 때, abc의 값을 구하시오.

53

오른쪽 그림과 같은 일차함수의 그래프의 기울기를 a, x절편을 b, y절편을 c라 할 때, $ab+c$의 값은?

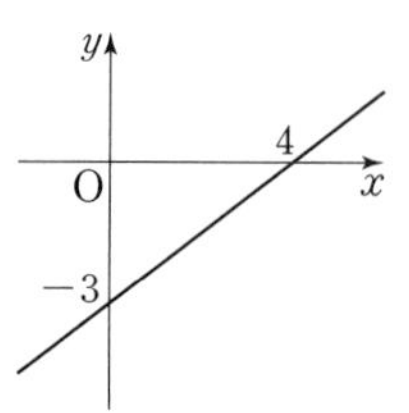

① -2 ② -1
③ 0 ④ 1
⑤ 2

54

일차함수 $y=4x-9$의 그래프를 y축의 방향으로 -3만큼 평행이동한 그래프의 기울기를 p, x절편을 q, y절편을 r라 할 때, $p+q+r$의 값을 구하시오.

55 서술형

일차함수 $y=ax+b$의 그래프가 일차함수 $y=x-6$의 그래프와 x축에서 만나고, 일차함수 $y=-\frac{7}{2}x+3$의 그래프와 y축에서 만날 때, 일차함수 $y=ax+b$의 그래프의 기울기를 구하시오. (단, a, b는 상수)

집중

유형 15 일차함수의 그래프 그리기 개념 3, 4

일차함수 $y=2x+4$의 그래프 그리기

방법 1 그래프 위의 두 점을 찾아서 그린다.
➡ 두 점 $(-1, 2)$, $(1, 6)$을 직선으로 연결하여 그린다.

방법 2 x절편, y절편을 이용하여 그린다.
➡ 두 점 $(-2, 0)$, $(0, 4)$를 직선으로 연결하여 그린다.

방법 3 y절편과 기울기를 이용하여 그린다.
➡ 점 $(0, 4)$와 이 점에서 x의 값이 1만큼, y의 값이 2만큼 증가한 점을 직선으로 연결하여 그린다. $(0+1, 4+2)$

56 대표문제

다음 일차함수 중 그 그래프가 제3사분면을 지나지 않는 것은?

① $y=-\frac{5}{3}x-1$
② $y=-x-\frac{1}{2}$
③ $y=-\frac{1}{3}x+2$
④ $y=4x+3$
⑤ $y=6x-5$

57

다음 중 일차함수 $y=\frac{5}{3}x+5$의 그래프는?

①
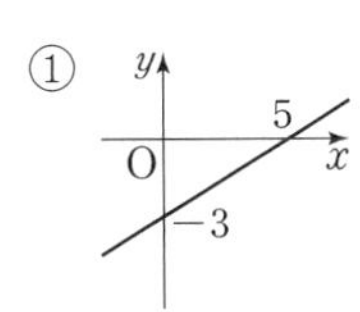

②
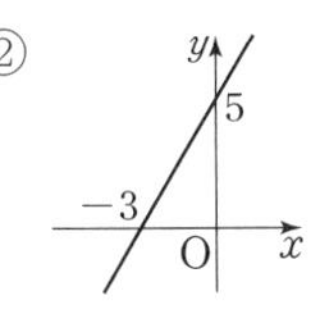

③
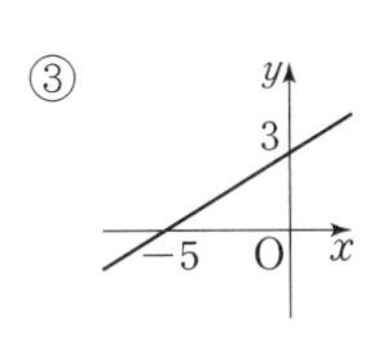

④
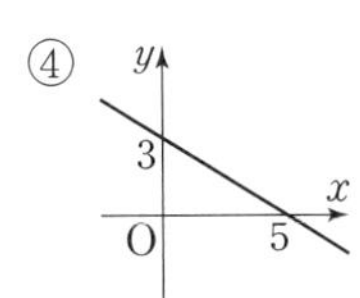

⑤
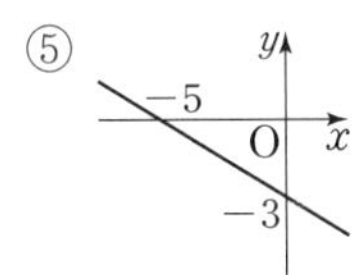

58

일차함수 $y=-2x+6$의 그래프를 y축의 방향으로 -7만큼 평행이동한 그래프가 지나지 않는 사분면을 구하시오.

집중

유형 16 일차함수의 그래프와 좌표축으로 둘러싸인 도형의 넓이 개념 3, 4

일차함수 $y=ax+b$의 그래프와 x축 및 y축으로 둘러싸인 도형의 넓이 구하기

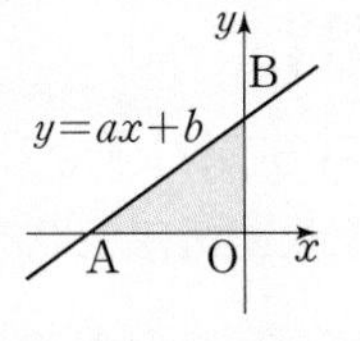

❶ 일차함수 $y=ax+b$의 그래프의 x절편과 y절편을 각각 구한다.
➡ x절편: $-\frac{b}{a}$, y절편: b

❷ 삼각형의 넓이를 구한다.
➡ $\frac{1}{2}\times\overline{OA}\times\overline{OB}=\frac{1}{2}\times\left|-\frac{b}{a}\right|\times|b|$
($\overline{OA}$: $|x$절편$|$, $\overline{OB}$: $|y$절편$|$)

59 대표문제

일차함수 $y=\frac{1}{4}x-2$의 그래프와 x축 및 y축으로 둘러싸인 도형의 넓이는?

① 4
② 6
③ 8
④ 10
⑤ 12

60 서술형

일차함수 $y=ax+3$의 그래프가 오른쪽 그림과 같을 때, 그래프와 x축의 교점을 A, y축의 교점을 B라 하자. △AOB의 넓이가 9일 때, 양수 a의 값을 구하시오. (단, O는 원점)

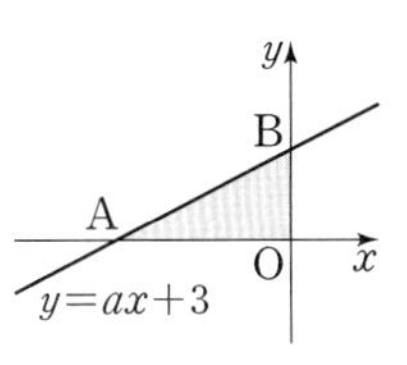

중요

61

오른쪽 그림과 같이 두 일차함수 $y=\frac{2}{3}x+2$, $y=-\frac{1}{2}x+2$의 그래프에서 세 점 A, B, C는 x축 또는 y축 위의 점일 때, △ABC의 넓이를 구하시오.

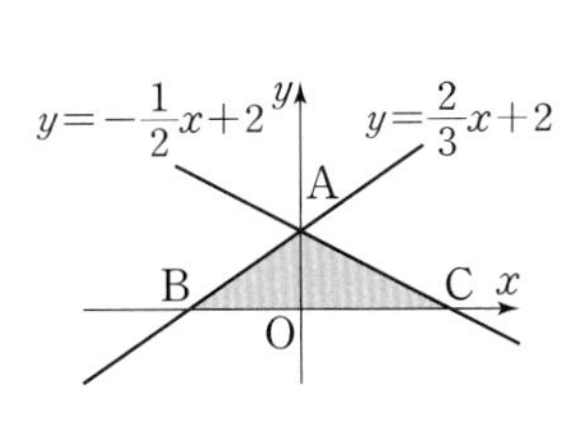

Real 실전 기출

01

다음 **보기** 중 y가 x의 함수인 것을 모두 고르시오.

보기

ㄱ. y는 x의 $-\frac{1}{3}$배이다.

ㄴ. y는 어떤 수 x에 가장 가까운 정수이다.

ㄷ. y는 자연수 x의 약수의 개수이다.

ㄹ. y는 자연수 x의 2배보다 작은 자연수이다.

02

두 함수 $f(x)=-4x$, $g(x)=\frac{6}{x}$에 대하여 $3f(-1)+2g(4)$의 값을 구하시오.

03 창의 역량

다음 그림과 같이 규칙적으로 바둑돌을 나열하였을 때, x번째 도형을 만드는 데 필요한 바둑돌의 개수를 y라 하자. $y=f(x)$에 대하여 $f(50)$의 값을 구하시오.

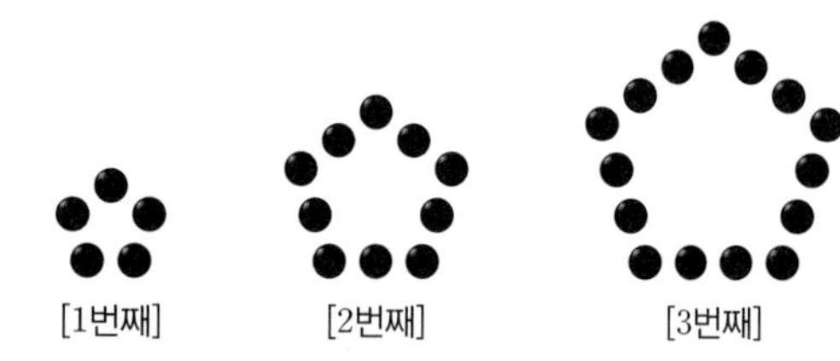

04

다음 중 y가 x의 일차함수가 아닌 것은?

① $x+y=1$　② $y=x-y+6$
③ $x^2+y-3=0$　④ $x^2+2y=x^2+x-4$
⑤ $y(x-1)=x(y-1)$

05 최다빈출

일차함수 $f(x)=ax+9$에 대하여 $f(-2)=3$일 때, $f(a)$의 값은? (단, a는 상수)

① 6　② 10　③ 14
④ 18　⑤ 22

06

일차함수 $y=-3x+a$의 그래프가 점 $(1, 5)$를 지난다. 이 그래프 위의 점 중 x좌표와 y좌표가 같은 점의 좌표를 구하시오. (단, a는 상수)

07

일차함수 $y=-ax-4$의 그래프를 y축의 방향으로 -2만큼 평행이동한 그래프가 점 $(-3, a)$를 지날 때, 상수 a의 값을 구하시오.

08

다음 일차함수 중 그 그래프가 일차함수 $y=\frac{1}{3}x-2$의 그래프와 x축에서 만나는 것은?

① $y=-2x+\frac{1}{3}$　② $y=-\frac{2}{3}x-4$
③ $y=x+\frac{3}{2}$　④ $y=2x+6$
⑤ $y=3x-18$

09 최다빈출

일차함수 $y=-6x+k+1$의 그래프를 y축의 방향으로 $\frac{1}{2}$ 만큼 평행이동한 그래프의 x절편이 a, y절편이 $4a-3$일 때, $a+k$의 값은? (단, k는 상수)

① -12 ② -13 ③ -14
④ -15 ⑤ -16

10

다음 일차함수 중 오른쪽 그림의 일차함수의 그래프와 제4사분면에서 만나는 것은?

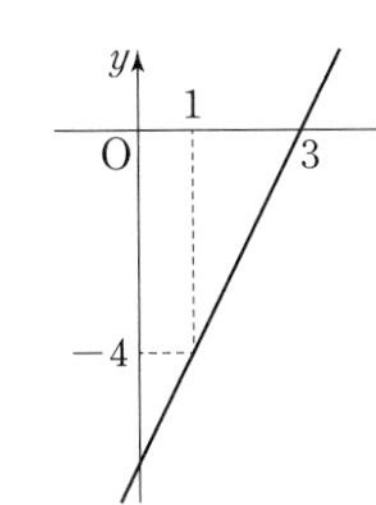

① $y=2x-3$ ② $y=x+\frac{1}{2}$
③ $y=\frac{1}{3}x-1$ ④ $y=-x+4$
⑤ $y=-3x+2$

11

일차함수 $y=ax+b$의 그래프의 x절편이 2, y절편이 1일 때, 다음 중 일차함수 $y=bx+a$의 그래프는?

(단, a, b는 상수)

①
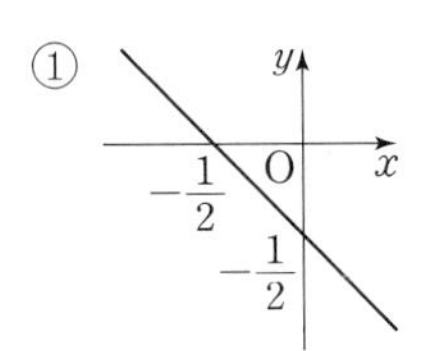

②
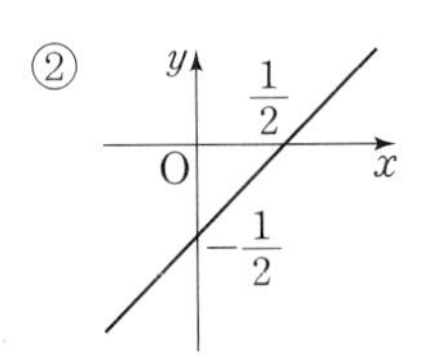

③
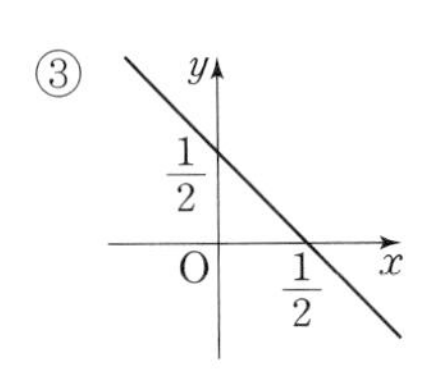

④
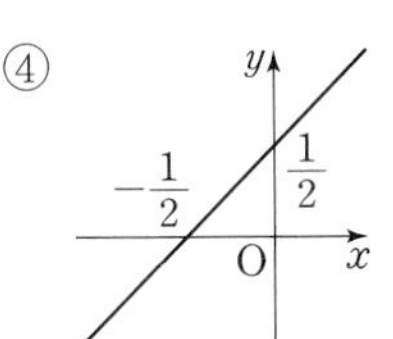

⑤
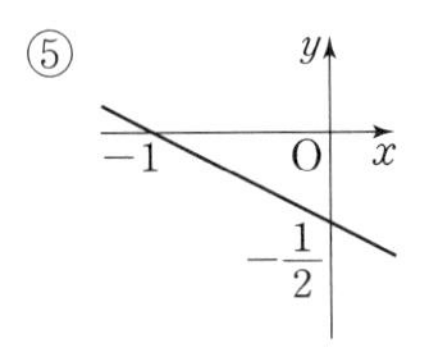

12

오른쪽 그림과 같이 두 일차함수 $y=\frac{5}{6}x-\frac{5}{2}$, $y=-\frac{1}{2}x+k$의 그래프가 x축에서 만날 때, 색칠한 도형의 넓이를 구하시오. (단, k는 상수)

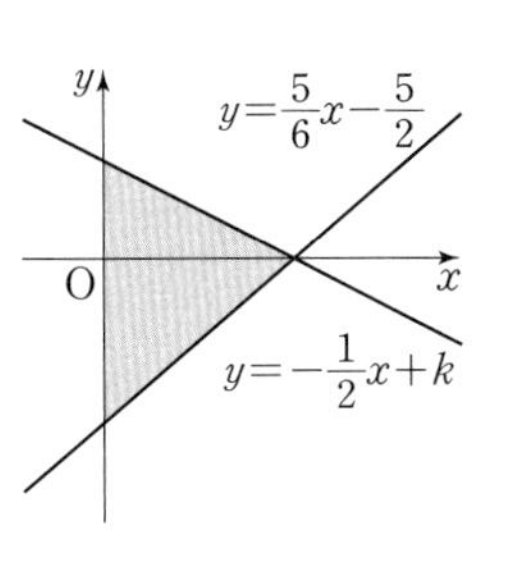

100점 공략

13

함수 $f(x)=$(자연수 x를 3으로 나누었을 때의 나머지)라 할 때, $f(1)+f(2)+f(3)+\cdots+f(50)$의 값을 구하시오.

14

일차함수 $f(x)=-\frac{5}{2}x+1$에 대하여

$$\frac{f(103)-f(2)}{101}+\frac{f(101)-f(4)}{97}+\frac{f(99)-f(6)}{93}+\cdots+\frac{f(53)-f(52)}{1}$$

의 값을 구하시오.

15

오른쪽 그림과 같은 정사각형 ABCD에서 두 점 A, D는 각각 일차함수 $y=2x$, $y=-x+6$의 그래프 위의 점이고 제1사분면 위에 있다. 정사각형 ABCD의 둘레의 길이를 구하시오.

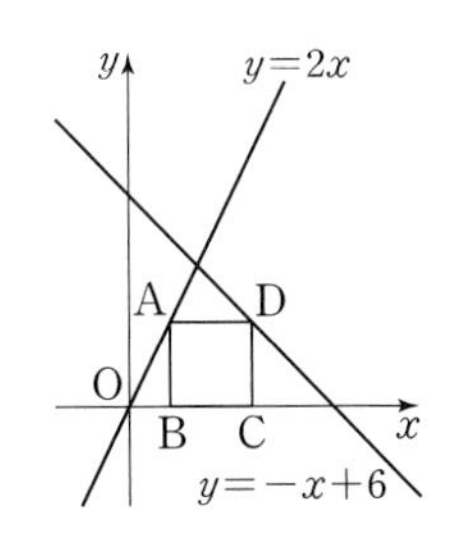

정답과 해설 72쪽

서술형

16

일차함수 $f(x)=ax+b$에 대하여 $f(-2)=-5$이고 $f(5)-f(1)=2$일 때, $f(-4)$의 값을 구하시오.

(단, a, b는 상수)

17

일차함수 $y=ax-2$의 그래프를 y축의 방향으로 b만큼 평행이동한 그래프의 x절편은 -1, y절편은 3이다. $a+b$의 값을 구하시오. (단, a는 상수)

18

일차함수 $y=ax+5$에서 x의 값이 -2에서 4까지 증가할 때, y의 값은 1에서 m까지 증가한다. $a+m$의 값을 구하시오. (단, a는 상수)

19

세 점 A(2, $4k-1$), B(3, 9), C(4, $-k+4$)가 한 직선 위에 있을 때, 이 직선의 기울기를 구하시오.

20 100점

점 $(-2, 8)$을 지나는 일차함수 $y=-x+k$의 그래프와 x축 및 y축으로 둘러싸인 도형을 y축을 회전축으로 하여 1회전 시킬 때 생기는 입체도형의 부피를 구하시오.

21 100점

오른쪽 그림과 같이 두 일차함수 $y=3x-12$, $y=ax+b(-12<b<0)$의 그래프가 x축 위의 점 C에서 만난다. △ABC의 넓이가 16일 때, $\overline{OA}+\overline{OC}$의 길이를 구하시오.

(단, O는 원점이고, a, b는 상수)

풀이

답

IV. 일차함수

09 일차함수와 그래프 (2)

유형북 125 ~ 140쪽

더블북 62 ~ 69쪽

개념 1 일차함수 $y=ax+b$의 그래프의 성질 유형 01~04, 07

(1) **a의 부호**: 그래프의 모양 결정

① $a>0$일 때, x의 값이 증가하면 y의 값도 증가한다.

➡ 오른쪽 위로 향하는 직선

② $a<0$일 때, x의 값이 증가하면 y의 값은 감소한다.

➡ 오른쪽 아래로 향하는 직선

(2) **b의 부호**: 그래프가 y축과 만나는 부분 결정

① $b>0$일 때, y축과 양의 부분에서 만난다. ➡ y절편이 양수

② $b<0$일 때, y축과 음의 부분에서 만난다. ➡ y절편이 음수

참고 a, b의 부호에 따른 일차함수 $y=ax+b$의 그래프의 모양

a, b의 부호	$a>0$, $b>0$	$a>0$, $b<0$	$a<0$, $b>0$	$a<0$, $b<0$
일차함수 $y=ax+b$의 그래프의 모양	y, b, 증가, 증가, O, x	y, O, b, 증가, 증가, x	y, 증가, b, 감소, O, x	y, O, 증가, x, b, 감소
그래프가 지나는 사분면	제1, 2, 3사분면	제1, 3, 4사분면	제1, 2, 4사분면	제2, 3, 4사분면

개념 노트

- 일차함수 $y=ax+b$의 그래프에서 $|a|$의 값이 클수록 그래프는 y축에 가깝고, $|a|$의 값이 작을수록 그래프는 x축에 가깝다.
- 일차함수 $y=ax+b$에서 $b=0$이면 그래프는 원점을 지난다.

개념 2 일차함수의 그래프의 평행, 일치 유형 05~07

(1) 기울기가 같은 두 일차함수의 그래프는 평행하거나 일치한다.

즉, 두 일차함수 $y=ax+b$와 $y=cx+d$에 대하여

① $a=c$, $b\neq d$이면 ➡ 두 그래프는 평행하다.

└ 기울기가 같고, y절편이 다르다.

② $a=c$, $b=d$이면 ➡ 두 그래프는 일치한다.

└ 기울기가 같고, y절편도 같다.

예 두 일차함수 $y=3x+1$, $y=3x+2$의 그래프는 기울기가 같고 y절편이 다르므로 평행하다.

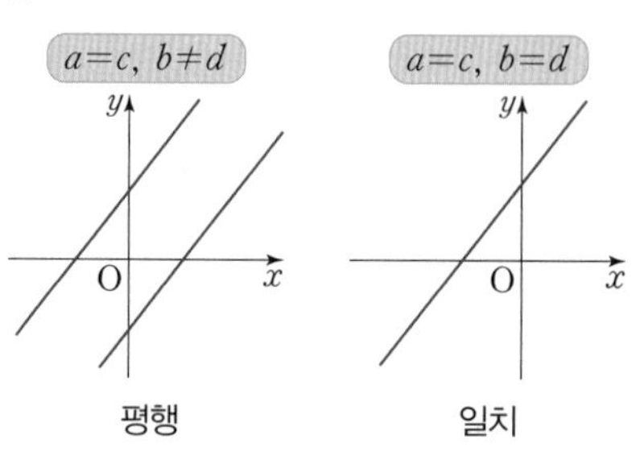

평행 일치

(2) 서로 평행한 두 일차함수의 그래프의 기울기는 같다.

- 기울기가 다른 두 일차함수의 그래프는 한 점에서 만난다.

개념 3 일차함수의 식 구하기; 기울기와 y절편을 알 때 유형 08

기울기가 a이고 y절편이 b인 직선을 그래프로 하는 일차함수의 식은

$$y=ax+b$$

예 기울기가 2이고 y절편이 -1인 직선을 그래프로 하는 일차함수의 식

➡ $y=2x-1$

$y=ax+b$ (a: 기울기, b: y절편)

- 일차함수의 그래프의 기울기는 다음과 같이 주어질 수도 있다.
  ① 평행한 그래프의 식이 주어지는 경우
  ② x, y의 값의 증가량이 주어지는 경우

개념 1 일차함수 $y=ax+b$의 그래프의 성질

[01~03] 일차함수 $y=2x-1$의 그래프에 대한 설명으로 옳은 것은 ○표, 옳지 않은 것은 ×표를 하시오.

01 오른쪽 위로 향하는 직선이다. ( )

02 y축과 양의 부분에서 만난다. ( )

03 제2사분면을 지나지 않는다. ( )

[04~07] 다음 **보기** 중 주어진 조건을 만족시키는 일차함수를 모두 고르시오.

보기

ㄱ. $y=3x-7$　　ㄴ. $y=-\frac{1}{4}x+2$

ㄷ. $y=2x+\frac{4}{3}$　　ㄹ. $y=-5x-1$

04 x의 값이 증가할 때 y의 값도 증가하는 일차함수

05 그래프가 오른쪽 아래로 향하는 일차함수

06 그래프가 y축과 음의 부분에서 만나는 일차함수

07 그래프가 제2사분면을 지나는 일차함수

[08~11] 일차함수 $y=ax+b$의 그래프가 다음과 같을 때, 상수 a, b의 부호를 각각 구하시오.

08

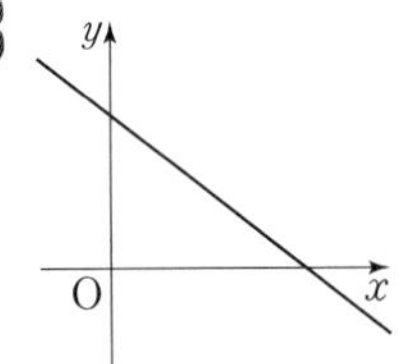

09

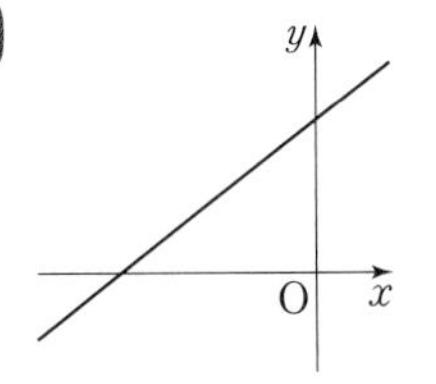

10

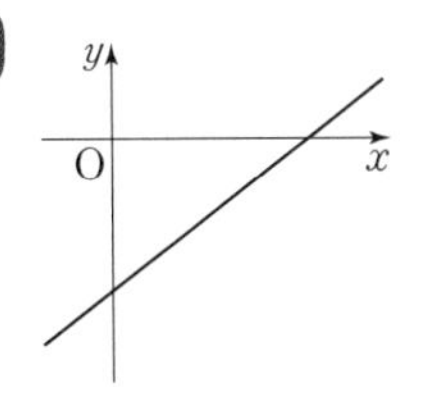

11

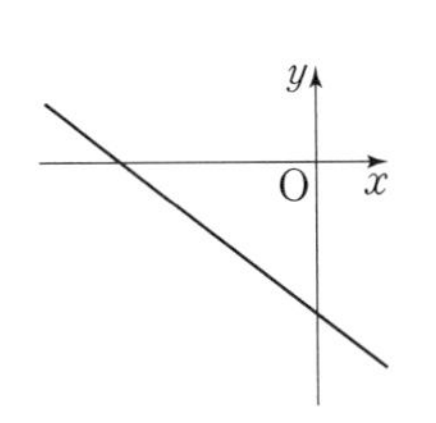

개념 2 일차함수의 그래프의 평행, 일치

[12~13] 아래 **보기**의 일차함수에 대하여 다음 물음에 답하시오.

보기

ㄱ. $y=-x+2$　　ㄴ. $y=-\frac{2}{3}x+6$

ㄷ. $y=\frac{3}{2}x+6$　　ㄹ. $y=3-x$

ㅁ. $y=-2x+1$　　ㅂ. $y=\frac{3}{2}(x+4)$

12 그래프가 평행한 것끼리 짝 지으시오.

13 그래프가 일치하는 것끼리 짝 지으시오.

14 두 일차함수 $y=ax+4$, $y=-x+8$의 그래프가 평행할 때, 상수 a의 값을 구하시오.

15 두 일차함수 $y=7x-5$, $y=7x+b$의 그래프가 일치할 때, 상수 b의 값을 구하시오.

개념 3 일차함수의 식 구하기; 기울기와 y절편을 알 때

[16~19] 다음 직선을 그래프로 하는 일차함수의 식을 구하시오.

16 기울기가 3이고 y절편이 -4인 직선

17 기울기가 -1이고 점 $\left(0, \frac{2}{3}\right)$를 지나는 직선

18 일차함수 $y=5x$의 그래프와 평행하고 y절편이 1인 직선

19 x의 값이 6만큼 증가할 때 y의 값은 5만큼 감소하고 y절편이 2인 직선

개념 4 일차함수의 식 구하기; 기울기와 한 점의 좌표를 알 때 유형 09

기울기가 a이고 점 (p, q)를 지나는 직선을 그래프로 하는 일차함수의 식은 다음과 같은 순서로 구한다.

❶ 일차함수의 식을 $y=ax+b$로 놓는다.

❷ $y=ax+b$에 $x=p$, $y=q$를 대입하여 b의 값을 구한다.

예 기울기가 3이고 점 $(1, -2)$를 지나는 직선을 그래프로 하는 일차함수의 식

❶ 일차함수의 식을 $y=3x+b$로 놓는다.

❷ $y=3x+b$에 $x=1$, $y=-2$를 대입하면

$-2=3\times1+b$ $\quad\therefore b=-5$ $\quad\therefore y=3x-5$

개념 5 일차함수의 식 구하기; 서로 다른 두 점의 좌표를 알 때 유형 10, 11

(1) 두 점 (x_1, y_1), (x_2, y_2)를 지나는 직선을 그래프로 하는 일차함수의 식은 다음과 같은 순서로 구한다. (단, $x_1\neq x_2$)

❶ 기울기 a를 구한다. ➜ $a=\dfrac{y_2-y_1}{x_2-x_1}=\dfrac{y_1-y_2}{x_1-x_2}$

❷ 일차함수의 식을 $y=ax+b$로 놓는다.

❸ $y=ax+b$에 두 점 중 한 점의 좌표를 대입하여 b의 값을 구한다.

예 두 점 $(1, 3)$, $(-2, 6)$을 지나는 직선을 그래프로 하는 일차함수의 식

❶ (기울기)$=\dfrac{6-3}{-2-1}=\dfrac{3}{-3}=-1$

❷ 일차함수의 식을 $y=-x+b$로 놓는다.

❸ $y=-x+b$에 $x=1$, $y=3$을 대입하면

$3=-1+b$ $\quad\therefore b=4$ $\quad\therefore y=-x+4$

(2) x절편이 m이고 y절편이 n인 직선을 그래프로 하는 일차함수의 식은 다음과 같은 순서로 구한다. (단, $m\neq0$)

❶ 두 점 $(m, 0)$, $(0, n)$을 지남을 이용하여 기울기를 구한다.

➜ (기울기)$=\dfrac{n-0}{0-m}=-\dfrac{n}{m}$

❷ y절편이 n이므로 일차함수의 식은 $y=-\dfrac{n}{m}x+n$이다.

개념 6 일차함수의 활용 유형 12~16

일차함수의 활용 문제는 다음과 같은 순서로 푼다.

❶ **변수 정하기:** 문제의 뜻을 이해하고 변하는 두 양을 변수 x, y로 놓는다.

❷ **일차함수의 식 세우기:** 두 변수 x와 y 사이의 관계를 일차함수 $y=ax+b$로 나타낸다.

❸ **조건에 맞는 값 구하기:** 일차함수의 식이나 그래프를 이용하여 주어진 조건에 맞는 값을 구한다.

❹ **확인하기:** 구한 값이 문제의 뜻에 맞는지 확인한다.

⊕ 개념 노트

- 기울기가 a이고 점 (p, q)를 지나는 직선을 그래프로 하는 일차함수의 식
  ➜ $y-q=a(x-p)$
- 두 점 (x_1, y_1), (x_2, y_2)를 지나는 직선을 그래프로 하는 일차함수의 식
  ➜ $y-y_1=\dfrac{y_2-y_1}{x_2-x_1}(x-x_1)$
- 서로 다른 두 점을 지나는 직선은 오직 하나뿐이다.
- 서로 다른 두 점이 주어질 때, 두 점의 좌표를 $y=ax+b$에 각각 대입하여 얻은 두 방정식을 연립하여 a, b의 값을 구할 수도 있다.
- x절편이 m이고 y절편이 n인 직선은 두 점 $(m, 0)$, $(0, n)$을 지나는 직선이다.
- 주어진 두 변량에서 먼저 변하는 것을 x로 놓고, x의 값에 따라 변하는 것을 y로 놓는다.

개념 4 일차함수의 식 구하기; 기울기와 한 점의 좌표를 알 때

[20~23] 다음 직선을 그래프로 하는 일차함수의 식을 구하시오.

20 기울기가 -4이고 점 $(2,\ -9)$를 지나는 직선

21 기울기가 6이고 x절편이 $-\frac{1}{3}$인 직선

22 일차함수 $y=\frac{1}{2}x+1$의 그래프와 평행하고 점 $(-4,\ 4)$를 지나는 직선

23 x의 값이 3만큼 증가할 때 y의 값은 9만큼 감소하고 점 $(-2,\ 3)$을 지나는 직선

24 오른쪽 그림과 같은 직선을 그래프로 하는 일차함수의 식을 구하시오.

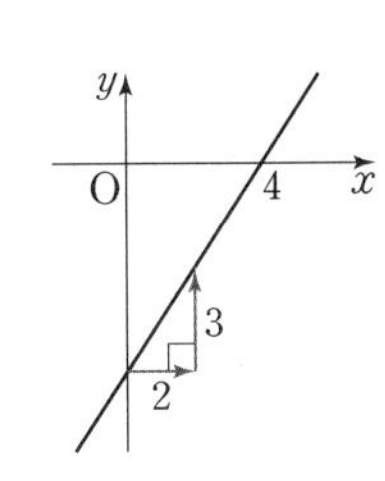

개념 5 일차함수의 식 구하기; 서로 다른 두 점의 좌표를 알 때

[25~27] 다음 직선을 그래프로 하는 일차함수의 식을 구하시오.

25 두 점 $(2,\ 0)$, $(3,\ 1)$을 지나는 직선

26 두 점 $(-1,\ 4)$, $(4,\ -6)$을 지나는 직선

27 두 점 $(3,\ -6)$, $(-9,\ -2)$를 지나는 직선

28 오른쪽 그림과 같은 직선을 그래프로 하는 일차함수의 식을 구하시오.

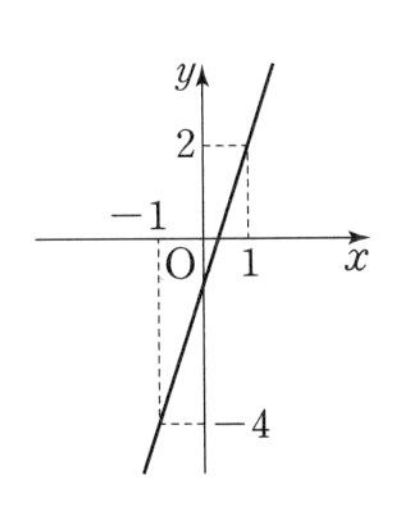

[29~31] 다음 직선을 그래프로 하는 일차함수의 식을 구하시오.

29 x절편이 2이고 y절편이 10인 직선

30 x절편이 -3이고 y절편이 6인 직선

31 x절편이 4이고 점 $(0,\ -3)$을 지나는 직선

32 오른쪽 그림과 같은 직선을 그래프로 하는 일차함수의 식을 구하시오.

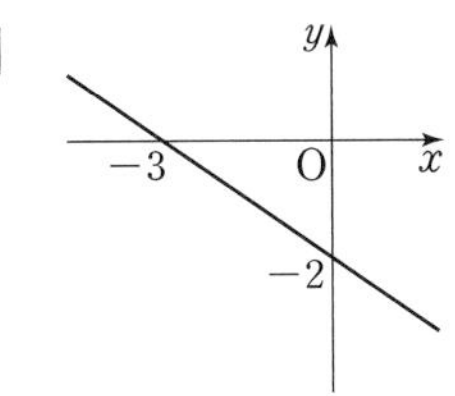

개념 6 일차함수의 활용

33 한 개에 800원인 빵을 x개 사고 10000원을 낼 때, 받은 거스름돈을 y원이라 하자. 거스름돈이 2800원일 때, 빵을 몇 개 샀는지 구하려고 한다. □ 안에 알맞은 것을 써넣으시오.

> 빵 x개의 가격은 □원이므로 거스름돈 y원은
> $y=$□
> 위의 식에 $y=$□을 대입하면
> □$=10000-800x$ $\therefore x=$□
> 따라서 빵을 □개 샀다.

[34~36] 길이가 21 cm인 양초에 불을 붙이면 1분에 2 cm씩 길이가 짧아진다고 한다. 불을 붙인 지 x분 후에 남아 있는 양초의 길이를 y cm라 할 때, 다음 물음에 답하시오.

34 표를 완성하시오.

x(분)	0	1	2	3	…
y(cm)	21				…

35 x와 y 사이의 관계식을 구하시오.

36 불을 붙인 지 5분 후에 남아 있는 양초의 길이를 구하시오.

유형 01 일차함수의 그래프의 성질 (1)

개념 1

일차함수 $y=ax+b$의 그래프는

(1) $a>0$일 때, 오른쪽 위로 향하는 직선이다.
$a<0$일 때, 오른쪽 아래로 향하는 직선이다.

(2) $b>0$일 때, y축과 양의 부분에서 만난다.
$b<0$일 때, y축과 음의 부분에서 만난다.

01 대표문제

다음 중 일차함수 $y=3x-2$의 그래프에 대한 설명으로 옳지 않은 것은?

① 오른쪽 위로 향하는 직선이다.
② x의 값이 2만큼 증가할 때 y의 값은 6만큼 증가한다.
③ 점 $(-1,\ -5)$를 지난다.
④ 제1, 2, 3사분면을 지난다.
⑤ y축과 음의 부분에서 만난다.

02

일차함수 $y=-\frac{1}{3}x$의 그래프를 y축의 방향으로 4만큼 평행이동한 그래프에 대하여 다음 **보기** 중 옳은 것을 모두 고르시오.

보기

ㄱ. 기울기는 -3이다.
ㄴ. 제3사분면을 지나지 않는다.
ㄷ. 오른쪽 아래로 향하는 직선이다.
ㄹ. y축과 만나는 점의 좌표는 $(0,\ -4)$이다.

03

다음 중 일차함수 $y=ax+b$의 그래프에 대한 설명으로 옳지 않은 것은? (단, a, b는 상수)

① 점 $(0,\ b)$를 지난다.
② $a<0$일 때, x의 값이 증가하면 y의 값은 감소한다.
③ $b>0$일 때, 오른쪽 위로 향하는 직선이다.
④ x절편은 $-\frac{b}{a}$이다.
⑤ $y=ax$의 그래프를 y축의 방향으로 b만큼 평행이동한 것이다.

유형 02 일차함수 $y=ax+b$의 그래프와 a의 값 사이의 관계

개념 1

일차함수 $y=ax+b$의 그래프는

(1) $|a|$의 값이 클수록 y축에 가깝다.
(2) $|a|$의 값이 작을수록 x축에 가깝다.

04 대표문제

다음 일차함수 중 그 그래프가 y축에 가장 가까운 것은?

① $y=-\frac{7}{3}x+4$ ② $y=\frac{3}{2}x+4$ ③ $y=\frac{1}{2}x+4$
④ $y=-x+4$ ⑤ $y=2x+4$

중요

05

일차함수 $y=ax+1$의 그래프가 오른쪽 그림과 같을 때, 상수 a의 값의 범위를 구하시오.

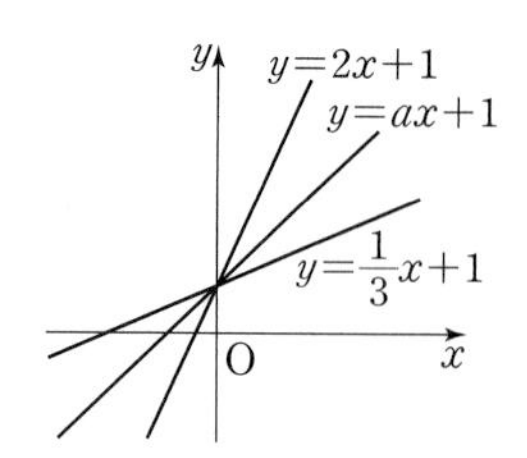

06 서술형

네 직선 l, m, n, k 중 기울기가 가장 큰 직선을 고르시오.

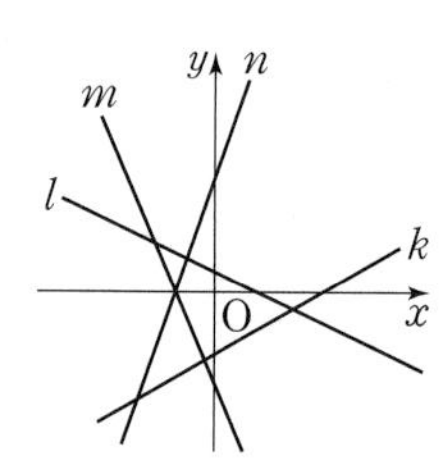

07

다음 중 주어진 조건을 모두 만족시키는 직선을 그래프로 하는 일차함수의 식은?

(가) 오른쪽 위로 향하는 직선이다.
(나) $y=-2x+3$의 그래프보다 x축에 가깝다.

① $y=-3x+3$ ② $y=-x+3$ ③ $y=x+3$
④ $y=\frac{5}{2}x+3$ ⑤ $y=4x+3$

집중

유형 03 a, b의 부호가 주어질 때, 일차함수 $y=ax+b$의 그래프

개념 1

일차함수 $y=ax+b$의 그래프가 지나는 사분면
(1) $a>0$, $b>0$이면 ➡ 제1, 2, 3사분면
(2) $a>0$, $b<0$이면 ➡ 제1, 3, 4사분면
(3) $a<0$, $b>0$이면 ➡ 제1, 2, 4사분면
(4) $a<0$, $b<0$이면 ➡ 제2, 3, 4사분면

08 대표문제

$a>0$, $b<0$일 때, 일차함수 $y=ax-b$의 그래프가 지나지 않는 사분면을 구하시오.

09

$a<0$, $b<0$일 때, 다음 **보기** 중 그 그래프가 제3사분면을 지나지 않는 일차함수를 고르시오.

보기

ㄱ. $y=-ax+b$　　ㄴ. $y=-ax-b$
ㄷ. $y=ax-b$　　ㄹ. $y=bx+a$

중요

10

$ab>0$, $a+b>0$일 때, 다음 중 일차함수 $y=bx-a$의 그래프로 알맞은 것은?

①
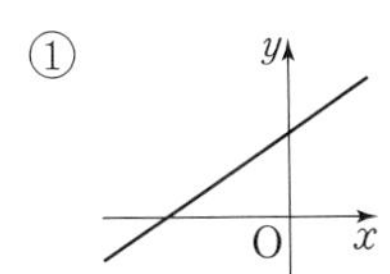
②
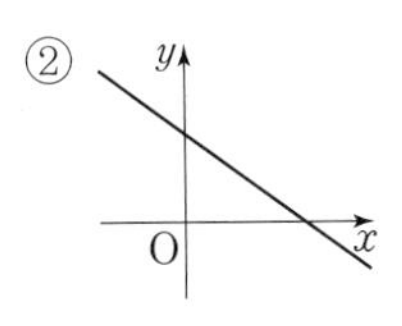
③
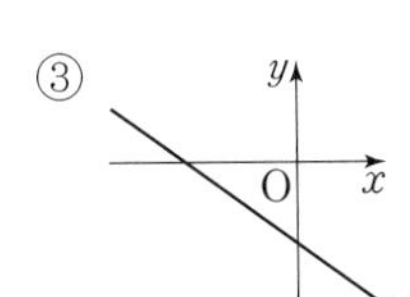
④
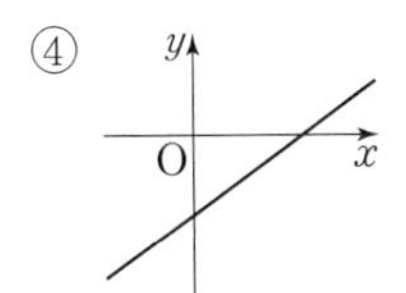
⑤
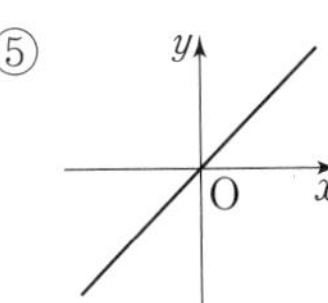

집중

유형 04 일차함수 $y=ax+b$의 그래프가 주어질 때, a, b의 부호 구하기

개념 1

일차함수 $y=ax+b$의 그래프가
(1) 오른쪽 위로 향하면 ➡ $a>0$
　오른쪽 아래로 향하면 ➡ $a<0$
(2) y축과 양의 부분에서 만나면 ➡ $b>0$
　y축과 음의 부분에서 만나면 ➡ $b<0$

11 대표문제

일차함수 $y=-ax+b$의 그래프가 오른쪽 그림과 같을 때, 다음 중 옳은 것은? (단, a, b는 상수)

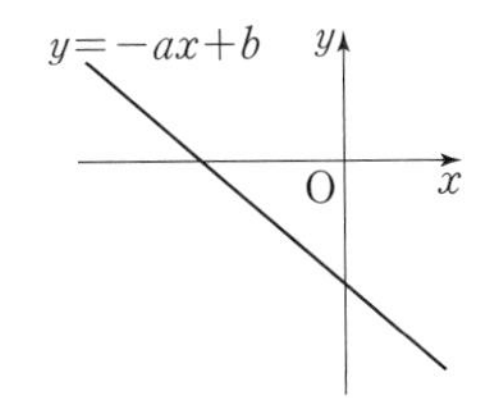

① $a>0$, $b>0$　② $a>0$, $b<0$
③ $a<0$, $b>0$　④ $a<0$, $b<0$
⑤ $a<0$, $b=0$

12

일차함수 $y=ax+ab$의 그래프가 오른쪽 그림과 같을 때, 상수 a, b의 부호를 각각 구하시오.

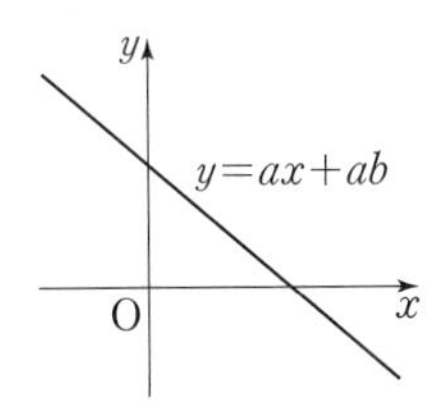

13

일차함수 $y=-ax-b$의 그래프가 오른쪽 그림과 같을 때, x절편이 a, y절편이 b인 일차함수의 그래프가 지나는 사분면을 모두 구하시오.

(단, a, b는 상수)

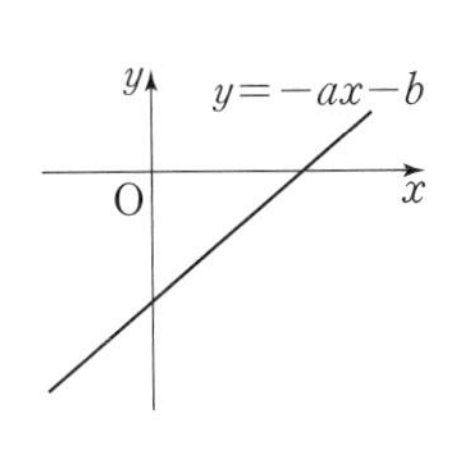

14 서술형

일차함수 $y=ax+b$의 그래프가 오른쪽 그림과 같을 때, 일차함수 $y=-bx+\frac{a}{b}$의 그래프가 지나지 않는 사분면을 구하시오.

(단, a, b는 상수)

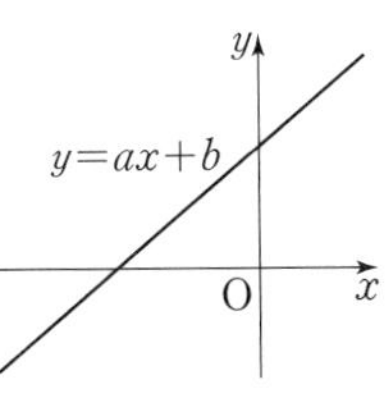

집중

유형 05 일차함수의 그래프의 평행 개념2

두 일차함수 $y=ax+b$와 $y=cx+d$의 그래프가 평행하다.
➜ 두 일차함수의 그래프가 만나지 않는다.
➜ $a=c$, $b\neq d$

15 대표문제

일차함수 $y=ax+5$의 그래프는 일차함수 $y=-3x-7$의 그래프와 평행하고 점 $(k,\ -1)$을 지난다. $a+k$의 값을 구하시오. (단, a는 상수)

16

다음 일차함수 중 그 그래프가 일차함수 $y=5x-2$의 그래프와 만나지 않는 것은?

① $y=-2x+5$　② $y=2x-5$
③ $y=2(x-5)$　④ $y=5(x-2)$
⑤ $y=\frac{1}{5}x+\frac{1}{2}$

17

다음 일차함수의 그래프 중 오른쪽 그림의 그래프와 평행한 것은?

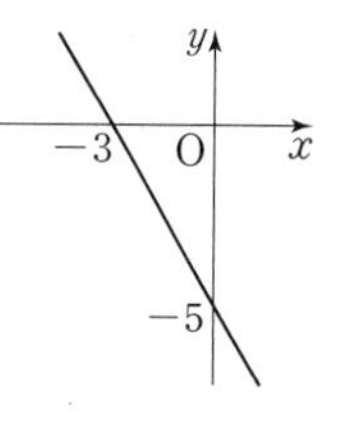

① $y=-\frac{5}{3}x-5$　② $y=-\frac{5}{3}x+3$
③ $y=-\frac{3}{5}x+1$　④ $y=\frac{3}{5}x+3$
⑤ $y=\frac{5}{3}x+6$

18

일차함수 $y=ax-4$의 그래프가 오른쪽 그림의 그래프와 평행하고, 일차함수 $y=-\frac{1}{6}x+b$의 그래프와 x축에서 만난다. 상수 a, b에 대하여 $3ab$의 값을 구하시오.

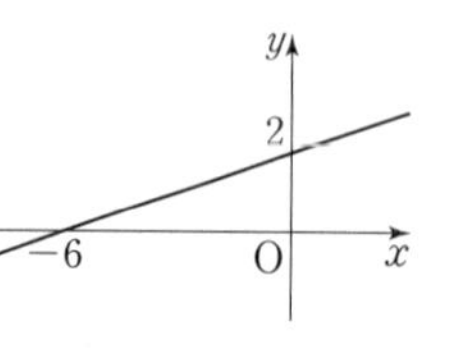

유형 06 일차함수의 그래프의 일치 개념2

두 일차함수 $y=ax+b$와 $y=cx+d$의 그래프가 일치한다.
➜ $a=c$, $b=d$

19 대표문제

두 일차함수 $y=-ax+8$과 $y=4x-a+2b$의 그래프가 일치할 때, 상수 a, b에 대하여 $a+b$의 값은?

① -8　② -6　③ -2
④ 2　⑤ 6

20

일차함수 $y=4ax+7$의 그래프를 y축의 방향으로 -3만큼 평행이동하면 일차함수 $y=-6x+b$의 그래프와 일치할 때, 상수 a, b에 대하여 ab의 값을 구하시오.

21 서술형

오른쪽 그림과 같은 일차함수 $y=-x+1-a$의 그래프와 일차함수 $y=-bx+c+2$의 그래프가 일치할 때, 상수 a, b, c에 대하여 $a+b+c$의 값을 구하시오.

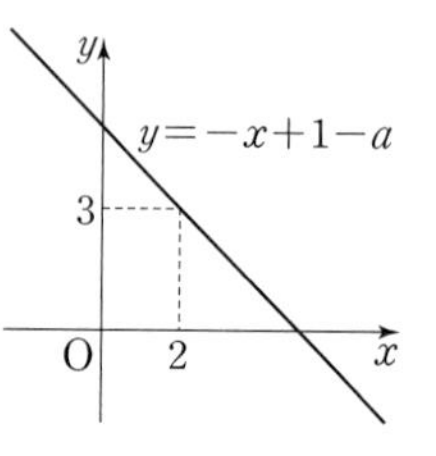

중요

22

다음 조건을 모두 만족시키는 상수 a, b에 대하여 $b-a$의 값을 구하시오.

> (가) 두 일차함수 $y=2x+8$과 $y=(a+3)x+2a$의 그래프는 평행하다.
> (나) 일차함수 $y=(a+3)x+2a$의 그래프를 y축의 방향으로 b만큼 평행이동하면 일차함수 $y=2x+5$의 그래프와 일치한다.

집중

유형 07 일차함수의 그래프의 성질 (2) 개념 1, 2

일차함수 $y=ax+b$의 그래프는

(1) x절편은 $-\frac{b}{a}$, y절편은 b이다.

(2) $a>0$이면 오른쪽 위로, $a<0$이면 오른쪽 아래로 향하는 직선이다.

(3) $y=ax+c$의 그래프와 평행하다. (단, $b\neq c$)

23 대표문제

다음 중 일차함수 $y=-4x+5$의 그래프에 대한 설명으로 옳지 않은 것은?

① 점 $(1, 1)$을 지난다.

② x절편은 $\frac{5}{4}$, y절편은 5이다.

③ 오른쪽 아래로 향하는 직선이다.

④ $y=-4x+1$의 그래프와 평행하다.

⑤ 제1, 2, 3사분면을 지난다.

24

오른쪽 그림과 같은 일차함수의 그래프에 대하여 다음 **보기** 중 옳은 것을 모두 고르시오.

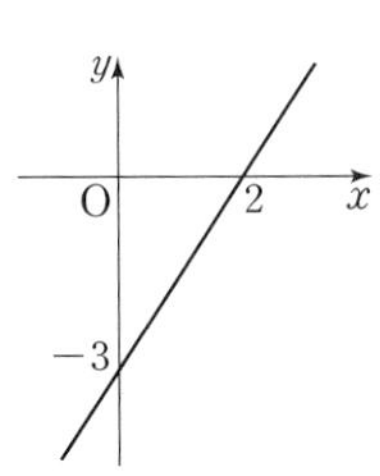

보기

ㄱ. x의 값이 2만큼 증가하면 y의 값은 3만큼 증가한다.

ㄴ. $y=\frac{3}{2}x-3$의 그래프와 평행하다.

ㄷ. $y=\frac{3}{2}(x-4)$의 그래프와 한 점에서 만난다.

ㄹ. y축의 방향으로 3만큼 평행이동하면 원점을 지난다.

25

일차함수 $y=ax+b$의 그래프가 오른쪽 그림과 같을 때, 다음 중 옳지 않은 것은? (단, a, b는 상수)

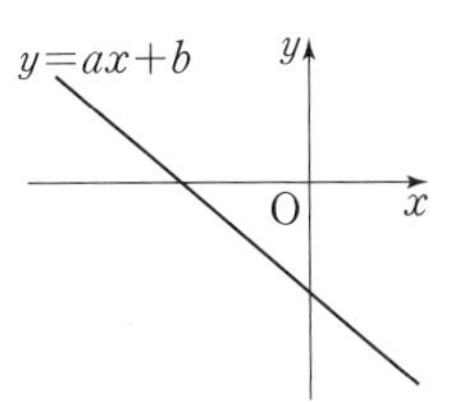

① $a<0$, $b<0$이다.

② $y=ax-b$의 그래프와 평행하다.

③ $y=ax$의 그래프는 제1, 3사분면을 지난다.

④ $y=bx+a$의 그래프는 제1사분면을 지나지 않는다.

⑤ $y=-ax+b$의 그래프와 y축에서 만난다.

유형 08 일차함수의 식 구하기; 기울기와 y절편을 알 때 개념 3

x의 값이 2만큼 증가할 때 y의 값은 2만큼 감소하고 y절편이 2인 직선을 그래프로 하는 일차함수의 식 구하기

❶ (기울기)$=\frac{-2}{2}=-1$

❷ y절편이 2이므로 $y=-x+2$

26 대표문제

일차함수 $y=-3x+1$의 그래프와 평행하고 일차함수 $y=-\frac{1}{2}x+4$의 그래프와 y축에서 만나는 직선을 그래프로 하는 일차함수의 식은?

① $y=-3x+2$　② $y=-3x+4$

③ $y=-\frac{1}{2}x+1$　④ $y=\frac{1}{2}x+2$

⑤ $y=3x+4$

중요

27

x의 값이 4만큼 증가할 때 y의 값은 2만큼 감소하고 y절편이 6인 일차함수의 그래프의 x절편을 구하시오.

28

다음 조건을 모두 만족시키는 일차함수의 그래프가 점 $(-1, k)$를 지날 때, k의 값을 구하시오.

(가) 두 점 $(-2, -4)$, $(2, 8)$을 지나는 직선과 평행하다.
(나) 점 $(0, -3)$을 지난다.

29 서술형

오른쪽 그림의 직선과 평행하고 일차함수 $y=x+1$의 그래프와 y축에서 만나는 일차함수의 그래프가 점 $(2a, a+5)$를 지날 때, a의 값을 구하시오.

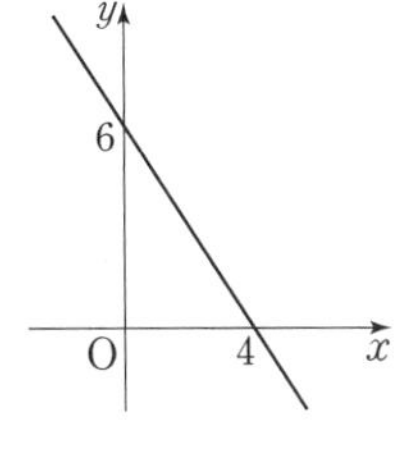

집중

유형 09 일차함수의 식 구하기; 기울기와 한 점의 좌표를 알 때

개념 4

기울기가 3이고 점 $(2, -3)$을 지나는 직선을 그래프로 하는 일차함수의 식 구하기

❶ 기울기가 3이므로 일차함수의 식을 $y=3x+b$로 놓는다.

❷ $y=3x+b$에 $x=2$, $y=-3$을 대입하여 b의 값을 구한다.

$-3=3\times2+b$ $\quad\therefore b=-9$ $\quad\therefore y=3x-9$

30 대표문제

일차함수 $y=-7x+1$의 그래프와 평행하고 점 $(1, -5)$를 지나는 직선을 그래프로 하는 일차함수의 식은?

① $y=-7x-2$
② $y=-7x+2$
③ $y=-x-4$
④ $y=\frac{1}{7}x-5$
⑤ $y=7x-12$

31

x의 값의 증가량에 대한 y의 값의 증가량의 비의 값이 $\frac{2}{5}$이고 점 $\left(-\frac{1}{2}, 1\right)$을 지나는 일차함수의 그래프의 y절편을 구하시오.

32

두 점 $(3, -4)$, $(1, 2)$를 지나는 직선과 평행하고, 점 $(2, 2)$를 지나는 직선을 그래프로 하는 일차함수의 식을 $y=f(x)$라 할 때, $f(-1)$의 값을 구하시오.

33 서술형

일차함수 $y=2x+9$의 그래프와 평행하고 일차함수 $y=-\frac{1}{4}x-1$의 그래프와 x축에서 만나는 직선을 그래프로 하는 일차함수의 식을 $y=ax+b$라 할 때, 상수 a, b에 대하여 $b-a$의 값을 구하시오.

집중

유형 10 일차함수의 식 구하기; 두 점의 좌표를 알 때

개념 5

두 점 $(1, 3)$, $(2, 4)$를 지나는 직선을 그래프로 하는 일차함수의 식 구하기

❶ (기울기)$=\frac{4-3}{2-1}=1$이므로 일차함수의 식을 $y=x+b$로 놓는다.

❷ $y=x+b$에 $x=1$, $y=3$을 대입하여 b의 값을 구한다.

$3=1+b$ $\quad\therefore b=2$ $\quad\therefore y=x+2$

34 대표문제

두 점 $(-1, 3)$, $(3, -7)$을 지나는 직선을 그래프로 하는 일차함수의 식을 $y=ax+b$라 할 때, 상수 a, b에 대하여 $a+b$의 값을 구하시오.

35

다음 일차함수 중 그 그래프가 두 점 $(-1, 5)$, $(4, 15)$를 지나는 일차함수의 그래프와 y축에서 만나는 것은?

① $y=-4x+2$
② $y=-\frac{1}{6}x-1$
③ $y=x+\frac{3}{5}$
④ $y=3x-2$
⑤ $y=5x+7$

중요

36

일차함수 $y=ax+b$의 그래프가 오른쪽 그림과 같을 때, 다음 중 $y=bx+a$의 그래프 위에 있는 점은? (단, a, b는 상수)

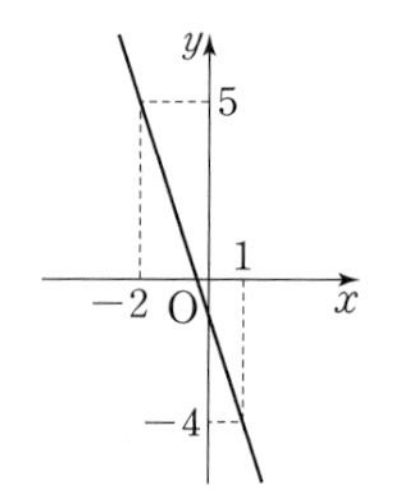

① $(-4, 2)$
② $(-1, -1)$
③ $(1, -4)$
④ $(4, -13)$
⑤ $(5, -9)$

37

두 점 $(-1, -9)$, $(2, 9)$를 지나는 일차함수의 그래프를 y축의 방향으로 5만큼 평행이동한 그래프가 점 $(k, 4)$를 지날 때, k의 값을 구하시오.

유형 11 일차함수의 식 구하기; x절편, y절편을 알 때 개념 5

x절편이 2, y절편이 1인 직선을 그래프로 하는 일차함수의 식 구하기

❶ 두 점 $(2, 0)$, $(0, 1)$을 지나므로 (기울기)$=\frac{1-0}{0-2}=-\frac{1}{2}$

❷ 기울기가 $-\frac{1}{2}$이고 y절편이 1이므로 $y=-\frac{1}{2}x+1$

38 대표문제

오른쪽 그림과 같은 일차함수의 그래프가 점 $(-5, k)$를 지날 때, k의 값을 구하시오.

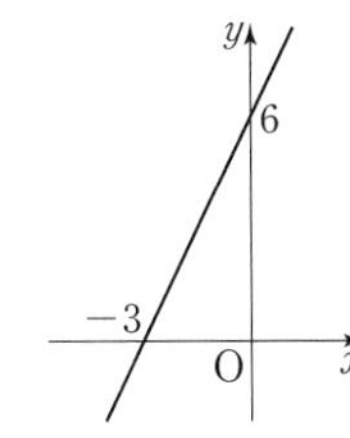

39

일차함수 $y=ax+b$의 그래프의 x절편이 4, y절편이 10일 때, 상수 a, b에 대하여 ab의 값을 구하시오.

40

다음 조건을 모두 만족시키는 직선을 그래프로 하는 일차함수의 식을 구하시오.

> (가) $y=-x+3$의 그래프와 x축에서 만난다.
>
> (나) $y=-\frac{5}{4}x-9$의 그래프와 y축에서 만난다.

41 서술형

일차함수 $y=ax-1$의 그래프를 y축의 방향으로 b만큼 평행이동하면 오른쪽 그림과 같은 일차함수의 그래프와 일치한다. $b-a$의 값을 구하시오.

(단, a는 상수)

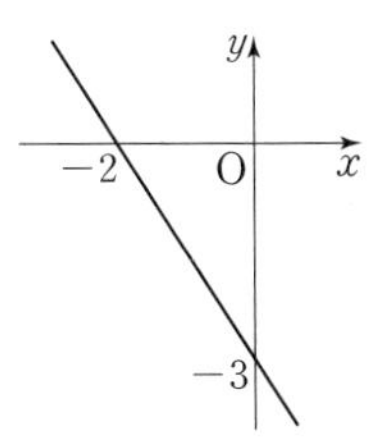

유형 12 일차함수의 활용; 온도, 길이 개념 6

(1) 처음 온도가 k ℃, 1분 동안의 온도 변화가 a ℃일 때, x분 후의 온도를 y ℃라 하면 ➔ $y=k+ax$

(2) 처음 길이가 k cm, 1분 동안의 길이 변화가 a cm일 때, x분 후의 길이를 y cm라 하면 ➔ $y=k+ax$

42 대표문제

지면으로부터 10 km까지는 100 m 높아질 때마다 기온이 0.6 ℃씩 내려간다고 한다. 지면의 기온이 16 ℃일 때, 지면으로부터 높이가 2 km인 지점의 기온은 몇 ℃인지 구하시오.

43

현재 그릇에 담긴 물의 온도는 10 ℃이고 이 그릇의 물을 데우면 1분에 18 ℃씩 올라간다고 한다. 물은 100 ℃가 되는 순간부터 끓기 시작한다고 할 때, 물을 데우기 시작한 지 몇 분 후에 물이 끓기 시작하는지 구하시오.

44

길이가 20 cm인 용수철 저울이 있다. 이 저울에 무게가 4 g인 물건을 달 때마다 용수철의 길이가 1 cm씩 늘어난다고 한다. 이 용수철 저울에 무게가 20 g인 물건을 달았을 때, 용수철의 길이를 구하시오.

45 서술형

길이가 40 cm인 양초에 불을 붙이면 일정한 속력으로 길이가 줄어서 양초가 모두 타는 데 120분이 걸린다고 한다. 불을 붙인 지 x분 후에 남아 있는 양초의 길이를 y cm라 할 때, x와 y 사이의 관계식을 구하고, 남아 있는 양초의 길이가 25 cm가 되는 것은 불을 붙인 지 몇 분 후인지 구하시오.

유형 13 일차함수의 활용; 액체의 양 개념 6

처음 액체의 양이 k L, 1분 동안의 액체의 양의 변화가 a L일 때, x분 후의 액체의 양을 y L라 하면 ➔ $y=k+ax$

46 대표문제

60 L의 물이 들어 있는 물통의 뚜껑을 열면 5분에 8 L씩 물이 흘러나온다고 한다. 뚜껑을 연 지 몇 분 후에 이 물통에 36 L의 물이 남아 있는지 구하시오.

47

250 L의 물을 담을 수 있는 물탱크에 25 L의 물이 들어 있다. 이 물탱크에 매분 3 L씩 물을 채우고 있을 때, 물탱크를 가득 채울 때까지 걸리는 시간은 몇 분인지 구하시오.

중요
48 서술형

자동차의 연비란 1 L의 연료로 달릴 수 있는 거리를 말한다. 연비가 12 km인 어떤 자동차에 50 L의 휘발유를 넣고 x km를 달린 후에 남아 있는 휘발유의 양을 y L라 할 때, x와 y 사이의 관계식을 구하고, 60 km를 달린 후에 남아 있는 휘발유의 양을 구하시오.

49

어떤 환자가 1분에 4 mL씩 들어가는 링거 주사를 맞고 있다. 600 mL가 들어 있는 링거 주사를 오후 12시부터 맞기 시작하였을 때, 링거 주사를 다 맞았을 때의 시각은?

① 오후 2시 ② 오후 2시 15분
③ 오후 2시 30분 ④ 오후 2시 45분
⑤ 오후 3시

유형 14 일차함수의 활용; 속력 개념 6

출발 지점에서 k km 떨어진 지점까지 시속 a km로 x시간 동안 이동할 때, 남은 거리를 y km라 하면 ➔ $y=k-ax$

참고 (거리)=(속력)×(시간)

50 대표문제

정운이가 학교에서 출발하여 2 km 떨어진 영화관까지 분속 60 m의 속력으로 걷고 있다. 출발한 지 25분 후에 영화관까지 남은 거리는 몇 m인지 구하시오.

51

어느 놀이공원에 열기구가 있는데 지면으로부터 열기구 바닥까지의 높이가 100 m이다. 이 열기구가 초속 0.5 m의 속력으로 수직으로 내려온다고 할 때, 출발한 지 x초 후에 열기구의 바닥에서 지면까지의 거리를 y m라 하자. x와 y 사이의 관계를 식으로 나타내시오.

52

성호는 집에서 7 km 떨어진 할머니 댁을 향해 자전거를 타고 분속 500 m의 속력으로 달리고 있다. 할머니 댁에서 2 km 떨어진 제과점에서 빵을 사 가려고 할 때, 성호가 집에서 출발한 지 몇 분 후에 제과점에 도착할 수 있는가?

(단, 제과점은 집에서 할머니 댁을 가는 길에 있다.)

① 8분 후 ② 9분 후 ③ 10분 후
④ 11분 후 ⑤ 12분 후

53 서술형

세나와 현우는 1.2 km 떨어진 지점에서 서로를 향해 동시에 움직이기 시작하였다. 세나는 분속 60 m의 속력으로 걷고, 현우는 분속 180 m의 속력으로 뛴다고 한다. 출발한 지 x분 후의 두 사람 사이의 거리를 y m라 할 때, 두 사람이 만나는 것은 출발한 지 몇 분 후인지 구하시오.

집중

유형 15 일차함수의 활용; 도형

개념6

길이가 10 cm인 선분 AB 위의 한 점 P가 점 A를 출발하여 점 B의 방향으로 매초 2 cm의 속력으로 움직일 때

(1) x초 후의 $\overline{AP}$의 길이는 → $2x$ cm

(2) x초 후의 $\overline{BP}$의 길이는 → $(10-2x)$ cm

54 대표문제

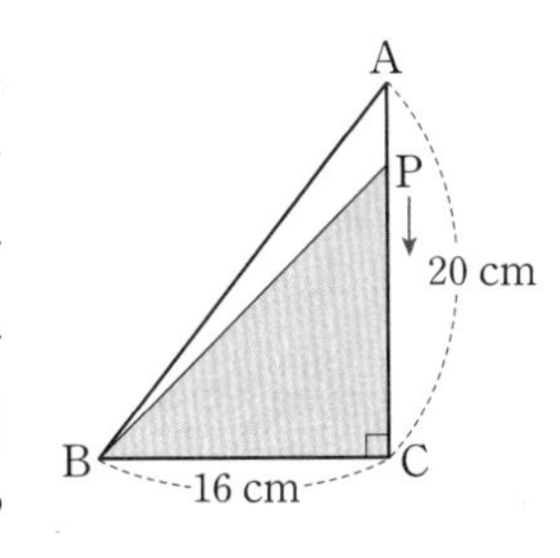

오른쪽 그림과 같이 $\angle C=90°$인 직각삼각형 ABC에서 점 P가 꼭짓점 A를 출발하여 변 AC를 따라 꼭짓점 C까지 매초 3 cm의 속력으로 움직인다. 삼각형 PBC의 넓이가 40 cm^2가 되는 것은 점 P가 꼭짓점 A를 출발한 지 몇 초 후인지 구하시오.

55 서술형

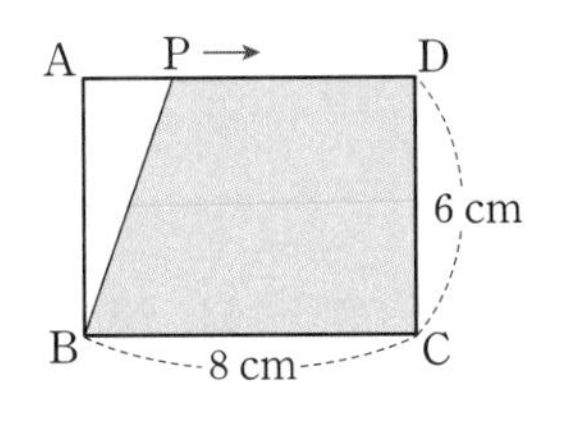

오른쪽 그림과 같은 직사각형 ABCD에서 꼭짓점 A를 출발하여 변 AD 위를 따라 움직이는 점 P에 대하여 $\overline{AP}=x$ cm일 때, 사다리꼴 PBCD의 넓이를 y cm^2라 하자. x와 y 사이의 관계식을 구하고, $\overline{AP}=3$ cm일 때의 사다리꼴 PBCD의 넓이를 구하시오.

56

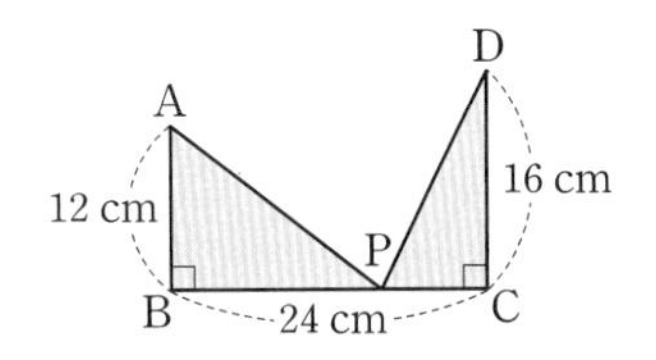

오른쪽 그림에서 점 P는 점 B를 출발하여 선분 BC를 따라 점 C까지 매초 2 cm의 속력으로 움직인다. 삼각형 ABP와 삼각형 DPC의 넓이의 합이 160 cm^2가 되는 것은 점 P가 꼭짓점 B를 출발한 지 몇 초 후인지 구하시오.

유형 16 그래프를 이용한 일차함수의 활용

개념6

그래프가 지나는 서로 다른 두 점 또는 x절편, y절편을 이용하여 주어진 그래프를 나타내는 일차함수의 식을 구한다.

57 대표문제

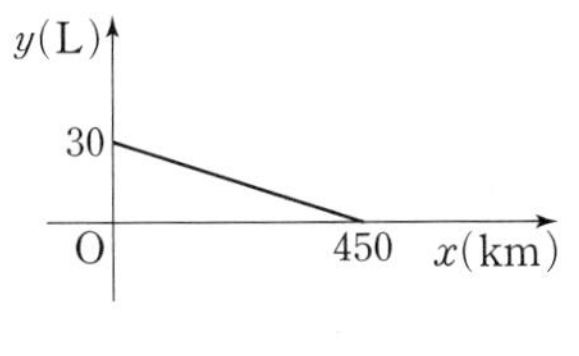

오른쪽 그림은 처음 휘발유의 양이 30 L인 자동차가 x km를 이동한 후 남은 휘발유의 양을 y L라 할 때, x와 y 사이의 관계를 그래프로 나타낸 것이다. 남은 휘발유가 20 L일 때, 이 자동차의 이동 거리를 구하시오.

58

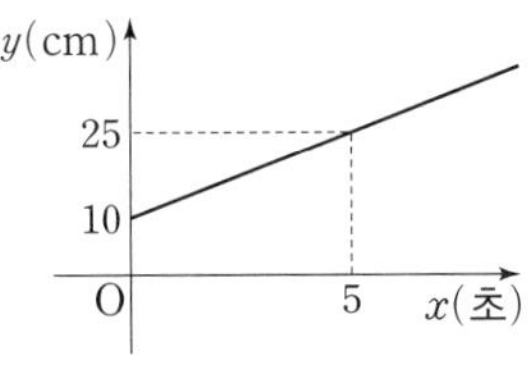

오른쪽 그림은 높이가 70 cm인 수조에 일정한 비율로 물을 넣기 시작한 지 x초 후의 물의 높이를 y cm라 할 때, x와 y 사이의 관계를 그래프로 나타낸 것이다. 물을 넣기 시작한 지 15초 후의 물의 높이는 몇 cm인지 구하시오.

중요

59

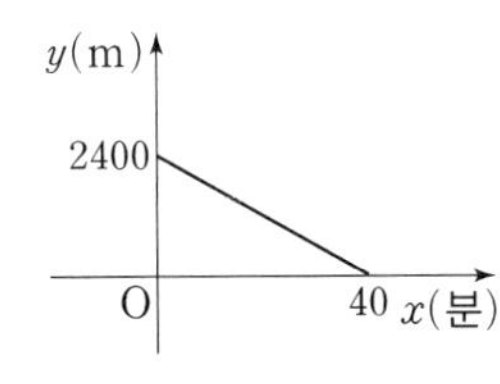

오른쪽 그림은 우영이가 집에서 출발한 지 x분 후에 우영이가 있는 지점에서 학교까지의 거리를 y m라 할 때, x와 y 사이의 관계를 그래프로 나타낸 것이다. 다음 중 옳지 않은 것은?

① 집에서 학교까지의 거리는 2400 m이다.

② 집에서 학교까지 가는 데 걸리는 시간은 40분이다.

③ 우영이는 매분 60 m의 속력으로 일정하게 이동하였다.

④ 출발한 지 10분 후 학교까지의 거리는 2000 m이다.

⑤ 학교까지의 거리가 600 m일 때까지 걸은 시간은 30분이다.

Real 실전 기출

01

다음 중 오른쪽 그림의 직선 l을 그래프로 하는 일차함수의 식으로 알맞은 것은?

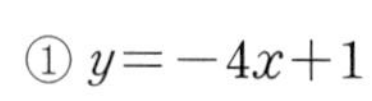

① $y=-4x+1$

② $y=-\frac{5}{2}x+1$

③ $y=-\frac{1}{2}x+1$

④ $y=x+1$

⑤ $y=2x+1$

02

$a<0$, $b<0$일 때, 다음 중 일차함수 $y=-ax+b$의 그래프로 알맞은 것은?

① 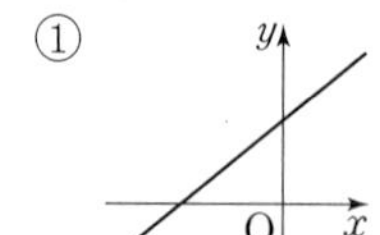

② 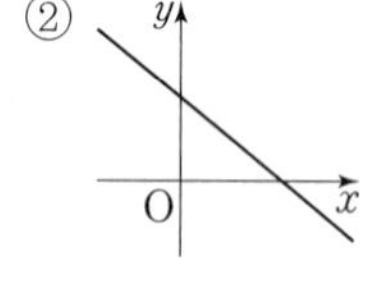

③ 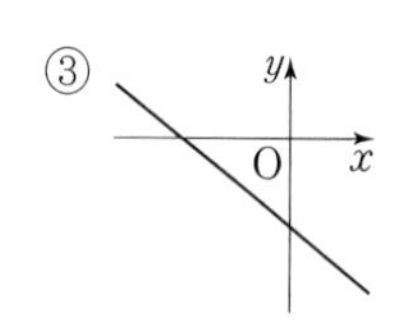

④ 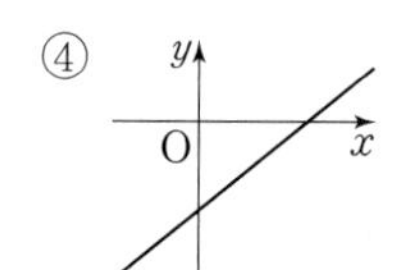

⑤ 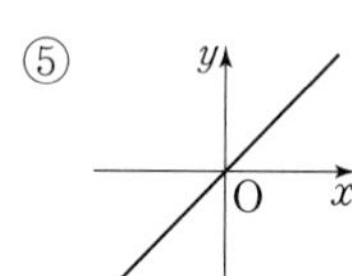

03

일차함수 $y=ax-b$의 그래프가 오른쪽 그림과 같을 때, 다음 중 옳은 것은? (단, a, b는 상수)

① $a+b<0$　　② $a-b<0$

③ $ab>0$　　④ $a+b^2>0$

⑤ $a^2b>0$

04

두 점 $(-3, a)$, $(2, 10)$을 지나는 직선이 일차함수 $y=-x+4$의 그래프와 평행할 때, a의 값을 구하시오.

05 최다빈출

다음 중 일차함수 $y=ax+b$의 그래프에 대한 설명으로 옳은 것은? (단, a, b는 상수)

① x축과 만나는 점의 좌표는 $(a, 0)$이다.

② $a>0$일 때, x의 값이 증가하면 y의 값은 감소한다.

③ $b<0$일 때, y축과 양의 부분에서 만난다.

④ $a<0$, $b>0$일 때, 제2사분면을 지나지 않는다.

⑤ $y=ax+b+1$의 그래프와 평행하다.

06

두 점 $(2, -4)$, $(5, 2)$를 지나는 직선과 평행하고, 점 $(0, -5)$를 지나는 직선을 그래프로 하는 일차함수의 식을 $y=f(x)$라 할 때, $f(k)=0$을 만족시키는 k의 값을 구하시오.

07

오른쪽 그림과 같은 일차함수의 그래프의 y절편은?

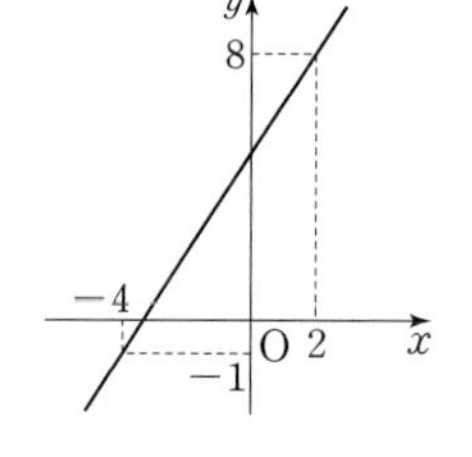

① 4　　② $\frac{9}{2}$

③ 5　　④ $\frac{11}{2}$

⑤ 6

정답과 해설 81쪽

08

일차함수 $y=ax+b$의 그래프의 x절편이 -6, y절편이 -4일 때, 일차함수 $y=bx+a$의 그래프가 지나지 않는 사분면을 구하시오. (단, a, b는 상수)

09

세 점 $(-1,\ -6)$, $(1,\ k)$, $(4,\ -2k)$를 지나는 일차함수의 그래프와 x축 및 y축으로 둘러싸인 도형의 넓이를 구하시오.

10 최다빈출

공기 중에서 소리의 속력은 기온이 0 ℃일 때 초속 331 m이고, 기온이 5 ℃ 올라갈 때마다 소리의 속력이 초속 3 m씩 증가한다고 한다. 소리의 속력이 초속 340 m일 때의 기온은 몇 ℃인가?

① 12 ℃　② 13 ℃　③ 14 ℃
④ 15 ℃　⑤ 16 ℃

11

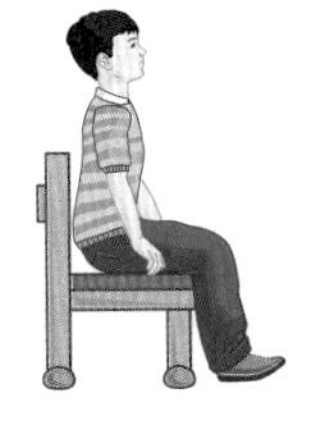

학생들에게 알맞은 책상의 높이는 의자의 높이보다 {(학생의 키)×0.18} cm만큼 더 높아야 한다고 한다. 높이가 45 cm인 의자와 학생들의 키에 맞게 높이를 조절할 수 있는 책상이 있다. 키가 160 cm인 학생이 이 의자에 앉을 때, 알맞은 책상의 높이는 몇 cm인지 구하시오.

12 창의 역량

길이와 모양이 같은 성냥개비로 다음 그림과 같은 정삼각형을 한 방향으로 연결하여 만들 때, 정삼각형 12개를 만들려면 몇 개의 성냥개비가 필요한가?

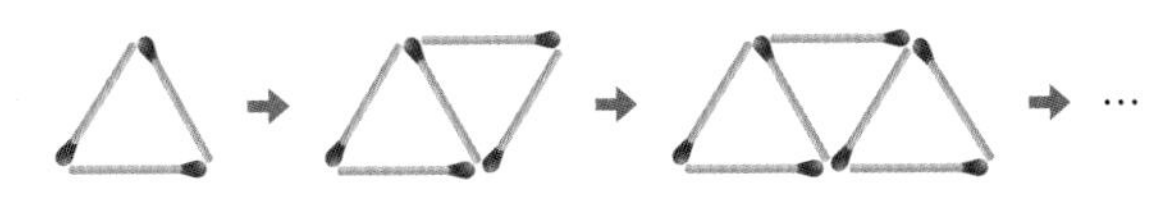

① 21개　② 23개　③ 25개
④ 27개　⑤ 29개

13

일차함수 $y=3ax-4a+12$의 그래프가 제4사분면을 지나지 않을 때, 자연수 a의 값을 모두 구하시오.

14

두 일차함수 $y=-4x+8$, $y=ax+b$의 그래프가 평행할 때, 이 두 그래프가 x축과 만나는 점을 각각 P, Q라 하자. $\overline{PQ}=3$일 때, 상수 a, b의 값을 각각 구하시오. (단, $b<0$)

15

어떤 향초에 불을 붙인 지 4분 후의 향초의 길이는 20 cm이고, 12분 후의 향초의 길이는 10 cm이었다. 불을 붙이기 전 처음의 향초의 길이는 몇 cm인지 구하고, 이 향초를 다 태우는 데 걸리는 시간은 몇 분인지 구하시오.

(단, 향초가 타는 속도는 일정하다.)

서술형

16

일차함수 $y=ax+b+c$의 그래프가 다음 조건을 모두 만족시킬 때, 상수 a, b, c에 대하여 $a+b+c$의 값을 구하시오.

(가) 일차함수 $y=(2a-2)x-3$의 그래프와 평행하다.
(나) 일차함수 $y=(b-1)x+6$의 그래프와 일치한다.

17

x의 값이 5에서 7까지 증가할 때 y의 값은 6만큼 감소하고, y절편이 4인 직선을 그래프로 하는 일차함수의 식을 $y=ax+b$라 하자. 상수 a, b에 대하여 $b-a$의 값을 구하시오.

18

오른쪽 그림은 어떤 기체에 대하여 온도가 x ℃일 때의 부피를 y L라 할 때, x와 y 사이의 관계를 그래프로 나타낸 것이다. 온도가 0 ℃일 때, 이 기체의 부피를 구하시오.

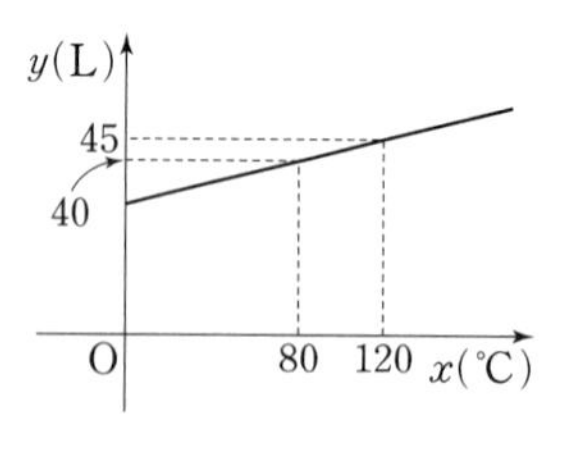

19

두 점 $(-2,\ -9)$, $(2,\ -3)$을 지나는 직선을 그래프로 하는 일차함수의 기울기를 a, x절편을 b, y절편을 c라 할 때, abc의 값을 구하시오.

20 100점

일차함수 $y=\frac{a}{c}x-\frac{b}{c}$의 그래프가 오른쪽 그림과 같을 때, 일차함수 $y=abx+bc$의 그래프가 지나지 않는 사분면을 구하시오.

(단, a, b, c는 상수)

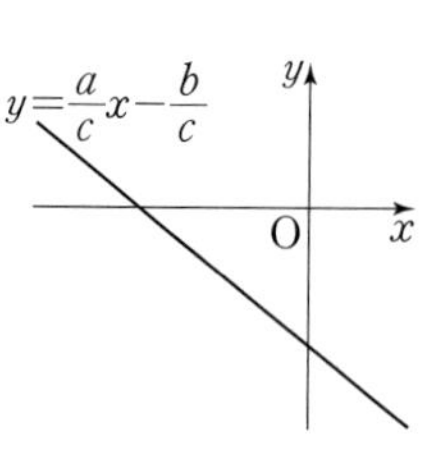

21 100점

민찬이와 선미가 달리기 연습을 하는데 민찬이는 공원 입구에서 출발하고 선미는 민찬이보다 0.5 km 앞에서 동시에 출발하였다. 민찬이는 초속 5 m의 속력으로, 선미는 초속 3 m의 속력으로 달려서 민찬이가 선미를 따라 잡을 때까지 달리려고 한다. 출발한 지 x초 후의 두 사람 사이의 거리를 y m라 할 때, x와 y 사이의 관계식을 구하고, 민찬이가 선미를 따라 잡는 것은 몇 초 후인지 구하시오.

Ⅳ. 일차함수

10 일차함수와 일차방정식의 관계

141 ~ 157쪽

70 ~ 78쪽

개념 1 일차함수와 일차방정식의 관계

유형 01~04, 07~09

(1) 미지수가 2개인 일차방정식의 그래프

미지수가 2개인 일차방정식 $ax+by+c=0$ (a, b, c는 상수, $a\neq0$, $b\neq0$)의 해인 순서쌍 (x, y)를 좌표평면 위에 나타낸 것

(2) 직선의 방정식

미지수 x, y의 값의 범위가 수 전체일 때, 방정식

$ax+by+c=0$ (a, b, c는 상수, $a\neq0$ 또는 $b\neq0$)

의 해는 무수히 많고, 이 해 (x, y)를 좌표로 하는 점을 좌표평면 위에 나타내면 직선이 된다.
이때 방정식 $ax+by+c=0$을 직선의 방정식이라 한다.

(3) 일차함수와 일차방정식의 관계

미지수가 2개인 일차방정식 $ax+by+c=0$ (a, b, c는 상수, $a\neq0$, $b\neq0$)의 그래프는 일차함수 $y=-\frac{a}{b}x-\frac{c}{b}$의 그래프와 같다.

$ax+by+c=0$ $(a\neq0,\ b\neq0)$ ⟶ 일차함수 / ⟵ 일차방정식 $y=-\frac{a}{b}x-\frac{c}{b}$

예 일차방정식 $x-2y+1=0$의 그래프는 일차함수 $y=\frac{1}{2}x+\frac{1}{2}$의 그래프와 같다.

개념 2 방정식 $x=p$, $y=q$의 그래프

유형 05~08

(1) 방정식 $x=p$ (p는 상수, $p\neq0$)의 그래프

점 $(p, 0)$을 지나고 y축에 평행한(x축에 수직인) 직선

(2) 방정식 $y=q$ (q는 상수, $q\neq0$)의 그래프

점 $(0, q)$를 지나고 x축에 평행한(y축에 수직인) 직선

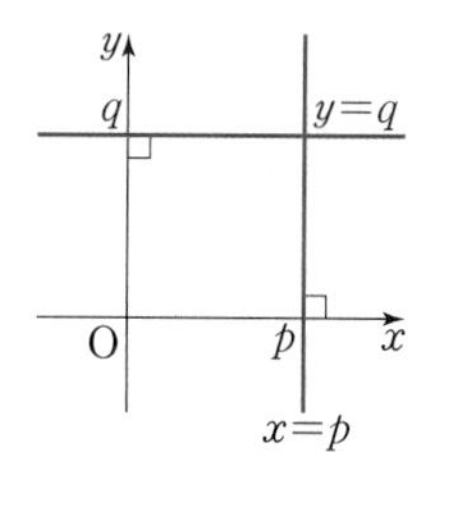

참고 직선의 방정식 $ax+by+c=0$ (a, b, c는 상수, $a\neq0$ 또는 $b\neq0$)에서

(1) $a\neq0$, $b\neq0$인 경우

$y=-\frac{a}{b}x-\frac{c}{b}$

➡ 일차함수이다.

(2) $a\neq0$, $b=0$인 경우

$ax+c=0$이므로 $x=-\frac{c}{a}$

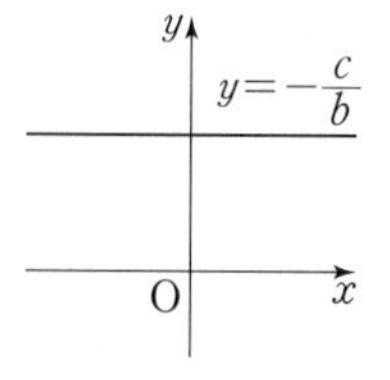

➡ 함수가 아니다.

└ x의 값이 $-\frac{c}{a}$ 하나로 정해질 때 y의 값은 무수히 많으므로 함수가 아니다.

(3) $a=0$, $b\neq0$인 경우

$by+c=0$이므로 $y=-\frac{c}{b}$

➡ 함수이지만 일차함수가 아니다.

└ x의 값이 하나로 정해질 때 y의 값은 항상 하나이므로 함수이지만 일차함수가 아니다.

개념 노트

- 일차방정식 $ax+by+c=0$ (a, b, c는 상수, $a\neq0$, $b\neq0$)의 그래프는 x, y의 값의 범위가 자연수 또는 정수이면 점으로 나타나고, x, y의 값의 범위가 수 전체이면 직선으로 나타난다.
- 방정식 $ax+by+c=0$에서 x, y의 값이 구체적으로 주어지지 않으면 x, y의 값의 범위는 수 전체로 생각한다.
- 일차방정식 $ax+by+c=0$ (a, b, c는 상수, $a\neq0$, $b\neq0$)의 그래프의 기울기는 $-\frac{a}{b}$, y절편은 $-\frac{c}{b}$이다.
- 방정식 $x=0$의 그래프는 y축을, 방정식 $y=0$의 그래프는 x축을 나타낸다.

개념 1 일차함수와 일차방정식의 관계

[01~05] 다음 일차방정식을 $y=ax+b$ 꼴로 나타내고, 그 그래프의 기울기, x절편, y절편을 차례대로 구하시오.

01 $x-y+2=0$

02 $3x+y-9=0$

03 $-x+4y+8=0$

04 $2x+6y+1=0$

05 $\frac{x}{3}-\frac{y}{2}-2=0$

[06~10] 아래 **보기** 중 다음 조건을 만족시키는 그래프의 식을 모두 고르시오.

보기

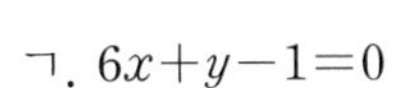

ㄱ. $6x+y-1=0$　　ㄴ. $x-2y-4=0$

ㄷ. $x+5y+10=0$　　ㄹ. $-2x+y-7=0$

06 x의 값이 증가할 때 y의 값은 감소하는 그래프

07 오른쪽 위로 향하는 그래프

08 y축과 양의 부분에서 만나는 그래프

09 제1사분면을 지나는 그래프

10 y축에서 만나는 두 그래프

[11~12] 다음 일차방정식의 그래프를 오른쪽 좌표평면 위에 그리시오.

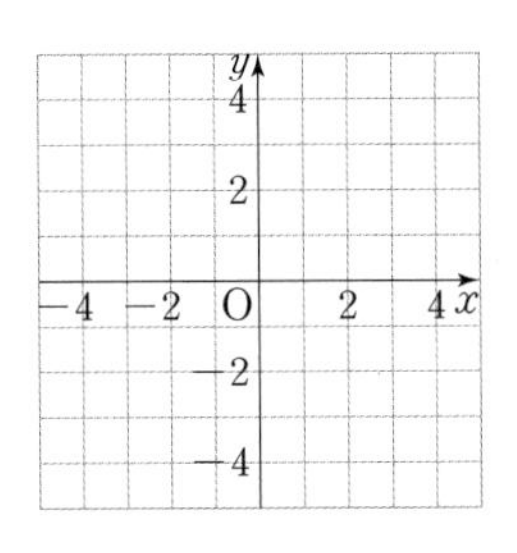

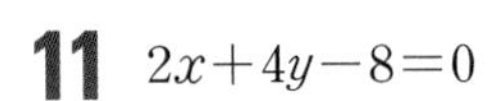

11 $2x+4y-8=0$

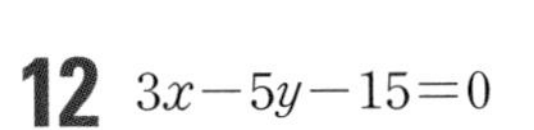

12 $3x-5y-15=0$

개념 2 방정식 $x=p$, $y=q$의 그래프

[13~16] 다음 방정식의 그래프를 오른쪽 좌표평면 위에 그리시오.

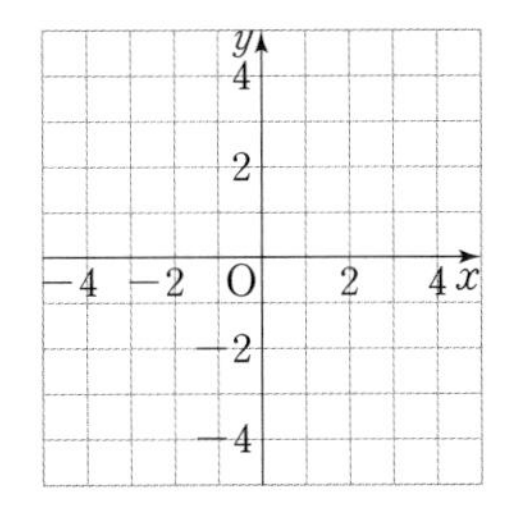

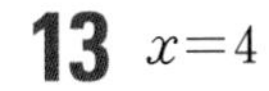

13 $x=4$

14 $y=-1$

15 $2x+4=0$

16 $4y-3=9$

[17~18] 다음 그림과 같은 직선의 방정식을 구하시오.

17

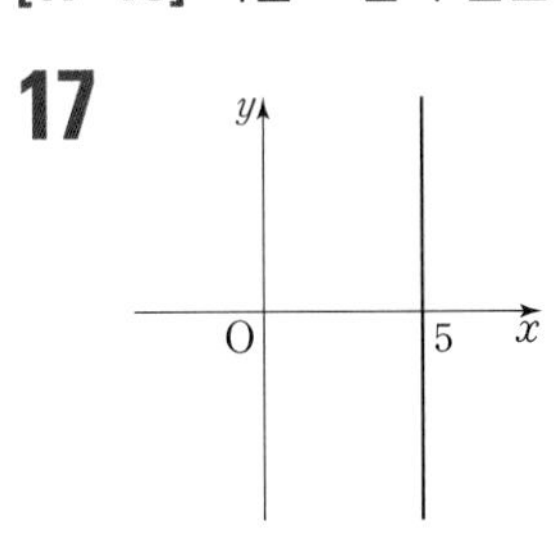

18

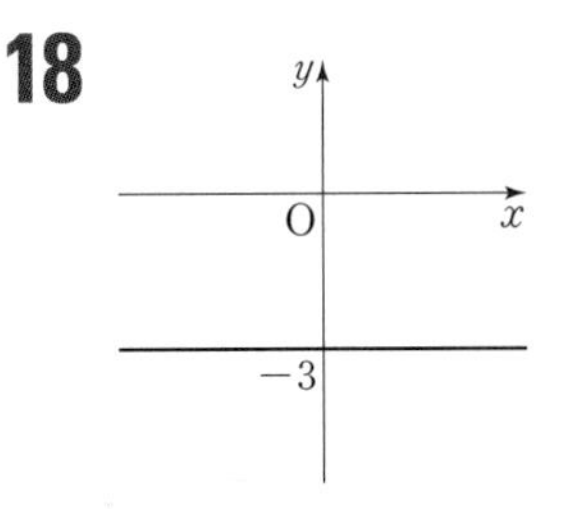

[19~24] 다음 조건을 만족시키는 직선의 방정식을 구하시오.

19 점 $(1, 7)$을 지나고 x축에 평행한 직선

20 점 $(-3, 4)$를 지나고 y축에 평행한 직선

21 점 $(5, -2)$를 지나고 x축에 수직인 직선

22 점 $(-8, -6)$을 지나고 y축에 수직인 직선

23 두 점 $(2, -4)$, $(6, -4)$를 지나는 직선

24 두 점 $\left(\frac{1}{5}, 4\right)$, $\left(\frac{1}{5}, -1\right)$을 지나는 직선

Real 실전 개념

개념 3 일차함수의 그래프와 연립일차방정식의 해

유형 10~13, 15~17

연립일차방정식 $\begin{cases} ax+by+c=0 \\ a'x+b'y+c'=0 \end{cases}$ 의 해는 두 일차방정식 $ax+by+c=0$과 $a'x+b'y+c'=0$의 그래프, 즉 두 일차함수의 그래프의 교점의 좌표와 같다.

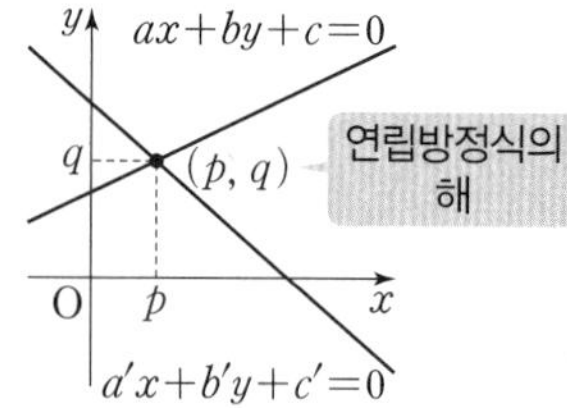

연립일차방정식의 해 $x=p,\ y=q$	⇄	두 일차함수의 그래프의 교점의 좌표 $(p,\ q)$

예 연립방정식 $\begin{cases} x+2y=4 \\ 3x-y=5 \end{cases}$에서 두 일차방정식의 그래프, 즉 두 일차함수의 그래프를 좌표평면 위에 나타내면 오른쪽 그림과 같다.

➡ 두 그래프의 교점의 좌표가 $(2,\ 1)$이므로 연립방정식의 해는 $x=2,\ y=1$

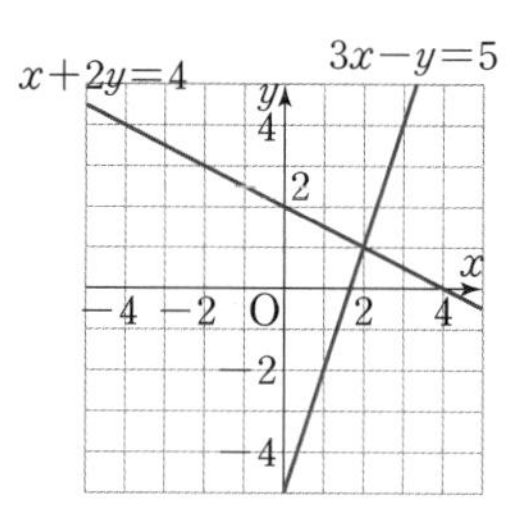

개념 노트

- 연립일차방정식의 해
  ➡ 두 일차방정식의 공통인 해
  ➡ 두 일차방정식의 그래프의 교점의 좌표
  ➡ 두 일차함수의 그래프의 교점의 좌표
- 두 일차방정식의 그래프의 교점의 좌표는 두 일차방정식을 연립하여 구한다.
- 두 일차방정식의 그래프가 주어진 경우에는 그래프의 교점의 좌표를 찾아 연립방정식의 해를 구한다.

개념 4 연립일차방정식의 해의 개수와 그래프

유형 14

연립일차방정식 $\begin{cases} ax+by+c=0 \\ a'x+b'y+c'=0 \end{cases}$ 의 해의 개수는 두 일차방정식 $ax+by+c=0$과 $a'x+b'y+c'=0$의 그래프의 교점의 개수와 같다.

두 일차방정식의 그래프의 위치 관계	한 점에서 만난다.	평행하다.	일치한다.
두 그래프의 교점	한 개이다.	없다.	무수히 많다.
연립방정식의 해	한 쌍의 해를 갖는다.	해가 없다.	해가 무수히 많다.
기울기와 y절편	기울기가 다르다.	기울기는 같고, y절편은 다르다.	기울기와 y절편이 각각 같다.

참고 두 일차방정식 $ax+by+c=0$과 $a'x+b'y+c'=0$의 그래프에서

(1) $\frac{a}{a'} \neq \frac{b}{b'}$ ➡ 한 점에서 만난다. (연립방정식은 한 쌍의 해를 갖는다.)

(2) $\frac{a}{a'} = \frac{b}{b'} \neq \frac{c}{c'}$ ➡ 평행하다. (연립방정식의 해가 없다.)

(3) $\frac{a}{a'} = \frac{b}{b'} = \frac{c}{c'}$ ➡ 일치한다. (연립방정식의 해가 무수히 많다.)

- 두 직선 $y=mx+n$, $y=m'x+n'$에서
  ① $m \neq m'$
  ➡ 한 점에서 만난다.
  ② $m=m',\ n \neq n'$
  ➡ 평행하다.
  ③ $m=m',\ n=n'$
  ➡ 일치한다.

개념 3 일차함수의 그래프와 연립일차방정식의 해

[25~26] 오른쪽 그림은 두 일차방정식 $2x-y=3$, $x+2y=4$의 그래프이다. 다음 물음에 답하시오.

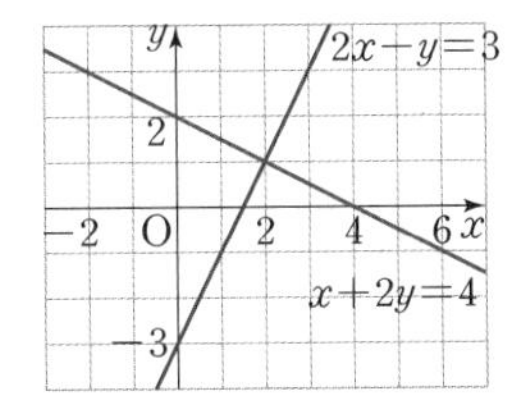

25 두 그래프의 교점의 좌표를 구하시오.

26 그래프를 이용하여 연립방정식 $\begin{cases} 2x-y=3 \\ x+2y=4 \end{cases}$의 해를 구하시오.

[27~28] 그래프를 이용하여 다음 연립방정식의 해를 구하시오.

27 $\begin{cases} x+y=2 \\ \frac{1}{2}x-y=-2 \end{cases}$

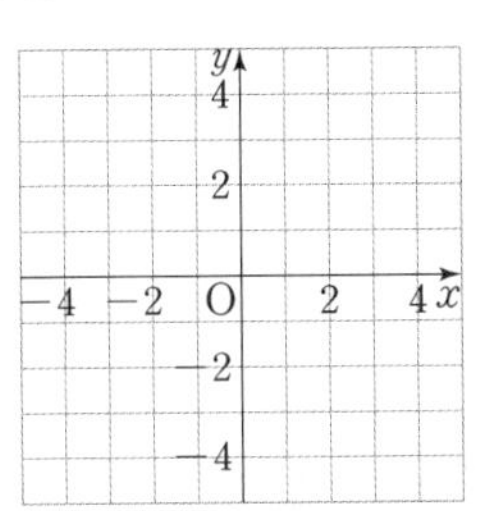

28 $\begin{cases} x+4y=-3 \\ 2x+y=1 \end{cases}$

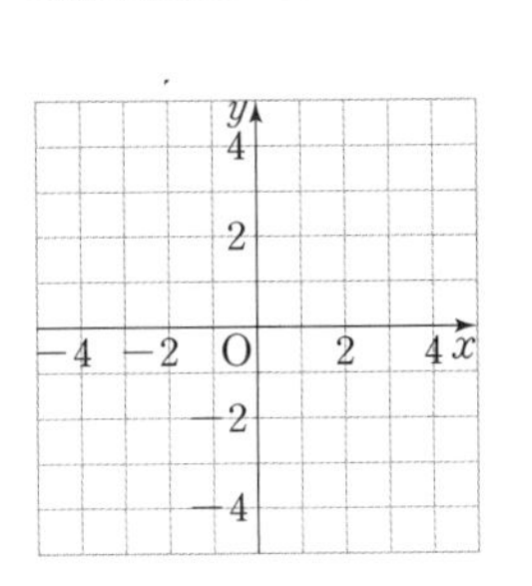

[29~30] 연립방정식을 이용하여 다음 두 일차방정식의 그래프의 교점의 좌표를 구하시오.

29 $y=-x-3$, $y=x+1$

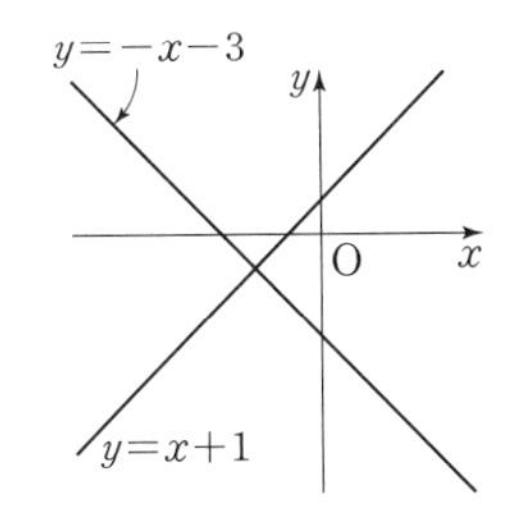

30 $y=2x-4$, $y=-\frac{1}{5}x+7$

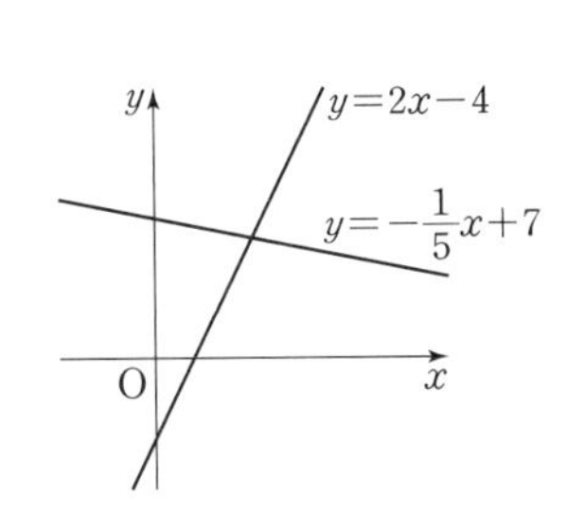

개념 4 연립일차방정식의 해의 개수와 그래프

[31~32] 그래프를 이용하여 다음 연립방정식의 해를 구하시오.

31 $\begin{cases} x+y=4 \\ x+y=-2 \end{cases}$

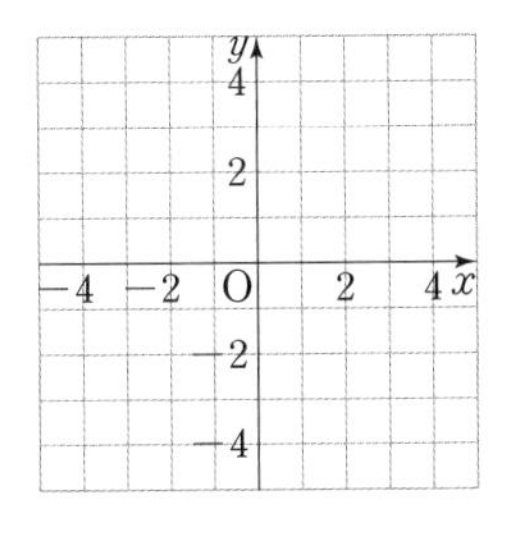

32 $\begin{cases} 2x+y=-3 \\ 10x+5y=-15 \end{cases}$

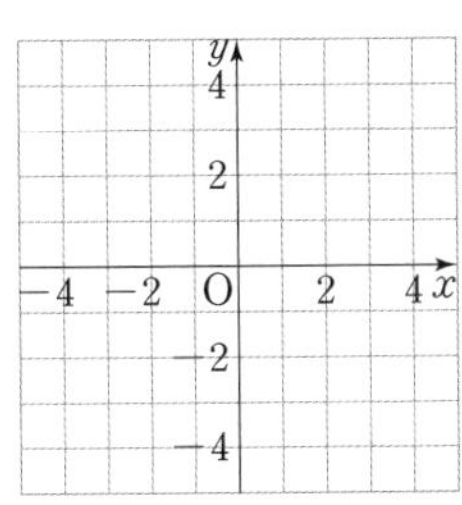

[33~35] 아래 **보기** 중 다음 조건을 만족시키는 연립방정식을 고르시오.

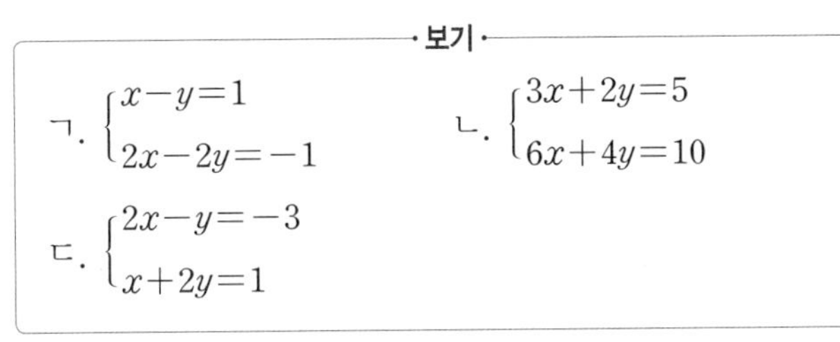

보기

ㄱ. $\begin{cases} x-y=1 \\ 2x-2y=-1 \end{cases}$　ㄴ. $\begin{cases} 3x+2y=5 \\ 6x+4y=10 \end{cases}$

ㄷ. $\begin{cases} 2x-y=-3 \\ x+2y=1 \end{cases}$

33 해가 한 쌍인 연립방정식

34 해가 없는 연립방정식

35 해가 무수히 많은 연립방정식

[36~38] 연립방정식 $\begin{cases} ax-y=-2 \\ 3x+y=b \end{cases}$의 해에 대하여 다음을 만족시키는 상수 a, b의 조건을 구하시오.

36 해가 한 쌍이다.

37 해가 없다.

38 해가 무수히 많다.

집중

유형 01 일차함수와 일차방정식의 관계 개념1

일차방정식 $ax+by+c=0$ (a, b, c는 상수, $a\neq0$, $b\neq0$)의 그래프와 일차함수 $y=-\frac{a}{b}x-\frac{c}{b}$의 그래프는 같다.
기울기 ↑ ↑ y절편

01 대표문제

다음 중 일차방정식 $3x-2y+6=0$의 그래프에 대한 설명으로 옳은 것을 모두 고르면? (정답 2개)

① 오른쪽 아래로 향하는 직선이다.
② y절편은 3이다.
③ x절편은 2이다.
④ 직선 $y=\frac{2}{3}x$와 평행하다.
⑤ y축과 양의 부분에서 만난다.

02

다음 일차함수의 그래프 중 일차방정식 $4x+y-8=0$의 그래프와 일치하는 것은?

① $y=4x-8$ ② $y=4x-2$
③ $y=\frac{1}{4}x-2$ ④ $y=-\frac{1}{4}x+2$
⑤ $y=-4x+8$

중요
03

일차방정식 $5x-2y-4=0$의 그래프가 지나지 않는 사분면을 구하시오.

04 서술형

일차방정식 $-x+3y-9=0$의 그래프의 기울기를 a, x절편을 b, y절편을 c라 할 때, abc의 값을 구하시오.

유형 02 일차방정식의 그래프 위의 점 개념1

점 (p, q)가 일차방정식 $ax+by+c=0$의 그래프 위의 점이다.
➡ 일차방정식 $ax+by+c=0$의 그래프가 점 (p, q)를 지난다.
➡ $x=p$, $y=q$를 $ax+by+c=0$에 대입하면 등식이 성립한다.
➡ $ap+bq+c=0$

05 대표문제

점 $(a, a-3)$이 일차방정식 $x+2y+9=0$의 그래프 위의 점일 때, a의 값을 구하시오.

06

다음 중 일차방정식 $3x-4y+12=0$의 그래프 위의 점이 아닌 것은?

① $(-8, -3)$ ② $(-4, 0)$ ③ $(0, 3)$
④ $(2, 4)$ ⑤ $(4, 6)$

07

일차방정식 $2x-y-5=0$의 그래프가 오른쪽 그림과 같을 때, p의 값을 구하시오.

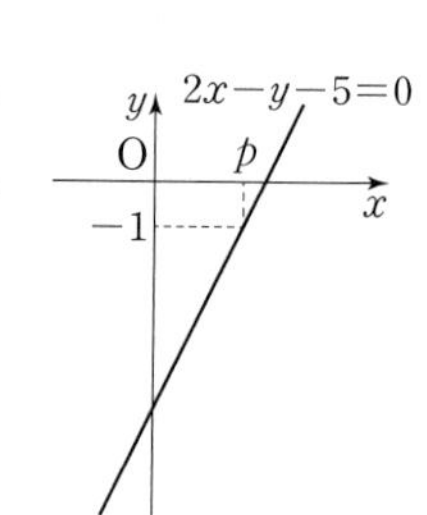

08 서술형

일차방정식 $4x+5y-10=0$의 그래프가 두 점 $(a, 6)$, $(5, b)$를 지날 때, $a+b$의 값을 구하시오.

유형 03 일차방정식의 미지수의 값 구하기 개념 1

(1) 일차방정식의 그래프 위의 점의 좌표가 주어지면
→ 일차방정식에 점의 좌표를 대입한다.
(2) 일차방정식의 그래프의 기울기와 y절편이 주어지면
→ 일차방정식을 $y=mx+n$ 꼴로 변형한다.

09 대표문제

일차방정식 $x+ay-9=0$의 그래프가 점 $(-1, 5)$를 지날 때, 이 그래프의 y절편은? (단, a는 상수)

① -9　② $-\frac{9}{2}$　③ -1
④ $\frac{9}{2}$　⑤ 9

10

일차방정식 $(a+1)x-4y-6=0$의 그래프가 두 점 $(-2, -3)$, $(6, b)$를 지날 때, $b-a$의 값을 구하시오. (단, a는 상수)

중요

11

일차방정식 $ax+by-6=0$의 그래프가 오른쪽 그림과 같을 때, 상수 a, b에 대하여 ab의 값을 구하시오.

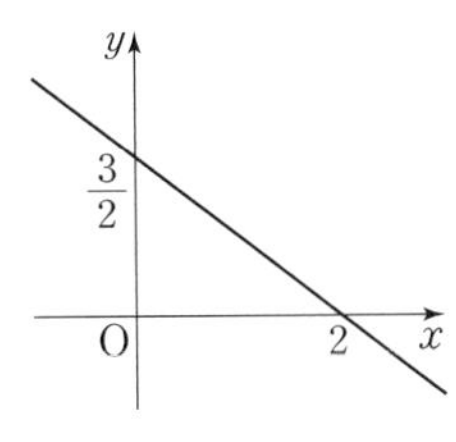

12

일차방정식 $2ax-(b+1)y+4=0$의 그래프의 기울기가 -3, y절편이 2일 때, 상수 a, b에 대하여 $a+b$의 값을 구하시오.

유형 04 직선의 방정식 구하기 개념 1

주어진 조건을 만족시키는 일차방정식을 $y=mx+n$ 꼴로 나타낸 후 $ax+by+c=0$ 꼴로 변형한다.

13 대표문제

두 점 $(-4, -6)$, $(2, -3)$을 지나는 직선의 방정식은?

① $x+2y+16=0$　② $x-y-2=0$
③ $x-2y-8=0$　④ $2x+y-1=0$
⑤ $2x-y-7=0$

14

x의 값이 3만큼 증가할 때 y의 값은 4만큼 감소하고 점 $(-6, 3)$을 지나는 직선의 방정식을 구하시오.

15 서술형

두 점 $(2, 8)$, $(-1, -7)$을 지나는 직선과 평행하고 점 $(1, 4)$를 지나는 직선의 방정식이 $ax+by-1=0$일 때, 상수 a, b에 대하여 $a+b$의 값을 구하시오.

16

일차방정식 $3x+y-4=0$의 그래프와 평행하고 일차방정식 $6x+3y-4=0$의 그래프와 x축에서 만나는 직선의 방정식은?

① $x-3y+2=0$　② $x+3y-4=0$
③ $3x+y-2=0$　④ $3x+y+4=0$
⑤ $3x+3y+2=0$

유형 05 좌표축에 평행한(수직인) 직선의 방정식 개념 2

(1) y축에 평행한(x축에 수직인) 직선의 방정식
→ $x=p\,(p\neq0)$ 꼴
→ 직선 위의 점들의 x좌표는 모두 p이다.

(2) x축에 평행한(y축에 수직인) 직선의 방정식
→ $y=q\,(q\neq0)$ 꼴
→ 직선 위의 점들의 y좌표는 모두 q이다.

17 대표문제

두 점 $(k, 5)$, $(-3k+8, -1)$을 지나는 직선이 y축에 평행할 때, k의 값은?

① -3 ② -2 ③ -1
④ 1 ⑤ 2

18

다음 중 점 $(-2, 5)$를 지나고 y축에 수직인 직선의 방정식은?

① $x=-2$ ② $x=5$ ③ $2x=-2$
④ $y-5=0$ ⑤ $y=10$

19

방정식 $ax+by=-8$의 그래프가 오른쪽 그림과 같을 때, 상수 a, b에 대하여 $a+b$의 값을 구하시오.

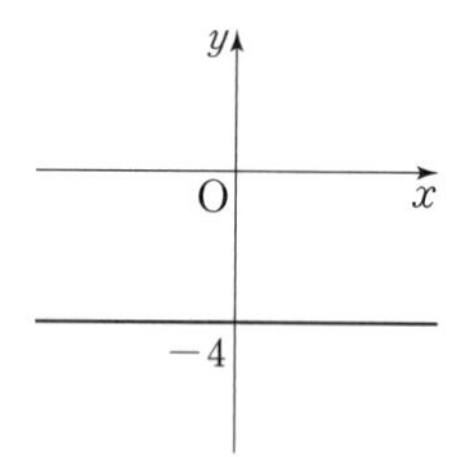

20

직선 $y=-x-7$ 위의 점 $(2k, k-1)$을 지나고 x축에 수직인 직선의 방정식을 구하시오.

유형 06 좌표축에 평행한 직선으로 둘러싸인 도형의 넓이 개념 2

네 직선 $x=a$, $x=b$, $y=c$, $y=d$로 둘러싸인 도형의 넓이 (단, $a<b$, $c<d$)
→ $(b-a)\times(d-c)$

참고 네 직선으로 둘러싸인 도형은 직사각형이다.

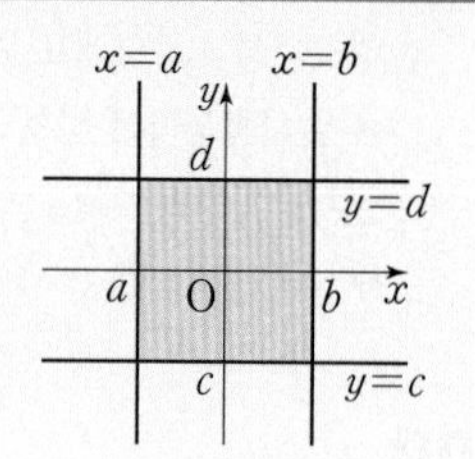

21 대표문제

네 직선 $x=2$, $3x=-9$, $y=1$, $2y=-4$로 둘러싸인 도형의 넓이는?

① 4 ② 6 ③ 8
④ 12 ⑤ 15

22

다음 네 직선으로 둘러싸인 도형의 넓이를 구하시오.

$$x=0,\quad 2y=0,\quad x-4=0,\quad y+3=0$$

23

다음 네 직선으로 둘러싸인 도형의 넓이는?

$$x-2=0,\quad y-3=0,\quad 4x+10=0,\quad 3y=-15$$

① 24 ② 28 ③ 32
④ 36 ⑤ 40

24 서술형

네 직선 $x+1=0$, $4-2x=0$, $y=-5$, $a-y=0$으로 둘러싸인 도형의 넓이가 24일 때, 양수 a의 값을 구하시오.

집중

유형 07 일차방정식 $ax+by+c=0$의 그래프와 a, b, c의 부호

개념 1, 2

일차방정식 $ax+by+c=0$, 즉 $y=-\frac{a}{b}x-\frac{c}{b}$의 그래프가

(1) 오른쪽 위로 향하면 ➡ $-\frac{a}{b}>0$

오른쪽 아래로 향하면 ➡ $-\frac{a}{b}<0$

(2) y축과 양의 부분에서 만나면 ➡ $-\frac{c}{b}>0$

y축과 음의 부분에서 만나면 ➡ $-\frac{c}{b}<0$

25 대표문제

일차방정식 $ax+y+b=0$의 그래프가 오른쪽 그림과 같을 때, 다음 중 옳은 것은? (단, a, b는 상수)

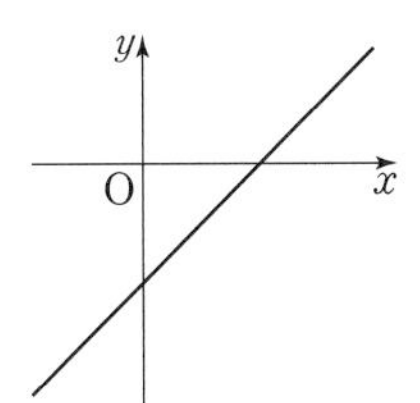

① $a>0$, $b>0$ ② $a>0$, $b<0$
③ $a<0$, $b>0$ ④ $a<0$, $b<0$
⑤ $a>0$, $b=0$

26

$a<0$, $b<0$, $c>0$일 때, 일차방정식 $ax+by+c=0$의 그래프가 지나지 않는 사분면을 구하시오.

27

$ax+by-1=0$의 그래프가 x축에 수직이고, 제2사분면과 제3사분면만을 지나도록 하는 상수 a, b의 조건은?

① $a=0$, $b>0$ ② $a=0$, $b<0$ ③ $a>0$, $b=0$
④ $a<0$, $b=0$ ⑤ $a<0$, $b<0$

28 서술형

점 $(a-b, ab)$가 제3사분면 위의 점일 때, 일차방정식 $x+ay+b=0$의 그래프가 지나는 사분면을 모두 구하시오.

29

일차방정식 $ax+by-c=0$의 그래프가 오른쪽 그림과 같을 때, 다음 중 일차함수 $y=\frac{a}{b}x-\frac{c}{b}$의 그래프로 알맞은 것은? (단, a, b, c는 상수)

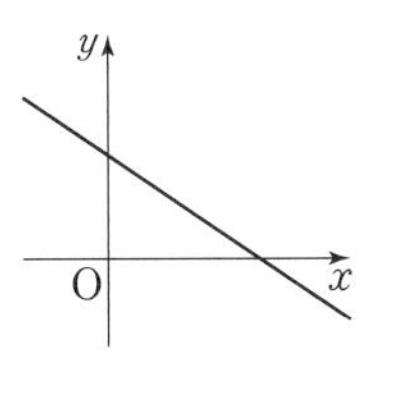

①
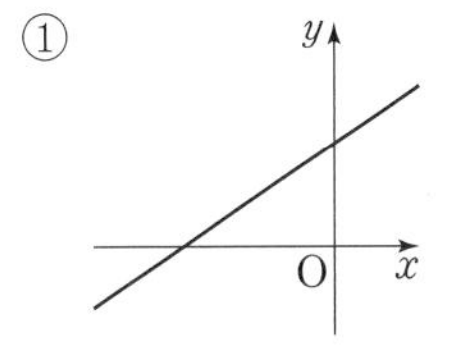

②
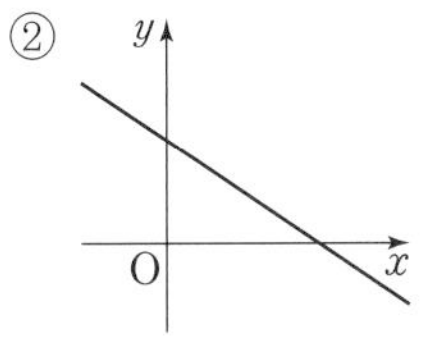

③
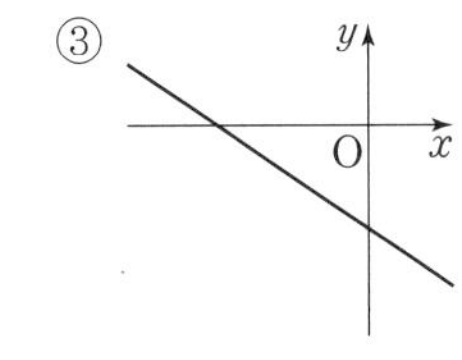

④
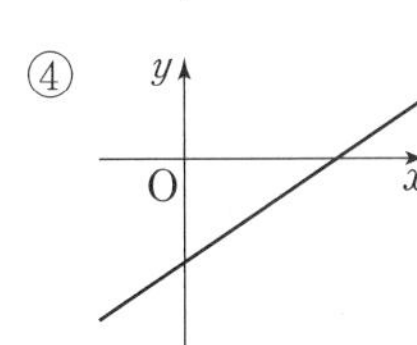

⑤
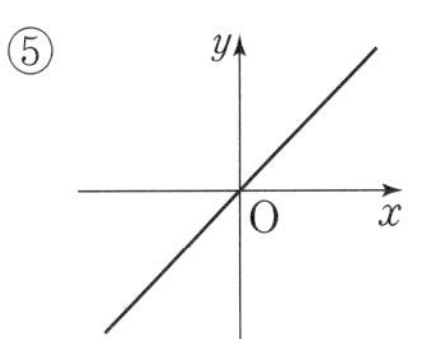

30

일차방정식 $ax+by+c=0$의 그래프가 제1사분면을 지나지 않을 때, 다음 **보기** 중 옳은 것을 모두 고르시오. (단, a, b, c는 0이 아닌 상수)

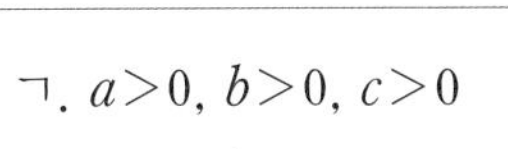

보기

ㄱ. $a>0$, $b>0$, $c>0$ ㄴ. $a>0$, $b>0$, $c<0$
ㄷ. $a>0$, $b<0$, $c<0$ ㄹ. $a<0$, $b>0$, $c>0$
ㅁ. $a<0$, $b<0$, $c>0$ ㅂ. $a<0$, $b<0$, $c<0$

10 일차함수와 일차방정식의 관계

정답과 해설 87쪽 더블북 74쪽

유형 08 직선으로 둘러싸인 도형의 넓이 (1) 개념 1, 2

(1) 직선 $x=p$와 직선 $y=ax+b$의 교점 ➡ $A(p, ap+b)$

(2) 직선 $y=q$와 직선 $y=ax+b$의 교점 ➡ $B\left(\frac{q-b}{a}, q\right)$

(3) 직선 $x=p$와 직선 $y=q$의 교점 ➡ $C(p, q)$

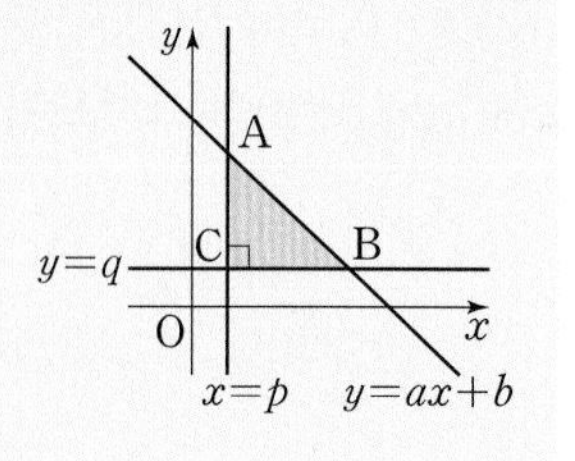

31 대표문제

오른쪽 그림과 같이 세 직선 $x=1$, $y=-3$, $2x+y-3=0$으로 둘러싸인 도형의 넓이를 구하시오.

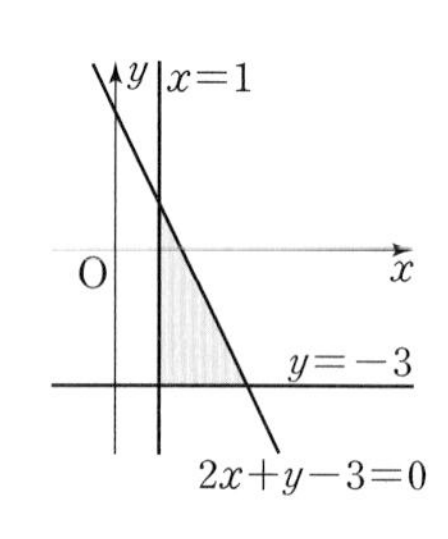

32

두 직선 $x=2$, $x-2y-8=0$과 x축으로 둘러싸인 도형의 넓이를 구하시오.

33

오른쪽 그림과 같이 직선 $x=k$가 x축과 만나는 점을 A, 직선 $3x-4y=0$과 만나는 점을 B라 하자. $\overline{AB}=6$일 때, 상수 k의 값과 삼각형 BOA의 넓이를 차례대로 구하시오. (단, O는 원점)

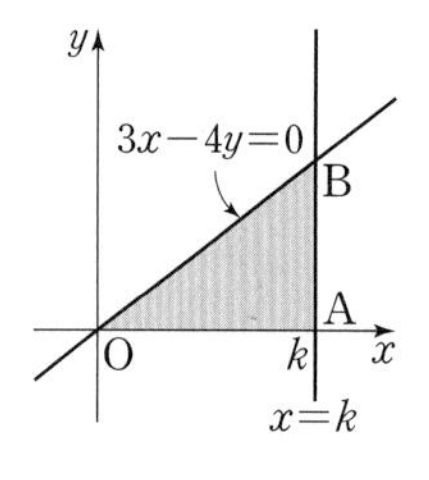

34

오른쪽 그림과 같이 세 직선 $y=4$, $y=-2$, $3x-y+k=0$ 및 y축으로 둘러싸인 도형의 넓이가 18일 때, 상수 k의 값은? (단, $k>4$)

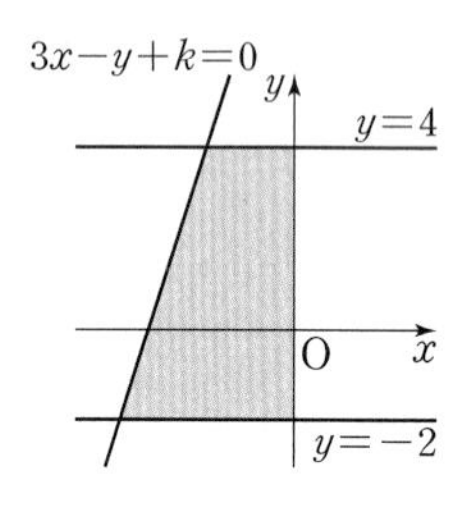

① 7 ② 8
③ 9 ④ 10
⑤ 11

유형 09 직선이 선분과 만날 조건 개념 1

직선 $y=ax+b$가 선분 AB와 만날 때, 상수 a의 값의 범위는

(직선 m의 기울기)$\le a \le$(직선 l의 기울기)

➡ 직선이 선분의 양 끝 점을 지날 때, 상수 a의 값이 최대 또는 최소이다.

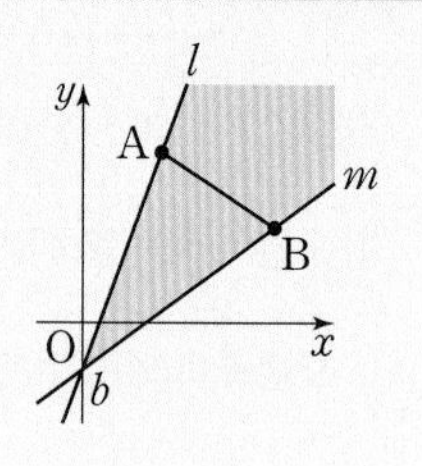

35 대표문제

오른쪽 그림과 같이 좌표평면 위에 두 점 $A(1, 4)$, $B(3, 2)$가 있다. 직선 $y=ax-1$이 선분 AB와 만날 때, 상수 a의 값의 범위는?

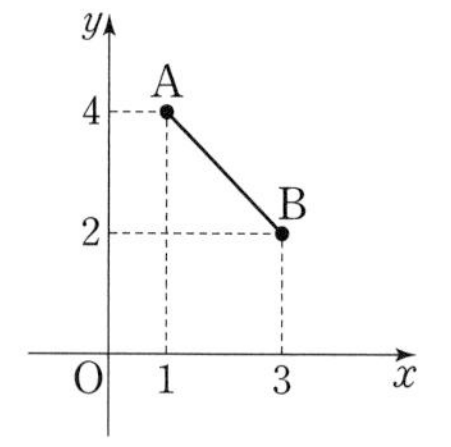

① $\frac{1}{3}\le a\le 3$ ② $\frac{1}{2}\le a\le 4$
③ $1\le a\le 5$ ④ $2\le a\le 6$
⑤ $3\le a\le 7$

36

직선 $y=ax+2$가 두 점 $A(-4, 3)$, $B(-1, 3)$을 잇는 선분 AB와 만날 때, 다음 중 상수 a의 값이 될 수 있는 것을 모두 고르면? (정답 2개)

① -4 ② -2 ③ $-\frac{3}{2}$
④ $-\frac{3}{4}$ ⑤ $-\frac{1}{4}$

중요 37 서술형

직선 $y=-3x+k$가 두 점 $A(-2, -1)$, $B(3, -8)$을 잇는 선분 AB와 만날 때, 상수 k의 값의 범위를 구하시오.

유형 10 연립일차방정식의 해와 그래프 개념3

연립일차방정식 $\begin{cases} ax+by+c=0 \\ a'x+b'y+c'=0 \end{cases}$ 의 해가 $x=p$, $y=q$이다.

➡ 두 일차방정식 $ax+by+c=0$과 $a'x+b'y+c'=0$의 그래프의 교점의 좌표가 (p, q)이다.

38 대표문제

두 일차방정식 $x+2y-10=0$, $2x+y+1=0$의 그래프의 교점의 좌표를 (a, b)라 할 때, $a+b$의 값을 구하시오.

39

오른쪽 그림은 연립방정식

$\begin{cases} x+y=7 \\ 2x-3y=-1 \end{cases}$ 의 해를 구하기 위하여

두 일차방정식의 그래프를 그린 것이다. 이때 p, q의 값을 각각 구하시오.

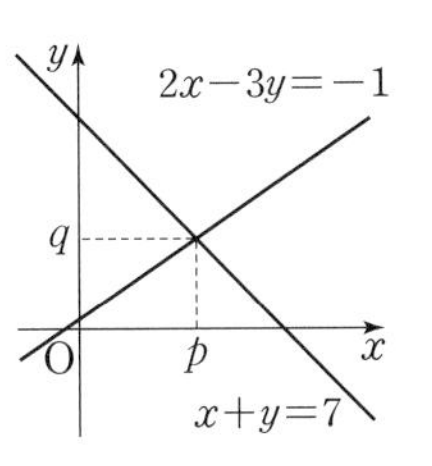

40

두 일차방정식 $3x+2y-4=0$, $2x-y+9=0$의 그래프의 교점이 직선 $y=-x+k$ 위의 점일 때, 상수 k의 값은?

① 1 ② 2 ③ 3
④ 4 ⑤ 5

41

일차방정식 $x+y-6=0$의 그래프와 기울기가 -2, y절편이 3인 직선의 교점의 좌표를 구하시오.

집중

유형 11 두 직선의 교점의 좌표를 이용하여 미지수의 값 구하기 개념3

두 직선 $ax+by+c=0$, $a'x+b'y+c'=0$의 교점의 좌표가 (p, q)이다.

➡ 직선의 방정식에 $x=p$, $y=q$를 대입하여 미지수의 값을 구한다.

➡ $ap+bq+c=0$, $a'p+b'q+c'=0$

42 대표문제

오른쪽 그림은 연립방정식

$\begin{cases} ax-y=1 \\ bx+y=-4 \end{cases}$ 의 해를 구하기 위하여

두 일차방정식의 그래프를 그린 것이다. 상수 a, b에 대하여 $a-b$의 값을 구하시오.

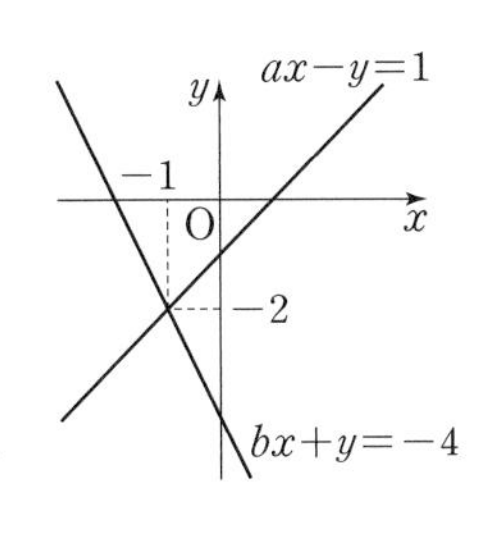

43

두 직선 $x+py=-3$, $3x-qy=-10$의 교점의 좌표가 $(-4, 1)$일 때, 상수 p, q에 대하여 pq의 값은?

① -2 ② -1 ③ 2
④ 4 ⑤ 6

44

오른쪽 그림은 연립방정식

$\begin{cases} x-y=3 \\ kx+y=2 \end{cases}$ 의 해를 구하기 위하여 두

일차방정식의 그래프를 그린 것이다. 이때 상수 k의 값을 구하시오.

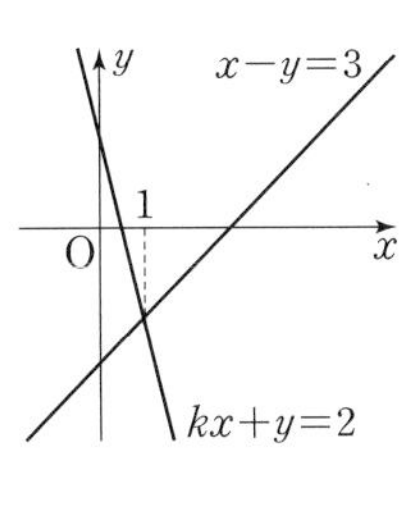

45 서술형

두 직선 $6x+y=2$, $x-2y=a$의 교점이 y축 위에 있을 때, 두 직선이 각각 x축과 만나는 두 점 사이의 거리를 구하시오. (단, a는 상수)

유형 12 두 직선의 교점을 지나는 직선의 방정식 구하기 개념 3

연립방정식을 이용하여 두 일차방정식의 그래프의 교점의 좌표를 구한 후 주어진 조건에 맞는 직선의 방정식을 구한다.

46 대표문제

두 직선 $x-3y=-6$, $2x-y=-7$의 교점을 지나고 직선 $x-y+1=0$과 평행한 직선의 방정식은?

① $y=x-1$ ② $y=x+2$ ③ $y=x+4$
④ $y=-x-3$ ⑤ $y=-x+4$

47

두 일차방정식 $4x-y=9$, $2x+y=-3$의 그래프의 교점을 지나고 x축에 수직인 직선의 방정식을 구하시오.

48

두 일차방정식 $x+y=-7$, $3x+y=-15$의 그래프의 교점과 점 $(-2, -2)$를 지나는 직선의 y절편은?

① -3 ② -1 ③ 2
④ 4 ⑤ 6

중요

49 서술형

두 직선 $y=x+5$, $y=-4x-5$의 교점과 점 $(0, 1)$을 지나는 직선의 방정식이 $y=ax+b$일 때, 상수 a, b에 대하여 ab의 값을 구하시오.

유형 13 한 점에서 만나는 세 직선 개념 3

세 직선이 한 점에서 만난다.
➜ 두 직선의 교점을 나머지 한 직선이 지난다.
❶ 미지수가 없는 두 직선의 방정식을 연립하여 교점을 구한다.
❷ 교점의 좌표를 미지수가 있는 직선의 방정식에 대입하여 미지수의 값을 구한다.

50 대표문제

세 직선 $x+ay+5=0$, $3x-2y+3=0$, $5x-y-2=0$이 한 점에서 만날 때, 상수 a의 값은?

① -4 ② -2 ③ 1
④ 4 ⑤ 6

51 서술형

직선 $y=-3$이 두 직선 $4x-y+5=0$, $x+ky-7=0$의 교점을 지날 때, 상수 k의 값을 구하시오.

52

다음 네 직선이 한 점에서 만날 때, 상수 a, b에 대하여 $a-b$의 값을 구하시오.

$$ax+5y=2,\quad 2x+y=-6$$
$$x+3y=2,\quad 3x+by=-4$$

53

두 점 $(-1, -2)$, $(5, 1)$을 지나는 직선이 두 직선 $3x-4y-7=0$, $kx+y-5=0$의 교점을 지난다. 이때 상수 k의 값을 구하시오.

유형 14 연립방정식의 해의 개수와 그래프 개념 4

연립방정식 $\begin{cases} ax+by+c=0 \rightarrow y=-\frac{a}{b}x-\frac{c}{b} \\ a'x+b'y+c'=0 \rightarrow y=-\frac{a'}{b'}x-\frac{c'}{b'} \end{cases}$ 에서

(1) 해가 없다. ➡ 두 일차방정식의 그래프는 평행하다.

➡ $-\frac{a}{b}=-\frac{a'}{b'}$, $-\frac{c}{b}\neq-\frac{c'}{b'}$

(2) 해가 무수히 많다. ➡ 두 일차방정식의 그래프는 일치한다.

➡ $-\frac{a}{b}=-\frac{a'}{b'}$, $-\frac{c}{b}=-\frac{c'}{b'}$

54 대표문제

두 일차방정식 $2x+y+a=0$, $bx+3y-9=0$의 그래프의 교점이 무수히 많을 때, 상수 a, b에 대하여 $a+b$의 값은?

① -9 ② -6 ③ -3
④ 3 ⑤ 6

55

연립방정식 $\begin{cases} x+3y=5 \\ kx-3y=-9 \end{cases}$가 오직 한 쌍의 해를 갖도록 하는 상수 k의 조건을 구하시오.

56

두 직선 $x-2y=-1$, $kx+6y=4$의 교점이 존재하지 않을 때, 상수 k의 값은?

① -4 ② -3 ③ -2
④ 2 ⑤ 3

집중

유형 15 직선으로 둘러싸인 도형의 넓이 (2) 개념 3

직선의 x절편, y절편과 두 직선의 교점의 좌표를 이용하여 직선으로 둘러싸인 도형의 넓이를 구한다.

57 대표문제

오른쪽 그림과 같이 두 직선 $x+y-5=0$, $2x-y+8=0$과 x축으로 둘러싸인 도형의 넓이는?

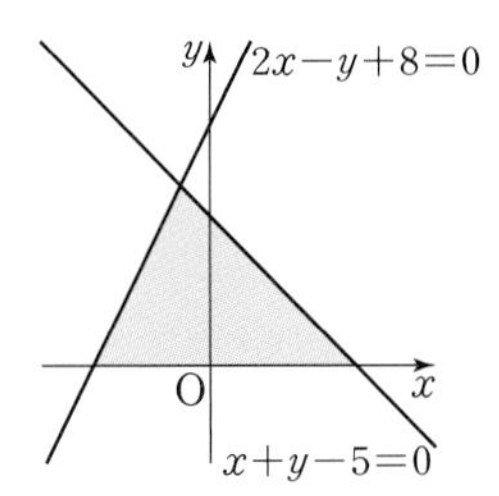

① 21 ② 24
③ 27 ④ 30
⑤ 33

58 서술형

세 직선 $y=3$, $2x+y+5=0$, $2x-3y+9=0$으로 둘러싸인 도형의 넓이를 구하시오.

59

네 직선 $y=\frac{1}{2}x$, $y=-\frac{1}{2}x$, $y=\frac{1}{2}x-4$, $y=-\frac{1}{2}x+4$로 둘러싸인 도형의 넓이를 구하시오.

중요

60

오른쪽 그림과 같이 직선 $6x+5y=30$이 y축, x축과 만나는 점을 각각 A, C라 하고 $\overline{OC}$ 위의 한 점을 B라 하자. 삼각형 ABC의 넓이가 9일 때, 두 점 A, B를 지나는 직선의 방정식은 $y=ax+b$이다. 상수 a, b에 대하여 $a+b$의 값을 구하시오.

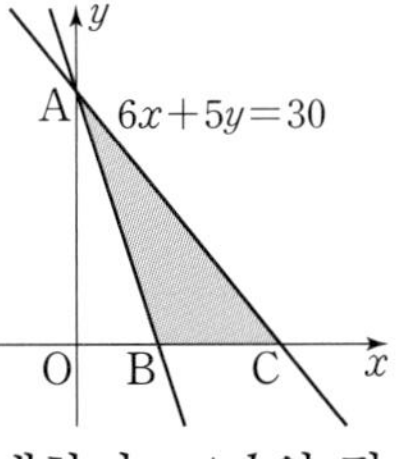

유형 16 넓이를 이등분하는 직선의 방정식 개념 3

△AOB의 넓이를 직선 $y=mx$가 이등분하면

❶ 두 점 A, B의 좌표를 구한다.

❷ $\triangle COB=\frac{1}{2}\triangle AOB$임을 이용하여 두 직선의 교점 C의 y좌표를 구한다.

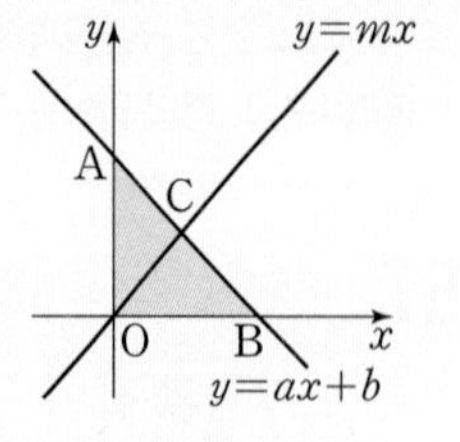

❸ 점 C의 y좌표를 $y=ax+b$에 대입하여 점 C의 x좌표를 구한다.

❹ $y=mx$에 점 C의 좌표를 대입하여 m의 값을 구한다.

61 대표문제

오른쪽 그림과 같이 일차방정식 $2x+3y=6$의 그래프와 x축, y축으로 둘러싸인 도형의 넓이를 직선 $y=mx$가 이등분할 때, 상수 m의 값은?

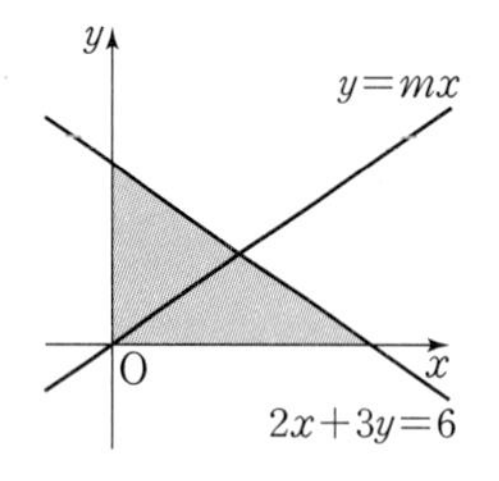

① $\frac{1}{3}$ ② $\frac{1}{2}$ ③ $\frac{2}{3}$
④ $\frac{4}{3}$ ⑤ $\frac{3}{2}$

62

직선 $y=\frac{3}{4}x+3$과 x축, y축으로 둘러싸인 도형의 넓이를 직선 $y=ax$가 이등분할 때, 상수 a의 값을 구하시오.

63 서술형

오른쪽 그림과 같이 일차방정식 $5x-3y-15=0$의 그래프가 y축, x축과 만나는 점을 각각 A, B라 하자. 직선 $y=mx$가 삼각형 OAB의 넓이를 이등분할 때, 상수 m의 값을 구하시오. (단, O는 원점)

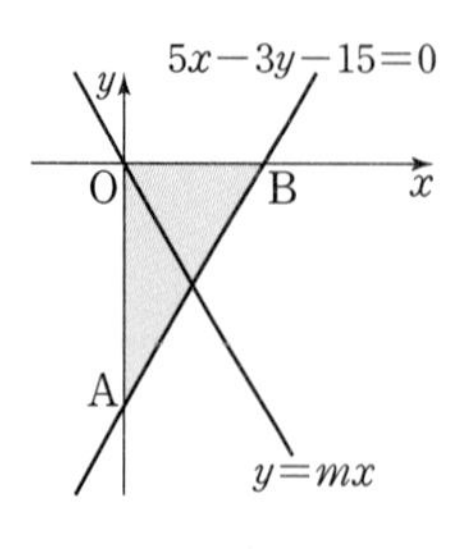

유형 17 직선의 방정식의 활용 개념 3

변하는 두 양 사이의 관계를 나타내는 두 그래프가 직선으로 주어지면

❶ 그래프가 지나는 두 점을 이용하여 두 직선의 방정식을 각각 구한다.

❷ ❶의 두 직선의 방정식을 연립하여 교점의 좌표를 구한다.

64 대표문제

1000 L의 물이 차 있는 물탱크 A에서 매분 일정한 양의 물을 빼내고 있다. 또, 300 L의 물이 차 있는 물탱크 B에서 매분 일정한 양의 물을 채우고 있다. x분 후에 물탱크에 들어 있는 물의 양을 y L라 할 때, x와 y 사이의 관계를 그래프로 나타내면 위의 그림과 같다. 다음 중 옳지 않은 것은?

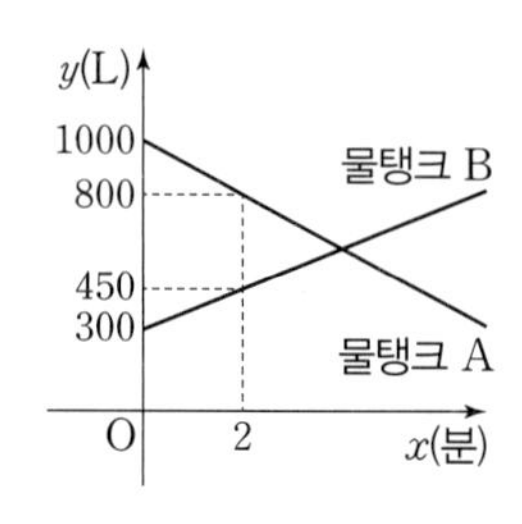

① 물탱크 A에 대한 직선의 방정식은 $y=-100x+1000$이다.
② 물탱크 B에 대한 직선의 방정식은 $y=75x+300$이다.
③ 두 직선의 교점의 좌표는 $(6, 400)$이다.
④ 4분 후에 두 물탱크의 물의 양은 같아진다.
⑤ 두 물탱크의 물의 양이 같아질 때의 양은 600 L이다.

중요

65

어떤 회사의 제품을 대리점 A에서 판매를 시작한 지 2개월 후부터 대리점 B에서 판매를 시작하였다. 대리점 B에서 판매를 시작한 지 x개월 후의 두 대리점 A, B에서의 총 판매량을 y개라 할 때, x와 y 사이의 관계를 그래프로 나타내면 위의 그림과 같다. 두 대리점 A, B에서 총 판매량이 같아지는 것은 대리점 B에서 판매를 시작한 지 몇 개월 후인지 구하시오.

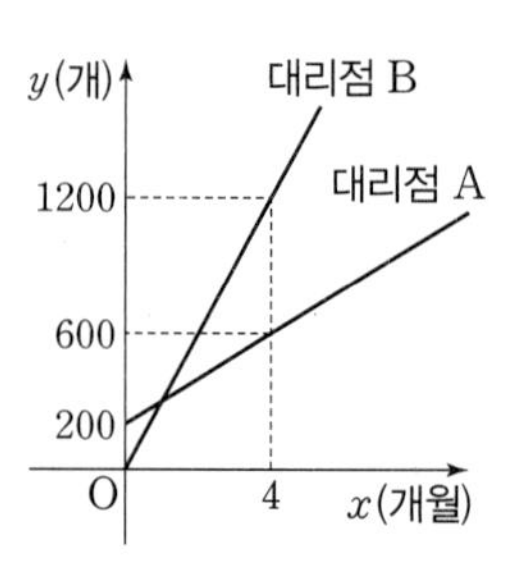

Real 실전 기출

정답과 해설 92쪽

01

다음 중 일차방정식 $3x-6y+9=0$의 그래프는?

①
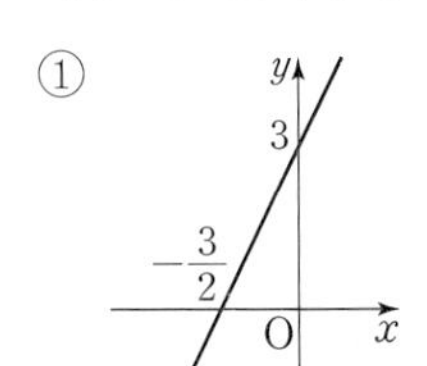

②
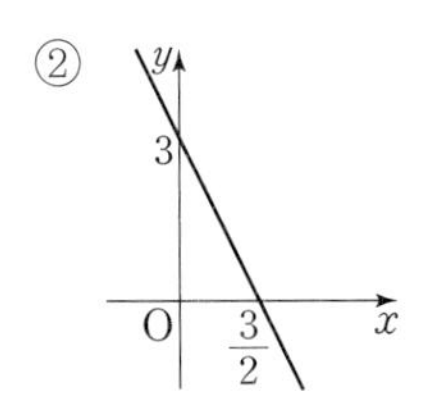

③
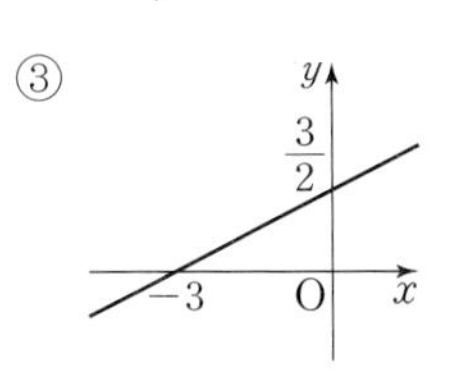

④
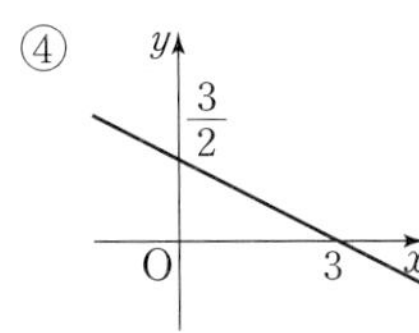

⑤
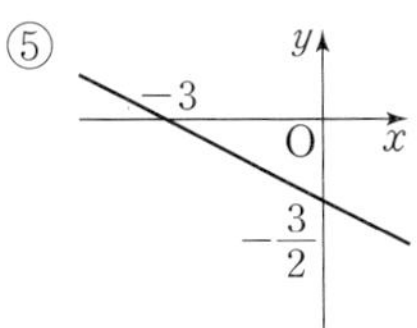

02

다음 일차방정식 중 그 그래프가 점 $(-1, 1)$을 지나는 것은?

① $x-y-2=0$ ② $x+2y+1=0$
③ $2x-y+2=0$ ④ $2x+3y-1=0$
⑤ $3x+y+3=0$

03

두 점 $(-4, 1)$, $(1, 5)$를 지나는 직선과 일차방정식 $kx-10y+3=0$의 그래프가 평행할 때, 상수 k의 값을 구하시오.

04

다음 방정식의 그래프 중 좌표축에 평행하지 않은 것은?

① $x=1$ ② $y=-5$ ③ $-3x=13$
④ $x+y=0$ ⑤ $2y+10=0$

05

일차방정식 $ax+by+c=0$의 그래프가 오른쪽 그림과 같을 때, 다음 중 일차방정식 $cx+by-a=0$의 그래프로 알맞은 것은? (단, a, b, c는 상수)

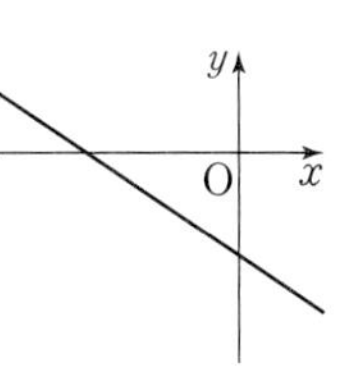

①

②
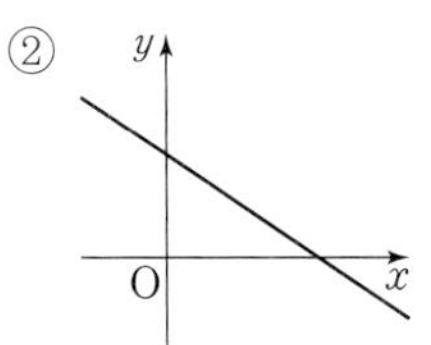

③
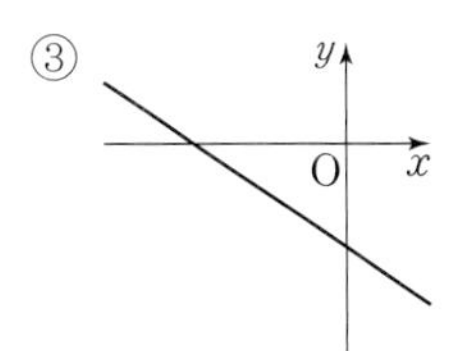

④
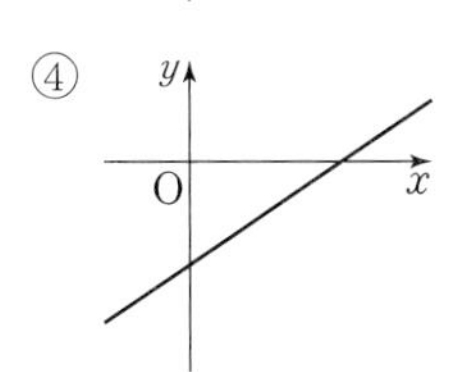

⑤
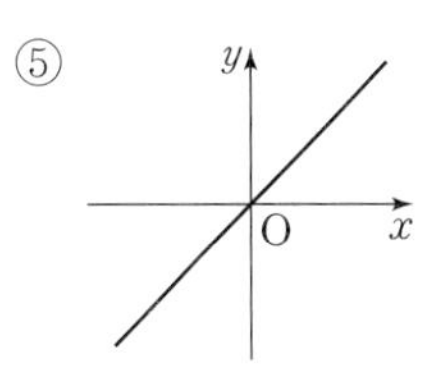

06

직선 $y=\frac{1}{2}x+k$가 두 점 $A(-2, 3)$, $B(2, -1)$을 잇는 선분 AB와 만나도록 하는 상수 k의 값의 범위가 $a \le k \le b$일 때, $a+b$의 값을 구하시오.

07 최다빈출

오른쪽 그림과 같은 두 직선 l, m의 교점의 좌표를 (a, b)라 할 때, ab의 값은?

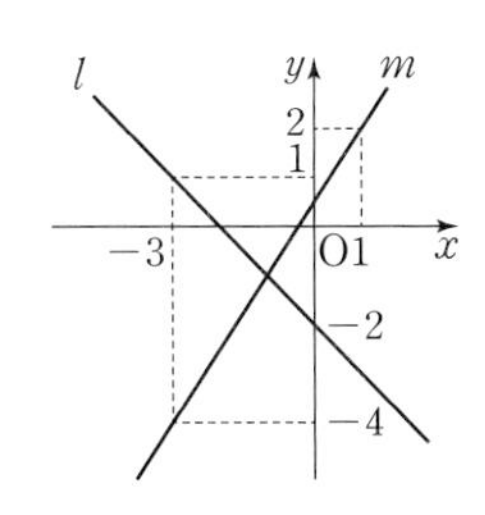

① 1 ② $\frac{3}{2}$
③ 2 ④ $\frac{5}{2}$
⑤ 3

정답과 해설 93쪽

08

두 일차방정식 $x-2y=-12$, $3x+y=-1$의 그래프의 교점을 지나고 y절편이 4인 직선의 기울기를 a, x절편을 b라 할 때, ab의 값을 구하시오.

09

직선 $x-y-5=0$이 두 직선 $4x+ky-2=0$, $2x+y-4=0$의 교점을 지날 때, 상수 k의 값을 구하시오.

10 최다빈출

두 직선 $ax+y=4$, $x-2y=b$가 만나지 않도록 하는 상수 a, b의 조건은?

① $a=-\frac{1}{2}$, $b=-8$　　② $a=-\frac{1}{2}$, $b\neq-8$

③ $a\neq-\frac{1}{2}$, $b=-8$　　④ $a=-1$, $b\neq-4$

⑤ $a\neq-1$, $b=-4$

11

오른쪽 그림과 같이 두 직선 $x-2y+6=0$, $2x-y+6=0$과 y축으로 둘러싸인 도형의 넓이는?

$2x-y+6=0$　$x-2y+6=0$

① 2　　② $\frac{5}{2}$

③ 3　　④ $\frac{7}{2}$

⑤ 4

12 창의 역량

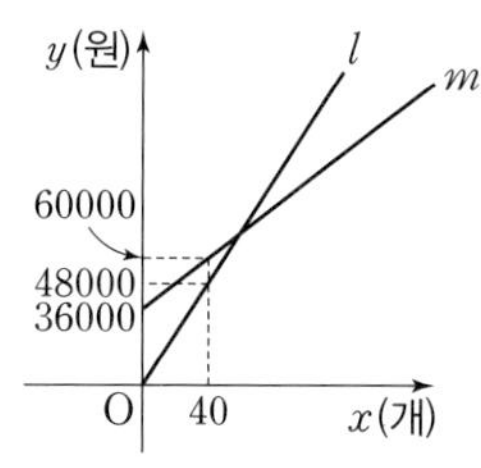

어떤 제과점에서 신제품을 팔기 시작하였다. 오른쪽 그림에서 직선 l은 판매하는 신제품의 개수에 따른 총수입을 나타내고, 직선 m은 신제품을 만드는 개수에 따라 필요한 총비용을 나타낸다. 이 제과점에서 손해를 보지 않으려면 신제품을 적어도 몇 개 팔아야 하는지 구하시오.

100점 공략

13

준우와 은주가 기울기와 y절편이 주어진 직선의 방정식을 구하는데 준우는 y절편을 잘못 보고 구했더니 $3x+2y-6=0$이었고, 은주는 기울기를 잘못 보고 구했더니 $2x-3y+6=0$이었다. 처음 직선의 방정식이 $3x+ay+b=0$일 때, 상수 a, b에 대하여 $a+b$의 값을 구하시오.

14

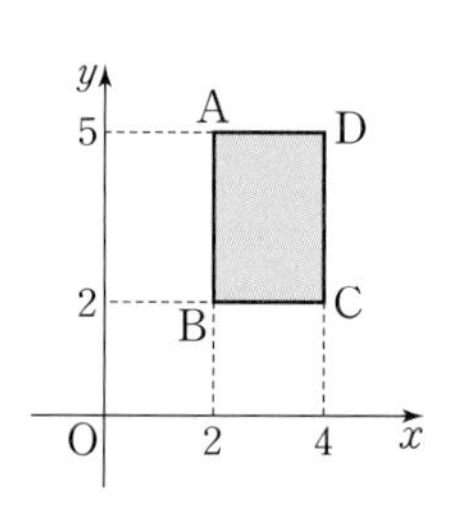

오른쪽 그림과 같이 좌표평면 위의 네 점 A(2, 5), B(2, 2), C(4, 2), D(4, 5)를 꼭짓점으로 하는 직사각형 ABCD가 있다. 직선 $ax-y+1=0$이 이 직사각형과 만나지 않도록 하는 양수 a의 값의 범위를 구하시오.

15

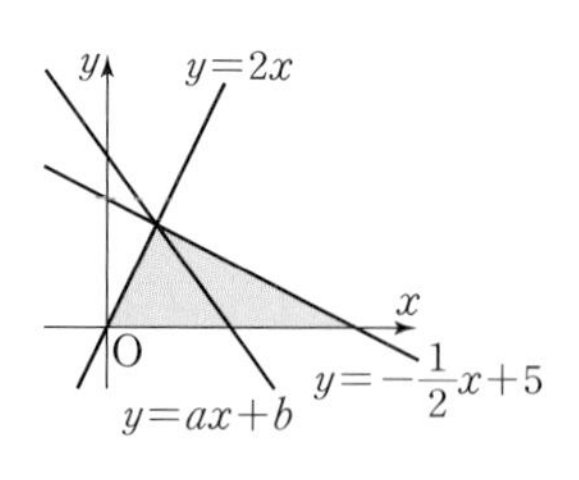

오른쪽 그림과 같이 직선 $y=ax+b$가 두 직선 $y=2x$, $y=-\frac{1}{2}x+5$의 교점을 지나고 두 직선과 x축으로 둘러싸인 도형의 넓이를 이등분한다. 상수 a, b에 대하여 $a+b$의 값을 구하시오.

서술형

16

일차방정식 $2x+ay-7=0$의 그래프가 일차함수 $y=\frac{1}{2}x-6$의 그래프와 평행하고 점 $\left(-\frac{1}{2}, b\right)$를 지날 때, $a+b$의 값을 구하시오. (단, a는 상수)

17

네 직선 $2x+1=0$, $2x=9$, $y=a$, $y-5a=0$으로 둘러싸인 도형의 넓이가 20일 때, 양수 a의 값을 구하시오.

18

두 일차방정식 $ax-by=-1$, $bx+ay=8$의 그래프의 교점의 좌표가 $(-2, 3)$일 때, 직선 $y=ax+b$의 x절편을 구하시오. (단, a, b는 상수)

19

세 직선 $x-y+1=0$, $x-3y+5=0$, $5x-4y+k=0$에 의하여 삼각형이 만들어지지 않을 때, 상수 k의 값을 구하시오.

20 100점

오른쪽 그림과 같이 네 직선 $y=4$, $y=-3$, $y=2x+10$, $y=ax+b$의 교점을 각각 A, B, C, D라 할 때, 사각형 ABCD는 평행사변형이고 넓이가 42이다. 상수 a, b에 대하여 ab의 값을 구하시오. (단, $b<10$)

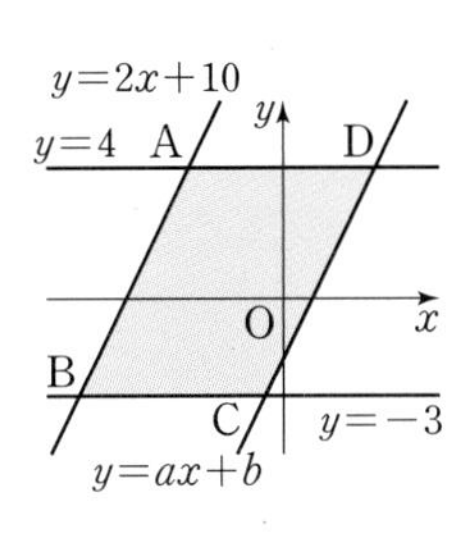

21 100점

민서와 정호가 800 m 달리기 시합을 하는데 민서는 출발선보다 50 m 앞에서 출발하였다. 두 사람이 동시에 출발한 지 x초 후에 출발선으로부터의 거리를 y m라 할 때, x와 y 사이의 관계를 그래프로 나타내면 위의 그림과 같다. 두 사람이 출발한 지 몇 초 후에 정호가 민서를 따라잡는지 구하시오.

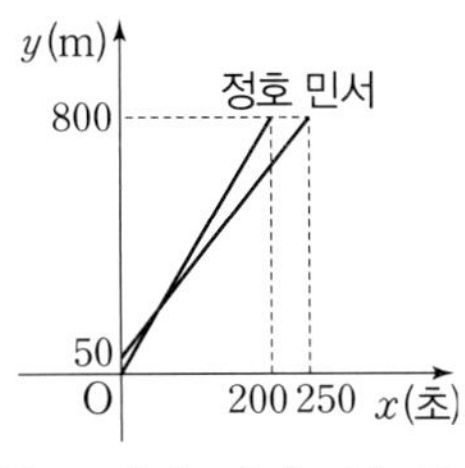

• Memo •

• Memo •

유형 더블

중등수학
2-1

[유형북] Real 실전 유형에서 틀린 문제를 체크해 보세요.

유형 01 유한소수와 무한소수 개념 1

01 대표문제

다음 **보기** 중 유한소수인 것의 개수는?

보기

ㄱ. −3.5 ㄴ. 0.6666⋯
ㄷ. 1.284284284⋯ ㄹ. 0.3030030003⋯
ㅁ. 3.14 ㅂ. −10.25

① 1 ② 2 ③ 3
④ 4 ⑤ 5

02

다음 중 분수를 소수로 나타내었을 때, 무한소수가 아닌 것은?

① $\frac{3}{7}$ ② $-\frac{9}{20}$ ③ $\frac{4}{11}$
④ $-\frac{5}{6}$ ⑤ $\frac{11}{36}$

03

다음 중 옳지 않은 것은?

① 1.5는 유한소수이다.
② 0.494949⋯는 무한소수이다.
③ $\frac{5}{18}$를 소수로 나타내면 무한소수이다.
④ $\frac{1}{8}$을 소수로 나타내면 유한소수이다.
⑤ $\frac{24}{5}$를 소수로 나타내면 무한소수이다.

집중

유형 02 순환마디 개념 1

04 대표문제

다음 중 순환마디가 바르게 연결된 것은?

① 0.555⋯ ➡ 55 ② 1.1727272⋯ ➡ 172
③ 2.424242⋯ ➡ 24 ④ 2.7030303⋯ ➡ 03
⑤ 3.457457457⋯ ➡ 574

05

분수 $\frac{10}{27}$을 소수로 나타낼 때, 순환마디는?

① 3 ② 30 ③ 37
④ 70 ⑤ 370

06

다음 중 분수를 소수로 나타낼 때, 순환마디를 이루는 숫자의 개수가 가장 많은 것은?

① $\frac{2}{3}$ ② $\frac{11}{6}$ ③ $\frac{8}{37}$
④ $\frac{4}{33}$ ⑤ $\frac{16}{55}$

07 서술형

두 분수 $\frac{8}{33}$과 $\frac{13}{7}$을 소수로 나타낼 때, 순환마디를 이루는 숫자의 개수를 각각 x, y라 하자. 이때 xy의 값을 구하시오.

집중 유형 03 순환소수의 표현 개념1

08 대표문제

다음 중 순환소수의 표현이 옳은 것을 모두 고르면? (정답 2개)

① $7.070707\cdots=7.\dot{0}\dot{7}$
② $1.222\cdots=1.2\dot{2}$
③ $2.452452452\cdots=\dot{2}.4\dot{5}$
④ $0.123123123\cdots=0.\dot{1}\dot{2}\dot{3}$
⑤ $1.173173173\cdots=1.\dot{1}7\dot{3}$

09

분수 $\frac{40}{27}$을 순환소수로 나타내면?

① $1.4\dot{8}$ ② $1.\dot{4}\dot{8}$ ③ $1.48\dot{1}$
④ $1.4\dot{8}\dot{1}$ ⑤ $1.\dot{4}8\dot{1}$

10

다음 중 옳지 않은 것은?

① $\frac{5}{9}=0.\dot{5}$ ② $\frac{17}{60}=0.28\dot{3}$
③ $\frac{9}{11}=0.\dot{8}1\dot{8}$ ④ $\frac{3}{14}=0.2\dot{1}4285\dot{7}$
⑤ $\frac{7}{15}=0.4\dot{6}$

집중 유형 04 소수점 아래 n번째 자리의 숫자 구하기 개념1

11 대표문제

분수 $\frac{18}{37}$을 소수로 나타낼 때, 소수점 아래 50번째 자리의 숫자를 구하시오.

12

순환소수 $0.\dot{6}51\dot{8}$의 소수점 아래 20번째 자리의 숫자를 a, 소수점 아래 75번째 자리의 숫자를 b라 할 때, $a+b$의 값은?

① 7 ② 8 ③ 9
④ 10 ⑤ 11

13

다음 중 순환소수의 소수점 아래 40번째 자리의 숫자를 나타낸 것으로 옳지 않은 것은?

① $0.\dot{1}$ ➡ 1 ② $0.\dot{2}\dot{9}$ ➡ 9 ③ $0.\dot{1}0\dot{6}$ ➡ 1
④ $0.2\dot{1}\dot{5}$ ➡ 5 ⑤ $0.25\dot{3}$ ➡ 3

14 서술형

분수 $\frac{18}{55}$을 소수로 나타낼 때, 소수점 아래 첫 번째 자리의 숫자부터 소수점 아래 100번째 자리의 숫자까지의 합을 구하시오.

유형 05 10의 거듭제곱을 이용하여 분수를 소수로 나타내기 개념2

15 대표문제

다음은 분수 $\frac{21}{60}$을 유한소수로 나타내는 과정이다. 이때 $a+b+c+d$의 값을 구하시오.

$$\frac{21}{60}=\frac{a}{2^2\times5}=\frac{a\times b}{2^2\times5\times b}=\frac{c}{100}=d$$

16

다음은 분수 $\frac{81}{150}$을 유한소수로 나타내는 과정이다. □ 안에 알맞은 수로 옳지 <u>않은</u> 것은?

$$\frac{81}{150}=\frac{27}{2\times5^{\boxed{\text{①}}}}=\frac{27\times\boxed{\text{②}}}{2\times5^2\times\boxed{\text{③}}}=\frac{\boxed{\text{④}}}{100}=\boxed{\text{⑤}}$$

① 2　② 2　③ 2^2
④ 54　⑤ 0.54

17 서술형

분수 $\frac{11}{20}$을 $\frac{a}{10^n}$ 꼴로 고쳐서 유한소수로 나타낼 때, 두 자연수 a, n에 대하여 $a+n$의 값 중 가장 작은 값을 구하시오.

집중

유형 06 유한소수로 나타낼 수 있는 분수 개념2

18 대표문제

다음 분수 중 유한소수로 나타낼 수 있는 것은?

① $\frac{1}{6}$　② $\frac{5}{12}$　③ $\frac{11}{44}$
④ $\frac{5}{70}$　⑤ $\frac{8}{84}$

19

다음 분수 중 유한소수로 나타낼 수 있는 것을 모두 고르면? (정답 2개)

① $\frac{9}{2^5\times3}$　② $\frac{33}{7\times11}$　③ $\frac{4}{2\times5\times7}$
④ $\frac{21}{3^2\times5\times7}$　⑤ $\frac{45}{2^3\times3^2\times5}$

20

다음 분수를 소수로 나타낼 때, 유한소수로 나타낼 수 없는 것의 개수를 구하시오.

$$\frac{14}{49},\ \frac{8}{36},\ \frac{3}{16},\ \frac{15}{72},\ \frac{9}{24}$$

21

분수 $\frac{1}{12}$, $\frac{2}{12}$, $\frac{3}{12}$, $\cdots$, $\frac{11}{12}$을 소수로 나타낼 때, 유한소수로 나타낼 수 있는 분수의 개수를 구하시오.

유형 07 $\frac{B}{A}\times x$가 유한소수가 되도록 하는 x의 값 구하기 개념 2

22 대표문제

분수 $\frac{24}{720}\times a$를 소수로 나타내면 유한소수가 될 때, a의 값이 될 수 있는 가장 작은 두 자리 자연수는?

① 10 ② 12 ③ 14
④ 16 ⑤ 18

23

분수 $\frac{49}{3^2\times5^2\times7}\times a$를 소수로 나타내면 유한소수가 될 때, 다음 중 a의 값이 될 수 없는 것은?

① 18 ② 36 ③ 52
④ 72 ⑤ 90

중요

24

분수 $\frac{30}{2^3\times5^2\times7\times11}\times A$를 소수로 나타내면 유한소수가 될 때, A의 값이 될 수 있는 가장 작은 세 자리 자연수를 구하시오.

25

분수 $\frac{n}{110}$을 소수로 나타내면 유한소수가 될 때, 60 이하의 자연수 n의 개수를 구하시오.

유형 08 유한소수가 되도록 하는 수를 찾고 기약분수로 나타내기 개념 2

26 대표문제

분수 $\frac{a}{360}$를 소수로 나타내면 유한소수가 되고, 기약분수로 나타내면 $\frac{1}{b}$이 된다. a가 가장 작은 자연수일 때, $b-a$의 값을 구하시오.

27 서술형

분수 $\frac{a}{112}$를 소수로 나타내면 유한소수가 되고, 기약분수로 나타내면 $\frac{3}{b}$이 된다. a가 $20\le a\le 30$인 자연수일 때, $a+b$의 값을 구하시오.

유형 09 두 분수가 모두 유한소수가 되도록 하는 값 구하기 개념 2

28 대표문제

두 분수 $\frac{9}{84}$와 $\frac{15}{330}$에 각각 a를 곱하면 두 분수를 모두 유한소수로 나타낼 수 있다고 한다. 이때 a의 값이 될 수 있는 가장 작은 자연수를 구하시오.

29

두 분수 $\frac{18}{140}\times A$, $\frac{12}{270}\times A$를 소수로 나타내었더니 모두 유한소수가 되었다. 이때 가장 작은 세 자리 자연수 A의 값을 구하시오.

유형 10 $\frac{B}{A\times x}$가 유한소수가 되도록 하는 x의 값 구하기 개념2

30 대표문제

분수 $\frac{35}{50\times a}$를 소수로 나타내면 유한소수가 될 때, 다음 중 a의 값이 될 수 없는 것은?

① 5 ② 7 ③ 14
④ 20 ⑤ 21

중요

31

분수 $\frac{21}{5^2\times7\times a}$을 소수로 나타내면 유한소수가 될 때, 다음 중 a의 값이 될 수 없는 것을 모두 고르면? (정답 2개)

① 12 ② 15 ③ 18
④ 24 ⑤ 33

32

분수 $\frac{7}{25\times a}$을 소수로 나타내면 유한소수가 될 때, a의 값이 될 수 있는 10 이하의 자연수의 개수를 구하시오.

33

분수 $\frac{21}{40\times a}$을 소수로 나타내면 유한소수가 된다. a가 $20<a<30$인 자연수일 때, 모든 a의 값의 합을 구하시오.

유형 11 순환소수가 되도록 하는 미지수의 값 구하기 개념2

34 대표문제

분수 $\frac{24}{2^2\times5^3\times a}$를 소수로 나타내면 순환소수가 될 때, a의 값이 될 수 있는 모든 한 자리 자연수의 합은?

① 14 ② 15 ③ 16
④ 17 ⑤ 18

35

분수 $\frac{a}{270}$를 소수로 나타내면 순환소수가 될 때, 다음 중 a의 값이 될 수 없는 것을 모두 고르면? (정답 2개)

① 18 ② 27 ③ 36
④ 40 ⑤ 54

36

분수 $\frac{18}{2\times5^2\times a}$을 소수로 나타내었을 때, 순환소수가 되게 하는 가장 작은 자연수 a의 값을 구하시오.

37

분수 $\frac{35}{a}$를 소수로 나타내면 순환소수가 될 때, 다음 중 a의 값이 될 수 없는 것은?

① 14 ② 15 ③ 21
④ 24 ⑤ 30

집중

유형 12 순환소수를 분수로 나타내기 (1) 개념3

38 대표문제

다음은 순환소수 $0.5\dot{2}\dot{0}$을 분수로 나타내는 과정이다. (가)~(라)에 알맞은 수를 구하시오.

> $x=0.5\dot{2}\dot{0}$으로 놓으면 $x=0.5202020\cdots$ …… ㉠
> ㉠의 양변에 (가) 을 곱하면
> (가) $x=520.202020\cdots$ …… ㉡
> ㉠의 양변에 (나) 을 곱하면
> (나) $x=5.202020\cdots$ …… ㉢
> ㉡−㉢을 하면 (다) $x=515$ $\therefore x=\dfrac{(라)}{198}$

39

순환소수 $0.1\dot{4}\dot{5}$를 분수로 나타내려고 한다. $x=0.1\dot{4}\dot{5}$라 할 때, 다음 중 이용할 수 있는 가장 간단한 식은?

① $10x-x$ ② $100x-x$ ③ $100x-10x$
④ $1000x-x$ ⑤ $1000x-10x$

40

다음 중 순환소수 $x=10.0313131\cdots$에 대한 설명으로 옳지 않은 것은?

① 순환마디는 31이다.
② $10.0\dot{3}\dot{1}$로 나타낸다.
③ $x=10+0.0\dot{3}\dot{1}$
④ $1000x-10x=9931$
⑤ 분수로 나타내면 $x=\dfrac{9931}{999}$이다.

집중

유형 13 순환소수를 분수로 나타내기 (2) 개념3

41 대표문제

다음 중 순환소수를 분수로 나타낸 것으로 옳지 않은 것은?

① $0.\dot{4}\dot{5}=\dfrac{5}{11}$ ② $0.5\dot{1}=\dfrac{23}{45}$
③ $1.\dot{3}=\dfrac{13}{9}$ ④ $0.\dot{2}7\dot{0}=\dfrac{10}{37}$
⑤ $1.4\dot{1}\dot{5}=\dfrac{467}{330}$

42

다음 중 순환소수를 분수로 나타내는 과정으로 옳지 않은 것은?

① $2.\dot{8}=\dfrac{28-2}{9}$ ② $0.5\dot{4}=\dfrac{54-5}{90}$
③ $0.\dot{1}\dot{7}=\dfrac{17}{99}$ ④ $0.3\dot{6}\dot{2}=\dfrac{362-3}{999}$
⑤ $2.9\dot{3}\dot{7}=\dfrac{2937-29}{990}$

43

분수 $\dfrac{a}{11}$를 순환소수로 나타내면 $1.\dot{0}\dot{9}$일 때, 자연수 a의 값은?

① 9 ② 10 ③ 11
④ 12 ⑤ 13

44 서술형

순환소수 $0.7\dot{3}$의 역수를 a, 순환소수 $0.1\dot{3}\dot{6}$의 역수를 b라 할 때, ab의 값을 구하시오.

유형 14 순환소수의 대소 비교 개념 3

45 대표문제

다음 중 두 수의 대소 관계가 옳지 <u>않은</u> 것을 모두 고르면? (정답 2개)

① $0.\dot{2}0\dot{1}>0.20\dot{1}$
② $\frac{9}{10}<0.\dot{8}$
③ $\frac{1}{15}>0.0\dot{6}$
④ $2.\dot{7}<2.8$
⑤ $0.\dot{3}>0.\dot{3}\dot{0}$

46

다음 중 가장 큰 수는?

① 0.205
② $0.20\dot{5}$
③ $0.2\dot{0}\dot{5}$
④ $\frac{23}{111}$
⑤ $\frac{205}{999}$

유형 15 순환소수를 포함한 식의 계산 개념 3

47 대표문제

$a=1.2\dot{6}$, $b=4.\dot{2}$일 때, $\frac{a}{b}$의 값은?

① 0.03
② 0.3
③ $0.\dot{3}\dot{0}$
④ 0.33
⑤ $0.\dot{3}$

48

$1.1\dot{6}$보다 $0.5\dot{1}$만큼 큰 수를 순환소수로 나타내시오.

유형 16 순환소수를 포함한 방정식의 풀이 개념 3

49 대표문제

$\frac{6}{11}=x+0.\dot{4}\dot{0}$일 때, x의 값을 순환소수로 나타내면?

① $0.\dot{1}$
② $0.1\dot{2}$
③ $0.\dot{1}\dot{4}$
④ $0.1\dot{4}$
⑤ $0.1\dot{6}$

중요

50

$0.\dot{4}\dot{9}=A-0.\dot{6}$일 때, A의 값을 순환소수로 나타내면?

① $1.\dot{1}$
② $1.1\dot{6}$
③ $1.\dot{1}\dot{6}$
④ $1.0\dot{1}\dot{6}$
⑤ $1.00\dot{6}$

51 서술형

다음 등식을 만족시키는 x의 값을 순환소수로 나타내시오.

$$1.6\dot{1}-x=\frac{1}{4}\times 0.4\dot{8}$$

52

$0.24\dot{1}=A\times 0.00\dot{1}$일 때, A의 값은?

① 213
② 215
③ 217
④ 219
⑤ 221

유형 17 순환소수에 적당한 수를 곱한 경우 개념3

53 대표문제

순환소수 $0.\dot{4}\dot{5}$에 a를 곱한 결과가 자연수일 때, 두 자리 자연수 a의 개수를 구하시오.

54

순환소수 $1.8\dot{4}$에 어떤 자연수를 곱하여 유한소수가 되도록 할 때, 곱할 수 있는 가장 작은 자연수는?

① 6 ② 9 ③ 12
④ 15 ⑤ 17

유형 18 기약분수의 분모, 분자를 잘못 보고 소수로 나타낸 경우 개념3

55 대표문제

어떤 기약분수를 순환소수로 나타내는데 재성이는 분모를 잘못 보아 $0.8\dot{4}$로 나타내었고, 지용이는 분자를 잘못 보아 $0.\dot{4}\dot{7}$로 나타내었다. 이때 처음 기약분수를 순환소수로 바르게 나타내시오.

56

기약분수 $\frac{a}{999}$를 순환소수로 나타내는데 분모를 잘못 보아서 $0.\dot{6}1\dot{5}$로 나타내었다. 이때 처음 기약분수를 순환소수로 바르게 나타내시오. (단, a는 자연수)

집중

유형 19 유리수와 소수의 관계 개념4

57 대표문제

다음 중 옳은 것은?

① 모든 유리수는 무한소수로 나타낼 수 있다.
② 모든 무한소수는 순환소수이다.
③ 모든 무한소수는 분수로 나타낼 수 있다.
④ 소수는 유한소수와 무한소수로 나눌 수 있다.
⑤ 순환소수 중에는 유리수가 아닌 것도 있다.

58

다음 **보기** 중 유리수인 것의 개수는?

보기
ㄱ. $0.242424\cdots$ ㄴ. $\frac{3}{7}$ ㄷ. $-0.01\dot{3}$
ㄹ. $\frac{3}{2}\pi$ ㅁ. $-\frac{1}{52}$ ㅂ. $1.474774777\cdots$

① 1 ② 2 ③ 3
④ 4 ⑤ 5

59

다음 **보기** 중 옳은 것을 모두 고른 것은?

보기
ㄱ. 모든 소수는 유리수이다.
ㄴ. 유한소수로 나타낼 수 없는 수는 유리수가 아니다.
ㄷ. 모든 순환소수는 유리수이다.
ㄹ. 기약분수의 분모에 2 또는 5 이외의 소인수가 있으면 순환소수로 나타낼 수 있다.

① ㄱ ② ㄷ ③ ㄱ, ㄹ
④ ㄴ, ㄷ ⑤ ㄷ, ㄹ

[유형북] Real 실전 유형에서 틀린 문제를 체크해 보세요.

유형 01 지수법칙 (1); 거듭제곱의 곱셈 개념 1

01 대표문제

$5^3\times625=5^a$일 때, 자연수 a의 값은?

① 5 ② 6 ③ 7 ④ 8 ⑤ 9

02

$x^3\times x\times y^4\times x^2\times y^6\times y^2$을 간단히 하면?

① x^6y^{12} ② x^7y^{11} ③ x^8y^{11} ④ x^8y^{12} ⑤ $x^{11}y^{12}$

03

다음 중 □ 안에 알맞은 수가 가장 큰 것은?

① $x\times x^{\square}=x^5$
② $a^2\times a^3\times a^4=a^{\square}$
③ $a^2\times b^3\times a^3\times b^2\times a=a^6b^{\square}$
④ $y^{\square}\times y^4\times y\times y^5=y^{12}$
⑤ $x^5\times y^{\square}\times x^3\times y^2=x^8y^9$

04 중요

다음 □ 안에 알맞은 두 수의 합을 구하시오.

$3^{x+3}=3^x\times\square$, $7^x\times7^3\times7^{\square}=7^{x+4}$

유형 02 지수법칙 (2); 거듭제곱의 거듭제곱 개념 1

05 대표문제

$(3^3)^5\times(3^{\square})^6=3^{27}$일 때, □ 안에 알맞은 수는?

① 1 ② 2 ③ 3 ④ 4 ⑤ 5

06

$(a^2)^4\times(b^4)^3\times a^4\times(b^3)^3$을 간단히 하면?

① $a^{10}b^{12}$ ② $a^{10}b^{16}$ ③ $a^{12}b^{18}$ ④ $a^{11}b^{21}$ ⑤ $a^{12}b^{21}$

07

다음 □ 안에 알맞은 세 수의 합을 구하시오.

(가) $(a^2)^{\square}=a^{12}$
(나) $(a^2)^2\times a^3=a^{\square}$
(다) $(a^4)^3\times(a^{\square})^4=a^{24}$

08 서술형

$(x^4)^a\times(y^2)^6\times y^3=x^{20}y^b$일 때, 자연수 a, b에 대하여 $a+b$의 값을 구하시오.

집중

유형 03 지수법칙 (3); 거듭제곱의 나눗셈 개념2

09 대표문제

다음 중 옳은 것을 모두 고르면? (정답 2개)

① $a^3 \div a^6 = a^3$
② $a^6 \div a^6 = 0$
③ $a \div a^3 = \dfrac{1}{a^2}$
④ $a^8 \div a^2 \div a^2 = a^4$
⑤ $(a^3)^2 \div (a^2)^4 = a^2$

중요

10

다음 중 계산 결과가 나머지 넷과 다른 하나는?

① $a^3 \div a$
② $a^6 \div a^3 \div a$
③ $a^8 \div (a^2)^3$
④ $a^6 \div (a^3 \div a^2)$
⑤ $a^8 \div (a^2)^2 \div a^2$

11

$a^{18} \div a^{3x} \div a^{4x} = a^4$일 때, 자연수 x의 값은?

① 1 ② 2 ③ 3 ④ 4 ⑤ 5

12

$(x^4)^6 \div (x^3)^{\square} \div x^2 = x^{10}$일 때, □ 안에 알맞은 수는?

① 1 ② 2 ③ 3 ④ 4 ⑤ 5

집중

유형 04 지수법칙 (4); 곱의 거듭제곱 개념2

13 대표문제

$(-3x^{3a}y^b)^2 = cx^{12}y^6$일 때, 자연수 a, b, c에 대하여 $a+b+c$의 값은?

① 6 ② 8 ③ 10 ④ 12 ⑤ 14

14

다음 중 옳지 않은 것을 모두 고르면? (정답 2개)

① $(-x^3y^2)^2 = x^6y^4$
② $(-2x)^3 = 8x^3$
③ $(3x^2y^2)^3 = 27x^6y^6$
④ $\left(\dfrac{1}{4}a^3b^2\right)^3 = \dfrac{1}{4}a^9b^6$
⑤ $(-a^3bc^4)^2 = a^6b^2c^8$

중요

15

$(ax^by^4z^2)^5 = -243x^{15}y^cz^d$일 때, 정수 a와 자연수 b, c, d에 대하여 $a+b+c+d$의 값은?

① 24 ② 26 ③ 28 ④ 30 ⑤ 32

16 서술형

$144^4 = (2^4 \times 3^x)^4 = 2^{16} \times 3^y$일 때, 자연수 x, y에 대하여 $x+y$의 값을 구하시오.

02 단항식의 계산

유형 05 지수법칙 (5); 몫의 거듭제곱 개념2

17 대표문제

$\left(-\frac{3y^a}{x^4}\right)^6=\frac{by^{18}}{x^c}$일 때, 자연수 a, b, c에 대하여 $a+b+c$의 값을 구하시오.

중요

18

다음 중 옳지 않은 것은?

① $\left(\frac{a^2}{b^4}\right)^3=\frac{a^6}{b^{12}}$
② $\left(-\frac{xy^2}{2z}\right)^3=-\frac{x^3y^6}{8z^3}$
③ $\left(\frac{x^2y^3}{3}\right)^3=\frac{x^6y^9}{27}$
④ $\left(-\frac{a}{bc^2}\right)^4=-\frac{a^4}{b^4c^8}$
⑤ $\left(\frac{x^2y^4}{3z^2}\right)^3=\frac{x^6y^{12}}{27z^6}$

19

$\left\{\left(-\frac{3x^2y}{4}\right)^2\right\}^3$을 간단히 하면?

① $-\frac{3^5x^{10}y^5}{2^{10}}$
② $-\frac{3^6x^{12}y^6}{2^{12}}$
③ $\frac{3^6x^6}{2^{12}}$
④ $\frac{3^6x^6y^6}{2^{12}}$
⑤ $\frac{3^6x^{12}y^6}{2^{12}}$

20 서술형

$\left(\frac{az^3}{x^4y^b}\right)^3=-\frac{27z^c}{x^dy^6}$일 때, 정수 a와 자연수 b, c, d에 대하여 $a+b+c+d$의 값을 구하시오.

집중

유형 06 지수법칙 (6); 종합 개념1, 2

21 대표문제

다음 **보기** 중 옳은 것을 모두 고르시오.

보기

ㄱ. $x^3\times x\times x^4=x^7$
ㄴ. $a^{10}\div a^2\div a^5=1$
ㄷ. $(x^2y^3)^4=x^8y^4$
ㄹ. $\left(-\frac{y^2}{x^3}\right)^5=-\frac{y^{10}}{x^{15}}$
ㅁ. $2^4\div 2^2\div 2^2=2$
ㅂ. $\left(-\frac{2z^2}{x^2y^3}\right)^3=-\frac{8z^6}{x^6y^9}$

22

다음 중 계산 결과가 $\frac{1}{x^2}$인 것은?

① $x^8\div x^4$
② $(x^4)^3\div x^{10}$
③ $(x^2)^3\div(-x)^4$
④ $x^3\times x^3\div x^8$
⑤ $x^{12}\div(x^2)^3\div x^9$

23

다음 중 □ 안에 알맞은 수가 나머지 넷과 다른 하나는?

① $x^5\div x^{\square}=x$
② $a^8\div(a^3)^4=\frac{1}{a^{\square}}$
③ $\left(-\frac{a^2}{b^{\square}}\right)^5=-\frac{a^{10}}{b^{20}}$
④ $(-x^2y^3)^{\square}=x^8y^{12}$
⑤ $x^{\square}\div x^4\times(x^2)^2=x^6$

집중

유형 07 지수법칙의 응용 (1) 개념 1, 2

24 대표문제

$81^{x-2}=3^{12-x}$일 때, 자연수 x의 값은?

① 1 ② 2 ③ 3
④ 4 ⑤ 5

25

$3^{\square}\div 9^3=27^3$일 때, □ 안에 알맞은 수는?

① 9 ② 11 ③ 13
④ 15 ⑤ 17

26

$5^{2x}\times 125^3\div 5^2=5^{11}$일 때, 자연수 x의 값은?

① 1 ② 2 ③ 3
④ 4 ⑤ 5

27 서술형

$64^{x-1}\times 8^{x-2}=32^3$일 때, 자연수 x의 값을 구하시오.

유형 08 지수법칙의 응용 (2) 개념 1, 2

28 대표문제

$5^4+5^4+5^4+5^4+5^4=5^x$, $5^4\times 5^4\times 5^4\times 5^4=5^y$일 때, 자연수 x, y에 대하여 xy의 값은?

① 72 ② 74 ③ 76
④ 78 ⑤ 80

29

$7^3+7^3+7^3+7^3+7^3+7^3+7^3$을 7의 거듭제곱으로 나타내시오.

30

다음 중 계산 결과가 나머지 넷과 다른 하나는?

① 32^2 ② $2^5\times 2^5$
③ 4^5+4^5 ④ $4^4+4^4+4^4+4^4$
⑤ $2^8+2^8+2^8+2^8$

31

$\dfrac{2^7+2^7+2^7+2^7}{27^2}\times\dfrac{3^5+3^5+3^5}{8^3+8^3+8^3+8^3}$을 간단히 하면?

① $\dfrac{3}{2}$ ② 1 ③ $\dfrac{1}{2}$
④ $\dfrac{1}{3}$ ⑤ $\dfrac{1}{4}$

유형 09 지수법칙의 응용 (3) 개념 1, 2

32 대표문제

$A=3^{x+1}$일 때, 81^x을 A를 사용하여 나타내면?

① $81A^4$ ② $27A^4$ ③ $\frac{A^4}{27}$
④ $\frac{A^4}{32}$ ⑤ $\frac{A^4}{81}$

33

$2^5=A$일 때, $4^5\div4^{15}$을 A를 사용하여 나타내면?

① $\frac{1}{A^4}$ ② $\frac{1}{A^3}$ ③ A
④ A^2 ⑤ A^4

중요
34

$2^x=A$, $3^x=B$일 때, 36^x을 A, B를 사용하여 나타내면?

① AB ② $6AB$ ③ A^2B
④ AB^2 ⑤ A^2B^2

35

$2^3=A$, $3^6=B$라 할 때, $8^4\times9^6$을 A, B를 사용하여 나타내면?

① A^3B^2 ② A^4B^2 ③ $2A^3B^2$
④ $3A^3B^2$ ⑤ $6A^3B^2$

유형 10 지수법칙의 응용 (4) 개념 1, 2

36 대표문제

$2^{x+3}+2^{x+1}+2^x=88$일 때, 자연수 x의 값은?

① 1 ② 2 ③ 3
④ 4 ⑤ 5

37

$5^{x+1}+5^x=150$일 때, 자연수 x의 값은?

① 1 ② 2 ③ 3
④ 4 ⑤ 5

38

$3^{x+2}+5\times3^{x+1}+3^x=675$일 때, 자연수 x의 값은?

① 1 ② 2 ③ 3
④ 4 ⑤ 5

39 서술형

$4^{2x}(4^x+4^x+4^x)=192$일 때, 자연수 x의 값을 구하시오.

집중

유형 11 자릿수 구하기 개념 1, 2

40 대표문제

$8^4\times5^{15}$은 몇 자리 자연수인가?

① 12자리 ② 13자리 ③ 14자리
④ 15자리 ⑤ 16자리

41

$2^9\times3^2\times5^7$이 n자리의 자연수일 때, n의 값은?

① 12 ② 11 ③ 10
④ 9 ⑤ 8

$\frac{20^6\times3^7}{12^3}$이 m자리 자연수이고, 각 자리의 숫자의 합이 n일 때, $m+n$의 값은?

① 16 ② 17 ③ 18
④ 19 ⑤ 20

$20\times25\times30\times35$가 n자리 자연수일 때, n의 값을 구하시오.

집중

유형 12 단항식의 곱셈 개념 3

44 대표문제

$(-3xy)^2\times x^2y\times(-2xy^2)^3$을 간단히 하면?

① $-72x^7y^9$ ② $-36x^6y^9$ ③ $24x^4y^9$
④ $36x^5y^8$ ⑤ $72x^6y^9$

45

$\left(-\frac{1}{3}xy^2\right)^2\times\left(\frac{6x^2}{y}\right)^3$을 간단히 하시오.

46

$\left(-\frac{1}{6}x^2y\right)^2\times(-3xy)^3\times4x^3y=ax^by^c$일 때, 정수 a와 자연수 b, c에 대하여 $a+b+c$의 값은?

① 13 ② 14 ③ 15
④ 16 ⑤ 17

47 서술형

$ax^5y^4\times(-3x^2y)^b=-108x^{11}y^c$일 때, 정수 a와 자연수 b, c에 대하여 $a-b+c$의 값을 구하시오.

유형 13 단항식의 나눗셈 개념 4

48 대표문제

$(-3x^3y)^2 \div \frac{3}{4}x^2yz^3 \div (-6xy^2z)$를 간단히 하면?

① x^3yz^4 ② $-\frac{x^3}{yz^4}$ ③ $-\frac{9x^3}{2yz^4}$
④ $-\frac{yz^4}{2x^3}$ ⑤ $-\frac{2x^3}{yz^4}$

49

$(9a^3b^4)^2 \div (-3a^3b^2)^3$을 간단히 하시오.

50

$24x^7y^6 \div (-2xy^2)^4 \div 15xy^5 = \frac{x^a}{by^c}$일 때, 자연수 a, b, c에 대하여 $a+b+c$의 값은?

① 17 ② 18 ③ 19
④ 20 ⑤ 21

51 서술형

$(2x^2y^a)^b \div (x^cy^3)^4 = \frac{8}{x^6y^9}$일 때, 자연수 a, b, c에 대하여 $a+b+c$의 값을 구하시오.

유형 14 단항식의 곱셈과 나눗셈의 혼합 계산 개념 5

52 대표문제

$(-2x^3y^2)^2 \div \left(-\frac{3x}{y^2}\right)^3 \times \left(-\frac{6y^2}{x^4}\right)^3$을 간단히 하면?

① $-\frac{32y^{11}}{x^{16}}$ ② $-\frac{16y^{11}}{x^{16}}$ ③ $\frac{16y^4}{x^5}$
④ $\frac{32y^4}{x^5}$ ⑤ $\frac{32y^{16}}{x^9}$

중요
53

다음 중 옳지 않은 것을 모두 고르면? (정답 2개)

① $(-3a^3b^2)^2 \times (a^2b^3)^3 = 9a^{12}b^{13}$
② $(-3x^3)^5 \div \left(\frac{3x^3}{2}\right)^3 = 72x^6$
③ $(-4a^2b^4)^2 \div 8ab^3 \times 5a^3b^5 = 10a^6b^{10}$
④ $(-2x^2y^3)^2 \div \left(-\frac{x^3y^2}{3}\right)^3 = -\frac{108}{x^5}$
⑤ $(-2x^2y^3)^2 \times \left(-\frac{2x}{y}\right)^3 \div (-4xy^2)^3 = \frac{2x^4}{y^3}$

54

$(2x^2y)^a \div 9x^by^2 \times (6x^2y)^2 = cx^2y^2$일 때, 자연수 a, b, c에 대하여 $a+b+c$의 값은?

① 21 ② 22 ③ 23
④ 24 ⑤ 25

집중

유형 15 단항식의 계산에서 □ 안의 식 구하기 개념 5

55 대표문제

$(-3x^3y^2)^2 \div (-2xy^2)^3 \times \square = 9x^6y^3$일 때, □ 안에 알맞은 식은?

① $-9x^3y^5$ ② $-8x^3y^5$ ③ $8x^3y^5$
④ $16x^3y^5$ ⑤ $16x^5y^3$

중요

56

어떤 식을 $6xy^2$으로 나누었더니 $3x$가 되었다. 어떤 식을 구하면?

① $-18x^2y^3$ ② $-3x^2y^3$ ③ $-2x^2y^3$
④ $2x^2y^3$ ⑤ $18x^2y^2$

57

$\square \times (-2x^3y^2)^3 \div (4xy)^3 = -2x^9y^8$일 때, □ 안에 알맞은 식을 구하시오.

58

다음 □ 안에 알맞은 식을 구하시오.

$$(-3x^3y^2)^2 \div (-2xy^2)^3 \div \square = 9x^6y^3$$

유형 16 단항식의 곱셈과 나눗셈의 활용 개념 5

59 대표문제

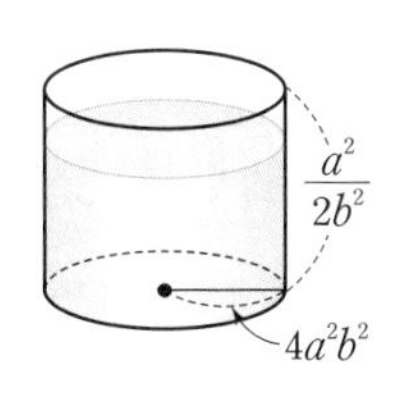

오른쪽 그림과 같이 밑면의 반지름의 길이가 $4a^2b^2$, 높이가 $\frac{a^2}{2b^2}$인 원기둥 모양의 물통에 $\frac{3}{4}$만큼 물을 채웠다. 이때 물통에 담긴 물의 부피를 구하시오.

(단, 물통의 두께는 생각하지 않는다.)

60

세로의 길이가 $\frac{2a^2b}{3}$인 직사각형의 넓이가 $24a^4b^3$일 때, 이 직사각형의 가로의 길이는?

① $4a^2b^2$ ② $8a^2b^2$ ③ $12a^2b^2$
④ $24a^2b^2$ ⑤ $36a^2b^2$

61

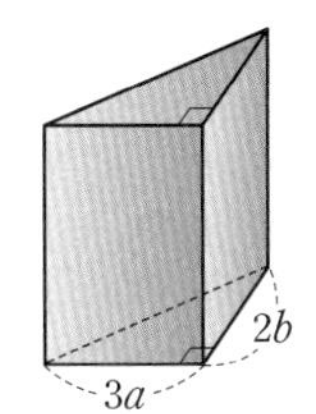

오른쪽 그림과 같이 삼각기둥의 밑면은 직각을 낀 두 변의 길이가 각각 $3a$, $2b$인 직각삼각형이다. 이 삼각기둥의 부피가 $63a^3b^2$일 때, 이 삼각기둥의 높이는?

① $12a^2b$ ② $15a^2b$
③ $17a^2b$ ④ $19a^2b$
⑤ $21a^2b$

62 서술형

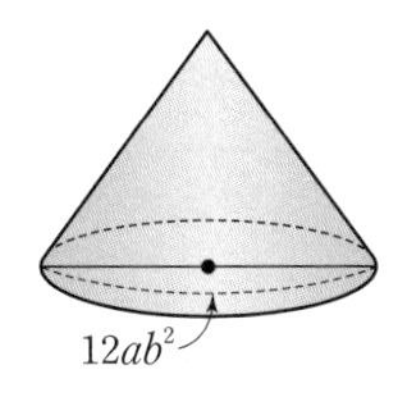

오른쪽 그림과 같이 밑면의 지름의 길이가 $12ab^2$인 원뿔의 부피가 $48\pi a^5b^{12}$일 때, 이 원뿔의 높이를 구하시오.

[유형북] Real 실전 유형에서 틀린 문제를 체크해 보세요.

유형 01 다항식의 덧셈과 뺄셈 개념 1

01 대표문제

$\left(\frac{1}{2}a-b+3\right)+\left(\frac{3}{4}a+\frac{3}{2}b-1\right)$을 간단히 하면?

① $\frac{1}{4}a+\frac{3}{2}b+1$ ② $\frac{1}{4}a+\frac{3}{2}b+2$
③ $\frac{5}{4}a+\frac{1}{2}b-2$ ④ $\frac{5}{4}a+\frac{1}{2}b+1$
⑤ $\frac{5}{4}a+\frac{1}{2}b+2$

02

$3(2x+y-4)-(3x-2y+3)$을 간단히 하였을 때, x의 계수와 상수항의 합은?

① -12 ② -10 ③ -8
④ -6 ⑤ -4

중요

03 서술형

$\left(\frac{4}{3}x+\frac{1}{15}y\right)-\left(-x+\frac{2}{3}y\right)=ax+by$일 때, 상수 a, b에 대하여 $a+b$의 값을 구하시오.

04

$\frac{2x-3y}{6}+\frac{3x+2y}{4}-\frac{5x-7y}{12}$를 간단히 하시오.

유형 02 이차식의 덧셈과 뺄셈 개념 1

05 대표문제

$(2x^2-x-1)-(5x^2-3x-6)=ax^2+bx+c$일 때, 상수 a, b, c에 대하여 abc의 값은?

① -42 ② -38 ③ -34
④ -30 ⑤ -26

06

$\left(\frac{1}{2}x^2-x+2\right)+\left(\frac{1}{4}x^2+\frac{1}{3}x-1\right)$을 간단히 하면?

① $-\frac{3}{4}x^2+\frac{1}{3}x+2$ ② $-\frac{3}{4}x^2-\frac{1}{3}x+2$
③ $\frac{3}{4}x^2+\frac{2}{3}x+2$ ④ $\frac{3}{4}x^2-\frac{1}{3}x+2$
⑤ $\frac{3}{4}x^2-\frac{2}{3}x+1$

07

$(x^2+3x-1)-8\left(\frac{3}{4}x^2+\frac{1}{2}x-2\right)$를 간단히 하였을 때, x^2의 계수와 상수항의 합을 구하시오.

집중

유형 03 여러 가지 괄호가 있는 식의 계산 개념 1

08 대표문제

$6x-[5y-\{4x-(2x-y)\}]$를 간단히 하면?

① $8x-4y$　② $7x-4y$　③ $6x+5y$　④ $6x+4y$　⑤ $6x-4y$

09

$5x-4y-[-6x+3y-\{2x-(x+5y)\}]=ax+by$일 때, 상수 a, b에 대하여 $a-b$의 값은?

① 20　② 22　③ 24　④ 26　⑤ 28

10

다음 식을 간단히 하면?

$$4x^2-[-2x+x^2-\{5x^2+4x+(-2x^2+3x)\}]$$

① $9x$　② x^2+9x　③ $2x^2$　④ $6x^2+9x$　⑤ $6x^2-9x$

집중

유형 04 어떤 식 구하기 (1) 개념 1

11 대표문제

어떤 식에서 $-x^2-2x+4$를 빼어야 할 것을 잘못하여 더했더니 $4x^2+x-3$이 되었다. 이때 바르게 계산한 식은?

① $5x^2+3x-7$　② $6x^2+5x-11$　③ $4x^2+x-3$　④ $3x^2-x+1$　⑤ $2x^2+x-1$

12

$4a+2b-5$에서 다항식 A를 뺐더니 $2a+3b-1$이 되었다. 이때 다항식 A는?

① $-2a+b+4$　② $-2a-b+4$　③ $2a+b-4$　④ $2a-b-4$　⑤ $2a+2b-4$

13 중요 서술형

어떤 다항식에 $7x^2-3x+2$를 더해야 할 것을 잘못하여 빼었더니 $-3x^2+4x-1$이 되었다. 이때 바르게 계산한 식을 구하시오.

14

$4x^2-\{\square-(x^2-2x)+x\}+2=3x^2-6x+5$일 때, $\square$ 안에 알맞은 식을 구하시오.

유형 05 단항식과 다항식의 곱셈 개념2

15 대표문제

$2x(x-1)-2(-4x^2-8x+1)$을 간단히 하면?

① $10x^2+4x-3$　② $10x^2+14x-2$
③ $10x^2+18x+4$　④ $16x^2+20x+3$
⑤ $16x^2+4x+3$

16

$-2x^2(3x^2-5x+1)=ax^4+bx^3+cx^2$일 때, 상수 a, b, c에 대하여 $a+b-c$의 값을 구하시오.

17

$2a(-3a+5b+1)-4a(2b-a)$를 간단히 하면?

① $-10x^2+10ab+2a$　② $-10a^2+18ab+2a$
③ $-2a^2-4ab+2a$　④ $-2a^2+2ab+2a$
⑤ $-2a^2+2ab-2a$

18

$\frac{3}{4}x(4x-3)+\frac{1}{6}x(x+2)-(x^2+x+3)=ax^2+bx+c$일 때, 상수 a, b, c에 대하여 $a+b+c$의 값을 구하시오.

유형 06 다항식과 단항식의 나눗셈 개념3

19 대표문제

$(16x^2y^3-8x^2y)\div\frac{4}{5}x^2y$를 간단히 하면?

① $20y^2-10$　② $20y^2-10x$
③ $20y^2+10x$　④ $20xy^2-10y$
⑤ $20xy^2-10x$

20

$\frac{9a^5b^3-15a^3b^2-3a^2b^2}{3ab^2}$을 간단히 하면?

① $3a^4b-5a^2+a$　② $3a^4b+5a^2-a$
③ $3a^4b^2-5a^2-a$　④ $3a^4b-5a^2-a$
⑤ $3a^4b-5a^2b-a$

21 서술형

$A=(6x^2-18xy)\div 6x$, $B=(8x^2y+4xy^2)\div\frac{2}{3}xy$일 때, $A+B$를 간단히 하시오.

유형 07 어떤 식 구하기 (2) 개념 2, 3

22 대표문제

$\square \times \left(-\frac{y^2}{2x}\right)=x^3y^2-2x^2y^2+3xy^2$일 때, $\square$ 안에 알맞은 식은?

① $-2x^4-4x^3+6x^2$
② $-2x^4+4x^3-6x^2$
③ $-2x^4+4x^3y-6x^2$
④ $-2x^4+2x^3y-3x^2$
⑤ $-2x^4-2x^3y+3x^2$

23

$(18x^3y^2-24x^2y^3)\div\square=6x^2y^2$일 때, $\square$ 안에 알맞은 식은?

① $-3x+y$
② $3x-4y$
③ $3x+xy$
④ $-3x+4y$
⑤ $3x^2+4xy$

24

다항식 A를 $6xy$로 나눈 결과가 $\frac{2}{3}xy+4y$일 때, 다항식 A를 구하시오.

25

다항식 A에 $2x-1$을 더한 후 $-3y$를 곱한 결과가 $6y^2+9xy-18y$일 때, 다항식 A를 구하시오.

집중

유형 08 사칙계산이 혼합된 식의 계산 개념 2, 3

26 대표문제

$3x(x-2y^2)+\{4x^3y^2-(3xy^2)^2\}\div\frac{1}{2}xy^2$을 간단히 한 식에서 x^2의 계수를 a, xy^2의 계수를 b라 할 때, $a+b$의 값을 구하시오.

27

$\frac{12x^2-21xy}{3x}-\frac{25xy-5y^2}{5y}$을 간단히 하면?

① $-x$
② $x+6y$
③ $6x-y$
④ $x-y$
⑤ $-x-6y$

28

다음 중 옳지 않은 것은?

① $3x-\{2x+3y-(x-2y)+y\}=2x-6y$
② $-2a(a+3b-6)=-2a^2-6ab+12a$
③ $3a(a-b+4)-4a(a-4b+1)=-a^2+13ab+8a$
④ $(15x^2y^2+9xy^3)\div3x-(5x-7y)\times(-2y)^2=-15xy^2+31y^3$
⑤ $(3x^2-9xy)\div3x+(8xy+4y^2)\div(-2y)=3x+5y$

29 서술형

$(x^3y-2x^2y+xy^2)\div(-2xy)-\frac{x^3y-xy^2}{4}\div\frac{1}{2}xy$를 간단히 한 식에서 x^2의 계수를 a, x의 계수를 b라 할 때, $a-b$의 값을 구하시오.

유형 09 다항식과 단항식의 곱셈과 나눗셈의 활용 개념 2, 3

30 대표문제

오른쪽 그림과 같이 가로의 길이가 $5a$, 세로의 길이가 $4b$인 직사각형에서 색칠한 부분의 넓이는?

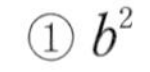

① b^2 ② $10ab+b^2$ ③ $5ab+b^2$ ④ $5ab$ ⑤ $5ab-b^2$

31

오른쪽 그림과 같은 전개도로 만든 직육면체의 겉넓이를 구하시오.

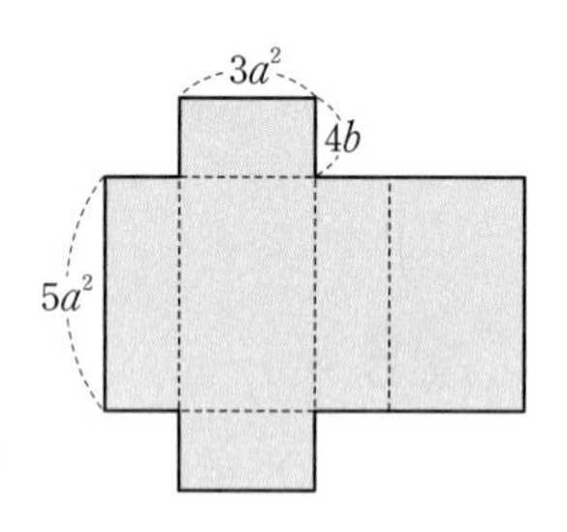

32 서술형

오른쪽 그림과 같이 $\angle B=90°$, $\overline{BC}=3x$인 직각삼각형 ABC를 $\overline{AB}$를 회전축으로 하여 1회전 시킬 때 생기는 입체도형의 부피가 $12\pi x^3+18\pi x^2y$일 때, 이 입체도형의 높이를 구하시오.

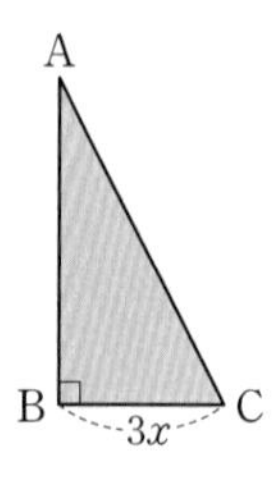

유형 10 식의 값 개념 4

33 대표문제

$x=2$, $y=-5$일 때, $(4x^3y^2-8x^2y)\div 2xy$의 값은?

① -44 ② -46 ③ -48 ④ -50 ⑤ -52

34

$x=-2$, $y=1$일 때, $x-3y+2-x(5x+1)$의 값은?

① -25 ② -21 ③ -19 ④ -15 ⑤ -11

35

$x=3$, $y=\frac{1}{3}$일 때,

$(x^2y-xy)\div(xy)^2-(3x^2y^2-x^2y)\div\frac{1}{3}x^2y$의 값을 구하시오.

36

$x=5$, $y=-\frac{1}{3}$일 때, $\frac{8x^2y-12xy^2}{4xy}-(-6xy+9y^2)\times\frac{1}{3y}$의 값은?

① 20 ② 22 ③ 24 ④ 26 ⑤ 28

집중 유형 11 식의 대입 개념 4

37 대표문제

$A=3x-2y$, $B=-x+3y$일 때, $2A-\{-B+3(A-B)\}$를 x, y의 식으로 나타내면?

① $-x+10y$ ② $x-10y$ ③ $-7x+14y$
④ $-7x-14y$ ⑤ $7x-14y$

38

$y=5-x$에 대하여 $x-2y+3$을 x의 식으로 나타내었을 때, x의 계수는?

① -1 ② 1 ③ 3
④ 5 ⑤ 7

39 서술형

$A=\dfrac{3x-y+3}{2}$, $B=\dfrac{x+2y-2}{3}$일 때,
$6B-\{A-3(A-3B)\}$를 x, y의 식으로 나타내시오.

집중 유형 12 등식의 변형 개념 4

40 대표문제

$2x+4y=3x-3y$일 때, $3(x+5y)-(4x-2y)$를 y의 식으로 나타내면?

① $8y$ ② $10y$ ③ $12y$
④ $14y$ ⑤ $16y$

41

$(x+1):y=2:5$일 때, $4x-2y+5$를 x의 식으로 나타내시오.

42

$3x+y-2=0$일 때,
$5x-y-[2x-\{7x-y-(4x+6y)-9\}]$를 x의 식으로 나타내시오.

중요

43 서술형

$\dfrac{1}{x}+\dfrac{1}{y}=6$일 때, $\dfrac{x+4xy+y}{x-5xy+y}$의 값을 구하시오.

[유형북] Real 실전 유형에서 틀린 문제를 체크해 보세요.

유형 01 부등식 개념 1

01 대표문제

다음 중 부등식인 것을 모두 고르면? (정답 2개)

① $5x+1$ ② $-2x-6=3$

③ $-3x+2\geq5$ ④ $10-x<3x$

⑤ $2x+1-(5x+3)$

02

다음 중 부등식이 아닌 것은?

① $4x+3\geq-1$ ② $6x-4>3x$

③ $5-3x<0$ ④ $6-3>2$

⑤ $7x+1\neq-3$

03

다음 **보기** 중 부등식인 것의 개수는?

보기

ㄱ. $x+4<9-x$ ㄴ. $-x+6>\frac{1}{3}x$

ㄷ. $3x-\frac{1}{5}$ ㄹ. $3x-(5x+3)$

ㅁ. $2x+6\leq10$ ㅂ. $5x+10=5$

① 1 ② 2 ③ 3

④ 4 ⑤ 5

유형 02 부등식으로 나타내기 개념 1

04 대표문제

다음 중 문장을 부등식으로 나타낸 것으로 옳지 않은 것은?

① x의 2배에서 3을 빼면 9보다 작다. ➡ $2x-3<9$

② x에서 3을 뺀 수의 4배는 20보다 크지 않다.
➡ $(x-3)\times4<20$

③ 한 변의 길이가 x인 정오각형의 둘레의 길이는 30 이상이다. ➡ $5x\geq30$

④ 돼지 x마리와 닭 y마리의 전체 다리 수는 32보다 크다.
➡ $4x+2y>32$

⑤ 시속 80 km로 x시간 동안 자동차로 달린 거리는 100 km 이상이다. ➡ $80x\geq100$

중요

05

x의 3배에서 6을 뺀 수는 x에 4를 더한 것의 2배보다 크거나 같을 때, 이를 부등식으로 나타내시오.

06

다음 중 문장을 부등식으로 나타낸 것으로 옳은 것은?

① 700원짜리 아이스크림 1개와 x원짜리 껌 2통의 가격은 2000원을 초과한다. ➡ $700+2x\leq2000$

② 가로의 길이가 x cm, 세로의 길이가 6 cm인 직사각형의 넓이는 30 cm^2 이하이다. ➡ $6x<30$

③ 한 권에 x원인 참고서 3권과 1000원짜리 공책 2권의 가격이 20000원을 넘는다. ➡ $3x+2000>20000$

④ 농도가 x %인 소금물 200 g에 들어 있는 소금의 양은 10 g보다 많지 않다. ➡ $2x<10$

⑤ 윗변의 길이가 x cm, 아랫변의 길이가 5 cm, 높이가 3 cm인 사다리꼴의 넓이는 36 cm^2 이상이다.
➡ $\frac{3}{2}(x+5)>36$

유형 03 부등식의 해 개념 1

07 대표문제

다음 중 부등식 $2x+5<3$의 해인 것은?

① -2　② -1　③ 0　④ 1　⑤ 2

08

다음 부등식 중 $x=3$이 해가 아닌 것은?

① $x+2>4$　② $x-2\le 3x+1$　③ $4x\ge -2x+3$　④ $2x>x+3$　⑤ $x-1>-x$

09

다음 중 [ ] 안의 수가 주어진 부등식의 해가 아닌 것은?

① $-x\le 2x$　[2]
② $5x-1<2$　[-1]
③ $x+0.7<0.9$　[0]
④ $\frac{x}{4}\le\frac{x-1}{2}$　[5]
⑤ $3x>x+2$　[-2]

10

x의 값이 -3, -2, -1, 0일 때, 부등식 $3x-4\le 5x-2$의 해의 개수를 구하시오.

집중

유형 04 부등식의 성질 개념 2

11 대표문제

$a<b$일 때, 다음 중 옳지 않은 것은?

① $a+3<b+3$　② $a-\frac{1}{2}<b-\frac{1}{2}$　③ $6a-1<6b-1$　④ $-\frac{a}{5}+1>-\frac{b}{5}+1$　⑤ $-3a-1<-3b-1$

12

다음 중 ○ 안에 들어갈 부등호의 방향이 나머지 넷과 다른 하나는?

① $a-3\le b-3$이면 a ○ b
② $-a+2\le -b+2$이면 a ○ b
③ $a+\frac{6}{5}\le b+\frac{6}{5}$이면 a ○ b
④ $-\frac{a}{7}+3\ge -\frac{b}{7}+3$이면 a ○ b
⑤ $2a-1\le 2b-1$이면 a ○ b

13

$-\frac{1}{2}a+3>-\frac{1}{2}b+3$일 때, 다음 **보기** 중 옳은 것은 모두 몇 개인지 구하시오.

보기

ㄱ. $a>b$　ㄴ. $2a>2b$
ㄷ. $\frac{1}{3}a+1<\frac{1}{3}b+1$　ㄹ. $1-4a>1-4b$
ㅁ. $-a\div(-2)<-b\div(-2)$

집중

유형 05 부등식의 성질을 이용하여 식의 값의 범위 구하기 개념2

14 대표문제

$-3\le x\le 2$일 때, $m\le 5+2x\le M$이다. 이때 $m+M$의 값은?

① 2 ② 4 ③ 6
④ 8 ⑤ 10

15

$-1<a<3$일 때, 다음 중 $-2a+\frac{1}{2}$의 값이 될 수 있는 것은?

① 1 ② 3 ③ 5
④ 7 ⑤ 9

16

$-2<x\le 1$일 때, 다음 중 옳지 않은 것은?

① $1<x+3\le 4$
② $-3\le -3x<6$
③ $-\frac{2}{3}<\frac{x}{3}\le\frac{1}{3}$
④ $1<2-x\le 4$
⑤ $2\le 4-2x<8$

17 서술형

$-3\le x\le 6$일 때, $A=\frac{x}{3}+2$를 만족시키는 모든 자연수 A의 값의 합을 구하시오.

유형 06 일차부등식 개념3

18 대표문제

다음 중 일차부등식이 아닌 것을 모두 고르면? (정답 2개)

① $-x+3<5x+1$
② $2<5-3x$
③ $x^2+1\le x$
④ $-2x+7>-2x+1$
⑤ $3(x-1)\ge x$

19

다음 **보기** 중 일차부등식인 것을 모두 고른 것은?

보기

ㄱ. $8-1>6$
ㄴ. $3x-1\le 5$
ㄷ. $5-2x=3x-1$
ㄹ. $-0.2x+5>-\frac{1}{5}x+1$
ㅁ. $3-\frac{1}{x}\ge 1$
ㅂ. $2x^2-3\ge 2x^2+3x+5$

① ㄱ, ㄴ ② ㄴ, ㄹ ③ ㄴ, ㅂ
④ ㄴ, ㄷ, ㅂ ⑤ ㄴ, ㄹ, ㅂ

중요

20

다음 중 부등식 $ax+1-x\ge 2x+5$가 일차부등식이 되도록 하는 상수 a의 값이 아닌 것은?

① 1 ② 2 ③ 3
④ 4 ⑤ 5

집중

유형 07 일차부등식의 풀이 개념 3

21 대표문제

다음 부등식 중 해가 나머지 넷과 다른 하나는?

① $x<-2+2x$　② $7-x<x+3$

③ $4x+5>6x+1$　④ $-3x<-6$

⑤ $8<3x+2$

22

다음 부등식 중 해가 $x>2$인 것은?

① $2x-5<-1$　② $-2x-1\leq x+2$

③ $2x-5\leq 4x+1$　④ $x+3\geq 6x-12$

⑤ $2-3x<-4$

23

다음 중 부등식 $x-6\leq 2x-3$의 해를 수직선 위에 바르게 나타낸 것은?

①
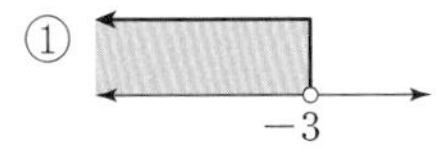

②
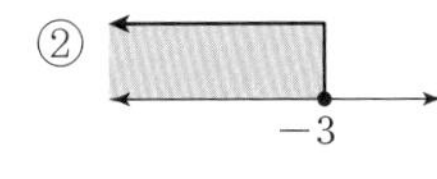

③
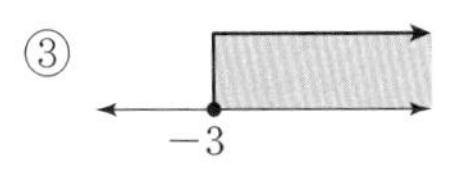

④
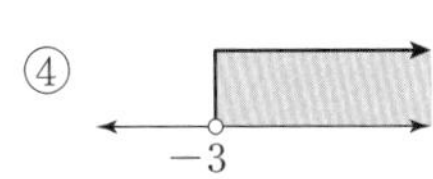

⑤
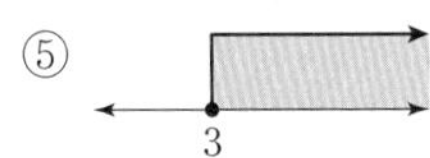

24

다음 부등식 중 해를 수직선 위에 바르게 나타낸 것이 오른쪽 그림과 같은 것은?

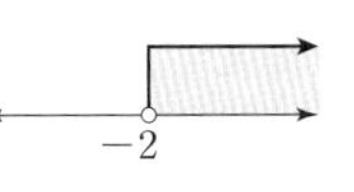

① $3x-2\geq 5x+6$　② $4x-1\leq 3$

③ $2x+3\geq 4x-5$　④ $5x-3>x+1$

⑤ $3x-1>x-5$

유형 08 괄호가 있는 일차부등식의 풀이 개념 4

25 대표문제

부등식 $4(x-1)+1\geq 2(x+3)$을 풀면?

① $x<5$　② $x\geq\frac{9}{2}$　③ $x\leq\frac{9}{2}$

④ $x\geq\frac{11}{2}$　⑤ $x\leq\frac{11}{2}$

26

다음 중 부등식 $3(x-1)>-x+5$의 해인 것은?

① -1　② 0　③ 1

④ 2　⑤ 3

27

다음 중 부등식 $3(x+5)<4-2(2x+5)$의 해를 수직선 위에 바르게 나타낸 것은?

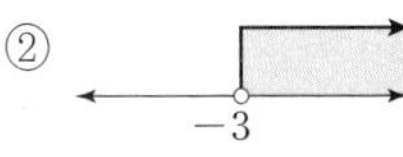

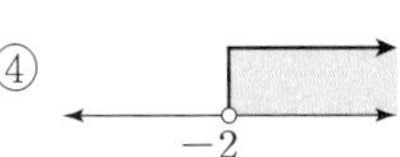

⑤
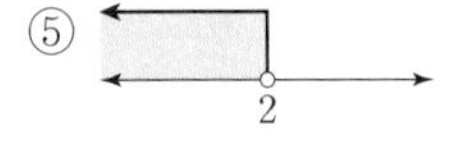

28 서술형

부등식 $4(2x-5)+7<3(x+5)+2$를 만족시키는 자연수 x의 값의 합을 구하시오.

집중

유형 09 계수가 소수 또는 분수인 일차부등식의 풀이 개념 4

29 대표문제

부등식 $0.2x-\frac{7}{10}\le 0.5x-1$을 풀면?

① $x\le 0$ ② $x\le 1$ ③ $x\ge 1$
④ $x\le 2$ ⑤ $x\ge 2$

중요

30

다음 중 부등식 $\frac{x-2}{3}-\frac{3x-1}{2}\ge 1$의 해를 수직선 위에 바르게 나타낸 것은?

① 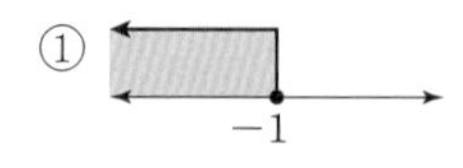
② 
③ 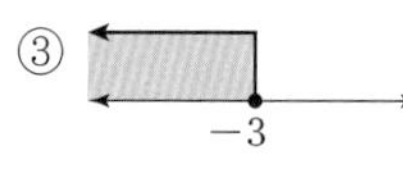
④ 
⑤ 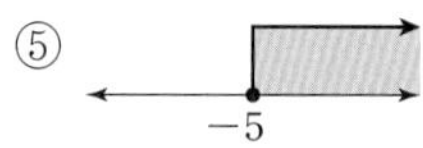

31

다음 부등식 중 해가 나머지 넷과 다른 하나는?

① $0.2x>0.1(x-2)$ ② $0.01x+0.08>-0.03x$
③ $\frac{5-2x}{3}<3$ ④ $\frac{1}{2}x-1>\frac{1}{3}x-\frac{3}{2}$
⑤ $0.5x+1>\frac{1}{3}(x+2)$

32 서술형

부등식 $0.3x-0.2>0.13x-0.03$의 해가 $x>a$이고, 부등식 $\frac{x}{2}-1\le\frac{x-2}{3}$의 해가 $x\le b$일 때, ab의 값을 구하시오.

집중

유형 10 x의 계수가 문자인 일차부등식의 풀이 개념 3, 4

33 대표문제

$a<0$일 때, x에 대한 일차부등식 $2ax-1>3$의 해는?

① $x>\frac{2}{a}$ ② $x<\frac{2}{a}$ ③ $x>-\frac{2}{a}$
④ $x<-\frac{2}{a}$ ⑤ $x<a$

34

$a>0$일 때, x에 대한 일차부등식 $3a<-ax$를 풀면?

① $x<3$ ② $x>3$ ③ $x<-\frac{1}{3}$
④ $x<-3$ ⑤ $x>-3$

35

$a<0$일 때, x에 대한 일차부등식 $2(2-ax)\le ax-2$를 풀면?

① $x\le\frac{2}{a}$ ② $x\ge\frac{2}{a}$ ③ $x\le\frac{4}{a}$
④ $x\ge\frac{4}{a}$ ⑤ $x\le\frac{5}{a}$

36

$a<1$일 때, x에 대한 일차부등식 $ax-2a<x-2$를 만족시키는 가장 작은 정수 x의 값을 구하시오.

집중

유형 11 부등식의 해가 주어진 경우 개념 3, 4

37 대표문제

일차부등식 $ax-1<3$의 해가 $x>-1$일 때, 상수 a의 값은?

① -4　② -2　③ -1　④ 2　⑤ 4

38

일차부등식 $x+a>2x-4$의 해가 $x<2$일 때, 상수 a의 값을 구하시오.

39 서술형

일차부등식 $-x-2\geq\frac{2x+1}{3}+a$의 해를 수직선 위에 나타내면 오른쪽 그림과 같을 때, 상수 a의 값을 구하시오.

4

40 중요

일차부등식 $ax-3<2x-5$의 해가 $x>2$일 때, 상수 a의 값을 구하시오.

유형 12 해가 서로 같은 두 일차부등식 개념 3, 4

41 대표문제

두 일차부등식 $2x+3\geq4x-5$, $4x-2\leq-a+x$의 해가 서로 같을 때, 상수 a의 값을 구하시오.

42

두 일차부등식 $0.5x+0.2\geq0.1x-0.6$, $3(1-x)\leq a$의 해가 서로 같을 때, 상수 a의 값을 구하시오.

유형 13 자연수인 해의 개수가 주어진 경우 개념 3

43 대표문제

일차부등식 $5x\leq3x+a$를 만족시키는 자연수 x가 4개일 때, 상수 a의 값의 범위는?

① $6\leq a<8$　② $6<a\leq8$　③ $8<a<10$　④ $8\leq a<10$　⑤ $8\leq a\leq10$

44

일차부등식 $4x-a\leq2x+1$을 만족시키는 자연수 x가 2개일 때, 상수 a의 값의 범위를 구하시오.

05 일차부등식의 활용

[유형북] Real 실전 유형에서 틀린 문제를 체크해 보세요.

집중

유형 01 수에 대한 문제 개념1

01 대표문제

연속하는 세 자연수의 합이 48보다 크다고 한다. 이와 같은 수 중 가장 작은 세 자연수를 구하시오.

02 서술형

어떤 정수의 4배에서 6을 뺀 수는 그 정수에 2를 더한 수의 3배보다 작거나 같다고 한다. 이와 같은 수 중 가장 큰 정수를 구하시오.

중요

03

차가 3인 두 정수의 합이 25 이상이다. 두 정수 중 큰 수를 x라 할 때, x의 값이 될 수 있는 가장 작은 수를 구하시오.

04

연속하는 세 짝수의 합이 45보다 작다고 한다. 세 짝수 중 가장 큰 수를 x라 할 때, x의 값이 될 수 있는 가장 큰 수는?

① 10 ② 12 ③ 14
④ 16 ⑤ 18

유형 02 평균에 대한 문제 개념1

05 대표문제

민석이는 네 과목의 시험에서 91점, 83점, 85점, 80점을 받았다. 다섯 과목의 평균이 86점 이상이 되려면 다섯 번째 과목의 시험에서 몇 점 이상을 받아야 하는가?

① 88점 ② 89점 ③ 90점
④ 91점 ⑤ 92점

06

승기는 3회에 걸친 1분 동안의 윗몸일으키기에서 평균 32회의 기록을 얻었다. 4회까지의 기록의 평균이 33회 이하가 되려면 4회에서 윗몸일으키기를 몇 회 이내로 해야 하는지 구하시오.

07

인성이네 반의 남학생 15명의 평균 몸무게가 49 kg, 여학생의 평균 몸무게가 45 kg이다. 인성이네 반 학생 전체의 평균 몸무게가 47 kg 이상일 때, 여학생은 최대 몇 명인가?

① 12명 ② 13명 ③ 14명
④ 15명 ⑤ 16명

유형 03 개수에 대한 문제 (1) 개념1

08 대표문제

한 개에 1500원 하는 초콜릿 5개와 한 개에 2000원 하는 빵을 포장하여 선물하려고 한다. 포장비가 2000원일 때, 전체 비용을 30000원 이하로 하려면 빵은 최대 몇 개까지 넣을 수 있는가?

① 6개 ② 7개 ③ 8개
④ 9개 ⑤ 10개

09

한 송이에 800원인 카네이션을 포장하여 선물하려고 한다. 포장비가 1500원일 때, 전체 비용이 15000원 미만이 되게 하려면 카네이션을 최대 몇 송이까지 넣을 수 있는가?

① 15송이 ② 16송이 ③ 17송이
④ 18송이 ⑤ 19송이

10 서술형

민경이와 재현이는 최대 용량이 600 kg인 엘리베이터를 이용하여 1개에 50 kg인 물건을 한 번에 나르려고 한다. 민경이와 재현이의 몸무게의 합이 110 kg일 때, 이 엘리베이터에 물건을 최대 몇 개까지 실을 수 있는지 구하시오.

집중

유형 04 개수에 대한 문제 (2) 개념1

11 대표문제

한 개에 700원인 과자와 한 개에 1000원인 아이스크림을 합하여 8개를 사려고 한다. 총 금액이 6500원 이하가 되게 하려면 아이스크림은 최대 몇 개까지 살 수 있는가?

① 3개 ② 4개 ③ 5개
④ 6개 ⑤ 7개

12

어느 박물관의 한 사람당 입장료가 어른은 4000원, 학생은 2000원이다. 어른과 학생이 합하여 15명이 50000원 이하로 입장하려면 어른은 최대 몇 명까지 입장할 수 있는지 구하시오.

중요

13 서술형

온라인 마트에서 한 개에 1500원인 사과와 한 개에 1800원인 복숭아를 합하여 20개를 구입하려고 한다. 배송료가 2500원일 때, 전체 금액이 35000원을 넘지 않으려면 복숭아는 최대 몇 개까지 살 수 있는지 구하시오.

유형 05 추가 요금에 대한 문제 개념1

14 대표문제

어느 주차장의 주차 요금은 30분까지는 4000원이고 30분이 지나면 1분마다 50원씩 요금이 추가된다고 한다. 주차 요금이 10000원 이하가 되게 하려면 최대 몇 분 동안 주차할 수 있는지 구하시오.

15

어느 통신사의 한 휴대폰 요금제는 매달 문자 200개가 무료이고, 200개를 넘으면 한 개당 22원의 요금이 부과된다. 이 요금제를 한 달 동안 사용할 때, 문자 사용 요금이 4000원을 넘지 않게 하려면 문자 메시지를 최대 몇 개까지 보낼 수 있는지 구하시오.

16 서술형

어느 사진관에서는 사진을 인화하는데 기본 8장에 15000원이고 8장을 초과하면 한 장당 500원씩 추가된다고 한다. 전체 금액이 20000원 이하가 되게 하려면 사진은 최대 몇 장까지 인화할 수 있는지 구하시오.

중요

17

라면을 사는데 5개까지는 한 개당 1200원이고 5개를 초과하면 한 개당 800원이라 한다. 라면 한 개당 가격이 1000원 이하가 되게 하려면 라면을 몇 개 이상 사야 하는지 구하시오.

유형 06 예금액에 대한 문제 개념1

18 대표문제

현재 언니의 저축액은 20000원, 동생의 저축액은 35000원이다. 다음 달부터 매월 언니는 5000원씩, 동생은 3000원씩 저금한다면 몇 개월 후부터 언니의 저축액이 동생의 저축액보다 많아지는가?

① 7개월 후 ② 8개월 후 ③ 9개월 후
④ 10개월 후 ⑤ 11개월 후

19

현재 은지의 통장에는 20000원이 들어 있다. 다음 달부터 매월 5000원씩 저금한다면 몇 개월 후부터 예금액이 100000원보다 많아지는가?

① 15개월 후 ② 16개월 후 ③ 17개월 후
④ 18개월 후 ⑤ 19개월 후

20 서술형

현재 혜진이의 저축액은 80000원, 재성이의 저축액은 25000원이다. 다음 달부터 혜진이는 매달 4000원씩, 재성이는 매달 3000원씩 예금한다고 할 때, 혜진이의 저축액이 재성이의 저축액의 2배보다 많아지는 것은 몇 개월 후부터인지 구하시오.

집중

유형 07 유리한 방법을 선택하는 문제 (1) 개념 1

21 대표문제

동네 슈퍼에서는 오렌지 한 개의 가격이 800원인데 과일 도매시장에서는 한 개에 500원에 살 수 있다. 과일 도매시장에 가려면 왕복 교통비가 2500원이 든다고 할 때, 오렌지를 몇 개 이상 사야 과일 도매시장에서 사는 것이 유리한가?

① 6개 ② 7개 ③ 8개
④ 9개 ⑤ 10개

22

동네 마트에서는 한 팩에 15000원 하는 휴지를 온라인 마트에서는 이 가격에서 5 % 할인된 금액으로 판매한다. 온라인 마트에서 구입하는 경우 3000원의 배송료를 내야 한다고 할 때, 휴지를 몇 팩 이상 사야 동네 마트보다 온라인 마트를 이용하는 것이 유리한지 구하시오.

23

지호네 부모님께서 정수기를 장만하려고 한다. 정수기를 구입하는 경우와 대여하는 경우의 가격이 다음과 같을 때, 구입하는 것이 대여하는 것보다 유리하려면 정수기를 몇 개월 이상 사용해야 하는지 구하시오.

	구입	대여
가격	800000원	매달 35000원
추가 비용	매달 3000원	없음

유형 08 유리한 방법을 선택하는 문제 (2) 개념 1

24 대표문제

어느 시립미술관의 입장료는 한 사람당 15000원이고, 20명 이상의 단체인 경우는 입장료의 30 %를 할인해 준다고 한다. 20명 미만의 단체는 몇 명 이상부터 20명의 단체 입장권을 사는 것이 유리한가?

① 13명 ② 14명 ③ 15명
④ 16명 ⑤ 17명

중요

25

어느 수영장의 입장료는 한 사람 당 3000원이고, 30명 이상의 단체인 경우는 한 사람 당 2500원이라고 한다. 30명 미만의 단체는 몇 명 이상부터 30명의 단체 입장권을 사는 것이 유리한가?

① 22명 ② 23명 ③ 24명
④ 25명 ⑤ 26명

26 서술형

어느 영화관의 입장료는 한 사람당 8000원이고, 50명 이상의 단체인 경우는 입장권의 20 %를 할인해 준다고 한다. 50명 미만의 단체는 몇 명 이상부터 50명의 단체 입장권을 사는 것이 유리한지 구하시오.

유형 09 정가, 원가에 대한 문제 개념1

27 대표문제

원가가 1700원인 물건을 정가의 15 %를 할인하여 팔아서 원가의 25 % 이상의 이익을 얻으려고 할 때, 정가는 얼마 이상으로 정해야 하는가?

① 1950원　② 2100원　③ 2250원
④ 2350원　⑤ 2500원

28

원가가 5000원인 상품을 팔아서 원가의 20 % 이상의 이익을 얻으려고 한다. 정가는 얼마 이상으로 정해야 하는지 구하시오.

29

원가가 3500원인 빵을 정가의 30 %를 할인하여 팔아서 원가의 15 % 이상의 이익을 얻으려고 한다. 원가에 최소 얼마를 더해서 정가를 정해야 하는지 구하시오.

30

어느 상품을 원가의 20 %의 이익을 붙여 정가를 정하였다. 세일 기간에 정가에서 2000원을 할인하여 판매하였더니 원가의 10 % 이상의 이익을 얻었다고 할 때, 이 상품의 원가는 얼마 이상인지 구하시오.

집중

유형 10 도형에 대한 문제 개념1

31 대표문제

삼각형의 세 변의 길이가 $x+2$, $x+4$, $x+7$일 때, 다음 중 x의 값이 될 수 없는 것은?

① 1　② 2　③ 3
④ 4　⑤ 5

32

윗변의 길이가 8 cm이고 높이가 4 cm인 사다리꼴이 있다. 이 사다리꼴의 넓이가 32 cm^2 이하일 때, 사다리꼴의 아랫변의 길이는 몇 cm 이하이어야 하는지 구하시오.

중요

33

오른쪽 그림과 같이 밑면의 반지름의 길이가 6 cm인 원기둥이 있다. 이 원기둥의 부피가 360π cm^3 이상일 때, 원기둥의 높이는 몇 cm 이상이어야 하는지 구하시오.

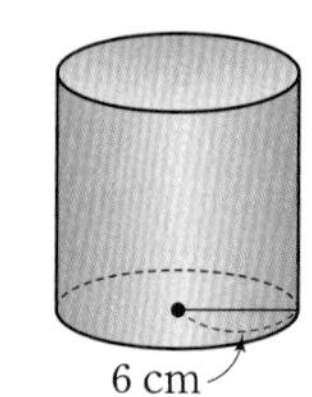

34 서술형

세로의 길이가 가로의 길이보다 2 cm 긴 직사각형을 만들려고 한다. 이 직사각형의 둘레의 길이가 120 cm 이상이 되게 하려면 가로의 길이는 몇 cm 이상이어야 하는지 구하시오.

유형 11 거리, 속력, 시간에 대한 문제 (1) 개념2

35 대표문제

집에서 출발하여 12 km 떨어진 지하철역까지 가는데 처음에는 시속 9 km로 뛰어가다가 도중에 시속 3 km로 걸어서 1시간 40분 이내에 지하철역에 도착하였다. 이때 시속 9 km로 뛰어간 거리는 몇 km 이상인가?

① 9 km ② 9.5 km ③ 10 km
④ 10.5 km ⑤ 11 km

36

A 지점에서 11 km 떨어진 B 지점까지 가는데 처음에는 시속 3 km로 걷다가 도중에 시속 5 km로 뛰어서 3시간 이내에 B 지점에 도착하였다. 이때 시속 5 km로 뛰어간 거리는 몇 km 이상인지 구하시오.

37

인성이가 집에서 20 km 떨어진 기차역까지 가는데 처음에는 자전거를 타고 시속 12 km로 달리다가 도중에 자전거가 고장이 나서 그 지점에서부터 자전거를 끌고 시속 4 km로 걸어서 2시간 20분 이내에 기차역에 도착하였다. 자전거가 고장이 난 지점은 집으로부터 몇 km 이상 떨어진 곳인지 구하시오.

집중

유형 12 거리, 속력, 시간에 대한 문제 (2) 개념2

38 대표문제

고속버스터미널에서 버스가 출발하기 전까지 1시간의 여유가 있어서 이 시간을 이용하여 상점에 가서 선물을 사오려고 한다. 시속 4 km로 걷고, 상점에서 선물을 사는 데 15분이 걸린다고 할 때, 고속버스터미널에서 몇 km 이내에 있는 상점을 이용할 수 있는가?

① 1.5 km ② 2 km ③ 2.5 km
④ 3 km ⑤ 3.5 km

39 서술형

예진이가 집에서 출발하여 산책을 하는데 갈 때는 시속 4 km로 걷고, 30분 쉬다가 올 때는 같은 길을 시속 6 km로 걸어서 3시간 이내로 산책을 마치려고 한다. 이때 집으로부터 최대 몇 km 떨어진 곳까지 갔다 올 수 있는지 구하시오.

40

서현이가 등산을 하는데 올라갈 때는 시속 5 km로 걷고 내려올 때는 올라갈 때보다 2 km 더 먼 길을 시속 6 km로 걸었다. 등산하는 데 걸린 시간이 4시간 이내였다면 최대 몇 km 지점까지 올라갔다 올 수 있는지 구하시오.

유형 13 거리, 속력, 시간에 대한 문제 (3) 개념 2

41 대표문제

지호와 은우가 같은 지점에서 동시에 출발하여 서로 반대 방향으로 직선 도로를 따라 걷고 있다. 지호는 시속 4 km, 은우는 시속 5 km로 걸을 때, 지호와 은우가 4.5 km 이상 떨어지려면 몇 분 이상 걸어야 하는가?

① 20분 ② 25분 ③ 30분
④ 35분 ⑤ 40분

42 서술형

형과 동생이 같은 지점에서 동시에 출발하여 형은 동쪽으로 분속 250 m로, 동생은 서쪽으로 분속 350 m로 달려가고 있다. 형과 동생이 3 km 이상 떨어지는 것은 출발한 지 몇 분 후부터인지 구하시오.

43

연희와 미애가 같은 지점에서 출발하여 서로 반대 방향으로 직선 도로를 따라 걷고 있다. 연희는 미애가 출발한 지 10분 후에 출발하였고, 연희는 시속 3 km, 미애는 시속 5 km로 걸을 때, 연희와 미애가 7.5 km 이상 떨어지는 것은 미애가 출발한 지 몇 분 후부터인가?

① 60분 후 ② 70분 후 ③ 80분 후
④ 90분 후 ⑤ 100분 후

집중

유형 14 농도에 대한 문제 (1) 개념 2

44 대표문제

8 %의 설탕물 500 g에 물을 넣어 농도가 5 % 이하인 설탕물을 만들려고 할 때, 최소 몇 g의 물을 넣어야 하는가?

① 200 g ② 300 g ③ 400 g
④ 500 g ⑤ 600 g

중요

45

6 %의 소금물 200 g에서 물을 증발시켜 농도가 10 % 이상인 소금물을 만들려고 할 때, 최소 몇 g의 물을 증발시켜야 하는가?

① 60 g ② 80 g ③ 100 g
④ 120 g ⑤ 140 g

46 서술형

물 188 g에 소금 22 g을 넣어 만든 소금물에 물을 넣어 농도가 10 % 이하인 소금물을 만들려고 할 때, 최소 몇 g의 물을 넣어야 하는지 구하시오.

유형 15 농도에 대한 문제 (2) 개념 2

47 대표문제

12 %의 소금물 100 g과 6 %의 소금물을 섞어서 농도가 8 % 이상인 소금물을 만들려고 할 때, 6 %의 소금물은 최대 몇 g까지 섞을 수 있는가?

① 200 g ② 300 g ③ 400 g
④ 500 g ⑤ 600 g

48

8 %의 설탕물 500 g과 3 %의 설탕물을 섞어서 농도가 7 % 이하인 설탕물을 만들려고 할 때, 3 %의 설탕물은 최소 몇 g을 섞어야 하는가?

① 120 g ② 125 g ③ 130 g
④ 135 g ⑤ 140 g

49 서술형

6 %의 소금물과 10 %의 소금물을 섞어서 농도가 9 % 이상인 소금물 500 g을 만들려고 할 때, 6 %의 소금물은 몇 g 이하로 섞어야 하는지 구하시오.

유형 16 여러 가지 부등식의 활용 개념 1, 2

50 대표문제

100000원을 두 사람 A, B에게 나누어 주려고 한다. A의 몫의 3배가 B의 몫의 5배 이하가 되게 하려면 A에게 최대 얼마를 줄 수 있는가?

① 55000원 ② 57500원 ③ 60000원
④ 62500원 ⑤ 65000원

51

현재 A 탱크에는 600 L, B 탱크에는 300 L의 물이 들어 있다. A, B 2개의 물탱크에서 1분에 15 L씩 동시에 물을 뺀다고 하면 몇 분 후부터 A 탱크의 물의 양이 B 탱크의 물의 양의 3배 이상이 되는지 구하시오.

52

현재 어머니의 나이는 51세이고, 윤주의 나이는 15세이다. 몇 년 후부터 어머니의 나이가 윤주의 나이의 3배 이하가 되는지 구하시오.

53

오른쪽 표는 두 식품 A, B의 100 g에 들어 있는 지방의 양을 나타낸 것이다. 두 식품을 합해서 200 g을 섭취하여 지방을 18 g 이상 섭취하려고 한다. 식품 A는 최소 몇 g을 섭취해야 하는지 구하시오.

식품	지방(g)
A	12
B	8

[유형북] Real 실전 유형에서 틀린 문제를 체크해 보세요.

유형 01 미지수가 2개인 일차방정식 개념 1

01 대표문제

다음 중 미지수가 2개인 일차방정식이 아닌 것을 모두 고르면? (정답 2개)

① $2x-y=0$　② $x=\frac{1}{3}y+7$

③ $x^2+y=x^2-4$　④ $\frac{1}{x}+\frac{1}{y}=6$

⑤ $2x+3y=3(x-y)$

02

다음 **보기** 중 미지수가 2개인 일차방정식인 것을 모두 고른 것은?

보기

ㄱ. $2x-4=5$　ㄴ. $\frac{2}{5}x+\frac{1}{3}y=3$

ㄷ. $\frac{3}{x}-y+1=0$　ㄹ. $x-4y=2(x+3y)$

ㅁ. $x+y^2=2$　ㅂ. $x+y(1-y)+y^2=0$

① ㄱ, ㄷ　② ㄴ, ㄹ　③ ㄴ, ㄹ, ㅂ

④ ㄷ, ㄹ, ㅂ　⑤ ㄹ, ㅁ, ㅂ

03 중요

다음 중 등식 $(a-1)x-3y+1=2x-y-3$이 미지수가 2개인 일차방정식일 때, 상수 a의 값이 될 수 없는 것은?

① -2　② -1　③ 1

④ 2　⑤ 3

유형 02 미지수가 2개인 일차방정식의 해 개념 1

04 대표문제

다음 중 일차방정식 $2x-y=6$의 해가 아닌 것은?

① $(4, 2)$　② $(2, -2)$　③ $(1, -4)$

④ $(-1, 2)$　⑤ $(-2, -10)$

05

다음 일차방정식 중 $x=2$, $y=1$을 해로 갖는 것을 모두 고르면? (정답 2개)

① $x+y=1$　② $x+2y=3$

③ $4x+3y=11$　④ $5x-3y=6$

⑤ $3x-2y-4=0$

06 중요

x, y가 5 이하의 자연수일 때, 일차방정식 $x+2y=9$의 모든 해를 x, y의 순서쌍 (x, y)로 나타내시오.

07 서술형

x, y가 자연수일 때, 일차방정식 $2x+3y=19$를 만족시키는 x, y의 순서쌍 (x, y)는 모두 몇 개인지 구하시오.

유형 03 일차방정식의 해가 주어질 때 미지수의 값 구하기 개념 1

08 대표문제

일차방정식 $x+ay-3=0$의 한 해가 $x=1$, $y=-2$일 때, 상수 a의 값은?

① -2 ② -1 ③ 1
④ 2 ⑤ 3

09

x, y의 순서쌍 $(-4,\ k)$가 일차방정식 $3x-5y+2=0$의 한 해일 때, k의 값은?

① -2 ② -1 ③ 1
④ 2 ⑤ 3

10

일차방정식 $ax-4y+2=0$에서 $x=3$일 때, $y=2$이다. $y=-2$일 때, x의 값은? (단, a는 상수)

① -5 ② -3 ③ -1
④ 1 ⑤ 3

11 서술형

x, y의 순서쌍 $(2,\ 4)$, $(a+2,\ -6)$이 모두 일차방정식 $5x+by=6$의 해일 때, $2a-3b$의 값을 구하시오.

(단, b는 상수)

유형 04 연립방정식으로 나타내기 개념 2

12 대표문제

수연이는 수학 시험에서 4점짜리 x문제와 5점짜리 y문제를 합하여 18문제를 맞히어 81점을 얻었다. 다음 중 x, y에 대한 연립방정식으로 옳은 것은?

① $\begin{cases} x+y=18 \\ 4x+3y=81 \end{cases}$ ② $\begin{cases} x+y=18 \\ 5x+4y=81 \end{cases}$

③ $\begin{cases} x+y=18 \\ 4x+5y=81 \end{cases}$ ④ $\begin{cases} x-y=18 \\ 5x+4y=81 \end{cases}$

⑤ $\begin{cases} x-y=18 \\ 5x+5y=81 \end{cases}$

13

다음 문장을 x, y에 대한 연립방정식으로 나타내면 $\begin{cases} x+y=a \\ bx+100y=c \end{cases}$ 일 때, 상수 a, b, c에 대하여 $\dfrac{c}{ab}$의 값을 구하시오.

> 50원짜리 동전 x개와 100원짜리 동전 y개를 합하여 10개가 있고, 전체 금액은 1000원이다.

14 중요

정국이는 집에서 4 km 떨어진 도서관에 가는데 처음에는 시속 5 km로 뛰다가 중간에 시속 3 km로 걸어서 총 40분이 걸렸다. 뛰어간 거리를 x km, 걸어간 거리를 y km라 하고 연립방정식을 세울 때, 다음 **보기** 중 필요한 식을 모두 고르시오.

보기

ㄱ. $x+y=4$ ㄴ. $x-y=4$

ㄷ. $\dfrac{x}{5}+\dfrac{y}{3}=40$ ㄹ. $\dfrac{x}{5}+\dfrac{y}{3}=\dfrac{2}{3}$

유형 05 연립방정식의 해 (개념2)

15 대표문제

다음 연립방정식 중 x, y의 순서쌍 $(-2, 3)$을 해로 갖는 것은?

① $\begin{cases} x+y=1 \\ x-y=5 \end{cases}$ ② $\begin{cases} x+y=-1 \\ x+2y=4 \end{cases}$ ③ $\begin{cases} x+2y=4 \\ 2x-y=-7 \end{cases}$

④ $\begin{cases} 3x+2y=0 \\ 4x-y=-10 \end{cases}$ ⑤ $\begin{cases} 2x-3y=7 \\ 5x+6y=8 \end{cases}$

16

x, y가 자연수일 때, 연립방정식 $\begin{cases} 2x-y=9 \\ 3x+2y=17 \end{cases}$의 해를 x, y의 순서쌍 (x, y)로 나타내시오.

집중

유형 06 연립방정식의 해가 주어질 때 미지수의 값 구하기 (1) (개념2)

17 대표문제

연립방정식 $\begin{cases} ax+7y=-13 \\ 5x+by=4 \end{cases}$의 해가 $x=2$, $y=-3$일 때, 상수 a, b에 대하여 $a+b$의 값을 구하시오.

18 서술형

x, y의 순서쌍 $(b, 4)$가 연립방정식 $\begin{cases} 5x-2y=a \\ 3x+y=7 \end{cases}$의 해일 때, ab의 값을 구하시오. (단, a는 상수)

집중

유형 07 가감법을 이용한 연립방정식의 풀이 (개념3)

19 대표문제

연립방정식 $\begin{cases} 2x-5y=11 \\ 5x+3y=12 \end{cases}$의 해가 $x=a$, $y=b$일 때, $a-b$의 값은?

① -1 ② 1 ③ 2
④ 3 ⑤ 4

20

연립방정식 $\begin{cases} 3x+4y=7 & \cdots\cdots ㉠ \\ 2x-5y=-3 & \cdots\cdots ㉡ \end{cases}$에서 x를 없애서 가감법으로 풀려고 한다. 이때 필요한 식은?

① ㉠$\times 2+$㉡$\times 3$ ② ㉠$\times 2-$㉡$\times 3$
③ ㉠$\times 3-$㉡$\times 4$ ④ ㉠$\times 5+$㉡$\times 4$
⑤ ㉠$\times 5-$㉡$\times 4$

중요

21 서술형

연립방정식 $\begin{cases} 3x+2y=5 \\ 5x+y=13 \end{cases}$의 해가 일차방정식 $4x+ay=6$을 만족시킬 때, 상수 a의 값을 구하시오.

유형 08 대입법을 이용한 연립방정식의 풀이 개념4

22 대표문제

연립방정식 $\begin{cases} x=2y+5 \\ 3x+4y=5 \end{cases}$의 해가 $x=a$, $y=b$일 때, $a+b$의 값을 구하시오.

23

연립방정식 $\begin{cases} y=2x-1 & \cdots\cdots ㉠ \\ 3x+2y=9 & \cdots\cdots ㉡ \end{cases}$에서 ㉠을 ㉡에 대입하여 y를 없애면 $kx=11$이다. 이때 상수 k의 값은?

① 5 ② 6 ③ 7
④ 8 ⑤ 9

24

연립방정식 $\begin{cases} x-6y=-2 \\ x+4y=8 \end{cases}$을 대입법으로 푸시오.

25 서술형

연립방정식 $\begin{cases} x=-2y-1 \\ 5x+8y=-7 \end{cases}$의 해가 일차방정식 $2x+9y=a$를 만족시킬 때, 상수 a의 값을 구하시오.

유형 09 괄호가 있는 연립방정식의 풀이 개념5

26 대표문제

연립방정식 $\begin{cases} 2(2x-1)-5y=1 \\ 5x-6(y+1)=-2 \end{cases}$을 만족시키는 x, y의 값에 대하여 $x+y$의 값은?

① -2 ② -1 ③ 1
④ 2 ⑤ 3

27

연립방정식 $\begin{cases} 3(x-y)+2y=5 \\ 2x-3y=1 \end{cases}$을 푸시오.

28

연립방정식 $\begin{cases} 2(3x-y)-3x=2-y \\ 2x-\{x-3(x-y)\}=-4 \end{cases}$의 해가 $x=a$, $y=b$일 때, ab의 값을 구하시오.

29

연립방정식 $\begin{cases} 3x-4(x+2y)=5 \\ 2(x-y)=3-5y \end{cases}$의 해가 일차방정식 $ax-4y=13$을 만족시킬 때, 상수 a의 값은?

① -5 ② -3 ③ 1
④ 3 ⑤ 5

유형 10 계수가 소수 또는 분수인 연립방정식의 풀이 개념 5

30 대표문제

연립방정식 $\begin{cases} 0.6x+0.2y=4 \\ \frac{x-1}{3}-\frac{y-3}{2}=\frac{1}{3} \end{cases}$ 을 푸시오.

31

연립방정식 $\begin{cases} 0.2x-0.5y=-0.2 \\ 0.05x+0.1y=0.4 \end{cases}$ 를 만족시키는 x, y의 값에 대하여 $x+y$의 값을 구하시오.

32

연립방정식 $\begin{cases} \frac{1}{5}x-\frac{2}{3}y=3 \\ \frac{x-3}{2}-\frac{y-1}{4}=2 \end{cases}$ 의 해가 $x=a$, $y=b$일 때, $a+b$의 값은?

① 1 ② 2 ③ 3
④ 4 ⑤ 5

중요

33

연립방정식 $\begin{cases} 0.\dot{4}x+0.\dot{3}y=0.\dot{9} \\ \frac{1}{5}x-\frac{1}{2}y=-\frac{1}{5} \end{cases}$ 을 푸시오.

집중

유형 11 $A=B=C$ 꼴의 방정식의 풀이 개념 5

34 대표문제

다음 방정식을 푸시오.

$$3x-2y-2=4x-y=x+2y$$

35

방정식 $3x+y+2=4x+2y+1=x$를 풀면?

① $x=-3$, $y=-4$ ② $x=-3$, $y=4$
③ $x=1$, $y=-3$ ④ $x=1$, $y=3$
⑤ $x=3$, $y=-4$

36 서술형

방정식 $\frac{x+y+5}{3}=\frac{x-y-11}{5}=1$의 해가 $x=a$, $y=b$일 때, $a-2b$의 값을 구하시오.

37

방정식 $3x-y=ax-y+4=x+6$의 해가 $x=4$, $y=b$일 때, 상수 a, b에 대하여 $a+b$의 값을 구하시오.

유형 12 연립방정식의 해가 주어질 때 미지수의 값 구하기 (2) 개념 3~5

38 대표문제

연립방정식 $\begin{cases} ax+by=3 \\ bx-ay=4 \end{cases}$의 해가 $x=1$, $y=2$일 때, 상수 a, b에 대하여 $a+b$의 값을 구하시오.

39

x, y의 순서쌍 $(1,\ 1)$이 연립방정식 $\begin{cases} 3ax+4by=-1 \\ 5ax-2by=7 \end{cases}$의 해일 때, 상수 a, b에 대하여 $a-b$의 값을 구하시오.

유형 13 연립방정식의 해와 일차방정식의 해가 같을 때 개념 3~5

40 대표문제

연립방정식 $\begin{cases} 4x+ay=-4 \\ 3x-y=2 \end{cases}$의 해가 일차방정식 $2x-3y=-8$을 만족시킬 때, 상수 a의 값을 구하시오.

41

연립방정식 $\begin{cases} 2x+7y=a \\ 0.5x+0.8y=-0.7 \end{cases}$의 해 $x=p$, $y=q$가 일차방정식 $x+5y=2$의 해일 때, 상수 a, p, q에 대하여 apq의 값을 구하시오.

집중

유형 14 연립방정식의 해에 대한 조건이 주어질 때 개념 3~5

42 대표문제

연립방정식 $\begin{cases} ax+2y=-6 \\ 2x-y=18 \end{cases}$을 만족시키는 x의 값이 y의 값의 5배일 때, 상수 a의 값을 구하시오.

43

연립방정식 $\begin{cases} 2x+y=10 \\ x+3y=8+k \end{cases}$를 만족시키는 x의 값이 y의 값보다 2만큼 클 때, 상수 k의 값을 구하시오.

44 서술형

연립방정식 $\begin{cases} 2x-3y=-8 \\ 3ax-2y=10 \end{cases}$을 만족시키는 x와 y의 값의 비가 $1:2$일 때, 상수 a의 값을 구하시오.

45

연립방정식 $\begin{cases} 0.3x-0.1y=1 \\ 2x-3y=3a \end{cases}$를 만족시키는 x, y의 값의 합이 2일 때, 상수 a의 값은?

① 2　② 3　③ 4　④ 5　⑤ 6

유형 15 계수 또는 상수항을 잘못 보고 구한 해 개념 3~5

46 대표문제

연립방정식 $\begin{cases} 2x-3y=10 \\ 3x+4y=4 \end{cases}$를 푸는데 $3x+4y=4$의 y의 계수를 잘못 보고 풀어서 $x=8$을 얻었다. y의 계수를 어떤 수로 잘못 보고 풀었는지 구하시오.

47

연립방정식 $\begin{cases} ax+by=4 \\ bx+ay=-1 \end{cases}$에서 잘못하여 상수 a와 b를 바꾸어 놓고 풀었더니 $x=2$, $y=1$이었다. 이때 처음 이차방정식의 해는?

① $x=-2$, $y=-1$ ② $x=-2$, $y=1$
③ $x=1$, $y=2$ ④ $x=2$, $y=-1$
⑤ $x=2$, $y=1$

48 서술형

진우와 영서가 연립방정식 $\begin{cases} 2x+y=a \\ bx+3y=6 \end{cases}$을 푸는데 진우는 a를 잘못 보고 풀어서 $x=-3$, $y=6$을 얻었고, 영서는 b를 잘못 보고 풀어서 $x=1$, $y=2$를 얻었다. 이때 처음 연립방정식의 해를 구하시오.

집중

유형 16 해가 서로 같은 두 연립방정식 개념 3~5

49 대표문제

두 연립방정식 $\begin{cases} 2x-3y=-5 \\ 3x+y=a \end{cases}$, $\begin{cases} 2x-5y=-11 \\ x+by=-7 \end{cases}$의 해가 서로 같을 때, 상수 a, b에 대하여 $a+b$의 값은?

① 2 ② 3 ③ 4
④ 5 ⑤ 6

50 서술형

네 일차방정식 $3ax+y=9$, $6x+by=15$, $y=1-2x$, $3x+y=3$이 한 쌍의 공통인 해를 가질 때, 상수 a, b의 값을 각각 구하시오.

51

다음 두 연립방정식의 해가 서로 같을 때, 상수 a, b에 대하여 ab의 값을 구하시오.

$$\begin{cases} 5x-4(x-y)=5 \\ a(x+y)+by=6 \end{cases}, \quad \begin{cases} ax-by=10 \\ 2x+5y=4 \end{cases}$$

유형 17 해가 무수히 많은 연립방정식 개념6

52 대표문제

연립방정식 $\begin{cases} 2ax+3y=12 \\ 4x-y=b \end{cases}$의 해가 무수히 많을 때, 상수 a, b의 값은?

① $a=-6$, $b=-4$ ② $a=-2$, $b=-3$
③ $a=2$, $b=6$ ④ $a=6$, $b=2$
⑤ $a=6$, $b=4$

53

다음 연립방정식 중 해가 무수히 많은 것을 모두 고르면? (정답 2개)

① $\begin{cases} x-2y=1 \\ 2x-y=1 \end{cases}$ ② $\begin{cases} x+2y=6 \\ 3x+2y=6 \end{cases}$
③ $\begin{cases} x-2y=4-x \\ -x+y=-2 \end{cases}$ ④ $\begin{cases} 2x+3y=4 \\ 4x+6y=10 \end{cases}$
⑤ $\begin{cases} 3x+y=2 \\ 6x+2y=4 \end{cases}$

54

일차방정식 $\frac{1}{2}x-\frac{1}{4}y=1$을 만족시키는 모든 x, y의 값에 대하여 일차방정식 $ax+by=8$이 항상 성립할 때, 상수 a, b에 대하여 ab의 값을 구하시오.

유형 18 해가 없는 연립방정식 개념6

55 대표문제

연립방정식 $\begin{cases} 5x-ay=5 \\ 10x-12y=15 \end{cases}$의 해가 없을 때, 상수 a의 값은?

① 2 ② 3 ③ 4
④ 5 ⑤ 6

56

다음 연립방정식 중 해가 없는 것을 모두 고르면? (정답 2개)

① $\begin{cases} x+2y=1 \\ x-y=3 \end{cases}$ ② $\begin{cases} 5x+y=-7 \\ -5x-y=-7 \end{cases}$
③ $\begin{cases} -2x+y=5 \\ 4x-2y=8 \end{cases}$ ④ $\begin{cases} 3x+2y=5 \\ 4x-5=x-2y \end{cases}$
⑤ $\begin{cases} 3x+2y-5=0 \\ 6x+4y-10=0 \end{cases}$

57 서술형

연립방정식 $\begin{cases} 2x+3y=4 \\ -6x+(a+1)y=-12 \end{cases}$의 해가 무수히 많고, 연립방정식 $\begin{cases} 2x-6y=3 \\ bx-12y=-6 \end{cases}$의 해가 없을 때, 상수 a, b에 대하여 $a+b$의 값을 구하시오.

07 연립일차방정식의 활용

정답과 해설 120쪽 유형북 98쪽

[유형북] Real 실전 유형에서 틀린 문제를 체크해 보세요.

집중

유형 01 수에 대한 문제 개념 1

01 대표문제

두 자리 자연수가 있다. 이 수의 각 자리의 숫자의 합은 12이고, 이 수의 십의 자리의 숫자와 일의 자리의 숫자를 바꾼 수는 처음 수보다 36만큼 작다고 한다. 처음 수를 구하시오.

02 서술형

합이 67인 두 자연수가 있다. 큰 수를 작은 수로 나누면 몫은 3이고 나머지는 3일 때, 이 두 수 중 큰 수를 구하시오.

03

지성이의 국어, 수학, 과학 점수의 평균은 78점이고, 수학 점수가 과학 점수보다 6점이 더 높다고 한다. 지성이의 국어 점수가 80점일 때, 수학 점수는?

① 78점 ② 80점 ③ 82점
④ 84점 ⑤ 86점

유형 02 가격, 개수에 대한 문제 개념 1

04 대표문제

1500원짜리 볼펜과 1000원짜리 색연필을 합하여 8개를 사고 9500원을 지불하였다. 색연필은 몇 개 샀는가?

① 3개 ② 4개 ③ 5개
④ 6개 ⑤ 7개

05

50원짜리 동전과 100원짜리 동전을 합하여 24개를 모았더니 금액이 1900원이 되었다. 이때 50원짜리 동전은 몇 개인지 구하시오.

06

한 개에 1800원인 복숭아와 한 개에 900원인 바나나를 합하여 여러 개를 사고 27000원을 지불하였다. 바나나의 개수가 복숭아의 개수의 3배보다 5개 많다고 할 때, 바나나는 몇 개 샀는지 구하시오.

중요

07

어느 미술관의 어른 5명과 어린이 3명의 입장료의 합은 60000원이고 어른 3명과 어린이 6명의 입장료의 합은 57000원이다. 어른 2명과 어린이 1명의 입장료의 합을 구하시오.

유형 03 득점, 감점에 대한 문제 개념1

08 대표문제

어느 수학경시대회에서 총 25문제가 출제되는데 한 문제를 맞히면 5점을 얻고, 틀리면 3점을 잃는다고 한다. 재연이는 25문제를 모두 풀어서 85점을 얻었다고 할 때, 재연이가 틀린 문제 수를 구하시오.

09

어느 공장에서 장갑을 생산하는데 합격품은 한 개당 600원의 이익을 얻고, 불량품은 한 개당 900원의 손해를 본다고 한다. 이 장갑을 100개 생산하여 51000원의 이익을 얻었다고 할 때, 합격품의 개수는?

① 92 ② 93 ③ 94
④ 95 ⑤ 96

10 서술형

어느 우리말 겨루기 대회에서 한 문제를 풀어 맞히면 100점을 얻고, 틀리면 50점을 감점한다고 한다. 민지가 맞힌 문제 수는 틀린 문제 수의 4배이고 얻은 점수는 1400점일 때, 민지가 맞힌 문제 수를 구하시오.

유형 04 계단에 대한 문제 개념1

11 대표문제

소영와 민경이가 가위바위보를 하여 이긴 사람은 3계단을 올라가고, 진 사람은 2계단을 내려가기로 하였다. 얼마 후 소영이는 처음 위치보다 10계단을 올라가 있었고, 민경이는 처음 위치 그대로였다. 민경이가 이긴 횟수는?
(단, 비기는 경우는 없다.)

① 2 ② 3 ③ 4
④ 5 ⑤ 6

12

해인이와 지민이가 가위바위보를 하여 이긴 사람은 2계단을 올라가고, 진 사람은 1계단을 내려가기로 하였다. 얼마 후 해인이는 처음 위치보다 7계단을 올라가 있었고, 지민이는 4계단을 올라가 있었다. 지민이가 이긴 횟수는?
(단, 비기는 경우는 없다.)

① 6 ② 5 ③ 4
④ 3 ⑤ 2

13

영아와 민호가 가위바위보를 하여 이긴 사람은 4계단을 올라가고, 진 사람은 3계단을 내려가기로 하였다. 얼마 후 영아는 처음 위치보다 18계단을 올라가 있었고 민호는 처음 위치보다 3계단을 내려가 있었다. 두 사람이 가위바위보를 한 횟수를 구하시오. (단, 비기는 경우는 없다.)

유형 05 비율에 대한 문제 개념 1

14 대표문제

어느 산악회의 회원은 총 28명인데, 이번 산행에 남자 회원의 $\frac{2}{3}$와 여자 회원의 $\frac{3}{4}$이 참여했다고 한다. 산행에 참여한 회원이 전체 회원의 $\frac{5}{7}$일 때, 이 산악회의 여자 회원 수를 구하시오.

15

학생 수가 34명인 어느 학급에서 새로운 안건에 대하여 찬반 투표를 진행하였는데 남학생의 50 %와 여학생의 75 %가 찬성했다고 한다. 찬성한 학생이 21명일 때, 이 학급의 남학생 수를 구하시오.

16

어느 학급의 학생이 총 30명인데 남학생의 $\frac{5}{8}$와 여학생의 $\frac{5}{7}$가 축구를 좋아한다고 한다. 축구를 좋아하는 학생이 전체 학생의 $\frac{2}{3}$일 때, 이 학급의 남학생 수는?

① 14 ② 15 ③ 16
④ 17 ⑤ 18

집중

유형 06 증가, 감소에 대한 문제 개념 1

17 대표문제

어느 학교의 작년 학생 수는 700명이었는데 올해는 남학생이 10 % 줄고, 여학생이 5 % 늘어서 675명이 되었다. 올해 여학생 수는?

① 305 ② 310 ③ 315
④ 320 ⑤ 325

중요

18

어느 인터넷 카페의 지난달 회원 수는 400명이었는데 이번 달에는 남자 회원이 6 % 늘고, 여자 회원이 3 % 줄어서 전체 회원 수는 6명이 늘었다고 한다. 지난달 여자 회원 수를 구하시오.

19 서술형

어느 농장에서 감자와 고구마를 재배하고 있다. 이 농장의 작년 수확량은 감자와 고구마를 합하여 600상자이고, 올해는 작년에 비해 감자는 4 % 감소하고, 고구마는 14 % 증가하여 총 612상자를 수확하였다. 올해 고구마의 수확량을 구하시오.

유형 07 정가, 원가에 대한 문제 개념 1

20 대표문제

A, B 두 제품을 합하여 48000원에 하나씩 사서 A 제품은 원가의 30 % 이익을 붙이고, B 제품은 원가에서 10 % 할인하여 판매하였더니 7600원의 이익이 생겼다. A, B 두 제품의 원가를 각각 구하시오.

21

어느 운동화 제조 회사에서 A, B 두 운동화를 출시하였다. A 운동화는 원가의 20 %, B 운동화는 원가의 30 %의 이익을 붙여서 판매하였더니 한 켤레당 5400원의 이익을 얻었다. A, B 두 운동화의 한 켤레당 원가의 합이 23000원일 때, A 운동화 한 켤레의 원가는?

① 8000원 ② 10000원 ③ 13000원
④ 15000원 ⑤ 18000원

22

개당 원가가 1000원인 A 제품과 개당 원가가 1500원인 B 제품을 합하여 1000개를 구입하였다. A 제품은 원가의 35 %, B 제품은 원가의 20 %의 이익을 붙여서 모두 판매하면 315000원의 이익이 발생한다고 할 때, 구입한 B 제품의 개수는?

① 300 ② 400 ③ 500
④ 600 ⑤ 700

유형 08 일에 대한 문제 개념 1

23 대표문제

영서와 정윤이가 함께 일을 하면 12일 만에 끝내는 일을 영서가 4일 동안 일하고 나머지를 정윤이가 16일 동안 일하여 끝냈다. 이 일을 영서가 혼자 하면 며칠이 걸리는가?

① 12일 ② 18일 ③ 24일
④ 32일 ⑤ 36일

중요

24

어떤 물통에 물을 가득 채우는데 A 호스로 6시간 동안 물을 넣고 B 호스로 5시간 동안 물을 넣으면 물이 가득 찬다고 한다. 또, 이 물통에 A 호스로 10시간 동안 물을 넣고 B 호스로 3시간 동안 물을 넣었더니 물통에 가득 찼다. 이 물통을 B 호스로만 가득 채우는 데는 몇 시간이 걸리는가?

① 4시간 ② 6시간 ③ 8시간
④ 10시간 ⑤ 12시간

25 서술형

A, B 두 사람이 벽화를 그리려고 한다. A가 4일 동안 작업하고 나머지를 B가 6일 동안 작업하여 끝낼 수 있는 일을, A가 5일 동안 작업하고 나머지를 B가 3일 동안 작업하여 끝냈다. 이 작업을 B가 혼자 하면 며칠이 걸리는지 구하시오.

집중

유형 09 도형에 대한 문제 개념1

26 대표문제

둘레의 길이가 64 cm인 직사각형이 있다. 이 직사각형의 가로의 길이가 세로의 길이보다 6 cm만큼 짧을 때, 이 직사각형의 가로의 길이는?

① 10 cm ② 11 cm ③ 12 cm
④ 13 cm ⑤ 14 cm

중요

27

길이가 48 cm인 줄을 잘라서 두 개로 나누었더니 긴 줄의 길이가 짧은 줄의 길이의 2배보다 3 cm만큼 길었다. 긴 줄의 길이는?

① 21 cm ② 24 cm ③ 27 cm
④ 30 cm ⑤ 33 cm

28 서술형

오른쪽 그림과 같이 높이가 8 cm인 사다리꼴에서 아랫변의 길이가 윗변의 길이의 2배이고 그 넓이가 72 cm^2일 때, 아랫변의 길이를 구하시오.

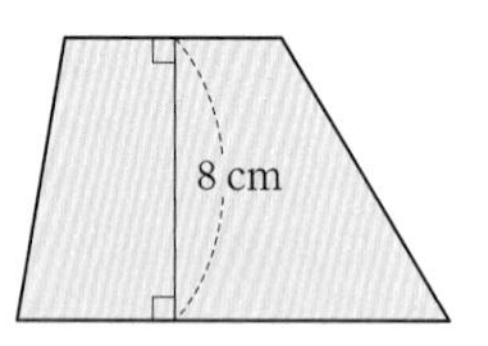

집중

유형 10 거리, 속력, 시간에 대한 문제 (1) 개념2

29 대표문제

예찬이네 집에서 약속 장소까지의 거리는 3 km이다. 예찬이는 집에서 출발하여 약속 장소를 향해 시속 4 km로 걷다가 약속 시간에 늦을 것 같아 도중에 시속 10 km로 달렸더니 36분이 걸렸다. 예찬이가 달린 거리를 구하시오.

30

등산을 하는데 올라갈 때는 A 코스의 길을 시속 3 km로 걷고, 내려올 때는 B 코스의 길을 시속 5 km로 걸어서 모두 3시간 20분이 걸렸다. 총 12 km를 걸었다고 할 때, 내려온 거리는?

① 4 km ② 5 km ③ 6 km
④ 8 km ⑤ 10 km

31

산이가 집에서 출발하여 도서관을 갔다 오는데 갈 때는 자전거를 타고 시속 8 km로 가고, 올 때는 갈 때보다 1500 m 더 가까운 길을 시속 6 km로 뛰어서 모두 1시간 10분이 걸렸다. 도서관에서 머문 시간이 15분일 때, 산이가 이동한 거리는 몇 km인지 구하시오.

유형 11 거리, 속력, 시간에 대한 문제 (2) 개념2

32 대표문제

오빠가 집을 출발하여 분속 50 m로 학교를 향해 걸어간 지 30분 후에 동생이 자전거를 타고 분속 200 m로 오빠를 따라갔다. 학교 정문에서 두 사람이 만났을 때, 오빠가 학교 정문까지 가는 데 몇 분이 걸렸는지 구하시오.

33

18 km 떨어진 두 지점에서 민희와 지혜가 동시에 마주보고 출발하여 도중에 만났다. 민희는 시속 4 km, 지혜는 시속 5 km로 걸었다고 할 때, 두 사람이 만날 때까지 민희가 걸은 거리는?

① 4 km ② 6 km ③ 8 km
④ 10 km ⑤ 12 km

34 서술형

둘레의 길이가 0.7 km인 호수를 하린이와 근수가 같은 지점에서 서로 반대 방향으로 동시에 출발하였다. 하린이는 분속 80 m로, 근수는 분속 60 m로 걸을 때, 하린이와 근수가 처음으로 만나는 것은 출발한 지 몇 분 후인지 구하시오.

유형 12 거리, 속력, 시간에 대한 문제 (3) 개념2

35 대표문제

배를 타고 길이가 20 km인 강을 거슬러 올라가는 데 2시간, 내려오는 데 1시간이 걸렸다. 정지한 물에서의 배의 속력은? (단, 배와 강물의 속력은 각각 일정하다.)

① 시속 6 km ② 시속 9 km
③ 시속 12 km ④ 시속 15 km
⑤ 시속 18 km

중요

36

배를 타고 길이가 1500 m인 강을 거슬러 올라가는 데 15분, 내려오는 데 10분이 걸렸다. 강물의 속력은 분속 몇 m인지 구하시오. (단, 배와 강물의 속력은 각각 일정하다.)

37

영훈이는 수영을 하여 길이가 180 m인 강을 거슬러 올라가는 데 10분, 내려오는 데 6분이 걸렸다. 이 강에 종이배를 띄운다면 이 종이배가 150 m를 떠내려가는 데 몇 분이 걸리는지 구하시오. (단, 영훈이와 강물의 속력은 각각 일정하고, 종이배는 바람 등의 외부의 영향을 받지 않는다.)

유형 13 거리, 속력, 시간에 대한 문제 (4) 개념2

38 대표문제

일정한 속력으로 달리는 기차가 1.3 km 길이의 터널을 완전히 통과하는 데 50초가 걸리고, 2.2 km 길이의 다리를 완전히 지나는 데 1분 20초가 걸린다고 한다. 이 기차의 길이는?

① 120 m ② 140 m ③ 160 m
④ 180 m ⑤ 200 m

39

일정한 속력으로 달리는 관광열차가 400 m 길이의 터널을 완전히 통과하는 데 13초가 걸리고, 800 m 길이의 철교를 완전히 지나는 데 23초가 걸린다. 이 관광열차의 속력은?

① 초속 20 m ② 초속 25 m
③ 초속 30 m ④ 초속 35 m
⑤ 초속 40 m

중요
40

길이가 220 m인 A 기차가 어느 터널을 완전히 통과하는 데 24초가 걸리고, 길이가 370 m인 B 기차는 A 기차의 3배의 속력으로 이 터널을 10초 만에 완전히 통과한다. 터널의 길이를 구하시오.

(단, A 기차와 B 기차의 속력은 각각 일정하다.)

집중
유형 14 농도에 대한 문제 (1) 개념2

41 대표문제

10 %의 소금물과 15 %의 소금물을 섞어서 12 %의 소금물 600 g을 만들었다. 15 %의 소금물은 몇 g을 섞어야 하는가?

① 200 g ② 240 g ③ 280 g
④ 320 g ⑤ 360 g

42

15 %의 소금물에 소금을 더 넣었더니 32 %의 소금물 300 g이 되었다. 더 넣은 소금의 양은?

① 40 g ② 50 g ③ 60 g
④ 70 g ⑤ 80 g

43 서술형

5 %의 설탕물과 9 %의 설탕물 150 g을 섞어서 6 %의 설탕물을 만들었다. 6 %의 설탕물의 양을 구하시오.

44

12 %의 소금물 300 g이 있다. 이 소금물의 일부를 덜어낸 후 2 %의 소금물을 넣었더니 6 %의 소금물 500 g이 되었다. 덜어낸 12 %의 소금물의 양을 구하시오.

유형 15 농도에 대한 문제 (2) 개념2

45 대표문제

농도가 다른 두 종류의 설탕물 A, B가 있다. 설탕물 A를 300 g, 설탕물 B를 200 g 섞으면 8 %의 설탕물이 되고, 설탕물 A를 200 g, 설탕물 B를 300 g 섞으면 9 %의 소금물이 된다. 설탕물 B의 농도는?

① 9 % ② 10 % ③ 11 %
④ 12 % ⑤ 13 %

46

농도가 다른 두 종류의 소금물 A, B를 각각 400 g씩 섞으면 6 %의 소금물이 되고, 소금물 A를 100 g, 소금물 B를 300 g 섞으면 5 %의 소금물이 된다. 두 소금물 A, B의 농도 차를 구하시오.

47

농도가 다른 두 종류의 설탕물 A, B가 각각 700 g씩 있다. 두 설탕물 A, B에서 각각 300 g씩 덜어서 바꾸어 섞었더니 설탕물 A의 농도는 10 %, 설탕물 B의 농도는 12 %가 되었다. 처음 설탕물 B의 농도는?

① 12 % ② 14 % ③ 16 %
④ 18 % ⑤ 20 %

유형 16 합금, 식품에 대한 문제 개념2

48 대표문제

A는 구리를 40 %, 아연을 10 % 포함한 합금이고, B는 구리를 20 %, 아연을 30 % 포함한 합금이다. 이 두 종류의 합금을 녹여서 구리를 160 g, 아연을 90 g 얻으려면 합금 B는 몇 g이 필요한가?

① 150 g ② 200 g ③ 250 g
④ 300 g ⑤ 350 g

49 서술형

은이 90 % 포함된 합금 A와 은이 60 % 포함된 합금 B를 합하여 은이 70 % 포함된 합금 450 g을 만들려고 한다. 필요한 합금 A, B의 양을 차례대로 구하시오.

50 중요

다음 표는 두 식품 A, B의 100 g에 들어 있는 열량과 단백질의 양을 나타낸 것이다. 두 식품에서 열량 1560 kcal, 단백질 100 g을 얻으려면 식품 A, B를 합하여 몇 g을 섭취해야 하는지 구하시오.

식품	열량(kcal)	단백질(g)
A	120	20
B	300	10

[유형북] Real 실전 유형에서 틀린 문제를 체크해 보세요.

유형 01 함수 개념 1

01 대표문제

다음 중 y가 x의 함수가 아닌 것은?

① x %의 소금물 500 g에 들어 있는 소금의 양 y g
② 둘레의 길이가 x cm인 직사각형의 넓이 y cm^2
③ 시속 x km로 5시간 동안 간 거리 y km
④ 반지름의 길이가 x cm인 원의 넓이 y cm^2
⑤ 밑변의 길이가 6 cm, 높이가 x cm인 삼각형의 넓이 y cm^2

02

다음 **보기** 중 y가 x의 함수인 것을 모두 고르시오.

보기
ㄱ. 어떤 수 x에 가장 가까운 정수 y
ㄴ. 1 L에 1800원 하는 휘발유 x L의 값 y원
ㄷ. 강아지 x마리의 다리의 개수 y
ㄹ. 자연수 x와 8의 최소공배수 y

03

다음 중 y가 x의 함수인 것을 모두 고르면? (정답 2개)

① 자연수 x의 배수 y
② 자연수 x 미만의 홀수 y
③ 양수 x보다 작은 수 중 가장 큰 자연수 y
④ 자연수 x의 소인수 y
⑤ 자연수 x의 역수 y

유형 02 함숫값 개념 1

04 대표문제

함수 $f(x)=-\frac{3}{4}x$에 대하여 $3f(4)+4f(-1)$의 값을 구하시오.

05

다음 **보기** 중 $f(-4)=2$를 만족시키는 것을 모두 고르시오.

보기
ㄱ. $f(x)=\frac{3}{4}x$　　ㄴ. $f(x)=-\frac{1}{2}x$
ㄷ. $f(x)=\frac{4}{3x}$　　ㄹ. $f(x)=-\frac{8}{x}$

06

함수 $f(x)=$(자연수 x를 4로 나누었을 때의 나머지)에 대하여 다음 중 옳지 않은 것은?

① $f(3)=3$
② $f(6)=2$
③ $f(2)+f(5)=3$
④ $f(11)-f(8)=4$
⑤ $f(13)=f(25)$

07 서술형

두 함수 $f(x)=\frac{3}{2}x$, $g(x)=-\frac{36}{x}$에 대하여 $f(12)=a$일 때, $g(a)$의 값을 구하시오.

유형 03 함숫값을 이용하여 미지수의 값 구하기 개념1

08 대표문제

함수 $f(x)=-4x$에 대하여 $f(a)=-8$, $f(3)=b$일 때, $a+b$의 값은?

① -2 ② -4 ③ -6
④ -8 ⑤ -10

09

함수 $f(x)=-\frac{12}{x}$에 대하여 $f(a)=6$일 때, a의 값을 구하시오.

10

함수 $f(x)=\frac{a}{x}$에 대하여 $f(6)=\frac{1}{3}$일 때, $f(a^2)$의 값은? (단, a는 상수)

① -2 ② $-\frac{1}{2}$ ③ $\frac{1}{2}$
④ 1 ⑤ 2

11 서술형

함수 $f(x)=ax$에서 $f(-6)=3$, $f(b)=-\frac{7}{2}$일 때, $4a+b$의 값을 구하시오. (단, a는 상수)

유형 04 일차함수 개념2

12 대표문제

다음 **보기** 중 y가 x의 일차함수인 것을 모두 고르시오.

보기

ㄱ. $y=3$ ㄴ. $2x+y=1$
ㄷ. $2x+y^2=y^2-y+3$ ㄹ. $xy=y+1$
ㅁ. $y=\frac{4}{x}+2$ ㅂ. $y^2=y(2+y)-x+5$

13

다음 중 y가 x의 일차함수가 아닌 것은?

① $y=\frac{1}{2}x+1$ ② $y=5x^2+x$
③ $-x+y+2=x-y$ ④ $y=3(x+1)-2x$
⑤ $x^2+x=x^2-y+2$

14

다음 중 y가 x의 일차함수인 것을 모두 고르면? (정답 2개)

① 올해 나이가 x살인 능률이의 15년 후의 나이 y살
② 밑변의 길이가 x cm, 높이가 y cm인 삼각형의 넓이 10 cm^2
③ 하루에 2알씩 x일 동안 먹은 비타민의 양 y알
④ x각형의 외각의 크기의 합 $y°$
⑤ 60개의 사탕을 x명에게 똑같이 나누어 줄 때 한 명이 받은 사탕의 개수 y

15 중요

$y=ax+3(4-x)$가 x의 일차함수가 되도록 하는 상수 a의 조건을 구하시오.

집중

유형 05 일차함수의 함숫값 개념2

16 대표문제

일차함수 $f(x)=ax-3$에 대하여 $f(5)=7$일 때, $f(-4)$의 값은? (단, a는 상수)

① -11 ② -10 ③ -9
④ -8 ⑤ -7

17

일차함수 $f(x)=-\frac{2}{3}x+3$에 대하여 $f(a)=5$일 때, a의 값을 구하시오.

18 서술형

일차함수 $f(x)=ax+b$에 대하여 $f(-2)=1$, $f(4)=13$일 때, 상수 a, b에 대하여 $a+b$의 값을 구하시오.

19

두 일차함수 $f(x)=ax-5$, $g(x)=-\frac{3}{2}x+b$에 대하여 $f(-3)=1$, $g(-6)=3$일 때, $f(2)-g(4)$의 값은?

(단, a, b는 상수)

① -5 ② -3 ③ -1
④ 1 ⑤ 3

집중

유형 06 일차함수의 그래프 위의 점 개념2

20 대표문제

일차함수 $y=ax-\frac{1}{2}$의 그래프가 두 점 $(-3, -2)$, $(b, 2)$를 지날 때, $2a+b$의 값은? (단, a는 상수)

① -6 ② -3 ③ 1
④ 3 ⑤ 6

21

점 $(a+1, 2a)$가 일차함수 $y=-3x+8$의 그래프 위에 있을 때, a의 값을 구하시오.

중요

22

다음 중 일차함수 $y=-4x+2$의 그래프 위의 점이 아닌 것은?

① $(-2, 10)$ ② $(-1, 6)$ ③ $(0, 2)$
④ $(2, 6)$ ⑤ $(3, -10)$

23 서술형

두 일차함수 $y=ax+7$, $y=-\frac{3}{2}x+9$의 그래프가 모두 점 $(4, b)$를 지날 때, ab의 값을 구하시오. (단, a는 상수)

유형 07 일차함수의 그래프의 평행이동 개념2

24 대표문제

일차함수 $y=5x-3$의 그래프를 y축의 방향으로 6만큼 평행이동하였더니 일차함수 $y=ax+b$의 그래프가 되었다. 상수 a, b에 대하여 $a-b$의 값을 구하시오.

25

다음 일차함수 중 그 그래프가 일차함수 $y=\frac{9}{8}x$의 그래프를 평행이동하여 겹쳐지는 것은?

① $y=-\frac{9}{8}x$　② $y=-\frac{8}{9}x-7$
③ $y=\frac{9}{8}x+12$　④ $y=\frac{8}{9}x+1$
⑤ $y=9x+\frac{2}{3}$

26

일차함수 $y=-4x+b$의 그래프를 y축의 방향으로 -7만큼 평행이동하였더니 일차함수 $y=ax-2$의 그래프가 되었다. 상수 a, b에 대하여 $a+b$의 값을 구하시오.

27 서술형

일차함수 $y=\frac{2}{5}x+4$의 그래프를 y축의 방향으로 k만큼 평행이동하였더니 일차함수 $y=6ax$의 그래프를 y축의 방향으로 -6만큼 평행이동한 그래프와 겹쳐졌다. ak의 값을 구하시오. (단, a는 상수)

집중

유형 08 평행이동한 그래프 위의 점 개념2

28 대표문제

일차함수 $y=-2x+5$의 그래프를 y축의 방향으로 -3만큼 평행이동하면 점 $(a, 4)$를 지날 때, a의 값은?

① $-\frac{3}{2}$　② -1　③ $-\frac{2}{3}$
④ $\frac{2}{3}$　⑤ 1

29

다음 중 일차함수 $y=-\frac{4}{3}x$의 그래프를 y축의 방향으로 3만큼 평행이동한 그래프 위의 점이 아닌 것은?

① $(-6, 11)$　② $(-3, 7)$　③ $\left(1, -\frac{1}{3}\right)$
④ $(0, 3)$　⑤ $(3, -1)$

30

일차함수 $y=3x+k$의 그래프를 y축의 방향으로 -2만큼 평행이동하면 점 $\left(-\frac{1}{2}, -\frac{1}{2}\right)$을 지날 때, 상수 k의 값을 구하시오.

31 서술형

일차함수 $y=a(x-2)$의 그래프를 y축의 방향으로 5만큼 평행이동하면 두 점 $(-4, 3)$, $(b, 4)$를 지날 때, ab의 값을 구하시오. (단, a는 상수)

유형 09 일차함수의 그래프의 x절편, y절편 개념3

32 대표문제

일차함수 $y=3x-6$의 그래프의 x절편을 a, y절편을 b라 할 때, ab의 값은?

① -12 ② -10 ③ -8
④ -6 ⑤ -4

33

다음 일차함수의 그래프 중 x절편이 나머지 넷과 다른 하나는?

① $y=-3x+6$ ② $y=-x+2$
③ $y=\frac{1}{2}x-1$ ④ $y=\frac{3}{2}x+3$
⑤ $y=4x-8$

34

일차함수 $y=2kx-5$의 그래프가 점 $(-3, 4)$를 지날 때, 이 그래프의 x절편을 구하시오. (단, k는 상수)

35

일차함수 $y=-\frac{4}{5}x+3$의 그래프를 y축의 방향으로 -7만큼 평행이동한 그래프의 x절편을 a, y절편을 b라 할 때, $a+b$의 값은?

① -10 ② -9 ③ -8
④ -7 ⑤ -6

집중

유형 10 x절편, y절편을 이용하여 미지수의 값 구하기 개념3

36 대표문제

일차함수 $y=ax-\frac{1}{4}$의 그래프를 y축의 방향으로 1만큼 평행이동한 그래프의 x절편이 $-\frac{3}{2}$, y절편이 b일 때, $a+2b$의 값은? (단, a는 상수)

① 2 ② 3 ③ 4
④ 5 ⑤ 6

37

일차함수 $y=-6x+k$의 그래프의 y절편이 9일 때, x절편을 구하시오. (단, k는 상수)

38

일차함수 $y=x-2k$의 그래프의 x절편이 일차함수 $y=-3x+3k-4$의 그래프의 y절편과 같을 때, 상수 k의 값을 구하시오.

중요

39 서술형

두 일차함수 $y=\frac{2}{3}x+2$, $y=\frac{3}{2}x+k$의 그래프가 x축 위에서 만날 때, 상수 k의 값을 구하시오.

유형 11 일차함수의 그래프의 기울기 개념 4

40 대표문제

일차함수 $y=\frac{3}{4}x+2$에서 x의 값이 8만큼 증가할 때, y의 값은 -3에서 a까지 증가한다. a의 값은?

① 0 ② 1 ③ 2
④ 3 ⑤ 4

41

다음 일차함수 중 x의 값이 5만큼 감소할 때, y의 값이 3에서 7까지 증가하는 것은?

① $y=-2x+1$
② $y=-\frac{5}{4}x-2$
③ $y=-\frac{4}{5}x+3$
④ $y=\frac{1}{2}x-1$
⑤ $y=\frac{3}{4}x+5$

42

일차함수 $y=kx-8$에서 x의 값이 -2에서 1까지 증가할 때, y의 값이 12만큼 감소한다. x의 값이 4만큼 감소할 때, y의 값의 증가량을 구하시오. (단, k는 상수)

43 서술형

일차함수 $y=2kx+4k+2$의 그래프가 점 $(-3, 4)$를 지날 때, 이 그래프의 기울기는 m이고, y절편은 n이다. $m+n$의 값을 구하시오. (단, k는 상수)

집중

유형 12 두 점을 지나는 일차함수의 그래프의 기울기 개념 4

44 대표문제

두 점 $(2, k+1)$, $(-3, 12)$를 지나는 일차함수의 그래프의 기울기가 3일 때, k의 값은?

① 20 ② 22 ③ 24
④ 26 ⑤ 28

45

두 점 $(-1, 3)$, $(-5, 5)$를 지나는 일차함수의 그래프에서 x의 값이 9에서 3까지 감소할 때, y의 값의 증가량은?

① 1 ② $\frac{4}{3}$ ③ 2
④ $\frac{7}{3}$ ⑤ 3

46

x절편이 3이고 y절편이 k인 일차함수의 그래프의 기울기가 -4일 때, k의 값을 구하시오.

47

오른쪽 그림과 같은 두 일차함수 $y=f(x)$, $y=g(x)$의 그래프의 기울기를 각각 p, q라 할 때, $p+q$의 값을 구하시오.

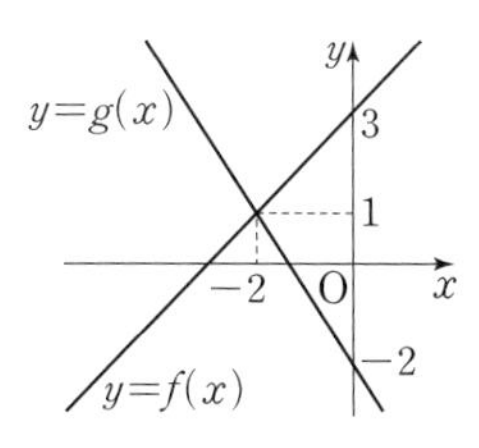

유형 13 세 점이 한 직선 위에 있을 조건 개념 4

48 대표문제

세 점 $(-5, 0)$, $(1, a)$, $(3, a+1)$이 한 직선 위에 있을 때, a의 값은?

① 3 ② 4 ③ 5
④ 6 ⑤ 7

49

세 점 $(a, 2)$, $(6, 10)$, $(b, 6)$이 한 직선 위에 있을 때, $a-2b$의 값을 구하시오.

중요

50

두 점 $(k+1, 2k)$, $(1, -5)$를 지나는 직선 위에 점 $(-1, -10)$이 있을 때, k의 값을 구하시오.

51

오른쪽 그림과 같이 세 점 A, B, C가 한 직선 위에 있을 때, k의 값은?

① $\frac{7}{3}$ ② 2
③ $\frac{4}{3}$ ④ 1
⑤ $\frac{1}{3}$

집중

유형 14 일차함수의 그래프의 기울기와 x절편, y절편 개념 3, 4

52 대표문제

일차함수 $y=-\frac{2}{3}x-8$의 그래프의 기울기를 a, x절편을 b, y절편을 c라 할 때, abc의 값을 구하시오.

53

오른쪽 그림과 같은 일차함수의 그래프의 기울기를 a, x절편을 b, y절편을 c라 할 때, $a-b+c$의 값은?

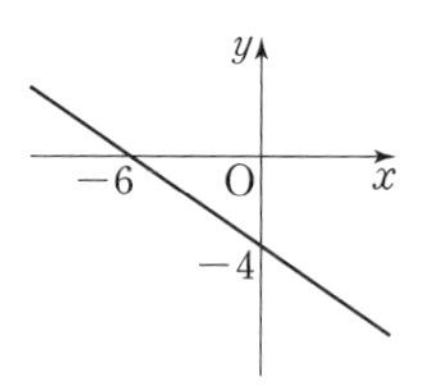

① $-\frac{5}{3}$ ② $-\frac{1}{4}$
③ $\frac{1}{4}$ ④ $\frac{1}{2}$
⑤ $\frac{4}{3}$

54

일차함수 $y=-5x+9$의 그래프를 y축의 방향으로 6만큼 평행이동한 그래프의 기울기를 p, x절편을 q, y절편을 r라 할 때, $p+q+r$의 값을 구하시오.

55 서술형

일차함수 $y=ax+b$의 그래프가 일차함수 $y=3x-6$의 그래프와 x축에서 만나고, 일차함수 $y=-\frac{5}{3}x-3$의 그래프와 y축에서 만날 때, 일차함수 $y=ax+b$의 그래프의 기울기를 구하시오. (단, a, b는 상수)

집중

유형 15 일차함수의 그래프 그리기 개념 3, 4

56 대표문제

다음 일차함수 중 그 그래프가 제2사분면을 지나지 않는 것은?

① $y=-5x-4$　② $y=-\frac{2}{3}x+2$
③ $y=\frac{1}{4}x-9$　④ $y=2x+\frac{7}{2}$
⑤ $y=3x+2$

57

다음 중 일차함수 $y=\frac{4}{7}x+4$의 그래프는?

①
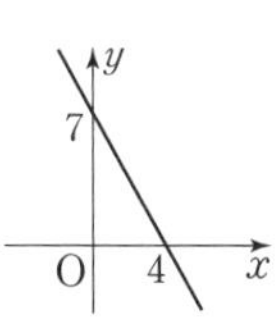

②
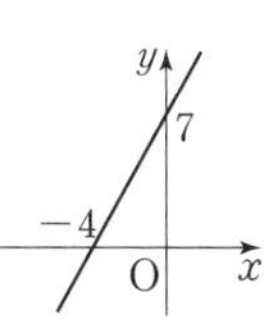

③
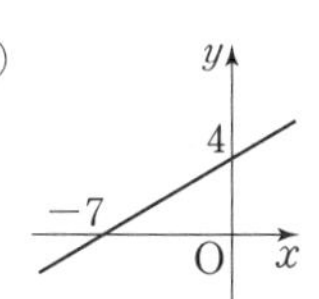

④
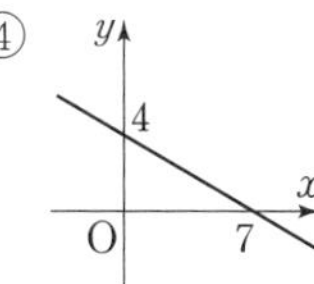

⑤
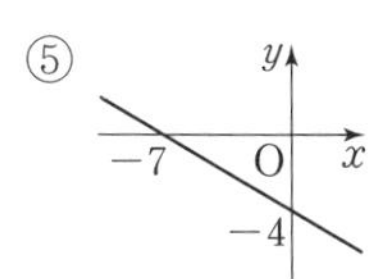

58

일차함수 $y=-3x-5$의 그래프를 y축의 방향으로 -1만큼 평행이동한 그래프가 지나지 않는 사분면을 구하시오.

집중

유형 16 일차함수의 그래프와 좌표축으로 둘러싸인 도형의 넓이 개념 3, 4

59 대표문제

일차함수 $y=\frac{3}{2}x-6$의 그래프와 x축 및 y축으로 둘러싸인 도형의 넓이는?

① 4　② 6　③ 8
④ 10　⑤ 12

60 서술형

일차함수 $y=ax+4$의 그래프가 오른쪽 그림과 같을 때, 그래프와 x축의 교점을 A, y축의 교점을 B라 하자. $\triangle AOB$의 넓이가 10일 때, 양수 a의 값을 구하시오. (단, O는 원점)

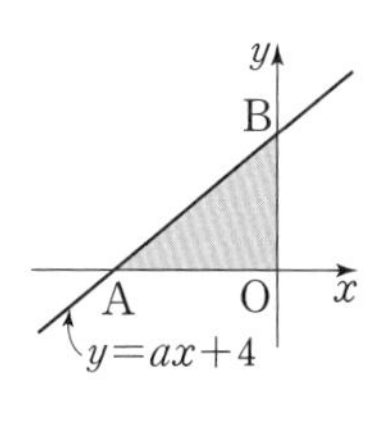

중요

61

오른쪽 그림과 같은 두 일차함수 $y=\frac{1}{2}x+4$, $y=-\frac{4}{3}x+4$의 그래프에서 세 점 A, B, C는 x축 또는 y축 위의 점일 때, $\triangle ABC$의 넓이를 구하시오.

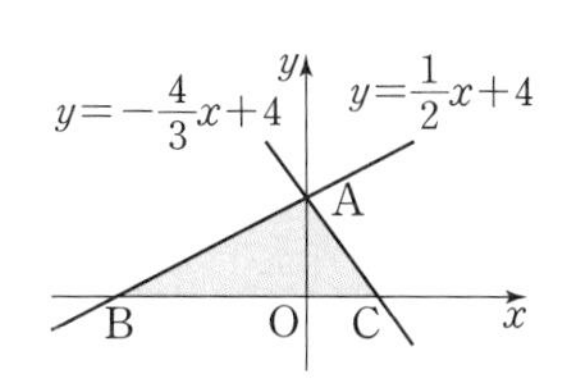

[유형북] Real 실전 유형에서 틀린 문제를 체크해 보세요.

유형 01 일차함수의 그래프의 성질 (1) 개념1

01 대표문제

다음 중 일차함수 $y=4x-3$의 그래프에 대한 설명으로 옳은 것은?

① x의 값이 증가하면 y의 값은 감소한다.
② y축과 양의 부분에서 만난다.
③ 점 $(-1, 1)$을 지난다.
④ 제1, 2, 3사분면을 지난다.
⑤ $y=4x$의 그래프를 y축의 방향으로 -3만큼 평행이동한 것이다.

02

일차함수 $y=-\frac{1}{2}x-5$의 그래프를 y축의 방향으로 8만큼 평행이동한 그래프에 대하여 다음 **보기** 중 옳은 것을 모두 고르시오.

보기

ㄱ. y절편은 8이다.
ㄴ. 제3사분면을 지나지 않는다.
ㄷ. 오른쪽 아래로 향하는 직선이다.
ㄹ. x축과 만나는 점의 좌표는 $(8, 0)$이다.

03

다음 중 일차함수 $y=ax-b$의 그래프에 대한 설명으로 옳지 않은 것은? (단, a, b는 상수)

① 기울기는 a이고, y절편은 $-b$이다.
② $a>0$일 때, x의 값이 증가하면 y의 값도 증가한다.
③ $b<0$일 때, y축과 양의 부분에서 만난다.
④ x축과 만나는 점의 좌표는 $(b, 0)$이다.
⑤ $y=ax$의 그래프를 y축의 방향으로 $-b$만큼 평행이동한 것이다.

유형 02 일차함수 $y=ax+b$의 그래프와 a의 값 사이의 관계 개념1

04 대표문제

다음 일차함수 중 그 그래프가 x축에 가장 가까운 것은?

① $y=-\frac{9}{4}x+3$ ② $y=-2x+5$ ③ $y=-\frac{1}{2}x-4$
④ $y=x-5$ ⑤ $y=3x+2$

05 중요

일차함수 $y=ax+2$의 그래프가 오른쪽 그림과 같을 때, 상수 a의 값의 범위를 구하시오.

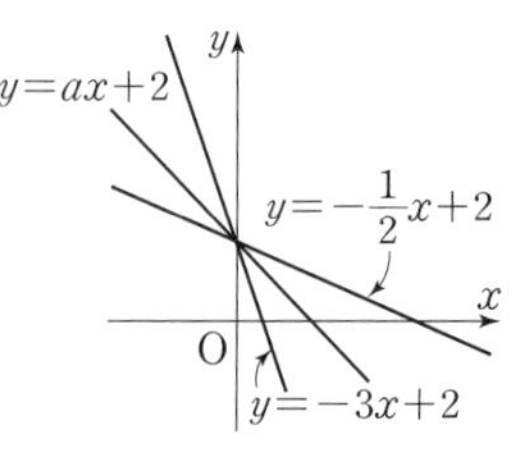

06 서술형

네 직선 l, m, n, k 중 기울기가 큰 것부터 차례대로 나열하시오.

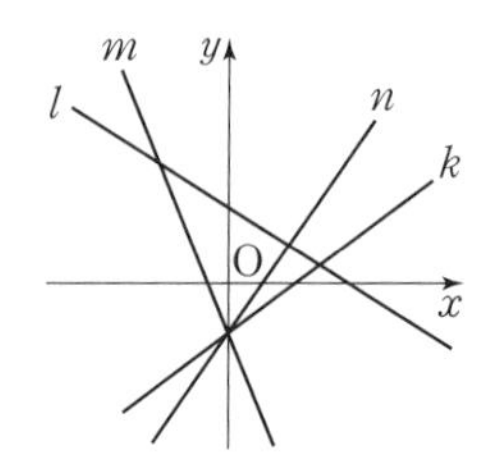

07

다음 중 주어진 조건을 모두 만족시키는 직선을 그래프로 하는 일차함수의 식은?

(가) 오른쪽 아래로 향하는 직선이다.
(나) $y=\frac{7}{2}x-5$의 그래프보다 y축에 가깝다.

① $y=3x-5$ ② $y=2x-5$ ③ $y=-x-5$
④ $y=-\frac{5}{2}x-5$ ⑤ $y=-4x-5$

집중

유형 03 a, b의 부호가 주어질 때, 일차함수 $y=ax+b$의 그래프 개념 1

08 대표문제

$a<0$, $b<0$일 때, 일차함수 $y=(a+b)x+ab$의 그래프가 지나지 않는 사분면을 구하시오.

09

$a>0$, $b<0$일 때, 다음 **보기** 중 그 그래프가 제3사분면을 지나지 않는 일차함수를 모두 고르시오.

보기

ㄱ. $y=-ax+b$　　ㄴ. $y=ax-b$

ㄷ. $y=-ax-b$　　ㄹ. $y=bx+a$

10

$\frac{a}{b}>0$, $a+b>0$일 때, 다음 중 일차함수 $y=-ax-b$의 그래프로 알맞은 것은?

①
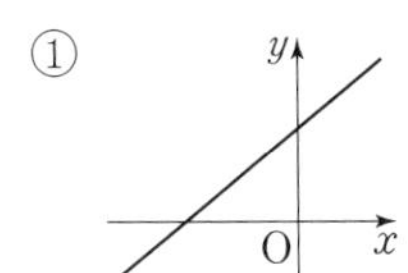

②
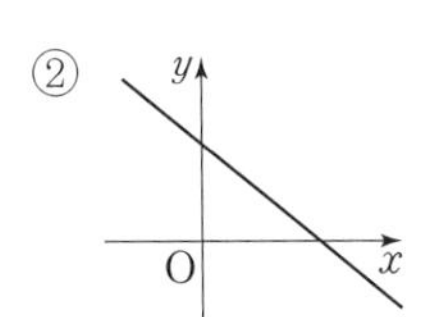

③
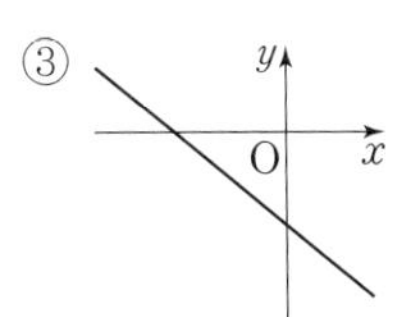

④
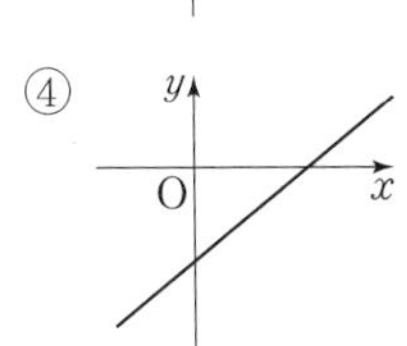

⑤
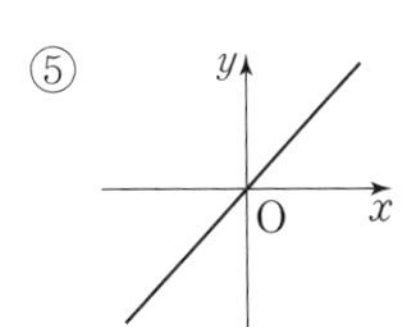

집중

유형 04 일차함수 $y=ax+b$의 그래프가 주어질 때, a, b의 부호 구하기 개념 1

11 대표문제

일차함수 $y=-ax+b$의 그래프가 오른쪽 그림과 같을 때, 다음 중 옳은 것은? (단, a, b는 상수)

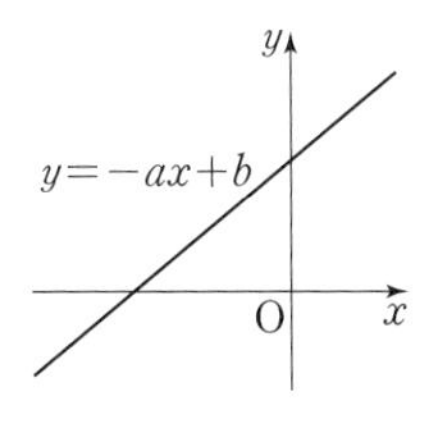

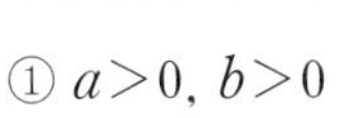

① $a>0$, $b>0$　② $a>0$, $b<0$

③ $a<0$, $b>0$　④ $a<0$, $b<0$

⑤ $a<0$, $b=0$

12

일차함수 $y=ax+\frac{b}{a}$의 그래프가 오른쪽 그림과 같을 때, 상수 a, b의 부호를 각각 구하시오.

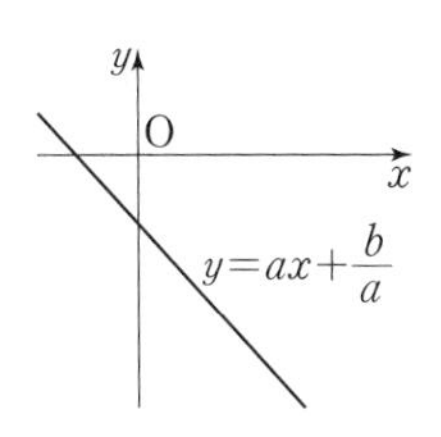

13

일차함수 $y=-bx-a$의 그래프가 오른쪽 그림과 같을 때, x절편이 a, y절편이 b인 일차함수의 그래프가 지나는 사분면을 모두 구하시오.

(단, a, b는 상수)

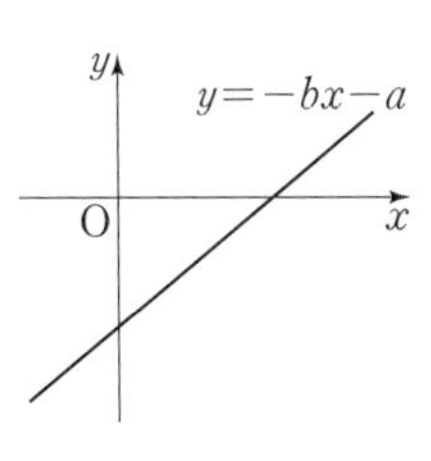

14 서술형

일차함수 $y=ax-b$의 그래프가 오른쪽 그림과 같을 때, 일차함수 $y=(a-b)x-ab$의 그래프가 지나지 않는 사분면을 구하시오.

(단, a, b는 상수)

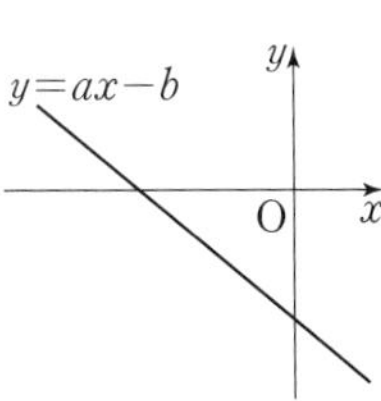

집중

유형 05 일차함수의 그래프의 평행 개념2

15 대표문제

일차함수 $y=ax+6$의 그래프는 일차함수 $y=-4x-5$의 그래프와 평행하고 점 $(m,\ -2)$를 지난다. $a+m$의 값을 구하시오. (단, a는 상수)

16

다음 일차함수 중 그 그래프가 일차함수 $y=6x-5$의 그래프와 만나지 않는 것은?

① $y=-6x+5$ ② $y=-\frac{1}{6}x-5$
③ $y=\frac{1}{6}(x-5)$ ④ $y=5(x-3)$
⑤ $y=6x+12$

17

다음 일차함수의 그래프 중 오른쪽 그림의 그래프와 평행한 것은?

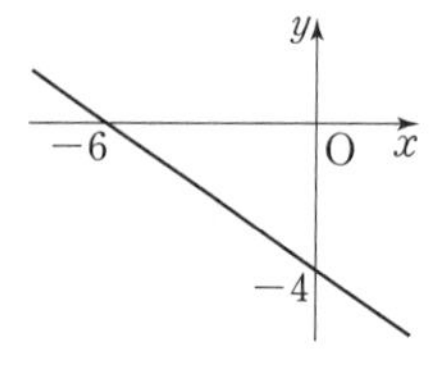

① $y=-\frac{3}{2}x-5$ ② $y=-\frac{3}{2}x-4$
③ $y=-\frac{2}{3}x-4$ ④ $y=-\frac{2}{3}x+1$
⑤ $y=\frac{3}{2}x+6$

18

일차함수 $y=ax+2$의 그래프가 오른쪽 그림의 그래프와 평행하고, 일차함수 $y=-\frac{1}{3}x+b$의 그래프와 x축에서 만난다. 상수 a, b에 대하여 $6ab$의 값을 구하시오.

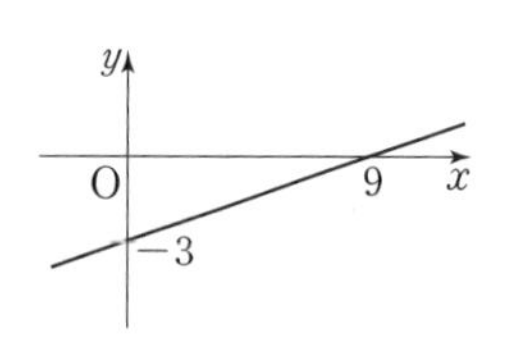

유형 06 일차함수의 그래프의 일치 개념2

19 대표문제

두 일차함수 $y=-2ax+9$와 $y=6x+a-2b$의 그래프가 일치할 때, 상수 a, b에 대하여 $a-b$의 값은?

① -5 ② -3 ③ -1
④ 1 ⑤ 3

20

일차함수 $y=3ax+8$의 그래프를 y축의 방향으로 -2만큼 평행이동하면 일차함수 $y=-12x+a+b$의 그래프와 일치할 때, 상수 a, b에 대하여 ab의 값을 구하시오.

21 서술형

오른쪽 그림과 같은 일차함수 $y=-x+2-a$의 그래프와 일차함수 $y=-bx+c-1$의 그래프가 일치할 때, 상수 a, b, c에 대하여 $a+b+c$의 값을 구하시오.

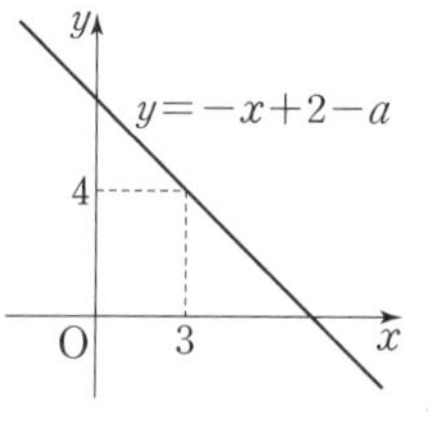

중요

22

다음 조건을 모두 만족시키는 상수 a, b에 대하여 $a-b$의 값을 구하시오.

> (가) 두 일차함수 $y=5x-3$과 $y=(a+6)x+2a$의 그래프는 서로 평행하다.
> (나) 일차함수 $y=(a+6)x+2a$의 그래프를 y축의 방향으로 $-b$만큼 평행이동하면 일차함수 $y=5x+1$의 그래프와 일치한다.

집중

유형 07 일차함수의 그래프의 성질 (2) 개념 1, 2

23 대표문제

다음 중 일차함수 $y=-\frac{2}{3}x+1$의 그래프에 대한 설명으로 옳지 않은 것은?

① 점 $(3,\ -1)$을 지난다.
② x절편은 $\frac{3}{2}$, y절편은 1이다.
③ 오른쪽 아래로 향하는 직선이다.
④ $y=-\frac{2}{3}x-1$의 그래프와 평행하다.
⑤ 제2, 3, 4사분면을 지난다.

24

오른쪽 그림과 같은 일차함수의 그래프에 대하여 다음 **보기** 중 옳은 것을 모두 고르시오.

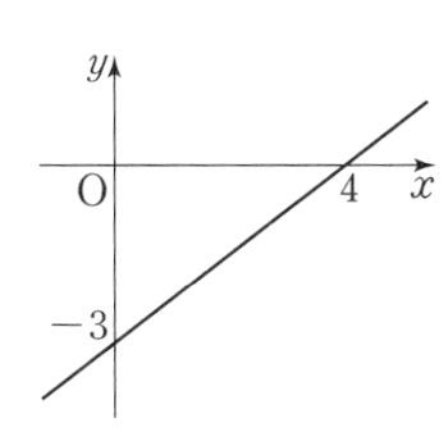

보기

ㄱ. x의 값이 4만큼 증가하면 y의 값은 3만큼 감소한다.
ㄴ. $y=\frac{3}{4}x-3$의 그래프와 평행하다.
ㄷ. $y=\frac{4}{3}(x-3)$의 그래프와 한 점에서 만난다.
ㄹ. y축의 방향으로 3만큼 평행이동하면 점 $(4,\ 3)$을 지난다.

25

일차함수 $y=ax-b$의 그래프가 오른쪽 그림과 같을 때, 다음 중 옳지 않은 것은? (단, a, b는 상수)

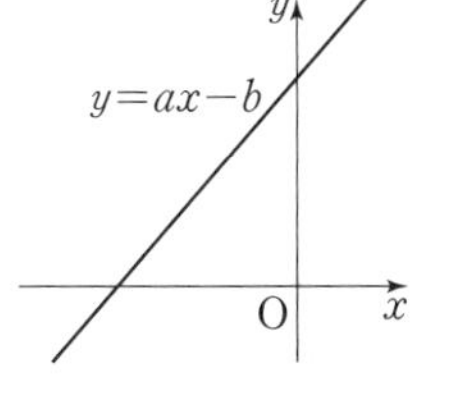

① $a>0$, $b<0$이다.
② $y=ax+b$의 그래프와 평행하다.
③ $y=ax$의 그래프는 제1, 3사분면을 지난다.
④ $y=bx+a$의 그래프는 제1사분면을 지나지 않는다.
⑤ $y=-ax-b$의 그래프와 y축에서 만난다.

유형 08 일차함수의 식 구하기; 기울기와 y절편을 알 때 개념 3

26 대표문제

일차함수 $y=-2x+3$의 그래프와 평행하고 일차함수 $y=-\frac{3}{2}x+6$의 그래프와 y축에서 만나는 직선을 그래프로 하는 일차함수의 식은?

① $y=-2x+2$
② $y=-2x+6$
③ $y=2x+4$
④ $y=-\frac{3}{2}x+1$
⑤ $y=\frac{3}{2}x+4$

27 중요

x의 값이 2만큼 증가할 때 y의 값은 5만큼 감소하고 y절편이 4인 일차함수의 그래프의 x절편을 구하시오.

28

다음 조건을 모두 만족시키는 일차함수의 그래프가 점 $(7,\ -k)$를 지날 때, k의 값을 구하시오.

(가) 두 점 $(-1,\ -4)$, $(2,\ -5)$를 지나는 직선과 평행하다.
(나) 점 $\left(0,\ \frac{4}{3}\right)$를 지난다.

29 서술형

오른쪽 그림의 직선과 평행하고 일차함수 $y=x+2$의 그래프와 y축에서 만나는 일차함수의 그래프가 점 $(3a,\ a-3)$을 지날 때, a의 값을 구하시오.

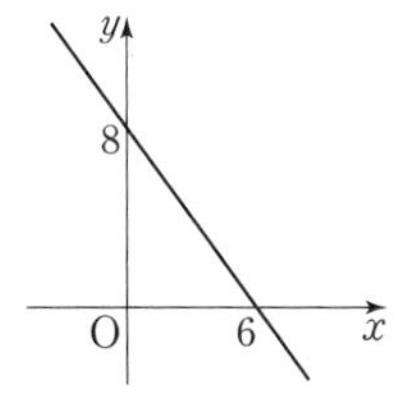

집중

유형 09 일차함수의 식 구하기; 기울기와 한 점의 좌표를 알 때 개념 4

30 대표문제

일차함수 $y=-6x+5$의 그래프와 평행하고 점 $(2,\ -5)$를 지나는 직선을 그래프로 하는 일차함수의 식은?

① $y=-6x-3$ ② $y=-6x+7$
③ $y=-6x+12$ ④ $y=6x-4$
⑤ $y=6x+5$

31

x의 값의 증가량에 대한 y의 값의 증가량의 비의 값이 $\frac{5}{3}$이고 점 $\left(-\frac{1}{5},\ 2\right)$를 지나는 일차함수의 그래프의 y절편을 구하시오.

32

두 점 $(-3,\ -6)$, $(5,\ -2)$를 지나는 직선과 평행하고, 점 $(2,\ -5)$를 지나는 직선을 그래프로 하는 일차함수의 식을 $y=f(x)$라 할 때, $f(6)$의 값을 구하시오.

33 서술형

일차함수 $y=-8x+7$의 그래프와 평행하고 일차함수 $y=-\frac{4}{5}x-4$의 그래프와 x축에서 만나는 직선을 그래프로 하는 일차함수의 식을 $y=ax+b$라 할 때, 상수 a, b에 대하여 $a-b$의 값을 구하시오.

집중

유형 10 일차함수의 식 구하기; 두 점의 좌표를 알 때 개념 5

34 대표문제

두 점 $(-4,\ 7)$, $(2,\ -3)$을 지나는 직선을 그래프로 하는 일차함수의 식을 $y=ax+b$라 할 때, 상수 a, b에 대하여 $a-b$의 값을 구하시오.

35

다음 일차함수 중 그 그래프가 두 점 $(-1,\ -6)$, $(3,\ 10)$을 지나는 일차함수의 그래프와 y축에서 만나는 것은?

① $y=-\frac{1}{6}x-3$ ② $y=-4x-2$
③ $y=5x+1$ ④ $y=x+2$
⑤ $y=3x+3$

중요

36

일차함수 $y=ax+b$의 그래프가 오른쪽 그림과 같을 때, 다음 중 $y=bx+a$의 그래프 위에 있는 점은? (단, a, b는 상수)

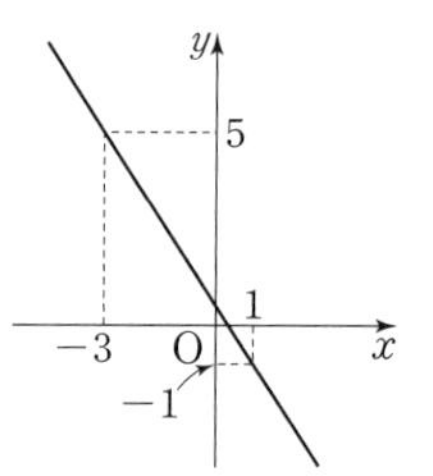

① $(-3,\ 2)$ ② $(-1,\ -1)$
③ $(-1,\ 1)$ ④ $(3,\ 0)$
⑤ $(5,\ 2)$

37

두 점 $(-3,\ 14)$, $(2,\ -6)$을 지나는 일차함수의 그래프를 y축의 방향으로 6만큼 평행이동한 그래프가 점 $(k,\ 7)$을 지날 때, k의 값을 구하시오.

유형 11 일차함수의 식 구하기; x절편, y절편을 알 때 개념 5

38 대표문제

오른쪽 그림과 같은 일차함수의 그래프가 점 $(-4,\ k)$를 지날 때, k의 값을 구하시오.

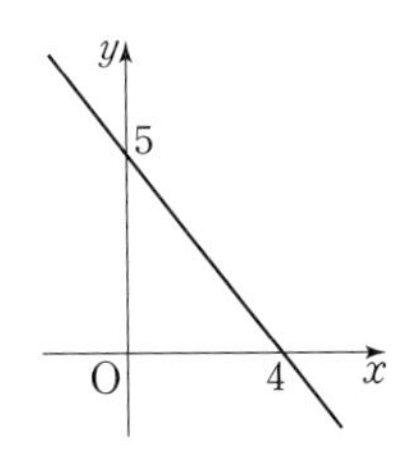

39

일차함수 $y=ax+b$의 그래프의 x절편이 -8, y절편이 6일 때, 상수 a, b에 대하여 ab의 값을 구하시오.

중요

40

다음 조건을 모두 만족시키는 직선을 그래프로 하는 일차함수의 식을 구하시오.

(가) $y=-2x+6$의 그래프와 x축에서 만난다.
(나) $y=\frac{9}{4}x+9$의 그래프와 y축에서 만난다.

41 서술형

일차함수 $y=ax+a-1$의 그래프를 y축의 방향으로 b만큼 평행이동하면 오른쪽 그림과 같은 일차함수의 그래프와 일치한다. $a+b$의 값을 구하시오. (단, a는 상수)

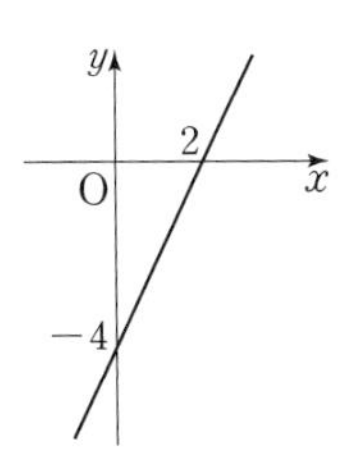

유형 12 일차함수의 활용; 온도, 길이 개념 6

42 대표문제

지면으로부터 10 km까지는 100 m 높아질 때마다 기온이 0.3 ℃씩 내려간다고 한다. 지면의 기온이 15 ℃일 때, 기온이 9 ℃인 지점의 지면으로부터의 높이는 몇 km인지 구하시오.

43

현재 냄비에 담긴 물의 온도는 15 ℃이고 이 냄비의 물을 데우면 1분에 17 ℃씩 올라간다고 한다. 물은 100 ℃가 되는 순간부터 끓기 시작한다고 할 때, 물을 데우기 시작한 지 몇 분 후에 물이 끓기 시작하는지 구하시오.

44

길이가 15 cm인 용수철 저울이 있다. 이 저울에 무게가 5 g인 물건을 달 때마다 용수철의 길이가 2 cm씩 늘어난다고 한다. 이 용수철 저울에 무게가 30 g인 물건을 달았을 때, 용수철의 길이를 구하시오.

45 서술형

길이가 36 cm인 양초에 불을 붙이면 일정한 속력으로 길이가 줄어서 양초가 모두 타는 데 60분이 걸린다고 한다. 불을 붙인 지 x분 후에 남아 있는 양초의 길이를 y cm라 할 때, x와 y 사이의 관계식을 구하고, 남아 있는 양초의 길이가 24 cm가 되는 것은 불을 붙인 지 몇 분 후인지 구하시오.

유형 13 일차함수의 활용; 액체의 양 개념 6

46 대표문제

90 L의 물이 들어 있는 물통의 뚜껑을 열면 5분에 9 L씩 물이 흘러나온다고 한다. 뚜껑을 연 지 몇 분 후에 이 물통에 54 L의 물이 남아 있는지 구하시오.

47

300 L의 물을 담을 수 있는 물탱크에 40 L의 물이 들어 있다. 이 물탱크에 매분 4 L씩 물을 채우고 있을 때, 물탱크를 가득 채울 때까지 걸리는 시간은 몇 분인지 구하시오.

중요

48 서술형

자동차의 연비란 1 L의 연료로 달릴 수 있는 거리를 말한다. 연비가 18 km인 어떤 자동차에 50 L의 휘발유를 넣고 x km를 달린 후에 남아 있는 휘발유의 양을 y L라 할 때, x와 y 사이의 관계식을 구하고, 90 km를 달린 후에 남아 있는 휘발유의 양을 구하시오.

49

어떤 환자에게 2분에 10 mL씩 일정한 속도로 들어가는 포도당을 투여하였다. 800 mL가 들어 있는 포도당을 오후 12시부터 투여하기 시작하였을 때, 포도당을 모두 투여한 시각은?

① 오후 2시 ② 오후 2시 25분
③ 오후 2시 40분 ④ 오후 3시
⑤ 오후 3시 15분

유형 14 일차함수의 활용; 속력 개념 6

50 대표문제

시운이가 학교에서 출발하여 4 km 떨어진 체육관까지 분속 80 m의 속력으로 걷고 있다. 출발한 지 35분 후의 체육관까지 남은 거리는 몇 m인지 구하시오.

51

어느 건물의 20층에 엘리베이터가 멈추어 있을 때, 지면으로부터 이 엘리베이터의 바닥까지의 높이가 60 m이다. 이 엘리베이터가 중간에 서지 않고 20층에서 출발하여 초속 2.5 m의 속력으로 수직으로 내려온다고 한다. 출발한 지 x초 후에 엘리베이터의 바닥에서 지면까지의 거리를 y m라 할 때, x와 y 사이의 관계를 식으로 나타내시오.

52

윤희는 집에서 8 km 떨어진 미술관을 향해 자전거를 타고 분속 400 m의 속력으로 가고 있다. 미술관에서 2 km 떨어진 꽃가게에서 꽃을 사 가려고 할 때, 윤희가 집에서 출발한 지 몇 분 후에 꽃가게에 도착할 수 있는가?

(단, 꽃가게는 집에서 미술관을 가는 사이에 있다.)

① 11분 후 ② 12분 후 ③ 13분 후
④ 14분 후 ⑤ 15분 후

53 서술형

서연이와 민서는 1.35 km 떨어진 지점에서 서로를 향해 동시에 움직이기 시작하였다. 서연이는 분속 70 m의 속력으로 걷고, 민서는 분속 200 m의 속력으로 뛴다고 한다. 출발한 지 x분 후의 두 사람 사이의 거리를 y m라 할 때, 두 사람이 만나는 것은 출발한 지 몇 분 후인지 구하시오.

집중

유형 15 일차함수의 활용; 도형 개념 6

54 대표문제

오른쪽 그림과 같이 $\angle C=90^\circ$인 직각삼각형 ABC에서 점 P가 꼭짓점 A를 출발하여 변 AC를 따라 꼭짓점 C까지 매초 2 cm의 속력으로 움직인다. 삼각형 PBC의 넓이가 90 cm^2가 되는 것은 점 P가 꼭짓점 A를 출발한 지 몇 초 후인지 구하시오.

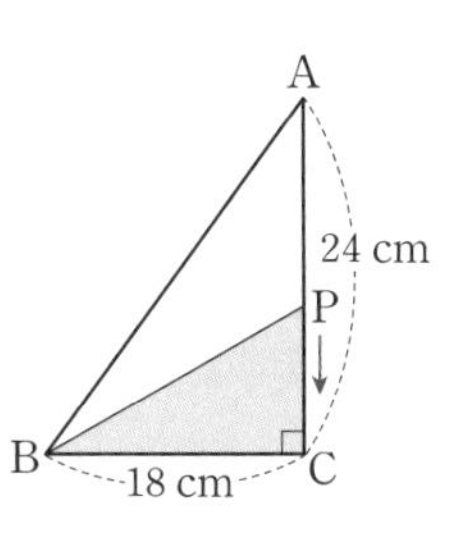

55 서술형

오른쪽 그림과 같은 직사각형 ABCD에서 꼭짓점 B를 출발하여 변 BC 위를 따라 움직이는 점 P에 대하여 $\overline{BP}=x$ cm일 때 사다리꼴 PCDA의 넓이가 $y\text{ cm}^2$라 하자. x와 y 사이의 관계식을 구하고, $\overline{BP}=6$ cm일 때의 사다리꼴 PCDA의 넓이를 구하시오.

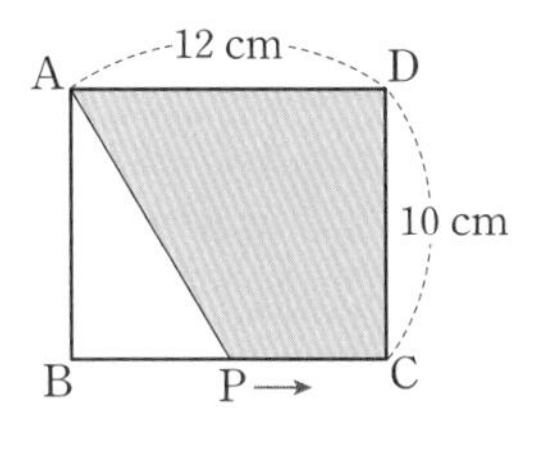

56

오른쪽 그림에서 점 P는 점 B를 출발하여 선분 BC를 따라 점 C까지 매초 3 cm의 속력으로 움직인다. 삼각형 ABP와 삼각형 DPC의 넓이의 합이 225 cm^2가 되는 것은 점 P가 꼭짓점 B를 출발한 지 몇 초 후인지 구하시오.

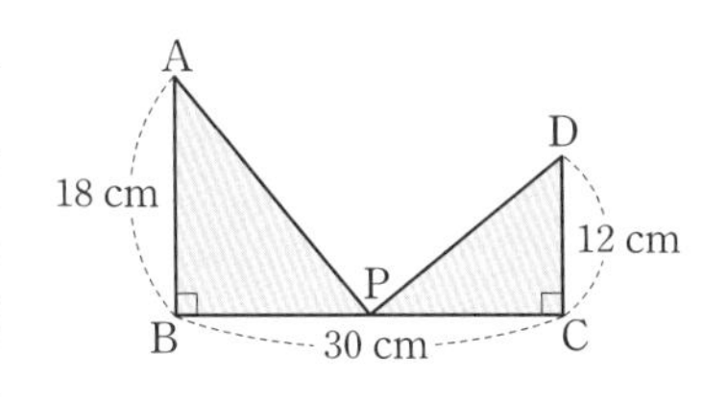

유형 16 그래프를 이용한 일차함수의 활용 개념 6

57 대표문제

오른쪽 그림은 처음 휘발유의 양이 50 L인 자동차가 x km를 이동한 후 남은 휘발유의 양을 y L라 할 때, x와 y 사이의 관계를 그래프로 나타낸 것이다. 남은 휘발유가 15 L일 때, 이 자동차의 이동 거리를 구하시오.

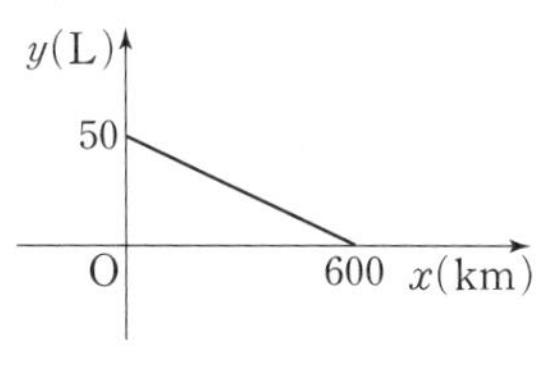

58

오른쪽 그림은 높이가 100 cm인 물탱크에 일정한 비율로 물을 넣기 시작한 지 x초 후의 물의 높이를 y cm라 할 때, x와 y 사이의 관계를 그래프로 나타낸 것이다. 물을 넣기 시작한 지 18초 후의 물의 높이는 몇 cm인지 구하시오.

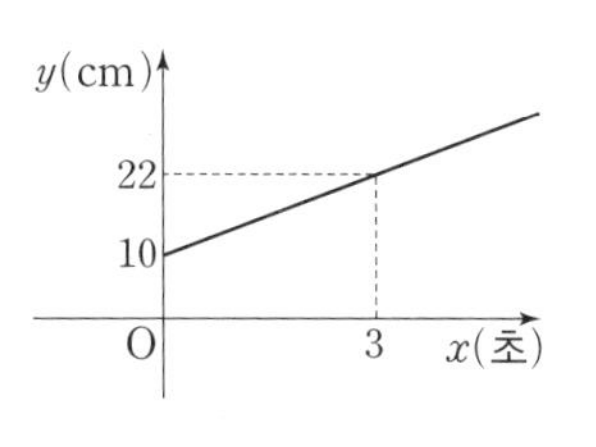

중요

59

오른쪽 그림은 혜림이가 집에서 출발한 지 x분 후에 혜림이가 있는 지점에서 도서관까지의 거리를 y m라 할 때, x와 y 사이의 관계를 그래프로 나타낸 것이다. 다음 중 옳지 않은 것은?

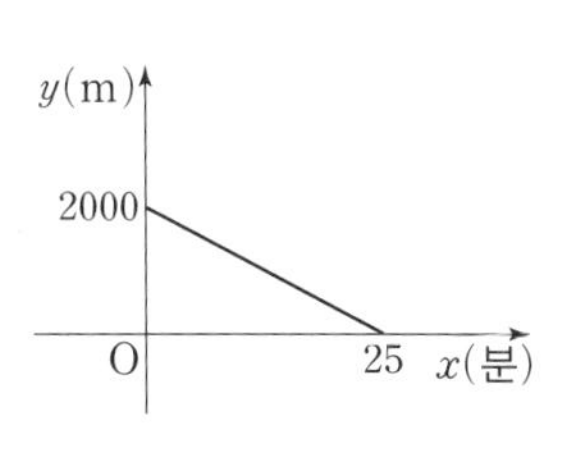

① 집에서 도서관까지의 거리는 2000 m이다.
② 집에서 도서관까지 가는 데 걸리는 시간은 25분이다.
③ 혜림이는 분속 80 m로 일정하게 이동하였다.
④ 출발한 지 15분 후 도서관까지의 거리는 600 m이다.
⑤ 도서관까지의 거리가 400 m일 때까지 걸은 시간은 20분이다.

09 일차함수와 그래프 (2)

[유형북] Real 실전 유형에서 틀린 문제를 체크해 보세요.

집중

유형 01 일차함수와 일차방정식의 관계 개념 1

01 대표문제

다음 중 일차방정식 $2x-3y+12=0$의 그래프에 대한 설명으로 옳은 것을 모두 고르면? (정답 2개)

① x의 값이 증가하면 y의 값은 감소한다.
② x절편은 -6이고, y절편은 4이다.
③ 점 $(3, 5)$를 지난다.
④ 직선 $y=\frac{2}{3}x-4$와 평행하다.
⑤ y축과 음의 부분에서 만난다.

02

다음 일차함수의 그래프 중 일차방정식 $3x-4y-6=0$의 그래프와 일치하는 것은?

① $y=-\frac{4}{3}x-\frac{2}{3}$
② $y=-\frac{4}{3}x+\frac{2}{3}$
③ $y=-\frac{3}{4}x-\frac{3}{2}$
④ $y=\frac{3}{4}x-\frac{3}{2}$
⑤ $y=\frac{3}{4}x+\frac{3}{2}$

03

일차방정식 $6x+4y-5=0$의 그래프가 지나지 않는 사분면을 구하시오.

04 서술형

일차방정식 $x+5y+10=0$의 그래프의 기울기를 a, x절편을 b, y절편을 c라 할 때, abc의 값을 구하시오.

유형 02 일차방정식의 그래프 위의 점 개념 1

05 대표문제

점 $(2a, a-4)$가 일차방정식 $2x-y+5=0$의 그래프 위의 점일 때, a의 값을 구하시오.

06

다음 중 일차방정식 $4x+y-8=0$의 그래프 위의 점이 아닌 것은?

① $(-1, 12)$ ② $(0, 8)$ ③ $(1, 4)$
④ $(2, 1)$ ⑤ $(3, -4)$

07

일차방정식 $3x-y-11=0$의 그래프가 오른쪽 그림과 같을 때, m의 값을 구하시오.

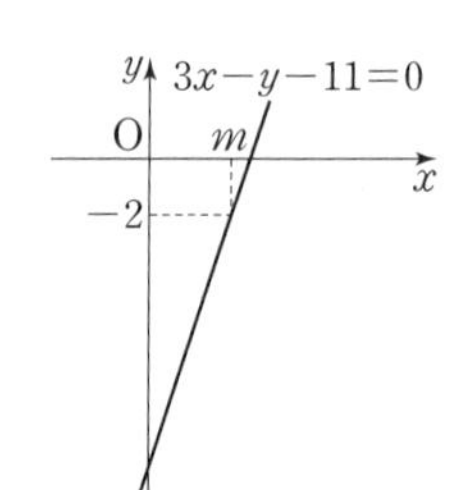

08 서술형

일차방정식 $5x-2y-8=0$의 그래프가 두 점 $(a, 11)$, $(-2, b-3)$을 지날 때, $a+b$의 값을 구하시오.

유형 03 일차방정식의 미지수의 값 구하기 개념 1

09 대표문제

일차방정식 $3x+ay-11=0$의 그래프가 점 $(1,\ -4)$를 지날 때, 이 그래프의 y절편은? (단, a는 상수)

① -9 ② $-\frac{11}{2}$ ③ $-\frac{11}{3}$
④ $\frac{11}{3}$ ⑤ $\frac{11}{2}$

10

일차방정식 $(a+3)x-5y-7=0$의 그래프가 두 점 $(-4,\ -3)$, $(1,\ b)$를 지날 때, $a+b$의 값을 구하시오.
(단, a는 상수)

11

일차방정식 $ax+by-10=0$의 그래프가 오른쪽 그림과 같을 때, 상수 a, b에 대하여 $a+b$의 값을 구하시오.

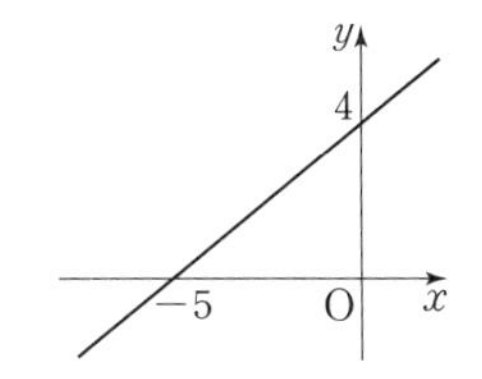

12

일차방정식 $3ax-(b-4)y-6=0$의 그래프의 기울기가 $-\frac{3}{2}$, y절편이 3일 때, 상수 a, b에 대하여 $a+b$의 값을 구하시오.

유형 04 직선의 방정식 구하기 개념 1

13 대표문제

두 점 $(-3,\ -7)$, $(1,\ -1)$을 지나는 직선의 방정식은?

① $x+3y+7=0$ ② $2x+3y+5=0$
③ $2x-3y-5=0$ ④ $3x-2y+5=0$
⑤ $3x-2y-5=0$

14

x의 값이 4만큼 증가할 때 y의 값은 5만큼 감소하고 점 $(-8,\ 4)$를 지나는 직선의 방정식을 구하시오.

15 서술형

두 점 $(-2,\ -7)$, $(1,\ 2)$를 지나는 직선과 평행하고 점 $(3,\ 5)$를 지나는 직선의 방정식이 $ax+by-4=0$일 때, 상수 a, b에 대하여 $a+b$의 값을 구하시오.

16

일차방정식 $12x+6y-5=0$의 그래프와 평행하고 일차방정식 $4x-5y+6=0$의 그래프와 x축에서 만나는 직선의 방정식은?

① $3x+y-2=0$ ② $3x+y+4=0$
③ $2x-y+3=0$ ④ $2x+y+3=0$
⑤ $x+2y+3=0$

유형 05 좌표축에 평행한(수직인) 직선의 방정식 개념2

17 대표문제

두 점 $(2k,\ -4)$, $(-k-6,\ 5)$를 지나는 직선이 y축에 평행할 때, k의 값은?

① -2 ② -1 ③ 1
④ 2 ⑤ 3

18

다음 중 점 $(-4,\ 3)$을 지나고 y축에 수직인 직선의 방정식은?

① $x=-4$ ② $x=3$ ③ $4x=-4$
④ $y-3=0$ ⑤ $y=6$

중요

19

방정식 $ax+by=12$의 그래프가 오른쪽 그림과 같을 때, 상수 a, b에 대하여 $a-b$의 값을 구하시오.

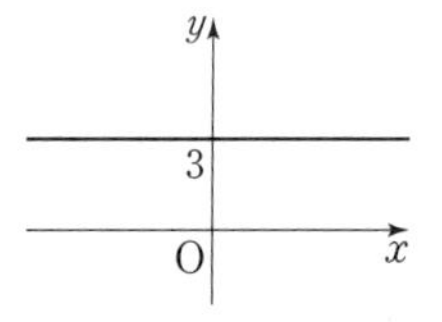

20

직선 $y=-2x+5$ 위의 점 $(-3k,\ k-5)$를 지나고 x축에 수직인 직선의 방정식을 구하시오.

유형 06 좌표축에 평행한 직선으로 둘러싸인 도형의 넓이 개념2

21 대표문제

네 직선 $x=-3$, $y=-1$, $3x=12$, $2y=6$으로 둘러싸인 도형의 넓이는?

① 28 ② 25 ③ 21
④ 18 ⑤ 15

22

다음 네 직선으로 둘러싸인 도형의 넓이를 구하시오.

$$4x=0, \quad 3y=0, \quad x-5=0, \quad y+4=0$$

23

다음 네 직선으로 둘러싸인 도형의 넓이는?

$$x-4=0, \quad y-2=0, \quad 3x+12=0, \quad 4y+15=0$$

① 24 ② 32 ③ 36
④ 42 ⑤ 46

24 서술형

네 직선 $x+2=0$, $12-3x=0$, $y=-5$, $2a-y=0$으로 둘러싸인 도형의 넓이가 54일 때, 양수 a의 값을 구하시오.

집중 유형 07 일차방정식 $ax+by+c=0$의 그래프와 a, b, c의 부호 개념 1, 2

25 대표문제

일차방정식 $ax+y+b=0$의 그래프가 오른쪽 그림과 같을 때, 다음 중 옳은 것은? (단, a, b는 상수)

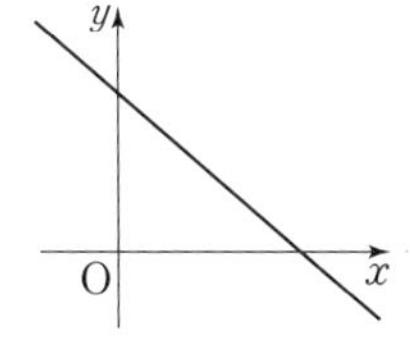

① $a>0$, $b>0$ ② $a>0$, $b<0$
③ $a<0$, $b>0$ ④ $a<0$, $b<0$
⑤ $a>0$, $b=0$

중요

26

$a<0$, $b>0$, $c>0$일 때, 일차방정식 $ax+by+c=0$의 그래프가 지나지 않는 사분면을 구하시오.

27

$ax-by+3=0$의 그래프가 y축에 수직이고, 제3사분면과 제4사분면만을 지나도록 하는 상수 a, b의 조건은?

① $a=0$, $b>0$ ② $a=0$, $b<0$
③ $a>0$, $b=0$ ④ $a>0$, $b=0$
⑤ $a<0$, $b<0$

28 서술형

점 $(ab, a-b)$가 제2사분면 위의 점일 때, 일차방정식 $ax+y+b=0$의 그래프가 지나는 사분면을 모두 구하시오.

29

일차방정식 $ax-by+c=0$의 그래프가 오른쪽 그림과 같을 때, 다음 중 일차방정식 $cx+by-a=0$의 그래프로 알맞은 것은? (단, a, b, c는 상수)

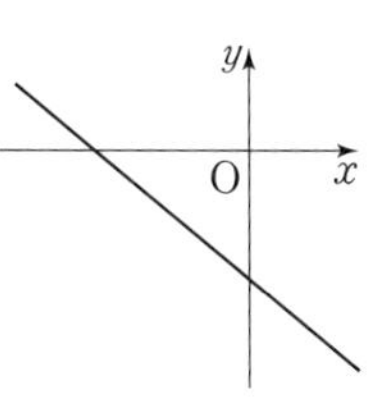

①
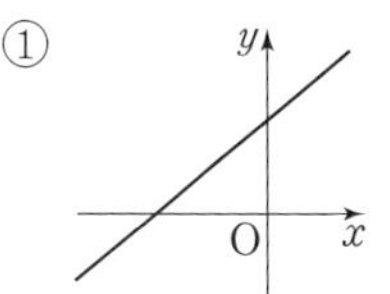

②
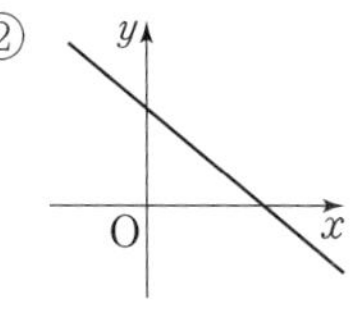

③
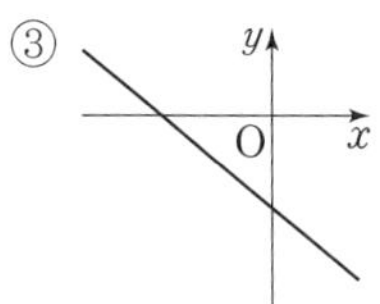

④
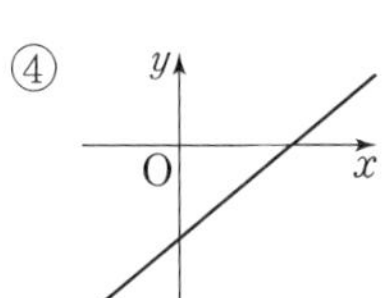

⑤
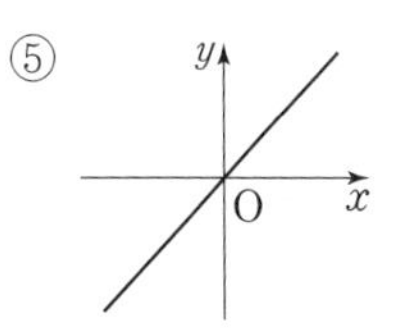

30

일차방정식 $ax+by+c=0$의 그래프가 제2사분면을 지나지 않을 때, 다음 **보기** 중 옳은 것을 모두 고르시오.

(단, a, b, c는 0이 아닌 상수)

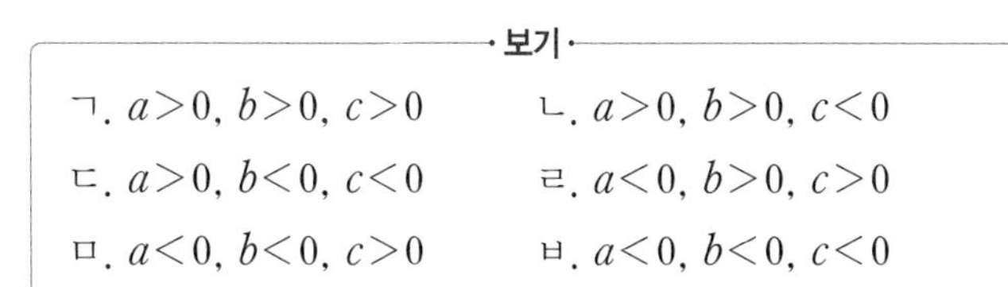

보기

ㄱ. $a>0$, $b>0$, $c>0$ ㄴ. $a>0$, $b>0$, $c<0$
ㄷ. $a>0$, $b<0$, $c<0$ ㄹ. $a<0$, $b>0$, $c>0$
ㅁ. $a<0$, $b<0$, $c>0$ ㅂ. $a<0$, $b<0$, $c<0$

유형 08 직선으로 둘러싸인 도형의 넓이 (1) 개념 1, 2

31 대표문제

오른쪽 그림과 같이 세 직선 $x=-2$, $y=-1$, $x+2y-4=0$으로 둘러싸인 도형의 넓이를 구하시오.

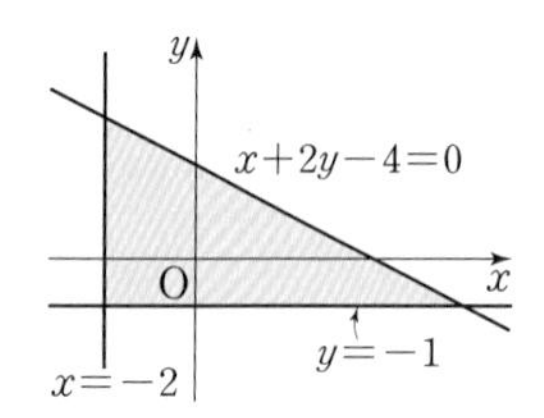

32

두 직선 $y=2$, $3x+y-8=0$과 y축으로 둘러싸인 도형의 넓이를 구하시오.

33

오른쪽 그림과 같이 직선 $x=k$가 x축과 만나는 점을 A, 직선 $4x+5y=0$과 만나는 점을 B라 하자. $\overline{AB}=8$일 때, 상수 k의 값과 삼각형 AOB의 넓이를 차례대로 구하시오. (단, O는 원점)

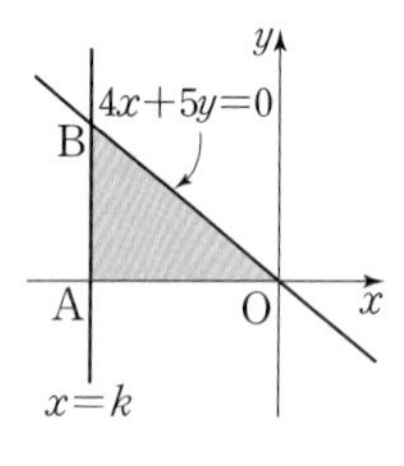

34

오른쪽 그림과 같이 세 직선 $x=-2$, $x=4$, $x-3y+k=0$ 및 x축으로 둘러싸인 도형의 넓이가 24일 때, 상수 k의 값은? (단, $k>2$)

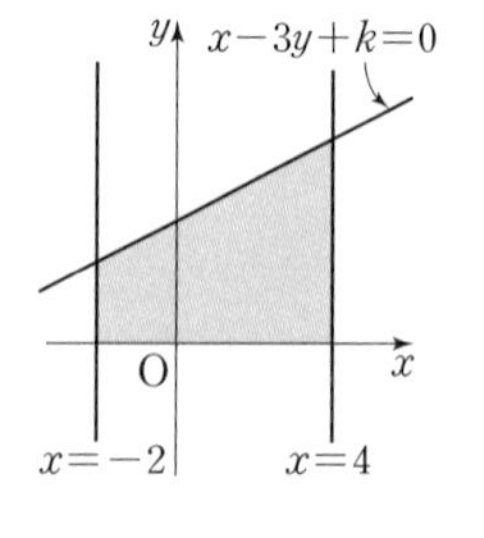

① 3 ② 5

③ 7 ④ 9

⑤ 11

유형 09 직선이 선분과 만날 조건 개념 1

35 대표문제

오른쪽 그림과 같이 좌표평면 위에 두 점 A(2, 5), B(4, 2)가 있다. 직선 $y=ax+1$이 선분 AB와 만날 때, 상수 a의 값의 범위는?

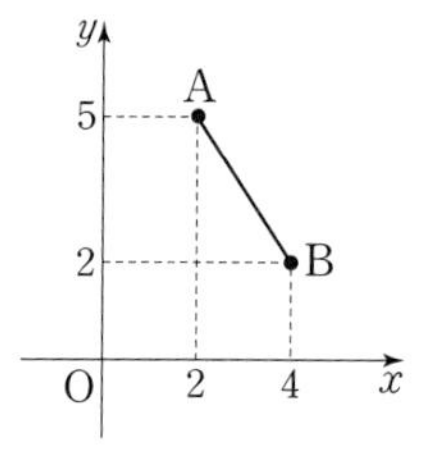

① $\frac{1}{4}\le a\le 2$ ② $\frac{1}{3}\le a\le 3$
③ $\frac{1}{2}\le a\le 4$ ④ $1\le a\le 3$
⑤ $2\le a\le 4$

36

직선 $y=ax-2$가 두 점 A$(-3, 2)$, B$(-1, 4)$를 잇는 선분 AB와 만날 때, 다음 중 상수 a의 값이 될 수 없는 것은?

① -4 ② -2 ③ $-\frac{3}{2}$
④ $-\frac{4}{3}$ ⑤ $-\frac{1}{4}$

37 중요 서술형

직선 $y=-2x+k$가 두 점 A$(-3, -1)$, B$(3, -5)$를 잇는 선분 AB와 만날 때, 상수 k의 값의 범위를 구하시오.

유형 10 연립일차방정식의 해와 그래프 개념3

38 대표문제

두 일차방정식 $2x-y+11=0$, $3x+2y-1=0$의 그래프의 교점의 좌표를 (a, b)라 할 때, $a+b$의 값을 구하시오.

39

오른쪽 그림은 연립방정식

$\begin{cases} x+y=9 \\ 3x-4y=-1 \end{cases}$의 해를 구하기 위하여 두 일차방정식의 그래프를 그린 것이다. 이때 p, q의 값을 각각 구하시오.

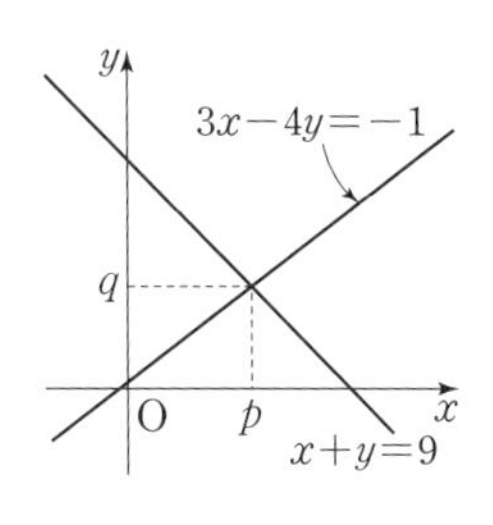

40

두 일차방정식 $3x+y-8=0$, $2x-3y+2=0$의 그래프의 교점이 직선 $kx-3y=8$ 위의 점일 때, 상수 k의 값은?

① 4 ② 5 ③ 6
④ 7 ⑤ 8

중요

41

일차방정식 $x+y-7=0$의 그래프와 기울기가 -3, y절편이 5인 직선의 교점의 좌표를 구하시오.

집중

유형 11 두 직선의 교점의 좌표를 이용하여 미지수의 값 구하기 개념3

42 대표문제

오른쪽 그림은 연립방정식

$\begin{cases} ax-y=2 \\ x+by=-6 \end{cases}$의 해를 구하기 위하여 두 일차방정식의 그래프를 그린 것이다. 상수 a, b에 대하여 $a+b$의 값을 구하시오.

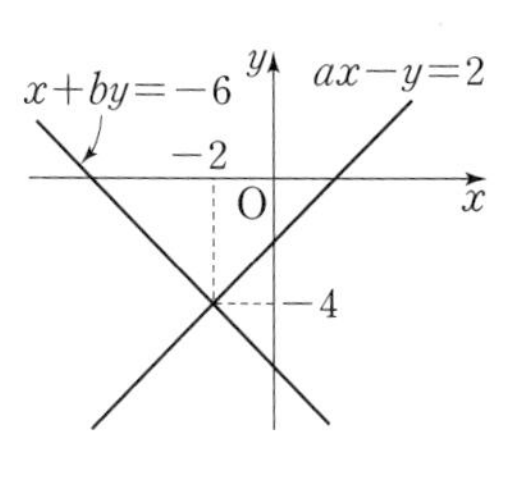

43

두 직선 $2x+ay=-5$, $3x-by=9$의 교점의 좌표가 $(-4, 3)$일 때, 상수 a, b에 대하여 ab의 값은?

① -7 ② -3 ③ 1
④ 4 ⑤ 7

44

오른쪽 그림은 연립방정식

$\begin{cases} 2x-y=7 \\ kx+y=3 \end{cases}$의 해를 구하기 위하여 두 일차방정식의 그래프를 그린 것이다. 이때 상수 k의 값을 구하시오.

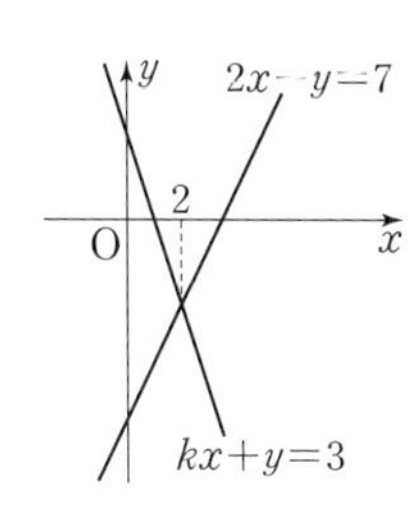

45 서술형

두 직선 $5x+y=3$, $3x-2y=a$의 교점이 y축 위에 있을 때, 두 직선이 각각 x축과 만나는 두 점 사이의 거리를 구하시오. (단, a는 상수)

유형 12 두 직선의 교점을 지나는 직선의 방정식 구하기 개념3

46 대표문제

두 직선 $2x-y=-6$, $3x+y=-4$의 교점을 지나고 직선 $2x+y+1=0$과 평행한 직선의 방정식은?

① $y=-2x-2$ ② $y=-2x+2$
③ $y=-x+5$ ④ $y=2x+1$
⑤ $y=2x-3$

47

두 일차방정식 $2x-3y=7$, $4x-3y=5$의 그래프의 교점을 지나고 y축에 수직인 직선의 방정식을 구하시오.

48

두 일차방정식 $x+y=11$, $5x-2y=-1$의 그래프의 교점과 점 $(6, -7)$을 지나는 직선의 y절편은?

① 20 ② 21 ③ 22
④ 23 ⑤ 24

중요

49 서술형

두 직선 $y=2x+8$, $y=-5x-6$의 교점과 점 $(0, 6)$을 지나는 직선의 방정식이 $y=ax+b$일 때, 상수 a, b에 대하여 ab의 값을 구하시오.

유형 13 한 점에서 만나는 세 직선 개념3

50 대표문제

세 직선 $2x+3y+5=0$, $x+ay+7=0$, $3x-7y-27=0$이 한 점에서 만날 때, 상수 a의 값은?

① -4 ② -2 ③ 1
④ 3 ⑤ 5

51 서술형

직선 $y=2$가 두 직선 $5x+2y=-1$, $7x+ky=3$의 교점을 지날 때, 상수 k의 값을 구하시오.

52

다음 네 직선이 한 점에서 만날 때, 상수 a, b에 대하여 $a-b$의 값을 구하시오.

$$ax-2y=-4,\quad 3x+by=10$$
$$3x+2y=4,\quad 2x-y=5$$

53

두 점 $(-2, -7)$, $(3, 8)$을 지나는 직선이 두 직선 $2x+ky-12=0$, $6x-5y+4=0$의 교점을 지난다. 이때 상수 k의 값을 구하시오.

유형 14 연립방정식의 해의 개수와 그래프 개념 4

54 대표문제

두 일차방정식 $2x-3y+a=0$, $bx-6y-10=0$의 그래프의 교점이 무수히 많을 때, 상수 a, b에 대하여 $a+b$의 값은?

① -2　② -1　③ 1
④ 2　⑤ 3

55

연립방정식 $\begin{cases} 3x-y=-4 \\ kx+2y=5 \end{cases}$가 오직 한 쌍의 해를 갖도록 하는 상수 k의 조건을 구하시오.

56

두 직선 $2x+3y=4$, $kx-6y=-9$의 교점이 존재하지 않을 때, 상수 k의 값은?

① -5　② -4　③ -3
④ -2　⑤ -1

집중

유형 15 직선으로 둘러싸인 도형의 넓이 (2) 개념 3

57 대표문제

오른쪽 그림과 같이 두 직선 $x-y+5=0$, $2x+3y-10=0$과 x축으로 둘러싸인 도형의 넓이는?

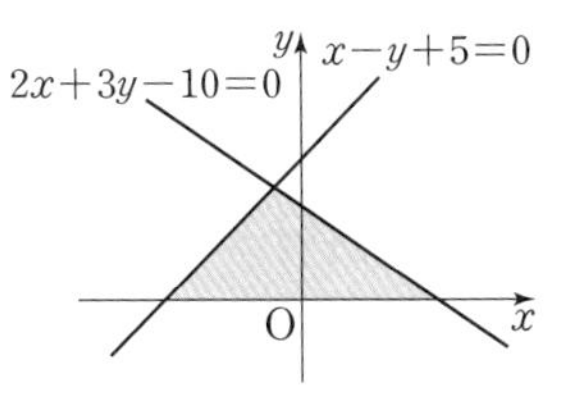

① 20　② 24
③ 27　④ 30
⑤ 32

58 서술형

세 직선 $y=-2$, $x+2y-5=0$, $2x-3y+4=0$으로 둘러싸인 도형의 넓이를 구하시오.

59

네 직선 $y=\frac{2}{3}x$, $y=-\frac{2}{3}x$, $y=\frac{2}{3}x-8$, $y=-\frac{2}{3}x+8$로 둘러싸인 도형의 넓이를 구하시오.

중요

60

오른쪽 그림과 같이 직선 $6x+7y=42$가 y축, x축과 만나는 점을 각각 A, C라 하고 $\overline{OC}$ 위의 한 점을 B라 하자. 삼각형 ABC의 넓이가 12일 때, 두 점 A, B를 지나는 직선의 방정식은 $y=ax+b$이다. 상수 a, b에 대하여 ab의 값을 구하시오.

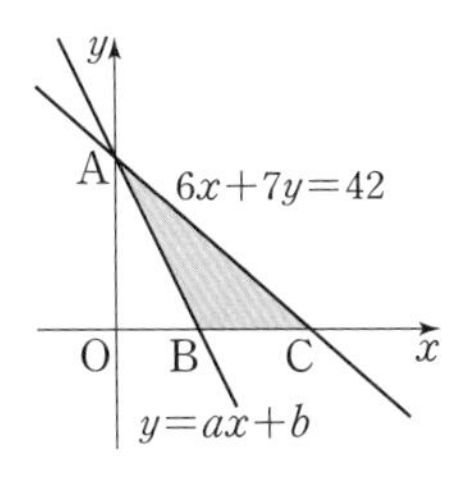

10 일차함수와 일차방정식의 관계

유형 16 넓이를 이등분하는 직선의 방정식 개념3

61 대표문제

오른쪽 그림과 같이 일차방정식 $2x+3y=4$의 그래프와 x축, y축으로 둘러싸인 도형의 넓이를 직선 $y=mx$가 이등분할 때, 상수 m의 값은?

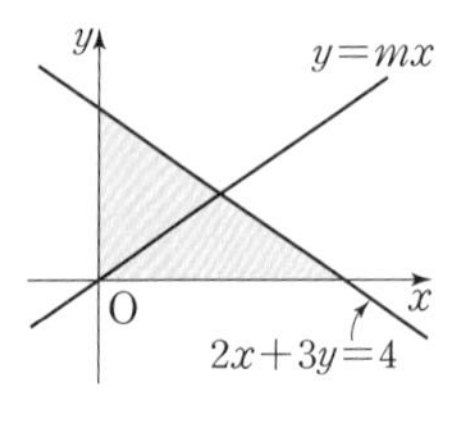

① $\frac{1}{3}$ ② $\frac{1}{2}$ ③ $\frac{2}{3}$
④ $\frac{4}{3}$ ⑤ $\frac{3}{2}$

62

직선 $y=\frac{4}{5}x+4$와 x축, y축으로 둘러싸인 도형의 넓이를 직선 $y=ax$가 이등분할 때, 상수 a의 값을 구하시오.

63 서술형

오른쪽 그림과 같이 일차방정식 $6x-5y-30=0$의 그래프가 y축, x축과 만나는 점을 각각 A, B라 하자. 직선 $y=mx$가 삼각형 OAB의 넓이를 이등분할 때, 상수 m의 값을 구하시오. (단, O는 원점)

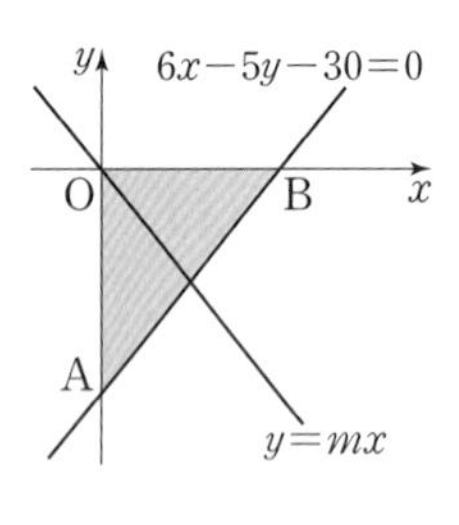

유형 17 직선의 방정식의 활용 개념3

64 대표문제

1500 L의 물이 차 있는 물탱크 A에서 매분 일정한 양의 물을 빼내고 있다. 또, 500 L의 물이 차 있는 물탱크 B에서 매분 일정한 양의 물을 채우고 있다.

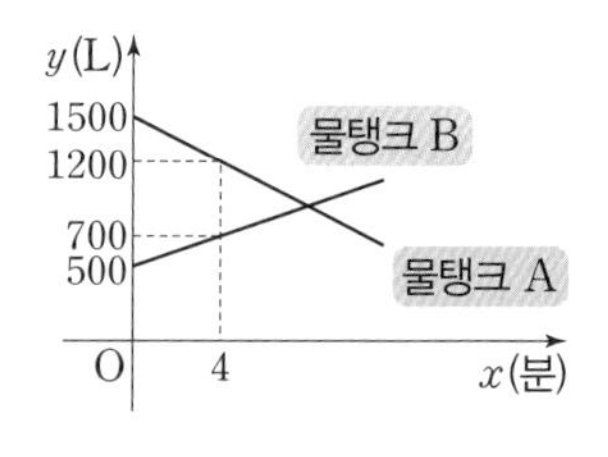

x분 후에 물탱크에 들어 있는 물의 양을 y L라 할 때, x와 y 사이의 관계를 그래프로 나타내면 위의 그림과 같다. 다음 중 옳지 않은 것을 모두 고르면? (정답 2개)

① 물탱크 A에 대한 직선의 방정식은 $y=-75x+1500$이다.
② 물탱크 B에 대한 직선의 방정식은 $y=50x+500$이다.
③ 두 직선의 교점의 좌표는 (6, 600)이다.
④ 6분 후에 두 물탱크의 물의 양은 같아진다.
⑤ 두 물탱크의 물의 양이 같아질 때의 양은 900 L이다.

중요

65

어떤 회사의 제품을 대리점 A에서 판매를 시작한 지 2개월 후부터 대리점 B에서 판매를 시작하였다. 대리점 A에서 판매를 시작한 지 x개월 후의 두 대리점 A, B에서의 총 판매량을 y개라 할 때, x와 y 사이의 관계를 그래프로 나타내면 위의 그림과 같다. 두 대리점 A, B에서 총 판매량이 같아지는 것은 대리점 A에서 판매를 시작한 지 몇 개월 후인지 구하시오.

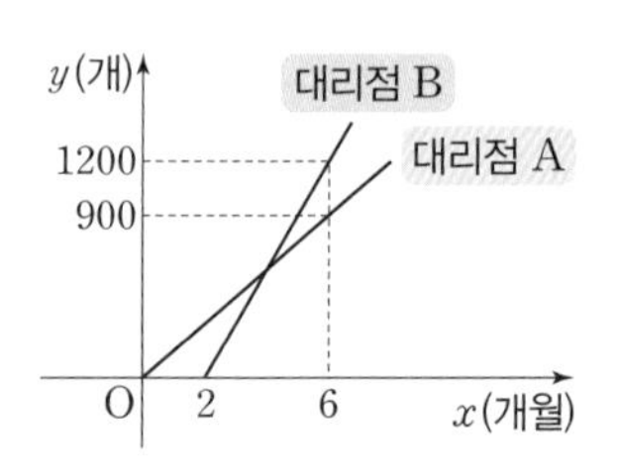

• Memo •

• Memo •

유형 반복 훈련서

유형 더블

중등수학 2-1

정답과 해설

유형 더블

중등수학
2-1

정답과 해설

유형북 빠른 정답

01 유리수와 순환소수

개념 9, 11쪽 풀이 9~10쪽

01 1.5, 유한소수 **02** 0.333…, 무한소수
03 −1.4, 유한소수 **04** 0.363636…, 무한소수
05 −0.41666…, 무한소수 **06** 0.5625, 유한소수
07 7, $0.\dot{7}$ **08** 54, $1.\dot{5}\dot{4}$ **09** 012, $-0.\dot{0}1\dot{2}$
10 8, $5.3\dot{8}$ **11** 13, $-2.0\dot{1}\dot{3}$ **12** 358, $8.\dot{3}5\dot{8}$
13

분수	순환소수	순환마디	순환소수의 표현
$\frac{2}{3}$	0.666…	6	$0.\dot{6}$
$-\frac{2}{11}$	−0.181818…	18	$-0.\dot{1}\dot{8}$
$-\frac{4}{15}$	−0.2666…	6	$-0.2\dot{6}$
$\frac{20}{27}$	0.740740740…	740	$0.\dot{7}4\dot{0}$

14 2^2, 2^2, 100, 0.12 **15** 5^2, 5^2, 175, 0.175 **16** 0.75
17 0.125 **18** 0.55 **19** 0.052 **20** × **21** ○
22 × **23** ○ **24** ㄴ, ㄹ **25** 10, 2, 2
26 100, 251, 251 **27** 10, 90, 7
28 10, 990, 137 **29** 99 **30** 1, 999, 1242, 46
31 14, 135, 3 **32** 3, 324, 18 **33** $\frac{8}{9}$
34 $\frac{35}{99}$ **35** $\frac{208}{333}$ **36** $\frac{23}{9}$ **37** $\frac{415}{99}$ **38** $\frac{40}{27}$
39 $\frac{5}{18}$ **40** $\frac{1586}{495}$ **41** ○ **42** ○ **43** ×
44 ○ **45** ×

유형 12~19쪽 풀이 10~14쪽

01 ③ **02** ⑤ **03** ⑤ **04** ④ **05** ②
06 ③ **07** 8 **08** ②, ⑤ **09** ③ **10** ④
11 3 **12** 6 **13** ④ **14** 447 **15** ③
16 ③ **17** 379 **18** ③, ④ **19** ④ **20** 4
21 4 **22** ③ **23** ④ **24** 126 **25** 7
26 27 **27** 62 **28** 21 **29** 198 **30** ⑤
31 ②, ⑤ **32** 7 **33** 71 **34** 16 **35** ④
36 9 **37** ⑤ **38** (가) 1000 (나) 10 (다) 990 (라) 71
39 ④ **40** ⑤ **41** ③ **42** ②, ④ **43** ④
44 $\frac{5}{2}$ **45** ③ **46** ③ **47** ③ **48** $2.\dot{3}$
49 ③ **50** ③ **51** $1.0\dot{4}$ **52** ③ **53** 3
54 ③ **55** $0.2\dot{3}$ **56** $0.\dot{6}7\dot{7}$ **57** ①, ⑤ **58** ④
59 ⑤

기출 20~22쪽 풀이 15~16쪽

01 ④ **02** ④ **03** ⑤ **04** ④ **05** ④
06 3 **07** 33 **08** ③ **09** ②, ⑤ **10** ①
11 12 **12** ① **13** 10 **14** 55 **15** 5
16 2 **17** $\frac{2}{3}$ **18** $2.\dot{5}$ **19** $0.\dot{3}6\dot{9}$ **20** 21, 24
21 50

02 단항식의 계산

개념 25, 27쪽 풀이 17~18쪽

01 x^5 **02** 5^8 **03** y^9 **04** 3^{12} **05** a^3b^7
06 x^{12} **07** 3^8 **08** y^{16} **09** $-x^9$ **10** a^{32}
11 3 **12** 4 **13** 5 **14** 7 **15** 9
16 x^2 **17** 2^8 **18** 1 **19** $\frac{1}{b^3}$ **20** x^3
21 x^6y^8 **22** $4a^8$ **23** $\frac{x^{12}}{625}$ **24** $-\frac{a^{12}}{b^6}$ **25** 5
26 5 **27** 2, 15 **28** 4, 24 **29** $6x^2y$ **30** $-8a^3b^2$
31 $15x^5y^5$ **32** $-12a^5b^3$ **33** $-30x^8y^5$ **34** $36x^7y$ **35** $-40a^9b^{10}$
36 $x^{14}y^3$ **37** $-\frac{72b}{a^5}$ **38** $-20x^3y^6$ **39** $2x^4$ **40** $-2a^2$
41 $18x^5y^3$ **42** $-2a^2b$ **43** $20y^2$ **44** $6a^6$ **45** x
46 $9x^6y^4$ **47** $\frac{16}{a^4b^6}$ **48** $-\frac{y^5}{8x^6}$ **49** $2a^5$ **50** $9x$
51 $2a^2b$ **52** $-6xy^2$ **53** $\frac{3a^4}{b}$ **54** $\frac{3x^7y}{2}$

유형 28~35쪽 풀이 18~22쪽

01 ⑤ **02** ③ **03** ③ **04** 34 **05** ④
06 ④ **07** 17 **08** 16 **09** ③, ④ **10** ③
11 ④ **12** ② **13** ⑤ **14** ④ **15** ③
16 10 **17** ④ **18** ④ **19** ⑤ **20** 13
21 ㄱ, ㅁ **22** ④ **23** ③ **24** ② **25** ④
26 ⑤ **27** 1 **28** ③ **29** 5^{10} **30** ③
31 ③ **32** ⑤ **33** ④ **34** ④ **35** ③
36 ③ **37** ② **38** ① **39** 1 **40** ③
41 ⑤ **42** ③ **43** 6 **44** ② **45** $10a^9b^2$
46 ① **47** 0 **48** ④ **49** $-4a^4b^3$ **50** ①
51 4 **52** ③ **53** ③, ⑤ **54** ③ **55** ②
56 ③ **57** $-3x^2y^7$ **58** $-12x^4y^9$ **59** $36\pi a^7b^5$ **60** $6ab^2$
61 ② **62** $3xy$

기출 36~38쪽 풀이 22~24쪽

01 ② **02** ③ **03** ④ **04** 33 **05** ⑤
06 14 **07** 42 **08** ③ **09** ④ **10** ②

11 $\frac{1}{12x^5y^4}$ 12 $18\pi a^3b^8$ 13 1 14 ① 15 ⑤
16 10 17 $-x^3y^6$ 18 $-36x^{10}y^7$ 19 $20a^3$
20 27 21 $-\frac{x^2y^2}{12}$

03 다항식의 계산

개념 41쪽 풀이 25쪽

01 $4a+6b$ 02 $3x+4y$ 03 $5a+4b-4$ 04 $3x+4y-5$
05 $5a^2+5a-4$ 06 $-x^2+6x+1$ 07 $x+5y$
08 $2a+4b$ 09 $4x^2+3x$ 10 $-6ab+3b^2$
11 $-4x^2+2xy-6x$ 12 $3a^2-6ab+15a$
13 $-a^2+2a$ 14 $6x^2+3xy+y^2$ 15 $3a-5$
16 $-6x+2$ 17 $6a-9$ 18 $-2x+4y$ 19 $-a+5$
20 $-3x$ 21 $2b+5$ 22 $-2b-7$ 23 $3x+2$
24 $-2x+12$

유형 42~47쪽 풀이 25~29쪽

01 ③ 02 ② 03 $-\frac{5}{8}$ 04 $\frac{5}{6}x+y$ 05 ④
06 ④ 07 1 08 ① 09 ③ 10 ④
11 ② 12 ④ 13 $2x^2+2x+1$
14 $-x^2+5x+3$ 15 ② 16 12 17 ④
18 8 19 ① 20 ④ 21 $13x-10y$
22 ② 23 ⑤ 24 $4x^2y-3x^2-\frac{5}{2}xy$
25 $-9x-3y+12$ 26 5 27 ⑤ 28 ⑤
29 20 30 ④ 31 $12a^4+50a^2b$ 32 $27xy-9y$
33 ④ 34 ② 35 1 36 ④ 37 ④
38 ⑤ 39 $-4x+7y$ 40 ③ 41 $3a+1$
42 $-5x+4$ 43 2

기출 48~50쪽 풀이 29~32쪽

01 ㄱ, ㄷ, ㅁ 02 $a-5b+2$ 03 ③
04 $-\frac{4}{3}$ 05 ② 06 $x^2+5xy-3x$ 07 ①
08 $-8a+4b-12$ 09 ⑤ 10 $24a^2+12ab$
11 B 12 $\frac{43}{6}$ 13 ③ 14 $24x^3+30x^2$
15 $-\frac{1}{3}$ 16 19 17 -2 18 $7x^2+2x-9$
19 18 20 $2ab^2-\frac{3}{2}b$ 21 $7x-5y$

04 일차부등식

개념 53, 55쪽 풀이 32~33쪽

01 × 02 ○ 03 ○ 04 × 05 $x+5<7$
06 $2x\geq15$ 07 $3x+2>x-6$ 08 $800x\leq5000$
09 $1+2x>10$ 10 ㄴ, ㄷ 11 -2, -1, 0
12 2 13 1, 2 14 < 15 < 16 <
17 < 18 > 19 < 20 > 21 <
22 > 23 < 24 ≥ 25 ≥ 26 ○
27 × 28 ○ 29 × 30
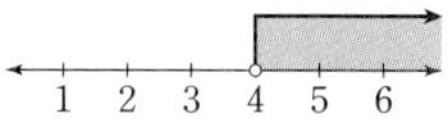

31
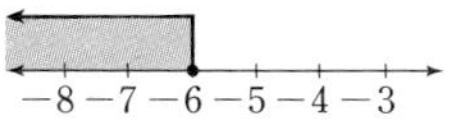

32
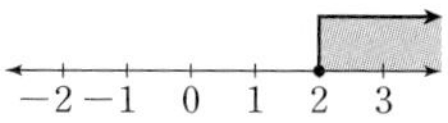

33 $x<-1$,
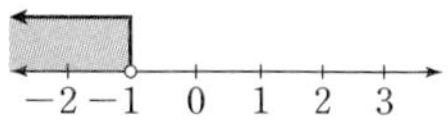

34 $x>1$,
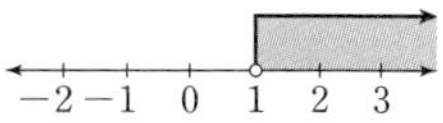

35 $x\leq2$,
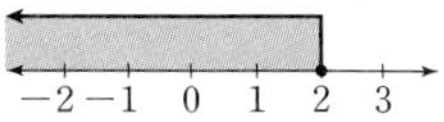

36 $x\geq0$,
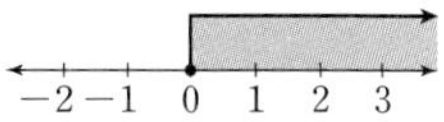

37 $x>8$ 38 $x\leq-2$
39 $x>-3$ 40 $x\geq4$ 41 $x>4$ 42 $x\geq2$ 43 $x<-2$
44 $x\leq1$ 45 $x<7$ 46 $x\leq-12$ 47 $x>-6$ 48 $x\geq9$

유형 56~61쪽 풀이 33~36쪽

01 ②, ④ 02 ④ 03 ③ 04 ②
05 $4x-2\leq3(x+5)$ 06 ④ 07 ④, ⑤ 08 ③
09 ⑤ 10 1, 2 11 ③ 12 ④ 13 ㄴ, ㄷ, ㄹ
14 ③ 15 ④ 16 ④ 17 10 18 ①, ④
19 ③ 20 ⑤ 21 ⑤ 22 ⑤ 23 ③
24 ④ 25 ② 26 ① 27 ① 28 10
29 ② 30 ④ 31 ④ 32 20 33 ②
34 ④ 35 ① 36 3 37 ① 38 3
39 7 40 -1 41 7 42 -4 43 ④
44 $-2\leq a<-\frac{3}{2}$

기출 62~64쪽 풀이 37~30쪽

01 ④ 02 ③ 03 ⑤ 04 ④ 05 8
06 ③, ⑤ 07 ④ 08 ⑤ 09 ② 10 ⑤
11 4 12 $0\leq a<\frac{1}{2}$ 13 ④ 14 $x>2$
15 ③ 16 18 17 $a\leq-1$ 18 2 19 3
20 2 21 -3

05 일차부등식의 활용

개념 67쪽 풀이 39쪽

01 $2(x+3)$, $2(x+3)<30$, 12, 11 02 $(12-x)$개
03 $1000x+800(12-x)\leq11000$ 04 $x\leq7$ 05 7개

06 $(40+x)$살, $(7+x)$살 **07** $40+x<4(7+x)$

08 $x>4$ **09** 5년 후 **10** $\frac{x}{2}$, $\frac{x}{3}$ **11** $\frac{x}{2}+\frac{x}{3}\le 2$

12 $x\le 2.4$ **13** 2.4 km **14** $200+x$, $\frac{8}{100}\times(200+x)$

15 $\frac{10}{100}\times 200\le\frac{8}{100}\times(200+x)$ **16** $x\ge 50$ **17** 50 g

유형 68~75쪽 풀이 40~44쪽

01 14, 15, 16		**02** 14	**03** 12	**04** ④
05 ③	**06** 17.4초	**07** ②	**08** ③	**09** ②
10 13개	**11** ③	**12** 12명	**13** 4개	**14** 55분
15 375 MB	**16** 25장	**17** 20켤레	**18** ②	**19** ③
20 11개월 후		**21** ④	**22** 9권	**23** 33개월
24 ③	**25** ④	**26** 31명	**27** ③	**28** 4200원
29 2250원	**30** 20000원	**31** ①	**32** 9 cm	**33** 10 cm
34 35 cm	**35** ①	**36** 2 km	**37** 11.4 km	**38** ①
39 2 km	**40** 4 km	**41** ③	**42** 4분 후	**43** ②
44 ②	**45** ③	**46** 32 g	**47** ③	**48** ②
49 300 g	**50** ④	**51** 5분 후	**52** 15년 후	**53** 100 g

기출 76~78쪽 풀이 44~45쪽

01 ②	**02** ④	**03** 83점	**04** 4개	**05** ③
06 ④	**07** 12000원	**08** ⑤	**09** 1400 m	**10** 25분
11 ②	**12** 15	**13** 18명	**14** 3명	**15** 15개
16 31일	**17** 9개월 후	**18** 1 km	**19** 11명	**20** 10분

06 연립일차방정식

개념 81, 83쪽 풀이 46~47쪽

01 ○	**02** ×	**03** ×	**04** ○	**05** ×
06 ○	**07** ○	**08** ×	**09** 6, $\frac{9}{2}$, 3, $\frac{3}{2}$, 0	

10 (1, 6), (3, 3) **11** 5, 4, 3, 2, 1

12 7, 4, 1, −2 **13** (2, 4) **14** 2, 1, 1, 3

15 $x=5$, $y=-2$ **16** $x=3$, $y=-1$

17 $x=2$, $y=1$ **18** $y+1$, $y+1$, 1, 1, 2

19 $x=-1$, $y=2$ **20** $x=1$, $y=3$

21 $x=-1$, $y=-2$ **22** $x=1$, $y=1$

23 $x=-1$, $y=2$ **24** $x=4$, $y=5$

25 $x=4$, $y=-1$ **26** $x=2$, $y=-4$

27 $x=3$, $y=2$ **28** $x=1$, $y=2$

29 $x=2$, $y=-1$ **30** $x=8$, $y=3$

31 해가 무수히 많다. **32** 해가 없다.

유형 84~91쪽 풀이 47~52쪽

01 ③, ④	**02** ③	**03** ④	**04** ④	**05** ②, ⑤
06 (4, 1), (5, 3), (6, 5)			**07** 3개	**08** ③
09 ⑤	**10** ①	**11** 4	**12** ③	**13** 2
14 ㄱ, ㄹ	**15** ③	**16** (3, 2)	**17** 1	**18** 4
19 ④	**20** ④	**21** −1	**22** 2	**23** ④
24 $x=5$, $y=3$		**25** 6	**26** ⑤	
27 $x=-1$, $y=-2$		**28** 8	**29** ③	
30 $x=-1$, $y=-2$		**31** 18	**32** ④	
33 $x=-2$, $y=-2$		**34** $x=1$, $y=-1$		**35** ②
36 6	**37** 7	**38** 1	**39** 3	
40 −6	**41** 7	**42** 2	**43** 5	**44** 2
45 ①	**46** 2	**47** ④	**48** $x=2$, $y=1$	
49 ③	**50** $a=4$, $b=1$		**51** 2	**52** ③
53 ③, ⑤	**54** −12	**55** ②	**56** ①, ③	**57** 9

기출 92~94쪽 풀이 53~55쪽

01 ②, ⑤	**02** ③	**03** 9	**04** ②	**05** ①
06 ⑤	**07** 8	**08** ③	**09** ⑤	**10** 2
11 $x=-5$, $y=-17$		**12** 4	**13** 9	**14** 0
15 $a=-1$, $b=-3$		**16** −2	**17** 2	**18** 5
19 $x=2$, $y=1$		**20** $x=2$, $y=-3$		**21** −7

07 연립일차방정식의 활용

개념 97쪽 풀이 55~56쪽

01 $x+y$, $2y-5$, $x+y$, $2y-5$, 35, 20, 35, 20

02 $\begin{cases} x+y=10 \\ 400x+800y=6000 \end{cases}$ **03** 볼펜의 개수: 5, 수첩의 개수: 5

04 $\begin{cases} x+y=15 \\ 2x+4y=36 \end{cases}$ **05** 오리: 12마리, 토끼: 3마리

06 4, $\frac{x}{3}$, $\frac{y}{6}$, 1 **07** $\begin{cases} x+y=4 \\ \frac{x}{3}+\frac{y}{6}=1 \end{cases}$

08 걸어간 거리: 2 km, 뛰어간 거리: 2 km

09 300, $\frac{5}{100}\times y$, $\frac{7}{100}\times 300$ **10** $\begin{cases} x+y=300 \\ \frac{8}{100}x+\frac{5}{100}y=21 \end{cases}$

11 8 %의 소금물의 양: 200 g, 5 %의 소금물의 양: 100 g

유형 98~105쪽 풀이 56~61쪽

01 35	**02** 17	**03** ④	**04** ④	**05** 8개
06 8개	**07** 39000원	**08** 4	**09** ④	**10** 15
11 ⑤	**12** ①	**13** 18	**14** 9	**15** 12

16 ① **17** ③ **18** 100 **19** 170상자 **20** 14000원
21 ⑤ **22** ③ **23** ⑤ **24** ② **25** 6일
26 ④ **27** ⑤ **28** 12 cm **29** 2 km **30** ④
31 4.5 km **32** 16분 **33** ③ **34** 10분 후 **35** ④
36 분속 75 m **37** 20분 **38** ③ **39** ④
40 160 m **41** ⑤ **42** ② **43** 600 g **44** 100 g
45 ④ **46** 설탕물 A: 2 %, 설탕물 B: 20 % **47** ④
48 ① **49** 200 g **50** 400 g

기출 106~108쪽 풀이 61~64쪽

01 ① **02** 48 **03** 400원 **04** 5 **05** 7
06 16 **07** ③ **08** 20000원 **09** 20 cm² **10** 10초 후
11 100 g **12** 100 g **13** 320 **14** 15일 **15** ④
16 9 **17** 10 **18** 3 km **19** 4 **20** 시속 9 km
21 100 g

08 일차함수와 그래프 (1)

개념 111, 113쪽 풀이 64~65쪽

01 표는 풀이 참조, ○ **02** 표는 풀이 참조, × **03** -8
04 -1 **05** 3 **06** -72 **07** $f(x)=\frac{24}{x}$
08 3 **09** × **10** ○ **11** × **12** ○
13 $y=10000+5000x$, 일차함수이다.
14 $y=\frac{50}{x}$, 일차함수가 아니다.
15 $y=x^2$, 일차함수가 아니다. **16** 4 **17** -3
18 $y=5x-2$ **19** $y=-3x+\frac{2}{5}$
20 $y=\frac{4}{3}x+1$ **21** $y=-\frac{1}{5}x-\frac{3}{2}$
22 x절편: -3, y절편: 4 **23** x절편: 2, y절편: 2
24 x절편: -1, y절편: -3 **25** x절편: 2, y절편: -4
26 x절편: 3, y절편: 9 **27** x절편: $-\frac{1}{2}$, y절편: $\frac{1}{8}$
28 x절편: $-\frac{9}{2}$, y절편: -6
29 x절편: -2, y절편: 1 **30** x절편: -4, y절편: -3

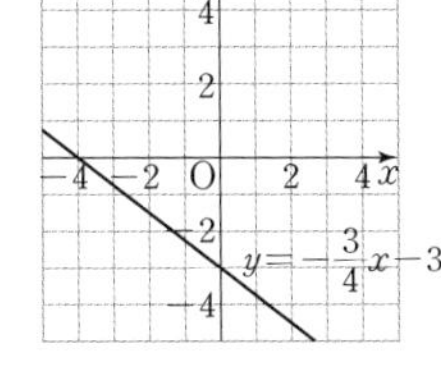

(29번 그래프: $y=\frac{1}{2}x+1$)

31 $+3$, 1 **32** -2, $-\frac{1}{2}$ **33** 3 **34** -10
35 2 **36** $-\frac{4}{3}$

37 기울기: 3, y절편: -4

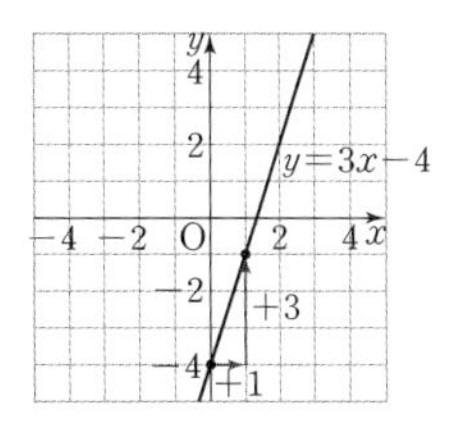

38 기울기: $-\frac{3}{2}$, y절편: 2

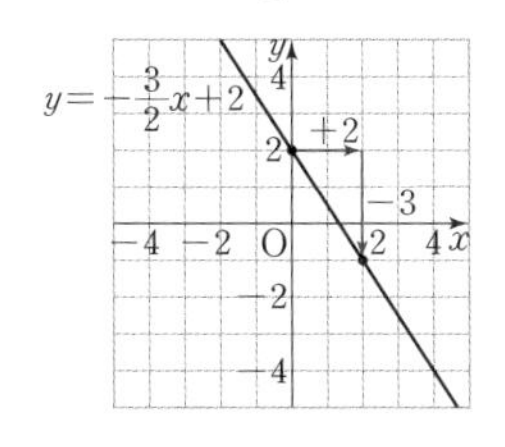

유형 114~121쪽 풀이 66~71쪽

01 ② **02** ㄴ, ㄷ **03** ④, ⑤ **04** 0 **05** ㄴ, ㄷ
06 ④ **07** $-\frac{12}{5}$ **08** ③ **09** -2 **10** ③
11 -6 **12** ㄴ, ㄷ, ㅁ **13** ② **14** ①, ③
15 $a\neq-2$ **16** ④ **17** 4 **18** 6 **19** ③
20 ⑤ **21** -3 **22** ④ **23** 6 **24** -2
25 ③ **26** -6 **27** $-\frac{1}{2}$ **28** ② **29** ④
30 $-\frac{5}{2}$ **31** $\frac{3}{4}$ **32** -6 **33** ④ **34** $-\frac{3}{2}$
35 ④ **36** ② **37** $\frac{3}{2}$ **38** -3 **39** -4
40 ③ **41** ③ **42** 6 **43** -11 **44** ①
45 ② **46** -6 **47** 1 **48** ④ **49** 4
50 $-\frac{3}{5}$ **51** ③ **52** -36 **53** ③ **54** -5
55 $-\frac{1}{2}$ **56** ③ **57** ② **58** 제1사분면
59 ③ **60** $\frac{1}{2}$ **61** 7

기출 122~124쪽 풀이 71~73쪽

01 ㄱ, ㄷ **02** 15 **03** 250 **04** ③ **05** ④
06 (2, 2) **07** 3 **08** ⑤ **09** ① **10** ⑤
11 ② **12** 6 **13** 51 **14** -65 **15** $\frac{48}{5}$
16 -6 **17** 8 **18** 15 **19** -10 **20** 72π
21 8

09 일차함수와 그래프 (2)

개념 127, 129쪽 풀이 73~74쪽

01 ○ **02** × **03** ○ **04** ㄱ, ㄷ **05** ㄴ, ㄹ
06 ㄱ, ㄹ **07** ㄴ, ㄷ, ㄹ **08** $a<0$, $b>0$
09 $a>0$, $b>0$ **10** $a>0$, $b<0$
11 $a<0$, $b<0$ **12** ㄱ, ㄹ **13** ㄷ, ㅂ **14** -1
15 -5 **16** $y=3x-4$
17 $y=-x+\frac{2}{3}$ **18** $y=5x+1$
19 $y=-\frac{5}{6}x+2$ **20** $y=-4x-1$
21 $y=6x+2$ **22** $y=\frac{1}{2}x+6$

23 $y=-3x-3$ **24** $y=\frac{3}{2}x-6$

25 $y=x-2$ **26** $y=-2x+2$

27 $y=-\frac{1}{3}x-5$ **28** $y=3x-1$

29 $y=-5x+10$ **30** $y=2x+6$

31 $y=\frac{3}{4}x-3$ **32** $y=-\frac{2}{3}x-2$

33 $800x$, $10000-800x$, 2800, 2800, 9, 9

34 19, 17, 15 **35** $y=21-2x$ **36** 11 cm

유형 130~137쪽 풀이 75~81쪽

01 ④ **02** ㄴ, ㄷ **03** ③ **04** ① **05** $\frac{1}{3}<a<2$

06 직선 n **07** ③ **08** 제4사분면 **09** ㄷ

10 ④ **11** ② **12** $a<0$, $b<0$

13 제1, 2, 3사분면 **14** 제3사분면 **15** -1

16 ④ **17** ② **18** 2 **19** ③ **20** -6

21 0 **22** 8 **23** ⑤ **24** ㄱ, ㄹ **25** ③

26 ② **27** 12 **28** -6 **29** -1 **30** ②

31 $\frac{6}{5}$ **32** 11 **33** 6 **34** -2 **35** ⑤

36 ③ **37** $\frac{1}{3}$ **38** -4 **39** -25 **40** $y=3x-9$

41 $-\frac{1}{2}$ **42** 4 ℃ **43** 5분 후 **44** 25 cm

45 $y=40-\frac{1}{3}x$, 45분 후 **46** 15분 후 **47** 75분

48 $y=50-\frac{1}{12}x$, 45 L **49** ③ **50** 500 m

51 $y=100-0.5x$ **52** ③ **53** 5분 후 **54** 5초 후

55 $y=48-3x$, 39 cm^2 **56** 8초 후 **57** 150 km **58** 55 cm

59 ④

기출 138~140쪽 풀이 81~83쪽

01 ③ **02** ④ **03** ④ **04** 15 **05** ⑤

06 $\frac{5}{2}$ **07** ③ **08** 제1사분면 **09** 4

10 ④ **11** 73.8 cm **12** ③ **13** 1, 2, 3

14 $a=-4$, $b=-4$ **15** 25 cm, 20분 **16** 8

17 7 **18** 30 L **19** -36 **20** 제3사분면

21 $y=-2x+500$, 250초 후

10 일차함수와 일차방정식의 관계

개념 143, 145쪽 풀이 83~84쪽

01 $y=x+2$, 1, -2, 2 **02** $y=-3x+9$, -3, 3, 9

03 $y=\frac{1}{4}x-2$, $\frac{1}{4}$, 8, -2

04 $y=-\frac{1}{3}x-\frac{1}{6}$, $-\frac{1}{3}$, $-\frac{1}{2}$, $-\frac{1}{6}$ **05** $y=\frac{2}{3}x-4$, $\frac{2}{3}$, 6, -4

06 ㄱ, ㄷ **07** ㄴ, ㄹ **08** ㄱ, ㄹ **09** ㄱ, ㄴ, ㄹ

10 ㄴ, ㄷ **11~12**

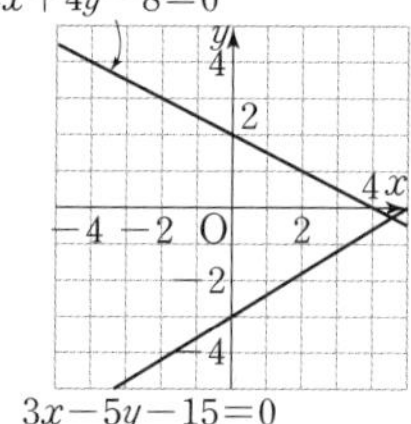

13~16

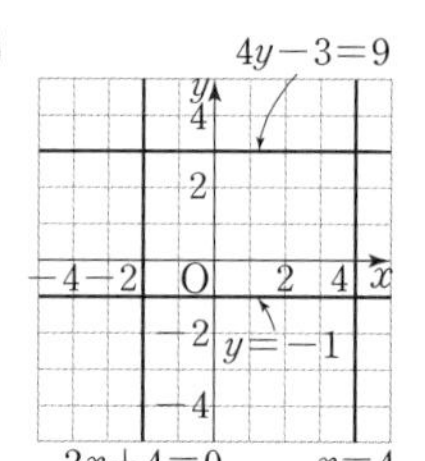

17 $x=5$ **18** $y=-3$

19 $y=7$ **20** $x=-3$ **21** $x=5$ **22** $y=-6$ **23** $y=-4$

24 $x=\frac{1}{5}$ **25** (2, 1) **26** $x=2$, $y=1$

27 $x=0$, $y=2$ **28** $x=1$, $y=-1$

29 $(-2, -1)$ **30** (5, 6) **31** 해가 없다.

32 해가 무수히 많다. **33** ㄷ **34** ㄱ **35** ㄴ

36 $a\neq-3$ **37** $a=-3$, $b\neq2$ **38** $a=-3$, $b=2$

유형 146~154쪽 풀이 85~92쪽

01 ②, ⑤ **02** ⑤ **03** 제2사분면 **04** -9

05 -1 **06** ④ **07** 2 **08** -7 **09** ④

10 1 **11** 12 **12** -2 **13** ③

14 $4x+3y+15=0$ **15** 4 **16** ③ **17** ⑤

18 ④ **19** 2 **20** $x=-4$ **21** ⑤ **22** 12

23 ④ **24** 3 **25** ③ **26** 제3사분면

27 ④ **28** 제1, 2, 3사분면 **29** ④ **30** ㄱ, ㅂ

31 4 **32** 9 **33** 8, 24 **34** ④ **35** ③

36 ④, ⑤ **37** $-7\leq k\leq1$ **38** 3

39 $p=4$, $q=3$ **40** ③ **41** $(-3, 9)$ **42** -1

43 ① **44** 4 **45** $\frac{13}{3}$ **46** ③ **47** $x=1$

48 ② **49** -1 **50** ② **51** -3 **52** -2

53 6 **54** ④ **55** $k\neq-1$ **56** ② **57** ③

58 4 **59** 16 **60** 3 **61** ③ **62** $-\frac{3}{4}$

63 $-\frac{5}{3}$ **64** ③ **65** 1개월 후

기출 155~157쪽 풀이 92~95쪽

01 ③ **02** ④ **03** 8 **04** ④ **05** ②

06 2 **07** ① **08** -4 **09** 5 **10** ②

11 ③ **12** 60개 **13** -2 **14** $0<a<\frac{1}{4}$ 또는 $a>2$

15 $\frac{16}{3}$ **16** -6 **17** 1 **18** $\frac{1}{2}$ **19** 3

20 -4 **21** 50초 후

01 유리수와 순환소수

2~9쪽 풀이 96~99쪽

01 ③ 02 ② 03 ⑤ 04 ④ 05 ⑤
06 ③ 07 12 08 ①, ⑤ 09 ⑤ 10 ③
11 8 12 ③ 13 ④ 14 446 15 47.35
16 ③ 17 37 18 ③ 19 ①, ⑤ 20 3
21 3 22 ② 23 ③ 24 154 25 5
26 31 27 37 28 77 29 126 30 ⑤
31 ③, ⑤ 32 7 33 98 34 ③ 35 ②, ⑤
36 7 37 ① 38 ㈎ 1000 ㈏ 10 ㈐ 990 ㈑ 103
39 ⑤ 40 ⑤ 41 ③ 42 ④ 43 ④
44 10 45 ②, ③ 46 ④ 47 ② 48 $1.6\dot{7}$
49 ③ 50 ③ 51 $1.4\dot{8}$ 52 ③ 53 9
54 ② 55 $0.\dot{3}\dot{8}$ 56 $0.\dot{2}0\dot{3}$ 57 ④ 58 ④
59 ⑤

02 단항식의 계산

10~17쪽 풀이 100~104쪽

01 ③ 02 ① 03 ② 04 28 05 ②
06 ⑤ 07 16 08 20 09 ③, ④ 10 ④
11 ② 12 ④ 13 ⑤ 14 ②, ④ 15 ④
16 10 17 756 18 ④ 19 ⑤ 20 20
21 ㄹ, ㅂ 22 ④ 23 ⑤ 24 ④ 25 ④
26 ② 27 3 28 ⑤ 29 7^4 30 ③
31 ⑤ 32 ⑤ 33 ① 34 ⑤ 35 ②
36 ③ 37 ② 38 ③ 39 1 40 ④
41 ④ 42 ② 43 6 44 ① 45 $24x^8y$
46 ① 47 8 48 ⑤ 49 $-\frac{3b^2}{a^3}$ 50 ③
51 7 52 ⑤ 53 ②, ⑤ 54 ④ 55 ②
56 ⑤ 57 $16x^3y^5$ 58 $-\frac{1}{8x^3y^5}$ 59 $6\pi a^6b^2$
60 ⑤ 61 ⑤ 62 $4a^3b^8$

03 다항식의 계산

18~23쪽 풀이 104~108쪽

01 ⑤ 02 ① 03 $\frac{26}{15}$ 04 $\frac{2}{3}x+\frac{7}{12}y$
05 ④ 06 ⑤ 07 10 08 ① 09 ③
10 ④ 11 ② 12 ④ 13 $11x^2-2x+3$
14 $2x^2+3x-3$ 15 ② 16 6 17 ④
18 $-\frac{15}{4}$ 19 ① 20 ④ 21 $13x+3y$
22 ② 23 ② 24 $4x^2y^2+24xy^2$
25 $-5x-2y+7$ 26 -13 27 ⑤ 28 ⑤
29 -2 30 ③ 31 $30a^4+64a^2b$ 32 $4x+6y$
33 ③ 34 ② 35 2 36 ② 37 ③
38 ③ 39 $2x-3y+5$ 40 ② 41 $-x$
42 $30x-25$ 43 10

04 일차부등식

24~29쪽 풀이 108~111쪽

01 ③, ④ 02 ⑤ 03 ③ 04 ②
05 $3x-6\geq2(x+4)$ 06 ③ 07 ① 08 ④
09 ⑤ 10 2 11 ⑤ 12 ② 13 3개
14 ④ 15 ① 16 ④ 17 10 18 ③, ④
19 ③ 20 ③ 21 ③ 22 ⑤ 23 ③
24 ⑤ 25 ② 26 ⑤ 27 ① 28 15
29 ③ 30 ① 31 ④ 32 2 33 ②
34 ④ 35 ① 36 3 37 ① 38 -2
39 -9 40 1 41 -10 42 9 43 ④
44 $3\leq a<5$

05 일차부등식의 활용

30~37쪽 풀이 111~115쪽

01 16, 17, 18 02 12 03 14 04 ④
05 ④ 06 36회 07 ④ 08 ⑤ 09 ②
10 9개 11 ① 12 10명 13 8개 14 150분
15 381개 16 18장 17 10개 18 ② 19 ③
20 16개월 후 21 ④ 22 5팩 23 26개월
24 ③ 25 ⑤ 26 41명 27 ⑤ 28 6000원
29 2250원 30 20000원 31 ① 32 8 cm 33 10 cm
34 29 cm 35 ④ 36 5 km 37 16 km 38 ①
39 6 km 40 10 km 41 ③ 42 5분 후 43 ①
44 ② 45 ② 46 10 g 47 ① 48 ②
49 125 g 50 ④ 51 10분 후 52 3년 후 53 50 g

06 연립일차방정식

38~45쪽 풀이 115~120쪽

01 ③, ④ 02 ③ 03 ⑤ 04 ④ 05 ③, ⑤
06 (1, 4), (3, 3), (5, 2) 07 3개 08 ②
09 ① 10 ① 11 -1 12 ③ 13 2
14 ㄱ, ㄹ 15 ③ 16 (5, 1) 17 6 18 -3

19 ⑤ **20** ② **21** 3 **22** 2 **23** ③
24 $x=4$, $y=1$ **25** 3 **26** ⑤
27 $x=2$, $y=1$ **28** 8 **29** ④
30 $x=5$, $y=5$ **31** 6 **32** ②
33 $x=\frac{3}{2}$, $y=1$ **34** $x=-1$, $y=-1$ **35** ②
36 25 **37** 4 **38** 1 **39** 2 **40** -3
41 -3 **42** -1 **43** 2 **44** 3 **45** ②
46 -10 **47** ③ **48** $x=3$, $y=-2$ **49** ⑤
50 $a=2$, $b=-1$ **51** -4 **52** ① **53** ③, ⑤
54 -8 **55** ⑤ **56** ②, ③ **57** -6

07 연립일차방정식의 활용

46~53쪽 풀이 120~125쪽

01 84 **02** 51 **03** ② **04** ③ **05** 10개
06 20개 **07** 23000원 **08** 5 **09** ③ **10** 16
11 ③ **12** ② **13** 15 **14** 16 **15** 18
16 ③ **17** ③ **18** 200 **19** 228상자
20 A: 31000원, B: 17000원 **21** ④ **22** ⑤
23 ⑤ **24** ③ **25** 18일 **26** ④ **27** ⑤
28 12 cm **29** 1 km **30** ② **31** 6.5 km **32** 40분
33 ③ **34** 5분 후 **35** ④ **36** 분속 25 m
37 25분 **38** ⑤ **39** ⑤ **40** 380 m **41** ②
42 ③ **43** 600 g **44** 100 g **45** ③ **46** 4 %
47 ④ **48** ② **49** 150 g, 300 g **50** 700 g

08 일차함수와 그래프 (1)

54~61쪽 풀이 126~130쪽

01 ② **02** ㄴ, ㄷ, ㄹ **03** ③, ⑤ **04** -6
05 ㄴ, ㄹ **06** ④ **07** -2 **08** ⑤ **09** -2
10 ③ **11** 5 **12** ㄴ, ㄷ, ㅂ **13** ②
14 ①, ③ **15** $a\neq3$ **16** ① **17** -3 **18** 7
19 ⑤ **20** ⑤ **21** 1 **22** ④ **23** -3
24 2 **25** ③ **26** 1 **27** $-\frac{2}{3}$ **28** ②
29 ③ **30** 3 **31** $-\frac{1}{3}$ **32** ① **33** ④
34 $-\frac{5}{3}$ **35** ② **36** ① **37** $\frac{3}{2}$ **38** 4
39 $\frac{9}{2}$ **40** ④ **41** ③ **42** 16 **43** -4
44 ④ **45** ⑤ **46** 12 **47** $-\frac{1}{2}$ **48** ①
49 -6 **50** 10 **51** ③ **52** -64 **53** ⑤
54 13 **55** $\frac{3}{2}$ **56** ③ **57** ③ **58** 제1사분면
59 ⑤ **60** $\frac{4}{5}$ **61** 22

09 일차함수와 그래프 (2)

62~69쪽 풀이 131~136쪽

01 ⑤ **02** ㄴ, ㄷ **03** ④ **04** ③
05 $-3<a<-\frac{1}{2}$ **06** n, k, l, m **07** ⑤
08 제3사분면 **09** ㄷ, ㄹ **10** ③ **11** ③
12 $a<0$, $b>0$ **13** 제1, 3, 4사분면 **14** 제3사분면
15 -2 **16** ⑤ **17** ④ **18** -4 **19** ⑤
20 -40 **21** 4 **22** 2 **23** ⑤ **24** ㄷ, ㄹ
25 ④ **26** ② **27** $\frac{8}{5}$ **28** 1 **29** 1
30 ② **31** $\frac{7}{3}$ **32** -3 **33** 32 **34** -2
35 ② **36** ④ **37** $\frac{1}{4}$ **38** 10 **39** $\frac{9}{2}$
40 $y=-3x+9$ **41** -3 **42** 2 km **43** 5분 후
44 27 cm **45** $y=36-\frac{3}{5}x$, 20분 후 **46** 20분 후
47 65분 **48** $y=50-\frac{1}{18}x$, 45 L **49** ③ **50** 1200 m
51 $y=60-2.5x$ **52** ⑤ **53** 5분 후 **54** 7초 후
55 $y=120-5x$, 90 cm^2 **56** 5초 후 **57** 420 km
58 82 cm **59** ④

10 일차함수와 일차방정식의 관계

70~78쪽 풀이 137~144쪽

01 ②, ④ **02** ④ **03** 제3사분면 **04** -4
05 -3 **06** ④ **07** 3 **08** 0 **09** ②
10 -2 **11** $\frac{1}{2}$ **12** 3 **13** ⑤
14 $5x+4y+24=0$ **15** 2 **16** ④ **17** ①
18 ④ **19** -4 **20** $x=6$ **21** ① **22** 20
23 ⑤ **24** 2 **25** ② **26** 제2사분면
27 ② **28** 제1, 2, 4사분면 **29** ④ **30** ㄷ, ㄹ
31 16 **32** 6 **33** -10, 40 **34** ⑤
35 ① **36** ⑤ **37** $-7\leq k\leq1$ **38** 2
39 $p=5$, $q=4$ **40** ④ **41** $(-1, 8)$
42 2 **43** ① **44** 3 **45** $\frac{13}{5}$ **46** ①
47 $y=-3$ **48** ④ **49** 6 **50** ④ **51** 5
52 1 **53** 5 **54** ② **55** $k\neq-6$ **56** ②
57 ① **58** 28 **59** 48 **60** -12 **61** ③
62 $-\frac{4}{5}$ **63** $-\frac{6}{5}$ **64** ③, ④ **65** 4개월 후

01 유리수와 순환소수

Real 실전 개념 9, 11쪽

01 답 1.5, 유한소수

02 답 0.333…, 무한소수

03 답 −1.4, 유한소수

04 답 0.363636…, 무한소수

05 답 −0.41666…, 무한소수

06 답 0.5625, 유한소수

07 답 7, $0.\dot{7}$

08 답 54, $1.\dot{5}\dot{4}$

09 답 012, $-0.\dot{0}1\dot{2}$

10 답 8, $5.3\dot{8}$

11 답 13, $-2.0\dot{1}\dot{3}$

12 답 358, $8.\dot{3}5\dot{8}$

13 답

분수	순환소수	순환마디	순환소수의 표현
$\frac{2}{3}$	0.666…	6	$0.\dot{6}$
$-\frac{2}{11}$	−0.181818…	18	$-0.\dot{1}\dot{8}$
$-\frac{4}{15}$	−0.2666…	6	$-0.2\dot{6}$
$\frac{20}{27}$	0.740740740…	740	$0.\dot{7}4\dot{0}$

14 $\frac{3}{25}=\frac{3}{5^2}=\frac{3\times\boxed{2^2}}{5^2\times\boxed{2^2}}=\frac{12}{\boxed{100}}=\boxed{0.12}$

답 2^2, 2^2, 100, 0.12

15 $\frac{7}{40}=\frac{7}{2^3\times5}=\frac{7\times\boxed{5^2}}{2^3\times5\times\boxed{5^2}}=\frac{\boxed{175}}{1000}=\boxed{0.175}$

답 5^2, 5^2, 175, 0.175

16 $\frac{3}{4}=\frac{3}{2^2}=\frac{3\times5^2}{2^2\times5^2}=\frac{75}{100}=0.75$ 답 0.75

17 $\frac{1}{8}=\frac{1}{2^3}=\frac{5^3}{2^3\times5^3}=\frac{125}{1000}=0.125$ 답 0.125

18 $\frac{11}{20}=\frac{11}{2^2\times5}=\frac{11\times5}{2^2\times5\times5}=\frac{55}{100}=0.55$ 답 0.55

19 $\frac{13}{250}=\frac{13}{2\times5^3}=\frac{13\times2^2}{2\times5^3\times2^2}=\frac{52}{1000}=0.052$ 답 0.052

20 $\frac{4}{2^2\times3\times5}=\frac{1}{3\times5}$ 답 ×

21 $\frac{33}{2^2\times5\times11}=\frac{3\times11}{2^2\times5\times11}=\frac{3}{2^2\times5}$ 답 ○

22 $\frac{7}{24}=\frac{7}{2^3\times3}$ 답 ×

23 $\frac{12}{150}=\frac{2^2\times3}{2\times3\times5^2}=\frac{2}{5^2}$ 답 ○

24 ㄱ. $\frac{21}{14}=\frac{3\times7}{2\times7}=\frac{3}{2}$

ㄴ. $\frac{3}{36}=\frac{3}{2^2\times3^2}=\frac{1}{2^2\times3}$

ㄷ. $-\frac{12}{75}=-\frac{2^2\times3}{3\times5^2}=-\frac{2^2}{5^2}$

ㄹ. $\frac{6}{140}=\frac{2\times3}{2^2\times5\times7}=\frac{3}{2\times5\times7}$

따라서 유한소수로 나타낼 수 없는 것은 ㄴ, ㄹ이다.

답 ㄴ, ㄹ

25 답 10, 2, 2

26 답 100, 251, 251

27 답 10, 90, 7

28 답 10, 990, 137

29 답 99

30 $1.\dot{2}4\dot{3}=\frac{1243-\boxed{1}}{\boxed{999}}=\frac{\boxed{1242}}{999}=\frac{\boxed{46}}{37}$

답 1, 999, 1242, 46

31 $1.4\dot{9}=\frac{149-\boxed{14}}{90}=\frac{\boxed{135}}{90}=\frac{\boxed{3}}{2}$ 답 14, 135, 3

32 $0.3\dot{2}\dot{7}=\frac{327-\boxed{3}}{990}=\frac{\boxed{324}}{990}=\frac{\boxed{18}}{55}$ 답 3, 324, 18

33 $x=0.\dot{8}$로 놓으면

$10x=8.888\cdots$

$-)\ \ x=0.888\cdots$

$9x=8$

$\therefore x=\frac{8}{9}$

답 $\frac{8}{9}$

34 $x=0.\dot{3}\dot{5}$로 놓으면

$$\begin{array}{r} 100x=35.353535\cdots \\ -\underline{)\quad x=\ \ 0.353535\cdots} \\ 99x=35 \end{array}$$

$\therefore x=\dfrac{35}{99}$ 답 $\dfrac{35}{99}$

35 $x=0.\dot{6}2\dot{4}$로 놓으면

$$\begin{array}{r} 1000x=624.624624624\cdots \\ -\underline{)\quad x=\ \ 0.624624624\cdots} \\ 999x=624 \end{array}$$

$\therefore x=\dfrac{624}{999}=\dfrac{208}{333}$ 답 $\dfrac{208}{333}$

36 $x=2.\dot{5}$로 놓으면

$$\begin{array}{r} 10x=25.555\cdots \\ -\underline{)\quad x=\ \ 2.555\cdots} \\ 9x=23 \end{array}$$

$\therefore x=\dfrac{23}{9}$ 답 $\dfrac{23}{9}$

다른 풀이 $2.\dot{5}=\dfrac{25-2}{9}=\dfrac{23}{9}$

37 $x=4.\dot{1}\dot{9}$로 놓으면

$$\begin{array}{r} 100x=419.191919\cdots \\ -\underline{)\quad x=\ \ 4.191919\cdots} \\ 99x=415 \end{array}$$

$\therefore x=\dfrac{415}{99}$ 답 $\dfrac{415}{99}$

다른 풀이 $4.\dot{1}\dot{9}=\dfrac{419-4}{99}=\dfrac{415}{99}$

38 $x=1.\dot{4}8\dot{1}$로 놓으면

$$\begin{array}{r} 1000x=1481.481481481\cdots \\ -\underline{)\quad x=\ \ 1.481481481\cdots} \\ 999x=1480 \end{array}$$

$\therefore x=\dfrac{1480}{999}=\dfrac{40}{27}$ 답 $\dfrac{40}{27}$

다른 풀이 $1.\dot{4}8\dot{1}=\dfrac{1481-1}{999}=\dfrac{1480}{999}=\dfrac{40}{27}$

39 $x=0.2\dot{7}$로 놓으면

$$\begin{array}{r} 100x=27.777\cdots \\ -\underline{)\quad 10x=\ \ 2.777\cdots} \\ 90x=25 \end{array}$$

$\therefore x=\dfrac{25}{90}=\dfrac{5}{18}$ 답 $\dfrac{5}{18}$

다른 풀이 $0.2\dot{7}=\dfrac{27-2}{90}=\dfrac{25}{90}=\dfrac{5}{18}$

40 $x=3.2\dot{0}\dot{4}$로 놓으면

$$\begin{array}{r} 1000x=3204.040404\cdots \\ -\underline{)\quad 10x=\ \ 32.040404\cdots} \\ 990x=3172 \end{array}$$

$\therefore x=\dfrac{3172}{990}=\dfrac{1586}{495}$ 답 $\dfrac{1586}{495}$

다른 풀이 $3.2\dot{0}\dot{4}=\dfrac{3204-32}{990}=\dfrac{3172}{990}=\dfrac{1586}{495}$

41 답 ○

42 답 ○

43 답 ×

44 순환소수는 $\dfrac{(\text{정수})}{(0\text{이 아닌 정수})}$ 꼴로 나타낼 수 있으므로 유리수이다. 답 ○

45 정수가 아닌 유리수는 유한소수 또는 순환소수로 나타낼 수 있다. 답 ×

Real 실전 유형

12~19쪽

01 유한소수는 ㄱ, ㅁ, ㅂ의 3개이다. 답 ③

02 ① $\dfrac{1}{6}=0.1666\cdots$이므로 무한소수이다.

② $-\dfrac{5}{6}=-0.8333\cdots$이므로 무한소수이다.

③ $\dfrac{1}{12}=0.08333\cdots$이므로 무한소수이다.

④ $\dfrac{2}{15}=0.1333\cdots$이므로 무한소수이다.

⑤ $\dfrac{16}{25}=0.64$이므로 유한소수이다. 답 ⑤

03 ③ $\dfrac{1}{7}=0.142857\cdots$이므로 무한소수이다.

④ $\dfrac{1}{20}=0.05$이므로 유한소수이다.

⑤ $\dfrac{3}{12}=0.25$이므로 유한소수이다. 답 ⑤

04 ① $0.222\cdots$ ➡ 2 ② $0.070707\cdots$ ➡ 07

③ $1.212121\cdots$ ➡ 21 ⑤ $2.361361361\cdots$ ➡ 361

따라서 순환마디가 바르게 연결된 것은 ④이다. 답 ④

05 $\dfrac{13}{11}=1.181818\cdots$이므로 순환마디는 18이다. 답 ②

06 주어진 분수를 소수로 나타내어 순환마디를 구하면 다음과 같다.

① $\dfrac{4}{3}=1.333\cdots$ ➡ 3

② $\dfrac{13}{6}=2.1666\cdots$ ➡ 6

③ $\dfrac{4}{7}=0.571428571428571428\cdots$ ➡ 571428

④ $\dfrac{3}{22}=0.1363636\cdots$ ➡ 36

⑤ $\frac{1}{27}=0.037037037\cdots$ ➡ 037

따라서 순환마디를 이루는 숫자의 개수가 가장 많은 것은 ③이다. 답 ③

07 $\frac{8}{11}=0.727272\cdots$에서 순환마디는 72이므로

$x=2$ … ❶

$\frac{3}{13}=0.230769230769\cdots$에서 순환마디는 230769이므로

$y=6$ … ❷

$\therefore x+y=2+6=8$ … ❸

답 8

채점 기준	배점
❶ x의 값 구하기	40%
❷ y의 값 구하기	40%
❸ $x+y$의 값 구하기	20%

08 ① $0.202020\cdots=0.\dot{2}\dot{0}$

③ $5.4242424\cdots=5.\dot{4}\dot{2}$

④ $0.327327327\cdots=0.\dot{3}2\dot{7}$ 답 ②, ⑤

주의 순환마디는 소수점 아래에서 일정한 숫자의 배열이 한없이 되풀이되는 한 부분이므로 정수 부분은 생각하지 않는다.

09 $\frac{7}{12}=0.58333\cdots=0.58\dot{3}$ 답 ③

10 ① $\frac{7}{3}=2.333\cdots=2.\dot{3}$

② $\frac{4}{9}=0.444\cdots=0.\dot{4}$

③ $\frac{11}{12}=0.91666\cdots=0.91\dot{6}$

④ $\frac{10}{33}=0.303030\cdots=0.\dot{3}\dot{0}$

⑤ $\frac{2}{45}=0.0444\cdots=0.0\dot{4}$ 답 ④

11 $\frac{12}{37}=0.324324324\cdots=0.\dot{3}2\dot{4}$이므로 순환마디를 이루는 숫자는 3, 2, 4의 3개이다.

이때 $40=3\times13+1$이므로 소수점 아래 40번째 자리의 숫자는 순환마디의 첫 번째 숫자인 3이다. 답 3

12 $0.\dot{5}1\dot{7}$의 순환마디를 이루는 숫자는 5, 1, 7의 3개이다.

이때 $35=3\times11+2$이므로 소수점 아래 35번째 자리의 숫자는 순환마디의 두 번째 숫자인 1이다.

또, $70=3\times23+1$이므로 소수점 아래 70번째 자리의 숫자는 순환마디의 첫 번째 숫자인 5이다.

따라서 $a=1$, $b=5$이므로

$a+b=1+5=6$ 답 6

13 ③ $0.\dot{3}0\dot{2}$의 순환마디를 이루는 숫자는 3개이다.

이때 $20=3\times6+2$이므로 소수점 아래 20번째 자리의 숫자는 순환마디의 두 번째 숫자인 0이다.

④ $2.5\dot{3}\dot{2}$의 소수점 아래 순환하지 않는 숫자는 1개이고 순환마디를 이루는 숫자는 2개이다.

이때 $20=1+(2\times9+1)$이므로 소수점 아래 20번째 자리의 숫자는 순환마디의 첫 번째 숫자인 3이다. 답 ④

보충 TIP

(1) 순환마디가 소수점 바로 아래에서 시작하는 경우
➡ 순환마디를 이루는 숫자의 개수로 나누었을 때의 나머지를 이용한다.

(2) 순환마디가 소수점 아래 둘째 자리 이하에서 시작하는 경우
➡ 순환하지 않는 부분의 개수를 제외하고 계산한다.

14 $\frac{7}{44}=0.15909090\cdots=0.15\dot{9}\dot{0}$이므로 소수점 아래 순환하지 않는 숫자는 2개이고 순환마디를 이루는 숫자는 2개이다.

… ❶

이때 $100=2+(2\times49)$이므로 소수점 아래 세 번째 자리부터 소수점 아래 100번째 자리까지 순환마디가 49번 반복된다. … ❷

따라서 구하는 합은

$1+5+(9+0)\times49=447$ … ❸

답 447

채점 기준	배점
❶ 순환하지 않는 숫자의 개수와 순환마디를 이루는 숫자의 개수 구하기	30%
❷ 순환마디가 반복되는 횟수 구하기	40%
❸ 소수점 아래 첫 번째 자리의 숫자부터 소수점 아래 100번째 자리의 숫자까지의 합 구하기	30%

15 $\frac{12}{75}=\frac{4}{25}=\frac{4}{5^2}=\frac{4\times2^2}{5^2\times2^2}=\frac{16}{100}=0.16$

따라서 $a=4$, $b=2^2$, $c=16$, $d=0.16$이므로

$a+b+c+d=4+2^2+16+0.16=24.16$ 답 ③

16 $\frac{27}{60}=\frac{9}{20}=\frac{9}{2^{\boxed{2}}\times5}=\frac{9\times\boxed{5}}{2^2\times5\times\boxed{5}}=\frac{\boxed{45}}{100}=\boxed{0.45}$

답 ③

17 $\frac{3}{80}=\frac{3}{2^4\times5}=\frac{3\times5^3}{2^4\times5\times5^3}=\frac{375}{10^4}=\frac{3750}{10^5}=\cdots$ … ❶

$a=375$, $n=4$일 때, $a+n$의 값이 가장 작으므로 구하는 값은 $375+4=379$ … ❷

답 379

채점 기준	배점
❶ $\frac{3}{80}$의 분모를 10의 거듭제곱으로 나타내기	50%
❷ $a+n$의 값 중 가장 작은 값 구하기	50%

18 ② $\frac{1}{14}=\frac{1}{2\times7}$ ③ $\frac{9}{24}=\frac{3}{8}=\frac{3}{2^3}$

④ $\frac{21}{35}=\frac{3}{5}$ ⑤ $\frac{8}{60}=\frac{2}{15}=\frac{2}{3\times5}$

따라서 유한소수로 나타낼 수 있는 것은 ③, ④이다.

답 ③, ④

주의 유한소수를 찾을 때는 먼저 주어진 분수를 기약분수로 나타낸 후 판별한다.

19 ① $\frac{6}{2\times3\times5^2}=\frac{1}{5^2}$ ② $\frac{18}{2^2\times3^2}=\frac{1}{2}$

③ $\frac{45}{2^2\times3^2\times5}=\frac{1}{2^2}$ ④ $\frac{55}{2^2\times3^2\times11}=\frac{5}{2^2\times3^2}$

⑤ $\frac{63}{2^2\times5^2\times7}=\frac{9}{2^2\times5^2}$

따라서 유한소수로 나타낼 수 없는 것은 ④이다. 답 ④

20 $\frac{5}{4}=\frac{5}{2^2}$, $\frac{8}{12}=\frac{2}{3}$, $\frac{15}{18}=\frac{5}{6}=\frac{5}{2\times3}$,

$\frac{3}{66}=\frac{1}{22}=\frac{1}{2\times11}$, $\frac{6}{70}=\frac{3}{35}=\frac{3}{5\times7}$

따라서 유한소수로 나타낼 수 없는 것은 $\frac{8}{12}$, $\frac{15}{18}$, $\frac{3}{66}$, $\frac{6}{70}$의 4개이다. 답 4

21 유한소수가 되려면 기약분수로 나타내었을 때 분모의 소인수가 2 또는 5뿐이어야 한다.

이때 주어진 분수의 분모는 모두 $15=3\times5$이므로 유한소수로 나타낼 수 있는 것은 분자가 3의 배수인 것이다.

따라서 유한소수로 나타낼 수 있는 분수는

$\frac{3}{15}$, $\frac{6}{15}$, $\frac{9}{15}$, $\frac{12}{15}$의 4개이다. 답 4

22 $\frac{15}{1050}=\frac{1}{70}=\frac{1}{2\times5\times7}$이므로 $\frac{15}{1050}\times a$가 유한소수가 되려면 a는 7의 배수이어야 한다.

따라서 a의 값이 될 수 있는 가장 작은 두 자리 자연수는 14이다.

답 ③

23 $\frac{33}{3^2\times5^3\times11}=\frac{1}{3\times5^3}$이므로 $\frac{33}{3^2\times5^3\times11}\times a$가 유한소수가 되려면 a는 3의 배수이어야 한다.

따라서 a의 값이 될 수 없는 것은 ④이다. 답 ④

24 $\frac{13}{3^2\times5^3\times7}\times A$가 유한소수가 되려면 A는 $3^2\times7=63$의 배수이어야 한다.

따라서 63의 배수 중 가장 작은 세 자리 자연수는 126이다.

답 126

25 $\frac{n}{72}=\frac{n}{2^3\times3^2}$이므로 $\frac{n}{72}$이 유한소수가 되려면 n은 9의 배수이어야 한다.

따라서 72 미만의 자연수 중 n이 될 수 있는 것은 9, 18, 27, 36, 45, 54, 63의 7개이다. 답 7

26 $350=2\times5^2\times7$이므로 $\frac{a}{350}$가 유한소수가 되려면 a는 7의 배수이어야 한다.

또, 기약분수로 나타내면 $\frac{11}{b}$이므로 a는 11의 배수이어야 한다.

즉, a는 $7\times11=77$의 배수이고 100 이하의 자연수이므로 $a=77$

$\frac{77}{350}=\frac{11}{50}$이므로 $b=50$

$\therefore a-b=77-50=27$ 답 27

27 $120=2^3\times3\times5$이므로 $\frac{a}{120}$가 유한소수가 되려면 a는 3의 배수이어야 한다.

또, 기약분수로 나타내면 $\frac{7}{b}$이므로 a는 7의 배수이어야 한다.

즉, a는 $3\times7=21$의 배수이고 $40\le a\le50$인 자연수이므로

$a=42$ … ❶

$\frac{42}{120}=\frac{7}{20}$이므로 $b=20$ … ❷

$\therefore a+b=42+20=62$ … ❸

답 62

채점 기준	배점
❶ a의 값 구하기	40%
❷ b의 값 구하기	40%
❸ $a+b$의 값 구하기	20%

28 $\frac{3}{42}=\frac{1}{14}=\frac{1}{2\times7}$, $\frac{7}{210}=\frac{1}{30}=\frac{1}{2\times3\times5}$

두 분수에 각각 a를 곱하여 모두 유한소수로 나타낼 수 있으려면 a는 7과 3의 공배수, 즉 $7\times3=21$의 배수이어야 한다.

따라서 가장 작은 자연수 a의 값은 21이다. 답 21

29 $\frac{6}{165}=\frac{2}{55}=\frac{2}{5\times11}$, $\frac{26}{360}=\frac{13}{180}=\frac{13}{2^2\times3^2\times5}$

$\frac{6}{165}\times A$, $\frac{26}{360}\times A$가 유한소수가 되려면 A는 11과 $3^2=9$의 공배수, 즉 $11\times9=99$의 배수이어야 한다.

따라서 가장 작은 세 자리 자연수 A의 값은 198이다.

답 198

30 ⑤ $a=42$일 때,

$\frac{28}{40\times42}=\frac{1}{2^2\times5\times3}$

이므로 유한소수로 나타낼 수 없다. 답 ⑤

다른 풀이 $\frac{28}{40\times a}=\frac{7}{10\times a}=\frac{7}{2\times5\times a}$이 유한소수가 되도록 하는 a의 값은 소인수가 2 또는 5로만 이루어진 수이거나 7의 약수이거나 $7\times$(소인수가 2 또는 5뿐인 수)이다.
따라서 a의 값이 될 수 없는 것은 ⑤이다.

31 ② $a=9$일 때, $\frac{18}{3\times5^2\times9}=\frac{2}{3\times5^2}$이므로 소수로 나타내면 무한소수가 된다.
⑤ $a=21$일 때, $\frac{18}{3\times5^2\times21}=\frac{2}{5^2\times7}$이므로 소수로 나타내면 무한소수가 된다.
답 ②, ⑤

다른 풀이 $\frac{18}{3\times5^2\times a}=\frac{6}{5^2\times a}$이 유한소수가 되도록 하는 a의 값은 소인수가 2 또는 5로만 이루어진 수이거나 $6=2\times3$이므로 3의 약수이거나 $3\times$(소인수가 2 또는 5뿐인 수)이다.
따라서 a의 값이 될 수 없는 것은 ②, ⑤이다.

32 $\frac{6}{8\times a}=\frac{3}{2^2\times a}$이 유한소수가 되도록 하는 한 자리 자연수 a는 1, 2, 3, 4, 5, 6, 8의 7개이다.
답 7

33 $\frac{33}{20\times a}=\frac{3\times11}{2^2\times5\times a}$이 유한소수가 되도록 하는 $20<a<30$인 자연수 a는 22, 24, 25
따라서 모든 a의 값의 합은
$22+24+25=71$
답 71

34 $\frac{6}{2^3\times5^2\times a}=\frac{3}{2^2\times5^2\times a}$이 순환소수가 되려면 기약분수의 분모에 2와 5 이외의 소인수가 있어야 한다.
이때 a는 한 자리 자연수이므로
$a=3, 6, 7, 9$
$a=3$이면 $\frac{3}{2^2\times5^2\times3}=\frac{1}{2^2\times5^2}$
$a=6$이면 $\frac{3}{2^2\times5^2\times6}=\frac{1}{2^3\times5^2}$
$\therefore a=7, 9$
따라서 모든 a의 값의 합은
$7+9=16$
답 16

35 $180=2^2\times3^2\times5$이므로 $\frac{a}{180}$가 순환소수가 되려면 a는 $3^2=9$의 배수가 아니어야 한다.
따라서 a의 값이 될 수 있는 것은 ④이다.
답 ④

다른 풀이 ④ $a=39$일 때,
$\frac{39}{180}=\frac{13}{60}=\frac{13}{2^2\times3\times5}$이므로 순환소수가 된다.

36 $\frac{21}{5^2\times a}=\frac{3\times7}{5^2\times a}$이 순환소수가 되려면 분모에 2와 5 이외의 소인수가 있어야 한다.
$\therefore a=3, 6, 7, 9, 11, \cdots$
$a=3$이면 $\frac{3\times7}{5^2\times3}=\frac{7}{5^2}$, $a=6$이면 $\frac{3\times7}{5^2\times6}=\frac{7}{2\times5^2}$
$a=7$이면 $\frac{3\times7}{5^2\times7}=\frac{3}{5^2}$, $a=9$이면 $\frac{3\times7}{5^2\times9}=\frac{7}{3\times5^2}$
따라서 가장 작은 자연수 a의 값은 9이다.
답 9

37 ① $\frac{14}{12}=\frac{7}{6}=\frac{7}{2\times3}$ ② $\frac{14}{18}=\frac{7}{9}=\frac{7}{3^2}$
③ $\frac{14}{21}=\frac{2}{3}$ ④ $\frac{14}{24}=\frac{7}{12}=\frac{7}{2^2\times3}$
⑤ $\frac{14}{35}=\frac{2}{5}$
따라서 a의 값이 될 수 없는 것은 ⑤이다.
답 ⑤

38 $x=0.1\dot{4}\dot{3}$으로 놓으면 $x=0.1434343\cdots$ …… ㉠
㉠의 양변에 $\boxed{1000}$을 곱하면
$\boxed{1000}x=143.434343\cdots$ …… ㉡
㉠의 양변에 $\boxed{10}$을 곱하면
$\boxed{10}x=1.434343\cdots$ …… ㉢
㉡−㉢을 하면 $\boxed{990}x=142$ $\therefore x=\frac{\boxed{71}}{495}$
답 (가) 1000 (나) 10 (다) 990 (라) 71

39 $x=5.\dot{6}2\dot{7}=5.627627627\cdots$이므로
$1000x=5627.627627627\cdots$
$\therefore 1000x-x=5622$
따라서 가장 간단한 식은 ④이다.
답 ④

40 ④, ⑤ $x=12.4272727\cdots$이므로
$1000x=12427.272727\cdots$, $10x=124.272727\cdots$
$1000x-10x=12303$
$\therefore x=\frac{12303}{990}=\frac{1367}{110}$
답 ⑤

41 ② $0.4\dot{7}=\frac{47-4}{90}=\frac{43}{90}$
③ $1.\dot{6}=\frac{16-1}{9}=\frac{15}{9}=\frac{5}{3}$
④ $0.\dot{2}5\dot{9}=\frac{259}{999}=\frac{7}{27}$
⑤ $2.3\dot{0}\dot{2}=\frac{2302-23}{990}=\frac{2279}{990}$
답 ③

42 ① $2.\dot{5}=\frac{25-2}{9}$
③ $3.0\dot{4}=\frac{304-30}{90}$
⑤ $3.\dot{1}7\dot{8}=\frac{3178-3}{999}$
답 ②, ④

43 $3.2\dot{7}=\frac{327-32}{90}=\frac{295}{90}=\frac{59}{18}$이므로 $a=59$
답 ④

44 $0.\dot{2}\dot{7}=\frac{27}{99}=\frac{3}{11}$이므로 $a=\frac{11}{3}$ … ❶

$1.4\dot{6}=\frac{146-14}{90}=\frac{132}{90}=\frac{22}{15}$이므로 $b=\frac{15}{22}$ … ❷

$\therefore ab=\frac{11}{3}\times\frac{15}{22}=\frac{5}{2}$ … ❸

답 $\frac{5}{2}$

채점 기준	배점
❶ a의 값 구하기	40%
❷ b의 값 구하기	40%
❸ ab의 값 구하기	20%

45 ① $5.\dot{1}=5.111\cdots>5.1$

② $\frac{13}{11}=1.181818\cdots$, $1.1\dot{8}=1.1888\cdots$이므로

$\frac{13}{11}<1.1\dot{8}$

③ $0.\dot{4}=0.444\cdots$, $0.\dot{4}\dot{0}=0.404040\cdots$이므로

$0.\dot{4}>0.\dot{4}\dot{0}$

④ $1.\dot{1}\dot{2}=1.121212\cdots$, $1.1\dot{2}=1.1222\cdots$이므로

$1.\dot{1}\dot{2}<1.1\dot{2}$

⑤ $0.3\dot{2}\dot{4}=0.3242424\cdots$, $0.\dot{3}2\dot{4}=0.324324324\cdots$이므로

$0.3\dot{2}\dot{4}<0.\dot{3}2\dot{4}$ 답 ③

46 ① 0.364 ② $0.36\dot{4}=0.36444\cdots$

③ $0.3\dot{6}\dot{4}=0.3646464\cdots$ ④ $\frac{18}{55}=0.3272727\cdots$

⑤ $\frac{364}{999}=0.364364364\cdots$

따라서 $\frac{18}{55}<0.364<\frac{364}{999}<0.36\dot{4}<0.3\dot{6}\dot{4}$이므로 가장 큰 수는 ③이다. 답 ③

47 $a=3.\dot{7}\dot{5}=\frac{375-3}{99}=\frac{372}{99}=\frac{124}{33}$

$b=6.\dot{8}=\frac{68-6}{9}=\frac{62}{9}$

$\therefore \frac{a}{b}=\frac{124}{33}\div\frac{62}{9}=\frac{124}{33}\times\frac{9}{62}=\frac{6}{11}=0.\dot{5}\dot{4}$ 답 ③

48 $1.\dot{5}+0.\dot{7}=\frac{15-1}{9}+\frac{7}{9}=\frac{14}{9}+\frac{7}{9}$

$=\frac{21}{9}=\frac{7}{3}=2.\dot{3}$ 답 $2.\dot{3}$

49 $\frac{7}{11}=x+0.\dot{3}\dot{1}$에서 $\frac{7}{11}=x+\frac{31}{99}$

$\therefore x=\frac{7}{11}-\frac{31}{99}=\frac{63}{99}-\frac{31}{99}=\frac{32}{99}=0.\dot{3}\dot{2}$ 답 ③

50 $0.\dot{5}\dot{6}=A-0.\dot{4}$에서 $\frac{56}{99}=A-\frac{4}{9}$

$\therefore A=\frac{56}{99}+\frac{4}{9}=\frac{56}{99}+\frac{44}{99}=\frac{100}{99}=1.\dot{0}\dot{1}$ 답 ③

51 $1.5\dot{3}-x=\frac{1}{2}\times0.9\dot{7}$에서

$\frac{153-15}{90}-x=\frac{1}{2}\times\frac{97-9}{90}$, $\frac{138}{90}-x=\frac{1}{2}\times\frac{88}{90}$ … ❶

$\therefore x=\frac{138}{90}-\frac{1}{2}\times\frac{88}{90}=\frac{138}{90}-\frac{44}{90}=\frac{94}{90}=1.0\dot{4}$ … ❷

답 $1.0\dot{4}$

채점 기준	배점
❶ 순환소수를 분수로 나타내기	40%
❷ x의 값을 순환소수로 나타내기	60%

52 $0.4\dot{7}\dot{1}=\frac{471-4}{990}=\frac{467}{990}=467\times\frac{1}{990}=467\times0.0\dot{0}\dot{1}$

$\therefore A=467$ 답 ③

53 $0.\dot{4}\dot{2}=\frac{42}{99}=\frac{14}{33}$이므로 a는 33의 배수이어야 한다.

따라서 두 자리 자연수 a는 33, 66, 99의 3개이다. 답 3

54 $0.3\dot{5}\dot{4}=\frac{354-3}{990}=\frac{351}{990}=\frac{39}{2\times5\times11}$이므로 곱할 수 있는 자연수는 11의 배수이다.

따라서 가장 작은 자연수는 11이다. 답 ③

55 유라는 분자는 제대로 보았으므로

$0.\dot{2}\dot{1}=\frac{21}{99}=\frac{7}{33}$에서 처음 기약분수의 분자는 7이다.

지민이는 분모는 제대로 보았으므로

$0.5\dot{6}=\frac{56-5}{90}=\frac{51}{90}=\frac{17}{30}$에서 처음 기약분수의 분모는 30이다.

따라서 처음 기약분수를 순환소수로 나타내면

$\frac{7}{30}=0.2\dot{3}$ 답 $0.2\dot{3}$

56 분자는 제대로 보았으므로

$0.6\dot{8}\dot{3}=\frac{683-6}{990}=\frac{677}{990}$에서 처음 기약분수의 분자는 677이므로 $a=677$

따라서 처음 기약분수를 순환소수로 나타내면

$\frac{677}{999}=0.\dot{6}7\dot{7}$ 답 $0.\dot{6}7\dot{7}$

57 ② 모든 순환소수는 무한소수이다.

③ 순환소수가 아닌 무한소수는 분수로 나타낼 수 없다.

④ 모든 유리수는 유한소수 또는 순환소수로 나타낼 수 있다.

답 ①, ⑤

58 유리수인 것은 ㄱ, ㄴ, ㄷ, ㅁ의 4개이다. 답 ④

59 ㄱ. 모든 기약분수는 유한소수 또는 순환소수로 나타낼 수 있다.

ㄴ. 모든 순환소수는 유리수이다.

따라서 옳은 것은 ㄷ, ㄹ이다. 답 ⑤

Real 실전 기출 20~22쪽

01 ㄱ. $\frac{2}{15}=\frac{2}{3\times5}$ ㄴ. $\frac{6}{2^2\times3\times5}=\frac{1}{2\times5}$

ㄷ. $\frac{42}{2^3\times7\times11}=\frac{3}{2^2\times11}$ ㄹ. $\frac{33}{5^2\times11}=\frac{3}{5^2}$

ㅁ. $\frac{9}{24}=\frac{3}{8}=\frac{3}{2^3}$ ㅂ. $\frac{20}{75}=\frac{4}{15}=\frac{4}{3\times5}$

따라서 유한소수로 나타낼 수 있는 것은 ㄴ, ㄹ, ㅁ이다.

답 ④

02 ④ $7.327327327\cdots=7.\dot{3}2\dot{7}$ 답 ④

03 ④ $\frac{4}{6}=0.666\cdots$이므로 순환소수이다.

⑤ $\frac{21}{84}=0.25$이므로 유한소수이다. 답 ⑤

04 $\frac{2}{13}=0.153846153846\cdots=0.\dot{1}5384\dot{6}$이므로 순환마디를 이루는 숫자는 1, 5, 3, 8, 4, 6의 6개이다.

이때 $12=6\times2$이므로 순환마디가 2번 반복된다.

$\therefore a_1+a_2+a_3+\cdots+a_{12}=(1+5+3+8+4+6)\times2$

$=27\times2=54$ 답 ④

05 $\frac{27}{240}=\frac{9}{80}=\frac{9}{2^4\times5}=\frac{9\times5^3}{2^4\times5\times5^3}=\frac{1125}{10^4}=0.1125$

$\therefore a=9,\ b=5^3,\ c=1125,\ d=0.1125$ 답 ④

06 수직선에서 0과 1을 나타내는 두 점 사이를 12등분할 때, 각 점이 나타내는 수는

$a_1=\frac{1}{12},\ a_2=\frac{2}{12},\ a_3=\frac{3}{12},\ \cdots,\ a_{11}=\frac{11}{12}$

이때 주어진 분수의 분모가 $12=2^2\times3$이므로 유한소수로 나타내려면 분자가 3의 배수이어야 한다.

따라서 유한소수로 나타낼 수 있는 것은

$a_3=\frac{3}{12}=\frac{1}{4}=\frac{1}{2^2},\ a_6=\frac{6}{12}=\frac{1}{2},\ a_9=\frac{9}{12}=\frac{3}{4}=\frac{3}{2^2}$

의 3개이다. 답 3

07 $\frac{3}{660}=\frac{1}{220}=\frac{1}{2^2\times5\times11}$이므로 (나)에서 $\frac{3}{660}\times A$가 유한소수가 되려면 A는 11의 배수이어야 한다.

(가)에서 A는 3의 배수이므로 A는 3과 11의 공배수, 즉 $3\times11=33$의 배수이어야 한다.

따라서 가장 작은 자연수 A의 값은 33이다. 답 33

08 $\frac{4}{90}=\frac{2}{45}=\frac{2}{3^2\times5},\ \frac{15}{132}=\frac{5}{44}=\frac{5}{2^2\times11}$

두 분수에 각각 A를 곱하여 모두 유한소수로 나타낼 수 있으려면 A는 $3^2=9$와 11의 공배수, 즉 $9\times11=99$의 배수이어야 한다.

이때 세 자리 자연수 A는 198, 297, …, 891, 990이다.

그런데 $A=990$이면 $\frac{4}{90}\times990=44$이므로 정수가 된다.

따라서 A의 값 중 가장 큰 세 자리 자연수는 891이다.

답 ③

09 ② $a=12$일 때, $\frac{63}{2^3\times3^2\times12}=\frac{7}{2^5\times3}$이므로 소수로 나타내면 무한소수가 된다.

⑤ $a=18$일 때, $\frac{63}{2^3\times3^2\times18}=\frac{7}{2^4\times3^2}$이므로 소수로 나타내면 무한소수가 된다. 답 ②, ⑤

10 $\frac{1}{3}\le0.0\dot{x}\times6<\frac{5}{6}$에서

$\frac{1}{3}\le\frac{x}{90}\times6<\frac{5}{6},\ \frac{10}{30}\le\frac{2x}{30}<\frac{25}{30}$ …… ㉠

따라서 ㉠을 만족시키는 한 자리 자연수 x는 5, 6, 7, 8, 9이다. 답 ①

11 어떤 양수를 x라 하면

$0.\dot{3}x-0.3x=0.4$

$\frac{3}{9}x-\frac{3}{10}x=\frac{4}{10},\ \frac{1}{30}x=\frac{2}{5}$ $\therefore x=12$

따라서 어떤 양수는 12이다. 답 12

12 ① 모든 유한소수는 유리수이다. 답 ①

13 $2+\frac{3}{10}+\frac{3}{10^2}+\frac{3}{10^3}+\cdots=2+0.3+0.03+0.003+\cdots$

$=2.333\cdots=2.\dot{3}$

$=\frac{23-2}{9}=\frac{21}{9}=\frac{7}{3}$

따라서 $a=7,\ b=3$이므로

$a+b=7+3=10$ 답 10

14 $1.\dot{8}\dot{1}=\frac{181-1}{99}=\frac{180}{99}=\frac{20}{11}=\frac{2^2\times5}{11}$이므로

$1.\dot{8}\dot{1}\times A$가 어떤 자연수의 제곱이 되려면

$A=11\times5\times k^2$ (k는 자연수) 꼴이어야 한다.

따라서 가장 작은 자연수 A의 값은

$11\times5=55$ 답 55

15 (가)에서 $x=\frac{a}{48}$ (a는 자연수)로 놓으면

$\frac{1}{12}=\frac{4}{48},\ \frac{1}{4}=\frac{12}{48}$이므로 (다)에서 $\frac{a}{48}$는 $\frac{4}{48}$보다 크고 $\frac{12}{48}$보다 작다. 즉, $\frac{4}{48}<\frac{a}{48}<\frac{12}{48}$이다.

이때 $48=2^4\times3$이므로 (나)에서 $\frac{a}{48}$가 순환소수이려면 a는 3의 배수가 아니어야 한다.

$\therefore a=5, 7, 8, 10, 11$

따라서 조건을 모두 만족시키는 분수 x는 $\frac{5}{48}$, $\frac{7}{48}$, $\frac{8}{48}$, $\frac{10}{48}$, $\frac{11}{48}$의 5개이다.

답 5

16 $360=2^3\times3^2\times5$이므로 $\frac{a}{360}$가 유한소수가 되려면 a는 $3^2=9$의 배수이어야 한다.

또, $10<a<20$인 자연수이므로 $a=18$ … ❶

$\frac{18}{360}=\frac{1}{20}$이므로 $b=20$ … ❷

$\therefore b-a=20-18=2$ … ❸

답 2

채점 기준	배점
❶ a의 값 구하기	50%
❷ b의 값 구하기	30%
❸ $b-a$의 값 구하기	20%

17 $\frac{3}{7}=0.428571428571\cdots=0.\dot{4}2857\dot{1}$이므로 순환마디를 이루는 숫자는 4, 2, 8, 5, 7, 1의 6개이다. … ❶

이때 $25=6\times4+1$이므로 소수점 아래 25번째 자리의 숫자는 순환마디의 첫 번째 숫자인 4이다.

$\therefore a=4$ … ❷

또, $50=6\times8+2$이므로 소수점 아래 50번째 자리의 숫자는 순환마디의 두 번째 숫자인 2이다.

$\therefore b=2$ … ❸

$\therefore 0.\dot{a}\dot{b}+0.\dot{b}\dot{a}=0.\dot{4}\dot{2}+0.\dot{2}\dot{4}=\frac{42}{99}+\frac{24}{99}=\frac{66}{99}=\frac{2}{3}$ … ❹

답 $\frac{2}{3}$

채점 기준	배점
❶ $\frac{3}{7}$의 순환마디 구하기	20%
❷ a의 값 구하기	30%
❸ b의 값 구하기	30%
❹ $0.\dot{a}\dot{b}+0.\dot{b}\dot{a}$의 값을 기약분수로 나타내기	20%

18 $3-x=0.\dot{6}$에서 $3-x=\frac{6}{9}$

$\therefore x=3-\frac{6}{9}=3-\frac{2}{3}=\frac{7}{3}$ … ❶

$\frac{11}{30}=y+0.1\dot{4}$에서 $\frac{11}{30}=y+\frac{13}{90}$

$\therefore y=\frac{11}{30}-\frac{13}{90}=\frac{33}{90}-\frac{13}{90}=\frac{20}{90}=\frac{2}{9}$ … ❷

$\therefore x+y=\frac{7}{3}+\frac{2}{9}=\frac{21}{9}+\frac{2}{9}=\frac{23}{9}=2.\dot{5}$ … ❸

답 $2.\dot{5}$

채점 기준	배점
❶ x의 값 구하기	40%
❷ y의 값 구하기	40%
❸ $x+y$의 값을 순환소수로 나타내기	20%

19 성우는 분자는 제대로 보았으므로

$0.3\dot{7}\dot{2}=\frac{372-3}{990}=\frac{369}{990}=\frac{41}{110}$에서 처음 기약분수의 분자는 41이다. … ❶

유하는 분모는 제대로 보았으므로

$0.\dot{3}8\dot{7}=\frac{387}{999}=\frac{43}{111}$에서 처음 기약분수의 분모는 111이다. … ❷

따라서 처음 기약분수는 $\frac{41}{111}$이므로 순환소수로 나타내면

$\frac{41}{111}=\frac{369}{999}=0.\dot{3}6\dot{9}$ … ❸

답 $0.\dot{3}6\dot{9}$

채점 기준	배점
❶ 처음 기약분수의 분자 구하기	40%
❷ 처음 기약분수의 분모 구하기	40%
❸ 처음 기약분수를 순환소수로 나타내기	20%

20 $\frac{x}{30}=\frac{x}{2\times3\times5}$가 유한소수가 되려면 x는 3의 배수이어야 한다. … ❶

이때 $0.5\dot{9}<\frac{x}{30}<0.\dot{8}$에서 $\frac{54}{90}<\frac{x}{30}<\frac{8}{9}$

$\therefore \frac{54}{90}<\frac{3x}{90}<\frac{80}{90}$ …… ㉠ … ❷

따라서 ㉠을 만족시키는 3의 배수인 자연수 x의 값은 21, 24이다. … ❸

답 21, 24

채점 기준	배점
❶ x의 조건 구하기	30%
❷ $\frac{x}{30}$의 값의 범위를 분수로 구하기	40%
❸ x의 값 구하기	30%

21 x에 $0.\dot{2}\dot{3}$을 곱해야 할 것을 잘못하여 $0.2\dot{3}$을 곱하였더니 그 계산 결과가 정답보다 $0.\dot{0}\dot{5}$만큼 커졌으므로

$x\times0.2\dot{3}=x\times0.\dot{2}\dot{3}+0.\dot{0}\dot{5}$ … ❶

$x\times\frac{23-2}{90}=x\times\frac{23}{99}+\frac{5}{99}$, $x\times\frac{21}{90}=x\times\frac{23}{99}+\frac{5}{99}$

$x\times\frac{21}{90}-x\times\frac{23}{99}=\frac{5}{99}$, $\left(\frac{231}{990}-\frac{230}{990}\right)x=\frac{5}{99}$

$\frac{1}{990}x=\frac{5}{99}$ $\therefore x=50$ … ❷

답 50

채점 기준	배점
❶ 방정식 세우기	40%
❷ x의 값 구하기	60%

02 단항식의 계산

Real 실전 개념 25, 27쪽

01 답 x^5

02 답 5^8

03 답 y^9

04 답 3^{12}

05 $a^2\times b^3\times a\times b^4=a^2\times a\times b^3\times b^4=a^3b^7$ 답 a^3b^7

06 답 x^{12}

07 답 3^8

08 $(y^2)^3\times(y^5)^2=y^6\times y^{10}=y^{16}$ 답 y^{16}

09 $(-x)^4\times(-x)^5=x^4\times(-x^5)$
$=-(x^4\times x^5)=-x^9$ 답 $-x^9$

10 $(a^5)^3\times(a^4)^2\times(a^3)^3=a^{15}\times a^8\times a^9=a^{32}$ 답 a^{32}

11 답 3

12 답 4

13 답 5

14 답 7

15 $\square+15=24$ $\therefore \square=9$ 답 9

16 답 x^2

17 답 2^8

18 답 1

19 답 $\frac{1}{b^3}$

20 $x^6\div x\div x^2=x^5\div x^2=x^3$ 답 x^3

21 답 x^6y^8

22 답 $4a^8$

23 답 $\frac{x^{12}}{625}$

24 답 $-\frac{a^{12}}{b^6}$

25 답 5

26 답 5

27 답 2, 15

28 답 4, 24

29 답 $6x^2y$

30 답 $-8a^3b^2$

31 답 $15x^5y^5$

32 답 $-12a^5b^3$

33 답 $-30x^8y^5$

34 $(-3x^3)^2\times 4xy=9x^6\times 4xy=36x^7y$ 답 $36x^7y$

35 $5a^3b\times(-2a^2b^3)^3=5a^3b\times(-8a^6b^9)=-40a^9b^{10}$
답 $-40a^9b^{10}$

36 $(xy^3)^2\times\left(\frac{x^4}{y}\right)^3=x^2y^6\times\frac{x^{12}}{y^3}=x^{14}y^3$ 답 $x^{14}y^3$

37 $\left(\frac{3}{ab}\right)^2\times\left(-\frac{2b}{a}\right)^3=\frac{9}{a^2b^2}\times\left(-\frac{8b^3}{a^3}\right)=-\frac{72b}{a^5}$
답 $-\frac{72b}{a^5}$

38 $\left(\frac{2y}{x}\right)^2\times(-5x^2y)\times(xy)^3=\frac{4y^2}{x^2}\times(-5x^2y)\times x^3y^3$
$=-20x^3y^6$ 답 $-20x^3y^6$

39 답 $2x^4$

40 답 $-2a^2$

41 $6x^3y^2\div\frac{1}{3x^2y}=6x^3y^2\times 3x^2y=18x^5y^3$ 답 $18x^5y^3$

42 $\frac{3}{2}a\div\left(-\frac{3}{4ab}\right)=\frac{3}{2}a\times\left(-\frac{4ab}{3}\right)=-2a^2b$ 답 $-2a^2b$

43 $5x^2y\div\frac{x^2}{4y}=5x^2y\times\frac{4y}{x^2}=20y^2$ 답 $20y^2$

44 $12a^5\div 2a\div\frac{1}{a^2}=12a^5\times\frac{1}{2a}\times a^2=6a^6$ 답 $6a^6$

45 $15x^4y\div 3xy\div 5x^2=15x^4y\times\frac{1}{3xy}\times\frac{1}{5x^2}=x$ 답 x

46 $(-3x^4y^5)^2\div(xy^3)^2=9x^8y^{10}\div x^2y^6$
$=\frac{9x^8y^{10}}{x^2y^6}=9x^6y^4$ 답 $9x^6y^4$

47 $\left(-\frac{4a}{b}\right)^2\div(a^3b^2)^2=\frac{16a^2}{b^2}\div a^6b^4$
$=\frac{16a^2}{b^2}\times\frac{1}{a^6b^4}=\frac{16}{a^4b^6}$ 답 $\frac{16}{a^4b^6}$

48 $(x^3y)^2\div\left(-\frac{2x^4}{y}\right)^3=x^6y^2\div\left(-\frac{8x^{12}}{y^3}\right)$
$=x^6y^2\times\left(-\frac{y^3}{8x^{12}}\right)=-\frac{y^5}{8x^6}$ 답 $-\frac{y^5}{8x^6}$

49 $(-4a^3b)^2\div(ab)^3\div\frac{8}{a^2b}$
$=16a^6b^2\div a^3b^3\div\frac{8}{a^2b}=16a^6b^2\times\frac{1}{a^3b^3}\times\frac{a^2b}{8}$
$=2a^5$ 답 $2a^5$

50 $12x^2 \div 4x^3 \times 3x^2 = 12x^2 \times \frac{1}{4x^3} \times 3x^2 = 9x$ 　답 $9x$

51 $4ab^2 \times 3a^3 \div 6a^2b = 4ab^2 \times 3a^3 \times \frac{1}{6a^2b} = 2a^2b$ 　답 $2a^2b$

52 $9x^3y \times (-2xy^2) \div 3x^3y = 9x^3y \times (-2xy^2) \times \frac{1}{3x^3y}$
$= -6xy^2$ 　답 $-6xy^2$

53 $(-6a^5b^3) \div a^3b^5 \times \left(-\frac{a^2b}{2}\right)$
$= (-6a^5b^3) \times \frac{1}{a^3b^5} \times \left(-\frac{a^2b}{2}\right) = \frac{3a^4}{b}$ 　답 $\frac{3a^4}{b}$

54 $3x^3y \times 2x^4y^2 \div (-2y)^2 = 3x^3y \times 2x^4y^2 \div 4y^2$
$= 3x^3y \times 2x^4y^2 \times \frac{1}{4y^2}$
$= \frac{3x^7y}{2}$ 　답 $\frac{3x^7y}{2}$

Real 실전 유형 　28~35쪽

01 $3^2 \times 81 = 3^2 \times 3^4 = 3^6$이므로 $\square = 6$ 　답 ⑤

02 $a^2 \times a^5 \times b^3 \times a \times b^2 \times b^6 = a^2 \times a^5 \times a \times b^3 \times b^2 \times b^6$
$= a^8b^{11}$ 　답 ③

주의 지수끼리 더하는 것은 밑이 같은 경우에만 적용된다.

03 ① $1 + \square = 4$ 　$\therefore \square = 3$
② $\square = 3 + 1 + 2 = 6$
③ $\square = 5 + 2 = 7$
④ $1 + 2 + \square = 9$ 　$\therefore \square = 6$
⑤ $\square + 2 = 8$ 　$\therefore \square = 6$
따라서 □ 안에 알맞은 수가 가장 큰 것은 ③이다. 　답 ③

04 $2^{x+5} = 2^x \times \square$에서 $2^{x+5} = 2^x \times 2^5$이므로
$\square = 2^5 = 32$
$5^x \times 5^2 \times 5^\square = 5^{x+4}$에서 $5^x \times 5^2 \times 5^\square = 5^{x+2+\square}$이므로
$x + 2 + \square = x + 4$ 　$\therefore \square = 2$
따라서 □ 안에 알맞은 두 수의 합은
$32 + 2 = 34$ 　답 34

05 $(2^4)^3 \times (2^\square)^4 = 2^{12} \times 2^{\square \times 4} = 2^{12 + \square \times 4}$이므로
$12 + \square \times 4 = 32$ 　$\therefore \square = 5$ 　답 ④

06 $(a^2)^3 \times (b^4)^2 \times a^5 \times (b^2)^4 = a^6 \times b^8 \times a^5 \times b^8$
$= a^{11}b^{16}$ 　답 ④

07 (가) $(a^2)^\square = a^{10}$에서 $\square = 5$
(나) $(a^3)^2 \times a = a^\square$에서 $a^6 \times a = a^\square$이므로 $\square = 7$
(다) $(a^5)^2 \times (a^\square)^3 = a^{25}$에서 $a^{10} \times a^{\square \times 3} = a^{25}$
즉, $a^{10 + \square \times 3} = a^{25}$이므로 $10 + \square \times 3 = 25$ 　$\therefore \square = 5$
따라서 □ 안에 알맞은 세 수의 합은
$5 + 7 + 5 = 17$ 　답 17

08 $(x^a)^4 \times (y^3)^3 \times y = x^{4a} \times y^9 \times y = x^{4a}y^{10}$이므로 　… ❶
$4a = 24,\ b = 10$ 　$\therefore a = 6,\ b = 10$ 　… ❷
$\therefore a + b = 6 + 10 = 16$ 　… ❸
답 16

채점 기준	배점
❶ 주어진 식의 좌변 간단히 하기	40%
❷ a, b의 값 구하기	40%
❸ $a+b$의 값 구하기	20%

09 ① $a^6 \div a^2 = a^4$ 　② $a^5 \div a^5 = 1$
⑤ $(a^4)^3 \div (a^3)^4 = a^{12} \div a^{12} = 1$ 　답 ③, ④

10 ① $x^7 \div x^4 = x^3$
② $x^8 \div x \div x^4 = x^7 \div x^4 = x^3$
③ $x^5 \div (x^2 \div x) = x^5 \div x = x^4$
④ $(x^3)^4 \div x^9 = x^{12} \div x^9 = x^3$
⑤ $(x^5)^4 \div (x^3)^3 \div (x^4)^2 = x^{20} \div x^9 \div x^8 = x^{11} \div x^8 = x^3$
따라서 계산 결과가 나머지 넷과 다른 하나는 ③이다.
답 ③

주의 거듭제곱의 나눗셈은 교환법칙이 성립하지 않으므로 반드시 앞에서부터 차례대로 계산한다.

11 $a^{15} \div a^{2x} \div a^3 = a^{15-2x} \div a^3 = a^{12-2x}$이므로
$12 - 2x = 4,\ 2x = 8$ 　$\therefore x = 4$ 　답 ④

12 $(x^5)^3 \div (x^3)^2 \div x^\square = x^{15} \div x^6 \div x^\square = x^9 \div x^\square = x^{9-\square}$이므로
$9 - \square = 7$ 　$\therefore \square = 2$ 　답 ②

13 $(-2x^ay^4)^b = (-2)^b \times x^{ab} \times y^{4b}$이므로
$(-2)^b = -8 = (-2)^3$ 　$\therefore b = 3$
또, $ab = 3a = 15,\ c = 4b$ 　$\therefore a = 5,\ c = 12$
$\therefore a + b + c = 5 + 3 + 12 = 20$ 　답 ⑤

14 ④ $\left(\frac{1}{3}x^2y\right)^3 = \left(\frac{1}{3}\right)^3(x^2)^3y^3 = \frac{1}{27}x^6y^3$ 　답 ④

15 $(Ax^By^4z)^3 = A^3x^{3B}y^{12}z^3$이므로
$A^3 = -27 = (-3)^3,\ 3B = 15,\ C = 12,\ D = 3$
따라서 $A = -3,\ B = 5,\ C = 12,\ D = 3$이므로
$A + B + C + D = -3 + 5 + 12 + 3 = 17$ 　답 ③

16 $108=2^2\times3^3$이므로 … ❶

$108^4=(2^2\times3^3)^4=2^8\times3^{12}$에서 $x=2,\ y=8$ … ❷

$\therefore x+y=2+8=10$ … ❸

답 10

채점 기준	배점
❶ 108을 소인수분해하기	30%
❷ x, y의 값 구하기	50%
❸ $x+y$의 값 구하기	20%

17 $\left(\dfrac{2x^A}{y^2}\right)^3=\dfrac{8x^{3A}}{y^6}$이므로 $3A=9,\ B=8,\ C=6$

따라서 $A=3,\ B=8,\ C=6$이므로

$A+B+C=3+8+6=17$ 답 ④

18 ④ $\left(-\dfrac{a^2}{bc^3}\right)^5=-\dfrac{a^{10}}{b^5c^{15}}$ 답 ④

19 $\left\{\left(-\dfrac{2x}{3}\right)^3\right\}^2=\left(-\dfrac{2^3x^3}{3^3}\right)^2=\dfrac{2^6x^6}{3^6}$ 답 ⑤

20 $\left(\dfrac{x^Ay^2}{Bz}\right)^3=\dfrac{x^{3A}y^6}{B^3z^3}$이므로 … ❶

$3A=18,\ B^3=-8=(-2)^3,\ C=6,\ D=3$

따라서 $A=6,\ B=-2,\ C=6,\ D=3$이므로 … ❷

$A+B+C+D=6+(-2)+6+3=13$ … ❸

답 13

채점 기준	배점
❶ 주어진 식의 좌변 간단히 하기	40%
❷ $A,\ B,\ C,\ D$의 값 구하기	40%
❸ $A+B+C+D$의 값 구하기	20%

21 ㄱ. $x^3\times x^4\times x^2=x^{3+4+2}=x^9$

ㄴ. $a^{12}\div a^4=a^8$

ㄷ. $(-x^3y^4)^2=x^6y^8$

ㄹ. $\left(\dfrac{2a^3}{b^2}\right)^5=\dfrac{32a^{15}}{b^{10}}$

ㅁ. $3^5\div3^2\div3^2=3^3\div3^2=3$

ㅂ. $\left(-\dfrac{xz^3}{y^2}\right)^4=\dfrac{x^4z^{12}}{y^8}$

따라서 옳은 것은 ㄱ, ㅁ이다. 답 ㄱ, ㅁ

22 ② $(x^3)^2\div x^5=x^6\div x^5=x$

③ $(x^3)^2\div(x^4)^2=x^6\div x^8=\dfrac{1}{x^2}$

④ $x^4\times x^3\div x^8=x^7\div x^8=\dfrac{1}{x}$

⑤ $x^7\div x^3\div(x^2)^3=x^7\div x^3\div x^6=x^4\div x^6=\dfrac{1}{x^2}$

따라서 계산 결과가 $\dfrac{1}{x}$인 것은 ④이다. 답 ④

23 ① $4-\square=2$이므로 $\square=2$

② $a^7\div(a^3)^3=a^7\div a^9=\dfrac{1}{a^2}$이므로 $\square=2$

③ $\left(\dfrac{a}{b^{\square}}\right)^4=\dfrac{a^4}{b^{\square\times4}}$이므로 $\square\times4=12$ $\therefore \square=3$

④ $4\times\square=8$이므로 $\square=2$

⑤ $x^{\square}\div x^3\times(x^2)^2=x^{\square}\div x^3\times x^4=x^{\square+1}$이므로

$\square+1=3$ $\therefore \square=2$

따라서 $\square$ 안에 알맞은 수가 나머지 넷과 다른 하나는 ③이다.

답 ③

24 $27^{x+1}=(3^3)^{x+1}=3^{3x+3}$이므로

$3x+3=11-x,\ 4x=8$ $\therefore x=2$ 답 ②

25 $2^{\square}\div8^2=32^3$에서 $2^{\square}\div(2^3)^2=(2^5)^3$이므로

$2^{\square}\div2^6=2^{15},\ 2^{\square-6}=2^{15}$

$\square-6=15$ $\therefore \square=21$ 답 ④

26 $3^{2x}\times27^3\div9^5=3^{2x}\times(3^3)^3\div(3^2)^5$

$=3^{2x}\times3^9\div3^{10}$

$=3^{2x+9}\div3^{10}=3^{2x-1}$

이므로 $2x-1=9$

$2x=10$ $\therefore x=5$ 답 ⑤

보충 TIP 밑이 다른 두 수를 비교하는 문제

❶ 밑이 큰 수를 소인수분해한다.
❷ 지수법칙을 이용하여 식을 간단히 한다.
❸ 밑이 같은 두 수의 지수끼리 비교하여 미지수의 값을 구한다.

27 $4^{x+2}\times8^{x+1}=(2^2)^{x+2}\times(2^3)^{x+1}$

$=2^{2x+4}\times2^{3x+3}=2^{5x+7}$ … ❶

이고, $16^3=(2^4)^3=2^{12}$이므로 … ❷

$5x+7=12,\ 5x=5$ $\therefore x=1$ … ❸

답 1

채점 기준	배점
❶ 주어진 식의 좌변 간단히 하기	50%
❷ 16^3을 2의 거듭제곱으로 나타내기	30%
❸ x의 값 구하기	20%

28 $3^3+3^3+3^3=3\times3^3=3^4$이므로 $x=4$

$3^3\times3^3\times3^3=3^{3+3+3}=3^9$이므로 $y=9$

$\therefore xy=4\times9=36$ 답 ③

29 $5^9+5^9+5^9+5^9+5^9=5\times5^9=5^{10}$ 답 5^{10}

주의 $5^9+5^9+5^9+5^9+5^9$, $5^9\times5^9\times5^9\times5^9\times5^9$을 혼동하지 않도록 주의한다.

30 계산 결과가 모두 밑이 2가 되도록 식을 간단히 하면 다음과 같다.

① $(4^2)^3=\{(2^2)^2\}^3=(2^4)^3=2^{12}$

② $2^4\times2^4\times2^4=2^{4+4+4}=2^{12}$

③ $8^4+8^4=2\times8^4=2\times(2^3)^4=2\times2^{12}=2^{13}$

④ $4^5+4^5+4^5+4^5=4\times4^5=4^6=(2^2)^6=2^{12}$

⑤ $2^{10}+2^{10}+2^{10}+2^{10}=4\times2^{10}=2^2\times2^{10}=2^{12}$

따라서 계산 결과가 나머지 넷과 다른 하나는 ③이다.

답 ③

31 $\dfrac{2^6+2^6+2^6+2^6}{27^3}\times\dfrac{3^7+3^7+3^7}{8^2+8^2}$

$=\dfrac{4\times2^6}{(3^3)^3}\times\dfrac{3\times3^7}{2\times8^2}=\dfrac{2^2\times2^6}{3^9}\times\dfrac{3^8}{2\times(2^3)^2}$

$=\dfrac{2^8}{3^9}\times\dfrac{3^8}{2^7}=\dfrac{2}{3}$

답 ③

32 $A=2^{x+1}=2^x\times2$이므로 $2^x=\dfrac{A}{2}$

$\therefore 32^x=(2^5)^x=2^{5x}=(2^x)^5=\left(\dfrac{A}{2}\right)^5=\dfrac{A^5}{2^5}=\dfrac{A^5}{32}$

답 ⑤

33 $\dfrac{1}{4^{20}}=\dfrac{1}{(2^2)^{20}}=\dfrac{1}{2^{40}}=\dfrac{1}{(2^{10})^4}=\left(\dfrac{1}{2^{10}}\right)^4=A^4$

답 ④

34 $A=3^{x+1}=3^x\times3$이므로 $3^x=\dfrac{A}{3}$

$B=5^{x-1}=5^x\div5$이므로 $5^x=5B$

$\therefore 15^x=(3\times5)^x=3^x\times5^x$

$=\dfrac{A}{3}\times5B=\dfrac{5}{3}AB$

답 ④

35 $4^5\times27^4=(2^2)^5\times(3^3)^4=2^{10}\times3^{12}$

$=2\times(2^3)^3\times(3^6)^2$

$=2\times A^3\times B^2=2A^3B^2$

답 ③

36 $2^{x+2}+2^{x+1}+2^x=2^x\times2^2+2^x\times2+2^x$

$=2^x(2^2+2+1)=2^x\times7$

즉, $2^x\times7=56$이므로 $2^x=8=2^3$

$\therefore x=3$

답 ③

37 $3^{x+1}+3^x=3^x\times3+3^x=3^x(3+1)=3^x\times4$

즉, $3^x\times4=36$이므로 $3^x=9=3^2$

$\therefore x=2$

답 ②

38 $5^{x+2}+2\times5^{x+1}+5^x=5^x\times5^2+2\times5^x\times5+5^x$

$=5^x(5^2+2\times5+1)$

$=5^x\times36$

즉, $5^x\times36=180$이므로 $5^x=5$

$\therefore x=1$

답 ①

39 $3^{2x}(3^x+3^x+3^x+3^x)=3^{2x}(4\times3^x)=4\times3^{3x}$ … ❶

즉, $4\times3^{3x}=108$이므로 $3^{3x}=27=3^3$

$3x=3$ $\therefore x=1$ … ❷

답 1

채점 기준	배점
❶ 주어진 식의 좌변 간단히 하기	50%
❷ x의 값 구하기	50%

40 $2^7\times5^8=(2^7\times5^7)\times5=5\times(2\times5)^7=5\times10^7$

따라서 $2^7\times5^8$은 8자리 자연수이다.

답 ③

41 $2^6\times4^3\times5^8=2^6\times(2^2)^3\times5^8=2^{12}\times5^8$

$=2^4\times(2^8\times5^8)=2^4\times(2\times5)^8$

$=16\times10^8$

따라서 $2^6\times4^3\times5^8$은 10자리 자연수이므로

$n=10$

답 ⑤

42 $\dfrac{4^5\times15^7}{18^2}=\dfrac{(2^2)^5\times(3\times5)^7}{(2\times3^2)^2}=\dfrac{2^{10}\times3^7\times5^7}{2^2\times3^4}$

$=2^8\times3^3\times5^7=2\times3^3\times(2\times5)^7$

$=54\times10^7$

따라서 $\dfrac{4^5\times15^7}{18^2}$은 9자리 자연수이므로 $m=9$

또, 각 자리의 숫자의 합은 $5+4=9$이므로 $n=9$

$\therefore m+n=9+9=18$

답 ③

43 $15\times20\times25\times30$

$=(3\times5)\times(2^2\times5)\times5^2\times(2\times3\times5)$

$=2^3\times3^2\times5^5$ … ❶

$=3^2\times5^2\times(2^3\times5^3)$

$=225\times10^3$ … ❷

따라서 주어진 수는 6자리 자연수이므로

$n=6$ … ❸

답 6

채점 기준	배점
❶ 주어진 수를 소인수들의 곱으로 나타내기	40%
❷ 주어진 수를 $a\times10^k$ 꼴로 나타내기	30%
❸ 자릿수 구하기	30%

보충 TIP 자릿수 구하기

❶ 주어진 수를 소인수들의 곱으로 나타낸다.

❷ 소인수 2, 5가 곱해진 개수를 세어 10의 거듭제곱을 포함한 꼴로 나타낸다. ➡ $a\times10^k$ (단, a, k는 자연수)

❸ 자릿수를 구한다.

44 $(2x^2y)^3\times(-3xy^2)^2\times(-x^3y^2)$

$=8x^6y^3\times9x^2y^4\times(-x^3y^2)=-72x^{11}y^9$

답 ②

45 $\left(-\frac{4a^3b}{5}\right)^2\times\left(\frac{5a}{2}\right)^3=\frac{16a^6b^2}{25}\times\frac{125a^3}{8}$

$=10a^9b^2$ 답 $10a^9b^2$

46 $(-3x^2y^3)^3\times(-2xy)^4\times\left(\frac{1}{6}x^2y\right)^2$

$=(-27x^6y^9)\times16x^4y^4\times\frac{1}{36}x^4y^2$

$=-12x^{14}y^{15}$

따라서 $A=-12$, $B=14$, $C=15$이므로

$A+B+C=-12+14+15=17$ 답 ①

47 $Ax^4y^3\times(-2xy)^B=Ax^4y^3\times(-2)^B\times x^By^B$

$=A\times(-2)^B\times x^{B+4}y^{B+3}$ … ❶

$A\times(-2)^B=-24$, $B+4=7$, $B+3=C$이므로

$B+4=7$에서 $B=3$ … ❷

$A\times(-2)^B=A\times(-2)^3=-8A=-24$에서

$A=3$ … ❸

또, $C=B+3=3+3=6$ … ❹

$\therefore A+B-C=3+3-6=0$ … ❺

답 0

채점 기준	배점
❶ 주어진 식의 좌변 간단히 하기	30%
❷ B의 값 구하기	20%
❸ A의 값 구하기	20%
❹ C의 값 구하기	20%
❺ $A+B-C$의 값 구하기	10%

48 $(-6x^3y^2)\div2x^5y^3\div\left(-\frac{1}{3}x^2y\right)$

$=(-6x^3y^2)\times\frac{1}{2x^5y^3}\times\left(-\frac{3}{x^2y}\right)$

$=\frac{9}{x^4y^2}$ 답 ④

49 $(-4a^4b^5)^3\div(2a^2b^3)^4=(-64a^{12}b^{15})\div16a^8b^{12}$

$=-\frac{64a^{12}b^{15}}{16a^8b^{12}}$

$=-4a^4b^3$ 답 $-4a^4b^3$

50 $12x^6y^4\div(-2xy^2)^3\div3xy^5$

$=12x^6y^4\div(-8x^3y^6)\div3xy^5$

$=12x^6y^4\times\left(-\frac{1}{8x^3y^6}\right)\times\frac{1}{3xy^5}$

$=-\frac{x^2}{2y^7}$

따라서 $A=2$, $B=-2$, $C=7$이므로

$A+B+C=2+(-2)+7=7$ 답 ①

51 $(9x^2y^3)^a\div(3x^2y^b)^3=9^ax^{2a}y^{3a}\div3^3x^6y^{3b}$

$=\frac{3^{2a}x^{2a}y^{3a}}{3^3x^6y^{3b}}$

$=\frac{3^{2a-3}}{x^{6-2a}y^{3b-3a}}$ … ❶

$2a-3=1$, $6-2a=c$, $3b-3a=6$이므로

$2a-3=1$에서 $2a=4$ $\quad\therefore a=2$ … ❷

$c=6-2a=6-2\times2=2$ … ❸

또, $3b-3a=6$에서 $3b-6=6$

$3b=12$ $\quad\therefore b=4$ … ❹

$\therefore a+b-c=2+4-2=4$ … ❺

답 4

채점 기준	배점
❶ 주어진 식의 좌변 간단히 하기	30%
❷ a의 값 구하기	20%
❸ c의 값 구하기	20%
❹ b의 값 구하기	20%
❺ $a+b-c$의 값 구하기	10%

52 $(-x^3y^2)^3\div\left(-\frac{2x}{y}\right)^3\times\left(-\frac{4y}{x^5}\right)^2$

$=(-x^9y^6)\div\left(-\frac{8x^3}{y^3}\right)\times\frac{16y^2}{x^{10}}$

$=(-x^9y^6)\times\left(-\frac{y^3}{8x^3}\right)\times\frac{16y^2}{x^{10}}$

$=\frac{2y^{11}}{x^4}$ 답 ③

53 ① $(-2a^4b)^3\times(a^2b^3)^2=-8a^{12}b^3\times a^4b^6=-8a^{16}b^9$

② $(-3x^3)^4\div\left(\frac{3x^2}{2}\right)^3=81x^{12}\div\frac{27x^6}{8}$

$=81x^{12}\times\frac{8}{27x^6}=24x^6$

③ $8ab^3\div(-2a^2b^4)^2\times5a^3b^5=8ab^3\div4a^4b^8\times5a^3b^5$

$=8ab^3\times\frac{1}{4a^4b^8}\times5a^3b^5$

$=10$

④ $(-3xy^3)^2\div\left(-\frac{x^2y}{2}\right)^3=9x^2y^6\div\left(-\frac{x^6y^3}{8}\right)$

$=9x^2y^6\times\left(-\frac{8}{x^6y^3}\right)$

$=-\frac{72y^3}{x^4}$

⑤ $(-6x^2y^3)^2\times\left(-\frac{x}{y}\right)^3\div(-3xy^2)^3$

$=36x^4y^6\times\left(-\frac{x^3}{y^3}\right)\div(-27x^3y^6)$

$=36x^4y^6\times\left(-\frac{x^3}{y^3}\right)\times\left(-\frac{1}{27x^3y^6}\right)$

$=\frac{4x^4}{3y^3}$ 답 ③, ⑤

54 $(3x^6y^2)^A \div (-6x^By^2)^2 \times 4xy^2$

$=3^Ax^{6A}y^{2A} \div 36x^{2B}y^4 \times 4xy^2$

$=3^Ax^{6A}y^{2A} \times \dfrac{1}{36x^{2B}y^4} \times 4xy^2$

$=3^{A-2}x^{6A-2B+1}y^{2A-2}$

$3^{A-2}x^{6A-2B+1}y^{2A-2}=Cx^5y^4$이므로

$3^{A-2}=C$, $6A-2B+1=5$, $2A-2=4$

$2A-2=4$에서 $2A=6$ $\quad\therefore A=3$

$6A-2B+1=5$에서 $18-2B+1=5$ $\quad\therefore B=7$

또, $C=3^{3-2}=3$

$\therefore A+B+C=3+7+3=13$

답 ③

55 $\square=(6x^3y)^2 \times (-2x^5y^4) \div (-9x^3y^2)$

$=36x^6y^2 \times (-2x^5y^4) \times \left(-\dfrac{1}{9x^3y^2}\right)$

$=8x^8y^4$

답 ②

56 어떤 식을 $\square$라 하면

$\square \times \left(-\dfrac{3}{xy^2}\right)=6xy$

$\therefore \square=6xy \div \left(-\dfrac{3}{xy^2}\right)=6xy \times \left(-\dfrac{xy^2}{3}\right)$

$=-2x^2y^3$

답 ③

57 $\square=2x^4y^4 \div (-18x^5y^3) \times (3xy^2)^3$

$=2x^4y^4 \times \left(-\dfrac{1}{18x^5y^3}\right) \times 27x^3y^6$

$=-3x^2y^7$

답 $-3x^2y^7$

58 $\square=(-2x^3y^4)^3 \div \left(-\dfrac{1}{3}x^2y\right)^2 \div 6xy$

$=(-8x^9y^{12}) \div \dfrac{1}{9}x^4y^2 \div 6xy$

$=(-8x^9y^{12}) \times \dfrac{9}{x^4y^2} \times \dfrac{1}{6xy}$

$=-12x^4y^9$

답 $-12x^4y^9$

59 (원기둥의 부피)$=\{\pi \times (3a^2b^3)^2\} \times \dfrac{4a^3}{b}$

$=\pi \times 9a^4b^6 \times \dfrac{4a^3}{b}$

$=36\pi a^7b^5$

답 $36\pi a^7b^5$

60 $\dfrac{1}{2}\times$(밑변의 길이)$\times$(높이)$=$(삼각형의 넓이)이므로

$\dfrac{1}{2} \times 5ab \times$(높이)$=15a^2b^3$

$\therefore$ (높이)$=15a^2b^3 \div \dfrac{1}{2} \div 5ab=15a^2b^3 \times 2 \times \dfrac{1}{5ab}$

$=6ab^2$

답 $6ab^2$

61 (가로의 길이)$\times$(세로의 길이)$\times$(높이)

$=$(직육면체의 부피)

이므로 $(4x^2y)^2 \times$(높이)$=48x^5y^4$

$\therefore$ (높이)$=48x^5y^4 \div (4x^2y)^2=48x^5y^4 \div 16x^4y^2$

$=\dfrac{48x^5y^4}{16x^4y^2}=3xy^2$

답 ②

62 밑면의 지름의 길이가 $8x^2$이므로 반지름의 길이는

$\dfrac{1}{2} \times 8x^2=4x^2$ ··· ❶

$\dfrac{1}{3}\times$(밑넓이)$\times$(높이)$=$(원뿔의 부피)이므로

$\dfrac{1}{3} \times \{\pi \times (4x^2)^2\} \times$(높이)$=16\pi x^5y$ ··· ❷

$\therefore$ (높이)$=16\pi x^5y \div \dfrac{1}{3}\pi \div (4x^2)^2$

$=16\pi x^5y \times \dfrac{3}{\pi} \times \dfrac{1}{16x^4}$

$=3xy$ ··· ❸

답 $3xy$

채점 기준	배점
❶ 밑면의 반지름의 길이 구하기	20%
❷ 원뿔의 부피를 구하는 식 세우기	30%
❸ 높이 구하기	50%

Real 실전 기출

36~38쪽

01 $a \times a^2 \times a^3 \times a^x=a^{6+x}$이므로

$6+x=2x$ $\quad\therefore x=6$

답 ②

02 $ab=2^x \times 2^y=2^{x+y}=2^4=16$

답 ③

03 $8 \times 9 \times 10 \times 11 \times 12$

$=2^3 \times 3^2 \times (2 \times 5) \times 11 \times (2^2 \times 3)$

$=2^6 \times 3^3 \times 5 \times 11$

따라서 $a=6$, $b=3$, $c=1$, $d=1$이므로

$a+b+c+d=6+3+1+1=11$

답 ④

04 $8\text{ GiB}=2^3 \times 2^{10}\text{ MiB}=2^{13} \times 2^{10}\text{ KiB}$

$=2^{23} \times 2^{10}\text{ B}=2^{33}\text{ B}$

$\therefore k=33$

답 33

05 ① $x^{10} \div x^5=x^5$

② $x^3 \times x \times x=x^5$

③ $(x^3)^5 \div (x^5)^2=x^{15} \div x^{10}=x^5$

④ $x^4 \div x^5 \times x^6 = \frac{1}{x} \times x^6 = x^5$

⑤ $x^9 \div x^2 \div x^3 = x^7 \div x^3 = x^4$

따라서 계산 결과가 나머지 넷과 다른 하나는 ⑤이다.

답 ⑤

06 $16^2 \div 2^x = \frac{1}{64}$에서

$(2^4)^2 \div 2^x = \frac{1}{2^6}$, $\frac{1}{2^{x-8}} = \frac{1}{2^6}$

$x-8=6 \quad \therefore x=14$

또, $81 \div 3^{y+1} \times 3^{12} = 3^x$에서

$3^4 \div 3^{y+1} \times 3^{12} = 3^{14}$, $3^{4-(y+1)+12} = 3^{14}$

$15-y=14 \quad \therefore y=1$

$\therefore xy = 14 \times 1 = 14$

답 14

07 $\{(2^5)^3\}^2 = (2^{15})^2 = 2^{30}$이므로 $x=30$

$3^5+3^5+3^5 = 3 \times 3^5 = 3^6$이므로 $y=6$

$5^2 \times 5^2 \times 5^2 = 5^{2+2+2} = 5^6$이므로 $z=6$

$\therefore x+y+z = 30+6+6 = 42$

답 42

08 $B = 3^{x+1} = 3^x \times 3$에서 $3^x = \frac{B}{3}$

$\therefore 24^x = (2^3 \times 3)^x = 2^{3x} \times 3^x = (2^x)^3 \times 3^x$

$= A^3 \times \frac{B}{3} = \frac{A^3B}{3}$

답 ③

09 ① $(2xy)^3 \div 4x^3y^4 = 8x^3y^3 \div 4x^3y^4 = \frac{8x^3y^3}{4x^3y^4} = \frac{2}{y}$

② $(-3a^3b) \times (2a^2b)^2 = (-3a^3b) \times 4a^4b^2 = -12a^7b^3$

③ $12x^5 \times (-6x^4) \div (-3x^3)^2 = 12x^5 \times (-6x^4) \div 9x^6$

$= 12x^5 \times (-6x^4) \times \frac{1}{9x^6}$

$= -8x^3$

④ $ab^3 \div 15a^4b^6 \times (-5a^2b^3)^2 = ab^3 \div 15a^4b^6 \times 25a^4b^6$

$= ab^3 \times \frac{1}{15a^4b^6} \times 25a^4b^6$

$= \frac{5}{3}ab^3$

⑤ $(-3x^2y^2)^4 \div \left(-\frac{3}{2}xy^2\right)^3 \div (-2x^3y^2)$

$= 81x^8y^8 \div \left(-\frac{27}{8}x^3y^6\right) \div (-2x^3y^2)$

$= 81x^8y^8 \times \left(-\frac{8}{27x^3y^6}\right) \times \left(-\frac{1}{2x^3y^2}\right)$

$= 12x^2$

답 ④

10 $(-2xy^3)^A \div 6x^By^5 \times 9x^6y^3$

$= (-2)^A x^A y^{3A} \times \frac{1}{6x^By^5} \times 9x^6y^3$

$= \frac{(-2)^A}{2} \times 3 \times x^{A-B+6}y^{3A-2}$

$\frac{(-2)^A}{2} \times 3 = C$, $A-B+6=3$, $3A-2=7$이므로

$3A-2=7$에서 $3A=9 \quad \therefore A=3$

$C = \frac{(-2)^3}{2} \times 3 = -12$

또, $A-B+6=3$에서 $3-B+6=3 \quad \therefore B=6$

$\therefore A+B+C = 3+6-12 = -3$

답 ②

11 $\frac{1}{4xy^2} \times C = 3xy^2$이므로

$C = 3xy^2 \div \frac{1}{4xy^2} = 3xy^2 \times 4xy^2 = 12x^2y^4$

$B \times \left(\frac{2y}{x}\right)^2 = C$이므로

$B = C \div \left(\frac{2y}{x}\right)^2 = 12x^2y^4 \times \frac{x^2}{4y^2} = 3x^4y^2$

$A \times B = \frac{1}{4xy^2}$이므로

$A = \frac{1}{4xy^2} \div B = \frac{1}{4xy^2} \times \frac{1}{3x^4y^2} = \frac{1}{12x^5y^4}$

답 $\frac{1}{12x^5y^4}$

12 (물통의 부피)$=\{\pi \times (2a^2b^3)^2\} \times \frac{6b^2}{a}$

$= \pi \times 4a^4b^6 \times \frac{6b^2}{a} = 24\pi a^3b^8$

이때 물이 원기둥 모양의 물통에 $\frac{3}{4}$만큼 채워져 있으므로

물의 부피는

$\frac{3}{4} \times 24\pi a^3b^8 = 18\pi a^3b^8$

답 $18\pi a^3b^8$

주의 구하는 것은 원기둥 모양의 물통의 부피가 아닌 물통에 담긴 물의 부피임에 주의한다.

13 $(-1)^{n+1} \times (-1)^n \times (-1)^{2n-1} = (-1)^{(n+1)+n+(2n-1)}$

$= (-1)^{4n}$

$= \{(-1)^2\}^{2n} = 1$

답 1

14 $7^{30} \div (7^5)^2 = 7^{30} \div 7^{10} = 7^{20}$

$7^1=7$, $7^2=49$, $7^3=343$, $7^4=2401$, $\cdots$이므로

7, 7^2, 7^3, 7^4, $\cdots$의 일의 자리의 숫자는 7, 9, 3, 1이 이 순서대로 반복된다.

이때 $20=4\times5$이므로 구하는 일의 자리의 숫자는 1이다.

답 ①

15 $x=7$일 때,

$2^7 \times 5^8 \times 11 = 5 \times 11 \times (2^7 \times 5^7) = 55 \times 10^7$

이므로 10자리 자연수가 되려면 $x>7$이어야 한다.

(i) $x=8$일 때,

$2^8 \times 5^8 \times 11 = 11 \times (2^8 \times 5^8) = 11 \times 10^8$

이므로 10자리 자연수가 된다.

(ii) $x=9$일 때,
$2^9\times5^8\times11=2\times11\times(2^8\times5^8)=22\times10^8$
이므로 10자리 자연수가 된다.
(iii) $x=10$일 때,
$2^{10}\times5^8\times11=2^2\times11\times(2^8\times5^8)=44\times10^8$
이므로 10자리 자연수가 된다.
(iv) $x=11$일 때,
$2^{11}\times5^8\times11=2^3\times11\times(2^8\times5^8)=88\times10^8$
이므로 10자리 자연수가 된다.
(v) $x=12$일 때,
$2^{12}\times5^8\times11=2^4\times11\times(2^8\times5^8)=176\times10^8$
이므로 11자리 자연수가 된다.
(i)~(v)에서 $x=8, 9, 10, 11$이므로 모든 자연수 x의 값의 합은
$8+9+10+11=38$

답 ⑤

16 $\frac{12^4\times5^{12}}{45^2}=\frac{(2^2\times3)^4\times5^{12}}{(3^2\times5)^2}=\frac{2^8\times3^4\times5^{12}}{3^4\times5^2}$
$=2^8\times5^{10}=5^2\times(2^8\times5^8)$
$=25\times10^8$ … ❶
따라서 $\frac{12^4\times5^{12}}{45^2}$은 10자리 자연수이므로
$n=10$ … ❷

답 10

채점 기준	배점
❶ 주어진 식 간단히 하기	50%
❷ n의 값 구하기	50%

17 $A=3x^3y^4\times(-6xy^3)=-18x^4y^7$ … ❶
$B=27x^5y^3\div\frac{3}{2}x^4y^2=27x^5y^3\times\frac{2}{3x^4y^2}=18xy$ … ❷
$\therefore A\div B=(-18x^4y^7)\div18xy$
$=-\frac{18x^4y^7}{18xy}=-x^3y^6$ … ❸

답 $-x^3y^6$

채점 기준	배점
❶ A의 식 간단히 하기	30%
❷ B의 식 간단히 하기	30%
❸ $A\div B$ 간단히 하기	40%

18 어떤 식을 □라 하면
$□\div3x^4y^3=-4x^2y$ … ❶
$\therefore □=(-4x^2y)\times3x^4y^3=-12x^6y^4$ … ❷
따라서 바르게 계산한 결과는
$-12x^6y^4\times3x^4y^3=-36x^{10}y^7$ … ❸

답 $-36x^{10}y^7$

채점 기준	배점
❶ 식 세우기	20%
❷ 어떤 식 구하기	40%
❸ 바르게 계산한 결과 구하기	40%

19 (직사각형의 넓이)$=8a^4b\times5ab^2=40a^5b^3$ … ❶
이때 직사각형과 삼각형의 넓이가 서로 같으므로
$40a^5b^3=\frac{1}{2}\times4a^2b^3\times$(높이) … ❷
$\therefore$ (높이)$=40a^5b^3\times2\div4a^2b^3$
$=40a^5b^3\times2\times\frac{1}{4a^2b^3}=20a^3$ … ❸

답 $20a^3$

채점 기준	배점
❶ 직사각형의 넓이 구하기	30%
❷ 넓이에 대한 등식 세우기	30%
❸ 삼각형의 높이 구하기	40%

20 $\frac{54^{10}}{36^5}=\frac{(2\times3^3)^{10}}{(2^2\times3^2)^5}=\frac{2^{10}\times3^{30}}{2^{10}\times3^{10}}=3^{20}$
이므로 $x=20$ … ❶
$\frac{8^4+8^4+8^4+8^4}{2^5+2^5+2^5+2^5}=\frac{4\times8^4}{4\times2^5}=\frac{(2^3)^4}{2^5}=\frac{2^{12}}{2^5}=2^7$
이므로 $y=7$ … ❷
$\therefore x+y=20+7=27$ … ❸

답 27

채점 기준	배점
❶ x의 값 구하기	40%
❷ y의 값 구하기	40%
❸ $x+y$의 값 구하기	20%

21 $A*2x^3=-2x^5y^3$에서 $A\times2x^3=-2x^5y^3$이므로
$A=(-2x^5y^3)\div2x^3=-\frac{2x^5y^3}{2x^3}=-x^2y^3$ … ❶
$6xy★B=3x^2y$에서 $(6xy)^2\div B=3x^2y$이므로
$B=(6xy)^2\div3x^2y=\frac{36x^2y^2}{3x^2y}=12y$ … ❷
$\therefore A\div B=(-x^2y^3)\div12y$
$=-\frac{x^2y^3}{12y}=-\frac{x^2y^2}{12}$ … ❸

답 $-\frac{x^2y^2}{12}$

채점 기준	배점
❶ A의 식 간단히 하기	40%
❷ B의 식 간단히 하기	40%
❸ $A\div B$ 간단히 하기	20%

03 다항식의 계산

Real 실전 개념 41쪽

01 답 $4a+6b$

02 $(-2x+3y)-(-5x-y)=-2x+3y+5x+y$
$=3x+4y$ 답 $3x+4y$

03 답 $5a+4b-4$

04 $(4x+2y-3)-(x-2y+2)$
$=4x+2y-3-x+2y-2$
$=3x+4y-5$ 답 $3x+4y-5$

05 답 $5a^2+5a-4$

06 $(-2x^2+x+2)-(-x^2-5x+1)$
$=-2x^2+x+2+x^2+5x-1$
$=-x^2+6x+1$ 답 $-x^2+6x+1$

07 $-2x+\{4x+3y-(x-2y)\}$
$=-2x+(4x+3y-x+2y)$
$=-2x+3x+5y$
$=x+5y$ 답 $x+5y$

08 $3a-[2a+\{3a+b-(4a+5b)\}]$
$=3a-\{2a+(3a+b-4a-5b)\}$
$=3a-\{2a+(-a-4b)\}$
$=3a-(a-4b)$
$=3a-a+4b$
$=2a+4b$ 답 $2a+4b$

09 답 $4x^2+3x$

10 답 $-6ab+3b^2$

11 답 $-4x^2+2xy-6x$

12 답 $3a^2-6ab+15a$

13 $a(2a-1)+3a(-a+1)$
$=2a^2-a+(-3a^2+3a)=-a^2+2a$ 답 $-a^2+2a$

14 $2x(3x+y)-(x+y)\times(-y)$
$=6x^2+2xy+xy+y^2=6x^2+3xy+y^2$ 답 $6x^2+3xy+y^2$

15 $(6a^2-10a)\div 2a=\dfrac{6a^2-10a}{2a}=3a-5$ 답 $3a-5$

16 $(18x^2y-6xy)\div(-3xy)=\dfrac{18x^2y-6xy}{-3xy}$
$=-6x+2$ 답 $-6x+2$

17 $(2a^2-3a)\div\dfrac{1}{3}a=(2a^2-3a)\times\dfrac{3}{a}$
$=2a^2\times\dfrac{3}{a}-3a\times\dfrac{3}{a}=6a-9$ 답 $6a-9$

18 $(x^2y-2xy^2)\div\left(-\dfrac{1}{2}xy\right)$
$=(x^2y-2xy^2)\times\left(-\dfrac{2}{xy}\right)$
$=x^2y\times\left(-\dfrac{2}{xy}\right)-2xy^2\times\left(-\dfrac{2}{xy}\right)$
$=-2x+4y$ 답 $-2x+4y$

19 $\dfrac{9a^2+6a}{3a}-\dfrac{8a^2b-6ab}{2ab}=3a+2-(4a-3)$
$=3a+2-4a+3$
$=-a+5$ 답 $-a+5$

20 $(2x^2-4x)\div 2x+(12xy-6y)\div(-3y)$
$=\dfrac{2x^2-4x}{2x}+\dfrac{12xy-6y}{-3y}$
$=x-2-4x+2=-3x$ 답 $-3x$

21 $-a+4b=-(2b-5)+4b$
$=-2b+5+4b=2b+5$ 답 $2b+5$

22 $2a-6b+3=2(2b-5)-6b+3$
$=4b-10-6b+3$
$=-2b-7$ 답 $-2b-7$

23 $y=x-1$이므로
$2x+y+3=2x+x-1+3=3x+2$ 답 $3x+2$

24 $y=x-1$이므로
$3x-5y+7=3x-5(x-1)+7$
$=3x-5x+5+7=-2x+12$ 답 $-2x+12$

Real 실전 유형 42~47쪽

01 $\left(\dfrac{1}{2}a+\dfrac{1}{6}b-1\right)-\left(\dfrac{1}{3}a-\dfrac{1}{2}b-1\right)$
$=\dfrac{1}{2}a+\dfrac{1}{6}b-1-\dfrac{1}{3}a+\dfrac{1}{2}b+1$
$=\left(\dfrac{3}{6}-\dfrac{2}{6}\right)a+\left(\dfrac{1}{6}+\dfrac{3}{6}\right)b=\dfrac{1}{6}a+\dfrac{2}{3}b$ 답 ③

02 $(7x-5y+8)+4(-x+3y-1)$

$=7x-5y+8-4x+12y-4$

$=3x+7y+4$

따라서 x의 계수는 3, 상수항은 4이므로 그 합은

$3+4=7$

답 ②

03 $\left(\frac{1}{3}x+\frac{3}{4}y\right)-\left(\frac{5}{6}x-\frac{1}{2}y\right)=\frac{1}{3}x+\frac{3}{4}y-\frac{5}{6}x+\frac{1}{2}y$

$=\left(\frac{2}{6}-\frac{5}{6}\right)x+\left(\frac{3}{4}+\frac{2}{4}\right)y$

$=-\frac{1}{2}x+\frac{5}{4}y$ … ❶

따라서 $a=-\frac{1}{2}$, $b=\frac{5}{4}$이므로 … ❷

$ab=-\frac{1}{2}\times\frac{5}{4}=-\frac{5}{8}$ … ❸

답 $-\frac{5}{8}$

채점 기준	배점
❶ 주어진 식의 좌변 간단히 하기	60%
❷ a, b의 값 구하기	20%
❸ ab의 값 구하기	20%

보충 TIP 분수 꼴인 다항식의 덧셈과 뺄셈은 분모의 최소공배수로 통분한 후 계산한다.

04 $\frac{3x-y}{2}-\frac{2x-5y}{3}-\frac{1}{6}y$

$=\frac{3(3x-y)-2(2x-5y)-y}{6}$

$=\frac{9x-3y-4x+10y-y}{6}$

$=\frac{5x+6y}{6}=\frac{5}{6}x+y$

답 $\frac{5}{6}x+y$

05 $(2x^2+5x-3)-(-3x^2-x+4)$

$=2x^2+5x-3+3x^2+x-4=5x^2+6x-7$

따라서 $a=5$, $b=6$, $c=-7$이므로

$a+b+c=5+6+(-7)=4$

답 ④

06 $\left(-x^2+\frac{5}{2}x-\frac{1}{6}\right)-\left(-2x^2+\frac{1}{2}x-\frac{2}{3}\right)$

$=-x^2+\frac{5}{2}x-\frac{1}{6}+2x^2-\frac{1}{2}x+\frac{2}{3}$

$=x^2+\left(\frac{5}{2}-\frac{1}{2}\right)x-\frac{1}{6}+\frac{4}{6}$

$=x^2+2x+\frac{1}{2}$

답 ④

07 $(x^2+4x-2)-6\left(\frac{2}{3}x^2-\frac{1}{2}x-1\right)$

$=x^2+4x-2-4x^2+3x+6$

$=-3x^2+7x+4$

따라서 x^2의 계수는 -3, 상수항은 4이므로 그 합은

$-3+4=1$

답 1

08 $2a-[3b-\{5a-(8a-b+1)\}]$

$=2a-\{3b-(5a-8a+b-1)\}$

$=2a-\{3b-(-3a+b-1)\}$

$=2a-(3b+3a-b+1)$

$=2a-(3a+2b+1)$

$=2a-3a-2b-1$

$=-a-2b-1$

답 ①

09 $5x-[4x-2y-\{2x+3y-(7x+y)\}]$

$=5x-\{4x-2y-(2x+3y-7x-y)\}$

$=5x-\{4x-2y-(-5x+2y)\}$

$=5x-(4x-2y+5x-2y)$

$=5x-(9x-4y)$

$=5x-9x+4y$

$=-4x+4y$

따라서 $a=-4$, $b=4$이므로

$a+b=-4+4=0$

답 ③

10 $3x^2-[4x+x^2-\{2x^2+3x-(-5x+4x^2)\}]$

$=3x^2-\{4x+x^2-(2x^2+3x+5x-4x^2)\}$

$=3x^2-\{4x+x^2-(-2x^2+8x)\}$

$=3x^2-(4x+x^2+2x^2-8x)$

$=3x^2-(3x^2-4x)$

$=3x^2-3x^2+4x=4x$

답 ④

11 어떤 식을 A라 하면

$A+(3x^2-4x-2)=7x^2-2x+3$

$\therefore A=(7x^2-2x+3)-(3x^2-4x-2)$

$=7x^2-2x+3-3x^2+4x+2=4x^2+2x+5$

따라서 바르게 계산한 식은

$(4x^2+2x+5)-(3x^2-4x-2)$

$=4x^2+2x+5-3x^2+4x+2=x^2+6x+7$

답 ②

12 $2a+3b-1-A=-2a+b+4$이므로

$A=(2a+3b-1)-(-2a+b+4)$

$=2a+3b-1+2a-b-4=4a+2b-5$

답 ④

13 어떤 식을 A라 하면

$A-(3x-2)=2x^2-4x+5$ … ❶

$\therefore A=(2x^2-4x+5)+(3x-2)=2x^2-x+3$ … ❷

따라서 바르게 계산한 식은

$(2x^2-x+3)+(3x-2)=2x^2+2x+1$ … ❸

답 $2x^2+2x+1$

채점 기준	배점
❶ 주어진 조건을 식으로 나타내기	30%
❷ 어떤 식 구하기	40%
❸ 바르게 계산한 식 구하기	30%

14 좌변을 간단히 하면

$5x^2-\{x-2x^2-(\square+3x^2)\}+1$
$=5x^2-(x-2x^2-\square-3x^2)+1$
$=5x^2-(x-5x^2-\square)+1$
$=5x^2-x+5x^2+\square+1$
$=10x^2-x+1+\square$

따라서 $10x^2-x+1+\square=9x^2+4x+4$에서

$\square=(9x^2+4x+4)-(10x^2-x+1)$
$=9x^2+4x+4-10x^2+x-1$
$=-x^2+5x+3$

답 $-x^2+5x+3$

15 $-2x(-5x+4)-3(2x^2-4x-1)$
$=10x^2-8x-6x^2+12x+3$
$=4x^2+4x+3$

답 ②

16 $-3x(x^2-2x+3)=-3x^3+6x^2-9x$

따라서 $a=-3$, $b=6$, $c=-9$이므로

$a+b-c=-3+6-(-9)=12$

답 12

17 $5a(3a-2b+6)-3a(-4b-a)$
$=15a^2-10ab+30a+12ab+3a^2$
$=18a^2+2ab+30a$

답 ④

18 $\frac{1}{3}x(4x-1)-\frac{3}{2}x(x-3)-(-3x^2+4x-5)$
$=\frac{2x(4x-1)-9x(x-3)-6(-3x^2+4x-5)}{6}$
$=\frac{8x^2-2x-9x^2+27x+18x^2-24x+30}{6}$
$=\frac{17x^2+x+30}{6}$
$=\frac{17}{6}x^2+\frac{1}{6}x+5$

따라서 $a=\frac{17}{6}$, $b=\frac{1}{6}$, $c=5$이므로

$a+b+c=\frac{17}{6}+\frac{1}{6}+5=8$

답 8

19 $(18x^2y^3-6xy)\div\frac{3}{2}xy^2$
$=(18x^2y^3-6xy)\times\frac{2}{3xy^2}$
$=18x^2y^3\times\frac{2}{3xy^2}-6xy\times\frac{2}{3xy^2}$
$=12xy-\frac{4}{y}$

답 ①

20 $\frac{-4a^4b^3-12a^3b^2+6a^2b}{2a^2b}$
$=-\frac{4a^4b^3}{2a^2b}-\frac{12a^3b^2}{2a^2b}+\frac{6a^2b}{2a^2b}$
$=-2a^2b^2-6ab+3$

답 ④

21 $A=(27x^2-12xy)\div3x$
$=\frac{27x^2-12xy}{3x}=9x-4y$ … ❶

$B=(21xy^2-14x^2y)\div\frac{7}{2}xy$
$=(21xy^2-14x^2y)\times\frac{2}{7xy}$
$=21xy^2\times\frac{2}{7xy}-14x^2y\times\frac{2}{7xy}$
$=6y-4x$ … ❷

$\therefore A-B=(9x-4y)-(6y-4x)$
$=9x-4y-6y+4x$
$=13x-10y$ … ❸

답 $13x-10y$

채점 기준	배점
❶ A를 간단히 하기	40%
❷ B를 간단히 하기	40%
❸ $A-B$를 간단히 하기	20%

22 $\square=(x^2y^2-2x^2y+3x)\div\left(-\frac{x}{3y}\right)$
$=(x^2y^2-2x^2y+3x)\times\left(-\frac{3y}{x}\right)$
$=x^2y^2\times\left(-\frac{3y}{x}\right)-2x^2y\times\left(-\frac{3y}{x}\right)+3x\times\left(-\frac{3y}{x}\right)$
$=-3xy^3+6xy^2-9y$

답 ②

23 $\square=(2a^2-4b-3)\times2ab^2$
$=4a^3b^2-8ab^3-6ab^2$

답 ⑤

24 $A\div3x=\frac{4}{3}xy-x-\frac{5}{6}y$이므로

$A=\left(\frac{4}{3}xy-x-\frac{5}{6}y\right)\times3x$
$=4x^2y-3x^2-\frac{5}{2}xy$

답 $4x^2y-3x^2-\frac{5}{2}xy$

25 $(A+5x-3)\times(-2x)=8x^2+6xy-18x$이므로

$A+5x-3=(8x^2+6xy-18x)\div(-2x)$

$\therefore A=(8x^2+6xy-18x)\div(-2x)-(5x-3)$
$=\frac{8x^2+6xy-18x}{-2x}-(5x-3)$
$=-4x-3y+9-5x+3$
$=-9x-3y+12$

답 $-9x-3y+12$

26 $-6y(2x-3)+(9x^3y-18x^2y+36x^2)\div(-3x)^2$
$=-12xy+18y+\frac{9x^3y-18x^2y+36x^2}{9x^2}$
$=-12xy+18y+xy-2y+4$
$=-11xy+16y+4$

따라서 $a=-11$, $b=16$이므로

$a+b=-11+16=5$

답 5

27 $\dfrac{3a^2-15ab}{3a}-\dfrac{4ab+12b^2}{-2b}=a-5b+2a+6b$

$=3a+b$

답 ⑤

28 ① $a-\{4a-(a-5b)\}=a-(4a-a+5b)$

$=a-(3a+5b)$

$=-2a-5b$

③ $a(3a-2)-(3a+1)\times(-a)^2$

$=3a^2-2a-(3a+1)\times a^2$

$=3a^2-2a-3a^3-a^2$

$=-3a^3+2a^2-2a$

④ $3x(-x+y)-(4x^2y-12xy^2)\div y$

$=-3x^2+3xy-\dfrac{4x^2y-12xy^2}{y}$

$=-3x^2+3xy-4x^2+12xy$

$=-7x^2+15xy$

⑤ $(4a-6a^2)\div 2a-(5a^2-3a)\div(-a)$

$=\dfrac{4a-6a^2}{2a}-\dfrac{5a^2-3a}{-a}$

$=2-3a+5a-3$

$=2a-1$

답 ⑤

29 $\dfrac{3}{2}x(8x-4y)-\left(\dfrac{5}{3}x^2y-20xy\right)\div\left(-\dfrac{5}{6}y\right)$

$=12x^2-6xy-\left(\dfrac{5}{3}x^2y-20xy\right)\times\left(-\dfrac{6}{5y}\right)$

$=12x^2-6xy-\left\{\dfrac{5}{3}x^2y\times\left(-\dfrac{6}{5y}\right)-20xy\times\left(-\dfrac{6}{5y}\right)\right\}$

$=12x^2-6xy+2x^2-24x$

$=14x^2-6xy-24x$ … ❶

따라서 $a=14$, $b=-6$이므로 … ❷

$a-b=14-(-6)=20$ … ❸

답 20

채점 기준	배점
❶ 주어진 식 간단히 하기	60%
❷ a, b의 값 구하기	20%
❸ $a-b$의 값 구하기	20%

30 (색칠한 부분의 넓이)

$=6y\times 3x$

$-\left\{\dfrac{1}{2}\times 8\times 3x+\dfrac{1}{2}\times 6y\times(3x-4)+\dfrac{1}{2}\times(6y-8)\times 4\right\}$

$=18xy-(12x+9xy-12y+12y-16)$

$=18xy-(12x+9xy-16)$

$=18xy-12x-9xy+16$

$=9xy-12x+16$

답 ④

31 (직육면체의 겉넓이)

$=2(2a^2\times 5b+3a^2\times 5b+2a^2\times 3a^2)$

$=2(10a^2b+15a^2b+6a^4)$

$=2(25a^2b+6a^4)$

$=12a^4+50a^2b$

답 $12a^4+50a^2b$

32 $\dfrac{1}{3}\times\pi\times(2x)^2\times$(높이)$=36\pi x^3y-12\pi x^2y$이므로 … ❶

$\dfrac{4\pi x^2}{3}\times$(높이)$=36\pi x^3y-12\pi x^2y$

$\therefore$ (높이)$=(36\pi x^3y-12\pi x^2y)\div\dfrac{4\pi x^2}{3}$ … ❷

$=(36\pi x^3y-12\pi x^2y)\times\dfrac{3}{4\pi x^2}$

$=36\pi x^3y\times\dfrac{3}{4\pi x^2}-12\pi x^2y\times\dfrac{3}{4\pi x^2}$

$=27xy-9y$ … ❸

답 $27xy-9y$

채점 기준	배점
❶ 원뿔의 부피를 이용하여 식 세우기	20%
❷ 높이를 구하는 식 구하기	40%
❸ 높이 구하기	40%

33 $(15x^2y-18xy^2)\div 3xy=\dfrac{15x^2y-18xy^2}{3xy}$

$=5x-6y$

$=5\times 5-6\times(-3)$

$=25+18=43$

답 ④

참고 식을 정리하지 않고 문자의 값을 대입해도 되지만 계산이 복잡하므로 먼저 주어진 식을 간단히 정리한 후 식의 값을 구한다.

34 $a(b+1)-(a-b+2)$

$=ab+a-a+b-2$

$=ab+b-2$

$=-2\times(-1)-1-2$

$=2-1-2=-1$

답 ②

35 $(xy^2-xy)\div\left(-\dfrac{y}{3}\right)-(10x^2-15xy)\div 5x$

$=(xy^2-xy)\times\left(-\dfrac{3}{y}\right)-\dfrac{10x^2-15xy}{5x}$

$=xy^2\times\left(-\dfrac{3}{y}\right)-xy\times\left(-\dfrac{3}{y}\right)-\dfrac{10x^2-15xy}{5x}$

$=-3xy+3x-2x+3y$

$=-3xy+x+3y$

$=-3\times(-1)\times\dfrac{1}{3}-1+3\times\dfrac{1}{3}$

$=1-1+1=1$

답 1

36 $\dfrac{6x^3y^2-5xy}{xy}-(y^2-3xy)\times(-2x)$

$=6x^2y-5+2xy^2-6x^2y$

$=2xy^2-5$

$=2\times\dfrac{1}{2}\times(-3)^2-5$

$=9-5=4$

답 ④

37 $3A-\{A-(2A+B)\}=3A-(A-2A-B)$

$=3A-(-A-B)$

$=3A+A+B$

$=4A+B$

$=4(2x-y)+(3x+2y)$

$=8x-4y+3x+2y$

$=11x-2y$

답 ④

38 $a-2b+7=a-2(-3a+1)+7$

$=a+6a-2+7$

$=7a+5$

따라서 a의 계수는 7이다.

답 ⑤

39 $2B-\{A-4(A-3B)\}$

$=2B-(A-4A+12B)$

$=2B-(-3A+12B)$

$=2B+3A-12B$

$=3A-10B$ … ❶

$=3\times\dfrac{2x+5y}{3}-10\times\dfrac{3x-y}{5}$ … ❷

$=2x+5y-2(3x-y)$

$=2x+5y-6x+2y$

$=-4x+7y$ … ❸

답 $-4x+7y$

채점 기준	배점
❶ 주어진 식 간단히 하기	40%
❷ ❶의 식에 A, B 대입하기	20%
❸ x, y의 식으로 나타내기	40%

40 $2x+3y=3x-y$에서 $x=4y$

$\therefore 2(4x-y)-(x+5y)=8x-2y-x-5y$

$=7x-7y$

$=7\times4y-7y$

$=21y$

답 ③

41 $a:b=3:2$에서 $2a=3b$

$\therefore 5a-3b+1=5a-2a+1=3a+1$

답 $3a+1$

참고 비례식이 주어진 경우에는 (외항의 곱)=(내항의 곱)임을 이용하여 비례식을 등식으로 변형한다.

42 $3x+2y=4$에서

$2y=4-3x \quad \therefore y=2-\dfrac{3}{2}x$

$\therefore 2x+4y-[x+5y-\{y-(3x-2y)\}]$

$=2x+4y-\{x+5y-(y-3x+2y)\}$

$=2x+4y-\{x+5y-(-3x+3y)\}$

$=2x+4y-(x+5y+3x-3y)$

$=2x+4y-(4x+2y)$

$=2x+4y-4x-2y$

$=-2x+2y$

$=-2x+2\left(2-\dfrac{3}{2}x\right)$

$=-2x+4-3x$

$=-5x+4$

답 $-5x+4$

43 $\dfrac{1}{x}+\dfrac{1}{y}=3$에서 $\dfrac{x+y}{xy}=3$

$\therefore x+y=3xy$ … ❶

$\therefore \dfrac{5(x+y)-3xy}{2(x+y)}=\dfrac{5\times3xy-3xy}{2\times3xy}$

$=\dfrac{15xy-3xy}{6xy}$

$=\dfrac{12xy}{6xy}=2$ … ❷

답 2

채점 기준	배점
❶ 등식 변형하기	50%
❷ 식의 값 구하기	50%

다른 풀이 $\dfrac{1}{x}+\dfrac{1}{y}=3$에서 $\dfrac{x+y}{xy}=3$

$\therefore xy=\dfrac{x+y}{3}$

$\therefore \dfrac{5(x+y)-3xy}{2(x+y)}=\dfrac{5(x+y)-3\times\dfrac{x+y}{3}}{2(x+y)}$

$=\dfrac{5(x+y)-(x+y)}{2(x+y)}$

$=\dfrac{4(x+y)}{2(x+y)}=2$

Real 실전 기출

48~50쪽

01 ㄷ. $b^2-7b-(b-b^2)=2b^2-8b$

ㄹ. $2x^2+3x-2-(2x^2+x)=2x-2$

ㅁ. $x^3+4x^2-5-(x+x^3)=4x^2-x-5$

따라서 이차식인 것은 ㄱ, ㄷ, ㅁ이다.

답 ㄱ, ㄷ, ㅁ

02 $(-a-2b+4)-(2a-3b)=-a-2b+4-2a+3b$

$=-3a+b+4$

$(+)$ →, $(-)$ ↓

$3a-b$	$-a-2b+4$	
$-a+5b+2$	$2a-3b$	
$4a-6b-2$	$-3a+b+4$	A

$\therefore A=(4a-6b-2)+(-3a+b+4)$

$=a-5b+2$

답 $a-5b+2$

03 $3(x^2-4x+5)-2(3x^2-2x-1)$

$=3x^2-12x+15-6x^2+4x+2$

$=-3x^2-8x+17$

따라서 x의 계수는 -8, 상수항은 17이므로 그 합은

$-8+17=9$

답 ③

04 $\frac{x^2-x-4}{3}-\frac{2x^2-4x+2}{5}$

$=\frac{5(x^2-x-4)-3(2x^2-4x+2)}{15}$

$=\frac{5x^2-5x-20-6x^2+12x-6}{15}$

$=\frac{-x^2+7x-26}{15}$

$=-\frac{1}{15}x^2+\frac{7}{15}x-\frac{26}{15}$

따라서 $a=-\frac{1}{15}$, $b=\frac{7}{15}$, $c=-\frac{26}{15}$이므로

$a+b+c=-\frac{1}{15}+\frac{7}{15}-\frac{26}{15}=-\frac{20}{15}=-\frac{4}{3}$

답 $-\frac{4}{3}$

05 $4x^2-1-x\{1-x-3(2-5x)\}+3x$

$=4x^2-1-x(1-x-6+15x)+3x$

$=4x^2-1-x(14x-5)+3x$

$=4x^2-1-14x^2+5x+3x$

$=-10x^2+8x-1$

따라서 $a=-10$, $b=8$이므로

$a+b=-10+8=-2$

답 ②

06 $-2x(x-3y+1)-x(1+y-3x)$

$=-2x^2+6xy-2x-x-xy+3x^2$

$=x^2+5xy-3x$

답 $x^2+5xy-3x$

07 $4x^2+\square-6xy=(x-3y-5)\times 2x$이므로

$\square=(x-3y-5)\times 2x-(4x^2-6xy)$

$=2x^2-6xy-10x-4x^2+6xy$

$=-2x^2-10x$

답 ①

08 어떤 식을 A라 하면

$A\times\left(-\frac{1}{2}ab\right)=-2a^3b^2+a^2b^3-3a^2b^2$

$\therefore A=(-2a^3b^2+a^2b^3-3a^2b^2)\div\left(-\frac{1}{2}ab\right)$

$=(-2a^3b^2+a^2b^3-3a^2b^2)\times\left(-\frac{2}{ab}\right)$

$=(-2a^3b^2)\times\left(-\frac{2}{ab}\right)+a^2b^3\times\left(-\frac{2}{ab}\right)$

$-3a^2b^2\times\left(-\frac{2}{ab}\right)$

$=4a^2b-2ab^2+6ab$

따라서 바르게 계산한 식은

$(4a^2b-2ab^2+6ab)\div\left(-\frac{1}{2}ab\right)$

$=(4a^2b-2ab^2+6ab)\times\left(-\frac{2}{ab}\right)$

$=4a^2b\times\left(-\frac{2}{ab}\right)-2ab^2\times\left(-\frac{2}{ab}\right)+6ab\times\left(-\frac{2}{ab}\right)$

$=-8a+4b-12$

답 $-8a+4b-12$

09 ③ $(x^2-3xy-6x)\div\left(-\frac{3}{4}x\right)$

$=(x^2-3xy-6x)\times\left(-\frac{4}{3x}\right)$

$=x^2\times\left(-\frac{4}{3x}\right)-3xy\times\left(-\frac{4}{3x}\right)-6x\times\left(-\frac{4}{3x}\right)$

$=-\frac{4}{3}x+4y+8$

④ $2(-x+y)-(3x^2y-12xy^2)\div 3xy$

$=-2x+2y-\frac{3x^2y-12xy^2}{3xy}$

$=-2x+2y-x+4y$

$=-3x+6y$

⑤ $-x(2y-3)+(4x^3y-12x^2y)\div(-2x)^2$

$=-2xy+3x+\frac{4x^3y-12x^2y}{4x^2}$

$=-2xy+3x+xy-3y$

$=-xy+3x-3y$

답 ⑤

10 오른쪽 그림에서 길을 제외한 꽃밭의 가로의 길이는

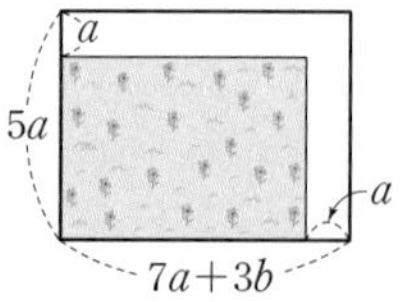

$(7a+3b)-a=6a+3b$

세로의 길이는

$5a-a=4a$

따라서 길을 제외한 나머지 꽃밭의 넓이는

$(6a+3b)\times 4a=24a^2+12ab$

답 $24a^2+12ab$

11 $A=3x(x+2y)-y(2x-5y)$
$=3x^2+6xy-2xy+5y^2$
$=3x^2+4xy+5y^2$
$=3\times(-3)^2+4\times(-3)\times4+5\times4^2$
$=27-48+80=59$
$B=(x^2y^3-8xy^2)\div(-y)^2$
$=\dfrac{x^2y^3-8xy^2}{y^2}$
$=x^2y-8x$
$=(-3)^2\times4-8\times(-3)$
$=36+24=60$
따라서 B의 식의 값이 더 크다.

답 B

12 $a:b:c=2:1:3$이므로
$a=2k$, $b=k$, $c=3k$ $(k\neq0)$라 하면
$\dfrac{a(ab+bc)+b(bc+ca)+c(ca+ab)}{abc}$
$=\dfrac{a(ab+bc)}{abc}+\dfrac{b(bc+ca)}{abc}+\dfrac{c(ca+ab)}{abc}$
$=\left(\dfrac{a}{c}+1\right)+\left(\dfrac{b}{a}+1\right)+\left(\dfrac{c}{b}+1\right)$
$=\dfrac{a}{c}+\dfrac{b}{a}+\dfrac{c}{b}+3$
$=\dfrac{2k}{3k}+\dfrac{k}{2k}+\dfrac{3k}{k}+3$
$=\dfrac{2}{3}+\dfrac{1}{2}+3+3=\dfrac{43}{6}$

답 $\dfrac{43}{6}$

13 $5(x^2y+ax^2-x)-3x(xy+x-a)+2x^2$
$=5x^2y+5ax^2-5x-3x^2y-3x^2+3ax+2x^2$
$=2x^2y+(5a-1)x^2+(-5+3a)x$
이때 x^2의 계수가 14이므로
$5a-1=14$, $5a=15$ $\quad\therefore a=3$
따라서 x의 계수는
$-5+3a=-5+3\times3=4$

답 ③

14 작은 직육면체의 높이를 h라 하면 부피가 $18x^3+9x^2$이므로
$3x\times3x\times h=18x^3+9x^2$
$\therefore h=(18x^3+9x^2)\div9x^2=\dfrac{18x^3+9x^2}{9x^2}=2x+1$
이때 큰 직육면체와 작은 직육면체의 높이의 합이 $4x+1$이므로 큰 직육면체의 높이는
$4x+1-(2x+1)=2x$
따라서 큰 직육면체의 부피는
$(4x+5)\times3x\times2x=(4x+5)\times6x^2$
$=24x^3+30x^2$

답 $24x^3+30x^2$

15 $\dfrac{2x+y}{3x-y}=\dfrac{1}{2}$이므로 $4x+2y=3x-y$
$\therefore x=-3y$
$\therefore 2(y\bigstar x)=2\times\dfrac{2y+x}{3y-x}=2\times\dfrac{2y+(-3y)}{3y-(-3y)}$
$=2\times\dfrac{-y}{6y}=-\dfrac{1}{3}$

답 $-\dfrac{1}{3}$

16 $-2(x^2-3x+1)-6\left(\dfrac{1}{3}x^2-x+\dfrac{3}{2}\right)$
$=-2x^2+6x-2-2x^2+6x-9$
$=-4x^2+12x-11$ … ❶
따라서 $a=-4$, $b=12$, $c=-11$이므로 … ❷
$a+b-c=-4+12-(-11)=19$ … ❸

답 19

채점 기준	배점
❶ 주어진 등식의 좌변 간단히 하기	60%
❷ a, b, c의 값 구하기	20%
❸ $a+b-c$의 값 구하기	20%

17 $2x-[3x-6y+1-\{x+2y-(5x+y-4)\}]$
$=2x-\{3x-6y+1-(x+2y-5x-y+4)\}$
$=2x-\{3x-6y+1-(-4x+y+4)\}$
$=2x-(3x-6y+1+4x-y-4)$
$=2x-(7x-7y-3)$
$=2x-7x+7y+3$
$=-5x+7y+3$ … ❶
따라서 x의 계수는 -5, 상수항은 3이므로 그 합은 … ❷
$-5+3=-2$ … ❸

답 -2

채점 기준	배점
❶ 주어진 식 간단히 하기	60%
❷ x의 계수와 상수항 구하기	20%
❸ x의 계수와 상수항의 합 구하기	20%

18 어떤 식을 A라 하면
$A-(5x^2-x-4)=-3x^2+4x-1$ … ❶
$\therefore A=(-3x^2+4x-1)+(5x^2-x-4)$
$=2x^2+3x-5$ … ❷
따라서 바르게 계산한 식은
$2x^2+3x-5+(5x^2-x-4)=7x^2+2x-9$ … ❸

답 $7x^2+2x-9$

채점 기준	배점
❶ 주어진 조건을 식으로 나타내기	30%
❷ 어떤 식 구하기	40%
❸ 바르게 계산한 식 구하기	30%

19 $(3x^2y-5xy^2)\div x-\frac{3}{2}y(12x-10y)$

$=\frac{3x^2y-5xy^2}{x}-\frac{3}{2}y(12x-10y)$

$=3xy-5y^2-18xy+15y^2$

$=-15xy+10y^2$ … ❶

$=-15\times\left(-\frac{1}{5}\right)\times\left(-\frac{3}{2}\right)+10\times\left(-\frac{3}{2}\right)^2$

$=-\frac{9}{2}+\frac{45}{2}=\frac{36}{2}=18$ … ❷

답 18

채점 기준	배점
❶ 주어진 식 간단히 하기	50%
❷ 식의 값 구하기	50%

20 아랫변의 길이를 A라 하면

$\frac{1}{2}\times(5a^2b+A)\times4a=10a^3b+4a^2b^2-3ab$ … ❶

$(5a^2b+A)\times2a=10a^3b+4a^2b^2-3ab$

$\therefore A=\frac{10a^3b+4a^2b^2-3ab}{2a}-5a^2b$ … ❷

$=5a^2b+2ab^2-\frac{3}{2}b-5a^2b=2ab^2-\frac{3}{2}b$

따라서 사다리꼴의 아랫변의 길이는 $2ab^2-\frac{3}{2}b$이다. … ❸

답 $2ab^2-\frac{3}{2}b$

채점 기준	배점
❶ 사다리꼴의 넓이를 이용하여 식 세우기	20%
❷ 아랫변의 길이를 구하는 식 구하기	40%
❸ 아랫변의 길이 구하기	40%

21 $A=(-3x^2y+6xy^2)\div\frac{3}{2}xy$

$=(-3x^2y+6xy^2)\times\frac{2}{3xy}$

$=-3x^2y\times\frac{2}{3xy}+6xy^2\times\frac{2}{3xy}=-2x+4y$ … ❶

$B=\frac{5}{4}\left(2x-\frac{2}{5}y\right)=\frac{5}{2}x-\frac{1}{2}y$ … ❷

$\therefore 2A+\{A-3B-(4A-5B)\}$

$=2A+(A-3B-4A+5B)$

$=2A+(-3A+2B)$

$=-A+2B$

$=-(-2x+4y)+2\left(\frac{5}{2}x-\frac{1}{2}y\right)$

$=2x-4y+5x-y=7x-5y$ … ❸

답 $7x-5y$

채점 기준	배점
❶ A를 간단히 하기	30%
❷ B를 간단히 하기	20%
❸ 주어진 식을 x, y의 식으로 나타내기	50%

04 일차부등식

Real 실전 개념

53, 55쪽

01 답 ×

02 답 ○

03 답 ○

04 답 ×

05 답 $x+5<7$

06 답 $2x\geq15$

07 답 $3x+2>x-6$

08 답 $800x\leq5000$

09 답 $1+2x>10$

10 ㄱ. $3\times1+1\leq1$ (거짓)

ㄴ. $1+3<6$ (참)

ㄷ. $4\times1-2\geq2$ (참)

ㄹ. $1-5>0$ (거짓)

답 ㄴ, ㄷ

11 $x+3<4$의 x에 -2, -1, 0, 1, 2를 차례대로 대입하면

$x=-2$일 때, $-2+3<4$ (참)

$x=-1$일 때, $-1+3<4$ (참)

$x=0$일 때, $0+3<4$ (참)

$x=1$일 때, $1+3<4$ (거짓)

$x=2$일 때, $2+3<4$ (거짓)

따라서 주어진 부등식의 해는 -2, -1, 0이다.

답 -2, -1, 0

12 $2x-1\geq3$의 x에 -2, -1, 0, 1, 2를 차례대로 대입하면

$x=-2$일 때, $2\times(-2)-1\geq3$ (거짓)

$x=-1$일 때, $2\times(-1)-1\geq3$ (거짓)

$x=0$일 때, $2\times0-1\geq3$ (거짓)

$x=1$일 때, $2\times1-1\geq3$ (거짓)

$x=2$일 때, $2\times2-1\geq3$ (참)

따라서 주어진 부등식의 해는 2이다. 답 2

13 $7-4x\leq5$의 x에 -2, -1, 0, 1, 2를 차례대로 대입하면

$x=-2$일 때, $7-4\times(-2)\leq5$ (거짓)

$x=-1$일 때, $7-4\times(-1)\leq5$ (거짓)

$x=0$일 때, $7-4\times0\leq5$ (거짓)

$x=1$일 때, $7-4\times1\leq5$ (참)

$x=2$일 때, $7-4\times2\leq5$ (참)

따라서 주어진 부등식의 해는 1, 2이다. 답 1, 2

14 답 $<$

15 답 $<$

16 답 $<$

17 답 $<$

18 답 $>$

19 답 $<$

20 답 $>$

21 답 $<$

22 답 $>$

23 답 $<$

24 답 $\geq$

25 답 $\geq$

26 답 ○

27 답 ×

28 답 ○

29 답 ×

30 답 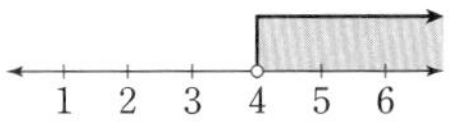

31 답 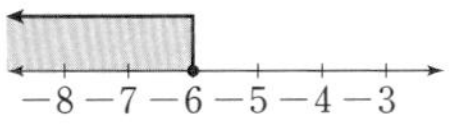

32 답 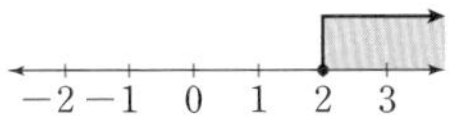

33 $x+7<6$에서
$x<-1$

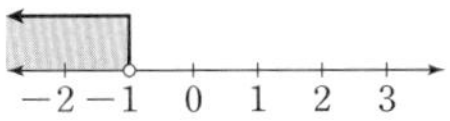

답 풀이 참조

34 $3x-2>1$에서
$3x>3$
$\therefore x>1$

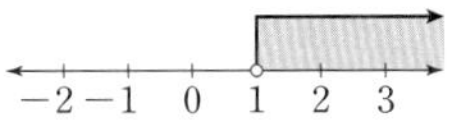

답 풀이 참조

35 $5-x\geq 3$에서
$-x\geq -2$
$\therefore x\leq 2$

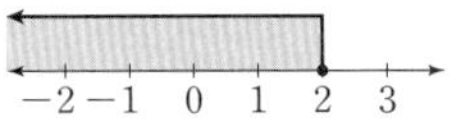

답 풀이 참조

36 $4-2x\leq 2x+4$에서
$-4x\leq 0$
$\therefore x\geq 0$

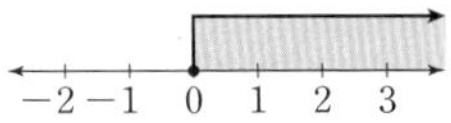

답 풀이 참조

37 $4(x-2)>3x$에서 $4x-8>3x$
$\therefore x>8$ 답 $x>8$

38 $3x+6\leq -(x+2)$에서 $3x+6\leq -x-2$
$4x\leq -8$ $\therefore x\leq -2$ 답 $x\leq -2$

39 $1-2(x+5)<4x+9$에서 $-2x-9<4x+9$
$-6x<18$ $\therefore x>-3$ 답 $x>-3$

40 $3(x-2)\geq 2(7-x)$에서 $3x-6\geq 14-2x$
$5x\geq 20$ $\therefore x\geq 4$ 답 $x\geq 4$

41 $0.5x>0.2x+1.2$의 양변에 10을 곱하면
$5x>2x+12,\ 3x>12$ $\therefore x>4$ 답 $x>4$

42 $0.6-0.5x\leq 0.3x-1$의 양변에 10을 곱하면
$6-5x\leq 3x-10,\ -8x\leq -16$
$\therefore x\geq 2$ 답 $x\geq 2$

43 $0.3x<0.01x-0.58$의 양변에 100을 곱하면
$30x<x-58,\ 29x<-58$
$\therefore x<-2$ 답 $x<-2$

44 $0.02x+0.1\geq 0.15x-0.03$의 양변에 100을 곱하면
$2x+10\geq 15x-3,\ -13x\geq -13$
$\therefore x\leq 1$ 답 $x\leq 1$

45 $\frac{2x+1}{5}<3$의 양변에 5를 곱하면
$2x+1<15,\ 2x<14$ $\therefore x<7$ 답 $x<7$

46 $\frac{1}{3}x-\frac{1}{4}x\leq -1$의 양변에 12를 곱하면
$4x-3x\leq -12$ $\therefore x\leq -12$ 답 $x\leq -12$

47 $\frac{3x-7}{5}>\frac{1}{2}x-2$의 양변에 10을 곱하면
$2(3x-7)>5x-20,\ 6x-14>5x-20$
$\therefore x>-6$ 답 $x>-6$

48 $\frac{2}{3}x-2\geq \frac{1}{6}x+\frac{5}{2}$의 양변에 6을 곱하면
$4x-12\geq x+15,\ 3x\geq 27$ $\therefore x\geq 9$ 답 $x\geq 9$

Real 실전 유형

56~61쪽

01 ① 등식 ③, ⑤ 다항식 답 ②, ④

02 ④ 등식 답 ④

03 ㄷ, ㄹ. 다항식 ㅂ. 등식
따라서 부등식인 것은 ㄱ, ㄴ, ㅁ의 3개이다. 답 ③

04 ② $(x+5)\times2\geq10$ 답 ②

05 답 $4x-2\leq3(x+5)$

06 ① $500x+4000\leq8000$

② $\frac{1}{2}\times x\times6\geq42$ $\therefore 3x\geq42$

③ $500+12x>900$

④ $\frac{x}{100}\times200>4$ $\therefore 2x>4$

⑤ $2\pi x\leq26\pi$ 답 ④

07 ① $5\times(-2)-1>3$ (거짓)

② $5\times(-1)-1>3$ (거짓)

③ $5\times0-1>3$ (거짓)

④ $5\times1-1>3$ (참)

⑤ $5\times2-1>3$ (참) 답 ④, ⑤

08 ① $-2+2>4$ (거짓)

② $3-(-2)<5$ (거짓)

③ $-(-2)+1\leq3$ (참)

④ $2\times(-2)-1\geq-3$ (거짓)

⑤ $3\times(-2)+5\geq0$ (거짓) 답 ③

09 ① $2\times3-5\geq-1$ (참)

② $3\times(2-1)<4$ (참)

③ $4\times0+1>3\times0-1$ (참)

④ $\frac{1}{2}\times(-2)-3<2$ (참)

⑤ $0.1-(-3)\leq-0.3\times(-3)$ (거짓) 답 ⑤

10 주어진 부등식의 x에 1, 2, 3, 4를 차례대로 대입하면

$1-2\times1\geq1-5$ (참)

$1-2\times2\geq2-5$ (참)

$1-2\times3\geq3-5$ (거짓)

$1-2\times4\geq4-5$ (거짓)

따라서 주어진 부등식의 해는 1, 2이다. 답 1, 2

11 ③ $a\geq b$의 양변에 -1을 곱하면 $-a\leq-b$

$-a\leq-b$의 양변에서 2를 빼면

$-a-2\leq-b-2$ 답 ③

12 ① $a+3\leq b+3$의 양변에서 3을 빼면 $a\leq b$

② $2a+1\leq2b+1$의 양변에서 1을 빼면 $2a\leq2b$

$2a\leq2b$의 양변을 2로 나누면 $a\leq b$

③ $-a+\frac{2}{3}\geq-b+\frac{2}{3}$의 양변에서 $\frac{2}{3}$를 빼면 $-a\geq-b$

$-a\geq-b$의 양변에 -1을 곱하면 $a\leq b$

④ $\frac{a}{4}-6\geq\frac{b}{4}-6$의 양변에 6을 더하면 $\frac{a}{4}\geq\frac{b}{4}$

$\frac{a}{4}\geq\frac{b}{4}$의 양변에 4를 곱하면 $a\geq b$

⑤ $-5a-1\geq-5b-1$의 양변에 1을 더하면 $-5a\geq-5b$

$-5a\geq-5b$의 양변을 -5로 나누면 $a\leq b$ 답 ④

13 $-3a-4>-3b-4$의 양변에 4를 더하면 $-3a>-3b$

$-3a>-3b$의 양변을 -3으로 나누면 $a<b$

ㄴ. $a<b$의 양변에 -2를 곱하면 $-2a>-2b$

ㄷ. $a<b$의 양변에 4를 곱하면 $4a<4b$

$4a<4b$의 양변에서 1을 빼면 $4a-1<4b-1$

ㄹ. $a<b$의 양변을 -2로 나누면 $-\frac{a}{2}>-\frac{b}{2}$

$-\frac{a}{2}>-\frac{b}{2}$의 양변에 1을 더하면 $1-\frac{a}{2}>1-\frac{b}{2}$

ㅁ. $a<b$의 양변에 -1을 곱하면 $-a>-b$

$-a>-b$의 양변을 -5로 나누면

$-a\div(-5)<-b\div(-5)$

따라서 옳은 것은 ㄴ, ㄷ, ㄹ이다. 답 ㄴ, ㄷ, ㄹ

14 $2<x<3$의 각 변에 3을 곱하면 $6<3x<9$

$6<3x<9$의 각 변에서 5를 빼면 $1<3x-5<4$

$\therefore 1<A<4$ 답 ③

15 $3\leq x<4$의 각 변에 2를 곱하면 $6\leq2x<8$

$6\leq2x<8$의 각 변에 1을 더하면 $7\leq2x+1<9$

따라서 $2x+1$의 값이 될 수 있는 것은 ④이다. 답 ④

16 ① $-1<x\leq2$의 각 변에 1을 더하면 $0<x+1\leq3$

② $-1<x\leq2$의 각 변에 6을 곱하면 $-6<6x\leq12$

③ $-1<x\leq2$의 각 변을 2로 나누면 $-\frac{1}{2}<\frac{x}{2}\leq1$

④ $-1<x\leq2$의 각 변에 -5를 곱하면 $-10\leq-5x<5$

⑤ $-1<x\leq2$의 각 변에 -1을 곱하면 $-2\leq-x<1$

$-2\leq-x<1$의 각 변에 3을 더하면 $1\leq3-x<4$

답 ④

17 $-6\leq x\leq6$의 각 변을 -3으로 나누면 $-2\leq-\frac{x}{3}\leq2$

$-2\leq-\frac{x}{3}\leq2$의 각 변에 2를 더하면

$0\leq2-\frac{x}{3}\leq4$ $\therefore 0\leq A\leq4$ … ❶

따라서 정수 A의 값은 0, 1, 2, 3, 4이므로 … ❷

그 합은 $0+1+2+3+4=10$ … ❸

답 10

채점 기준	배점
❶ A의 값의 범위 구하기	50%
❷ 정수 A의 값 구하기	30%
❸ 모든 정수 A의 값의 합 구하기	20%

18 ① $-2<0$이므로 일차부등식이 아니다.
② $-2x-6<0$이므로 일차부등식이다.
③ $x-7\le0$이므로 일차부등식이다.
④ $x^2+4x-12>0$이므로 일차부등식이 아니다.
⑤ $-9x+2\ge0$이므로 일차부등식이다. 답 ①, ④

19 ㄱ. $2<0$이므로 일차부등식이 아니다.
ㄴ. $-5x-3<0$이므로 일차부등식이다.
ㄷ. $x+5=2$는 등식이다.
ㄹ. $-3\le0$이므로 일차부등식이 아니다.
ㅁ. $\frac{1}{x}-9\ge0$이므로 일차부등식이 아니다.
ㅂ. $x^2-3<x(x+2)$에서 $x^2-3<x^2+2x$
즉, $-2x-3<0$이므로 일차부등식이다.
따라서 일차부등식인 것은 ㄴ, ㅂ이다. 답 ③

20 $4x-3\ge ax+5-2x$에서 $(4-a+2)x-3-5\ge0$
$\therefore (6-a)x-8\ge0$
이 부등식이 일차부등식이 되려면 $6-a\ne0$이어야 한다.
$\therefore a\ne6$ 답 ⑤

보충 TIP 일차부등식이 되기 위한 조건
모든 항을 좌변으로 이항하여 정리하였을 때, 좌변은 x에 대한 일차식이어야 하므로 x의 계수는 0이 아니어야 한다.

21 ① $2x>4$에서 $x>2$
② $3x-2>4$에서 $3x>6$ $\therefore x>2$
③ $-x+2>-3x+6$에서 $2x>4$ $\therefore x>2$
④ $5x-1<6x-3$에서 $-x<-2$ $\therefore x>2$
⑤ $-4x+2<-x-7$에서 $-3x<-9$ $\therefore x>3$
따라서 부등식의 해가 나머지 넷과 다른 하나는 ⑤이다.
답 ⑤

22 ① $2x+7\le3$에서 $2x\le-4$ $\therefore x\le-2$
② $-2x-1\le x+2$에서 $-3x\le3$ $\therefore x\ge-1$
③ $3x+5\le5x+7$에서 $-2x\le2$ $\therefore x\ge-1$
④ $2x-8\ge6x-12$에서 $-4x\ge-4$ $\therefore x\le1$
⑤ $8-x\ge4x+13$에서 $-5x\ge5$ $\therefore x\le-1$
따라서 부등식의 해가 $x\le-1$인 것은 ⑤이다. 답 ⑤

23 $-x-5<2x+7$에서 $-3x<12$ $\therefore x>-4$
이를 수직선 위에 나타내면 오른쪽 그림과 같다. 답 ③

−4

보충 TIP 일차부등식의 해를 수직선 위에 나타내기
일차부등식의 해를 수직선 위에 나타낼 때, 경곗값이 해에 포함되는지 아닌지를 정확히 표시해야 한다.
➡ '•'에 대응하는 수는 해에 포함되고,
'◦'에 대응하는 수는 해에 포함되지 않는다.

24 주어진 수직선에서 $x\ge3$
① $2x+1\le7$에서 $2x\le6$ $\therefore x\le3$
② $x+3\ge2x$에서 $-x\ge-3$ $\therefore x\le3$
③ $-5x\ge-24+3x$에서 $-8x\ge-24$ $\therefore x\le3$
④ $-x+10\le3x-2$에서 $-4x\le-12$ $\therefore x\ge3$
⑤ $1+7x\le4+6x$에서 $x\le3$ 답 ④

25 $4(x-4)>3(3x-2)$에서 $4x-16>9x-6$
$-5x>10$ $\therefore x<-2$ 답 ②

26 $3(x+1)-5x\ge1$에서 $3x+3-5x\ge1$
$-2x\ge-2$ $\therefore x\le1$
따라서 주어진 부등식의 해인 것은 ①이다. 답 ①

27 $2(x-2)<2-3(x+7)$에서
$2x-4<2-3x-21$, $5x<-15$ $\therefore x<-3$
이를 수직선 위에 나타내면 오른쪽 그림과 같다. 답 ①

−3

28 $2(x-1)-1\ge5-3(4-x)$에서
$2x-2-1\ge5-12+3x$, $-x\ge-4$ $\therefore x\le4$ … ❶
따라서 주어진 부등식을 만족시키는 자연수 x의 값은 1, 2, 3, 4이므로 … ❷
그 합은 $1+2+3+4=10$ … ❸
답 10

채점 기준	배점
❶ 주어진 부등식 풀기	50%
❷ 자연수 x의 값 구하기	30%
❸ 자연수 x의 값의 합 구하기	20%

29 $0.5x-2<0.3x-\frac{1}{5}$의 양변에 10을 곱하면
$5x-20<3x-2$, $2x<18$ $\therefore x<9$ 답 ②

30 $\frac{2x-1}{3}-\frac{5-x}{2}\ge3$의 양변에 6을 곱하면
$2(2x-1)-3(5-x)\ge18$, $4x-2-15+3x\ge18$
$7x\ge35$ $\therefore x\ge5$
이를 수직선 위에 나타내면 오른쪽 그림과 같다. 답 ④

5

31 ① $0.3x<1-0.2x$의 양변에 10을 곱하면
$3x<10-2x$, $5x<10$ $\therefore x<2$
② $0.2x<0.05(x+6)$의 양변에 100을 곱하면
$20x<5(x+6)$, $20x<5x+30$
$15x<30$ $\therefore x<2$

③ $\frac{1+x}{3}<1$의 양변에 3을 곱하면

$1+x<3 \quad \therefore x<2$

④ $\frac{1}{4}x+1>\frac{1}{3}x+\frac{3}{4}$의 양변에 12를 곱하면

$3x+12>4x+9,\ -x>-3 \quad \therefore x<3$

⑤ $0.5x-1<\frac{1}{3}(x-2)$의 양변에 30을 곱하면

$15x-30<10(x-2),\ 15x-30<10x-20$

$5x<10 \quad \therefore x<2$

따라서 부등식의 해가 나머지 넷과 다른 하나는 ④이다.

답 ④

32 $0.1x+0.05\le0.15x-0.3$의 양변에 100을 곱하면

$10x+5\le15x-30,\ -5x\le-35$

즉, $x\ge7$이므로 $a=7$ … ❶

$\frac{x-3}{2}-\frac{2x-1}{5}>0$의 양변에 10을 곱하면

$5(x-3)-2(2x-1)>0,\ 5x-15-4x+2>0$

즉, $x>13$이므로 $b=13$ … ❷

$\therefore a+b=7+13=20$ … ❸

답 20

채점 기준	배점
❶ a의 값 구하기	40%
❷ b의 값 구하기	40%
❸ $a+b$의 값 구하기	20%

33 $2-ax\le3$에서 $-ax\le1$

이때 $a>0$에서 $-a<0$이므로 $x\ge-\frac{1}{a}$ 답 ②

34 $ax>2a$에서 $a<0$이므로 $x<2$ 답 ④

35 $3(1-ax)\le ax-5$에서 $3-3ax\le ax-5$

$\therefore -4ax\le-8$

이때 $a<0$에서 $-4a>0$이므로 $x\le\frac{2}{a}$ 답 ①

36 $ax-2a<2x-4$에서 $ax-2x<2a-4$

$\therefore (a-2)x<2(a-2)$

이때 $a<2$에서 $a-2<0$이므로 부등식의 해는 $x>2$

따라서 가장 작은 정수 x의 값은 3이다. 답 3

37 $ax-5<3$에서 $ax<8$

이 부등식의 해가 $x>-2$이므로 $a<0$

따라서 $x>\frac{8}{a}$이므로 $\frac{8}{a}=-2 \quad \therefore a=-4$ 답 ①

38 $5x-1>3x+a$에서 $2x>a+1 \quad \therefore x>\frac{a+1}{2}$

이 부등식의 해가 $x>2$이므로 $\frac{a+1}{2}=2$

$a+1=4 \quad \therefore a=3$ 답 3

39 $x-4\le\frac{3x-a}{2}$의 양변에 2를 곱하면

$2x-8\le3x-a,\ -x\le-a+8 \quad \therefore x\ge a-8$ … ❶

이 부등식의 해가 $x\ge-1$이므로 … ❷

$a-8=-1 \quad \therefore a=7$ … ❸

답 7

채점 기준	배점
❶ 주어진 부등식의 해 구하기	50%
❷ 수직선 위에 나타난 부등식의 해 구하기	20%
❸ a의 값 구하기	30%

40 $ax-1>x-3$에서 $(a-1)x>-2$

이 부등식의 해가 $x<1$이므로 $a-1<0$

따라서 $x<-\frac{2}{a-1}$이므로 $-\frac{2}{a-1}=1$

$a-1=-2 \quad \therefore a=-1$ 답 -1

41 $2x-1>5x+8$에서 $-3x>9 \quad \therefore x<-3$

$4x+a<x-2$에서 $3x<-2-a \quad \therefore x<\frac{-2-a}{3}$

두 일차부등식의 해가 서로 같으므로 $\frac{-2-a}{3}=-3$

$-2-a=-9,\ -a=-7 \quad \therefore a=7$ 답 7

42 $\frac{3}{2}x+\frac{5}{6}\ge\frac{8-x}{3}$의 양변에 6을 곱하면

$9x+5\ge2(8-x),\ 9x+5\ge16-2x$

$11x\ge11 \quad \therefore x\ge1$

$2(x-1)\le4x+a$에서 $2x-2\le4x+a$

$-2x\le a+2 \quad \therefore x\ge-\frac{a+2}{2}$

두 일차부등식의 해가 서로 같으므로

$-\frac{a+2}{2}=1,\ a+2=-2 \quad \therefore a=-4$ 답 -4

43 $3x-a\le x$에서 $2x\le a$

$\therefore x\le\frac{a}{2}$

이 부등식을 만족시키는 자연수 x가 2개이려면 $2\le\frac{a}{2}<3$

0 1 2 $\frac{a}{2}$ 3

$\therefore 4\le a<6$ 답 ④

44 $4x+1>5x+2a$에서 $-x>2a-1$

$\therefore x<-2a+1$

이 부등식을 만족시키는 자연수 x가 4개이려면

0 1 2 3 4 5 $-2a+1$

$4<-2a+1\le5,\ 3<-2a\le4$

$\therefore -2\le a<-\frac{3}{2}$ 답 $-2\le a<-\frac{3}{2}$

Real 실전 기출 62~64쪽

01 ㄴ. $10x \le 10000$

ㄷ. $120-7a \le 15$

따라서 옳은 것은 ㄱ, ㄹ이다. 답 ④

02 ① $2-7 \le -6$ (거짓)

② $3\times2-2 \ge 5$ (거짓)

③ $4-3\times2 < 2\times(2-2)$ (참)

④ $0.9\times2-1.5<0$ (거짓)

⑤ $\frac{2}{2}-1>0$ (거짓)

따라서 $x=2$일 때, 참인 부등식은 ③이다. 답 ③

03 $2x+5=1$에서 $2x=-4$ $\therefore x=-2$

① $2\times(-2) \le -5$ (거짓)

② $3-2\times(-2)<3\times(-2)$ (거짓)

③ $4\times(-2+2)>3$ (거짓)

④ $0.3\times(-2)-5 \ge -1$ (거짓)

⑤ $\frac{1-4\times(-2)}{3} \ge -2$ (참)

따라서 $x=-2$를 해로 갖는 부등식은 ⑤이다. 답 ⑤

04 $-7a-5>-7b-5$의 양변에 5를 더하면 $-7a>-7b$

$-7a>-7b$의 양변을 -7로 나누면 $a<b$

① $a<b$의 양변에 -3을 곱하면 $-3a>-3b$

② $a<b$의 양변에 4를 곱하면 $4a<4b$

$4a<4b$의 양변에서 6을 빼면 $4a-6<4b-6$

③ $a<b$의 양변에 -1을 곱하면 $-a>-b$

$-a>-b$의 양변에 7을 더하면 $7-a>7-b$

④ $a<b$의 양변을 -5로 나누면 $-\frac{a}{5}>-\frac{b}{5}$

$-\frac{a}{5}>-\frac{b}{5}$의 양변에 1을 더하면 $1-\frac{a}{5}>1-\frac{b}{5}$

⑤ $a<b$의 양변에서 $\frac{3}{2}$을 빼면 $-\frac{3}{2}+a<-\frac{3}{2}+b$

답 ④

05 $-2 \le x<3$의 각 변에 -2를 곱하면 $-6<-2x \le 4$

$-6<-2x \le 4$의 각 변에 5를 더하면

$-1<-2x+5 \le 9$

따라서 $a=-1$, $b=9$이므로

$a+b=-1+9=8$ 답 8

06 ① $-2>0$이므로 일차부등식이 아니다.

② $-4x+6=3x-2$는 등식이다.

③ $-2(x+3) \le 2x-1$에서 $-2x-6 \le 2x-1$

즉, $-4x-5 \le 0$이므로 일차부등식이다.

④ $5-x \ge \frac{1}{2}(3-2x)$에서 $5-x \ge \frac{3}{2}-x$

즉, $\frac{7}{2} \ge 0$이므로 일차부등식이 아니다.

⑤ $2x^2-4x+1<2x(x+2)-4$에서

$2x^2-4x+1<2x^2+4x-4$

즉, $-8x+5<0$이므로 일차부등식이다.

따라서 일차부등식인 것은 ③, ⑤이다. 답 ③, ⑤

07 $5(x+2)>2(1-x)-x$에서

$5x+10>2-2x-x$, $8x>-8$ $\therefore x>-1$

이를 수직선 위에 나타내면 오른쪽 그림과 같다. 답 ④

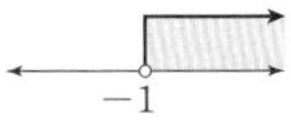

08 ① $4-3x<1$에서 $-3x<-3$ $\therefore x>1$

② $5x-7>2(x-2)$에서 $5x-7>2x-4$

$3x>3$ $\therefore x>1$

③ $0.2(x+5)<0.3(x+3)$의 양변에 10을 곱하면

$2(x+5)<3(x+3)$, $2x+10<3x+9$

$-x<-1$ $\therefore x>1$

④ $1.5x>\frac{5x+1}{4}$의 양변에 4를 곱하면

$6x>5x+1$ $\therefore x>1$

⑤ $0.5x-\frac{5}{6}<0.\dot{3}(2-3x)$에서 $\frac{1}{2}x-\frac{5}{6}<\frac{1}{3}(2-3x)$이므로 양변에 6을 곱하면

$3x-5<4-6x$, $9x<9$ $\therefore x<1$

따라서 부등식의 해가 나머지 넷과 다른 하나는 ⑤이다.

답 ⑤

09 $\frac{4(1-x)}{3} \le 5+\frac{1}{2}x$의 양변에 6을 곱하면

$8(1-x) \le 30+3x$, $8-8x \le 30+3x$

$-11x \le 22$ $\therefore x \ge -2$

따라서 x의 값 중 가장 작은 정수는 -2이다. 답 ②

10 $5-a>3a+1$에서 $-4a>-4$ $\therefore a<1$ …… ㉠

$ax-3a<x-3$에서 $(a-1)x<3(a-1)$

이때 ㉠에서 $a-1<0$이므로 부등식의 해는

$x>3$ 답 ⑤

11 $x-1 \ge \frac{ax-2}{3}$의 양변에 3을 곱하면 $3x-3 \ge ax-2$

$3x-ax \ge 1$, $(3-a)x \ge 1$

이 부등식의 해가 $x \le -1$이므로 $3-a<0$

따라서 $x \le \frac{1}{3-a}$이므로 $\frac{1}{3-a}=-1$

$3-a=-1$, $-a=-4$ $\therefore a=4$ 답 4

12 $2(x+a)\geq 3x+1$에서 $2x+2a\geq 3x+1$

$-x\geq -2a+1 \qquad \therefore x\leq 2a-1$

이 부등식을 만족시키는 x의 값 중 가장 큰 정수가 -1이므로

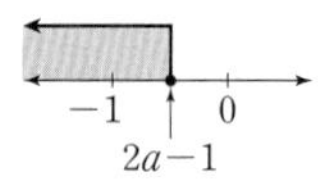

$-1\leq 2a-1<0$

$-1\leq 2a-1<0$의 각 변에 1을 더하면 $0\leq 2a<1$

$0\leq 2a<1$의 각 변을 2로 나누면 $0\leq a<\frac{1}{2}$

답 $0\leq a<\frac{1}{2}$

13 ① $a<b$이므로 양변에 c를 더하면 $a+c<c+b$

② $b>0$이므로 $c<b$의 양변에 b를 곱하면

$bc<b^2$

③ $c<d$의 양변에 -1을 곱하면 $-c>-d$

$-c>-d$의 양변에 a를 더하면 $a-c>a-d$

④ $a<0$이므로 $c<b$의 양변을 a로 나누면

$\frac{c}{a}>\frac{b}{a}$

$\frac{c}{a}>\frac{b}{a}$의 양변에 2를 더하면 $\frac{c}{a}+2>\frac{b}{a}+2$

⑤ $c<0$이므로 $a<d$의 양변에 c를 곱하면

$ac>dc$

$ac>dc$의 양변에 -1을 곱하면 $-ac<-dc$

$-ac<-dc$의 양변에 3을 더하면 $3-ac<3-dc$

답 ④

14 $(a+b)x+a-2b>0$에서 $(a+b)x>2b-a$

이 부등식의 해가 $x<1$이므로 $a+b<0$ …… ㉠

즉, $x<\frac{2b-a}{a+b}$이므로 $\frac{2b-a}{a+b}=1$

$2b-a=a+b \qquad \therefore b=2a$

$b=2a$를 ㉠에 대입하면 $a+2a<0$

$3a<0 \qquad \therefore a<0$

$b=2a$를 $(a+2b)x+2a-6b<0$에 대입하면

$(a+4a)x+2a-12a<0$, $5ax<10a$, $ax<2a$

이때 $a<0$이므로 부등식의 해는 $x>2$

답 $x>2$

15 $3x+2\leq 2a-1$에서 $3x\leq 2a-3$

$\therefore x\leq \frac{2a-3}{3}$

이 부등식을 만족시키는 자연수 x가 존재하지 않으려면

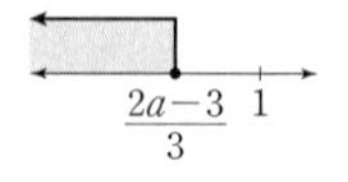

$\frac{2a-3}{3}<1$

$2a-3<3$, $2a<6 \qquad \therefore a<3$

답 ③

16 $0.3x+1\geq 0.5(x-2)$의 양변에 10을 곱하면

$3x+10\geq 5(x-2)$, $3x+10\geq 5x-10$

$-2x\geq -20 \qquad \therefore x\leq 10$

이 부등식을 만족시키는 x의 값 중 가장 큰 정수는 10이므로

$a=10$ … ❶

$\frac{2x+1}{3}-\frac{3x-5}{4}<1$의 양변에 12를 곱하면

$4(2x+1)-3(3x-5)<12$

$8x+4-9x+15<12$, $-x<-7 \qquad \therefore x>7$

이 부등식을 만족시키는 x의 값 중 가장 작은 정수는 8이므로

$b=8$ … ❷

$\therefore a+b=10+8=18$ … ❸

답 18

채점 기준	배점
❶ a의 값 구하기	40%
❷ b의 값 구하기	40%
❸ $a+b$의 값 구하기	20%

17 $x-2=\frac{x-a}{4}$에서 $4x-8=x-a$

$3x=8-a \qquad \therefore x=\frac{8-a}{3}$ … ❶

이 방정식의 해가 3보다 작지 않으므로

$\frac{8-a}{3}\geq 3$, $8-a\geq 9$

$-a\geq 1 \qquad \therefore a\leq -1$ … ❷

답 $a\leq -1$

채점 기준	배점
❶ 주어진 방정식 풀기	50%
❷ a의 값의 범위 구하기	50%

18 $5-2x\leq a+x$에서 $-3x\leq a-5$

$\therefore x\geq -\frac{a-5}{3}$ … ❶

이 부등식의 해 중 가장 작은 수가 1이므로

$-\frac{a-5}{3}=1$, $a-5=-3 \qquad \therefore a=2$ … ❷

답 2

채점 기준	배점
❶ 주어진 부등식 풀기	50%
❷ a의 값 구하기	50%

19 $7(1-x)>2-5(x-3)$에서 $7-7x>2-5x+15$

$-2x>10 \qquad \therefore x<-5$ … ❶

$2x-1>ax+4$에서 $(2-a)x>5$

두 일차부등식의 해가 서로 같으므로

$2-a<0 \qquad \therefore x<\frac{5}{2-a}$ … ❷

즉, $\frac{5}{2-a}=-5$이므로

$5=-10+5a$, $-5a=-15$

$\therefore a=3$ … ❸

답 3

채점 기준	배점
❶ 부등식 $7(1-x)>2-5(x-3)$ 풀기	30%
❷ 부등식 $2x-1>ax+4$ 풀기	40%
❸ a의 값 구하기	30%

20 $-3<2x-1<1$의 각 변에 1을 더하면

$-2<2x<2$

$-2<2x<2$의 각 변을 2로 나누면

$-1<x<1$ … ❶

이때 $3x+y=1$에서 $y=1-3x$ … ❷

$-1<x<1$의 각 변에 -3을 곱하면

$-3<-3x<3$

$-3<-3x<3$의 각 변에 1을 더하면

$-2<1-3x<4$ $\therefore -2<y<4$ … ❸

따라서 $a=-2$, $b=4$이므로

$a+b=-2+4=2$ … ❹

답 2

채점 기준	배점
❶ x의 값의 범위 구하기	30%
❷ 주어진 등식을 $y=(x$의 식)으로 나타내기	20%
❸ y의 값의 범위 구하기	30%
❹ $a+b$의 값 구하기	20%

21 $\frac{x-2a}{3}\geq x-1$에서

$x-2a\geq 3x-3$, $-2x\geq -3+2a$

$\therefore x\leq \frac{3-2a}{2}$ … ❶

이 부등식을 만족시키는 자연수 x가 4개 이하이려면

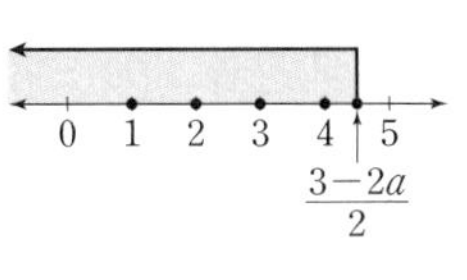

$\frac{3-2a}{2}<5$

$3-2a<10$, $-2a<7$ $\therefore a>-\frac{7}{2}$ … ❷

따라서 가장 작은 정수 a의 값은 -3이다. … ❸

답 -3

채점 기준	배점
❶ 주어진 부등식 풀기	30%
❷ a의 값의 범위 구하기	50%
❸ 가장 작은 정수 a의 값 구하기	20%

05 일차부등식의 활용

01 답 $2(x+3)$, $2(x+3)<30$, 12, 11

02 답 $(12-x)$개

03 답 $1000x+800(12-x)\leq 11000$

04 $1000x+800(12-x)\leq 11000$에서

$1000x+9600-800x\leq 11000$

$200x\leq 1400$ $\therefore x\leq 7$

답 $x\leq 7$

05 답 7개

06 답 $(40+x)$살, $(7+x)$살

07 답 $40+x<4(7+x)$

08 $40+x<4(7+x)$에서 $40+x<28+4x$

$-3x<-12$ $\therefore x>4$

답 $x>4$

09 답 5년 후

10 답 $\frac{x}{2}$, $\frac{x}{3}$

11 답 $\frac{x}{2}+\frac{x}{3}\leq 2$

12 $\frac{x}{2}+\frac{x}{3}\leq 2$에서 $3x+2x\leq 12$

$5x\leq 12$ $\therefore x\leq 2.4$

답 $x\leq 2.4$

13 답 2.4 km

14 답 $200+x$, $\frac{8}{100}\times(200+x)$

15 답 $\frac{10}{100}\times 200\leq \frac{8}{100}\times(200+x)$

16 $\frac{10}{100}\times 200\leq \frac{8}{100}\times(200+x)$에서 $2000\leq 1600+8x$

$-8x\leq -400$ $\therefore x\geq 50$

답 $x\geq 50$

17 답 50 g

Real 실전 유형 68~75쪽

01 연속하는 세 자연수를 $x-1$, x, $x+1$이라 하면

$(x-1)+x+(x+1)\le 45$

$3x\le 45$　　$\therefore x\le 15$

따라서 x의 값 중 가장 큰 자연수는 15이므로 구하는 세 자연수는 14, 15, 16이다.　**답** 14, 15, 16

02 어떤 수를 x라 하면

$3x-5>2(x+4)$　… ❶

$3x-5>2x+8$　　$\therefore x>13$　… ❷

따라서 가장 작은 자연수는 14이다.　… ❸

답 14

채점 기준	배점
❶ 부등식 세우기	40%
❷ 부등식 풀기	40%
❸ 가장 작은 자연수 구하기	20%

03 두 정수를 x, $x-4$라 하면

$x+(x-4)\le 20$, $2x\le 24$　　$\therefore x\le 12$

따라서 x의 값이 될 수 있는 가장 큰 수는 12이다.　**답** 12

04 연속하는 세 홀수를 $x-4$, $x-2$, x라 하면

$(x-4)+(x-2)+x<75$, $3x<81$　　$\therefore x<27$

이때 x는 홀수이므로 x의 값이 될 수 있는 가장 큰 수는 25이다.　**답** ④

05 네 번째 과목의 시험에서 x점을 받는다고 하면

$\frac{90+82+84+x}{4}\ge 85$, $256+x\ge 340$　　$\therefore x\ge 84$

따라서 네 번째 과목의 시험에서 84점 이상을 받아야 한다.

답 ③

06 4회째 대회에서의 기록을 x초라 하면

$\frac{3\times 16.2+x}{4}\le 16.5$, $48.6+x\le 66$　　$\therefore x\le 17.4$

따라서 4회째 대회에서 17.4초 이내로 들어와야 한다.

답 17.4초

07 여학생 수를 x라 하면

$\frac{167\times 20+158\times x}{20+x}\ge 163$, $3340+158x\ge 3260+163x$

$-5x\ge -80$　　$\therefore x\le 16$

따라서 여학생은 최대 16명이다.　**답** ②

08 장미를 x송이 넣는다고 하면

$2500\times 2+1500x+3000\le 20000$

$1500x\le 12000$　　$\therefore x\le 8$

따라서 장미는 최대 8송이까지 넣을 수 있다.　**답** ③

09 쿠키를 x개 넣는다고 하면

$1200x+1000<10000$

$1200x<9000$　　$\therefore x<\frac{15}{2}=7.5$

따라서 쿠키는 최대 7개까지 넣을 수 있다.　**답** ②

10 물건을 x개 싣는다고 하면

$30x+50\le 450$　… ❶

$30x\le 400$　　$\therefore x\le\frac{40}{3}=13.\times\times\times$　… ❷

따라서 물건은 최대 13개까지 실을 수 있다.　… ❸

답 13개

채점 기준	배점
❶ 부등식 세우기	40%
❷ 부등식 풀기	40%
❸ 물건의 최대 개수 구하기	20%

11 사과를 x개 산다고 하면 자두는 $(18-x)$개 살 수 있으므로

$1200x+600(18-x)\le 15000$

$1200x+10800-600x\le 15000$

$600x\le 4200$　　$\therefore x\le 7$

따라서 사과는 최대 7개까지 살 수 있다.　**답** ③

12 어른이 x명 입장한다고 하면 어린이는 $(20-x)$명 입장하므로

$3000x+1000(20-x)\le 45000$

$3000x+20000-1000x\le 45000$

$2000x\le 25000$　　$\therefore x\le\frac{25}{2}=12.5$

따라서 어른은 최대 12명까지 입장할 수 있다.　**답** 12명

13 과자를 x개 산다고 하면 컵라면은 $(15-x)$개 살 수 있으므로

$2000x+1200(15-x)+3000<25000$　… ❶

$2000x+18000-1200x+3000<25000$

$800x<4000$　　$\therefore x<5$　… ❷

따라서 과자는 최대 4개까지 살 수 있다.　… ❸

답 4개

채점 기준	배점
❶ 부등식 세우기	40%
❷ 부등식 풀기	40%
❸ 과자의 최대 개수 구하기	20%

14 x분 동안 주차한다고 하면

$2500+100(x-30)\leq 5000$, $2500+100x-3000\leq 5000$

$100x\leq 5500$　　$\therefore x\leq 55$

따라서 최대 55분 동안 주차할 수 있다.　　답 55분

15 데이터를 x MB 사용한다고 하면

$40(x-250)\leq 5000$

$40x\leq 15000$　　$\therefore x\leq 375$

따라서 데이터를 최대 375 MB까지 사용할 수 있다.

답 375 MB

16 사진을 x장 인화한다고 하면

$5000+300(x-15)\leq 8000$　　… ❶

$5000+300x-4500\leq 8000$

$300x\leq 7500$　　$\therefore x\leq 25$　　… ❷

따라서 사진은 최대 25장까지 인화할 수 있다.　　… ❸

답 25장

채점 기준	배점
❶ 부등식 세우기	40%
❷ 부등식 풀기	40%
❸ 사진을 최대 몇 장까지 인화할 수 있는지 구하기	20%

17 양말을 x켤레 산다고 하면

$1000\times 10+800(x-10)\leq 900x$

$10000+800x-8000\leq 900x$

$-100x\leq -2000$　　$\therefore x\geq 20$

따라서 양말을 20켤레 이상 사야 한다.　　답 20켤레

18 x개월 후부터라 하면

$15000+2000x<10000+3000x$

$-1000x<-5000$　　$\therefore x>5$

따라서 6개월 후부터 지태의 저축액이 수지의 저축액보다 많아진다.　　답 ②

19 x일 후부터라 하면

$9000+1000x>25000$

$1000x>16000$　　$\therefore x>16$

따라서 17일 후부터 예금액이 25000원보다 많아진다.

답 ③

20 x개월 후부터라 하면

$70000+5000x<2(20000+4000x)$　　… ❶

$70000+5000x<40000+8000x$

$-3000x<-30000$　　$\therefore x>10$　　… ❷

따라서 11개월 후부터 은비의 저축액이 태주의 저축액의 2배보다 적어진다.　　… ❸

답 11개월 후

채점 기준	배점
❶ 부등식 세우기	40%
❷ 부등식 풀기	40%
❸ 은비의 저축액이 태주의 저축액의 2배보다 적어지는 것은 몇 개월 후부터인지 구하기	20%

21 튤립을 x송이 산다고 하면

$800x+2500<1000x$

$-200x<-2500$　　$\therefore x>\frac{25}{2}=12.5$

따라서 튤립을 13송이 이상 사야 꽃 도매시장에서 사는 것이 유리하다.　　답 ④

22 공책을 x권 산다고 하면

$1500\times\frac{80}{100}\times x+2500<1500x$

$1200x+2500<1500x$, $-300x<-2500$

$\therefore x>\frac{25}{3}=8.\times\times\times$

따라서 공책을 9권 이상 사야 인터넷 쇼핑몰을 이용하는 것이 유리하다.　　답 9권

23 식기세척기를 x개월 사용한다고 하면

$650000+10000x<30000x$

$-20000x<-650000$　　$\therefore x>\frac{65}{2}=32.5$

따라서 식기세척기를 33개월 이상 사용해야 구입하는 것이 유리하다.　　답 33개월

24 입장객 수를 x라 하면

$5000\times\frac{80}{100}\times 30<5000x$　　$\therefore x>24$

따라서 25명 이상부터 30명의 단체 입장권을 사는 것이 유리하다.　　답 ③

25 입장객 수를 x라 하면

$1500\times 50<2000x$　　$\therefore x>\frac{75}{2}=37.5$

따라서 38명 이상부터 50명의 단체 입장권을 사는 것이 유리하다.　　답 ④

26 이용자 수를 x라 하면

$25000\times\frac{75}{100}\times 40<25000x$　　… ❶

$\therefore x>30$　　… ❷

따라서 31명 이상부터 40명의 단체 이용권을 사는 것이 유리하다.　　… ❸

답 31명

채점 기준	배점
❶ 부등식 세우기	40%
❷ 부등식 풀기	40%
❸ 몇 명 이상부터 단체 이용권을 사는 것이 유리한지 구하기	20%

27 정가를 x원이라 하면

$x\times\frac{90}{100}-9000\geq9000\times\frac{20}{100}$

$\frac{9}{10}x\geq10800$ $\therefore x\geq12000$

따라서 정가는 12000원 이상으로 정해야 한다. 답 ③

28 정가를 x원이라 하면

$x-3000\geq3000\times\frac{40}{100}$ $\therefore x\geq4200$

따라서 정가는 4200원 이상으로 정해야 한다. 답 4200원

29 정가를 x원이라 하면

$x\times\frac{80}{100}-6000\geq6000\times\frac{10}{100}$

$\frac{4}{5}x\geq6600$ $\therefore x\geq8250$

따라서 정가는 8250원 이상으로 정해야 하므로 원가에 최소 $8250-6000=2250$(원)을 더해서 정가를 정해야 한다.

답 2250원

다른 풀이 원가에 더해지는 금액을 x원이라 하면 정가는 $(6000+x)$원이므로

$(6000+x)\times\frac{80}{100}-6000\geq6000\times\frac{10}{100}$

$6000+x\geq8250$ $\therefore x\geq2250$

따라서 원가에 최소 2250원을 더해서 정가를 정해야 한다.

30 원가를 x원이라 하면

$x\times\frac{125}{100}-3000-x\geq x\times\frac{10}{100}$

$125x-300000-100x\geq10x$

$15x\geq300000$ $\therefore x\geq20000$

따라서 원가는 20000원 이상이다. 답 20000원

31 가장 긴 변의 길이가 $x+6$이므로

$x+6<(x+1)+(x+3)$, $-x<-2$ $\therefore x>2$

따라서 x의 값이 될 수 없는 것은 ①이다. 답 ①

32 사다리꼴의 아랫변의 길이를 x cm라 하면

$\frac{1}{2}\times(5+x)\times8\geq56$, $5+x\geq14$ $\therefore x\geq9$

따라서 사다리꼴의 아랫변의 길이는 9 cm 이상이어야 한다.

답 9 cm

33 원뿔의 높이를 x cm라 하면

$\frac{1}{3}\times\pi\times9^2\times x\geq270\pi$, $27\pi x\geq270\pi$ $\therefore x\geq10$

따라서 원뿔의 높이는 10 cm 이상이어야 한다. 답 10 cm

34 세로의 길이를 x cm라 하면 가로의 길이는 $(x+5)$ cm이므로

$2\{(x+5)+x\}\geq150$ … ❶

$4x\geq140$ $\therefore x\geq35$ … ❷

따라서 세로의 길이는 35 cm 이상이어야 한다. … ❸

답 35 cm

채점 기준	배점
❶ 부등식 세우기	40%
❷ 부등식 풀기	40%
❸ 세로의 길이가 몇 cm 이상이어야 하는지 구하기	20%

35 시속 4 km로 걸은 거리를 x km라 하면 시속 3 km로 걸은 거리는 $(10-x)$ km이므로

$\frac{x}{4}+\frac{10-x}{3}\leq3$, $3x+4(10-x)\leq36$

$-x\leq-4$ $\therefore x\geq4$

따라서 시속 4 km로 걸은 거리는 4 km 이상이다. 답 ①

36 시속 2 km로 걸은 거리를 x km라 하면 시속 6 km로 뛰어간 거리는 $(8-x)$ km이므로

$\frac{x}{2}+\frac{8-x}{6}\leq2$, $3x+8-x\leq12$

$2x\leq4$ $\therefore x\leq2$

따라서 시속 2 km로 걸은 거리는 2 km 이하이다.

답 2 km

37 집에서 자전거 보관소까지의 거리를 x km라 하면 자전거 보관소에서 한강까지의 거리는 $(14-x)$ km이므로

$\frac{x}{18}+\frac{14-x}{3}\leq\frac{3}{2}$, $x+6(14-x)\leq27$

$-5x\leq-57$ $\therefore x\geq\frac{57}{5}=11.4$

따라서 집에서 자전거 보관소까지의 거리는 11.4 km 이상이다. 답 11.4 km

38 기차역에서 상점까지의 거리를 x km라 하면

$\frac{x}{4}+\frac{30}{60}+\frac{x}{4}\leq\frac{3}{2}$, $x+2+x\leq6$

$2x\leq4$ $\therefore x\leq2$

따라서 기차역에서 2 km 이내의 상점을 이용할 수 있다.

답 ①

39 집으로부터 x km 떨어진 곳까지 갔다 온다고 하면

$\frac{x}{2}+\frac{20}{60}+\frac{x}{3}\leq2$ … ❶

$3x+2+2x\leq12$, $5x\leq10$ $\therefore x\leq2$ … ❷

따라서 집으로부터 최대 2 km 떨어진 곳까지 갔다 올 수 있다. … ❸

답 2 km

채점 기준	배점
❶ 부등식 세우기	40%
❷ 부등식 풀기	40%
❸ 최대 몇 km 떨어진 곳까지 갔다 올 수 있는지 구하기	20%

40 x km 지점까지 올라갔다 온다고 하면

$\frac{x}{2}+\frac{x+1}{5}\le 3$, $5x+2(x+1)\le 30$

$7x\le 28$ $\therefore x\le 4$

따라서 최대 4 km 지점까지 올라갔다 올 수 있다.

답 4 km

41 미희와 진수가 x시간 동안 달린다고 하면

$5x+7x\ge 6$, $12x\ge 6$ $\therefore x\ge\frac{1}{2}$

따라서 미희와 진수가 6 km 이상 떨어지려면 30분 이상 달려야 한다. 답 ③

42 출발한 지 x분이 지났다고 하면

$300x+200x\ge 2000$ …❶

$500x\ge 2000$ $\therefore x\ge 4$ …❷

따라서 A, B가 출발한 지 4분 후부터이다. …❸

답 4분 후

채점 기준	배점
❶ 부등식 세우기	40%
❷ 부등식 풀기	40%
❸ 2 km 이상 떨어지는 것은 출발한 지 몇 분 후부터인지 구하기	20%

43 성주가 출발한 지 x분이 지났다고 하면 연주는 출발한 지 $(x-15)$분이 지났으므로

$2\times\frac{x-15}{60}+4\times\frac{x}{60}\ge 7$, $2(x-15)+4x\ge 420$

$6x\ge 450$ $\therefore x\ge 75$

따라서 성주가 출발한 지 75분 후부터이다. 답 ②

44 물을 x g 넣는다고 하면

$\frac{20}{100}\times 400\le\frac{8}{100}(400+x)$, $8000\le 3200+8x$

$-8x\le -4800$ $\therefore x\ge 600$

따라서 최소 600 g의 물을 넣어야 한다. 답 ②

보충 TIP

조건	소금물의 양	소금의 양	농도
물을 넣는 경우	증가	변함 없다.	감소
물을 증발시키는 경우	감소	변함 없다.	증가
소금을 넣는 경우	증가	증가	증가

45 물을 x g 증발시킨다고 하면

$\frac{10}{100}\times 200\ge\frac{20}{100}(200-x)$, $2000\ge 4000-20x$

$20x\ge 2000$ $\therefore x\ge 100$

따라서 최소 100 g의 물을 증발시켜야 한다. 답 ③

46 물을 x g 넣는다고 하면

$48\le\frac{12}{100}(320+48+x)$ …❶

$4800\le 4416+12x$, $-12x\le -384$

$\therefore x\ge 32$ …❷

따라서 최소 32 g의 물을 넣어야 한다. …❸

답 32 g

채점 기준	배점
❶ 부등식 세우기	40%
❷ 부등식 풀기	40%
❸ 최소 몇 g의 물을 넣어야 하는지 구하기	20%

47 8 %의 소금물을 x g 섞는다고 하면

$\frac{5}{100}\times 200+\frac{8}{100}x\ge\frac{7}{100}(200+x)$

$1000+8x\ge 1400+7x$ $\therefore x\ge 400$

따라서 8 %의 소금물은 400 g 이상 섞어야 한다. 답 ③

48 10 %의 설탕물을 x g 섞는다고 하면

$\frac{20}{100}\times 100+\frac{10}{100}x\le\frac{14}{100}(100+x)$

$2000+10x\le 1400+14x$, $-4x\le -600$

$\therefore x\ge 150$

따라서 10 %의 설탕물은 최소 150 g을 섞어야 한다.

답 ②

49 8 %의 소금물을 x g 섞는다고 하면 13 %의 소금물은 $(500-x)$ g 섞어야 하므로

$\frac{8}{100}x+\frac{13}{100}(500-x)\ge\frac{10}{100}\times 500$ …❶

$8x+6500-13x\ge 5000$

$-5x\ge -1500$ $\therefore x\le 300$ …❷

따라서 8 %의 소금물은 300 g 이하로 섞어야 한다. …❸

답 300 g

채점 기준	배점
❶ 부등식 세우기	40%
❷ 부등식 풀기	40%
❸ 8 %의 소금물은 몇 g 이하로 섞어야 하는지 구하기	20%

50 A에게 x원을 준다고 하면 B에게는 $(50000-x)$원을 주게 되므로

$3x\ge 2(50000-x)$, $5x\ge 100000$ $\therefore x\ge 20000$

따라서 A에게 최소 20000원을 줄 수 있다. 답 ④

51 x분 동안 물을 뺀다고 하면

$500-20x\ge 4(200-20x)$, $60x\ge 300$ $\therefore x\ge 5$

따라서 물을 뺀 지 5분 후부터 A 탱크의 물의 양이 B 탱크의 물의 양의 4배 이상이 된다. 답 5분 후

52 x년 후의 아버지의 나이는 $(45+x)$살이고, 딸의 나이는 $(15+x)$살이므로

$45+x \le 2(15+x)$, $-x \le -15$ $\therefore x \ge 15$

따라서 15년 후부터 아버지의 나이가 딸의 나이의 2배 이하가 된다. 답 15년 후

53 식품 A를 x g 섭취한다고 하면 식품 B는 $(400-x)$ g 섭취하므로

$\frac{10}{100}x+\frac{7}{100}(400-x) \ge 31$, $10x+2800-7x \ge 3100$

$3x \ge 300$ $\therefore x \ge 100$

따라서 식품 A는 최소 100 g을 섭취해야 한다. 답 100 g

Real 실전 기출

76~78쪽

01 어떤 홀수를 x라 하면

$3x-8<2x$ $\therefore x<8$

이때 x는 홀수이므로 가장 큰 수는 7이다. 답 ②

02 연속하는 세 짝수를 x, $x+2$, $x+4$라 하면

$x+(x+2)+(x+4)>85$

$3x>79$ $\therefore x>\frac{79}{3}=26.\times\times\times$

이때 x는 짝수이므로 x의 값이 될 수 있는 가장 작은 수는 28이다. 답 ④

03 세 번째 수학 시험에서 x점을 받는다고 하면

$\frac{81+76+x}{3} \ge 80$, $157+x \ge 240$ $\therefore x \ge 83$

따라서 세 번째 수학 시험에서 83점 이상을 받아야 한다.

답 83점

04 유라가 지호에게 x개의 구슬을 준다고 하면

$30-x>2(8+x)$, $30-x>16+2x$

$-3x>-14$ $\therefore x<\frac{14}{3}=4.\times\times\times$

따라서 유라는 지호에게 구슬을 최대 4개까지 줄 수 있다.

답 4개

05 참치김밥을 x줄 산다고 하면 야채김밥은 $(12-x)$줄 살 수 있으므로

$3500x+2000(12-x) \le 30000$

$3500x+24000-2000x \le 30000$

$1500x \le 6000$ $\therefore x \le 4$

따라서 참치김밥은 최대 4줄까지 살 수 있다. 답 ③

06 x곡을 내려받는다고 하면

$6500<800x$ $\therefore x>\frac{65}{8}=8.125$

따라서 한 달에 9곡 이상 내려받아야 정회원으로 가입하는 것이 유리하다. 답 ④

07 원가를 x원이라 하면

$(x+3000)\times\frac{80}{100}-x \ge 0$, $4x+12000-5x \ge 0$

$-x \ge -12000$ $\therefore x \le 12000$

따라서 원가는 12000원 이하이다. 답 12000원

08 원가를 A원이라 하면

$A\times\frac{150}{100}\times\left(1-\frac{x}{100}\right)-A \ge A\times\frac{20}{100}$

$\frac{3}{2}A\times\left(1-\frac{x}{100}\right) \ge \frac{6}{5}A$

$A>0$이므로 양변을 A로 나누고 정리하면

$1-\frac{x}{100} \ge \frac{4}{5}$ $\therefore x \le 20$

따라서 x의 값 중 가장 큰 값은 20이다. 답 ⑤

09 분속 50 m로 걸은 거리를 x m라 하면 분속 200 m로 뛰어간 거리는 $(1800-x)$ m이므로

$\frac{x}{50}+\frac{1800-x}{200} \le 30$, $4x+1800-x \le 6000$

$3x \le 4200$ $\therefore x \le 1400$

따라서 분속 50 m로 걸은 거리는 1400 m 이하이다.

답 1400 m

10 집에서 할머니 댁까지의 거리를 x km라 하면

$\frac{x}{60}-\frac{x}{100} \ge \frac{10}{60}$, $10x-6x \ge 100$

$4x \ge 100$ $\therefore x \ge 25$

따라서 최소 25 km의 거리를 시속 60 km로 달리면 최소 $\frac{25}{60}$시간, 즉 25분이 걸린다. 답 25분

11 물을 x g 증발시킨다고 하면

$\frac{8}{100}\times 250+x \ge \frac{12}{100}\times 250$, $2000+100x \ge 3000$

$100x \ge 1000$ $\therefore x \ge 10$

따라서 최소 10 g의 물을 증발시켜야 한다. 답 ②

12 십의 자리의 숫자를 x라 하면 일의 자리의 숫자는 $x+4$이므로

$10(x+4)+x>5\{10x+(x+4)-6\}$

$11x+40>55x-10$, $-44x>-50$

$\therefore x<\frac{50}{44}=1.\times\times\times$

이때 x는 자연수이므로 $x=1$

따라서 처음 수는

$10x+(x+4)=10+5=15$ 답 15

13 학생 수를 x라 하면

$10000\times\frac{80}{100}\times20<10000\times\frac{90}{100}\times x$

$160<9x$ $\therefore x>\frac{160}{9}=17.\times\times\times$

따라서 18명 이상이면 20명의 단체 입장권을 사는 것이 유리하다. 답 18명

14 전체 일의 양을 1이라 하면 성인 한 명이 하루에 할 수 있는 일의 양은 $\frac{1}{6}$, 청소년 한 명이 하루에 할 수 있는 일의 양은 $\frac{1}{10}$이다.

성인이 x명 있다고 하면 청소년은 $(8-x)$명이 있으므로

$\frac{1}{6}x+\frac{1}{10}(8-x)\ge1$, $5x+3(8-x)\ge30$

$2x\ge6$ $\therefore x\ge3$

따라서 성인은 3명 이상 필요하다. 답 3명

15 물건을 x개 넣는다고 하면

$0.5+0.3x\le5$ … ❶

$3x\le45$ $\therefore x\le15$ … ❷

따라서 물건을 최대 15개까지 넣을 수 있다. … ❸

답 15개

채점 기준	배점
❶ 부등식 세우기	40%
❷ 부등식 풀기	40%
❸ 물건의 최대 개수 구하기	20%

16 x일 대여한다고 하면 연체료는 $(x-5)$일 내야 하므로

$1500+400(x-5)<12000$ … ❶

$400x<12500$ $\therefore x<\frac{125}{4}=31.25$ … ❷

따라서 최대 31일 동안 대여할 수 있다. … ❸

답 31일

채점 기준	배점
❶ 부등식 세우기	40%
❷ 부등식 풀기	40%
❸ 최대 며칠 동안 대여할 수 있는지 구하기	20%

17 x개월 후부터라 하면

$50000+5000x<24000+8000x$ … ❶

$-3000x<-26000$ $\therefore x>\frac{26}{3}=8.\times\times\times$ … ❷

따라서 9개월 후부터 현주의 예금액이 연재의 예금액보다 적어진다. … ❸

답 9개월 후

채점 기준	배점
❶ 부등식 세우기	40%
❷ 부등식 풀기	40%
❸ 몇 개월 후부터 현주의 예금액이 연재의 예금액보다 적어지는지 구하기	20%

18 기차역에서 서점까지의 거리를 x km라 하면

$\frac{x}{3}+\frac{10}{60}+\frac{x}{3}\le\frac{50}{60}$ … ❶

$2x+1+2x\le5$, $4x\le4$ $\therefore x\le1$ … ❷

따라서 기차역에서 1 km 이내에 있는 서점을 이용할 수 있다. … ❸

답 1 km

채점 기준	배점
❶ 부등식 세우기	40%
❷ 부등식 풀기	40%
❸ 몇 km 이내의 서점을 이용할 수 있는지 구하기	20%

19 어른을 x명이라 하면 어린이는 $(13-x)$명이므로

$5000x+3000(13-x)>5000\times\frac{80}{100}\times15$ … ❶

$5000x+39000-3000x>60000$, $2000x>21000$

$\therefore x>\frac{21}{2}=10.5$ … ❷

따라서 어른이 11명 이상이면 15명의 단체 입장권을 사는 것이 유리하다. … ❸

답 11명

채점 기준	배점
❶ 부등식 세우기	40%
❷ 부등식 풀기	40%
❸ 어른이 몇 명 이상이면 단체 입장권이 유리한지 구하기	20%

20 호스 A로 x분 동안 물을 채운다고 하면 호스 B로는

$\left\{\frac{1}{25}\times(300-20x)\right\}$분 동안 물을 채워야 하므로

$x+\frac{1}{25}\times(300-20x)\le14$ … ❶

$25x+300-20x\le350$, $5x\le50$ $\therefore x\le10$ … ❷

따라서 호스 A로는 최대 10분 동안 물을 채울 수 있다.

… ❸

답 10분

채점 기준	배점
❶ 부등식 세우기	40%
❷ 부등식 풀기	40%
❸ 호스 A로 최대 몇 분 동안 물을 채울 수 있는지 구하기	20%

06 연립일차방정식

Real 실전 개념

81, 83쪽

01 답 ○

02 분모에 미지수가 있으므로 일차방정식이 아니다. 답 ×

03 $2x+y=2x-4y-3$에서 $5y+3=0$이므로 미지수가 2개인 일차방정식이 아니다. 답 ×

04 $x+y^2=y^2+3y-5$에서 $x-3y+5=0$이므로 미지수가 2개인 일차방정식이다. 답 ○

05 $x=2$, $y=-1$을 $x+2y=1$에 대입하면
$2+2\times(-1)=0\neq1$ 답 ×

06 $x=2$, $y=-1$을 $2x-y=5$에 대입하면
$2\times2-(-1)=5$ 답 ○

07 $x=2$, $y=-1$을 $\frac{3}{2}x+y=2$에 대입하면
$\frac{3}{2}\times2+(-1)=2$ 답 ○

08 $x=2$, $y=-1$을 $x-3=3y+4$에 대입하면
(좌변)$=2-3=-1$, (우변)$=3\times(-1)+4=1$ 답 ×

09 답 $6, \frac{9}{2}, 3, \frac{3}{2}, 0$

10 답 $(1, 6), (3, 3)$

11 답 5, 4, 3, 2, 1

12 답 7, 4, 1, -2

13 답 $(2, 4)$

14 답 2, 1, 1, 3

15 $\begin{cases} x+y=3 & \cdots\cdots ㉠ \\ x-y=7 & \cdots\cdots ㉡ \end{cases}$
㉠+㉡을 하면 $2x=10$ $\quad\therefore x=5$
$x=5$를 ㉠에 대입하면 $5+y=3$ $\quad\therefore y=-2$
답 $x=5$, $y=-2$

16 $\begin{cases} x-2y=5 & \cdots\cdots ㉠ \\ x-6y=9 & \cdots\cdots ㉡ \end{cases}$
㉠−㉡을 하면 $4y=-4$ $\quad\therefore y=-1$
$y=-1$을 ㉠에 대입하면 $x+2=5$ $\quad\therefore x=3$
답 $x=3$, $y=-1$

17 $\begin{cases} 3x+2y=8 & \cdots\cdots ㉠ \\ x-3y=-1 & \cdots\cdots ㉡ \end{cases}$
㉠−㉡×3을 하면 $11y=11$ $\quad\therefore y=1$
$y=1$을 ㉡에 대입하면 $x-3=-1$ $\quad\therefore x=2$
답 $x=2$, $y=1$

18 답 $y+1$, $y+1$, 1, 1, 2

19 $\begin{cases} y=-2x & \cdots\cdots ㉠ \\ x+2y=3 & \cdots\cdots ㉡ \end{cases}$
㉠을 ㉡에 대입하면 $x-4x=3$
$-3x=3$ $\quad\therefore x=-1$
$x=-1$을 ㉠에 대입하면 $y=2$ 답 $x=-1$, $y=2$

20 $\begin{cases} x=y-2 & \cdots\cdots ㉠ \\ 4x+y=7 & \cdots\cdots ㉡ \end{cases}$
㉠을 ㉡에 대입하면 $4(y-2)+y=7$
$5y=15$ $\quad\therefore y=3$
$y=3$을 ㉠에 대입하면 $x=3-2=1$ 답 $x=1$, $y=3$

21 $\begin{cases} 3x-2y=1 & \cdots\cdots ㉠ \\ 2y=x-3 & \cdots\cdots ㉡ \end{cases}$
㉡을 ㉠에 대입하면 $3x-(x-3)=1$
$2x=-2$ $\quad\therefore x=-1$
$x=-1$을 ㉡에 대입하면 $2y=-4$ $\quad\therefore y=-2$
답 $x=-1$, $y=-2$

22 $\begin{cases} 2x-y=1 & \cdots\cdots ㉠ \\ 3x+2y=5 & \cdots\cdots ㉡ \end{cases}$
㉠에서 $y=2x-1$ $\cdots\cdots$ ㉢
㉢을 ㉡에 대입하면 $3x+2(2x-1)=5$
$7x=7$ $\quad\therefore x=1$
$x=1$을 ㉢에 대입하면 $y=2-1=1$ 답 $x=1$, $y=1$

23 주어진 연립방정식을 정리하면
$\begin{cases} 4x+5y=6 & \cdots\cdots ㉠ \\ x+2y=3 & \cdots\cdots ㉡ \end{cases}$
㉠−㉡×4를 하면 $-3y=-6$ $\quad\therefore y=2$
$y=2$를 ㉡에 대입하면 $x+4=3$ $\quad\therefore x=-1$
답 $x=-1$, $y=2$

24 주어진 연립방정식을 정리하면
$\begin{cases} 3x-2y=2 & \cdots\cdots ㉠ \\ x-y=-1 & \cdots\cdots ㉡ \end{cases}$
㉠−㉡×3을 하면 $y=5$
$y=5$를 ㉡에 대입하면 $x-5=-1$ $\quad\therefore x=4$
답 $x=4$, $y=5$

25 $\begin{cases} 0.2x+0.3y=0.5 & \cdots\cdots ㉠ \\ 0.4x+0.5y=1.1 & \cdots\cdots ㉡ \end{cases}$에서

㉠×10, ㉡×10을 하면

$\begin{cases} 2x+3y=5 & \cdots\cdots ㉢ \\ 4x+5y=11 & \cdots\cdots ㉣ \end{cases}$

㉢×2−㉣을 하면 $y=-1$

$y=-1$을 ㉢에 대입하면 $2x-3=5$

$2x=8$ $\quad\therefore x=4$ 답 $x=4$, $y=-1$

26 $\begin{cases} 0.3x+0.4y=-1 & \cdots\cdots ㉠ \\ 0.02x-0.01y=0.08 & \cdots\cdots ㉡ \end{cases}$에서

㉠×10, ㉡×100을 하면

$\begin{cases} 3x+4y=-10 & \cdots\cdots ㉢ \\ 2x-y=8 & \cdots\cdots ㉣ \end{cases}$

㉢+㉣×4를 하면 $11x=22$ $\quad\therefore x=2$

$x=2$를 ㉣에 대입하면 $4-y=8$ $\quad\therefore y=-4$

답 $x=2$, $y=-4$

27 $\begin{cases} \frac{1}{2}x-\frac{1}{4}y=1 & \cdots\cdots ㉠ \\ \frac{1}{3}x+\frac{1}{2}y=2 & \cdots\cdots ㉡ \end{cases}$에서 ㉠×4, ㉡×6을 하면

$\begin{cases} 2x-y=4 & \cdots\cdots ㉢ \\ 2x+3y=12 & \cdots\cdots ㉣ \end{cases}$

㉢−㉣을 하면 $-4y=-8$ $\quad\therefore y=2$

$y=2$를 ㉢에 대입하면 $2x-2=4$

$2x=6$ $\quad\therefore x=3$ 답 $x=3$, $y=2$

28 $\begin{cases} x-\frac{1}{5}y=\frac{3}{5} & \cdots\cdots ㉠ \\ \frac{2}{3}x-\frac{1}{4}y=\frac{1}{6} & \cdots\cdots ㉡ \end{cases}$에서 ㉠×5, ㉡×12를 하면

$\begin{cases} 5x-y=3 & \cdots\cdots ㉢ \\ 8x-3y=2 & \cdots\cdots ㉣ \end{cases}$

㉢×3−㉣을 하면 $7x=7$ $\quad\therefore x=1$

$x=1$을 ㉢에 대입하면 $5-y=3$ $\quad\therefore y=2$

답 $x=1$, $y=2$

29 $\begin{cases} 3x+y=5 & \cdots\cdots ㉠ \\ 2x-y=5 & \cdots\cdots ㉡ \end{cases}$

㉠+㉡을 하면 $5x=10$ $\quad\therefore x=2$

$x=2$를 ㉠에 대입하면 $6+y=5$ $\quad\therefore y=-1$

답 $x=2$, $y=-1$

30 $\begin{cases} 2x-y-2=x+y \\ x+y=3x-4y-1 \end{cases}$, 즉 $\begin{cases} x-2y=2 & \cdots\cdots ㉠ \\ 2x-5y=1 & \cdots\cdots ㉡ \end{cases}$

㉠×2−㉡을 하면 $y=3$

$y=3$을 ㉠에 대입하면 $x-6=2$ $\quad\therefore x=8$

답 $x=8$, $y=3$

31 $\begin{cases} x-2y=1 \\ 3x-6y=3 \end{cases}$, 즉 $\begin{cases} 3x-6y=3 \\ 3x-6y=3 \end{cases}$이므로 해가 무수히 많다.

답 해가 무수히 많다.

32 $\begin{cases} 3x+2y=-4 \\ 9x+6y=12 \end{cases}$, 즉 $\begin{cases} 9x+6y=-12 \\ 9x+6y=12 \end{cases}$이므로 해가 없다.

답 해가 없다.

Real 실전 유형

84~91쪽

01 ③ $x+y^2=y^2-4$에서 $x+4=0$이므로 미지수가 1개인 일차방정식이다.

④ $x-xy=5$에서 xy는 x, y에 대하여 차수가 2이므로 일차방정식이 아니다.

⑤ $x-4y=2(x+2y)$에서 $x+8y=0$이므로 미지수가 2개인 일차방정식이다. 답 ③, ④

02 ㄷ. $\frac{2}{x}-\frac{3}{y}=1$에서 x, y가 분모에 있으므로 일차방정식이 아니다.

ㅁ. $2(x-2y)+4y=6$에서 $2x-6=0$이므로 미지수가 1개인 일차방정식이다.

ㅂ. $x^2+x(1-x)+y=0$에서 $x+y=0$이므로 미지수가 2개인 일차방정식이다.

따라서 미지수가 2개인 일차방정식은 ㄱ, ㄹ, ㅂ이다.

답 ③

03 $3x+2y-1=(a+1)x-2y+5$에서

$(2-a)x+4y-6=0$

이 식이 미지수가 2개인 일차방정식이 되려면

$2-a\neq0$ $\quad\therefore a\neq2$ 답 ④

04 ① $8-3\times1=5$

② $4-3\times\left(-\frac{1}{3}\right)=5$

③ $2-3\times(-1)=5$

④ $-1-3\times2=-7\neq5$

⑤ $-4-3\times(-3)=5$ 답 ④

05 ① $1-2=-1\neq1$

② $1-2\times2=-3$

③ $2\times1+2=4\neq5$

④ $3\times1-4\times2=-5\neq5$

⑤ $5\times1-2\times2-1=0$

따라서 $x=1$, $y=2$를 해로 갖는 것은 ②, ⑤이다.

답 ②, ⑤

06 x, y가 6 이하의 자연수일 때, $2x-y=7$의 해는
$(4, 1)$, $(5, 3)$, $(6, 5)$이다. 답 $(4, 1)$, $(5, 3)$, $(6, 5)$

07 x, y가 자연수일 때, $3x+2y=21$의 해는
$(1, 9)$, $(3, 6)$, $(5, 3)$ … ❶
의 3개이다. … ❷

답 3개

채점 기준	배점
❶ 순서쌍 (x, y) 모두 구하기	60%
❷ 순서쌍 (x, y)의 개수 구하기	40%

참고 미지수가 2개인 일차방정식의 해는 무수히 많지만 미지수의 범위를 자연수로 제한하면 해의 개수는 유한개가 될 수 있다.

08 $x=2$, $y=-1$을 $ax+y-1=0$에 대입하면
$2a-1-1=0$, $2a=2$ $\quad\therefore a=1$ 답 ③

09 $x=-3$, $y=k$를 $4x+5y=3$에 대입하면
$-12+5k=3$, $5k=15$ $\quad\therefore k=3$ 답 ⑤

10 $x=3$, $y=1$을 $2x+ay-3=0$에 대입하면
$6+a-3=0$ $\quad\therefore a=-3$
$y=-3$을 $2x-3y-3=0$에 대입하면
$2x+9-3=0$, $2x=-6$ $\quad\therefore x=-3$ 답 ①

11 $x=4$, $y=2$를 $bx-5y=2$에 대입하면
$4b-10=2$, $4b=12$ $\quad\therefore b=3$ … ❶
$x=a+1$, $y=-1$을 $3x-5y=2$에 대입하면
$3(a+1)+5=2$, $3a=-6$ $\quad\therefore a=-2$ … ❷
$\therefore a+2b=-2+2\times3=4$ … ❸

답 4

채점 기준	배점
❶ b의 값 구하기	40%
❷ a의 값 구하기	40%
❸ $a+2b$의 값 구하기	20%

12 총 12골을 성공하였으므로 $x+y=12$
총 28점을 득점하였으므로 $2x+3y=28$
$\therefore \begin{cases} x+y=12 \\ 2x+3y=28 \end{cases}$ 답 ③

13 동전이 모두 8개이므로 $x+y=8$
전체 금액이 2000원이므로 $100x+500y=2000$
$\therefore \begin{cases} x+y=8 \\ 100x+500y=2000 \end{cases}$
따라서 $a=8$, $b=500$, $c=2000$이므로
$\dfrac{ab}{c}=\dfrac{8\times500}{2000}=2$ 답 2

14 총 이동한 거리는 2 km이므로 $x+y=2$
총 걸린 시간은 20분, 즉 $\dfrac{20}{60}=\dfrac{1}{3}$(시간)이므로 $\dfrac{x}{6}+\dfrac{y}{4}=\dfrac{1}{3}$
따라서 필요한 식은 ㄱ, ㄹ이다. 답 ㄱ, ㄹ

15 ③ $x=1$, $y=-2$를 주어진 연립방정식에 대입하면
$\begin{cases} 1-(-2)=3 \\ 2\times1-(-2)=4 \end{cases}$ 답 ③

16 x, y가 자연수일 때, $2x+y=8$의 해는
$(1, 6)$, $(2, 4)$, $(3, 2)$
x, y가 자연수일 때, $3x-2y=5$의 해는
$(3, 2)$, $(5, 5)$, $(7, 8)$, $(9, 11)$, $\cdots$
따라서 주어진 연립방정식의 해는 $(3, 2)$이다. 답 $(3, 2)$

17 $x=3$, $y=-4$를 $ax+y=2$에 대입하면
$3a-4=2$, $3a=6$ $\quad\therefore a=2$
$x=3$, $y=-4$를 $3x-by=5$에 대입하면
$9+4b=5$, $4b=-4$ $\quad\therefore b=-1$
$\therefore a+b=2+(-1)=1$ 답 1

18 $x=b$, $y=-1$을 $3x+5y=7$에 대입하면
$3b-5=7$, $3b=12$ $\quad\therefore b=4$ … ❶
$x=4$, $y=-1$을 $x-4y=a$에 대입하면
$4+4=a$ $\quad\therefore a=8$ … ❷
$\therefore a-b=8-4=4$ … ❸

답 4

채점 기준	배점
❶ b의 값 구하기	40%
❷ a의 값 구하기	40%
❸ $a-b$의 값 구하기	20%

19 $\begin{cases} 5x-2y=-1 & \cdots\cdots ㉠ \\ 8x+3y=17 & \cdots\cdots ㉡ \end{cases}$
㉠$\times3+$㉡$\times2$를 하면 $31x=31$ $\quad\therefore x=1$
$x=1$을 ㉠에 대입하면 $5-2y=-1$
$-2y=-6$ $\quad\therefore y=3$
따라서 $a=1$, $b=3$이므로
$b-a=3-1=2$ 답 ④

20 ④ ㉠$\times3+$㉡$\times4$를 하면 $23x=23$
따라서 y가 없어진다. 답 ④

참고 ① ㉠$\times2-$㉡$\times5$를 하면 $23y=23$이므로 x가 없어진다.

21 $\begin{cases} 2x+3y=-4 & \cdots\cdots ㉠ \\ 3x-4y=11 & \cdots\cdots ㉡ \end{cases}$

㉠×3−㉡×2를 하면 $17y=-34$　　$\therefore y=-2$

$y=-2$를 ㉠에 대입하면 $2x-6=-4$

$2x=2$　　$\therefore x=1$　　⋯ ❶

$x=1$, $y=-2$를 $5x+ay=7$에 대입하면

$5-2a=7$, $-2a=2$　　$\therefore a=-1$　　⋯ ❷

답 -1

채점 기준	배점
❶ 주어진 연립방정식 풀기	60%
❷ a의 값 구하기	40%

보충 TIP

$\begin{cases} 2x+3y=-4 & \cdots\cdots ㉠ \\ 3x-4y=11 & \cdots\cdots ㉡ \end{cases}$ 에서

x를 없애는 식 ➡ ㉠×3−㉡×2

y를 없애는 식 ➡ ㉠×4+㉡×3

이때 x를 없애서 계산하는 것이 더 간단하다.

22 $\begin{cases} x=2-y & \cdots\cdots ㉠ \\ 3x-4y=-1 & \cdots\cdots ㉡ \end{cases}$

㉠을 ㉡에 대입하면 $3(2-y)-4y=-1$

$-7y=-7$　　$\therefore y=1$

$y=1$을 ㉠에 대입하면 $x=2-1=1$

따라서 $a=1$, $b=1$이므로

$a+b=1+1=2$　　답 2

23 ㉠을 ㉡에 대입하면 $2x-3(-2x+2)=14$

$8x=20$　　$\therefore k=8$　　답 ④

24 $\begin{cases} x-2y=-1 & \cdots\cdots ㉠ \\ 5x-7y=4 & \cdots\cdots ㉡ \end{cases}$

㉠에서 $x=2y-1$　　⋯⋯ ㉢

㉢을 ㉡에 대입하면 $5(2y-1)-7y=4$

$3y=9$　　$\therefore y=3$

$y=3$을 ㉢에 대입하면 $x=6-1=5$　　답 $x=5$, $y=3$

25 $\begin{cases} y=5x-9 & \cdots\cdots ㉠ \\ y=-3x+7 & \cdots\cdots ㉡ \end{cases}$

㉠을 ㉡에 대입하면 $5x-9=-3x+7$

$8x=16$　　$\therefore x=2$

$x=2$를 ㉠에 대입하면 $y=10-9=1$　　⋯ ❶

$x=2$, $y=1$을 $4x-2y=a$에 대입하면

$8-2=a$　　$\therefore a=6$　　⋯ ❷

답 6

채점 기준	배점
❶ 주어진 연립방정식 풀기	60%
❷ a의 값 구하기	40%

26 주어진 연립방정식을 정리하면

$\begin{cases} 6x+y=8 & \cdots\cdots ㉠ \\ 3x-2y=-1 & \cdots\cdots ㉡ \end{cases}$

㉠×2+㉡을 하면 $15x=15$　　$\therefore x=1$

$x=1$을 ㉠에 대입하면 $6+y=8$　　$\therefore y=2$

$\therefore x+y=1+2=3$　　답 ⑤

27 주어진 연립방정식을 정리하면

$\begin{cases} x+4y=-9 & \cdots\cdots ㉠ \\ 3x-4y=5 & \cdots\cdots ㉡ \end{cases}$

㉠+㉡을 하면 $4x=-4$　　$\therefore x=-1$

$x=-1$을 ㉠에 대입하면 $-1+4y=-9$

$4y=-8$　　$\therefore y=-2$　　답 $x=-1$, $y=-2$

28 주어진 연립방정식을 정리하면

$\begin{cases} 3x-y=2 & \cdots\cdots ㉠ \\ 4x-3y=-4 & \cdots\cdots ㉡ \end{cases}$

㉠×3−㉡을 하면 $5x=10$　　$\therefore x=2$

$x=2$를 ㉠에 대입하면 $6-y=2$　　$\therefore y=4$

따라서 $a=2$, $b=4$이므로

$ab=2\times4=8$　　답 8

29 주어진 연립방정식을 정리하면

$\begin{cases} -x+4y=2 & \cdots\cdots ㉠ \\ 2x+y=5 & \cdots\cdots ㉡ \end{cases}$

㉠×2+㉡을 하면 $9y=9$　　$\therefore y=1$

$y=1$을 ㉠에 대입하면 $-x+4=2$　　$\therefore x=2$

$x=2$, $y=1$을 $3x-ay=5$에 대입하면

$6-a=5$　　$\therefore a=1$　　답 ③

30 $\begin{cases} 0.2x-0.5y=0.8 & \cdots\cdots ㉠ \\ \dfrac{x-1}{2}-\dfrac{y+1}{3}=-\dfrac{2}{3} & \cdots\cdots ㉡ \end{cases}$ 에서

㉠×10, ㉡×6을 하면

$\begin{cases} 2x-5y=8 \\ 3(x-1)-2(y+1)=-4 \end{cases}$, 즉 $\begin{cases} 2x-5y=8 & \cdots\cdots ㉢ \\ 3x-2y=1 & \cdots\cdots ㉣ \end{cases}$

㉢×3−㉣×2를 하면 $-11y=22$　　$\therefore y=-2$

$y=-2$를 ㉢에 대입하면 $2x+10=8$

$2x=-2$　　$\therefore x=-1$　　답 $x=-1$, $y=-2$

31 $\begin{cases} 0.3x-0.7y=0.4 & \cdots\cdots ㉠ \\ 0.02x-0.05y=0.01 & \cdots\cdots ㉡ \end{cases}$에서

㉠×10, ㉡×100을 하면

$\begin{cases} 3x-7y=4 & \cdots\cdots ㉢ \\ 2x-5y=1 & \cdots\cdots ㉣ \end{cases}$

㉢×2−㉣×3을 하면 $y=5$

$y=5$를 ㉣에 대입하면 $2x-25=1$, $2x=26$ $\therefore x=13$

$\therefore x+y=13+5=18$

답 18

32 $\begin{cases} \frac{1}{3}x+\frac{1}{4}y=-\frac{5}{2} & \cdots\cdots ㉠ \\ \frac{x+2}{4}-\frac{y-2}{2}=1 & \cdots\cdots ㉡ \end{cases}$에서

㉠×12, ㉡×4를 하면

$\begin{cases} 4x+3y=-30 \\ x+2-2(y-2)=4 \end{cases}$, 즉 $\begin{cases} 4x+3y=-30 & \cdots\cdots ㉢ \\ x-2y=-2 & \cdots\cdots ㉣ \end{cases}$

㉢−㉣×4를 하면 $11y=-22$ $\therefore y=-2$

$y=-2$를 ㉣에 대입하면 $x+4=-2$ $\therefore x=-6$

따라서 $a=-6$, $b=-2$이므로

$b-a=-2-(-6)=4$

답 ④

33 $\begin{cases} 0.\dot{3}x-0.\dot{5}y=0.\dot{4} \\ \frac{1}{3}x+\frac{1}{6}y=-1 \end{cases}$에서 $\begin{cases} \frac{3}{9}x-\frac{5}{9}y=\frac{4}{9} & \cdots\cdots ㉠ \\ \frac{1}{3}x+\frac{1}{6}y=-1 & \cdots\cdots ㉡ \end{cases}$

㉠×9, ㉡×6을 하면

$\begin{cases} 3x-5y=4 & \cdots\cdots ㉢ \\ 2x+y=-6 & \cdots\cdots ㉣ \end{cases}$

㉢+㉣×5를 하면 $13x=-26$ $\therefore x=-2$

$x=-2$를 ㉣에 대입하면 $-4+y=-6$ $\therefore y=-2$

답 $x=-2$, $y=-2$

보충 TIP 계수가 순환소수이면 순환소수를 분수로 고친 후 푼다.
➜ $0.\dot{a}=\frac{a}{9}$, $0.\dot{a}\dot{b}=\frac{ab}{99}$

34 주어진 방정식에서

$\begin{cases} 4x+y+4=x+6 \\ 5x-2y=x+6 \end{cases}$, 즉 $\begin{cases} 3x+y=2 & \cdots\cdots ㉠ \\ 4x-2y=6 & \cdots\cdots ㉡ \end{cases}$

㉠×2+㉡을 하면 $10x=10$ $\therefore x=1$

$x=1$을 ㉠에 대입하면 $3+y=2$ $\therefore y=-1$

답 $x=1$, $y=-1$

35 주어진 방정식에서

$\begin{cases} 2x+y-2=x \\ 3x-y+5=x \end{cases}$, 즉 $\begin{cases} x+y=2 & \cdots\cdots ㉠ \\ 2x-y=-5 & \cdots\cdots ㉡ \end{cases}$

㉠+㉡을 하면 $3x=-3$ $\therefore x=-1$

$x=-1$을 ㉠에 대입하면 $-1+y=2$ $\therefore y=3$ 답 ②

36 주어진 방정식에서

$\begin{cases} \frac{x+2y+3}{4}=3 & \cdots\cdots ㉠ \\ \frac{x-y}{2}=3 & \cdots\cdots ㉡ \end{cases}$

㉠×4, ㉡×2를 하여 정리하면

$\begin{cases} x+2y=9 & \cdots\cdots ㉢ \\ x-y=6 & \cdots\cdots ㉣ \end{cases}$ … ❶

㉢−㉣을 하면 $3y=3$ $\therefore y=1$

$y=1$을 ㉣에 대입하면 $x-1=6$ $\therefore x=7$ … ❷

따라서 $a=7$, $b=1$이므로 … ❸

$a-b=7-1=6$ … ❹

답 6

채점 기준	배점
❶ 주어진 방정식을 연립방정식으로 나타내기	20%
❷ 연립방정식 풀기	40%
❸ a, b의 값 각각 구하기	20%
❹ $a-b$의 값 구하기	20%

37 주어진 방정식에서

$\begin{cases} 3x+y=x+1 & \cdots\cdots ㉠ \\ ax+4y-2=x+1 & \cdots\cdots ㉡ \end{cases}$

$x=1$, $y=b$를 ㉠에 대입하면 $3+b=2$ $\therefore b=-1$

$x=1$, $y=-1$을 ㉡에 대입하면 $a-4-2=2$ $\therefore a=8$

$\therefore a+b=8+(-1)=7$

답 7

38 $x=3$, $y=-1$을 주어진 연립방정식에 대입하면

$\begin{cases} 3a-b=15 & \cdots\cdots ㉠ \\ a+3b=-5 & \cdots\cdots ㉡ \end{cases}$

㉠×3+㉡을 하면 $10a=40$ $\therefore a=4$

$a=4$를 ㉠에 대입하면 $12-b=15$ $\therefore b=-3$

$\therefore a+b=4+(-3)=1$

답 1

39 $x=2$, $y=3$을 주어진 연립방정식에 대입하면

$\begin{cases} 2a-3b=-8 & \cdots\cdots ㉠ \\ 2a+6b=10 & \cdots\cdots ㉡ \end{cases}$

㉠−㉡을 하면 $-9b=-18$ $\therefore b=2$

$b=2$를 ㉠에 대입하면 $2a-6=-8$

$2a=-2$ $\therefore a=-1$

$\therefore b-a=2-(-1)=3$

답 3

40 주어진 연립방정식의 해는 세 일차방정식을 모두 만족시키므로

$\begin{cases} 2x-y=-7 & \cdots\cdots ㉠ \\ 4x-5y=1 & \cdots\cdots ㉡ \end{cases}$

의 해와 같다.

㉠×5−㉡을 하면 $6x=-36$ $\therefore x=-6$

$x=-6$을 ㉠에 대입하면 $-12-y=-7$ $\therefore y=-5$

$x=-6$, $y=-5$를 $4x+ay=6$에 대입하면

$-24-5a=6$, $-5a=30$ $\therefore a=-6$ 답 -6

41 주어진 연립방정식의 해는 세 일차방정식을 모두 만족시키므로

$\begin{cases} 0.3x-0.4y=0.5 \\ x+2y=5 \end{cases}$, 즉 $\begin{cases} 3x-4y=5 & \cdots\cdots ㉠ \\ x+2y=5 & \cdots\cdots ㉡ \end{cases}$

의 해와 같다.

㉠+㉡×2를 하면 $5x=15$ $\therefore x=3$

$x=3$을 ㉡에 대입하면 $3+2y=5$ $\therefore y=1$

$\therefore p=3$, $q=1$

$x=3$, $y=1$을 $2x-3y=a$에 대입하면

$6-3=a$ $\therefore a=3$

$\therefore a+p+q=3+3+1=7$ 답 7

42 x의 값이 y의 값의 2배이므로 $x=2y$

$\begin{cases} 3x-y=5 & \cdots\cdots ㉠ \\ x=2y & \cdots\cdots ㉡ \end{cases}$

㉡을 ㉠에 대입하면 $6y-y=5$, $5y=5$ $\therefore y=1$

$y=1$을 ㉡에 대입하면 $x=2$

$x=2$, $y=1$을 $x+ay=4$에 대입하면

$2+a=4$ $\therefore a=2$ 답 2

43 y의 값이 x의 값보다 3만큼 크므로 $y=x+3$

$\begin{cases} x+y=1 & \cdots\cdots ㉠ \\ y=x+3 & \cdots\cdots ㉡ \end{cases}$

㉡을 ㉠에 대입하면 $x+x+3=1$, $2x=-2$ $\therefore x=-1$

$x=-1$을 ㉡에 대입하면 $y=-1+3=2$

$x=-1$, $y=2$를 $2x-y=1-k$에 대입하면

$-2-2=1-k$ $\therefore k=5$ 답 5

44 x와 y의 값의 비가 3 : 1이므로 $x : y=3 : 1$

$\therefore x=3y$ … ❶

$\begin{cases} x-4y=-1 & \cdots\cdots ㉠ \\ x=3y & \cdots\cdots ㉡ \end{cases}$

㉡을 ㉠에 대입하면 $3y-4y=-1$, $-y=-1$ $\therefore y=1$

$y=1$을 ㉡에 대입하면 $x=3$ … ❷

$x=3$, $y=1$을 $2ax-3y=9$에 대입하면

$6a-3=9$, $6a=12$ $\therefore a=2$ … ❸

답 2

채점 기준	배점
❶ 주어진 조건을 식으로 나타내기	30%
❷ 연립방정식 풀기	50%
❸ a의 값 구하기	20%

45 x와 y의 값의 합이 4이므로 $x+y=4$

$\begin{cases} x+0.3y=-0.2 & \cdots\cdots ㉠ \\ x+y=4 & \cdots\cdots ㉡ \end{cases}$

㉠×10을 하면 $10x+3y=-2$ ⋯⋯ ㉢

㉡×3−㉢을 하면 $-7x=14$ $\therefore x=-2$

$x=-2$를 ㉡에 대입하면 $-2+y=4$ $\therefore y=6$

$x=-2$, $y=6$을 $5x+3y=4a$에 대입하면

$-10+18=4a$, $4a=8$ $\therefore a=2$ 답 ①

46 $3x+2y=4$의 y의 계수를 k로 잘못 보았다고 하면

$\begin{cases} 2x+y=5 & \cdots\cdots ㉠ \\ 3x+ky=4 & \cdots\cdots ㉡ \end{cases}$

㉠에 $x=6$을 대입하면 $12+y=5$ $\therefore y=-7$

$x=6$, $y=-7$을 ㉡에 대입하면 $18-7k=4$

$7k=14$ $\therefore k=2$

따라서 y의 계수를 2로 잘못 보았다. 답 2

47 $x=1$, $y=-2$는 $\begin{cases} bx+ay=-1 \\ ax-by=3 \end{cases}$의 해이므로

$\begin{cases} -2a+b=-1 & \cdots\cdots ㉠ \\ a+2b=3 & \cdots\cdots ㉡ \end{cases}$

㉠+㉡×2를 하면 $5b=5$ $\therefore b=1$

$b=1$을 ㉡에 대입하면 $a+2=3$ $\therefore a=1$

따라서 처음 연립방정식은 $\begin{cases} x+y=-1 & \cdots\cdots ㉢ \\ x-y=3 & \cdots\cdots ㉣ \end{cases}$

㉢+㉣을 하면 $2x=2$ $\therefore x=1$

$x=1$을 ㉢에 대입하면 $1+y=-1$ $\therefore y=-2$ 답 ④

48 유리는 a를 잘못 보고 풀었으므로

$x=-3$, $y=-3$은 $4x-by=3$의 해이다.

$-12+3b=3$, $3b=15$ $\therefore b=5$ … ❶

민서는 b를 잘못 보고 풀었으므로

$x=-4$, $y=3$은 $x+3y=a$의 해이다.

$-4+9=a$ $\therefore a=5$ … ❷

따라서 처음 연립방정식은 $\begin{cases} x+3y=5 & \cdots\cdots ㉠ \\ 4x-5y=3 & \cdots\cdots ㉡ \end{cases}$

㉠×4−㉡을 하면 $17y=17$ $\therefore y=1$

$y=1$을 ㉠에 대입하면 $x+3=5$ $\therefore x=2$ … ❸

답 $x=2$, $y=1$

채점 기준	배점
❶ b의 값 구하기	30%
❷ a의 값 구하기	30%
❸ 처음 연립방정식 풀기	40%

49 두 연립방정식의 해는

$\begin{cases} x-y=9 & \cdots\cdots ㉠ \\ 3x+y=7 & \cdots\cdots ㉡ \end{cases}$

의 해와 같다.

㉠+㉡을 하면 $4x=16$ $\quad\therefore x=4$

$x=4$를 ㉠에 대입하면 $4-y=9$ $\quad\therefore y=-5$

$x=4$, $y=-5$를 $2x+y=a$에 대입하면

$8-5=a$ $\quad\therefore a=3$

$x=4$, $y=-5$를 $x+by=-1$에 대입하면

$4-5b=-1$, $-5b=-5$ $\quad\therefore b=1$

$\therefore a+b=3+1=4$

답 ③

50 네 일차방정식의 공통인 해는

$\begin{cases} y=2x-1 & \cdots\cdots ㉠ \\ x+3y=4 & \cdots\cdots ㉡ \end{cases}$

의 해와 같다.

㉠을 ㉡에 대입하면 $x+6x-3=4$

$7x=7$ $\quad\therefore x=1$

$x=1$을 ㉠에 대입하면 $y=2-1=1$ …❶

$x=1$, $y=1$을 $ax+y=5$에 대입하면

$a+1=5$ $\quad\therefore a=4$ …❷

$x=1$, $y=1$을 $7x-5by=2$에 대입하면

$7-5b=2$, $-5b=-5$ $\quad\therefore b=1$ …❸

답 $a=4$, $b=1$

채점 기준	배점
❶ 공통인 해 구하기	60%
❷ a의 값 구하기	20%
❸ b의 값 구하기	20%

51 두 연립방정식의 해는

$\begin{cases} x-(2y-1)=-3 \\ 2x+3y=13 \end{cases}$, 즉 $\begin{cases} x-2y=-4 & \cdots\cdots ㉠ \\ 2x+3y=13 & \cdots\cdots ㉡ \end{cases}$

의 해와 같다.

㉠×2−㉡을 하면 $-7y=-21$ $\quad\therefore y=3$

$y=3$을 ㉠에 대입하면 $x-6=-4$ $\quad\therefore x=2$

$x=2$, $y=3$을 $a(x+2)+by=10$에 대입하면

$4a+3b=10$ $\quad\cdots\cdots ㉢$

$x=2$, $y=3$을 $bx-ay=1$에 대입하면

$-3a+2b=1$ $\quad\cdots\cdots ㉣$

㉢×2−㉣×3을 하면 $17a=17$ $\quad\therefore a=1$

$a=1$을 ㉣에 대입하면 $-3+2b=1$

$2b=4$ $\quad\therefore b=2$

$\therefore ab=1\times2=2$

답 2

52 $\begin{cases} 3x-5y=a \\ bx-10y=4 \end{cases}$, 즉 $\begin{cases} 6x-10y=2a \\ bx-10y=4 \end{cases}$의 해가 무수히 많으므로 $6=b$, $2a=4$ $\quad\therefore a=2$, $b=6$

답 ③

53 ③ $\begin{cases} x-2y=-1 \\ 5x-10y=-5 \end{cases}$, 즉 $\begin{cases} 5x-10y=-5 \\ 5x-10y=-5 \end{cases}$이므로 해가 무수히 많다.

⑤ $\begin{cases} 4x+6y=8 \\ 2x+3y=4 \end{cases}$, 즉 $\begin{cases} 4x+6y=8 \\ 4x+6y=8 \end{cases}$이므로 해가 무수히 많다.

답 ③, ⑤

다른 풀이 ③ $\frac{1}{5}=\frac{-2}{-10}=\frac{-1}{-5}$이므로 해가 무수히 많다.

⑤ $\frac{4}{2}=\frac{6}{3}=\frac{8}{4}$이므로 해가 무수히 많다.

54 $\begin{cases} \frac{x}{4}-\frac{y}{3}=1 \\ ax+by=12 \end{cases}$, 즉 $\begin{cases} 3x-4y=12 \\ ax+by=12 \end{cases}$의 해가 무수히 많으므로

$a=3$, $b=-4$

$\therefore ab=3\times(-4)=-12$

답 -12

55 $\begin{cases} 2x-ay=3 \\ 8x-12y=10 \end{cases}$, 즉 $\begin{cases} 8x-4ay=12 \\ 8x-12y=10 \end{cases}$의 해가 없으므로

$-4a=-12$ $\quad\therefore a=3$

답 ②

56 ① $\begin{cases} x-2y=3 \\ 2x-4y=1 \end{cases}$, 즉 $\begin{cases} 2x-4y=6 \\ 2x-4y=1 \end{cases}$이므로 해가 없다.

③ $\begin{cases} -x+2y=-2 \\ 4x-8y=-8 \end{cases}$, 즉 $\begin{cases} 4x-8y=8 \\ 4x-8y=-8 \end{cases}$이므로 해가 없다.

답 ①, ③

다른 풀이 ① $\frac{1}{2}=\frac{-2}{-4}\neq\frac{3}{1}$이므로 해가 없다.

③ $\frac{-2}{4}=\frac{2}{-8}\neq\frac{-2}{-8}$이므로 해가 없다.

57 $\begin{cases} x-3y=-1 \\ -2x+(a+1)y=2 \end{cases}$, 즉 $\begin{cases} -2x+6y=2 \\ -2x+(a+1)y=2 \end{cases}$의 해가 무수히 많으므로 $a+1=6$ $\quad\therefore a=5$ …❶

$\begin{cases} bx+y=-3 \\ 12x+3y=9 \end{cases}$, 즉 $\begin{cases} 3bx+3y=-9 \\ 12x+3y=9 \end{cases}$의 해가 없으므로

$3b=12$ $\quad\therefore b=4$ …❷

$\therefore a+b=5+4=9$ …❸

답 9

채점 기준	배점
❶ a의 값 구하기	40%
❷ b의 값 구하기	40%
❸ $a+b$의 값 구하기	20%

Real 실전 기출 92~94쪽

01 ③ $xy+x^2=x^2-3$에서 $xy+3=0$
이때 xy는 x, y에 대하여 차수가 2이므로 일차방정식이 아니다.
④ $\frac{1}{x}+\frac{1}{y}=1$에서 x, y가 분모에 있으므로 일차방정식이 아니다.
⑤ $3x-2y=2(x-2y)$에서 $x+2y=0$이므로 미지수가 2개인 일차방정식이다. 답 ②, ⑤

02 ① $-3+2=-1\neq5$
② $2+2\times2=6\neq4$
③ $4\times1-1=3$
④ $2\times(-1)+3\times1=1\neq0$
⑤ $3\times(-3)-4\times(-4)=7\neq9$ 답 ③

03 $0.\dot{2}x-0.\dot{5}y=1.\dot{4}$에서 $\frac{2}{9}x-\frac{5}{9}y=\frac{13}{9}$
양변에 9를 곱하면 $2x-5y=13$
$x=a$, $y=1$을 이 식에 대입하면
$2a-5=13$, $2a=18$ $\therefore a=9$ 답 9

04 $x=-3$을 $2x-y=1$에 대입하면
$-6-y=1$ $\therefore y=-7$
$x=-3$, $y=-7$을 $3x+ay=5$에 대입하면
$-9-7a=5$, $-7a=14$ $\therefore a=-2$ 답 ②

05 ① ㉠$\times2-$㉡$\times3$을 하면 $17y=17$
따라서 x가 없어진다. 답 ①

06 ① $\begin{cases} x+y=4 & \cdots\cdots ㉠ \\ x-4y=-1 & \cdots\cdots ㉡ \end{cases}$
㉠$-$㉡을 하면 $5y=5$ $\therefore y=1$
$y=1$을 ㉠에 대입하면 $x+1=4$ $\therefore x=3$
② $\begin{cases} x-y=2 & \cdots\cdots ㉠ \\ 2x+y=7 & \cdots\cdots ㉡ \end{cases}$
㉠$+$㉡을 하면 $3x=9$ $\therefore x=3$
$x=3$을 ㉠에 대입하면 $3-y=2$ $\therefore y=1$
③ $\begin{cases} x+2y=5 & \cdots\cdots ㉠ \\ x+3y=6 & \cdots\cdots ㉡ \end{cases}$
㉠$-$㉡을 하면 $-y=-1$ $\therefore y=1$
$y=1$을 ㉠에 대입하면 $x+2=5$ $\therefore x=3$
④ $\begin{cases} x-2y=1 & \cdots\cdots ㉠ \\ 2x-y=5 & \cdots\cdots ㉡ \end{cases}$
㉠$\times2-$㉡을 하면 $-3y=-3$ $\therefore y=1$
$y=1$을 ㉠에 대입하면 $x-2=1$ $\therefore x=3$
⑤ $\begin{cases} 4x-y=2 & \cdots\cdots ㉠ \\ y=3x & \cdots\cdots ㉡ \end{cases}$
㉡을 ㉠에 대입하면 $4x-3x=2$ $\therefore x=2$
$x=2$를 ㉡에 대입하면 $y=6$ 답 ⑤

07 주어진 연립방정식을 정리하면
$\begin{cases} -3x+4y=11 & \cdots\cdots ㉠ \\ 2x-4y=-14 & \cdots\cdots ㉡ \end{cases}$
㉠$+$㉡을 하면 $-x=-3$ $\therefore x=3$
$x=3$을 ㉠에 대입하면 $-9+4y=11$
$4y=20$ $\therefore y=5$
따라서 $a=3$, $b=5$이므로 $a+b=3+5=8$ 답 8

08 $\begin{cases} 0.05x+0.01y=0.2 & \cdots\cdots ㉠ \\ \frac{x}{3}-\frac{y+1}{4}=\frac{8}{3} & \cdots\cdots ㉡ \end{cases}$에서
㉠$\times100$, ㉡$\times12$를 하면
$\begin{cases} 5x+y=20 \\ 4x-3(y+1)=32 \end{cases}$, 즉 $\begin{cases} 5x+y=20 & \cdots\cdots ㉢ \\ 4x-3y=35 & \cdots\cdots ㉣ \end{cases}$
㉢$\times3+$㉣을 하면 $19x=95$ $\therefore x=5$
$x=5$를 ㉢에 대입하면 $25+y=20$ $\therefore y=-5$
$x=5$, $y=-5$를 $2x-ay=5$에 대입하면
$10+5a=5$, $5a=-5$ $\therefore a=-1$ 답 ③

09 $x=-2$, $y=1$을 $ax+by=-3$에 대입하면
$-2a+b=-3$ ⋯⋯ ㉠
$x=5$, $y=-1$을 $ax+by=-3$에 대입하면
$5a-b=-3$ ⋯⋯ ㉡
㉠$+$㉡을 하면 $3a=-6$ $\therefore a=-2$
$a=-2$를 ㉠에 대입하면 $4+b=-3$ $\therefore b=-7$
$\therefore a-b=-2-(-7)=5$ 답 ⑤

10 $x=3$, $y=-1$을 $ax+by=2ax+4by=x+y$에 대입하면
$3a-b=6a-4b=2$, 즉 $\begin{cases} 3a-b=2 & \cdots\cdots ㉠ \\ 6a-4b=2 & \cdots\cdots ㉡ \end{cases}$
㉠$\times2-$㉡을 하면 $2b=2$ $\therefore b=1$
$b=1$을 ㉠에 대입하면 $3a-1=2$, $3a=3$ $\therefore a=1$
$\therefore a+b=1+1=2$ 답 2

11 갑은 a를 잘못 보고 풀었으므로
$x=1$, $y=1$은 $3x+by=2$의 해이다.
$3+b=2$ $\therefore b=-1$
을은 b를 잘못 보고 풀었으므로
$x=3$, $y=-1$은 $ax-y=7$의 해이다.
$3a+1=7$, $3a=6$ $\therefore a=2$

따라서 처음 연립방정식은 $\begin{cases} 2x-y=7 & \cdots\cdots \text{㉠} \\ 3x-y=2 & \cdots\cdots \text{㉡} \end{cases}$

㉠−㉡을 하면 $-x=5$ $\quad\therefore x=-5$

$x=-5$를 ㉠에 대입하면 $-10-y=7$ $\quad\therefore y=-17$

답 $x=-5,\ y=-17$

12 $\begin{cases} ax+y=1 \\ 6x+3y=b \end{cases}$, 즉 $\begin{cases} 3ax+3y=3 \\ 6x+3y=b \end{cases}$의 해가 없으려면

$3a=6$에서 $a=2,\ b\neq3$

따라서 $a,\ b$가 5 이하의 자연수일 때, 순서쌍 $(a,\ b)$는

$(2,\ 1),\ (2,\ 2),\ (2,\ 4),\ (2,\ 5)$의 4개이다. 답 4

13 $\begin{cases} 1:(y+1)=2:(x+8) \\ \frac{7}{2}x+4y=1 \end{cases}$을 정리하면

$\begin{cases} x-2y=-6 & \cdots\cdots \text{㉠} \\ 7x+8y=2 & \cdots\cdots \text{㉡} \end{cases}$

㉠×4+㉡을 하면 $11x=-22$ $\quad\therefore x=-2$

$x=-2$를 ㉠에 대입하면 $-2-2y=-6$

$-2y=-4$ $\quad\therefore y=2$

$x=-2,\ y=2$를 $\frac{2x+1}{3}-\frac{x-ay}{5}=3$에 대입하면

$\frac{-4+1}{3}-\frac{-2-2a}{5}=3,\ \frac{2+2a}{5}=4$

$2a=18$ $\quad\therefore a=9$ 답 9

14 $\frac{1}{x}=A,\ \frac{1}{y}=B$로 놓으면

$\begin{cases} 3A-2B=-8 & \cdots\cdots \text{㉠} \\ A+4B=2 & \cdots\cdots \text{㉡} \end{cases}$

㉠−㉡×3을 하면 $-14B=-14$ $\quad\therefore B=1$

$B=1$을 ㉡에 대입하면 $A+4=2$ $\quad\therefore A=-2$

$A=\frac{1}{x}=-2,\ B=\frac{1}{y}=1$이므로 $x=-\frac{1}{2},\ y=1$

$\therefore 2x+y=2\times\left(-\frac{1}{2}\right)+1=0$ 답 0

15 $\begin{cases} bx+5y=7 & \cdots\cdots \text{㉠} \\ x+2y=5 & \cdots\cdots \text{㉡} \end{cases}$의 해를 $x=m,\ y=n$이라 하면

$\begin{cases} 3x-2y=-3 & \cdots\cdots \text{㉢} \\ 5x+ay=9 & \cdots\cdots \text{㉣} \end{cases}$의 해는 $x=3m,\ y=3n$이다.

$x=m,\ y=n$을 ㉡에 대입하면

$m+2n=5$ $\quad\cdots\cdots$ ㉤

$x=3m,\ y=3n$을 ㉢에 대입하면

$9m-6n=-3$ $\quad\cdots\cdots$ ㉥

㉤×3+㉥을 하면 $12m=12$ $\quad\therefore m=1$

$m=1$을 ㉤에 대입하면 $1+2n=5,\ 2n=4$ $\quad\therefore n=2$

$x=1,\ y=2$를 ㉠에 대입하면

$b+10=7$ $\quad\therefore b=-3$

$x=3,\ y=6$을 ㉣에 대입하면

$15+6a=9,\ 6a=-6$ $\quad\therefore a=-1$

답 $a=-1,\ b=-3$

16 $x=2,\ y=1$을 $a(x+1)-(a+2)y=4$에 대입하면

$3a-(a+2)=4,\ 2a-2=4,\ 2a=6$ $\quad\therefore a=3$ $\quad\cdots$ ❶

$x=-3$을 $3(x+1)-5y=4$에 대입하면

$-6-5y=4,\ -5y=10$ $\quad\therefore y=-2$ $\quad\cdots$ ❷

답 −2

채점 기준	배점
❶ a의 값 구하기	50%
❷ $x=-3$일 때, y의 값 구하기	50%

17 주어진 세 일차방정식을 만족시키는 해는

$\begin{cases} x+2y=4 & \cdots\cdots \text{㉠} \\ 2x-3y=-13 & \cdots\cdots \text{㉡} \end{cases}$ $\quad\cdots$ ❶

의 해와 같다.

㉠×2−㉡을 하면 $7y=21$ $\quad\therefore y=3$

$y=3$을 ㉠에 대입하면 $x+6=4$ $\quad\therefore x=-2$ $\quad\cdots$ ❷

$x=-2,\ y=3$을 $ax+3y=5$에 대입하면

$-2a+9=5,\ -2a=-4$ $\quad\therefore a=2$ $\quad\cdots$ ❸

답 2

채점 기준	배점
❶ 연립방정식 세우기	30%
❷ 연립방정식 풀기	40%
❸ a의 값 구하기	30%

18 두 연립방정식의 해는

$\begin{cases} 6x+5y=-8 & \cdots\cdots \text{㉠} \\ 3x+7y=5 & \cdots\cdots \text{㉡} \end{cases}$ $\quad\cdots$ ❶

의 해와 같다.

㉠−㉡×2를 하면 $-9y=-18$ $\quad\therefore y=2$

$y=2$를 ㉡에 대입하면 $3x+14=5$

$3x=-9$ $\quad\therefore x=-3$ $\quad\cdots$ ❷

$x=-3,\ y=2$를 $ax+4y=11$에 대입하면

$-3a+8=11,\ -3a=3$ $\quad\therefore a=-1$

$x=-3,\ y=2$를 $x+by=9$에 대입하면

$-3+2b=9,\ 2b=12$ $\quad\therefore b=6$ $\quad\cdots$ ❸

$\therefore a+b=-1+6=5$ $\quad\cdots$ ❹

답 5

채점 기준	배점
❶ 연립방정식 세우기	20%
❷ 연립방정식 풀기	30%
❸ $a,\ b$의 값 각각 구하기	40%
❹ $a+b$의 값 구하기	10%

19 $\begin{cases} 6x+15y=a \\ -2x+by=2 \end{cases}$, 즉 $\begin{cases} 6x+15y=a \\ 6x-3by=-6 \end{cases}$의 해가 무수히 많으므로

$15=-3b$, $a=-6$

$\therefore b=-5$, $a=-6$ … ❶

$-6x-5y=-17$, 즉 $6x+5y=17$의 자연수인 해는

$x=2$, $y=1$ … ❷

답 $x=2$, $y=1$

채점 기준	배점
❶ a, b의 값 각각 구하기	50%
❷ 자연수인 해 구하기	50%

20 $2(x+3)-3x>x+1$에서

$-2x>-5$ $\therefore x<\frac{5}{2}$ … ❶

따라서 이를 만족시키는 가장 큰 정수는 2이므로

$k=2$ … ❷

$\therefore \begin{cases} 0.3x-0.2y=1.2 & \cdots\cdots ㉠ \\ 4x+2y=2 & \cdots\cdots ㉡ \end{cases}$

㉠×10+㉡을 하면 $7x=14$ $\therefore x=2$

$x=2$를 ㉡에 대입하면

$8+2y=2$, $2y=-6$ $\therefore y=-3$ … ❸

답 $x=2$, $y=-3$

채점 기준	배점
❶ 일차부등식 풀기	40%
❷ k의 값 구하기	10%
❸ 연립방정식 풀기	50%

21 주어진 방정식에서

$\begin{cases} \frac{x+y+3}{4}=\frac{x-2y+5}{2} & \cdots\cdots ㉠ \\ \frac{x-2y+5}{2}=\frac{x-4y-1}{3} & \cdots\cdots ㉡ \end{cases}$

㉠×4, ㉡×6을 하여 정리하면

$\begin{cases} x-5y=-7 & \cdots\cdots ㉢ \\ 5x-14y=-13 & \cdots\cdots ㉣ \end{cases}$ … ❶

㉢×5−㉣을 하면 $-11y=-22$ $\therefore y=2$

$y=2$를 ㉢에 대입하면 $x-10=-7$ $\therefore x=3$ … ❷

$x=3$, $y=2$를 $3x-y+a=0$에 대입하면

$9-2+a=0$ $\therefore a=-7$ … ❸

답 -7

채점 기준	배점
❶ 연립방정식 세우기	30%
❷ 연립방정식 풀기	40%
❸ a의 값 구하기	30%

07 연립일차방정식의 활용

Real 실전 개념

97쪽

01 큰 수를 x, 작은 수를 y라 하면

$\begin{cases} x+y=55 & \cdots\cdots ㉠ \\ x=2y-5 & \cdots\cdots ㉡ \end{cases}$

㉡을 ㉠에 대입하면 $2y-5+y=55$, $3y=60$ $\therefore y=20$

$y=20$을 ㉡에 대입하면 $x=40-5=35$

따라서 큰 수는 35, 작은 수는 20이다.

답 $x+y$, $2y-5$, $x+y$, $2y-5$, 35, 20, 35, 20

02 답 $\begin{cases} x+y=10 \\ 400x+800y=6000 \end{cases}$

03 $\begin{cases} x+y=10 \\ 400x+800y=6000 \end{cases}$, 즉 $\begin{cases} x+y=10 & \cdots\cdots ㉠ \\ x+2y=15 & \cdots\cdots ㉡ \end{cases}$

㉠−㉡을 하면 $-y=-5$ $\therefore y=5$

$y=5$를 ㉠에 대입하면 $x+5=10$ $\therefore x=5$

따라서 볼펜은 5개, 수첩은 5개이다.

답 볼펜의 개수: 5, 수첩의 개수: 5

04 답 $\begin{cases} x+y=15 \\ 2x+4y=36 \end{cases}$

05 $\begin{cases} x+y=15 \\ 2x+4y=36 \end{cases}$, 즉 $\begin{cases} x+y=15 & \cdots\cdots ㉠ \\ x+2y=18 & \cdots\cdots ㉡ \end{cases}$

㉠−㉡을 하면 $-y=-3$ $\therefore y=3$

$y=3$을 ㉠에 대입하면 $x+3=15$ $\therefore x=12$

따라서 오리는 12마리, 토끼는 3마리이다.

답 오리: 12마리, 토끼: 3마리

06 답 4, $\frac{x}{3}$, $\frac{y}{6}$, 1

07 답 $\begin{cases} x+y=4 \\ \frac{x}{3}+\frac{y}{6}=1 \end{cases}$

08 $\begin{cases} x+y=4 \\ \frac{x}{3}+\frac{y}{6}=1 \end{cases}$, 즉 $\begin{cases} x+y=4 & \cdots\cdots ㉠ \\ 2x+y=6 & \cdots\cdots ㉡ \end{cases}$

㉠−㉡을 하면 $-x=-2$ $\therefore x=2$

$x=2$를 ㉠에 대입하면 $2+y=4$ $\therefore y=2$

따라서 걸어간 거리는 2 km, 뛰어간 거리는 2 km이다.

답 걸어간 거리: 2 km, 뛰어간 거리: 2 km

09 답 300, $\frac{5}{100}\times y$, $\frac{7}{100}\times 300$

10 답 $\begin{cases} x+y=300 \\ \frac{8}{100}x+\frac{5}{100}y=21 \end{cases}$

11 $\begin{cases} x+y=300 \\ \frac{8}{100}x+\frac{5}{100}y=21 \end{cases}$, 즉 $\begin{cases} x+y=300 & \cdots\cdots ㉠ \\ 8x+5y=2100 & \cdots\cdots ㉡ \end{cases}$

㉠×5−㉡을 하면 $-3x=-600$ ∴ $x=200$

$x=200$을 ㉠에 대입하면 $200+y=300$ ∴ $y=100$

따라서 8 %의 소금물의 양은 200 g, 5 %의 소금물의 양은 100 g이다.

답 8 %의 소금물의 양: 200 g, 5 %의 소금물의 양: 100 g

Real 실전 유형

98~105쪽

01 처음 수의 십의 자리의 숫자를 x, 일의 자리의 숫자를 y라 하면

$\begin{cases} x+y=8 \\ 10y+x=(10x+y)+18 \end{cases}$, 즉 $\begin{cases} x+y=8 & \cdots\cdots ㉠ \\ x-y=-2 & \cdots\cdots ㉡ \end{cases}$

㉠+㉡을 하면 $2x=6$ ∴ $x=3$

$x=3$을 ㉠에 대입하면 $3+y=8$ ∴ $y=5$

따라서 처음 수는 35이다. 답 35

02 큰 수를 x, 작은 수를 y라 하면

$\begin{cases} x+y=25 & \cdots\cdots ㉠ \\ x=2y+1 & \cdots\cdots ㉡ \end{cases}$ … ❶

㉡을 ㉠에 대입하면 $2y+1+y=25$, $3y=24$ ∴ $y=8$

$y=8$을 ㉡에 대입하면 $x=16+1=17$ … ❷

따라서 두 수 중 큰 수는 17이다. … ❸

답 17

채점 기준	배점
❶ 연립방정식 세우기	40%
❷ 연립방정식 풀기	40%
❸ 큰 수 구하기	20%

03 수학 점수를 x점, 과학 점수를 y점이라 하면

$\begin{cases} \frac{x+82+y}{3}=76 \\ x=y+4 \end{cases}$, 즉 $\begin{cases} x+y=146 & \cdots\cdots ㉠ \\ x=y+4 & \cdots\cdots ㉡ \end{cases}$

㉡을 ㉠에 대입하면 $y+4+y=146$

$2y=142$ ∴ $y=71$

$y=71$을 ㉡에 대입하면 $x=71+4=75$

따라서 수학 점수는 75점이다. 답 ④

04 1200원짜리 초콜릿을 x개, 500원짜리 사탕을 y개 샀다고 하면

$\begin{cases} x+y=9 \\ 1200x+500y=6600 \end{cases}$, 즉 $\begin{cases} x+y=9 & \cdots\cdots ㉠ \\ 12x+5y=66 & \cdots\cdots ㉡ \end{cases}$

㉠×5−㉡을 하면 $-7x=-21$ ∴ $x=3$

$x=3$을 ㉠에 대입하면 $3+y=9$ ∴ $y=6$

따라서 사탕은 6개 샀다. 답 ④

05 100원짜리 동전을 x개, 500원짜리 동전을 y개 모았다고 하면

$\begin{cases} x+y=10 \\ 100x+500y=1800 \end{cases}$, 즉 $\begin{cases} x+y=10 & \cdots\cdots ㉠ \\ x+5y=18 & \cdots\cdots ㉡ \end{cases}$

㉠−㉡을 하면 $-4y=-8$ ∴ $y=2$

$y=2$를 ㉠에 대입하면 $x+2=10$ ∴ $x=8$

따라서 100원짜리 동전은 8개이다. 답 8개

06 사과를 x개, 자두를 y개 샀다고 하면

$\begin{cases} 1200x+800y=10000 \\ y=3x-1 \end{cases}$, 즉 $\begin{cases} 3x+2y=25 & \cdots\cdots ㉠ \\ y=3x-1 & \cdots\cdots ㉡ \end{cases}$

㉡을 ㉠에 대입하면 $3x+2(3x-1)=25$

$9x=27$ ∴ $x=3$

$x=3$을 ㉡에 대입하면 $y=9-1=8$

따라서 자두는 8개 샀다. 답 8개

07 어른 한 명의 입장료를 x원, 어린이 한 명의 입장료를 y원이라 하면

$\begin{cases} 3x+2y=61000 \\ 2x+4y=62000 \end{cases}$, 즉 $\begin{cases} 3x+2y=61000 & \cdots\cdots ㉠ \\ x+2y=31000 & \cdots\cdots ㉡ \end{cases}$

㉠−㉡을 하면 $2x=30000$ ∴ $x=15000$

$x=15000$을 ㉡에 대입하면 $15000+2y=31000$

$2y=16000$ ∴ $y=8000$

따라서 어른 한 명의 입장료는 15000원, 어린이 한 명의 입장료는 8000원이므로 어른 1명과 어린이 3명의 입장료의 합은

$15000+3\times8000=39000$(원) 답 39000원

08 민주가 맞힌 문제 수를 x, 틀린 문제 수를 y라 하면

$\begin{cases} x+y=20 \\ 4x-2y=56 \end{cases}$, 즉 $\begin{cases} x+y=20 & \cdots\cdots ㉠ \\ 2x-y=28 & \cdots\cdots ㉡ \end{cases}$

㉠+㉡을 하면 $3x=48$ ∴ $x=16$

$x=16$을 ㉠에 대입하면 $16+y=20$ ∴ $y=4$

따라서 민주가 틀린 문제 수는 4이다. 답 4

09 합격품의 개수를 x, 불량품의 개수를 y라 하면

$\begin{cases} 500x-800y=43500 \\ x+y=100 \end{cases}$, 즉 $\begin{cases} 5x-8y=435 & \cdots\cdots ㉠ \\ x+y=100 & \cdots\cdots ㉡ \end{cases}$

㉠$-$㉡$\times 5$를 하면 $-13y=-65$ $\therefore y=5$

$y=5$를 ㉡에 대입하면 $x+5=100$ $\therefore x=95$

따라서 합격품의 개수는 95이다. 답 ④

10 정아가 맞힌 문제 수를 x, 틀린 문제 수를 y라 하면

$\begin{cases} 10x-5y=125 \\ x=3y \end{cases}$, 즉 $\begin{cases} 2x-y=25 & \cdots\cdots ㉠ \\ x=3y & \cdots\cdots ㉡ \end{cases}$ … ❶

㉡을 ㉠에 대입하면 $6y-y=25$, $5y=25$ $\therefore y=5$

$y=5$를 ㉡에 대입하면 $x=15$ … ❷

따라서 정아가 맞힌 문제 수는 15이다. … ❸

답 15

채점 기준	배점
❶ 연립방정식 세우기	40%
❷ 연립방정식 풀기	40%
❸ 정아가 맞힌 문제 수 구하기	20%

11 준수가 이긴 횟수를 x, 진 횟수를 y라 하면 서희가 이긴 횟수는 y, 진 횟수는 x이므로

$\begin{cases} 2x-y=10 & \cdots\cdots ㉠ \\ -x+2y=-2 & \cdots\cdots ㉡ \end{cases}$

㉠$+$㉡$\times 2$를 하면 $3y=6$ $\therefore y=2$

$y=2$를 ㉡에 대입하면 $-x+4=-2$ $\therefore x=6$

따라서 준수가 이긴 횟수는 6이다. 답 ⑤

12 진영이가 이긴 횟수를 x, 진 횟수를 y라 하면 민서가 이긴 횟수는 y, 진 횟수는 x이므로

$\begin{cases} 5x-3y=16 & \cdots\cdots ㉠ \\ -3x+5y=0 & \cdots\cdots ㉡ \end{cases}$

㉠$\times 3+$㉡$\times 5$를 하면 $16y=48$ $\therefore y=3$

$y=3$을 ㉠에 대입하면 $5x-9=16$, $5x=25$ $\therefore x=5$

따라서 민서가 이긴 횟수는 3이다. 답 ①

13 미소가 이긴 횟수를 x, 진 횟수를 y라 하면 성주가 이긴 횟수는 y, 진 횟수는 x이므로

$\begin{cases} 3x-2y=14 & \cdots\cdots ㉠ \\ -2x+3y=4 & \cdots\cdots ㉡ \end{cases}$

㉠$\times 2+$㉡$\times 3$을 하면 $5y=40$ $\therefore y=8$

$y=8$을 ㉠에 대입하면 $3x-16=14$

$3x=30$ $\therefore x=10$

따라서 가위바위보를 한 횟수는

$10+8=18$ 답 18

14 남자 회원 수를 x, 여자 회원 수를 y라 하면

$\begin{cases} x+y=25 \\ \frac{1}{3}x+\frac{3}{4}y=25\times\frac{3}{5} \end{cases}$, 즉 $\begin{cases} x+y=25 & \cdots\cdots ㉠ \\ 4x+9y=180 & \cdots\cdots ㉡ \end{cases}$

㉠$\times 4-$㉡을 하면 $-5y=-80$ $\therefore y=16$

$y=16$을 ㉠에 대입하면 $x+16=25$ $\therefore x=9$

따라서 이 동아리의 남자 회원 수는 9이다. 답 9

15 남학생 수를 x, 여학생 수를 y라 하면

$\begin{cases} x+y=30 \\ \frac{25}{100}x+\frac{50}{100}y=12 \end{cases}$, 즉 $\begin{cases} x+y=30 & \cdots\cdots ㉠ \\ x+2y=48 & \cdots\cdots ㉡ \end{cases}$

㉠$-$㉡을 하면 $-y=-18$ $\therefore y=18$

$y=18$을 ㉠에 대입하면 $x+18=30$ $\therefore x=12$

따라서 이 학급의 남학생 수는 12이다. 답 12

16 남학생 수를 x, 여학생 수를 y라 하면

$\begin{cases} x+y=36 \\ \frac{3}{5}x+\frac{3}{4}y=36\times\frac{2}{3} \end{cases}$, 즉 $\begin{cases} x+y=36 & \cdots\cdots ㉠ \\ 4x+5y=160 & \cdots\cdots ㉡ \end{cases}$

㉠$\times 5-$㉡을 하면 $x=20$

$x=20$을 ㉠에 대입하면 $20+y=36$ $\therefore y=16$

따라서 이 학급의 여학생 수는 16이다. 답 ①

17 작년 남학생 수를 x, 여학생 수를 y라 하면

$\begin{cases} x+y=1000 \\ -\frac{8}{100}x+\frac{4}{100}y=-26 \end{cases}$

즉, $\begin{cases} x+y=1000 & \cdots\cdots ㉠ \\ -2x+y=-650 & \cdots\cdots ㉡ \end{cases}$

㉠$-$㉡을 하면 $3x=1650$ $\therefore x=550$

$x=550$을 ㉠에 대입하면 $550+y=1000$ $\therefore y=450$

따라서 작년 여학생 수는 450이므로 올해 여학생 수는

$\left(1+\frac{4}{100}\right)\times 450=468$ 답 ③

18 지난달 남자 회원 수를 x, 여자 회원 수를 y라 하면

$\begin{cases} x+y=250 \\ -\frac{5}{100}x+\frac{10}{100}y=10 \end{cases}$, 즉 $\begin{cases} x+y=250 & \cdots\cdots ㉠ \\ -x+2y=200 & \cdots\cdots ㉡ \end{cases}$

㉠$+$㉡을 하면 $3y=450$ $\therefore y=150$

$y=150$을 ㉠에 대입하면 $x+150=250$ $\therefore x=100$

따라서 지난달 남자 회원 수는 100이다. 답 100

19 작년 사과의 수확량을 x상자, 배의 수확량을 y상자라 하면

$\begin{cases} x+y=450 \\ -\frac{20}{100}x-\frac{15}{100}y=-80 \end{cases}$

즉, $\begin{cases} x+y=450 & \cdots\cdots ㉠ \\ 4x+3y=1600 & \cdots\cdots ㉡ \end{cases}$ … ❶

㉠×4−㉡을 하면 $y=200$

$y=200$을 ㉠에 대입하면 $x+200=450$

$\therefore x=250$ … ❷

따라서 작년 배의 수확량은 200상자이므로 올해 배의 수확량은

$\left(1-\frac{15}{100}\right)\times 200=170$(상자) … ❸

답 170상자

채점 기준	배점
❶ 연립방정식 세우기	40%
❷ 연립방정식 풀기	40%
❸ 올해 배의 수확량 구하기	20%

20 A 상품의 원가를 x원, B 상품의 원가를 y원이라 하면

$\begin{cases} x+y=42000 \\ \frac{15}{100}x-\frac{5}{100}y=3500 \end{cases}$

즉, $\begin{cases} x+y=42000 & \cdots\cdots ㉠ \\ 3x-y=70000 & \cdots\cdots ㉡ \end{cases}$

㉠+㉡을 하면 $4x=112000$ $\quad\therefore x=28000$

$x=28000$을 ㉠에 대입하면 $28000+y=42000$

$\therefore y=14000$

따라서 B 상품의 원가는 14000원이다. 답 14000원

21 A 영양제의 원가를 x원, B 영양제의 원가를 y원이라 하면

$\begin{cases} \frac{10}{100}x+\frac{20}{100}y=4500 \\ x+y=35000 \end{cases}$

즉, $\begin{cases} x+2y=45000 & \cdots\cdots ㉠ \\ x+y=35000 & \cdots\cdots ㉡ \end{cases}$

㉠−㉡을 하면 $y=10000$

$y=10000$을 ㉡에 대입하면 $x+10000=35000$

$\therefore x=25000$

따라서 A 영양제의 원가는 25000원이다. 답 ⑤

22 A 제품의 개수를 x, B 제품의 개수를 y라 하면

$\begin{cases} x+y=200 \\ \frac{25}{100}\times 2000x+\frac{30}{100}\times 3000y=132000 \end{cases}$

즉, $\begin{cases} x+y=200 & \cdots\cdots ㉠ \\ 5x+9y=1320 & \cdots\cdots ㉡ \end{cases}$

㉠×5−㉡을 하면 $-4y=-320$ $\quad\therefore y=80$

$y=80$을 ㉠에 대입하면 $x+80=200$ $\quad\therefore x=120$

따라서 A 제품의 개수는 120이다. 답 ③

23 전체 일의 양을 1로 놓고, 연주와 지민이가 하루에 할 수 있는 일의 양을 각각 x, y라 하면

$\begin{cases} 8x+8y=1 & \cdots\cdots ㉠ \\ 10x+4y=1 & \cdots\cdots ㉡ \end{cases}$

㉠−㉡×2를 하면 $-12x=-1$ $\quad\therefore x=\frac{1}{12}$

$x=\frac{1}{12}$을 ㉠에 대입하면 $\frac{2}{3}+8y=1$

$8y=\frac{1}{3}$ $\quad\therefore y=\frac{1}{24}$

따라서 이 일을 지민이가 혼자 한다면 24일이 걸린다.

답 ⑤

24 수조에 물이 가득 차 있을 때의 물의 양을 1로 놓고, A, B 호스로 1시간 동안 넣을 수 있는 물의 양을 각각 x, y라 하면

$\begin{cases} 4x+4y=1 & \cdots\cdots ㉠ \\ 5x+2y=1 & \cdots\cdots ㉡ \end{cases}$

㉠−㉡×2를 하면 $-6x=-1$ $\quad\therefore x=\frac{1}{6}$

$x=\frac{1}{6}$을 ㉠에 대입하면 $\frac{2}{3}+4y=1$

$4y=\frac{1}{3}$ $\quad\therefore y=\frac{1}{12}$

따라서 A 호스로만 수조를 가득 채우는 데 6시간이 걸린다.

답 ②

25 전체 일의 양을 1로 놓고, A, B 두 사람이 하루에 칠할 수 있는 일의 양을 각각 x, y라 하면

$\begin{cases} 9x+3y=1 & \cdots\cdots ㉠ \\ 6x+4y=1 & \cdots\cdots ㉡ \end{cases}$ … ❶

㉠×2−㉡×3을 하면 $-6y=-1$ $\quad\therefore y=\frac{1}{6}$

$y=\frac{1}{6}$을 ㉠에 대입하면 $9x+\frac{1}{2}=1$

$9x=\frac{1}{2}$ $\quad\therefore x=\frac{1}{18}$ … ❷

따라서 이 일을 B가 혼자 하면 6일이 걸린다. … ❸

답 6일

채점 기준	배점
❶ 연립방정식 세우기	40%
❷ 연립방정식 풀기	40%
❸ B가 혼자 하면 며칠이 걸리는지 구하기	20%

26 직사각형의 가로의 길이를 x cm, 세로의 길이를 y cm라 하면

$\begin{cases} 2(x+y)=24 \\ x=2y \end{cases}$, 즉 $\begin{cases} x+y=12 & \cdots\cdots ㉠ \\ x=2y & \cdots\cdots ㉡ \end{cases}$

㉡을 ㉠에 대입하면 $2y+y=12$, $3y=12$ $\quad\therefore y=4$

$y=4$를 ㉡에 대입하면 $x=8$

따라서 이 직사각형의 가로의 길이는 8 cm이다. 답 ④

27 긴 줄의 길이를 x cm, 짧은 줄의 길이를 y cm라 하면

$\begin{cases} x+y=35 & \cdots\cdots ㉠ \\ x=3y-1 & \cdots\cdots ㉡ \end{cases}$

㉡을 ㉠에 대입하면 $3y-1+y=35$

$4y=36 \quad \therefore y=9$

$y=9$를 ㉡에 대입하면 $x=27-1=26$

따라서 긴 줄의 길이는 26 cm이다. 답 ⑤

28 사다리꼴의 윗변의 길이를 x cm, 아랫변의 길이를 y cm라 하면

$\begin{cases} y=x+5 \\ \frac{1}{2}\times(x+y)\times 6=57 \end{cases}$, 즉 $\begin{cases} y=x+5 & \cdots\cdots ㉠ \\ x+y=19 & \cdots\cdots ㉡ \end{cases}$ … ❶

㉠을 ㉡에 대입하면 $x+(x+5)=19$

$2x=14 \quad \therefore x=7$

$x=7$을 ㉠에 대입하면 $y=7+5=12$ … ❷

따라서 사다리꼴의 아랫변의 길이는 12 cm이다. … ❸

답 12 cm

채점 기준	배점
❶ 연립방정식 세우기	40%
❷ 연립방정식 풀기	40%
❸ 사다리꼴의 아랫변의 길이 구하기	20%

29 걸은 거리를 x km, 달린 거리를 y km라 하면

$\begin{cases} x+y=4 \\ \frac{x}{3}+\frac{y}{8}=\frac{11}{12} \end{cases}$, 즉 $\begin{cases} x+y=4 & \cdots\cdots ㉠ \\ 8x+3y=22 & \cdots\cdots ㉡ \end{cases}$

㉠$\times 3-$㉡을 하면 $-5x=-10 \quad \therefore x=2$

$x=2$를 ㉠에 대입하면 $2+y=4 \quad \therefore y=2$

따라서 달린 거리는 2 km이다. 답 2 km

30 올라간 거리를 x km, 내려온 거리를 y km라 하면

$\begin{cases} x+y=16 \\ \frac{x}{2}+\frac{y}{5}=5 \end{cases}$, 즉 $\begin{cases} x+y=16 & \cdots\cdots ㉠ \\ 5x+2y=50 & \cdots\cdots ㉡ \end{cases}$

㉠$\times 2-$㉡을 하면 $-3x=-18 \quad \therefore x=6$

$x=6$을 ㉠에 대입하면 $6+y=16 \quad \therefore y=10$

따라서 내려온 거리는 10 km이다. 답 ④

31 갈 때의 거리를 x km, 올 때의 거리를 y km라 하면

$\begin{cases} y=x+0.5 \\ \frac{x}{4}+\frac{y}{3}+\frac{1}{6}=\frac{3}{2} \end{cases}$, 즉 $\begin{cases} 2y=2x+1 & \cdots\cdots ㉠ \\ 3x+4y=16 & \cdots\cdots ㉡ \end{cases}$

㉠을 ㉡에 대입하면 $3x+2(2x+1)=16$

$7x=14 \quad \therefore x=2$

$x=2$를 ㉠에 대입하면 $2y=4+1=5 \quad \therefore y=2.5$

따라서 선주가 걸은 거리는

$2+2.5=4.5$(km) 답 4.5 km

32 언니가 출발한 지 x분, 동생이 출발한 지 y분 후에 정문에 도착했다고 하면

$\begin{cases} x=y+12 \\ 60x=240y \end{cases}$, 즉 $\begin{cases} x=y+12 & \cdots\cdots ㉠ \\ x=4y & \cdots\cdots ㉡ \end{cases}$

㉠을 ㉡에 대입하면 $y+12=4y$, $-3y=-12 \quad \therefore y=4$

$y=4$를 ㉠에 대입하면 $x=4+12=16$

따라서 언니가 학교 정문까지 가는 데 16분이 걸렸다.

답 16분

33 유리가 걸은 거리를 x km, 선희가 걸은 거리를 y km라 하면

$\begin{cases} x+y=16 \\ \frac{x}{5}=\frac{y}{3} \end{cases}$, 즉 $\begin{cases} x+y=16 & \cdots\cdots ㉠ \\ 3x-5y=0 & \cdots\cdots ㉡ \end{cases}$

㉠$\times 3-$㉡을 하면 $8y=48 \quad \therefore y=6$

$y=6$을 ㉠에 대입하면 $x+6=16 \quad \therefore x=10$

따라서 두 사람이 만날 때까지 유리가 걸은 거리는 10 km이다. 답 ③

34 민호가 걸은 거리를 x m, 기범이가 걸은 거리를 y m라 하면

$\begin{cases} x+y=1300 \\ \frac{x}{80}=\frac{y}{50} \end{cases}$, 즉 $\begin{cases} x+y=1300 & \cdots\cdots ㉠ \\ 5x-8y=0 & \cdots\cdots ㉡ \end{cases}$ … ❶

㉠$\times 5-$㉡을 하면 $13y=6500 \quad \therefore y=500$

$y=500$을 ㉠에 대입하면

$x+500=1300 \quad \therefore x=800$ … ❷

따라서 두 사람이 처음으로 만날 때까지 민호가 걸은 거리는 800 m이므로 출발한 지 $\frac{800}{80}=10$(분) 후에 처음으로 만난다. … ❸

답 10분 후

채점 기준	배점
❶ 연립방정식 세우기	40%
❷ 연립방정식 풀기	40%
❸ 두 사람이 처음으로 만날 때까지 걸린 시간 구하기	20%

35 정지한 물에서의 배의 속력을 시속 x km, 강물의 속력을 시속 y km라 하면

$\begin{cases} 3(x-y)=24 \\ 2(x+y)=24 \end{cases}$, 즉 $\begin{cases} x-y=8 & \cdots\cdots ㉠ \\ x+y=12 & \cdots\cdots ㉡ \end{cases}$

㉠+㉡을 하면 $2x=20 \quad \therefore x=10$

$x=10$을 ㉡에 대입하면 $10+y=12 \quad \therefore y=2$

따라서 정지한 물에서의 배의 속력은 시속 10 km이다.

답 ④

36 정지한 물에서의 배의 속력을 분속 x m, 강물의 속력을 분속 y m라 하면

$\begin{cases} 10(x-y)=1000 \\ 4(x+y)=1000 \end{cases}$, 즉 $\begin{cases} x-y=100 & \cdots\cdots ㉠ \\ x+y=250 & \cdots\cdots ㉡ \end{cases}$

㉠+㉡을 하면 $2x=350$ $\therefore x=175$

$x=175$를 ㉡에 대입하면 $175+y=250$ $\therefore y=75$

따라서 강물의 속력은 분속 75 m이다. 답 분속 75 m

보충 TIP 강을 거슬러 올라갈 때는 배의 속력이 강물의 속력만큼 느려지고, 강을 따라 내려올 때는 배의 속력이 강물의 속력만큼 빨라진다.

37

정지한 물에서의 종영이의 속력을 분속 x m, 강물의 속력을 분속 y m라 하면

$\begin{cases} 12(x-y)=240 \\ 8(x+y)=240 \end{cases}$, 즉 $\begin{cases} x-y=20 & \cdots\cdots ㉠ \\ x+y=30 & \cdots\cdots ㉡ \end{cases}$

㉠+㉡을 하면 $2x=50$ $\therefore x=25$

$x=25$를 ㉡에 대입하면 $25+y=30$ $\therefore y=5$

따라서 강물의 속력은 분속 5 m이므로 종이배가 100 m를 떠내려가는 데 걸리는 시간은 $\frac{100}{5}=20$(분)이다. 답 20분

38

기차의 길이를 x m, 기차의 속력을 초속 y m라 하면

$\begin{cases} x+1200=45y & \cdots\cdots ㉠ \\ x+1500=55y & \cdots\cdots ㉡ \end{cases}$

㉠−㉡을 하면 $-300=-10y$ $\therefore y=30$

$y=30$을 ㉠에 대입하면 $x+1200=1350$ $\therefore x=150$

따라서 이 기차의 길이는 150 m이다. 답 ③

39

화물열차의 길이를 x m, 화물열차의 속력을 초속 y m라 하면

$\begin{cases} x+200=12y & \cdots\cdots ㉠ \\ x+800=32y & \cdots\cdots ㉡ \end{cases}$

㉠−㉡을 하면 $-600=-20y$ $\therefore y=30$

$y=30$을 ㉠에 대입하면 $x+200=360$ $\therefore x=160$

따라서 이 화물열차의 속력은 초속 30 m이다. 답 ④

40

터널의 길이를 x m, A 기차의 속력을 초속 y m라 하면 B 기차의 속력은 초속 $2y$ m이므로

$\begin{cases} 240+x=20y & \cdots\cdots ㉠ \\ 120+x=14y & \cdots\cdots ㉡ \end{cases}$

㉠−㉡을 하면 $120=6y$ $\therefore y=20$

$y=20$을 ㉠에 대입하면 $240+x=400$ $\therefore x=160$

따라서 이 터널의 길이는 160 m이다. 답 160 m

41

6 %의 소금물의 양을 x g, 9 %의 소금물의 양을 y g이라 하면

$\begin{cases} x+y=300 \\ \frac{6}{100}x+\frac{9}{100}y=\frac{7}{100}\times 300 \end{cases}$

즉, $\begin{cases} x+y=300 & \cdots\cdots ㉠ \\ 2x+3y=700 & \cdots\cdots ㉡ \end{cases}$

㉠×2−㉡을 하면 $-y=-100$ $\therefore y=100$

$y=100$을 ㉠에 대입하면 $x+100=300$ $\therefore x=200$

따라서 6 %의 소금물의 양은 200 g이다. 답 ⑤

42

10 %의 설탕물의 양을 x g, 더 넣은 설탕의 양을 y g이라 하면

$\begin{cases} x+y=500 \\ \frac{10}{100}x+y=\frac{28}{100}\times 500 \end{cases}$

즉, $\begin{cases} x+y=500 & \cdots\cdots ㉠ \\ x+10y=1400 & \cdots\cdots ㉡ \end{cases}$

㉠−㉡을 하면 $-9y=-900$ $\therefore y=100$

$y=100$을 ㉠에 대입하면 $x+100=500$ $\therefore x=400$

따라서 더 넣은 설탕의 양은 100 g이다. 답 ②

43

8 %의 소금물의 양을 x g, 7 %의 소금물의 양을 y g이라 하면

$\begin{cases} x+200=y \\ \frac{8}{100}x+\frac{5}{100}\times 200=\frac{7}{100}y \end{cases}$

즉, $\begin{cases} x-y=-200 & \cdots\cdots ㉠ \\ 8x-7y=-1000 & \cdots\cdots ㉡ \end{cases}$ … ❶

㉠×7−㉡을 하면 $-x=-400$ $\therefore x=400$

$x=400$을 ㉠에 대입하면

$400-y=-200$ $\therefore y=600$ … ❷

따라서 7 %의 소금물의 양은 600 g이다. … ❸

답 600 g

채점 기준	배점
❶ 연립방정식 세우기	40%
❷ 연립방정식 풀기	40%
❸ 7 %의 소금물의 양 구하기	20%

44

덜어낸 4 %의 설탕물의 양을 x g, 더 넣은 10 %의 설탕물의 양을 y g이라 하면

$\begin{cases} 500-x+y=600 \\ \frac{4}{100}(500-x)+\frac{10}{100}y=\frac{6}{100}\times 600 \end{cases}$

즉, $\begin{cases} x-y=-100 & \cdots\cdots ㉠ \\ -2x+5y=800 & \cdots\cdots ㉡ \end{cases}$

㉠×2+㉡을 하면 $3y=600$ $\therefore y=200$

$y=200$을 ㉠에 대입하면 $x-200=-100$ $\therefore x=100$

따라서 덜어낸 4 %의 설탕물의 양은 100 g이다. 답 100 g

45

소금물 A의 농도를 x %, 소금물 B의 농도를 y %라 하면

$\begin{cases} \frac{x}{100}\times 200+\frac{y}{100}\times 100=\frac{4}{100}\times 300 \\ \frac{x}{100}\times 100+\frac{y}{100}\times 200=\frac{5}{100}\times 300 \end{cases}$

즉, $\begin{cases} 2x+y=12 & \cdots\cdots ㉠ \\ x+2y=15 & \cdots\cdots ㉡ \end{cases}$

㉠×2−㉡을 하면 $3x=9$　　$\therefore x=3$

$x=3$을 ㉠에 대입하면 $6+y=12$　　$\therefore y=6$

따라서 소금물 B의 농도는 6 %이다.　　답 ④

46 설탕물 A의 농도를 x %, 설탕물 B의 농도를 y %라 하면

$$\begin{cases} \frac{x}{100}\times 300+\frac{y}{100}\times 300=\frac{11}{100}\times 600 \\ \frac{x}{100}\times 400+\frac{y}{100}\times 500=\frac{12}{100}\times 900 \end{cases}$$

즉, $\begin{cases} x+y=22 & \cdots\cdots ㉠ \\ 4x+5y=108 & \cdots\cdots ㉡ \end{cases}$

㉠×4−㉡을 하면 $-y=-20$　　$\therefore y=20$

$y=20$을 ㉠에 대입하면 $x+20=22$　　$\therefore x=2$

따라서 설탕물 A의 농도는 2 %, 설탕물 B의 농도는 20 %이다.　　답 설탕물 A: 2 %, 설탕물 B: 20 %

47 처음 소금물 A의 농도를 x %, 처음 소금물 B의 농도를 y %라 하면 두 소금물을 섞었을 때, 8 %의 소금물에는 x %의 소금물 300 g과 y %의 소금물 200 g이 들어 있고, 6 %이 소금물에는 x %의 소금물 200 g과 y %의 소금물 300 g이 들어 있으므로

$$\begin{cases} \frac{x}{100}\times 300+\frac{y}{100}\times 200=\frac{8}{100}\times 500 \\ \frac{x}{100}\times 200+\frac{y}{100}\times 300=\frac{6}{100}\times 500 \end{cases}$$

즉, $\begin{cases} 3x+2y=40 & \cdots\cdots ㉠ \\ 2x+3y=30 & \cdots\cdots ㉡ \end{cases}$

㉠×2−㉡×3을 하면 $-5y=-10$　　$\therefore y=2$

$y=2$를 ㉡에 대입하면 $2x+6=30$

$2x=24$　　$\therefore x=12$

따라서 처음 소금물 A의 농도는 12 %이다.　　답 ④

48 합금 A의 양을 x g, 합금 B의 양을 y g이라 하면

$\begin{cases} \frac{30}{100}x+\frac{20}{100}y=150 \\ \frac{10}{100}x+\frac{40}{100}y=100 \end{cases}$, 즉 $\begin{cases} 3x+2y=1500 & \cdots\cdots ㉠ \\ x+4y=1000 & \cdots\cdots ㉡ \end{cases}$

㉠×2−㉡을 하면 $5x=2000$　　$\therefore x=400$

$x=400$을 ㉡에 대입하면 $400+4y=1000$

$4y=600$　　$\therefore y=150$

따라서 필요한 합금 B의 양은 150 g이다.　　답 ①

49 합금 A의 양을 x g, 합금 B의 양을 y g이라 하면

$$\begin{cases} x+y=400 \\ \frac{80}{100}x+\frac{40}{100}y=\frac{50}{100}\times 400 \end{cases}$$

즉, $\begin{cases} x+y=400 & \cdots\cdots ㉠ \\ 2x+y=500 & \cdots\cdots ㉡ \end{cases}$　　… ❶

㉠−㉡을 하면 $-x=-100$　　$\therefore x=100$

$x=100$을 ㉠에 대입하면 $100+y=400$

$\therefore y=300$　　… ❷

따라서 합금 A는 100 g, 합금 B는 300 g이 필요하므로 필요한 합금 A, B의 양의 차는

$300-100=200(\text{g})$　　… ❸

답 200 g

채점 기준	배점
❶ 연립방정식 세우기	40%
❷ 연립방정식 풀기	40%
❸ 합금 A, B의 양의 차 구하기	20%

50 두 식품 A, B의 1 g에 들어 있는 열량과 단백질의 양은 오른쪽 표와 같고 섭취해야 할 식품 A의 양을 x g, 식품 B의 양을 y g이라 하면

식품	열량 (kcal)	단백질 (g)
A	1	$\frac{1}{20}$
B	$\frac{6}{5}$	$\frac{1}{25}$

$\begin{cases} x+\frac{6}{5}y=420 \\ \frac{1}{20}x+\frac{1}{25}y=19 \end{cases}$, 즉 $\begin{cases} 5x+6y=2100 & \cdots\cdots ㉠ \\ 5x+4y=1900 & \cdots\cdots ㉡ \end{cases}$

㉠−㉡을 하면 $2y=200$　　$\therefore y=100$

$y=100$을 ㉡에 대입하면 $5x+400=1900$

$5x=1500$　　$\therefore x=300$

따라서 식품 A는 300 g, 식품 B는 100 g을 섭취해야 하므로 섭취해야 할 전체 양은

$300+100=400(\text{g})$　　답 400 g

Real 실전 기출

106~108쪽

01 현재 어머니의 나이를 x살, 아들의 나이를 y살이라 하면

$\begin{cases} x-y=26 \\ x+12=2(y+12) \end{cases}$, 즉 $\begin{cases} x-y=26 & \cdots\cdots ㉠ \\ x-2y=12 & \cdots\cdots ㉡ \end{cases}$

㉠−㉡을 하면 $y=14$

$y=14$를 ㉠에 대입하면 $x-14=26$　　$\therefore x=40$

따라서 현재 아들의 나이는 14살이다.　　답 ①

02 처음 수의 십의 자리의 숫자를 x, 일의 자리의 숫자를 y라 하면

$$\begin{cases} 10x+y=4(x+y) \\ 10y+x=2(10x+y)-12 \end{cases}$$

즉, $\begin{cases} 2x-y=0 & \cdots\cdots ㉠ \\ -19x+8y=-12 & \cdots\cdots ㉡ \end{cases}$

㉠×8+㉡을 하면 $-3x=-12$ $\quad\therefore x=4$

$x=4$를 ㉠에 대입하면 $8-y=0$ $\quad\therefore y=8$

따라서 처음 수는 48이다. 답 48

03

연필 한 자루의 가격을 x원, 공책 한 권의 가격을 y원이라 하면

$\begin{cases} 8x+5y=9200 & \cdots\cdots ㉠ \\ 4x+3y=5200 & \cdots\cdots ㉡ \end{cases}$

㉠−㉡×2를 하면 $-y=-1200$ $\quad\therefore y=1200$

$y=1200$을 ㉡에 대입하면 $4x+3600=5200$

$4x=1600$ $\quad\therefore x=400$

따라서 연필 한 자루의 가격은 400원이다. 답 400원

04

민수가 맞힌 문제 수를 x, 틀린 문제 수를 y라 하면

$\begin{cases} x+y=20 \\ 100+(100x-50y)=1350 \end{cases}$

즉, $\begin{cases} x+y=20 & \cdots\cdots ㉠ \\ 2x-y=25 & \cdots\cdots ㉡ \end{cases}$

㉠+㉡을 하면 $3x=45$ $\quad\therefore x=15$

$x=15$를 ㉠에 대입하면 $15+y=20$ $\quad\therefore y=5$

따라서 민수가 틀린 문제 수는 5이다. 답 5

05

진성이가 이긴 횟수를 x, 진 횟수를 y라 하면 민주가 이긴 횟수는 y, 진 횟수는 x이므로

$\begin{cases} 4x-2y=16 \\ -2x+4y=-2 \end{cases}$, 즉 $\begin{cases} 2x-y=8 & \cdots\cdots ㉠ \\ -x+2y=-1 & \cdots\cdots ㉡ \end{cases}$

㉠+㉡×2를 하면 $3y=6$ $\quad\therefore y=2$

$y=2$를 ㉡에 대입하면 $-x+4=-1$ $\quad\therefore x=5$

따라서 가위바위보를 한 횟수는

$5+2=7$ 답 7

06

남학생 수를 x, 여학생 수를 y라 하면

$\begin{cases} x+y=32 \\ \frac{3}{4}x+\frac{1}{2}y=32\times\frac{5}{8} \end{cases}$, 즉 $\begin{cases} x+y=32 & \cdots\cdots ㉠ \\ 3x+2y=80 & \cdots\cdots ㉡ \end{cases}$

㉠×2−㉡을 하면 $-x=-16$ $\quad\therefore x=16$

$x=16$을 ㉠에 대입하면 $16+y=32$ $\quad\therefore y=16$

따라서 이 학급의 여학생 수는 16이다. 답 16

07

작년 남학생 수를 x, 여학생 수를 y라 하면

$\begin{cases} x+y=750 \\ -\frac{8}{100}x+\frac{2}{100}y=-25 \end{cases}$

즉, $\begin{cases} x+y=750 & \cdots\cdots ㉠ \\ -4x+y=-1250 & \cdots\cdots ㉡ \end{cases}$

㉠−㉡을 하면 $5x=2000$ $\quad\therefore x=400$

$x=400$을 ㉠에 대입하면 $400+y=750$ $\quad\therefore y=350$

따라서 작년 여학생 수는 350이므로 올해 여학생 수는

$\left(1+\frac{2}{100}\right)\times 350=357$ 답 ③

08

할인하기 전 청바지의 판매 가격을 x원, 티셔츠의 판매 가격을 y원이라 하면

$\begin{cases} x+y=41000 \\ \frac{20}{100}x+\frac{15}{100}y=7400 \end{cases}$

즉, $\begin{cases} x+y=41000 & \cdots\cdots ㉠ \\ 4x+3y=148000 & \cdots\cdots ㉡ \end{cases}$

㉠×4−㉡을 하면 $y=16000$

$y=16000$을 ㉠에 대입하면 $x+16000=41000$

$\therefore x=25000$

따라서 할인된 청바지의 가격은

$25000\times\left(1-\frac{20}{100}\right)=20000$(원) 답 20000원

09

처음 직사각형의 가로의 길이를 x cm, 세로의 길이를 y cm라 하면

$\begin{cases} 2(x+y)=18 \\ 2\{2x+(y+2)\}=32 \end{cases}$, 즉 $\begin{cases} x+y=9 & \cdots\cdots ㉠ \\ 2x+y=14 & \cdots\cdots ㉡ \end{cases}$

㉠−㉡을 하면 $-x=-5$ $\quad\therefore x=5$

$x=5$를 ㉠에 대입하면 $5+y=9$ $\quad\therefore y=4$

따라서 처음 직사각형의 가로의 길이는 5 cm, 세로의 길이는 4 cm이므로 넓이는

$5\times 4=20(\text{cm}^2)$ 답 20 cm^2

10

준우가 달린 거리를 x m, 윤지가 달린 거리를 y m라 하면

$\begin{cases} x=y+20 \\ \frac{x}{6}=\frac{y}{4} \end{cases}$, 즉 $\begin{cases} x=y+20 & \cdots\cdots ㉠ \\ 2x-3y=0 & \cdots\cdots ㉡ \end{cases}$

㉠을 ㉡에 대입하면 $2(y+20)-3y=0$

$-y=-40$ $\quad\therefore y=40$

$y=40$을 ㉠에 대입하면 $x=40+20=60$

따라서 두 사람이 만날 때까지 준우가 달린 거리는 60 m이므로 두 사람이 만나는 것은 출발한 지 $\frac{60}{6}=10$(초) 후이다.

답 10초 후

11

15 %의 소금물의 양을 x g, 10 %의 소금물의 양을 y g이라 하면

$\begin{cases} x+y+100=500 \\ \frac{15}{100}x+\frac{10}{100}y=\frac{11}{100}\times 500 \end{cases}$

즉, $\begin{cases} x+y=400 & \cdots\cdots ㉠ \\ 3x+2y=1100 & \cdots\cdots ㉡ \end{cases}$

㉠$\times 2-$㉡을 하면 $-x=-300$ $\quad\therefore x=300$

$x=300$을 ㉠에 대입하면 $300+y=400$ $\quad\therefore y=100$

따라서 10 %의 소금물의 양은 100 g이다. 답 100 g

12

식품 A를 x g, 식품 B를 y g 섭취한다고 하면

$\begin{cases} \frac{10}{100}x+\frac{12}{100}y=27 \\ \frac{8}{100}x+\frac{6}{100}y=18 \end{cases}$, 즉 $\begin{cases} 5x+6y=1350 & \cdots\cdots ㉠ \\ 4x+3y=900 & \cdots\cdots ㉡ \end{cases}$

㉠$-$㉡$\times 2$를 하면 $-3x=-450$ $\quad\therefore x=150$

$x=150$을 ㉡에 대입하면 $600+3y=900$

$3y=300$ $\quad\therefore y=100$

따라서 식품 B는 100 g을 섭취해야 한다. 답 100 g

13

1차 오디션에 합격한 지원자 중 남자의 수를 x, 여자의 수를 y라 하면 2차 오디션에 합격한 남자의 수는

$100\times\frac{2}{5}=40$이고 여자의 수는 $100\times\frac{3}{5}=60$이므로

$\begin{cases} x:y=7:9 \\ (x-40):(y-60)=5:6 \end{cases}$

즉, $\begin{cases} 9x-7y=0 & \cdots\cdots ㉠ \\ 6x-5y=-60 & \cdots\cdots ㉡ \end{cases}$

㉠$\times 5-$㉡$\times 7$을 하면 $3x=420$ $\quad\therefore x=140$

$x=140$을 ㉠에 대입하면 $1260-7y=0$

$-7y=-1260$ $\quad\therefore y=180$

따라서 1차 오디션에 합격한 지원자 수는

$140+180=320$ 답 320

14

전체 일의 양을 1로 놓고, A와 B가 하루에 할 수 있는 일의 양을 각각 x, y라 하면

$\begin{cases} 3x+2(x+y)=1 \\ 9x+(x+y)=1 \end{cases}$, 즉 $\begin{cases} 5x+2y=1 & \cdots\cdots ㉠ \\ 10x+y=1 & \cdots\cdots ㉡ \end{cases}$

㉠$\times 2-$㉡을 하면 $3y=1$ $\quad\therefore y=\frac{1}{3}$

$y=\frac{1}{3}$을 ㉡에 대입하면 $10x+\frac{1}{3}=1$

$10x=\frac{2}{3}$ $\quad\therefore x=\frac{1}{15}$

따라서 A가 이 일을 혼자 하면 15일이 걸린다. 답 15일

15

일반열차의 길이를 x m, 일반열차의 속력을 초속 y m라 하면

$\begin{cases} x+200=32y \\ (x+40)+200=18\times 2y \end{cases}$

즉, $\begin{cases} x-32y=-200 & \cdots\cdots ㉠ \\ x-36y=-240 & \cdots\cdots ㉡ \end{cases}$

㉠$-$㉡을 하면 $4y=40$ $\quad\therefore y=10$

$y=10$을 ㉠에 대입하면 $x-32\times 10=-200$ $\quad\therefore x=120$

따라서 일반열차의 길이는 120 m이다. 답 ④

16

해외여행 경험이 있는 학생 수를 x, 해외여행 경험이 없는 학생 수를 y라 하면

$\begin{cases} \frac{30}{100}(x+y)=x \\ x=y-12 \end{cases}$, 즉 $\begin{cases} 7x-3y=0 & \cdots\cdots ㉠ \\ x=y-12 & \cdots\cdots ㉡ \end{cases}$ … ❶

㉡을 ㉠에 대입하면 $7(y-12)-3y=0$

$4y=84$ $\quad\therefore y=21$

$y=21$을 ㉡에 대입하면 $x=21-12=9$ … ❷

따라서 해외여행 경험이 있는 학생 수는 9이다. … ❸

답 9

채점 기준	배점
❶ 연립방정식 세우기	40%
❷ 연립방정식 풀기	40%
❸ 해외여행 경험이 있는 학생 수 구하기	20%

17

합격품의 개수를 x, 불량품의 개수를 y라 하면

$\begin{cases} 600x-1000y=44000 \\ x+y=100 \end{cases}$

즉, $\begin{cases} 3x-5y=220 & \cdots\cdots ㉠ \\ x+y=100 & \cdots\cdots ㉡ \end{cases}$ … ❶

㉠$+$㉡$\times 5$를 하면 $8x=720$ $\quad\therefore x=90$

$x=90$을 ㉡에 대입하면 $90+y=100$ $\quad\therefore y=10$ … ❷

따라서 불량품의 개수는 10이다. … ❸

답 10

채점 기준	배점
❶ 연립방정식 세우기	40%
❷ 연립방정식 풀기	40%
❸ 불량품의 개수 구하기	20%

18

동희가 걸은 거리를 x km, 서진이가 걸은 거리를 y km라 하면

$\begin{cases} x+y=7 \\ \frac{x}{4}=\frac{y}{3} \end{cases}$, 즉 $\begin{cases} x+y=7 & \cdots\cdots ㉠ \\ 3x-4y=0 & \cdots\cdots ㉡ \end{cases}$ … ❶

㉠$\times 3-$㉡을 하면 $7y=21$ $\quad\therefore y=3$

$y=3$을 ㉠에 대입하면 $x+3=7$ $\quad\therefore x=4$ … ❷

따라서 서진이는 3 km를 걸었다. … ❸

답 3 km

채점 기준	배점
❶ 연립방정식 세우기	40%
❷ 연립방정식 풀기	40%
❸ 서진이가 걸은 거리 구하기	20%

19 홀수의 눈이 x회, 짝수의 눈이 y회 나왔다고 하면

$$\begin{cases} x+y=12 & \cdots\cdots ㉠ \\ -3x+4y=20 & \cdots\cdots ㉡ \end{cases} \cdots ❶$$

㉠$\times 3+$㉡을 하면 $7y=56$ $\quad\therefore y=8$

$y=8$을 ㉠에 대입하면 $x+8=12$ $\quad\therefore x=4$ … ❷

따라서 홀수의 눈은 4회 나왔다. … ❸

답 4

채점 기준	배점
❶ 연립방정식 세우기	40%
❷ 연립방정식 풀기	40%
❸ 홀수의 눈이 나온 횟수 구하기	20%

20 A의 속력을 시속 x km, B의 속력을 시속 y km라 하면

$$\begin{cases} x-y=3 \\ \frac{1}{5}x+\frac{1}{5}y=3 \end{cases}, \text{ 즉 } \begin{cases} x-y=3 & \cdots\cdots ㉠ \\ x+y=15 & \cdots\cdots ㉡ \end{cases} \cdots ❶$$

㉠+㉡을 하면 $2x=18$ $\quad\therefore x=9$

$x=9$를 ㉡에 대입하면 $9+y=15$ $\quad\therefore y=6$ … ❷

따라서 A의 속력은 시속 9 km이다. … ❸

답 시속 9 km

채점 기준	배점
❶ 연립방정식 세우기	40%
❷ 연립방정식 풀기	40%
❸ A의 속력 구하기	20%

보충 TIP 두 사람이 같은 지점에서 출발하여 호수 둘레를 각각 시속 x km, 시속 y km$(x>y)$로 걸어서 a시간 후에 만날 때
(1) 같은 방향으로 돌면 ➔ $ax-ay=$(호수의 둘레의 길이)
(2) 반대 방향으로 돌면 ➔ $ax+ay=$(호수의 둘레의 길이)

21 8 %의 소금물의 양을 x g, 증발시킨 물의 양을 y g이라 하면 6 %의 소금물의 양은 증발시킨 물의 양의 2배이므로 $2y$ g이다.

$$\begin{cases} x+2y-y=200 \\ \frac{8}{100}x+\frac{6}{100}\times 2y=\frac{10}{100}\times 200 \end{cases} \cdots ❶$$

즉, $\begin{cases} x+y=200 & \cdots\cdots ㉠ \\ 2x+3y=500 & \cdots\cdots ㉡ \end{cases}$

㉠$\times 3-$㉡을 하면 $x=100$

$x=100$을 ㉠에 대입하면

$100+y=200$ $\quad\therefore y=100$ … ❷

따라서 증발시킨 물의 양은 100 g이다. … ❸

답 100 g

채점 기준	배점
❶ 연립방정식 세우기	40%
❷ 연립방정식 풀기	40%
❸ 증발시킨 물의 양 구하기	20%

08 일차함수와 그래프 (1)

Real 실전 개념

111, 113쪽

01

x	1	2	3	4	…
y	5	6	7	8	…

답 표는 풀이 참조, ○

02

x	1	2	3	4	…
y	1, 2, …	2, 4, …	3, 6, …	4, 8, …	…

답 표는 풀이 참조, ×

03 $f(-2)=3\times(-2)-2=-8$ 답 -8

04 $f\left(\frac{1}{3}\right)=3\times\frac{1}{3}-2=-1$ 답 -1

05 $f(4)=\frac{12}{4}=3$ 답 3

06 $f\left(-\frac{1}{6}\right)=12\div\left(-\frac{1}{6}\right)=12\times(-6)=-72$ 답 -72

07 (직사각형의 넓이)=(가로의 길이)×(세로의 길이)이므로

$24=xy$ $\quad\therefore y=\frac{24}{x}$

$\therefore f(x)=\frac{24}{x}$ 답 $f(x)=\frac{24}{x}$

08 $f(8)=\frac{24}{8}=3$ 답 3

09 답 ×

10 답 ○

11 답 ×

12 답 ○

13 답 $y=10000+5000x$, 일차함수이다.

14 (시간)$=\frac{(\text{거리})}{(\text{속력})}$이므로 $y=\frac{50}{x}$

답 $y=\frac{50}{x}$, 일차함수가 아니다.

15 (정사각형의 넓이)=(한 변의 길이)^{2}이므로 $y=x^2$

답 $y=x^2$, 일차함수가 아니다.

16 답 4

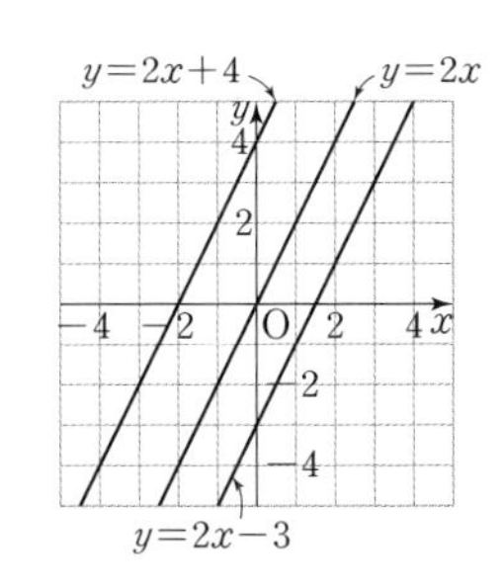

17 답 -3

18 답 $y=5x-2$

19 답 $y=-3x+\frac{2}{5}$

20 답 $y=\frac{4}{3}x+1$

21 답 $y=-\frac{1}{5}x-\frac{3}{2}$

22 답 x절편: -3, y절편: 4

23 답 x절편: 2, y절편: 2

24 답 x절편: -1, y절편: -3

25 $y=2x-4$에서

$y=0$일 때 $0=2x-4$, $2x=4$ $\quad\therefore x=2$

$x=0$일 때 $y=2\times0-4=-4$

답 x절편: 2, y절편: -4

26 $y=-3x+9$에서

$y=0$일 때 $0=-3x+9$, $3x=9$ $\quad\therefore x=3$

$x=0$일 때 $y=-3\times0+9=9$

답 x절편: 3, y절편: 9

27 $y=\frac{1}{4}x+\frac{1}{8}$에서

$y=0$일 때 $0=\frac{1}{4}x+\frac{1}{8}$, $\frac{1}{4}x=-\frac{1}{8}$ $\quad\therefore x=-\frac{1}{2}$

$x=0$일 때 $y=\frac{1}{4}\times0+\frac{1}{8}=\frac{1}{8}$

답 x절편: $-\frac{1}{2}$, y절편: $\frac{1}{8}$

28 $y=-\frac{4}{3}x-6$에서

$y=0$일 때 $0=-\frac{4}{3}x-6$, $\frac{4}{3}x=-6$ $\quad\therefore x=-\frac{9}{2}$

$x=0$일 때 $y=-\frac{4}{3}\times0-6=-6$

답 x절편: $-\frac{9}{2}$, y절편: -6

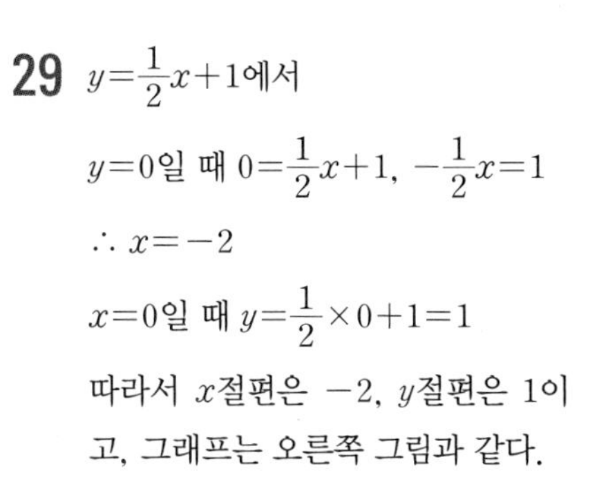

29 $y=\frac{1}{2}x+1$에서

$y=0$일 때 $0=\frac{1}{2}x+1$, $-\frac{1}{2}x=1$

$\therefore x=-2$

$x=0$일 때 $y=\frac{1}{2}\times0+1=1$

따라서 x절편은 -2, y절편은 1이고, 그래프는 오른쪽 그림과 같다.

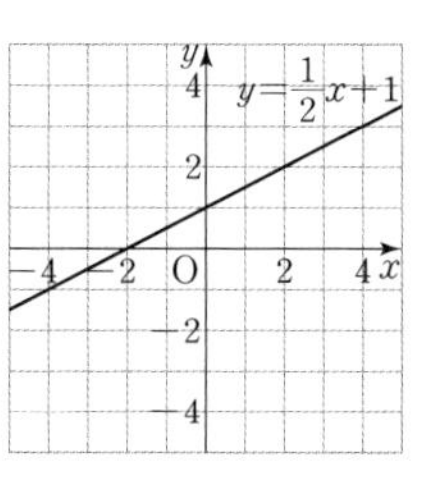

답 풀이 참조

30 $y=-\frac{3}{4}x-3$에서

$y=0$일 때 $0=-\frac{3}{4}x-3$, $\frac{3}{4}x=-3$

$\therefore x=-4$

$x=0$일 때 $y=-\frac{3}{4}\times0-3=-3$

따라서 x절편은 -4, y절편은 -3이고, 그래프는 오른쪽 그림과 같다. 답 풀이 참조

31 (기울기)$=\frac{+3}{+3}=1$

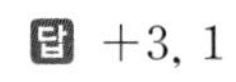

답 $+3$, 1

32 (기울기)$=\frac{-2}{+4}=-\frac{1}{2}$

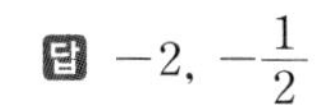

답 -2, $-\frac{1}{2}$

33 기울기가 1이므로 $\frac{(y\text{의 값의 증가량})}{3}=1$

$\therefore$ (y의 값의 증가량)$=3$ 답 3

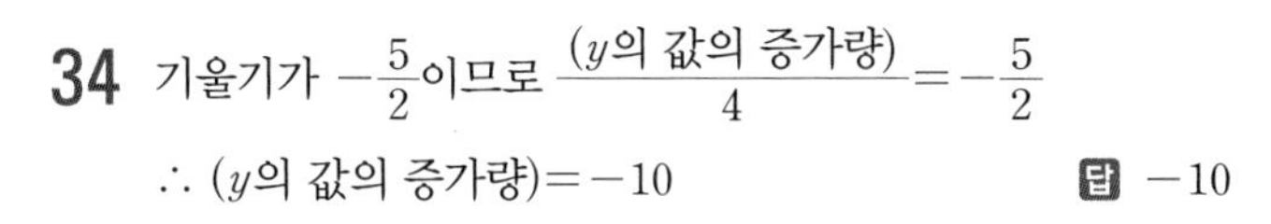

34 기울기가 $-\frac{5}{2}$이므로 $\frac{(y\text{의 값의 증가량})}{4}=-\frac{5}{2}$

$\therefore$ (y의 값의 증가량)$=-10$ 답 -10

35 $\frac{6-0}{0-(-3)}=2$ 답 2

36 $\frac{9-1}{-4-2}=-\frac{4}{3}$ 답 $-\frac{4}{3}$

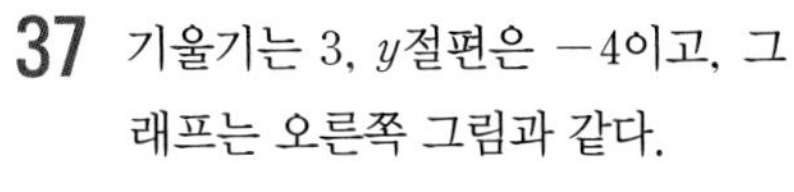

37 기울기는 3, y절편은 -4이고, 그래프는 오른쪽 그림과 같다.

답 풀이 참조

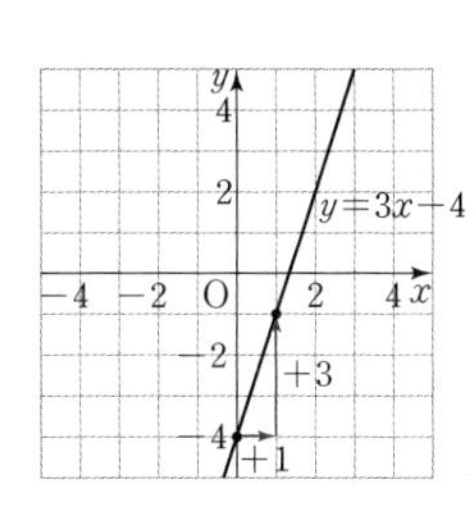

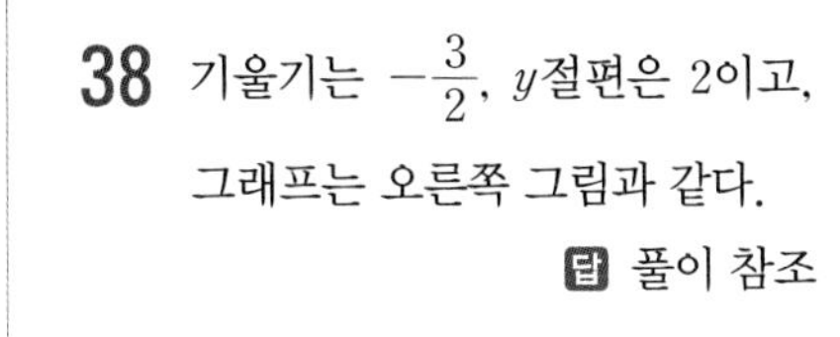

38 기울기는 $-\frac{3}{2}$, y절편은 2이고, 그래프는 오른쪽 그림과 같다.

답 풀이 참조

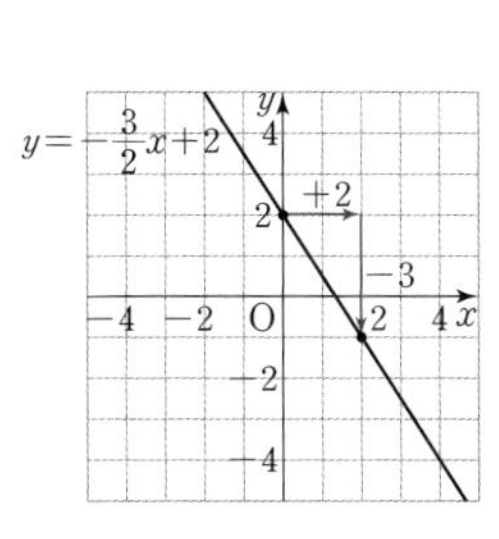

Real 실전 유형 114~121쪽

01 ② $x=2$일 때, 절댓값이 2인 수는 -2 또는 2로 y의 값이 오직 하나로 정해지지 않는다. 따라서 y는 x의 함수가 아니다.

답 ②

02 ㄱ. $x=6$일 때, 6의 약수는 1, 2, 3, 6으로 y의 값이 오직 하나로 정해지지 않는다. 따라서 y는 x의 함수가 아니다.

ㄹ. 키가 160 cm인 학생의 몸무게는 45 kg, 50 kg, … 등으로 y의 값이 오직 하나로 정해지지 않는다. 따라서 y는 x의 함수가 아니다.

따라서 y가 x의 함수인 것은 ㄴ, ㄷ이다.

답 ㄴ, ㄷ

03 ① $x=2$일 때, 2와 서로소인 수는 1, 3, 5, 7, …로 y의 값이 오직 하나로 정해지지 않는다. 따라서 y는 x의 함수가 아니다.

② $x=6$일 때, 6보다 작은 소수는 2, 3, 5로 y의 값이 오직 하나로 정해지지 않는다. 따라서 y는 x의 함수가 아니다.

③ $x=2$일 때, 2와 4의 공배수는 4, 8, 12, …로 y의 값이 오직 하나로 정해지지 않는다. 따라서 y는 x의 함수가 아니다.

답 ④, ⑤

04 $f(3)=\frac{1}{3}\times 3=1$, $f(-1)=\frac{1}{3}\times(-1)=-\frac{1}{3}$

$\therefore 2f(3)+6f(-1)=2\times 1+6\times\left(-\frac{1}{3}\right)$

$=2-2=0$

답 0

05 ㄱ. $f(-2)=\frac{2}{3}\times(-2)=-\frac{4}{3}$

ㄴ. $f(-2)=-\frac{3}{2}\times(-2)=3$

ㄷ. $f(-2)=-\frac{6}{-2}=3$

ㄹ. $f(-2)=\frac{3}{2\times(-2)}=-\frac{3}{4}$

따라서 $f(-2)=3$을 만족시키는 것은 ㄴ, ㄷ이다.

답 ㄴ, ㄷ

06 ① 4의 약수는 1, 2, 4의 3개이므로 $f(4)=3$

② 6의 약수는 1, 2, 3, 6의 4개이므로 $f(6)=4$

③ 2의 약수는 1, 2의 2개이고, 5의 약수는 1, 5의 2개이므로 $f(2)+f(5)=2+2=4$

④ 12의 약수는 1, 2, 3, 4, 6, 12의 6개이므로 $f(12)=6$
3의 약수는 1, 3의 2개이므로 $f(3)=2$
$\therefore f(12)-f(3)=6-2=4$

⑤ 10의 약수는 1, 2, 5, 10의 4개이므로 $f(10)=4$
21의 약수는 1, 3, 7, 21의 4개이므로 $f(21)=4$
$\therefore f(10)=f(21)$

답 ④

07 $f(6)=-\frac{5}{3}\times 6=-10$

$\therefore a=-10$ … ❶

$\therefore g(a)=g(-10)=\frac{24}{-10}=-\frac{12}{5}$ … ❷

답 $-\frac{12}{5}$

채점 기준	배점
❶ a의 값 구하기	50%
❷ $g(a)$의 값 구하기	50%

08 $f(a)=-9$에서 $3a=-9$ $\therefore a=-3$

$f(2)=3\times 2=6$ $\therefore b=6$

$\therefore a+b=-3+6=3$

답 ③

09 $f(a)=5$에서 $-\frac{10}{a}=5$

$\therefore a=-2$

답 -2

10 $f(2)=3$에서 $\frac{a}{2}=3$ $\therefore a=6$

따라서 $f(x)=\frac{6}{x}$이므로

$f(a^2)=f(36)=\frac{6}{36}=\frac{1}{6}$

답 ③

11 $f(-4)=2$에서 $-4a=2$ $\therefore a=-\frac{1}{2}$ … ❶

따라서 $f(x)=-\frac{1}{2}x$이고, $f(b)=\frac{5}{2}$이므로

$-\frac{1}{2}b=\frac{5}{2}$ $\therefore b=-5$ … ❷

$\therefore 2a+b=2\times\left(-\frac{1}{2}\right)+(-5)=-1-5=-6$ … ❸

답 -6

채점 기준	배점
❶ a의 값 구하기	40%
❷ b의 값 구하기	40%
❸ $2a+b$의 값 구하기	20%

12 ㄴ. $y=-4x-1$이므로 y가 x의 일차함수이다.

ㄷ. $y=-x+2$이므로 y가 x의 일차함수이다.

ㄹ. $y=x^2-3$이므로 y가 x의 일차함수가 아니다.

ㅁ. $2y=\frac{x}{3}$, 즉 $y=\frac{x}{6}$이므로 y가 x의 일차함수이다.

ㅂ. $y=-\frac{1}{x}+5$는 y가 x의 일차함수가 아니다.

따라서 y가 x의 일차함수인 것은 ㄴ, ㄷ, ㅁ이다.

답 ㄴ, ㄷ, ㅁ

13 ② $y=\frac{5}{x}$이므로 y가 x의 일차함수가 아니다.

③ $y=2x+1$이므로 y가 x의 일차함수이다.

④ $y=-3x-1$이므로 y가 x의 일차함수이다.
⑤ $y=-x+2$이므로 y가 x의 일차함수이다. 답 ②

14 ① $y=120-x$이므로 y가 x의 일차함수이다.
② $y=\pi x^2$이므로 y가 x의 일차함수가 아니다.
③ $y=5000-700x$이므로 y가 x의 일차함수이다.
④ $y=\frac{x(x-3)}{2}$, 즉 $y=\frac{1}{2}x^2-\frac{3}{2}x$이므로 y가 x의 일차함수가 아니다.
⑤ $y=\frac{1.8}{x}$이므로 y가 x의 일차함수가 아니다. 답 ①, ③

15 $y=-(3-2x)+ax$에서 $y=(a+2)x-3$
이 함수가 x의 일차함수이려면
$a+2\neq0$ $\therefore a\neq-2$ 답 $a\neq-2$

16 $f(2)=6$에서 $-2+a=6$ $\therefore a=8$
따라서 $f(x)=-x+8$이므로
$f(-3)=-(-3)+8=11$ 답 ④

17 $f(a)=7$에서 $\frac{5}{2}a-3=7$, $\frac{5}{2}a=10$
$\therefore a=4$ 답 4

18 $f(-1)=2$에서 $-a+b=2$ ······ ㉠
$f(3)=10$에서 $3a+b=10$ ······ ㉡
㉠−㉡을 하면 $-4a=-8$ $\therefore a=2$ ··· ❶
$a=2$를 ㉠에 대입하면
$-2+b=2$ $\therefore b=4$ ··· ❷
$\therefore a+b=2+4=6$ ··· ❸
답 6

채점 기준	배점
❶ a의 값 구하기	50%
❷ b의 값 구하기	40%
❸ $a+b$의 값 구하기	10%

19 $f(2)=9$에서 $2a+3=9$, $2a=6$ $\therefore a=3$
$g(-5)=3$에서 $-\frac{2}{5}\times(-5)+b=3$, $2+b=3$
$\therefore b=1$
따라서 $f(x)=3x+3$, $g(x)=-\frac{2}{5}x+1$이므로
$f(-4)+g(5)=3\times(-4)+3+\left(-\frac{2}{5}\right)\times5+1$
$=-9+(-1)=-10$ 답 ③

20 $y=ax-6$의 그래프가 점 $(-2, -7)$을 지나므로
$-7=-2a-6$, $2a=1$ $\therefore a=\frac{1}{2}$
$y=\frac{1}{2}x-6$의 그래프가 점 $(b, -4)$를 지나므로
$-4=\frac{1}{2}b-6$, $\frac{1}{2}b=2$ $\therefore b=4$
$\therefore a+b=\frac{1}{2}+4=\frac{9}{2}$ 답 ⑤

21 점 $(a, -2a)$가 $y=2x+12$의 그래프 위에 있으므로
$-2a=2a+12$, $-4a=12$
$\therefore a=-3$ 답 -3

22 ① $-3\times(-4)+1=13\neq11$
② $-3\times(-1)+1=4\neq2$
③ $-3\times0+1=1\neq3$
④ $-3\times2+1=-5$
⑤ $-3\times5+1=-14\neq-16$
따라서 $y=-3x+1$의 그래프 위에 있는 점은 ④이다.
답 ④

23 $y=\frac{1}{3}x+2$의 그래프가 점 $(6, b)$를 지나므로
$b=\frac{1}{3}\times6+2=4$ ··· ❶
$y=ax-5$의 그래프가 점 $(6, 4)$를 지나므로
$4=6a-5$, $6a=9$ $\therefore a=\frac{3}{2}$ ··· ❷
$\therefore ab=\frac{3}{2}\times4=6$ ··· ❸
답 6

채점 기준	배점
❶ b의 값 구하기	40%
❷ a의 값 구하기	40%
❸ ab의 값 구하기	20%

24 $y=4x-1$의 그래프를 y축의 방향으로 7만큼 평행이동한 그래프의 식은
$y=4x-1+7$ $\therefore y=4x+6$
위의 식이 $y=ax+b$와 같으므로
$a=4$, $b=6$
$\therefore a-b=4-6=-2$ 답 -2

25 ③ $y=-\frac{5}{6}x$의 그래프를 y축의 방향으로 2만큼 평행이동하면 $y=-\frac{5}{6}x+2$의 그래프와 겹쳐진다. 답 ③

26 $y=-5x+a$의 그래프를 y축의 방향으로 -3만큼 평행이동한 그래프의 식은
$y=-5x+a-3$
위의 식이 $y=bx-4$와 같으므로
$-5=b$, $a-3=-4$ $\therefore a=-1$, $b=-5$
$\therefore a+b=-1+(-5)=-6$ 답 -6

27 $y=\frac{3}{4}x-2$의 그래프를 y축의 방향으로 k만큼 평행이동한 그래프의 식은

$y=\frac{3}{4}x-2+k$ …… ㉠

$y=3ax$의 그래프를 y축의 방향으로 -4만큼 평행이동한 그래프의 식은

$y=3ax-4$ …… ㉡ … ❶

㉠, ㉡이 같으므로

$\frac{3}{4}=3a$, $-2+k=-4$ $\therefore a=\frac{1}{4}$, $k=-2$ … ❷

$\therefore ak=\frac{1}{4}\times(-2)=-\frac{1}{2}$ … ❸

답 $-\frac{1}{2}$

채점 기준	배점
❶ 평행이동한 그래프의 식 구하기	50%
❷ a, k의 값 각각 구하기	30%
❸ ak의 값 구하기	20%

28 $y=-3x+1$의 그래프를 y축의 방향으로 -3만큼 평행이동한 그래프의 식은

$y=-3x+1-3$ $\therefore y=-3x-2$

이 그래프가 점 $(p, 1)$을 지나므로

$1=-3p-2$, $3p=-3$ $\therefore p=-1$ 답 ②

29 $y=-\frac{5}{2}x$의 그래프를 y축의 방향으로 2만큼 평행이동한 그래프의 식은

$y=-\frac{5}{2}x+2$

① $-\frac{5}{2}\times(-6)+2=17$ ② $-\frac{5}{2}\times(-2)+2=7$

③ $-\frac{5}{2}\times1+2=-\frac{1}{2}$ ④ $-\frac{5}{2}\times4+2=-8\neq-6$

⑤ $-\frac{5}{2}\times8+2=-18$

따라서 평행이동한 그래프 위의 점이 아닌 것은 ④이다.

답 ④

30 $y=2x+k$의 그래프를 y축의 방향으로 -1만큼 평행이동한 그래프의 식은

$y=2x+k-1$

이 그래프가 점 $\left(\frac{1}{2}, -\frac{5}{2}\right)$를 지나므로

$-\frac{5}{2}=2\times\frac{1}{2}+k-1$ $\therefore k=-\frac{5}{2}$ 답 $-\frac{5}{2}$

31 $y=a(x+1)$의 그래프를 y축의 방향으로 4만큼 평행이동한 그래프의 식은

$y=a(x+1)+4$ $\therefore y=ax+a+4$

이 그래프가 점 $(-5, 3)$을 지나므로

$3=-5a+a+4$, $4a=1$ $\therefore a=\frac{1}{4}$ … ❶

$y=\frac{1}{4}x+\frac{17}{4}$의 그래프가 점 $(b, 5)$를 지나므로

$5=\frac{1}{4}b+\frac{17}{4}$, $\frac{1}{4}b=\frac{3}{4}$ $\therefore b=3$ … ❷

$\therefore ab=\frac{1}{4}\times3=\frac{3}{4}$ … ❸

답 $\frac{3}{4}$

채점 기준	배점
❶ a의 값 구하기	40%
❷ b의 값 구하기	40%
❸ ab의 값 구하기	20%

32 $y=4x-8$에서

$y=0$일 때 $0=4x-8$, $4x=8$ $\therefore x=2$

$x=0$일 때 $y=4\times0-8=-8$

따라서 x절편은 2, y절편은 -8이므로 $a=2$, $b=-8$

$\therefore a+b=2+(-8)=-6$ 답 -6

33 각 일차함수의 식에서 $y=0$일 때

① $0=-2x+6$에서 $x=3$, 즉 x절편은 3

② $0=-x+3$에서 $x=3$, 즉 x절편은 3

③ $0=-\frac{1}{3}x+1$에서 $x=3$, 즉 x절편은 3

④ $0=3x+9$에서 $x=-3$, 즉 x절편은 -3

⑤ $0=4x-12$에서 $x=3$, 즉 x절편은 3

따라서 x절편이 나머지 넷과 다른 하나는 ④이다. 답 ④

34 $y=kx-3$의 그래프가 점 $(-2, 1)$을 지나므로

$1=-2k-3$, $2k=-4$ $\therefore k=-2$

$y=-2x-3$에서 $y=0$일 때

$0=-2x-3$, $2x=-3$ $\therefore x=-\frac{3}{2}$

따라서 이 그래프의 x절편은 $-\frac{3}{2}$이다. 답 $-\frac{3}{2}$

35 $y=-\frac{2}{3}x+2$의 그래프를 y축의 방향으로 -6만큼 평행이동한 그래프의 식은

$y=-\frac{2}{3}x+2-6$ $\therefore y=-\frac{2}{3}x-4$

이 식에서 $y=0$일 때 $0=-\frac{2}{3}x-4$

$\frac{2}{3}x=-4$ $\therefore x=-6$

$x=0$일 때 $y=-\frac{2}{3}\times0-4=-4$

따라서 이 그래프의 x절편은 -6, y절편은 -4이므로

$a=-6$, $b=-4$

$\therefore a-b=-6-(-4)=-2$ 답 ④

36 $y=ax-2$의 그래프를 y축의 방향으로 7만큼 평행이동한 그래프의 식은

$y=ax-2+7$ $\quad\therefore y=ax+5$

이 그래프의 x절편이 $\frac{5}{2}$이므로

$0=\frac{5}{2}a+5$, $\frac{5}{2}a=-5$ $\quad\therefore a=-2$

이 그래프의 y절편이 5이므로 $b=5$

$\therefore a+b=-2+5=3$

답 ②

37 $y=-4x+k$의 그래프의 y절편이 6이므로 $k=6$

$y=-4x+6$의 그래프의 x절편은

$0=-4x+6$에서 $4x=6$ $\quad\therefore x=\frac{3}{2}$

따라서 이 그래프의 x절편은 $\frac{3}{2}$이다.

답 $\frac{3}{2}$

38 $y=x-k$의 그래프의 x절편은

$0=x-k$에서 $x=k$, 즉 x절편은 k이다.

$y=-3x+2k+3$의 그래프의 y절편은 $2k+3$이므로

$k=2k+3$ $\quad\therefore k=-3$

답 -3

39 두 일차함수의 그래프가 x축에서 만나므로 두 그래프의 x절편이 같다. … ❶

$y=\frac{1}{2}x+3$의 그래프의 x절편은

$0=\frac{1}{2}x+3$에서 $x=-6$

즉, 이 그래프의 x절편은 -6이다. … ❷

$y=-\frac{2}{3}x+k$의 그래프의 x절편이 -6이므로

$0=-\frac{2}{3}\times(-6)+k$, $k+4=0$ $\quad\therefore k=-4$ … ❸

답 -4

채점 기준	배점
❶ 두 그래프의 x절편이 같음을 알기	20%
❷ $y=\frac{1}{2}x+3$의 그래프의 x절편 구하기	40%
❸ k의 값 구하기	40%

40 $\frac{a-(-2)}{10}=\frac{2}{5}$이므로 $a+2=4$ $\quad\therefore a=2$

답 ③

41 x의 값이 4만큼 감소할 때, y의 값이 2에서 5까지 증가하는 일차함수의 그래프의 기울기는

$\frac{5-2}{-4}=-\frac{3}{4}$

따라서 그래프의 기울기가 $-\frac{3}{4}$인 것은 ③이다.

답 ③

42 $\frac{-9}{4-1}=-3$이므로 $k=-3$

따라서 $\frac{(y\text{의 값의 증가량})}{-2}=-3$이므로

$(y$의 값의 증가량$)=-3\times(-2)=6$

답 6

43 $y=2kx+k+1$의 그래프가 점 $(-1, 5)$를 지나므로

$5=-2k+k+1$ $\quad\therefore k=-4$ … ❶

따라서 $y=-8x-3$에서 기울기는 -8이고 y절편은 -3이므로

$m=-8$, $n=-3$ … ❷

$\therefore m+n=-8+(-3)=-11$ … ❸

답 -11

채점 기준	배점
❶ k의 값 구하기	40%
❷ m, n의 값 각각 구하기	40%
❸ $m+n$의 값 구하기	20%

44 $\frac{10-k}{-2-1}=-4$이므로 $10-k=12$ $\quad\therefore k=-2$

답 ①

45 (기울기)$=\frac{6-1}{-3-3}=-\frac{5}{6}$이므로

$\frac{(y\text{의 값의 증가량})}{2-6}=-\frac{5}{6}$

$\therefore (y$의 값의 증가량$)=-\frac{5}{6}\times(-4)=\frac{10}{3}$

답 ②

46 그래프가 두 점 $(-2, 0)$, $(0, k)$를 지나므로

(기울기)$=\frac{k-0}{0-(-2)}=-3$

$\therefore k=-6$

답 -6

47 $y=f(x)$의 그래프가 두 점 $(3, 2)$, $(0, -4)$를 지나므로

$p=\frac{-4-2}{0-3}=2$

$y=g(x)$의 그래프가 두 점 $(3, 2)$, $(0, 5)$를 지나므로

$q=\frac{5-2}{0-3}=-1$

$\therefore p+q=2+(-1)=1$

답 1

48 $\frac{4-(-2)}{-1-(-3)}=\frac{k-4}{4-(-1)}$이므로

$3=\frac{k-4}{5}$, $k-4=15$ $\quad\therefore k=19$

답 ④

49 $\frac{1-4}{a-(-2)}=\frac{3-4}{b-(-2)}$이므로

$\frac{-3}{a+2}=\frac{-1}{b+2}$, $a+2=3b+6$ $\quad\therefore a-3b=4$

답 4

다른 풀이 $\frac{1-4}{a-(-2)}=\frac{3-1}{b-a}$이므로

$\frac{-3}{a+2}=\frac{2}{b-a}$, $3a-3b=2a+4$ $\quad\therefore a-3b=4$

50 세 점 $(2k,\ k-1)$, $(0,\ -4)$, $(3,\ -10)$이 한 직선 위에 있으므로

$\frac{-4-(k-1)}{0-2k}=\frac{-10-(-4)}{3-0}$

$\frac{k+3}{2k}=-2$, $k+3=-4k$, $5k=-3$

$\therefore k=-\frac{3}{5}$ 답 $-\frac{3}{5}$

51 $A(-4,\ -5)$, $B(1,\ k)$, $C(2,\ 4)$이고

(두 점 A, C를 지나는 직선의 기울기)

=(두 점 B, C를 지나는 직선의 기울기)이므로

$\frac{4-(-5)}{2-(-4)}=\frac{4-k}{2-1}$, $\frac{3}{2}=4-k$

$8-2k=3$, $-2k=-5$ $\therefore k=\frac{5}{2}$ 답 ③

52 $y=-\frac{2}{5}x+6$의 그래프의 기울기는 $-\frac{2}{5}$, x절편은 15, y절편은 6이므로

$a=-\frac{2}{5}$, $b=15$, $c=6$

$\therefore abc=-\frac{2}{5}\times15\times6=-36$ 답 -36

53 기울기는 $\frac{3}{4}$, x절편은 4, y절편은 -3이므로

$a=\frac{3}{4}$, $b=4$, $c=-3$

$\therefore ab+c=\frac{3}{4}\times4+(-3)=0$ 답 ③

54 $y=4x-9$의 그래프를 y축의 방향으로 -3만큼 평행이동한 그래프의 식은

$y=4x-9-3$ $\therefore y=4x-12$

이 그래프의 기울기는 4, x절편은 3, y절편은 -12이므로

$p=4$, $q=3$, $r=-12$

$\therefore p+q+r=4+3+(-12)=-5$ 답 -5

55 $y=x-6$의 그래프의 x절편은 6, $y=-\frac{7}{2}x+3$의 그래프의 y절편은 3이므로 $y=ax+b$의 그래프의 x절편은 6, y절편은 3이다. … ❶

따라서 $y=ax+b$의 그래프는 두 점 $(6,\ 0)$, $(0,\ 3)$을 지나므로

(기울기)$=\frac{3-0}{0-6}=-\frac{1}{2}$ … ❷

답 $-\frac{1}{2}$

채점 기준	배점
❶ $y=ax+b$의 그래프의 x절편, y절편 각각 구하기	50%
❷ $y=ax+b$의 그래프의 기울기 구하기	50%

56 ③ $y=-\frac{1}{3}x+2$의 그래프의 x절편은 6, y절편은 2이므로 그 그래프는 오른쪽 그림과 같다.

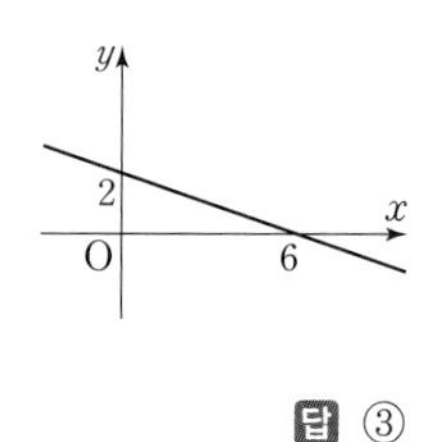

따라서 제3사분면을 지나지 않는다. 답 ③

57 $y=\frac{5}{3}x+5$의 그래프의 x절편은 -3, y절편은 5이므로 그 그래프는 ②이다. 답 ②

58 $y=-2x+6$의 그래프를 y축의 방향으로 -7만큼 평행이동한 그래프의 식은

$y=-2x+6-7$ $\therefore y=-2x-1$

이 그래프의 x절편은 $-\frac{1}{2}$, y절편은 -1이므로 그 그래프는 오른쪽 그림과 같다.

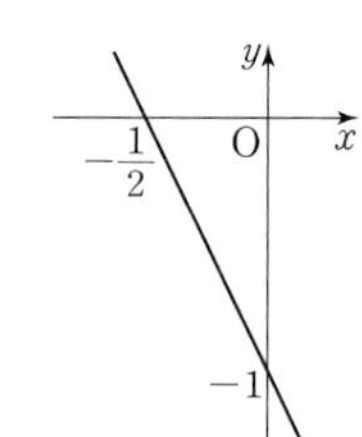

따라서 제1사분면을 지나지 않는다.

답 제1사분면

59 $y=\frac{1}{4}x-2$의 그래프의 x절편은 8, y절편은 -2이므로 그 그래프는 오른쪽 그림과 같다.

따라서 구하는 넓이는

$\frac{1}{2}\times8\times2=8$ 답 ③

60 $y=ax+3$의 그래프의 x절편은 $-\frac{3}{a}$, y절편은 3이므로

$A\left(-\frac{3}{a},\ 0\right)$, $B(0,\ 3)$ … ❶

$\therefore \overline{OA}=\frac{3}{a}$, $\overline{OB}=3$

$\triangle AOB=9$이므로

$\frac{1}{2}\times\frac{3}{a}\times3=9$ $\therefore a=\frac{1}{2}$ … ❷

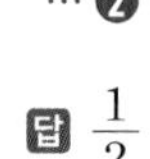

답 $\frac{1}{2}$

채점 기준	배점
❶ 두 점 A, B의 좌표 각각 구하기	50%
❷ a의 값 구하기	50%

다른 풀이 $y=ax+3$의 그래프의 y절편은 3이므로

$\overline{OB}=3$

$\triangle AOB=9$이므로

$\frac{1}{2}\times\overline{OA}\times3=9$ $\therefore \overline{OA}=6$

따라서 점 A의 좌표는 $(-6,\ 0)$이므로

$0=-6a+3$ $\therefore a=\frac{1}{2}$

61 $y=\frac{2}{3}x+2$의 그래프의 x절편은 -3, y절편은 2이고,

$y=-\frac{1}{2}x+2$의 그래프의 x절편은 4, y절편은 2이므로

A(0, 2), B(−3, 0), C(4, 0)

$\therefore \triangle ABC=\frac{1}{2}\times\overline{BC}\times\overline{OA}$

$=\frac{1}{2}\times\{4-(-3)\}\times2=7$ 　 답 7

Real 실전 기출 　 122~124쪽

01 ㄴ. $x=1.5$일 때, 가장 가까운 정수는 1, 2로 y의 값이 오직 하나로 정해지지 않는다. 따라서 y는 x의 함수가 아니다.

ㄹ. $x=2$일 때, 4보다 작은 자연수는 1, 2, 3으로 y의 값이 오직 하나로 정해지지 않는다. 따라서 y는 x의 함수가 아니다.

따라서 y가 x의 함수인 것은 ㄱ, ㄷ이다. 　 답 ㄱ, ㄷ

02 $f(-1)=-4\times(-1)=4$, $g(4)=\frac{6}{4}=\frac{3}{2}$

$\therefore 3f(-1)+2g(4)=3\times4+2\times\frac{3}{2}=12+3=15$ 　 답 15

03 x의 값에 따라 y의 값을 표로 나타내면 다음과 같다.

x(번째)	1	2	3	⋯
y(개)	5	10	15	⋯

따라서 $y=5x$, 즉 $f(x)=5x$이므로

$f(50)=5\times50=250$ 　 답 250

04 ① $y=-x+1$이므로 y가 x의 일차함수이다.

② $y=\frac{1}{2}x+3$이므로 y가 x의 일차함수이다.

③ $y=-x^2+3$이므로 y가 x의 일차함수가 아니다.

④ $y=\frac{1}{2}x-2$이므로 y가 x의 일차함수이다.

⑤ $y=x$이므로 y가 x의 일차함수이다. 　 답 ③

05 $f(-2)=3$에서 $-2a+9=3$

$-2a=-6$ 　 $\therefore a=3$

따라서 $f(x)=3x+9$이므로

$f(a)=f(3)=3\times3+9=18$ 　 답 ④

06 $y=-3x+a$의 그래프가 점 (1, 5)를 지나므로

$5=-3+a$ 　 $\therefore a=8$

즉, $y=-3x+8$이므로 구하는 점의 좌표를 (k, k)라 하면

$k=-3k+8$, $4k=8$ 　 $\therefore k=2$

따라서 구하는 점의 좌표는 (2, 2)이다. 　 답 (2, 2)

07 $y=-ax-4$의 그래프를 y축의 방향으로 -2만큼 평행이동한 그래프의 식은

$y=-ax-4-2$ 　 $\therefore y=-ax-6$

이 그래프가 점 $(-3, a)$를 지나므로

$a=3a-6$, $2a=6$ 　 $\therefore a=3$ 　 답 3

08 $y=\frac{1}{3}x-2$의 그래프와 x축에서 만나려면 x절편이 같아야 한다. $y=\frac{1}{3}x-2$의 그래프의 x절편은 6이고, 각 일차함수의 그래프의 x절편을 구하면 다음과 같다.

① $0=-2x+\frac{1}{3}$, $2x=\frac{1}{3}$ 　 $\therefore x=\frac{1}{6}$

② $0=-\frac{2}{3}x-4$, $\frac{2}{3}x=-4$ 　 $\therefore x=-6$

③ $0=x+\frac{3}{2}$ 　 $\therefore x=-\frac{3}{2}$

④ $0=2x+6$, $2x=-6$ 　 $\therefore x=-3$

⑤ $0=3x-18$, $3x=18$ 　 $\therefore x=6$

따라서 x축에서 만나는 것은 ⑤이다. 　 답 ⑤

09 $y=-6x+k+1$의 그래프를 y축의 방향으로 $\frac{1}{2}$만큼 평행이동한 그래프의 식은 $y=-6x+k+\frac{3}{2}$

이 그래프의 x절편이 a이므로

$0=-6a+k+\frac{3}{2}$ 　 $\therefore 6a-k=\frac{3}{2}$ 　 ⋯⋯ ㉠

이 그래프의 y절편이 $4a-3$이므로

$k+\frac{3}{2}=4a-3$ 　 $\therefore 4a-k=\frac{9}{2}$ 　 ⋯⋯ ㉡

㉠−㉡을 하면 $2a=-3$ 　 $\therefore a=-\frac{3}{2}$

$a=-\frac{3}{2}$을 ㉡에 대입하면 $-6-k=\frac{9}{2}$ 　 $\therefore k=-\frac{21}{2}$

$\therefore a+k=-\frac{3}{2}+\left(-\frac{21}{2}\right)=-12$ 　 답 ①

10 ① 주어진 그래프와 평행한 그래프이므로 만나지 않는다.

② 제1, 2, 3사분면을 지나는 그래프이므로 제4사분면에서 만나지 않는다.

③ 주어진 그래프와 x절편이 같으므로 x축 위에서 만난다.

④ $y=-x+4$의 그래프의 x절편은 4, y절편은 4이므로 그 그래프는 오른쪽 그림과 같다. 따라서 그래프는 주어진 그래프와 제1사분면에서 만난다.

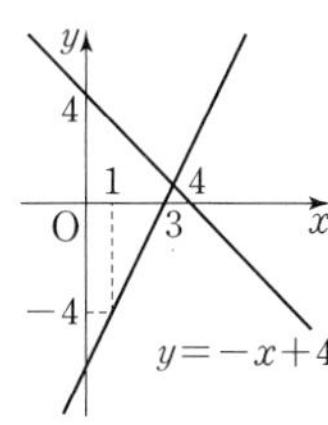

⑤ $y=-3x+2$의 그래프의 x절편은 $\frac{2}{3}$, y절편은 2이므로 그 그래프는 오른쪽 그림과 같다.

따라서 그래프는 주어진 그래프와 제4사분면에서 만난다. 　 답 ⑤

11 $y=ax+b$의 그래프가 두 점 $(2, 0)$, $(0, 1)$을 지나므로

$a=\frac{1-0}{0-2}=-\frac{1}{2}$, $b=1$

따라서 $y=bx+a$, 즉 $y=x-\frac{1}{2}$의 그래프의 x절편은 $\frac{1}{2}$, y절편은 $-\frac{1}{2}$이므로 그 그래프는 ②와 같다. 답 ②

12 두 그래프가 x축에서 만나므로 두 그래프의 x절편이 같다.

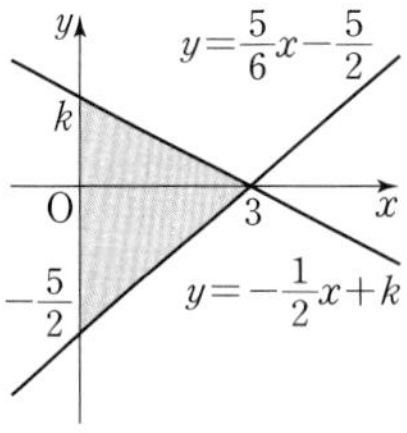

$y=\frac{5}{6}x-\frac{5}{2}$의 그래프의 x절편은 3, y절편은 $-\frac{5}{2}$이므로

$y=-\frac{1}{2}x+k$의 그래프의 x절편은 3, y절편은 k이다.

즉, $y=-\frac{1}{2}x+k$의 그래프가 점 $(3, 0)$을 지나므로

$0=-\frac{3}{2}+k \quad \therefore k=\frac{3}{2}$

따라서 색칠한 도형의 넓이는

$\frac{1}{2}\times\left\{\frac{3}{2}-\left(-\frac{5}{2}\right)\right\}\times 3=6$ 답 6

13 $f(1)=f(4)=f(7)=\cdots=1$

$f(2)=f(5)=f(8)=\cdots=2$

$f(3)=f(6)=f(9)=\cdots=0$

$\therefore f(1)+f(2)+f(3)+\cdots+f(50)$

$=16\times(1+2+0)+1+2$

$=48+1+2=51$ 답 51

14 $\frac{f(103)-f(2)}{101}=\frac{f(103)-f(2)}{103-2}=-\frac{5}{2}$

$\frac{f(101)-f(4)}{97}=\frac{f(101)-f(4)}{101-4}=-\frac{5}{2}$

⋮ (26개)

$\frac{f(53)-f(52)}{1}=\frac{f(53)-f(52)}{53-52}=-\frac{5}{2}$

$\therefore \frac{f(103)-f(2)}{101}+\frac{f(101)-f(4)}{97}+\cdots+\frac{f(53)-f(52)}{1}$

$=26\times\left(-\frac{5}{2}\right)=-65$ 답 -65

15 $\mathrm{B}(a, 0)$이라 하면 점 A의 x좌표는 점 B의 x좌표와 같고 점 A는 $y=2x$의 그래프 위의 점이므로 $\mathrm{A}(a, 2a)$

$\overline{\mathrm{AB}}=2a$이고 사각형 ABCD는 정사각형이므로

$\overline{\mathrm{BC}}=2a \quad \therefore \mathrm{C}(3a, 0)$, $\mathrm{D}(3a, 2a)$

점 $\mathrm{D}(3a, 2a)$는 $y=-x+6$의 그래프 위의 점이므로

$2a=-3a+6$, $5a=6 \quad \therefore a=\frac{6}{5}$

따라서 정사각형 ABCD의 한 변의 길이는

$3a-a=2a=2\times\frac{6}{5}=\frac{12}{5}$이므로 정사각형 ABCD의 둘레의 길이는

$\frac{12}{5}\times 4=\frac{48}{5}$ 답 $\frac{48}{5}$

16 $f(-2)=-5$에서

$-2a+b=-5 \quad \cdots\cdots$ ㉠

$f(5)-f(1)=2$에서

$5a+b-(a+b)=2$, $4a=2 \quad \therefore a=\frac{1}{2}$ … ❶

$a=\frac{1}{2}$을 ㉠에 대입하면 $-1+b=-5$

$\therefore b=-4$ … ❷

따라서 $f(x)=\frac{1}{2}x-4$이므로

$f(-4)=\frac{1}{2}\times(-4)-4=-6$ … ❸

답 -6

채점 기준	배점
❶ a의 값 구하기	30%
❷ b의 값 구하기	30%
❸ $f(-4)$의 값 구하기	40%

17 $y=ax-2$의 그래프를 y축의 방향으로 b만큼 평행이동한 그래프의 식은

$y=ax-2+b$ … ❶

이 그래프의 y절편이 3이므로

$-2+b=3 \quad \therefore b=5$ … ❷

$y=ax+3$의 그래프의 x절편이 -1이므로

$0=-a+3 \quad \therefore a=3$ … ❸

$\therefore a+b=3+5=8$ … ❹

답 8

채점 기준	배점
❶ 평행이동한 그래프의 식 구하기	20%
❷ b의 값 구하기	30%
❸ a의 값 구하기	30%
❹ $a+b$의 값 구하기	20%

18 $y=ax+5$의 그래프가 점 $(-2, 1)$을 지나므로

$1=-2a+5$, $2a=4 \quad \therefore a=2$ … ❶

(기울기)$=\frac{m-1}{4-(-2)}=a=2$이므로

$m-1=12 \quad \therefore m=13$ … ❷

$\therefore a+m=2+13=15$ … ❸

답 15

채점 기준	배점
❶ a의 값 구하기	40%
❷ m의 값 구하기	40%
❸ $a+m$의 값 구하기	20%

19 $\dfrac{9-(4k-1)}{3-2}=\dfrac{(-k+4)-9}{4-3}$이므로

$-4k+10=-k-5$ … ❶

$-3k=-15 \quad \therefore k=5$ … ❷

따라서 이 직선의 기울기는

$-4k+10=-4\times5+10=-10$ … ❸

답 -10

채점 기준	배점
❶ k에 대한 식 세우기	40%
❷ k의 값 구하기	30%
❸ 직선의 기울기 구하기	30%

20 $y=-x+k$의 그래프가 점 $(-2, 8)$을 지나므로

$8=2+k \quad \therefore k=6$ … ❶

$y=-x+6$의 그래프의 x절편은 6, y절편은 6이므로 그 그래프는 오른쪽 그림과 같다.

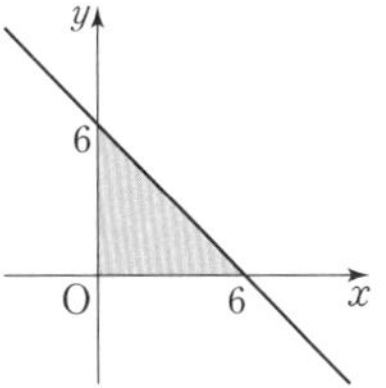

이때 색칠한 도형을 y축을 회전축으로 하여 1회전 시킬 때 생기는 입체도형은 밑면의 반지름의 길이가 6, 높이가 6인 원뿔이다. … ❷

따라서 구하는 부피는

$\dfrac{1}{3}\times(\pi\times6^2)\times6=72\pi$ … ❸

답 72π

채점 기준	배점
❶ k의 값 구하기	30%
❷ 1회전 시킬 때 생기는 입체도형 알기	40%
❸ 입체도형의 부피 구하기	30%

21 두 그래프가 x축에서 만나므로 두 그래프의 x절편이 같다.

즉, $y=3x-12$의 그래프의 x절편은 4, y절편은 -12이므로 $y=ax+b$의 그래프의 x절편은 4, y절편은 b이다. … ❶

$\triangle$ABC의 넓이가 16이므로

$\dfrac{1}{2}\times|b-(-12)|\times4=16$

$|b+12|=8 \quad \therefore b=-4 \ (\because -12<b<0)$ … ❷

따라서 $\overline{OA}=4$, $\overline{OC}=4$이므로

$\overline{OA}+\overline{OC}=4+4=8$ … ❸

답 8

채점 기준	배점
❶ 두 일차함수의 그래프의 x절편, y절편 각각 구하기	50%
❷ b의 값 구하기	30%
❸ $\overline{OA}+\overline{OC}$의 길이 구하기	20%

09 일차함수와 그래프 (2)

Real 실전 개념

127, 129쪽

01 답 ○

02 답 ×

03 답 ○

04 $y=ax+b$의 그래프에서 $a>0$인 경우이므로 ㄱ, ㄷ이다.

답 ㄱ, ㄷ

05 $y=ax+b$의 그래프에서 $a<0$인 경우이므로 ㄴ, ㄹ이다.

답 ㄴ, ㄹ

06 $y=ax+b$의 그래프에서 $b<0$인 경우이므로 ㄱ, ㄹ이다.

답 ㄱ, ㄹ

07 ㄱ. $y=3x-7$의 그래프는 오른쪽 위로 향하고 y축과 음의 부분에서 만나므로 제2사분면을 지나지 않는다.

따라서 제2사분면을 지나는 것은 ㄴ, ㄷ, ㄹ이다.

답 ㄴ, ㄷ, ㄹ

08 그래프가 오른쪽 아래로 향하고, y축과 양의 부분에서 만나므로 $a<0$, $b>0$

답 $a<0$, $b>0$

09 그래프가 오른쪽 위로 향하고, y축과 양의 부분에서 만나므로 $a>0$, $b>0$

답 $a>0$, $b>0$

10 그래프가 오른쪽 위로 향하고, y축과 음의 부분에서 만나므로 $a>0$, $b<0$

답 $a>0$, $b<0$

11 그래프가 오른쪽 아래로 향하고, y축과 음의 부분에서 만나므로 $a<0$, $b<0$

답 $a<0$, $b<0$

12 기울기가 같고 y절편이 다른 두 일차함수의 그래프는 평행하므로 ㄱ, ㄹ의 그래프는 평행하다.

답 ㄱ, ㄹ

13 ㅂ. $y=\dfrac{3}{2}(x+4)=\dfrac{3}{2}x+6$

기울기가 같고 y절편도 같은 두 일차함수의 그래프는 일치하므로 ㄷ, ㅂ의 그래프는 일치한다.

답 ㄷ, ㅂ

14 답 -1

15 답 -5

16 답 $y=3x-4$

17 기울기가 -1이고 y절편이 $\dfrac{2}{3}$인 직선이므로

$y=-x+\dfrac{2}{3}$

답 $y=-x+\dfrac{2}{3}$

18 기울기가 5이고 y절편이 1인 직선이므로 $y=5x+1$

답 $y=5x+1$

19 기울기가 $-\frac{5}{6}$이고 y절편이 2인 직선이므로

$y=-\frac{5}{6}x+2$ 답 $y=-\frac{5}{6}x+2$

20 일차함수의 식을 $y=-4x+b$로 놓고 $x=2$, $y=-9$를 대입하면

$-9=-4\times2+b$ $\therefore b=-1$

$\therefore y=-4x-1$ 답 $y=-4x-1$

21 일차함수의 식을 $y=6x+b$로 놓고 $x=-\frac{1}{3}$, $y=0$을 대입하면

$0=6\times\left(-\frac{1}{3}\right)+b$ $\therefore b=2$

$\therefore y=6x+2$ 답 $y=6x+2$

22 기울기가 $\frac{1}{2}$이므로 일차함수의 식을 $y=\frac{1}{2}x+b$로 놓고 $x=-4$, $y=4$를 대입하면

$4=\frac{1}{2}\times(-4)+b$ $\therefore b=6$

$\therefore y=\frac{1}{2}x+6$ 답 $y=\frac{1}{2}x+6$

23 기울기가 $\frac{-9}{3}=-3$이므로 일차함수의 식을 $y=-3x+b$로 놓고 $x=-2$, $y=3$을 대입하면

$3=-3\times(-2)+b$ $\therefore b=-3$

$\therefore y=-3x-3$ 답 $y=-3x-3$

24 주어진 그래프는 x의 값이 2만큼 증가할 때, y의 값은 3만큼 증가하고 x절편이 4인 직선이다.

기울기가 $\frac{3}{2}$이므로 일차함수의 식을 $y=\frac{3}{2}x+b$로 놓고 $x=4$, $y=0$을 대입하면

$0=\frac{3}{2}\times4+b$ $\therefore b=-6$

$\therefore y=\frac{3}{2}x-6$ 답 $y=\frac{3}{2}x-6$

25 (기울기)$=\frac{1-0}{3-2}=1$이므로 일차함수의 식을 $y=x+b$로 놓고 $x=2$, $y=0$을 대입하면

$0=2+b$ $\therefore b=-2$

$\therefore y=x-2$ 답 $y=x-2$

26 (기울기)$=\frac{-6-4}{4-(-1)}=-2$이므로 일차함수의 식을 $y=-2x+b$로 놓고 $x=-1$, $y=4$를 대입하면

$4=-2\times(-1)+b$ $\therefore b=2$

$\therefore y=-2x+2$ 답 $y=-2x+2$

27 (기울기)$=\frac{-2-(-6)}{-9-3}=-\frac{1}{3}$이므로 일차함수의 식을 $y=-\frac{1}{3}x+b$로 놓고 $x=3$, $y=-6$을 대입하면

$-6=-\frac{1}{3}\times3+b$ $\therefore b=-5$

$\therefore y=-\frac{1}{3}x-5$ 답 $y=-\frac{1}{3}x-5$

28 주어진 그래프는 두 점 $(-1, -4)$, $(1, 2)$를 지나는 직선이다.

(기울기)$=\frac{2-(-4)}{1-(-1)}=3$이므로 일차함수의 식을 $y=3x+b$로 놓고 $x=-1$, $y=-4$를 대입하면

$-4=3\times(-1)+b$ $\therefore b=-1$

$\therefore y=3x-1$ 답 $y=3x-1$

29 두 점 $(2, 0)$, $(0, 10)$을 지나므로

(기울기)$=\frac{10-0}{0-2}=-5$

$\therefore y=-5x+10$ 답 $y=-5x+10$

30 두 점 $(-3, 0)$, $(0, 6)$을 지나므로

(기울기)$=\frac{6-0}{0-(-3)}=2$

$\therefore y=2x+6$ 답 $y=2x+6$

31 두 점 $(4, 0)$, $(0, -3)$을 지나므로

(기울기)$=\frac{-3-0}{0-4}=\frac{3}{4}$

$\therefore y=\frac{3}{4}x-3$ 답 $y=\frac{3}{4}x-3$

32 주어진 그래프는 x절편이 -3, y절편이 -2인 직선이다. 즉, 두 점 $(-3, 0)$, $(0, -2)$를 지나므로

(기울기)$=\frac{-2-0}{0-(-3)}=-\frac{2}{3}$

$\therefore y=-\frac{2}{3}x-2$ 답 $y=-\frac{2}{3}x-2$

33 답 $800x$, $10000-800x$, 2800, 2800, 9, 9

34 답

x(분)	0	1	2	3	…
y(cm)	21	19	17	15	…

35 답 $y=21-2x$

36 $y=21-2x$에 $x=5$를 대입하면

$y=21-2\times5=11$

따라서 5분 후에 남아 있는 양초의 길이는 11 cm이다.

답 11 cm

Real 실전 유형 130~137쪽

01 ④ $y=3x-2$의 그래프는 오른쪽 그림과 같으므로 제1, 3, 4사분면을 지난다. 답 ④

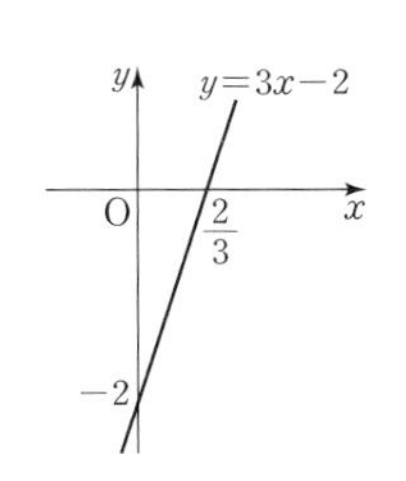

02 $y=-\frac{1}{3}x$의 그래프를 y축의 방향으로 4만큼 평행이동한 그래프의 식은 $y=-\frac{1}{3}x+4$

ㄱ. 기울기는 $-\frac{1}{3}$이다.

ㄹ. y축과 만나는 점의 좌표는 $(0, 4)$이다.

따라서 옳은 것은 ㄴ, ㄷ이다. 답 ㄴ, ㄷ

03 ③ $b>0$일 때, y축과 양의 부분에서 만난다. 답 ③

04 주어진 일차함수의 기울기의 절댓값의 크기를 비교하면

$\left|\frac{1}{2}\right|<|-1|<\left|\frac{3}{2}\right|<|2|<\left|-\frac{7}{3}\right|$

기울기의 절댓값이 클수록 y축에 가까우므로 ①의 그래프가 y축에 가장 가깝다. 답 ①

05 $y=ax+1$의 그래프는 오른쪽 위로 향하는 직선이므로 a는 양수이다. 이때 a의 절댓값이 $y=\frac{1}{3}x+1$의 그래프의 기울기의 절댓값보다 크고, $y=2x+1$의 그래프의 기울기의 절댓값보다 작아야 하므로 $\frac{1}{3}<a<2$ 답 $\frac{1}{3}<a<2$

06 네 직선 l, m, n, k의 기울기를 각각 a_1, a_2, a_3, a_4라 하면

$a_1<0$, $a_2<0$, $a_3>0$, $a_4>0$ … ❶

이때 $|a_1|<|a_2|$, $|a_4|<|a_3|$이므로

$a_2<a_1<a_4<a_3$ … ❷

따라서 기울기가 가장 큰 직선은 n이다. … ❸

답 직선 n

채점 기준	배점
❶ 네 직선의 기울기의 부호 알기	40%
❷ 네 직선의 기울기의 크기 비교하기	40%
❸ 기울기가 가장 큰 직선 고르기	20%

07 조건 (가)에서 기울기가 양수이고 조건 (나)에서 기울기의 절댓값이 $|-2|$, 즉 2보다 작아야 한다.

따라서 조건을 모두 만족시키는 일차함수의 식은 ③이다.

답 ③

08 $b<0$에서 $-b>0$

$y=ax-b$에서

(기울기)$=a>0$, (y절편)$=-b>0$

이므로 그 그래프는 오른쪽 그림과 같다.

따라서 제4사분면을 지나지 않는다.

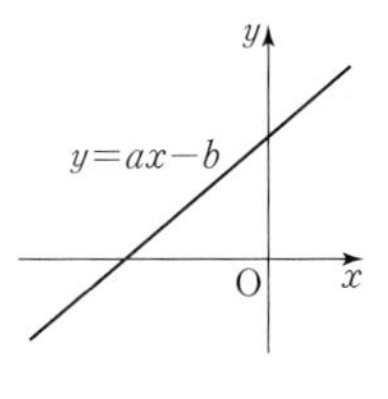

답 제4사분면

09 $a<0$, $b<0$일 때, 일차함수의 그래프는 각각 다음과 같다.

ㄱ. (기울기)$=-a>0$

(y절편)$=b<0$

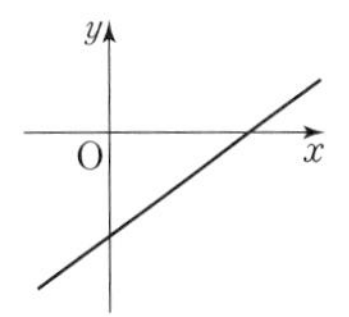

ㄴ. (기울기)$=-a>0$

(y절편)$=-b>0$

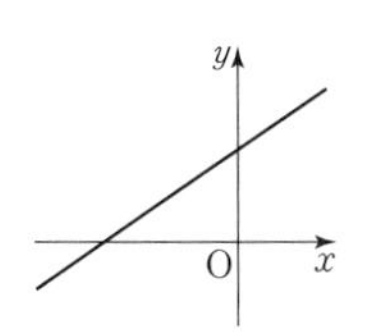

ㄷ. (기울기)$=a<0$

(y절편)$=-b>0$

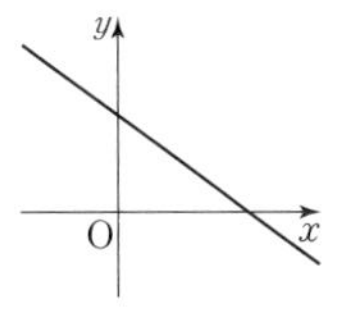

ㄹ. (기울기)$=b<0$

(y절편)$=a<0$

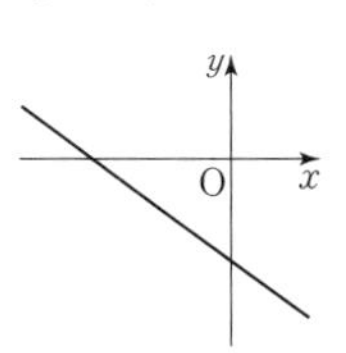

따라서 제3사분면을 지나지 않는 것은 ㄷ뿐이다. 답 ㄷ

10 $ab>0$이므로 $a>0$, $b>0$ 또는 $a<0$, $b<0$

이때 $a+b>0$이므로 $a>0$, $b>0$

$y=bx-a$에서

(기울기)$=b>0$, (y절편)$=-a<0$

따라서 $y=bx-a$의 그래프는 오른쪽 위로 향하고 y축과 음의 부분에서 만나므로 그 그래프로 알맞은 것은 ④이다.

답 ④

11 $y=-ax+b$의 그래프가

오른쪽 아래로 향하는 직선이므로 $-a<0$, 즉 $a>0$

y축과 음의 부분에서 만나므로 $b<0$ 답 ②

12 $y=ax+ab$의 그래프가

오른쪽 아래로 향하는 직선이므로 $a<0$

y축과 양의 부분에서 만나므로 $ab>0$

$\therefore a<0$, $b<0$ 답 $a<0$, $b<0$

13 $y=-ax-b$의 그래프가

오른쪽 위로 향하는 직선이므로 $-a>0$

y축과 음의 부분에서 만나므로 $-b<0$

$\therefore a<0$, $b>0$

따라서 x절편이 a, y절편이 b인 일차함수의 그래프는 오른쪽 그림과 같으므로 제1, 2, 3사분면을 지난다.

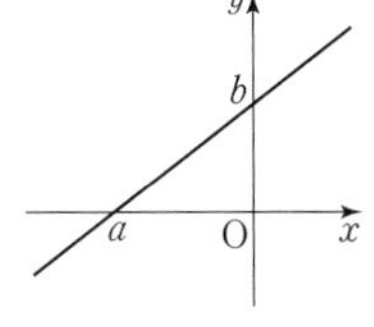

답 제1, 2, 3사분면

14 $y=ax+b$의 그래프가

오른쪽 위로 향하는 직선이므로 $a>0$

y축과 양의 부분에서 만나므로 $b>0$ … ❶

$y=-bx+\frac{a}{b}$에서

(기울기)$=-b<0$, (y절편)$=\frac{a}{b}>0$ … ❷

따라서 $y=-bx+\frac{a}{b}$의 그래프는 오른쪽 그림과 같으므로 제3사분면을 지나지 않는다. … ❸

답 제3사분면

채점 기준	배점
❶ a, b의 부호 구하기	40%
❷ $y=-bx+\frac{a}{b}$의 그래프의 기울기와 y절편의 부호 구하기	40%
❸ 그래프가 지나지 않는 사분면 구하기	20%

15 $y=ax+5$와 $y=-3x-7$의 그래프가 평행하므로 $a=-3$

$y=-3x+5$의 그래프가 점 $(k, -1)$을 지나므로

$-1=-3k+5$, $3k=6$ $\therefore k=2$

$\therefore a+k=-3+2=-1$ 답 -1

16 ④ $y=5(x-2)$, 즉 $y=5x-10$의 그래프는 $y=5x-2$의 그래프와 평행하므로 만나지 않는다. 답 ④

17 주어진 그래프는 두 점 $(-3, 0)$, $(0, -5)$를 지나므로

(기울기)$=\frac{-5-0}{0-(-3)}=-\frac{5}{3}$

또, y절편이 -5이므로 주어진 그래프와 평행한 것은 ②이다. 답 ②

참고 ① $y=-\frac{5}{3}x-5$의 그래프는 주어진 그래프와 기울기, y절편이 각각 같으므로 일치한다.

18 주어진 그래프는 두 점 $(-6, 0)$, $(0, 2)$를 지나므로

(기울기)$=\frac{2-0}{0-(-6)}=\frac{1}{3}$

$y=ax-4$의 그래프가 주어진 그래프와 평행하므로

$a=\frac{1}{3}$

$y=\frac{1}{3}x-4$의 그래프의 x절편이 12이므로 $y=-\frac{1}{6}x+b$의 그래프의 x절편도 12이다.

즉, $0=-\frac{1}{6}\times 12+b$이므로 $b=2$

$\therefore 3ab=3\times\frac{1}{3}\times 2=2$ 답 2

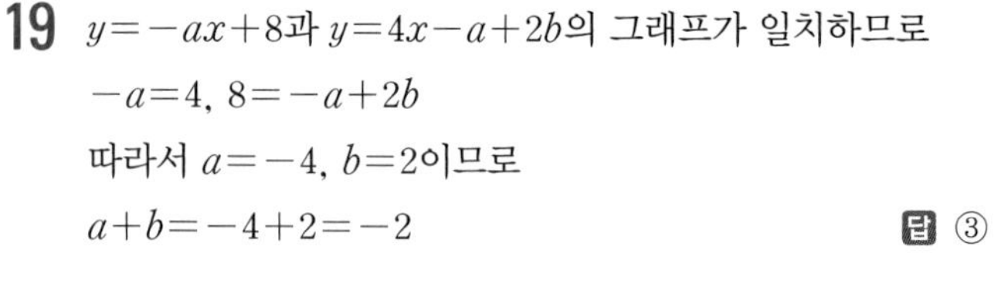

19 $y=-ax+8$과 $y=4x-a+2b$의 그래프가 일치하므로

$-a=4$, $8=-a+2b$

따라서 $a=-4$, $b=2$이므로

$a+b=-4+2=-2$ 답 ③

20 $y=4ax+7$의 그래프를 y축의 방향으로 -3만큼 평행이동한 그래프의 식은

$y=4ax+7-3$ $\therefore y=4ax+4$

즉, $y=4ax+4$의 그래프와 $y=-6x+b$의 그래프가 일치하므로

$4a=-6$, $b=4$

따라서 $a=-\frac{3}{2}$, $b=4$이므로

$ab=-\frac{3}{2}\times 4=-6$ 답 -6

21 $y=-x+1-a$의 그래프가 점 $(2, 3)$을 지나므로

$3=-2+1-a$ $\therefore a=-4$ … ❶

따라서 $y=-x+5$의 그래프와 $y=-bx+c+2$의 그래프가 일치하므로

$-1=-b$, $5=c+2$ $\therefore b=1$, $c=3$ … ❷

$\therefore a+b+c=-4+1+3=0$ … ❸

답 0

채점 기준	배점
❶ a의 값 구하기	30%
❷ b, c의 값 각각 구하기	50%
❸ $a+b+c$의 값 구하기	20%

22 조건 (가)에서

$2=a+3$, $8\neq 2a$ $\therefore a=-1$

조건 (나)에서 $y=2x-2$의 그래프를 y축의 방향으로 b만큼 평행이동한 그래프의 식은 $y=2x-2+b$이고 이 일차함수의 그래프와 $y=2x+5$의 그래프가 일치하므로

$-2+b=5$ $\therefore b=7$

$\therefore b-a=7-(-1)=8$ 답 8

23 ⑤ $y=-4x+5$의 그래프는 오른쪽 그림과 같으므로 제1, 2, 4사분면을 지난다. 답 ⑤

24 주어진 그래프는 두 점 $(2, 0)$, $(0, -3)$을 지나므로

$(\text{기울기})=\frac{-3-0}{0-2}=\frac{3}{2}$

y절편이 -3이므로 일차함수의 식은 $y=\frac{3}{2}x-3$

ㄴ. $y=\frac{3}{2}x-3$의 그래프와 일치한다.

ㄷ. $y=\frac{3}{2}(x-4)=\frac{3}{2}x-6$의 그래프와 평행하므로 한 점에서 만나지 않는다.

따라서 옳은 것은 ㄱ, ㄹ이다. 답 ㄱ, ㄹ

25 ① $y=ax+b$의 그래프가 오른쪽 아래로 향하는 직선이므로 $a<0$이고, y축과 음의 부분에서 만나므로 $b<0$이다.

② $y=ax+b$의 그래프는 $y=ax-b$의 그래프와 기울기가 같고 y절편이 다르므로 두 그래프는 평행하다.

③ $a<0$이므로 $y=ax$의 그래프는 오른쪽 아래로 향하고 원점을 지나므로 제2, 4사분면을 지난다.

④ $a<0$, $b<0$이므로 $y=bx+a$의 그래프는 오른쪽 아래로 향하고 y축과 음의 부분에서 만난다.
따라서 제1사분면을 지나지 않는다.

⑤ $y=ax+b$의 그래프는 $y=-ax+b$의 그래프와 기울기는 다르고 y절편은 같으므로 두 그래프는 y축에서 만난다.

따라서 옳지 않은 것은 ③이다. 답 ③

26 $y=-3x+1$의 그래프와 평행하므로 기울기는 -3이다.

$y=-\frac{1}{2}x+4$의 그래프와 y축에서 만나므로 y절편은 4이다.

따라서 구하는 일차함수의 식은

$y=-3x+4$ 답 ②

27 $(\text{기울기})=\frac{-2}{4}=-\frac{1}{2}$이고, y절편이 6이므로 구하는 일차함수의 식은

$y=-\frac{1}{2}x+6$

따라서 $y=-\frac{1}{2}x+6$의 그래프의 x절편은

$0=-\frac{1}{2}x+6$, $\frac{1}{2}x=6$ $\quad\therefore x=12$ 답 12

보충 TIP 기울기가 a임을 의미하는 여러 가지 표현

① x의 값이 1만큼 증가할 때, y의 값은 a만큼 증가한다.

② x의 값의 증가량에 대한 y의 값의 증가량의 비가 a이다.

③ $y=ax$의 그래프와 평행하다.

28 조건 ㈎에서 두 점 $(-2, -4)$, $(2, 8)$을 지나는 직선과 평행하므로

$(\text{기울기})=\frac{8-(-4)}{2-(-2)}=3$

조건 ㈏에서 y절편이 -3이므로 구하는 일차함수의 식은

$y=3x-3$

$y=3x-3$의 그래프가 점 $(-1, k)$를 지나므로

$k=3\times(-1)-3=-6$ 답 -6

29 두 점 $(4, 0)$, $(0, 6)$을 지나는 직선과 평행하므로

$(\text{기울기})=\frac{6-0}{0-4}=-\frac{3}{2}$

$y=x+1$의 그래프와 y축에서 만나므로 $(y\text{절편})=1$

즉, 구하는 일차함수의 식은 $y=-\frac{3}{2}x+1$ … ❶

$y=-\frac{3}{2}x+1$의 그래프가 점 $(2a, a+5)$를 지나므로

$a+5=-\frac{3}{2}\times 2a+1$, $a+5=-3a+1$

$4a=-4$ $\quad\therefore a=-1$ … ❷

답 -1

채점 기준	배점
❶ 일차함수의 식 구하기	60%
❷ a의 값 구하기	40%

30 $y=-7x+1$의 그래프와 평행하므로 기울기는 -7이다.

일차함수의 식을 $y=-7x+b$로 놓고 $x=1$, $y=-5$를 대입하면

$-5=-7+b$ $\quad\therefore b=2$

$\therefore y=-7x+2$ 답 ②

31 기울기는 $\frac{2}{5}$이므로 일차함수의 식을 $y=\frac{2}{5}x+b$로 놓고

$x=-\frac{1}{2}$, $y=1$을 대입하면

$1=\frac{2}{5}\times\left(-\frac{1}{2}\right)+b$, $1=-\frac{1}{5}+b$ $\quad\therefore b=\frac{6}{5}$

따라서 $y=\frac{2}{5}x+\frac{6}{5}$의 그래프의 y절편은 $\frac{6}{5}$이다. 답 $\frac{6}{5}$

32 두 점 $(3, -4)$, $(1, 2)$를 지나는 직선과 평행하므로

$(\text{기울기})=\frac{2-(-4)}{1-3}=-3$

일차함수의 식을 $y=-3x+b$로 놓고 $x=2$, $y=2$를 대입하면

$2=-3\times 2+b$ $\quad\therefore b=8$

따라서 $f(x)=-3x+8$이므로

$f(-1)=-3\times(-1)+8=11$ 답 11

33 $y=2x+9$의 그래프와 평행하므로 기울기는 2이다.

$\therefore a=2$ … ❶

$y=-\frac{1}{4}x-1$의 그래프의 x절편은 -4이므로 일차함수의 식을 $y=2x+b$로 놓고 $x=-4$, $y=0$을 대입하면

$0=2\times(-4)+b$ $\quad\therefore b=8$ … ❷

$\therefore b-a=8-2=6$ … ❸

답 6

채점 기준	배점
❶ a의 값 구하기	40%
❷ b의 값 구하기	40%
❸ $b-a$의 값 구하기	20%

34 $y=ax+b$의 그래프가 두 점 $(-1, 3)$, $(3, -7)$을 지나므로

$(\text{기울기})=\frac{-7-3}{3-(-1)}=-\frac{5}{2}$ $\quad\therefore a=-\frac{5}{2}$

$y=-\frac{5}{2}x+b$에 $x=-1$, $y=3$을 대입하면

$3=-\frac{5}{2}\times(-1)+b$ $\quad\therefore b=\frac{1}{2}$

$\therefore a+b=-\frac{5}{2}+\frac{1}{2}=-2$ 답 -2

다른 풀이 일차함수의 식 $y=ax+b$에 두 점 $(-1, 3)$, $(3, -7)$의 좌표를 각각 대입하면

$\begin{cases} 3=-a+b & \cdots\cdots ㉠ \\ -7=3a+b & \cdots\cdots ㉡ \end{cases}$

㉠, ㉡을 연립하여 풀면 $a=-\frac{5}{2}$, $b=\frac{1}{2}$

$\therefore a+b=-\frac{5}{2}+\frac{1}{2}=-2$

35 두 점 $(-1, 5)$, $(4, 15)$를 지나므로

$(\text{기울기})=\frac{15-5}{4-(-1)}=2$

일차함수의 식을 $y=2x+b$로 놓고 $x=-1$, $y=5$를 대입하면

$5=2\times(-1)+b$ $\quad\therefore b=7$

따라서 $y=2x+7$의 그래프의 y절편은 7이므로 이 그래프와 y축에서 만나는 것은 ⑤이다. 답 ⑤

36 $y=ax+b$의 그래프가 두 점 $(-2, 5)$, $(1, -4)$를 지나므로

$(\text{기울기})=\frac{-4-5}{1-(-2)}=-3$ $\quad\therefore a=-3$

일차함수의 식을 $y=-3x+b$로 놓고 $x=-2$, $y=5$를 대입하면

$5=-3\times(-2)+b$ $\quad\therefore b=-1$

따라서 $y=bx+a$의 그래프, 즉 $y=-x-3$의 그래프 위에 있는 점은 ③이다. 답 ③

37 두 점 $(-1, -9)$, $(2, 9)$를 지나므로

$(\text{기울기})=\frac{9-(-9)}{2-(-1)}=6$

일차함수의 식을 $y=6x+b$로 놓고 $x=-1$, $y=-9$를 대입하면

$-9=6\times(-1)+b$ $\quad\therefore b=-3$

$y=6x-3$의 그래프를 y축의 방향으로 5만큼 평행이동한 그래프의 식은

$y=6x-3+5$ $\quad\therefore y=6x+2$

$y=6x+2$의 그래프가 점 $(k, 4)$를 지나므로

$4=6k+2$, $6k=2$ $\quad\therefore k=\frac{1}{3}$ 답 $\frac{1}{3}$

38 주어진 그래프는 두 점 $(-3, 0)$, $(0, 6)$을 지나므로

$(\text{기울기})=\frac{6-0}{0-(-3)}=2$

y절편이 6이므로 구하는 일차함수의 식은 $y=2x+6$

$y=2x+6$의 그래프가 점 $(-5, k)$를 지나므로

$k=2\times(-5)+6=-4$ 답 -4

다른 풀이 y절편이 6이므로 일차함수의 식을 $y=ax+6$으로 놓고 x절편이 -3이므로 $x=-3$, $y=0$을 대입하면

$0=-3a+6$ $\quad\therefore a=2$ $\quad\therefore y=2x+6$

$y=2x+6$의 그래프가 점 $(-5, k)$를 지나므로

$k=2\times(-5)+6=-4$

39 $y=ax+b$의 그래프가 두 점 $(4, 0)$, $(0, 10)$을 지나므로

$(\text{기울기})=\frac{10-0}{0-4}=-\frac{5}{2}$ $\quad\therefore a=-\frac{5}{2}$

y절편이 10이므로 $b=10$

$\therefore ab=-\frac{5}{2}\times10=-25$ 답 -25

40 조건 (가)에서 $y=-x+3$의 그래프와 x축에서 만나므로 구하는 일차함수의 x절편은 3이다.

조건 (나)에서 $y=-\frac{5}{4}x-9$의 그래프와 y축에서 만나므로 구하는 일차함수의 y절편은 -9이다.

즉, 구하는 일차함수의 그래프는 두 점 $(3, 0)$, $(0, -9)$를 지나므로

$(\text{기울기})=\frac{-9-0}{0-3}=3$

y절편은 -9이므로 구하는 일차함수의 식은

$y=3x-9$ 답 $y=3x-9$

41 주어진 일차함수의 그래프는 두 점 $(-2, 0)$, $(0, -3)$을 지나므로

$(\text{기울기})=\frac{-3-0}{0-(-2)}=-\frac{3}{2}$

y절편이 -3이므로 주어진 일차함수의 식은

$y=-\frac{3}{2}x-3$ $\cdots\cdots ㉠$ … ❶

$y=ax-1$의 그래프를 y축의 방향으로 b만큼 평행이동한 그래프의 식은

$y=ax-1+b$ $\cdots\cdots ㉡$ … ❷

㉠, ㉡이 일치하므로

$-\frac{3}{2}=a$, $-3=-1+b$

따라서 $a=-\frac{3}{2}$, $b=-2$이므로 … ❸

$b-a=-2-\left(-\frac{3}{2}\right)=-\frac{1}{2}$ … ❹

답 $-\frac{1}{2}$

채점 기준	배점
❶ 주어진 일차함수의 그래프의 식 구하기	30%
❷ 평행이동한 그래프의 식 구하기	30%
❸ a, b의 값 각각 구하기	20%
❹ $b-a$의 값 구하기	20%

42 100 m 높아질 때마다 기온이 0.6 ℃씩 내려가므로 1 m 높아질 때마다 기온이 $\frac{0.6}{100}=0.006$(℃)씩 내려간다.

지면으로부터 높이가 x m인 지점의 기온을 y ℃라 하면

$y=16-0.006x$

2 km=2000 m이므로 이 식에 $x=2000$을 대입하면

$y=16-0.006\times2000=16-12=4$

따라서 지면으로부터 높이가 2 km인 지점의 기온은 4 ℃이다.

답 4 ℃

43 물을 데우기 시작한 지 x분 후의 물의 온도를 y ℃라 하면

$y=10+18x$

이 식에 $y=100$을 대입하면

$100=10+18x$, $18x=90$ $\therefore x=5$

따라서 물을 데우기 시작한 지 5분 후에 물이 끓기 시작한다.

답 5분 후

44 4 g인 물건을 달 때마다 용수철의 길이가 1 cm씩 늘어나므로 물건의 무게가 1 g씩 늘어날 때마다 용수철의 길이는 $\frac{1}{4}$ cm씩 늘어난다.

무게가 x g인 물건을 달았을 때, 용수철의 길이를 y cm라 하면

$y=20+\frac{1}{4}x$

이 식에 $x=20$을 대입하면

$y=20+\frac{1}{4}\times20=25$

따라서 무게가 20 g인 물건을 달았을 때, 용수철의 길이는 25 cm이다.

답 25 cm

45 길이가 40 cm인 양초가 모두 타는 데 120분이 걸리므로 양초의 길이는 1분에 $\frac{40}{120}=\frac{1}{3}$(cm)씩 짧아진다.

$\therefore y=40-\frac{1}{3}x$ … ❶

이 식에 $y=25$를 대입하면

$25=40-\frac{1}{3}x$, $\frac{1}{3}x=15$ $\therefore x=45$

따라서 남아 있는 양초의 길이가 25 cm가 되는 것은 양초에 불을 붙인 지 45분 후이다. … ❷

답 $y=40-\frac{1}{3}x$, 45분 후

채점 기준	배점
❶ x와 y 사이의 관계식 구하기	60%
❷ 양초의 길이가 25 cm가 되는 것은 불을 붙인 지 몇 분 후인지 구하기	40%

46 물통의 뚜껑을 열면 5분에 8 L씩 물이 흘러나오므로 1분에 $\frac{8}{5}$ L씩 물이 흘러나온다.

뚜껑을 연 지 x분 후에 물통에 남아 있는 물의 양을 y L라 하면

$y=60-\frac{8}{5}x$

이 식에 $y=36$을 대입하면

$36=60-\frac{8}{5}x$, $\frac{8}{5}x=24$ $\therefore x=15$

따라서 뚜껑을 연 지 15분 후에 물통에 36 L의 물이 남아 있다.

답 15분 후

47 물을 채우기 시작한 지 x분 후에 물탱크에 채워진 물의 양을 y L라 하면

$y=25+3x$

이 식에 $y=250$을 대입하면

$250=25+3x$, $3x=225$ $\therefore x=75$

따라서 물탱크를 가득 채울 때까지 걸리는 시간은 75분이다.

답 75분

48 자동차가 12 km를 달리는 데 휘발유 1 L가 소모되므로 1 km를 달리는 데 $\frac{1}{12}$ L의 휘발유가 소모된다.

$\therefore y=50-\frac{1}{12}x$ … ❶

이 식에 $x=60$을 대입하면

$y=50-\frac{1}{12}\times60=45$

따라서 60 km를 달린 후에 남아 있는 휘발유의 양은 45 L이다. … ❷

답 $y=50-\frac{1}{12}x$, 45 L

채점 기준	배점
❶ x와 y 사이의 관계식 구하기	60%
❷ 60 km를 달린 후에 남아 있는 휘발유의 양 구하기	40%

보충 TIP 자동차의 연비는 연료 1 L로 달릴 수 있는 거리이므로 (사용한 휘발유의 양)=(이동한 거리)÷(연비)이다.

49 링거 주사를 맞기 시작한 지 x분 후에 남아 있는 링거액을 y mL라 하면

$y=600-4x$

이 식에 $y=0$을 대입하면

$0=600-4x$, $4x=600$ $\quad\therefore x=150$

따라서 링거 주사를 다 맞는 데 150분, 즉 2시간 30분이 걸리므로 오후 12시부터 맞기 시작하였을 때, 링거 주사를 다 맞았을 때의 시각은 오후 2시 30분이다.

답 ③

50 출발한 지 x분 후에 영화관까지 남은 거리를 y m라 하자.

2 km=2000 m이므로

$y=2000-60x$

이 식에 $x=25$를 대입하면 $y=2000-60\times25=500$

따라서 출발한 지 25분 후에 영화관까지 남은 거리는 500 m이다.

답 500 m

51 x초 동안 내려온 거리가 $0.5x$ m이므로

$y=100-0.5x$

답 $y=100-0.5x$

52 출발한 지 x분 후에 할머니 댁까지 남은 거리를 y km라 하자.

성호가 x분 동안 달린 거리가 $500x$ m, 즉 $0.5x$ km이므로

$y=7-0.5x$

이 식에 $y=2$를 대입하면

$2=7-0.5x$, $0.5x=5$ $\quad\therefore x=10$

따라서 성호가 집에서 출발한 지 10분 후에 제과점에 도착할 수 있다.

답 ③

53 출발 전 세나와 현우 사이의 거리는 1.2 km, 즉 1200 m이고 세나와 현우는 x분 동안 각각 $60x$ m, $180x$ m만큼 움직이므로

$y=1200-(60x+180x)$ $\quad\therefore y=1200-240x$ $\quad\cdots$ ❶

이 식에 $y=0$을 대입하면

$0=1200-240x$, $240x=1200$ $\quad\therefore x=5$

따라서 두 사람이 만나는 것은 출발한 지 5분 후이다. $\cdots$ ❷

답 5분 후

채점 기준	배점
❶ x와 y 사이의 관계식 구하기	60%
❷ 두 사람이 만나는 것은 출발한 지 몇 분 후인지 구하기	40%

54 점 P가 꼭짓점 A를 출발한 지 x초 후의 $\overline{PC}$의 길이는 $(20-3x)$ cm이므로 △PBC의 넓이를 y cm^2라 하면

$y=\frac{1}{2}\times16\times(20-3x)$ $\quad\therefore y=160-24x$

이 식에 $y=40$을 대입하면

$40=160-24x$, $24x=120$ $\quad\therefore x=5$

따라서 △PBC의 넓이가 40 cm^2가 되는 것은 5초 후이다.

답 5초 후

55 $\overline{PD}=(8-x)$ cm이므로

$y=\frac{1}{2}\times(8-x+8)\times6$ $\quad\therefore y=48-3x$ $\quad\cdots$ ❶

이 식에 $x=3$을 대입하면

$y=48-3\times3=39$

따라서 $\overline{AP}=3$ cm일 때의 사다리꼴 PBCD의 넓이는 39 cm^2이다. $\cdots$ ❷

답 $y=48-3x$, 39 cm^2

채점 기준	배점
❶ x와 y 사이의 관계식 구하기	60%
❷ 사다리꼴 PBCD의 넓이 구하기	40%

56 점 P가 점 B를 출발한 지 x초 후의 △ABP와 △DPC의 넓이의 합을 y cm^2라 하면 x초 후에

$\overline{BP}=2x$ cm, $\overline{PC}=(24-2x)$ cm이므로

$y=\triangle ABP+\triangle DPC$

$=\frac{1}{2}\times2x\times12+\frac{1}{2}\times(24-2x)\times16$

$=-4x+192$

이 식에 $y=160$을 대입하면

$160=-4x+192$, $4x=32$ $\quad\therefore x=8$

따라서 △ABP와 △DPC의 넓이의 합이 160 cm^2가 되는 것은 8초 후이다.

답 8초 후

57 주어진 그래프가 두 점 $(450, 0)$, $(0, 30)$을 지나므로

$(\text{기울기})=\frac{30-0}{0-450}=-\frac{1}{15}$

y절편이 30이므로 주어진 그래프의 식은

$y=-\frac{1}{15}x+30$

이 식에 $y=20$을 대입하면

$20=-\frac{1}{15}x+30$, $\frac{1}{15}x=10$ $\quad\therefore x=150$

따라서 남은 휘발유가 20 L일 때, 이 자동차의 이동 거리는 150 km이다.

답 150 km

58 주어진 그래프가 두 점 $(5, 25)$, $(0, 10)$을 지나므로

$(\text{기울기})=\frac{10-25}{0-5}=3$

y절편이 10이므로 주어진 그래프의 식은

$y=3x+10$

이 식에 $x=15$를 대입하면

$y=3\times15+10=55$

따라서 물을 넣기 시작한 지 15초 후의 물의 높이는 55 cm이다.

답 55 cm

59 주어진 그래프가 두 점 $(40, 0)$, $(0, 2400)$을 지나므로

$(\text{기울기})=\frac{2400-0}{0-40}=-60$

y절편이 2400이므로 주어진 그래프의 식은

$y=-60x+2400$

④ $y=-60x+2400$에 $x=10$을 대입하면

$y=-60\times10+2400=1800$

따라서 출발한 지 10분 후 학교까지의 거리는 1800 m 이다. 답 ④

참고 ① $x=0$일 때, $y=2400$이므로 집에서 학교까지의 거리는 2400 m이다.

② $y=0$일 때, $x=40$이므로 집에서 학교까지 가는 데 걸리는 시간은 40분이다.

③ $(\text{속력})=\dfrac{(\text{거리})}{(\text{시간})}=\dfrac{2400}{40}=60(\text{m/min})$이므로 우영이는 분속 60 m로 이동하였다.

⑤ $y=600$일 때, $x=30$이므로 걸은 시간은 30분이다.

Real 실전 기출

138~140쪽

01 직선 l의 기울기는 음수이고, 기울기의 절댓값이 $|-2|=2$ 보다 작아야 하므로 알맞은 것은 ③이다. 답 ③

02 $y=-ax+b$에서

$(\text{기울기})=-a>0$, $(y\text{절편})=b<0$

따라서 $y=-ax+b$의 그래프는 오른쪽 위로 향하고 y축과 음의 부분에서 만나므로 그 그래프로 알맞은 것은 ④이다.

답 ④

03 $y=ax-b$의 그래프가 오른쪽 위로 향하는 직선이므로

$a>0$

y축과 양의 부분에서 만나므로 $-b>0$, 즉 $b<0$

① $a+b$의 부호는 알 수 없다.

② $a-b>0$

③ $ab<0$

④ $b^2>0$이므로 $a+b^2>0$

⑤ $a^2>0$이므로 $a^2b<0$

따라서 옳은 것은 ④이다. 답 ④

04 두 점 $(-3, a)$, $(2, 10)$을 지나는 직선의 기울기는

$\dfrac{10-a}{2-(-3)}=\dfrac{10-a}{5}$

이 직선이 $y=-x+4$의 그래프와 평행하므로

$\dfrac{10-a}{5}=-1$, $10-a=-5$ $\quad\therefore a=15$ 답 15

05 ① x축과 만나는 점의 좌표는 $\left(-\dfrac{b}{a}, 0\right)$이다.

② $a>0$일 때, x의 값이 증가하면 y의 값도 증가한다.

③ $b<0$일 때, y축과 음의 부분에서 만난다.

④ $a<0$, $b>0$일 때, 그 그래프는 오른쪽 그림과 같으므로 제3사분면을 지나지 않는다. 답 ⑤

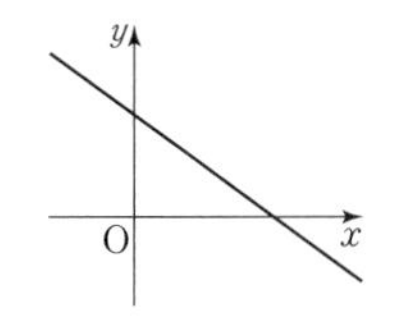

06 두 점 $(2, -4)$, $(5, 2)$를 지나는 직선과 평행하므로

$(\text{기울기})=\dfrac{2-(-4)}{5-2}=2$

y절편이 -5이므로 $f(x)=2x-5$

$f(k)=0$에서 $0=2k-5$, $2k=5$ $\quad\therefore k=\dfrac{5}{2}$ 답 $\dfrac{5}{2}$

07 주어진 그래프는 두 점 $(-4, -1)$, $(2, 8)$을 지나므로

$(\text{기울기})=\dfrac{8-(-1)}{2-(-4)}=\dfrac{3}{2}$

일차함수의 식을 $y=\dfrac{3}{2}x+b$로 놓고 $x=-4$, $y=-1$을 대입하면

$-1=\dfrac{3}{2}\times(-4)+b$ $\quad\therefore b=5$

따라서 $y=\dfrac{3}{2}x+5$의 그래프의 y절편은 5이다. 답 ③

08 $y=ax+b$의 그래프가 두 점 $(-6, 0)$, $(0, -4)$를 지나므로

$(\text{기울기})=\dfrac{-4-0}{0-(-6)}=-\dfrac{2}{3}$ $\quad\therefore a=-\dfrac{2}{3}$

y절편이 -4이므로 $b=-4$

따라서 $y=bx+a$에서 $(\text{기울기})=b<0$, $(y\text{절편})=a<0$

즉, $y=bx+a$의 그래프는 오른쪽 아래로 향하고 y축과 음의 부분에서 만나므로 그 그래프는 제1사분면을 지나지 않는다. 답 제1사분면

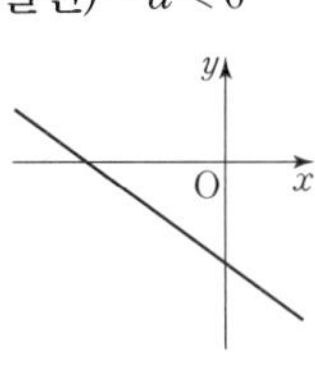

09 $(\text{기울기})=\dfrac{k-(-6)}{1-(-1)}=\dfrac{-2k-k}{4-1}$에서 $\dfrac{k+6}{2}=-k$

$k+6=-2k$, $3k=-6$ $\quad\therefore k=-2$

즉, 이 그래프의 기울기가 $-k=2$이므로 일차함수의 식을 $y=2x+b$로 놓고 $x=-1$, $y=-6$을 대입하면

$-6=2\times(-1)+b$ $\quad\therefore b=-4$

따라서 $y=2x-4$의 그래프의 x절편은 2, y절편은 -4이므로 구하는 도형의 넓이는

$\dfrac{1}{2}\times2\times4=4$ 답 4

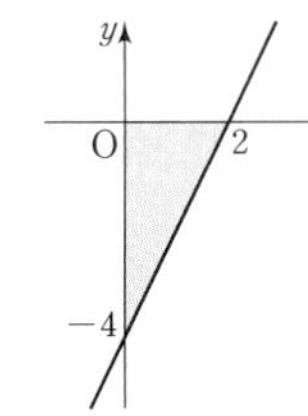

10 기온이 5 ℃ 올라갈 때마다 소리의 속력이 초속 3 m씩 증가하므로 기온이 1 ℃ 올라갈 때마다 소리의 속력은 초속 0.6 m씩 증가한다.

기온이 x ℃일 때의 소리의 속력을 초속 y m라 하면

$y=331+0.6x$

이 식에 $y=340$을 대입하면

$340=331+0.6x$, $0.6x=9$ $\quad\therefore x=15$

따라서 소리의 속력이 초속 340 m일 때의 기온은 15 ℃이다.

답 ④

11 학생의 키가 x cm일 때의 알맞은 책상의 높이를 y cm라 하면 $y=45+0.18x$

이 식에 $x=160$을 대입하면

$y=45+0.18\times160=73.8$

따라서 키가 160 cm인 학생의 알맞은 책상의 높이는 73.8 cm이다.

답 73.8 cm

12 정삼각형을 1개 만들 때 필요한 성냥개비는 3개이고, 정삼각형이 1개 늘어날 때마다 성냥개비는 2개씩 늘어나므로 정삼각형 x개를 만들 때 필요한 성냥개비의 개수를 y라 하면

$y=3+2(x-1)$ $\quad\therefore y=2x+1$

이 식에 $x=12$를 대입하면

$y=2\times12+1=25$

따라서 정삼각형 12개를 만들려면 25개의 성냥개비가 필요하다.

답 ③

13 일차함수 $y=3ax-4a+12$의 그래프가 제4사분면을 지나지 않으려면 오른쪽 그림과 같이 (기울기)>0, (y절편)≥0이어야 한다. 즉,

$3a>0$에서 $a>0$ ...... ㉠

$-4a+12\geq0$에서 $a\leq3$ ...... ㉡

㉠, ㉡에서 자연수 a의 값은 1, 2, 3이다.

답 1, 2, 3

14 두 그래프가 서로 평행하므로 $a=-4$

$y=-4x+8$의 그래프의 x절편은 2이므로 P(2, 0)

또, $\overline{PQ}=3$, $b<0$이므로

$y=-4x+b$의 그래프는 오른쪽 그림과 같다.

$\therefore$ Q$(-1, 0)$

즉, 점 Q$(-1, 0)$은 $y=-4x+b$의 그래프 위에 있으므로

$0=-4\times(-1)+b$ $\quad\therefore b=-4$

답 $a=-4$, $b=-4$

15 8분 동안 향초의 길이가 10 cm 짧아졌으므로 1분마다 향초의 길이는 $\frac{5}{4}$ cm씩 짧아진다. 처음의 향초의 길이를 a cm, 불을 붙인 지 x분 후의 향초의 길이를 y cm라 하면

$y=a-\frac{5}{4}x$

4분 후의 향초의 길이는 20 cm이므로 이 식에 $x=4$, $y=20$을 대입하면

$20=a-\frac{5}{4}\times4$, $20=a-5$ $\quad\therefore a=25$

즉, 불을 붙이기 전 처음의 향초의 길이는 25 cm이다.

또, $y=25-\frac{5}{4}x$에 $y=0$을 대입하면

$0=25-\frac{5}{4}x$, $\frac{5}{4}x=25$ $\quad\therefore x=20$

따라서 향초를 다 태우는 데 걸리는 시간은 20분이다.

답 25 cm, 20분

16 조건 (가)에서 $y=ax+b+c$의 그래프와 $y=(2a-2)x-3$의 그래프가 평행하므로

$a=2a-2$ $\quad\therefore a=2$ ... ❶

조건 (나)에서 $y=ax+b+c$의 그래프와 $y=(b-1)x+6$의 그래프가 일치하므로

$a=b-1$, $b+c=6$

$a=2$이므로 $b=3$, $c=3$ ... ❷

$\therefore a+b+c=2+3+3=8$ ... ❸

답 8

채점 기준	배점
❶ a의 값 구하기	40%
❷ b, c의 값 각각 구하기	40%
❸ $a+b+c$의 값 구하기	20%

17 $y=ax+b$의 그래프에서

(기울기)$=\frac{-6}{7-5}=-3$ $\quad\therefore a=-3$ ... ❶

y절편이 4이므로 $b=4$ ... ❷

$\therefore b-a=4-(-3)=7$ ... ❸

답 7

채점 기준	배점
❶ a의 값 구하기	40%
❷ b의 값 구하기	40%
❸ $b-a$의 값 구하기	20%

18 주어진 그래프가 두 점 (80, 40), (120, 45)를 지나므로

(기울기)$=\frac{45-40}{120-80}=\frac{1}{8}$

일차함수의 식을 $y=\frac{1}{8}x+b$로 놓고 $x=80$, $y=40$을 대입하면 $40=\frac{1}{8}\times80+b$ $\quad\therefore b=30$

$\therefore y=\frac{1}{8}x+30$ ... ❶

이 식에 $x=0$을 대입하면 $y=30$

따라서 온도가 0 ℃일 때, 기체의 부피는 30 L이다. ... ❷

답 30 L

채점 기준	배점
❶ x와 y 사이의 관계식 구하기	60%
❷ 온도가 0 ℃일 때, 기체의 부피 구하기	40%

19 두 점 $(-2, -9)$, $(2, -3)$을 지나므로

(기울기)$=\frac{-3-(-9)}{2-(-2)}=\frac{3}{2}$ $\therefore a=\frac{3}{2}$ … ❶

일차함수의 식을 $y=\frac{3}{2}x+c$로 놓고 $x=-2$, $y=-9$를 대입하면 $-9=\frac{3}{2}\times(-2)+c$ $\therefore c=-6$ … ❷

따라서 $y=\frac{3}{2}x-6$의 그래프의 x절편은

$0=\frac{3}{2}x-6$에서 $x=4$이므로 $b=4$ … ❸

$\therefore abc=\frac{3}{2}\times4\times(-6)=-36$ … ❹

답 -36

채점 기준	배점
❶ a의 값 구하기	30%
❷ c의 값 구하기	30%
❸ b의 값 구하기	30%
❹ abc의 값 구하기	10%

20 $y=\frac{a}{c}x-\frac{b}{c}$의 그래프가

오른쪽 아래로 향하는 직선이므로 $\frac{a}{c}<0$

y축과 음의 부분에서 만나므로 $-\frac{b}{c}<0$, 즉 $\frac{b}{c}>0$

이때 $a>0$이면 $b<0$, $c<0$이고 $a<0$이면 $b>0$, $c>0$이므로

$y=abx+bc$에서 (기울기)$=ab<0$, (y절편)$=bc>0$ … ❶

따라서 $y=abx+bc$의 그래프는 오른쪽 아래로 향하고 y축과 양의 부분에서 만나므로 그 그래프는 제3사분면을 지나지 않는다. … ❷

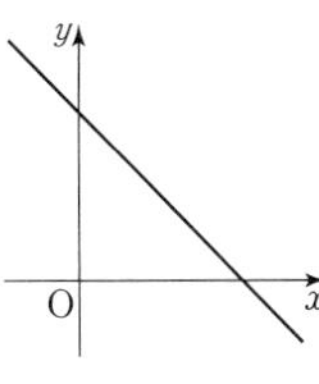

답 제3사분면

채점 기준	배점
❶ $y=abx+bc$의 그래프의 기울기와 y절편의 부호 구하기	60%
❷ $y=abx+bc$의 그래프가 지나지 않는 사분면 구하기	40%

21 출발한 지 x초 후의 공원 입구에서부터 민찬이까지의 거리는 $5x$ m, 선미까지의 거리는 $(3x+500)$ m이므로

$y=3x+500-5x$ $\therefore y=-2x+500$ … ❶

이 식에 $y=0$을 대입하면 $0=-2x+500$ $\therefore x=250$

따라서 민찬이가 선미를 따라 잡는 것은 250초 후이다. … ❷

답 $y=-2x+500$, 250초 후

채점 기준	배점
❶ x와 y 사이의 관계식 구하기	60%
❷ 민찬이가 선미를 따라 잡는 데 걸리는 시간 구하기	40%

10 일차함수와 일차방정식의 관계

Real 실전 개념

143, 145쪽

01 답 $y=x+2$, 1, -2, 2

02 답 $y=-3x+9$, -3, 3, 9

03 답 $y=\frac{1}{4}x-2$, $\frac{1}{4}$, 8, -2

04 답 $y=-\frac{1}{3}x-\frac{1}{6}$, $-\frac{1}{3}$, $-\frac{1}{2}$, $-\frac{1}{6}$

05 답 $y=\frac{2}{3}x-4$, $\frac{2}{3}$, 6, -4

06 ㄱ. $y=-6x+1$　　ㄴ. $y=\frac{1}{2}x-2$

ㄷ. $y=-\frac{1}{5}x-2$　　ㄹ. $y=2x+7$

이 중에서 기울기가 음수인 것은 ㄱ, ㄷ이다. 답 ㄱ, ㄷ

07 기울기가 양수인 것은 ㄴ, ㄹ이다. 답 ㄴ, ㄹ

08 y절편이 양수인 것은 ㄱ, ㄹ이다. 답 ㄱ, ㄹ

09 ㄱ. (기울기)<0, (y절편)>0
이므로 그 그래프는 제1, 2, 4사분면을 지난다.

ㄴ. (기울기)>0, (y절편)<0
이므로 그 그래프는 제1, 3, 4사분면을 지난다.

ㄷ. (기울기)<0, (y절편)<0
이므로 그 그래프는 제2, 3, 4사분면을 지난다.

ㄹ. (기울기)>0, (y절편)>0
이므로 그 그래프는 제1, 2, 3사분면을 지난다.

따라서 제1사분면을 지나는 그래프는 ㄱ, ㄴ, ㄹ이다.

답 ㄱ, ㄴ, ㄹ

10 y절편이 같은 것은 ㄴ, ㄷ이다. 답 ㄴ, ㄷ

11~12 답

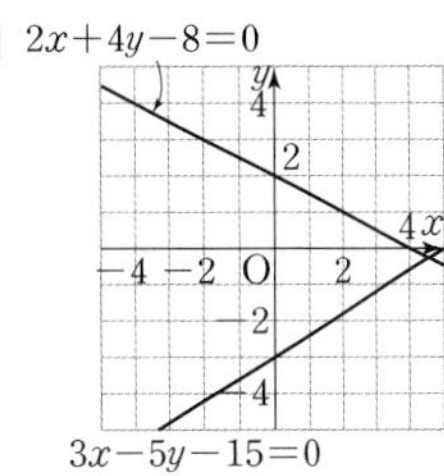

13~16 답

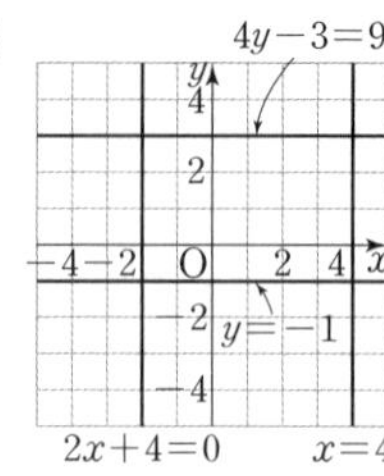

17 답 $x=5$

18 답 $y=-3$

19 답 $y=7$

20 답 $x=-3$

21 답 $x=5$

22 답 $y=-6$

23 답 $y=-4$

24 답 $x=\frac{1}{5}$

25 답 $(2,\ 1)$

26 답 $x=2,\ y=1$

27

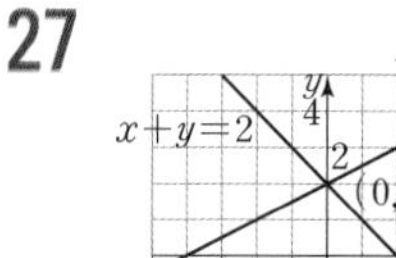
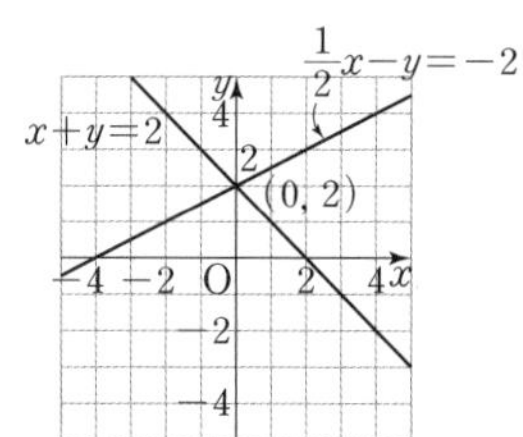

답 $x=0,\ y=2$

28

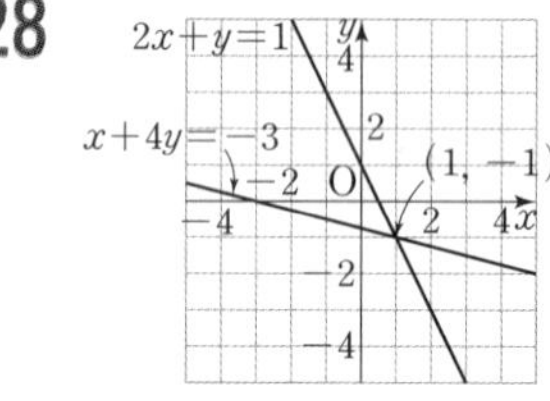

답 $x=1,\ y=-1$

29 연립방정식 $\begin{cases} y=-x-3 & \cdots\cdots ㉠ \\ y=x+1 & \cdots\cdots ㉡ \end{cases}$에서

㉠을 ㉡에 대입하면

$-x-3=x+1,\ -2x=4 \qquad \therefore x=-2$

$x=-2$를 ㉡에 대입하면 $y=-2+1=-1$

따라서 두 그래프의 교점의 좌표는 $(-2,\ -1)$이다.

답 $(-2,\ -1)$

30 연립방정식 $\begin{cases} y=2x-4 & \cdots\cdots ㉠ \\ y=-\frac{1}{5}x+7 & \cdots\cdots ㉡ \end{cases}$에서

㉠을 ㉡에 대입하면

$2x-4=-\frac{1}{5}x+7,\ \frac{11}{5}x=11 \qquad \therefore x=5$

$x=5$를 ㉠에 대입하면 $y=2\times5-4=6$

따라서 두 그래프의 교점의 좌표는 $(5,\ 6)$이다.

답 $(5,\ 6)$

31

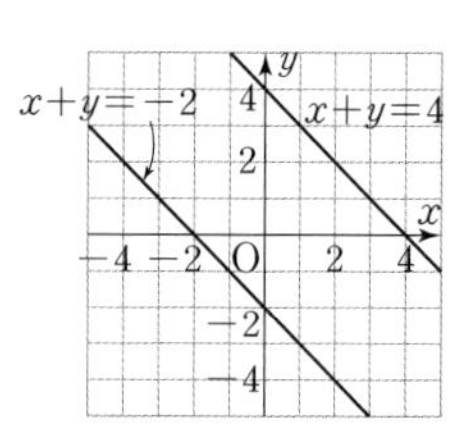

답 해가 없다.

32

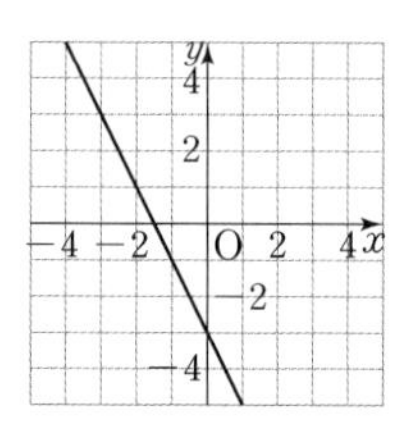

답 해가 무수히 많다.

33 ㄷ. $2x-y=-3$에서 $y=2x+3$

$x+2y=1$에서 $y=-\frac{1}{2}x+\frac{1}{2}$

따라서 두 직선 $2x-y=-3$, $x+2y=1$은 기울기가 다르므로 한 점에서 만난다. 즉, 연립방정식 ㄷ의 해가 한 쌍이다.

답 ㄷ

34 ㄱ. $x-y=1$에서 $y=x-1$

$2x-2y=-1$에서 $y=x+\frac{1}{2}$

따라서 두 직선 $x-y=1$, $2x-2y=-1$은 기울기가 같고 y절편은 다르므로 평행하다. 즉, 연립방정식 ㄱ의 해가 없다.

답 ㄱ

35 ㄴ. $3x+2y=5$에서 $y=-\frac{3}{2}x+\frac{5}{2}$

$6x+4y=10$에서 $y=-\frac{3}{2}x+\frac{5}{2}$

따라서 두 직선 $3x+2y=5$, $6x+4y=10$은 기울기와 y절편이 각각 같으므로 일치한다. 즉, 연립방정식 ㄴ의 해가 무수히 많다.

답 ㄴ

36 $\begin{cases} ax-y=-2 \\ 3x+y=b \end{cases}$에서 $\begin{cases} y=ax+2 \\ y=-3x+b \end{cases}$

연립방정식의 해가 한 쌍이려면 두 직선의 기울기가 달라야 하므로 $a\neq-3$

답 $a\neq-3$

37 연립방정식의 해가 없으려면 두 직선의 기울기는 같고 y절편은 달라야 하므로

$a=-3,\ b\neq2$

답 $a=-3,\ b\neq2$

38 연립방정식의 해가 무수히 많으려면 두 직선의 기울기와 y절편이 각각 같아야 하므로

$a=-3,\ b=2$

답 $a=-3,\ b=2$

Real 실전 유형 146~154쪽

01 $3x-2y+6=0$에서 $y=\frac{3}{2}x+3$

① 오른쪽 위로 향하는 직선이다.

③ $y=0$일 때, $3x+6=0$ $\therefore x=-2$

④ 직선 $y=\frac{2}{3}x$와 기울기가 다르므로 평행하지 않다.

답 ②, ⑤

02 $4x+y-8=0$에서 $y=-4x+8$ 답 ⑤

03 $5x-2y-4=0$에서 $y=\frac{5}{2}x-2$

따라서 $5x-2y-4=0$의 그래프는 오른쪽 그림과 같으므로 제2사분면을 지나지 않는다.

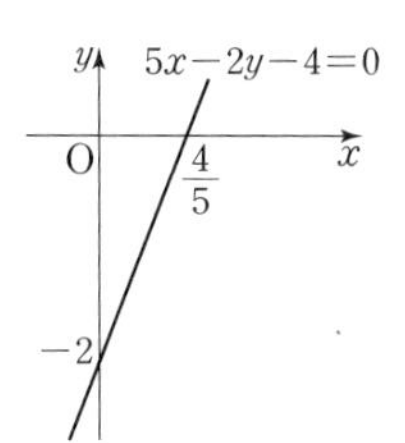

답 제2사분면

04 $-x+3y-9=0$에서 $y=\frac{1}{3}x+3$

$\therefore a=\frac{1}{3}, c=3$ …❶

그래프의 x절편은 $-x-9=0$에서 $x=-9$이므로

$b=-9$ …❷

$\therefore abc=\frac{1}{3}\times(-9)\times3=-9$ …❸

답 -9

채점 기준	배점
❶ a, c의 값 각각 구하기	60%
❷ b의 값 구하기	30%
❸ abc의 값 구하기	10%

05 $x+2y+9=0$에 $x=a$, $y=a-3$을 대입하면

$a+2(a-3)+9=0$, $3a=-3$ $\therefore a=-1$ 답 -1

06 ① $3\times(-8)-4\times(-3)+12=0$

② $3\times(-4)-4\times0+12=0$

③ $3\times0-4\times3+12=0$

④ $3\times2-4\times4+12=2\neq0$

⑤ $3\times4-4\times6+12=0$

따라서 주어진 일차방정식의 그래프 위의 점이 아닌 것은 ④이다. 답 ④

07 $2x-y-5=0$의 그래프가 점 $(p, -1)$을 지나므로

$2x-y-5=0$에 $x=p$, $y=-1$을 대입하면

$2p-(-1)-5=0$, $2p=4$ $\therefore p=2$ 답 2

08 $4x+5y-10=0$에 $x=a$, $y=6$을 대입하면

$4a+5\times6-10=0$, $4a=-20$

$\therefore a=-5$ …❶

$4x+5y-10=0$에 $x=5$, $y=b$를 대입하면

$4\times5+5b-10=0$, $5b=-10$

$\therefore b=-2$ …❷

$\therefore a+b=-5+(-2)=-7$ …❸

답 -7

채점 기준	배점
❶ a의 값 구하기	40%
❷ b의 값 구하기	40%
❸ $a+b$의 값 구하기	20%

09 $x+ay-9=0$에 $x=-1$, $y=5$를 대입하면

$-1+5a-9=0$, $5a=10$ $\therefore a=2$

따라서 $x+2y-9=0$에서 $y=-\frac{1}{2}x+\frac{9}{2}$이므로 그래프의 y절편은 $\frac{9}{2}$이다. 답 ④

10 $(a+1)x-4y-6=0$에 $x=-2$, $y=-3$을 대입하면

$-2(a+1)-4\times(-3)-6=0$, $2a=4$ $\therefore a=2$

$3x-4y-6=0$에 $x=6$, $y=b$를 대입하면

$3\times6-4b-6=0$, $4b=12$ $\therefore b=3$

$\therefore b-a=3-2=1$ 답 1

11 $ax+by-6=0$에서 $y=-\frac{a}{b}x+\frac{6}{b}$

주어진 그래프의 기울기가 $-\frac{3}{4}$, y절편이 $\frac{3}{2}$이므로

$-\frac{a}{b}=-\frac{3}{4}$, $\frac{6}{b}=\frac{3}{2}$ $\therefore a=3, b=4$

$\therefore ab=3\times4=12$ 답 12

12 $2ax-(b+1)y+4=0$에서 $(b+1)y=2ax+4$

$\therefore y=\frac{2a}{b+1}x+\frac{4}{b+1}$

따라서 $\frac{2a}{b+1}=-3$, $\frac{4}{b+1}=2$이므로

$a=-3$, $b=1$

$\therefore a+b=-3+1=-2$ 답 -2

13 두 점 $(-4, -6)$, $(2, -3)$을 지나므로

(기울기)$=\frac{-3-(-6)}{2-(-4)}=\frac{1}{2}$

직선의 방정식을 $y=\frac{1}{2}x+b$로 놓고 $x=-4$, $y=-6$을 대입하면

$-6=\frac{1}{2}\times(-4)+b$ $\therefore b=-4$

따라서 $y=\frac{1}{2}x-4$, 즉 $x-2y-8=0$이다. 답 ③

14 기울기가 $-\frac{4}{3}$이므로 직선의 방정식을 $y=-\frac{4}{3}x+b$로 놓고 $x=-6$, $y=3$을 대입하면

$3=-\frac{4}{3}\times(-6)+b \quad \therefore b=-5$

따라서 $y=-\frac{4}{3}x-5$, 즉 $4x+3y+15=0$이다.

답 $4x+3y+15=0$

15 두 점 $(2, 8)$, $(-1, -7)$을 지나는 직선의 기울기는

(기울기)$=\frac{-7-8}{-1-2}=5$ … ❶

직선의 방정식을 $y=5x+k$로 놓고 $x=1$, $y=4$를 대입하면

$4=5\times1+k \quad \therefore k=-1$

따라서 $y=5x-1$, 즉 $5x-y-1=0$이므로 … ❷

$a=5$, $b=-1$

$\therefore a+b=5+(-1)=4$ … ❸

답 4

채점 기준	배점
❶ 기울기 구하기	30%
❷ 직선의 방정식 구하기	40%
❸ $a+b$의 값 구하기	30%

16 $3x+y-4=0$에서 $y=-3x+4$

이 그래프와 평행한 직선의 방정식을 $y=-3x+b$로 놓자.

$6x-4=0$에서 $x=\frac{2}{3}$이므로 일차방정식 $6x+3y-4=0$의 그래프의 x절편은 $\frac{2}{3}$이다.

구하는 직선의 x절편은 $\frac{2}{3}$이므로

$y=-3x+b$에 $x=\frac{2}{3}$, $y=0$을 대입하면

$0=-3\times\frac{2}{3}+b \quad \therefore b=2$

따라서 $y=-3x+2$, 즉 $3x+y-2=0$이다. 답 ③

17 y축에 평행한 직선은 x좌표가 서로 같아야 하므로

$k=-3k+8$, $4k=8 \quad \therefore k=2$ 답 ⑤

18 점 $(-2, 5)$를 지나고 y축에 수직인 직선의 방정식은

$y=5$, 즉 $y-5=0$ 답 ④

19 주어진 그래프는 점 $(0, -4)$를 지나고 x축에 평행한 직선이므로 그 그래프의 식은

$y=-4$

$y=-4$에서 $2y=-8$

위의 식이 $ax+by=-8$과 같으므로

$a=0$, $b=2$

$\therefore a+b=0+2=2$ 답 2

20 $y=-x-7$에 $x=2k$, $y=k-1$을 대입하면

$k-1=-2k-7$, $3k=-6 \quad \therefore k=-2$

따라서 점 $(-4, -3)$을 지나고 x축에 수직인 직선의 방정식은 $x=-4$ 답 $x=-4$

21 네 직선 $x=2$, $x=-3$, $y=1$, $y=-2$는 오른쪽 그림과 같으므로 구하는 넓이는

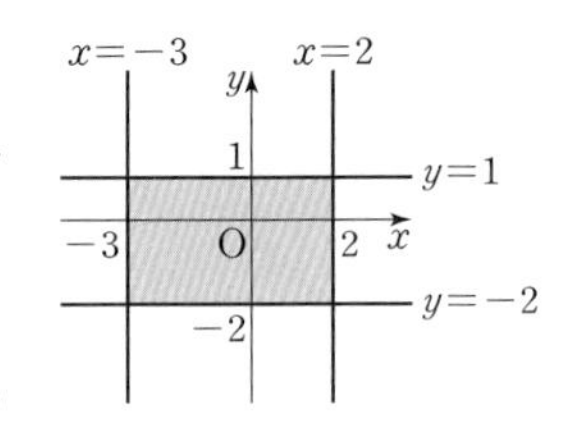

$\{2-(-3)\}\times\{1-(-2)\}=15$

답 ⑤

22 네 직선 $x=0$, $y=0$, $x=4$, $y=-3$은 오른쪽 그림과 같으므로 구하는 넓이는

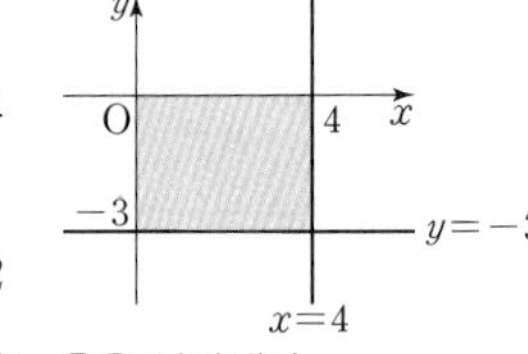

$4\times3=12$ 답 12

참고 직선 $x=0$은 y축, 직선 $y=0$은 x축을 나타낸다.

23 네 직선 $x=2$, $y=3$, $x=-\frac{5}{2}$, $y=-5$는 오른쪽 그림과 같으므로 구하는 넓이는

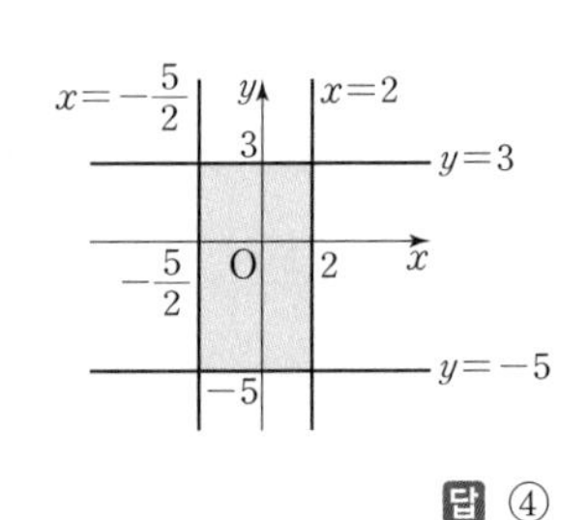

$\left\{2-\left(-\frac{5}{2}\right)\right\}\times\{3-(-5)\}$

$=36$ 답 ④

24 네 직선 $x=-1$, $x=2$, $y=-5$, $y=a$는 오른쪽 그림과 같다. … ❶

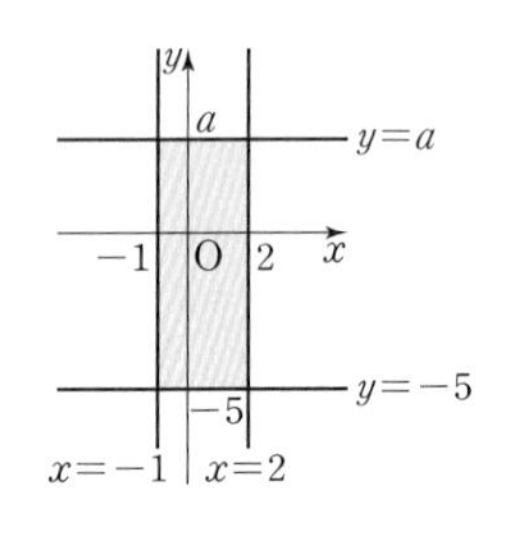

네 직선으로 둘러싸인 도형의 넓이가 24이므로

$\{2-(-1)\}\times\{a-(-5)\}=24$

$3(a+5)=24 \quad \therefore a=3$ … ❷

답 3

채점 기준	배점
❶ 네 직선을 좌표평면 위에 나타내기	60%
❷ a의 값 구하기	40%

25 $ax+y+b=0$에서 $y=-ax-b$

주어진 그래프에서 (기울기)$=-a>0$, (y절편)$=-b<0$이므로

$a<0$, $b>0$ 답 ③

26 $ax+by+c=0$에서 $y=-\frac{a}{b}x-\frac{c}{b}$

$a<0$, $b<0$, $c>0$이므로

(기울기)$=-\frac{a}{b}<0$, (y절편)$=-\frac{c}{b}>0$

따라서 $ax+by+c=0$의 그래프는 오른쪽 그림과 같이 제3사분면을 지나지 않는다. 답 제3사분면

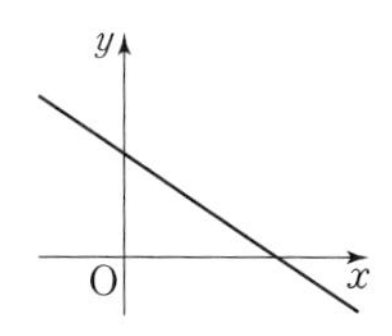

27 $ax+by-1=0$의 그래프가 x축에 수직이려면 $x=p$ 꼴이어야 하므로 $b=0$

$ax-1=0$, 즉 $x=\frac{1}{a}$의 그래프가 제2사분면과 제3사분면을 지나려면

$\frac{1}{a}<0$ $\quad\therefore a<0$ 답 ④

28 점 $(a-b,\ ab)$가 제3사분면 위의 점이므로

$a-b<0,\ ab<0$

즉, $a<b,\ ab<0$이므로 $a<0,\ b>0$ … ❶

$x+ay+b=0$에서 $y=-\frac{1}{a}x-\frac{b}{a}$ … ❷

$-\frac{1}{a}>0,\ -\frac{b}{a}>0$이므로

$y=-\frac{1}{a}x-\frac{b}{a}$의 그래프는 오른쪽 그림과 같이 제1, 2, 3사분면을 지난다.

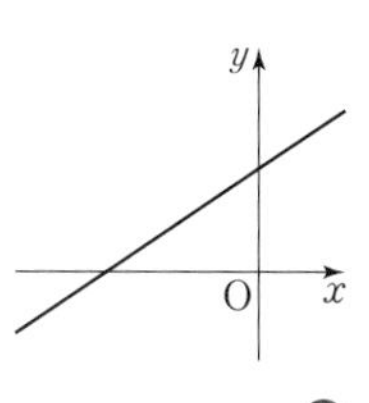

… ❸

답 제1, 2, 3사분면

채점 기준	배점
❶ $a,\ b$의 부호 각각 구하기	40%
❷ $x+ay+b=0$을 $y=mx+n$ 꼴로 변형하기	30%
❸ $x+ay+b=0$의 그래프가 지나는 사분면 구하기	30%

29 $ax+by-c=0$에서 $y=-\frac{a}{b}x+\frac{c}{b}$이므로

주어진 그래프에서 $-\frac{a}{b}<0,\ \frac{c}{b}>0$

$\therefore \frac{a}{b}>0,\ -\frac{c}{b}<0$

따라서 $y=\frac{a}{b}x-\frac{c}{b}$의 그래프로 알맞은 것은 ④이다.

답 ④

30 $ax+by+c=0$에서 $y=-\frac{a}{b}x-\frac{c}{b}$

$a\neq0,\ b\neq0,\ c\neq0$이므로 제1사분면을 지나지 않으려면

$-\frac{a}{b}<0,\ -\frac{c}{b}<0$

즉, $\frac{a}{b}>0$에서 a와 b의 부호는 같고, $\frac{c}{b}>0$에서 b와 c의 부호는 같으므로 $a,\ b,\ c$의 부호는 같다.

따라서 옳은 것은 ㄱ, ㅂ이다. 답 ㄱ, ㅂ

31 $2x+y-3=0$에 $x=1$을 대입하면

$2+y-3=0$ $\quad\therefore y=1$

즉, 두 직선 $x=1,\ 2x+y-3=0$의 교점의 좌표는 $(1,\ 1)$이다.

$2x+y-3=0$에 $y=-3$을 대입하면 $x=3$

즉, 두 직선 $y=-3,\ 2x+y-3=0$의 교점의 좌표는 $(3,\ -3)$이다.

따라서 오른쪽 그림에서 구하는 도형의 넓이는

$\frac{1}{2}\times2\times4=4$ 답 4

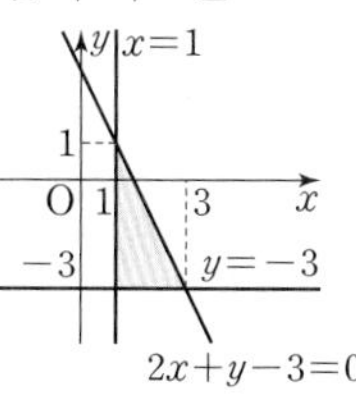

32 $x-2y-8=0$에 $x=2$를 대입하면

$2-2y-8=0,\ -2y=6$ $\quad\therefore y=-3$

즉, 두 직선 $x=2,\ x-2y-8=0$의 교점의 좌표는 $(2,\ -3)$이다.

$x-2y-8=0$에 $y=0$을 대입하면

$x-8=0$ $\quad\therefore x=8$

즉, 직선 $x-2y-8=0$과 x축의 교점의 좌표는 $(8,\ 0)$이다.

따라서 오른쪽 그림에서 구하는 도형의 넓이는

$\frac{1}{2}\times6\times3=9$ 답 9

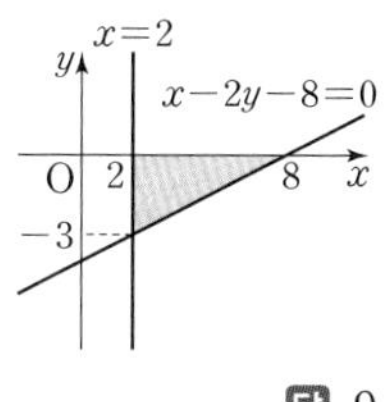

33 $\overline{AB}=6$이므로 $B(k,\ 6)$

직선 $3x-4y=0$이 점 B를 지나므로

$3k-24=0,\ 3k=24$ $\quad\therefore k=8$

$\therefore \triangle BOA=\frac{1}{2}\times8\times6=24$ 답 8, 24

34 $3x-y+k=0$에 $y=4$를 대입하면

$3x-4+k=0$ $\quad\therefore x=\frac{4-k}{3}$

즉, 두 직선 $y=4,\ 3x-y+k=0$의 교점의 좌표는 $\left(\frac{4-k}{3},\ 4\right)$이다.

$3x-y+k=0$에 $y=-2$를 대입하면

$3x+2+k=0$ $\quad\therefore x=\frac{-2-k}{3}$

즉, 두 직선 $y=-2,\ 3x-y+k=0$의 교점의 좌표는 $\left(\frac{-2-k}{3},\ -2\right)$이다.

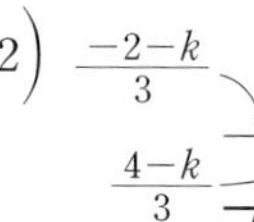

오른쪽 그림에서 색칠한 도형의 넓이가 18이므로

$\frac{1}{2}\times\left\{\left(0-\frac{4-k}{3}\right)+\left(0-\frac{-2-k}{3}\right)\right\}\times\{4-(-2)\}=18$

$\frac{1}{2}\times\frac{2k-2}{3}\times6=18,\ 2k-2=18$

$\therefore k=10$ 답 ④

35 직선 $y=ax-1$의 y절편이 -1이므로 선분 AB와 만나려면 기울기 a는 점 A(1, 4)를 지나는 직선 $y=ax-1$의 기울기보다 작거나 같고, 점 B(3, 2)를 지나는 직선 $y=ax-1$의 기울기보다 크거나 같아야 한다.

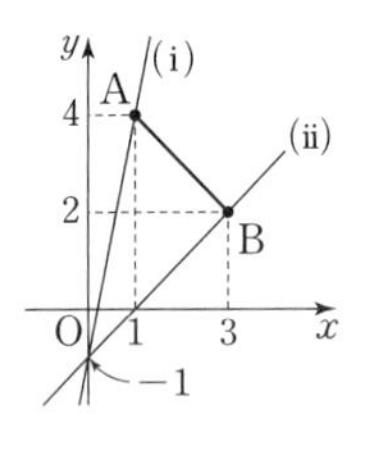

(i) 직선 $y=ax-1$이 점 A(1, 4)를 지날 때,

$4=a-1 \quad \therefore a=5$

(ii) 직선 $y=ax-1$이 점 B(3, 2)를 지날 때,

$2=3a-1 \quad \therefore a=1$

(i), (ii)에서 a의 값의 범위는 $1\le a\le 5$ 답 ③

참고 직선 $y=ax-1$은 a의 값에 관계없이 항상 점 (0, −1)을 지난다.

36 직선 $y=ax+2$의 y절편이 2이므로 선분 AB와 만나려면 기울기 a는 점 A(−4, 3)을 지나는 직선 $y=ax+2$의 기울기보다 작거나 같고, 점 B(−1, 3)을 지나는 직선 $y=ax+2$의 기울기보다 크거나 같아야 한다.

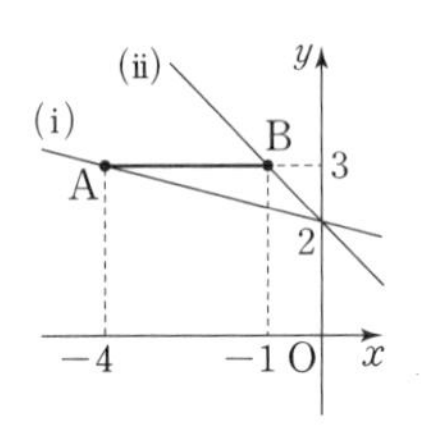

(i) 직선 $y=ax+2$가 점 A(−4, 3)을 지날 때,

$3=-4a+2 \quad \therefore a=-\frac{1}{4}$

(ii) 직선 $y=ax+2$가 점 B(−1, 3)을 지날 때,

$3=-a+2 \quad \therefore a=-1$

(i), (ii)에서 a의 값의 범위는 $-1\le a\le -\frac{1}{4}$

따라서 a의 값이 될 수 있는 것은 ④, ⑤이다. 답 ④, ⑤

37 직선 $y=-3x+k$가 선분 AB와 만나려면 y절편 k는 점 A(−2, −1)을 지나는 직선 $y=-3x+k$의 y절편보다 크거나 같고, 점 B(3, −8)을 지나는 직선 $y=-3x+k$의 y절편보다 작거나 같아야 한다.

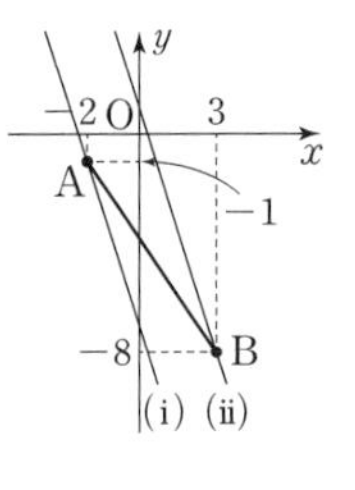

(i) 직선 $y=-3x+k$가 점 A(−2, −1)을 지날 때,

$-1=-3\times(-2)+k \quad \therefore k=-7$ … ❶

(ii) 직선 $y=-3x+k$가 점 B(3, −8)을 지날 때,

$-8=-3\times 3+k \quad \therefore k=1$ … ❷

(i), (ii)에서 k의 값의 범위는 $-7\le k\le 1$ … ❸

답 $-7\le k\le 1$

채점 기준	배점
❶ 점 A를 지날 때의 k의 값 구하기	40%
❷ 점 B를 지날 때의 k의 값 구하기	40%
❸ k의 값의 범위 구하기	20%

38 연립방정식 $\begin{cases} x+2y=10 & \cdots\cdots ㉠ \\ 2x+y=-1 & \cdots\cdots ㉡ \end{cases}$에서

㉠×2−㉡을 하면 $3y=21 \quad \therefore y=7$

$y=7$을 ㉠에 대입하면 $x+2\times 7=10 \quad \therefore x=-4$

따라서 두 그래프의 교점의 좌표는 (−4, 7)이므로

$a=-4,\ b=7 \quad \therefore a+b=-4+7=3$ 답 3

39 연립방정식 $\begin{cases} x+y=7 & \cdots\cdots ㉠ \\ 2x-3y=-1 & \cdots\cdots ㉡ \end{cases}$에서

㉠×3+㉡을 하면 $5x=20 \quad \therefore x=4$

$x=4$를 ㉠에 대입하면 $4+y=7 \quad \therefore y=3$

따라서 두 그래프의 교점의 좌표는 (4, 3)이므로

$p=4,\ q=3$ 답 $p=4,\ q=3$

40 연립방정식 $\begin{cases} 3x+2y=4 & \cdots\cdots ㉠ \\ 2x-y=-9 & \cdots\cdots ㉡ \end{cases}$에서

㉠+㉡×2를 하면 $7x=-14 \quad \therefore x=-2$

$x=-2$를 ㉠에 대입하면 $3\times(-2)+2y=4 \quad \therefore y=5$

따라서 점 (−2, 5)가 직선 $y=-x+k$ 위의 점이므로

$5=-(-2)+k \quad \therefore k=3$ 답 ③

41 기울기가 −2, y절편이 3인 직선의 방정식은 $y=-2x+3$

연립방정식 $\begin{cases} x+y=6 & \cdots\cdots ㉠ \\ 2x+y=3 & \cdots\cdots ㉡ \end{cases}$에서

㉠−㉡을 하면 $-x=3 \quad \therefore x=-3$

$x=-3$을 ㉠에 대입하면 $-3+y=6 \quad \therefore y=9$

따라서 두 그래프의 교점의 좌표는 (−3, 9)이다.

답 (−3, 9)

42 두 일차방정식의 그래프의 교점의 좌표가 (−1, −2)이므로 연립방정식 $\begin{cases} ax-y=1 \\ bx+y=-4 \end{cases}$의 해는 $x=-1,\ y=-2$이다.

$ax-y=1$에 $x=-1,\ y=-2$를 대입하면

$-a-(-2)=1 \quad \therefore a=1$

$bx+y=-4$에 $x=-1,\ y=-2$를 대입하면

$-b-2=-4 \quad \therefore b=2$

$\therefore a-b=1-2=-1$ 답 −1

43 두 직선의 교점의 좌표가 (−4, 1)이므로 연립방정식

$\begin{cases} x+py=-3 \\ 3x-qy=-10 \end{cases}$의 해는 $x=-4,\ y=1$이다.

$x+py=-3$에 $x=-4,\ y=1$을 대입하면

$-4+p=-3 \quad \therefore p=1$

$3x-qy=-10$에 $x=-4,\ y=1$을 대입하면

$3\times(-4)-q=-10 \quad \therefore q=-2$

$\therefore pq=1\times(-2)=-2$ 답 ①

44 두 일차방정식의 그래프의 교점의 x좌표가 1이므로

$x-y=3$에 $x=1$을 대입하면 $1-y=3$ $\therefore y=-2$

즉, 두 일차방정식의 그래프의 교점의 좌표는 $(1, -2)$이므로 $kx+y=2$에 $x=1$, $y=-2$를 대입하면

$k-2=2$ $\therefore k=4$

답 4

45 두 직선의 교점이 y축 위에 있으므로 두 직선의 y절편이 같다. 직선 $6x+y=2$의 y절편은 2이므로 두 직선의 교점의 좌표는 $(0, 2)$이다. … ❶

직선 $x-2y=a$가 점 $(0, 2)$를 지나므로

$x-2y=a$에 $x=0$, $y=2$를 대입하면 $a=-4$ … ❷

두 직선 $6x+y=2$, $x-2y=-4$가 x축과 만나는 점의 좌표는 각각 $\left(\frac{1}{3}, 0\right)$, $(-4, 0)$이므로 두 점 사이의 거리는

$\frac{1}{3}-(-4)=\frac{13}{3}$ … ❸

답 $\frac{13}{3}$

채점 기준	배점
❶ 두 직선의 교점의 좌표 구하기	30%
❷ a의 값 구하기	30%
❸ x축과 만나는 두 점 사이의 거리 구하기	40%

46 연립방정식 $\begin{cases} x-3y=-6 & \cdots\cdots ㉠ \\ 2x-y=-7 & \cdots\cdots ㉡ \end{cases}$에서

㉠×2−㉡을 하면 $-5y=-5$ $\therefore y=1$

$y=1$을 ㉠에 대입하면 $x-3=-6$ $\therefore x=-3$

즉, 두 직선의 교점의 좌표는 $(-3, 1)$이다.

또, $x-y+1=0$에서 $y=x+1$

따라서 구하는 직선은 기울기가 1이므로 직선의 방정식을 $y=x+b$로 놓고 $x=-3$, $y=1$을 대입하면

$1=-3+b$ $\therefore b=4$

$\therefore y=x+4$

답 ③

47 연립방정식 $\begin{cases} 4x-y=9 & \cdots\cdots ㉠ \\ 2x+y=-3 & \cdots\cdots ㉡ \end{cases}$에서

㉠+㉡을 하면 $6x=6$ $\therefore x=1$

$x=1$을 ㉠에 대입하면 $4-y=9$ $\therefore y=-5$

즉, 두 그래프의 교점의 좌표는 $(1, -5)$이다.

따라서 점 $(1, -5)$를 지나고 x축에 수직인 직선의 방정식은 $x=1$

답 $x=1$

48 연립방정식 $\begin{cases} x+y=-7 & \cdots\cdots ㉠ \\ 3x+y=-15 & \cdots\cdots ㉡ \end{cases}$에서

㉠−㉡을 하면 $-2x=8$ $\therefore x=-4$

$x=-4$를 ㉠에 대입하면 $-4+y=-7$ $\therefore y=-3$

즉, 두 그래프의 교점의 좌표는 $(-4, -3)$이다.

두 점 $(-4, -3)$, $(-2, -2)$를 지나는 직선의 기울기는

$\frac{-2-(-3)}{-2-(-4)}=\frac{1}{2}$

직선의 방정식을 $y=\frac{1}{2}x+b$로 놓고 $x=-4$, $y=-3$을 대입하면 $-3=\frac{1}{2}\times(-4)+b$ $\therefore b=-1$

따라서 이 직선의 y절편은 -1이다.

답 ②

49 연립방정식 $\begin{cases} y=x+5 & \cdots\cdots ㉠ \\ y=-4x-5 & \cdots\cdots ㉡ \end{cases}$에서

㉠을 ㉡에 대입하면 $x+5=-4x-5$

$5x=-10$ $\therefore x=-2$

$x=-2$를 ㉠에 대입하면 $y=-2+5=3$

즉, 두 직선의 교점의 좌표는 $(-2, 3)$이다. … ❶

직선 $y=ax+b$의 y절편은 1이므로 $b=1$

따라서 직선 $y=ax+1$이 점 $(-2, 3)$을 지나므로

$3=-2a+1$, $2a=-2$ $\therefore a=-1$ … ❷

$\therefore ab=-1\times1=-1$ … ❸

답 -1

채점 기준	배점
❶ 두 직선의 교점의 좌표 구하기	40%
❷ a, b의 값 각각 구하기	40%
❸ ab의 값 구하기	20%

50 연립방정식 $\begin{cases} 3x-2y=-3 & \cdots\cdots ㉠ \\ 5x-y=2 & \cdots\cdots ㉡ \end{cases}$에서

㉠−㉡×2를 하면 $-7x=-7$ $\therefore x=1$

$x=1$을 ㉠에 대입하면 $3-2y=-3$ $\therefore y=3$

즉, 두 직선 $3x-2y+3=0$, $5x-y-2=0$의 교점의 좌표는 $(1, 3)$이다.

따라서 직선 $x+ay+5=0$이 점 $(1, 3)$을 지나므로

$1+3a+5=0$, $3a=-6$ $\therefore a=-2$

답 ②

51 $4x-y+5=0$에 $y=-3$을 대입하면

$4x-(-3)+5=0$, $4x=-8$ $\therefore x=-2$

즉, 두 직선 $y=-3$, $4x-y+5=0$의 교점의 좌표는 $(-2, -3)$이다. … ❶

따라서 직선 $x+ky-7=0$이 점 $(-2, -3)$을 지나므로

$-2-3k-7=0$, $-3k=9$ $\therefore k=-3$ … ❷

답 -3

채점 기준	배점
❶ 교점의 좌표 구하기	50%
❷ k의 값 구하기	50%

52 연립방정식 $\begin{cases} 2x+y=-6 & \cdots\cdots ㉠ \\ x+3y=2 & \cdots\cdots ㉡ \end{cases}$에서

㉠−㉡×2를 하면 $-5y=-10$ $\therefore y=2$

$y=2$를 ㉠에 대입하면 $2x+2=-6$ $\therefore x=-4$

즉, 두 직선 $2x+y=-6$, $x+3y=2$의 교점의 좌표는 $(-4, 2)$이다.

직선 $ax+5y=2$가 점 $(-4, 2)$를 지나므로

$-4a+5\times2=2$, $-4a=-8$ $\therefore a=2$

또, 직선 $3x+by=-4$가 점 $(-4, 2)$를 지나므로

$3\times(-4)+2b=-4$, $2b=8$ $\therefore b=4$

$\therefore a-b=2-4=-2$

답 -2

53 두 점 $(-1, -2)$, $(5, 1)$을 지나는 직선의 기울기는

$\frac{1-(-2)}{5-(-1)}=\frac{1}{2}$이므로 이 직선의 방정식을 $y=\frac{1}{2}x+b$로 놓고 $x=-1$, $y=-2$를 대입하면

$-2=\frac{1}{2}\times(-1)+b$ $\therefore b=-\frac{3}{2}$

$\therefore y=\frac{1}{2}x-\frac{3}{2}$

연립방정식 $\begin{cases} y=\frac{1}{2}x-\frac{3}{2} & \cdots\cdots ㉠ \\ 3x-4y-7=0 & \cdots\cdots ㉡ \end{cases}$에서

㉠을 ㉡에 대입하면 $3x-4\left(\frac{1}{2}x-\frac{3}{2}\right)-7=0$

$3x-2x+6-7=0$ $\therefore x=1$

$x=1$을 ㉠에 대입하면 $y=\frac{1}{2}-\frac{3}{2}=-1$

즉, 두 직선 $y=\frac{1}{2}x-\frac{3}{2}$, $3x-4y-7=0$의 교점의 좌표는 $(1, -1)$이다.

따라서 직선 $kx+y-5=0$이 점 $(1, -1)$을 지나므로

$k-1-5=0$ $\therefore k=6$

답 6

54 $2x+y+a=0$에서 $y=-2x-a$ ⋯⋯ ㉠

$bx+3y-9=0$에서 $y=-\frac{b}{3}x+3$ ⋯⋯ ㉡

두 그래프의 교점이 무수히 많으려면 ㉠, ㉡의 그래프가 일치해야 하므로

$-2=-\frac{b}{3}$, $-a=3$

따라서 $a=-3$, $b=6$이므로

$a+b=-3+6=3$

답 ④

55 연립방정식이 오직 한 쌍의 해를 가지려면 두 일차방정식의 그래프가 한 점에서 만나야 한다.

$x+3y=5$에서 $y=-\frac{1}{3}x+\frac{5}{3}$ ⋯⋯ ㉠

$kx-3y=-9$에서 $y=\frac{k}{3}x+3$ ⋯⋯ ㉡

두 그래프가 한 점에서 만나려면 ㉠, ㉡의 그래프의 기울기가 달라야 하므로

$-\frac{1}{3}\neq\frac{k}{3}$ $\therefore k\neq-1$

답 $k\neq-1$

56 $x-2y=-1$에서 $y=\frac{1}{2}x+\frac{1}{2}$ ⋯⋯ ㉠

$kx+6y=4$에서 $y=-\frac{k}{6}x+\frac{2}{3}$ ⋯⋯ ㉡

두 직선의 교점이 존재하지 않으려면 두 직선 ㉠, ㉡이 평행해야 하므로

$\frac{1}{2}=-\frac{k}{6}$ $\therefore k=-3$

답 ②

57 연립방정식 $\begin{cases} x+y=5 & \cdots\cdots ㉠ \\ 2x-y=-8 & \cdots\cdots ㉡ \end{cases}$에서

㉠+㉡을 하면 $3x=-3$ $\therefore x=-1$

$x=-1$을 ㉠에 대입하면 $-1+y=5$ $\therefore y=6$

즉, 두 직선의 교점의 좌표는 $(-1, 6)$이다.

두 직선 $x+y-5=0$, $2x-y+8=0$의 x절편은 각각 5, -4이므로 오른쪽 그림에서 구하는 도형의 넓이는

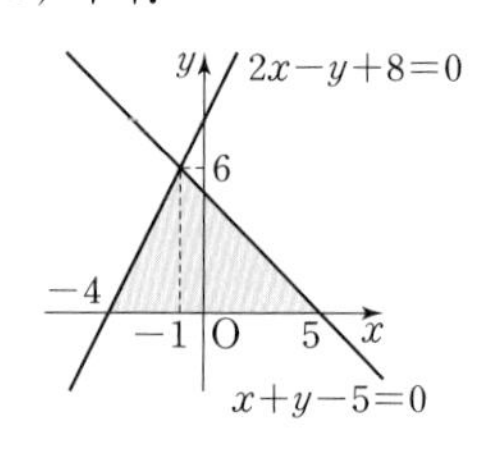

$\frac{1}{2}\times9\times6=27$

답 ③

58 연립방정식 $\begin{cases} 2x+y=-5 & \cdots\cdots ㉠ \\ 2x-3y=-9 & \cdots\cdots ㉡ \end{cases}$에서

㉠−㉡을 하면 $4y=4$ $\therefore y=1$

$y=1$을 ㉠에 대입하면

$2x+1=-5$, $2x=-6$ $\therefore x=-3$

즉, 두 직선 $2x+y+5=0$, $2x-3y+9=0$의 교점의 좌표는 $(-3, 1)$이다. ⋯ ❶

$2x+y+5=0$에 $y=3$을 대입하면

$2x+3+5=0$, $2x=-8$ $\therefore x=-4$

즉, 두 직선 $y=3$, $2x+y+5=0$의 교점의 좌표는 $(-4, 3)$이다. ⋯ ❷

$2x-3y+9=0$에 $y=3$을 대입하면

$2x-3\times3+9=0$ $\therefore x=0$

즉, 두 직선 $y=3$, $2x-3y+9=0$의 교점의 좌표는 $(0, 3)$이다. ⋯ ❸

따라서 오른쪽 그림에서 구하는 도형의 넓이는

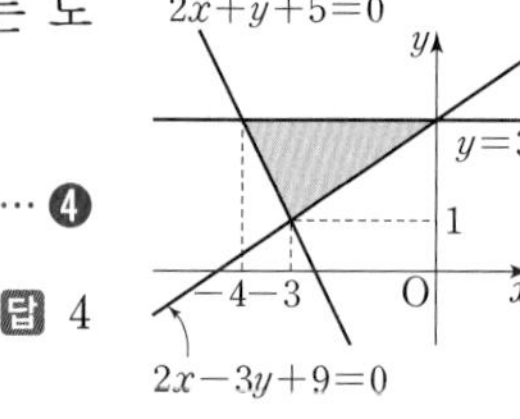

$\frac{1}{2}\times4\times2=4$ ⋯ ❹

답 4

채점 기준	배점
❶ 두 직선 $2x+y+5=0$, $2x-3y+9=0$의 교점의 좌표 구하기	30%
❷ 두 직선 $y=3$, $2x+y+5=0$의 교점의 좌표 구하기	20%
❸ 두 직선 $y=3$, $2x-3y+9=0$의 교점의 좌표 구하기	20%
❹ 도형의 넓이 구하기	30%

59 연립방정식 $\begin{cases} y=\frac{1}{2}x & \cdots\cdots ㉠ \\ y=-\frac{1}{2}x+4 & \cdots\cdots ㉡ \end{cases}$ 에서

㉠을 ㉡에 대입하면 $\frac{1}{2}x=-\frac{1}{2}x+4$ $\therefore x=4$

$x=4$를 ㉠에 대입하면 $y=\frac{1}{2}\times4=2$

즉, 두 직선 $y=\frac{1}{2}x$, $y=-\frac{1}{2}x+4$의 교점의 좌표는 $(4,\ 2)$이다.

연립방정식 $\begin{cases} y=\frac{1}{2}x-4 & \cdots\cdots ㉢ \\ y=-\frac{1}{2}x+4 & \cdots\cdots ㉣ \end{cases}$ 에서

㉢을 ㉣에 대입하면 $\frac{1}{2}x-4=-\frac{1}{2}x+4$ $\therefore x=8$

$x=8$을 ㉢에 대입하면 $y=\frac{1}{2}\times8-4=0$

즉, 두 직선 $y=\frac{1}{2}x-4$, $y=-\frac{1}{2}x+4$의 교점의 좌표는 $(8,\ 0)$이다.

같은 방법으로 하면 직선 $y=-\frac{1}{2}x$와 두 직선 $y=\frac{1}{2}x$, $y=\frac{1}{2}x-4$의 교점의 좌표는 각각 $(0,\ 0)$, $(4,\ -2)$이다.

따라서 오른쪽 그림에서 구하는 도형의 넓이는

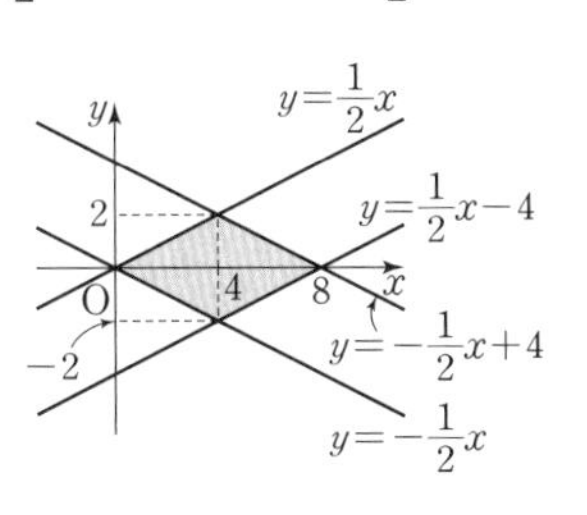

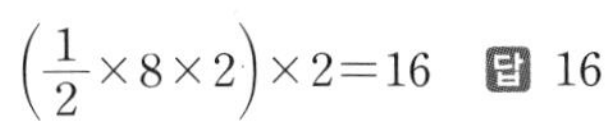

$\left(\frac{1}{2}\times8\times2\right)\times2=16$ 답 16

60 $6x+5y=30$에

$x=0$을 대입하면 $5y=30$ $\therefore y=6$ $\therefore \mathrm{A}(0,\ 6)$

$y=0$을 대입하면 $6x=30$ $\therefore x=5$ $\therefore \mathrm{C}(5,\ 0)$

점 B의 좌표를 $(k,\ 0)$이라 하면

$\triangle\mathrm{ABC}=\frac{1}{2}\times(5-k)\times6=9$이므로

$5-k=3$ $\therefore k=2$ $\therefore \mathrm{B}(2,\ 0)$

두 점 $\mathrm{A}(0,\ 6)$, $\mathrm{B}(2,\ 0)$을 지나는 직선의 기울기는

$\frac{0-6}{2-0}=-3$

y절편이 6이므로 직선의 방정식은 $y=-3x+6$

따라서 $a=-3$, $b=6$이므로

$a+b=-3+6=3$ 답 3

61 $2x+3y=6$의 그래프와 y축, x축의 교점을 각각 A, B라 하면 이 그래프의 y절편은 2, x절편은 3이므로

$\mathrm{A}(0,\ 2)$, $\mathrm{B}(3,\ 0)$

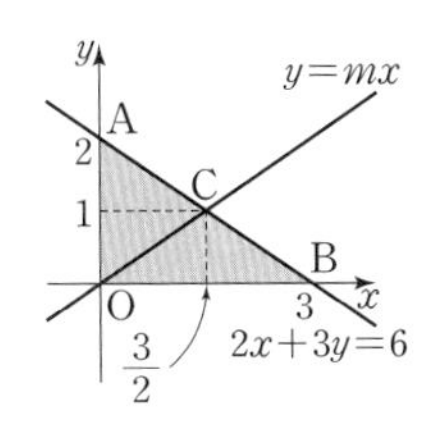

$\therefore \triangle\mathrm{AOB}=\frac{1}{2}\times3\times2=3$

$\triangle\mathrm{AOB}$의 넓이를 이등분하는 직선 $y=mx$와 직선 $2x+3y=6$의 그래프의 교점을 C라 하면

$\triangle\mathrm{COB}=\frac{1}{2}\triangle\mathrm{AOB}=\frac{3}{2}$

이때 점 C의 y좌표를 k라 하면 $\triangle\mathrm{COB}=\frac{3}{2}$에서

$\frac{1}{2}\times3\times k=\frac{3}{2}$ $\therefore k=1$

$2x+3y=6$에 $y=1$을 대입하면

$2x+3=6$ $\therefore x=\frac{3}{2}$

따라서 점 C의 좌표는 $\left(\frac{3}{2},\ 1\right)$이고 직선 $y=mx$가 점 $\mathrm{C}\left(\frac{3}{2},\ 1\right)$을 지나므로

$1=\frac{3}{2}m$ $\therefore m=\frac{2}{3}$ 답 ③

62 직선 $y=\frac{3}{4}x+3$과 y축, x축의 교점을 각각 A, B라 하면 이 직선의 y절편은 3, x절편은 -4이므로

$\mathrm{A}(0,\ 3)$, $\mathrm{B}(-4,\ 0)$

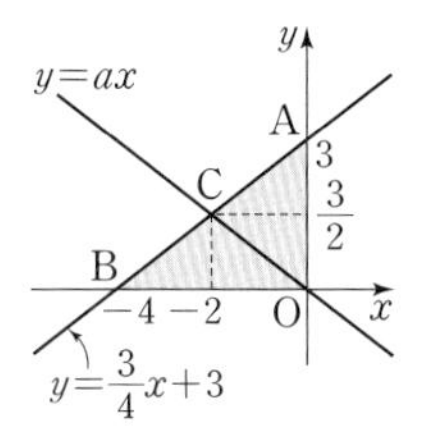

$\therefore \triangle\mathrm{ABO}=\frac{1}{2}\times4\times3=6$

$\triangle\mathrm{ABO}$의 넓이를 이등분하는 직선 $y=ax$와 직선 $y=\frac{3}{4}x+3$의 교점을 C라 하면

$\triangle\mathrm{CBO}=\frac{1}{2}\triangle\mathrm{ABO}=3$

이때 점 C의 y좌표를 k라 하면 $\triangle\mathrm{CBO}=3$에서

$\frac{1}{2}\times4\times k=3$ $\therefore k=\frac{3}{2}$

$y=\frac{3}{4}x+3$에 $y=\frac{3}{2}$을 대입하면

$\frac{3}{2}=\frac{3}{4}x+3$, $-\frac{3}{4}x=\frac{3}{2}$ $\therefore x=-2$

따라서 점 C의 좌표는 $\left(-2,\ \frac{3}{2}\right)$이고 직선 $y=ax$가 점 $\mathrm{C}\left(-2,\ \frac{3}{2}\right)$을 지나므로

$\frac{3}{2}=-2a$ $\therefore a=-\frac{3}{4}$ 답 $-\frac{3}{4}$

63 $5x-3y-15=0$의 그래프의 y절편은 -5, x절편은 3이므로

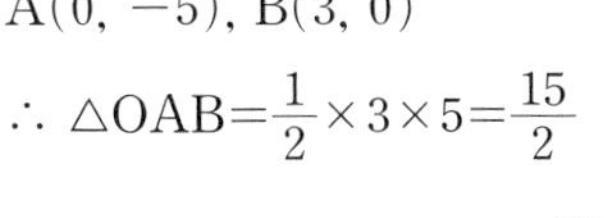

$\mathrm{A}(0,\ -5)$, $\mathrm{B}(3,\ 0)$

$\therefore \triangle\mathrm{OAB}=\frac{1}{2}\times3\times5=\frac{15}{2}$ ⋯ ❶

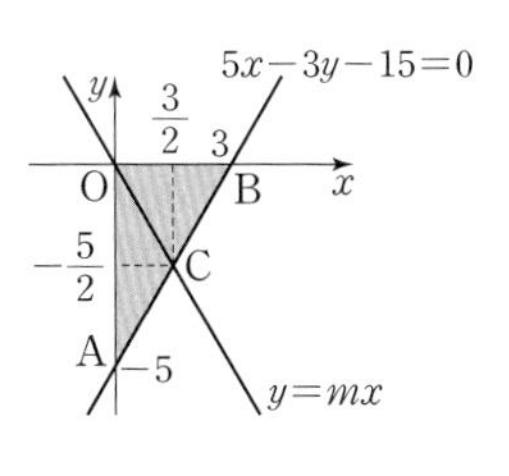

$\triangle\mathrm{OAB}$의 넓이를 이등분하는 직선 $y=mx$와 직선 $5x-3y-15=0$의 그래프의 교점을 C라 하면

$\triangle\mathrm{OCB}=\frac{1}{2}\triangle\mathrm{OAB}=\frac{15}{4}$

이때 점 C의 y좌표를 k라 하면 $\triangle OCB=\frac{15}{4}$에서

$\frac{1}{2}\times3\times(-k)=\frac{15}{4}$ $\quad\therefore k=-\frac{5}{2}$

$5x-3y-15=0$에 $y=-\frac{5}{2}$를 대입하면

$5x-3\times\left(-\frac{5}{2}\right)-15=0$, $5x=\frac{15}{2}$ $\quad\therefore x=\frac{3}{2}$

따라서 점 C의 좌표는 $\left(\frac{3}{2}, -\frac{5}{2}\right)$이고 … ❷

직선 $y=mx$가 점 $C\left(\frac{3}{2}, -\frac{5}{2}\right)$를 지나므로

$-\frac{5}{2}=\frac{3}{2}m$ $\quad\therefore m=-\frac{5}{3}$ … ❸

답 $-\frac{5}{3}$

채점 기준	배점
❶ $\triangle OAB$의 넓이 구하기	30%
❷ 점 C의 좌표 구하기	40%
❸ m의 값 구하기	30%

64 ① 물탱크 A에 대한 직선은 두 점 $(0, 1000)$, $(2, 800)$을 지나므로

(기울기)$=\frac{800-1000}{2-0}=-100$, ($y$절편)$=1000$

따라서 물탱크 A에 대한 직선의 방정식은

$y=-100x+1000$ …… ㉠

② 물탱크 B에 대한 직선은 두 점 $(0, 300)$, $(2, 450)$을 지나므로

(기울기)$=\frac{450-300}{2-0}=75$, (y절편)$=300$

따라서 물탱크 B에 대한 직선의 방정식은

$y=75x+300$ …… ㉡

③, ④, ⑤ ㉠을 ㉡에 대입하면

$-100x+1000=75x+300$

$-175x=-700$ $\quad\therefore x=4$

$x=4$를 ㉠에 대입하면 $y=-100\times4+1000=600$

즉, 두 직선의 교점의 좌표는 $(4, 600)$이므로 4분 후에 두 물탱크의 양이 600 L로 같아진다. 답 ③

65 대리점 A에 대한 직선은 두 점 $(0, 200)$, $(4, 600)$을 지나므로

(기울기)$=\frac{600-200}{4-0}=100$, (y절편)$=200$

따라서 대리점 A에 대한 직선의 방정식은

$y=100x+200$ …… ㉠

대리점 B에 대한 직선은 두 점 $(0, 0)$, $(4, 1200)$을 지나므로 그 직선의 방정식은

$y=300x$ …… ㉡

㉠을 ㉡에 대입하면 $100x+200=300x$

$-200x=-200$ $\quad\therefore x=1$

$x=1$을 ㉡에 대입하면 $y=300$

즉, 두 직선의 교점의 좌표는 $(1, 300)$이므로 두 대리점에서 총 판매량이 같아지는 것은 대리점 B에서 판매를 시작한 지 1개월 후이다. 답 1개월 후

Real 실전 기출

155~157쪽

01 $3x-6y+9=0$에서 $y=\frac{1}{2}x+\frac{3}{2}$

따라서 $3x-6y+9=0$의 그래프의 x절편은 -3, y절편은 $\frac{3}{2}$이므로 그 그래프는 ③이다. 답 ③

02 ① $-1-1-2=-4\neq0$

② $-1+2\times1+1=2\neq0$

③ $2\times(-1)-1+2=-1\neq0$

④ $2\times(-1)+3\times1-1=0$

⑤ $3\times(-1)+1+3=1\neq0$

따라서 그래프가 점 $(-1, 1)$을 지나는 것은 ④이다. 답 ④

03 두 점 $(-4, 1)$, $(1, 5)$를 지나는 직선의 기울기는

$\frac{5-1}{1-(-4)}=\frac{4}{5}$

$kx-10y+3=0$에서 $y=\frac{k}{10}x+\frac{3}{10}$

따라서 $\frac{k}{10}=\frac{4}{5}$이므로 $k=8$ 답 8

04 ① y축에 평행한 그래프이다.

② x축에 평행한 그래프이다.

③ $x=-\frac{13}{3}$이므로 y축에 평행한 그래프이다.

④ $y=-x$에서 기울기가 -1이므로 그 그래프는 좌표축에 평행하지 않다.

⑤ $y=-5$이므로 x축에 평행한 그래프이다. 답 ④

05 $ax+by+c=0$에서 $y=-\frac{a}{b}x-\frac{c}{b}$

$\therefore -\frac{a}{b}<0$, $-\frac{c}{b}<0$

$cx+by-a=0$에서 $y=-\frac{c}{b}x+\frac{a}{b}$

이때 $-\frac{c}{b}<0$, $\frac{a}{b}>0$이므로 $cx+by-a=0$의 그래프로 알맞은 것은 ②이다. 답 ②

06 직선 $y=\frac{1}{2}x+k$가 선분 AB와 만나려면 k의 값은 직선 $y=\frac{1}{2}x+k$가 점 A$(-2,\ 3)$을 지날 때보다 작거나 같고, 점 B$(2,\ -1)$을 지날 때보다 크거나 같아야 한다.

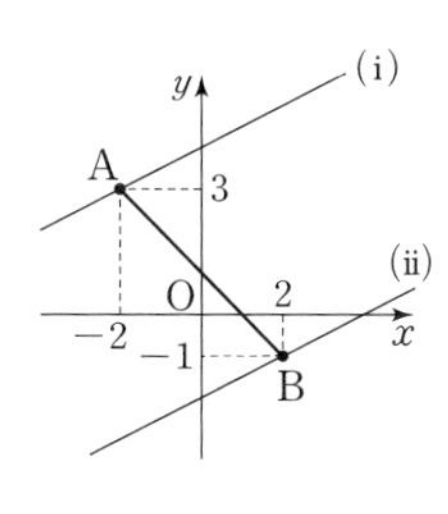

(i) 직선 $y=\frac{1}{2}x+k$가 점 A$(-2,\ 3)$을 지날 때,

$3=\frac{1}{2}\times(-2)+k \qquad \therefore k=4$

(ii) 직선 $y=\frac{1}{2}x+k$가 점 B$(2,\ -1)$을 지날 때,

$-1=\frac{1}{2}\times 2+k \qquad \therefore k=-2$

(i), (ii)에서 k의 값의 범위는 $-2\le k\le 4$

따라서 $a=-2,\ b=4$이므로

$a+b=-2+4=2$

답 2

07 직선 l은 두 점 $(-3,\ 1)$, $(0,\ -2)$를 지나므로

$(\text{기울기})=\frac{-2-1}{0-(-3)}=-1$, $(y\text{절편})=-2$

즉, 직선 l의 방정식은 $y=-x-2$

직선 m은 두 점 $(-3,\ -4)$, $(1,\ 2)$를 지나므로

$(\text{기울기})=\frac{2-(-4)}{1-(-3)}=\frac{3}{2}$

직선 m을 $y=\frac{3}{2}x+b$로 놓고 $x=-3,\ y=-4$를 대입하면

$-4=\frac{3}{2}\times(-3)+b \qquad \therefore b=\frac{1}{2}$

즉, 직선 m의 방정식은 $y=\frac{3}{2}x+\frac{1}{2}$

연립방정식 $\begin{cases} y=-x-2 & \cdots\cdots ㉠ \\ y=\frac{3}{2}x+\frac{1}{2} & \cdots\cdots ㉡ \end{cases}$에서

㉠을 ㉡에 대입하면 $-x-2=\frac{3}{2}x+\frac{1}{2}$

$-\frac{5}{2}x=\frac{5}{2} \qquad \therefore x=-1$

$x=-1$을 ㉠에 대입하면 $y=-(-1)-2=-1$

즉, 두 그래프의 교점의 좌표는 $(-1,\ -1)$이다.

따라서 $a=-1,\ b=-1$이므로

$ab=-1\times(-1)=1$

답 ①

08 연립방정식 $\begin{cases} x-2y=-12 & \cdots\cdots ㉠ \\ 3x+y=-1 & \cdots\cdots ㉡ \end{cases}$에서

㉠+㉡×2를 하면 $7x=-14 \qquad \therefore x=-2$

$x=-2$를 ㉠에 대입하면 $-2-2y=-12 \qquad \therefore y=5$

즉, 두 그래프의 교점의 좌표는 $(-2,\ 5)$이다.

이때 점 $(-2,\ 5)$를 지나고 y절편이 4인 직선은 두 점 $(-2,\ 5)$, $(0,\ 4)$를 지나므로

$(\text{기울기})=\frac{4-5}{0-(-2)}=-\frac{1}{2} \qquad \therefore a=-\frac{1}{2}$

직선의 방정식이 $y=-\frac{1}{2}x+4$이므로 $y=0$을 대입하면

$0=-\frac{1}{2}x+4 \qquad \therefore x=8 \qquad \therefore b=8$

$\therefore ab=-\frac{1}{2}\times 8=-4$

답 -4

09 주어진 세 직선은 한 점에서 만난다.

연립방정식 $\begin{cases} x-y=5 & \cdots\cdots ㉠ \\ 2x+y=4 & \cdots\cdots ㉡ \end{cases}$에서

㉠+㉡을 하면 $3x=9 \qquad \therefore x=3$

$x=3$을 ㉠에 대입하면 $3-y=5 \qquad \therefore y=-2$

즉, 두 직선 $x-y-5=0$, $2x+y-4=0$의 교점의 좌표는 $(3,\ -2)$이다.

직선 $4x+ky-2=0$이 점 $(3,\ -2)$를 지나므로

$4\times 3-2k-2=0,\ -2k=-10 \qquad \therefore k=5$

답 5

10 $ax+y=4$에서 $y=-ax+4 \qquad \cdots\cdots ㉠$

$x-2y=b$에서 $y=\frac{1}{2}x-\frac{b}{2} \qquad \cdots\cdots ㉡$

두 직선이 만나지 않으려면 두 직선 ㉠, ㉡이 평행해야 하므로

$-a=\frac{1}{2},\ 4\ne -\frac{b}{2} \qquad \therefore a=-\frac{1}{2},\ b\ne -8$

답 ②

11 연립방정식 $\begin{cases} x-2y=-6 & \cdots\cdots ㉠ \\ 2x-y=-6 & \cdots\cdots ㉡ \end{cases}$에서

㉠−㉡×2를 하면 $-3x=6 \qquad \therefore x=-2$

$x=-2$를 ㉠에 대입하면 $-2-2y=-6 \qquad \therefore y=2$

즉, 두 직선의 교점의 좌표는 $(-2,\ 2)$이다.

이때 두 직선 $x-2y+6=0$, $2x-y+6=0$의 y절편은 각각 3, 6이므로 오른쪽 그림에서 구하는 도형의 넓이는

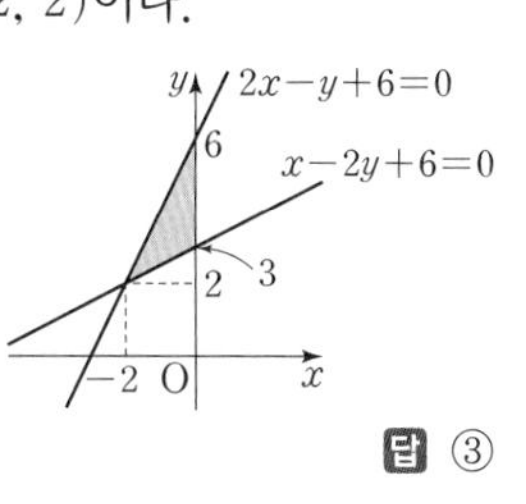

$\frac{1}{2}\times 3\times 2=3$

답 ③

12 직선 l은 두 점 $(0,\ 0)$, $(40,\ 48000)$을 지나므로 그 직선의 방정식은

$y=1200x \qquad \cdots\cdots ㉠$

직선 m은 두 점 $(0,\ 36000)$, $(40,\ 60000)$을 지나므로

$(\text{기울기})=\frac{60000-36000}{40-0}=600$, $(y\text{절편})=36000$

즉, 직선 m의 방정식은

$y=600x+36000 \qquad \cdots\cdots ㉡$

㉠을 ㉡에 대입하면 $1200x=600x+36000$

$600x=36000$ $\therefore x=60$

$x=60$을 ㉠에 대입하면 $y=72000$

따라서 두 직선의 교점의 좌표는 $(60,\ 72000)$이므로 손해를 보지 않으려면 신제품을 적어도 60개 팔아야 한다.

답 60개

13 $3x+2y-6=0$에서 $y=-\frac{3}{2}x+3$

이때 준우는 기울기를 바르게 보고 구했으므로 처음 직선의 기울기는 $-\frac{3}{2}$이다.

$2x-3y+6=0$에서 $y=\frac{2}{3}x+2$

이때 은주는 y절편을 바르게 보고 구했으므로 처음 직선의 y절편은 2이다.

따라서 처음 직선의 방정식은 $y=-\frac{3}{2}x+2$

즉, $3x+2y-4=0$이므로 $a=2,\ b=-4$

$\therefore a+b=2+(-4)=-2$

답 -2

14 직선 $ax-y+1=0$, 즉 $y=ax+1$의 y절편이 1이므로 이 직선이 직사각형과 만나지 않으려면 기울기 a는 점 $A(2,\ 5)$를 지나는 직선 $y=ax+1$의 기울기보다 크고, 점 $C(4,\ 2)$를 지나는 직선 $y=ax+1$의 기울기보다 작아야 한다.

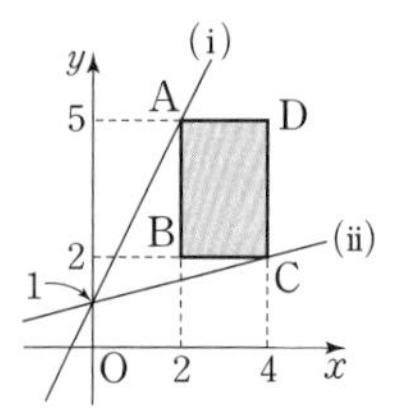

(i) 직선 $y=ax+1$이 점 $A(2,\ 5)$를 지날 때,

$5=2a+1$ $\therefore a=2$

(ii) 직선 $y=ax+1$이 점 $C(4,\ 2)$를 지날 때,

$2=4a+1$ $\therefore a=\frac{1}{4}$

(i), (ii)에서 양수 a의 값의 범위는

$0<a<\frac{1}{4}$ 또는 $a>2$

답 $0<a<\frac{1}{4}$ 또는 $a>2$

15 오른쪽 그림과 같이 세 직선 $y=ax+b$, $y=2x$, $y=-\frac{1}{2}x+5$의 교점을 A, 직선 $y=-\frac{1}{2}x+5$가 x축과 만나는 점을 B, 직선 $y=ax+b$가 x축과 만나는 점을 C라 하자.

연립방정식 $\begin{cases} y=2x & \cdots\cdots ㉠ \\ y=-\frac{1}{2}x+5 & \cdots\cdots ㉡ \end{cases}$에서

㉠을 ㉡에 대입하면 $2x=-\frac{1}{2}x+5$, $\frac{5}{2}x=5$ $\therefore x=2$

$x=2$를 ㉠에 대입하면 $y=4$

즉, 두 직선 $y=2x$, $y=-\frac{1}{2}x+5$의 교점 A의 좌표는 $A(2,\ 4)$이다.

또, 직선 $y=-\frac{1}{2}x+5$의 x절편은 10이므로 점 B의 좌표는 $B(10,\ 0)$이다.

이때 직선 $y=ax+b$가 점 $A(2,\ 4)$를 지나므로

$4=2a+b$ $\cdots\cdots$ ㉢

그림에서 $\triangle AOB=\frac{1}{2}\times10\times4=20$이므로

$\triangle AOC=\frac{1}{2}\triangle AOB=10$

이때 점 C의 x좌표를 k라 하면 $\triangle AOC=10$에서

$\frac{1}{2}\times k\times4=10$ $\therefore k=5$ $\therefore C(5,\ 0)$

즉, 직선 $y=ax+b$가 점 $C(5,\ 0)$을 지나므로

$0=5a+b$ $\cdots\cdots$ ㉣

㉢$-$㉣을 하면 $4=-3a$ $\therefore a=-\frac{4}{3}$

$a=-\frac{4}{3}$를 ㉣에 대입하면 $b=\frac{20}{3}$

$\therefore a+b=-\frac{4}{3}+\frac{20}{3}=\frac{16}{3}$

답 $\frac{16}{3}$

16 $2x+ay-7=0$에서 $y=-\frac{2}{a}x+\frac{7}{a}$

따라서 $-\frac{2}{a}=\frac{1}{2}$이므로 $a=-4$ ··· ❶

$2x-4y-7=0$의 그래프가 점 $\left(-\frac{1}{2},\ b\right)$를 지나므로

$2\times\left(-\frac{1}{2}\right)-4b-7=0$, $4b=-8$ $\therefore b=-2$ ··· ❷

$\therefore a+b=-4+(-2)=-6$ ··· ❸

답 -6

채점 기준	배점
❶ a의 값 구하기	40%
❷ b의 값 구하기	40%
❸ $a+b$의 값 구하기	20%

17 네 직선 $x=-\frac{1}{2}$, $x=\frac{9}{2}$, $y=a$, $y=5a$는 오른쪽 그림과 같다. ··· ❶

네 직선으로 둘러싸인 도형의 넓이가 20이므로

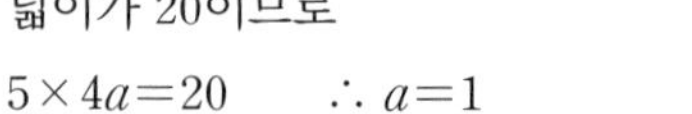

$5\times4a=20$ $\therefore a=1$ ··· ❷

답 1

채점 기준	배점
❶ 네 직선을 좌표평면 위에 나타내기	60%
❷ a의 값 구하기	40%

18 연립방정식 $\begin{cases} ax-by=-1 \\ bx+ay=8 \end{cases}$의 해가 $x=-2$, $y=3$이므로

$\begin{cases} -2a-3b=-1 & \cdots\cdots ㉠ \\ 3a-2b=8 & \cdots\cdots ㉡ \end{cases}$ … ❶

㉠$\times 3+$㉡$\times 2$를 하면 $-13b=13$

$\therefore b=-1$

$b=-1$을 ㉠에 대입하면

$-2a+3=-1$, $-2a=-4$

$\therefore a=2$ … ❷

따라서 직선 $y=2x-1$의 x절편은 $\frac{1}{2}$이다. … ❸

답 $\frac{1}{2}$

채점 기준	배점
❶ a, b에 대한 연립방정식 만들기	30%
❷ a, b의 값 각각 구하기	40%
❸ 직선 $y=ax+b$의 x절편 구하기	30%

19 $x-y+1=0$에서 $y=x+1$

$x-3y+5=0$에서 $y=\frac{1}{3}x+\frac{5}{3}$

$5x-4y+k=0$에서 $y=\frac{5}{4}x+\frac{k}{4}$

즉, 세 직선 중 어느 두 직선도 평행하지 않으므로 세 직선에 의하여 삼각형이 만들어지지 않는 경우는 세 직선이 한 점에서 만날 때이다. … ❶

연립방정식 $\begin{cases} x-y=-1 \\ x-3y=-5 \end{cases}$를 풀면

$x=1$, $y=2$

즉, 두 직선 $x-y+1=0$, $x-3y+5=0$의 교점의 좌표는 $(1,\ 2)$이다. … ❷

따라서 직선 $5x-4y+k=0$이 점 $(1,\ 2)$를 지나므로

$5\times 1-4\times 2+k=0 \qquad \therefore k=3$ … ❸

답 3

채점 기준	배점
❶ 세 직선에 의하여 삼각형이 만들어지지 않는 경우 알기	30%
❷ 세 직선의 교점의 좌표 구하기	40%
❸ k의 값 구하기	30%

보충 TIP 세 직선에 의하여 삼각형이 만들어지지 않는 경우

(1) 어느 두 직선이 평행하거나 세 직선이 평행한 경우

(2) 세 직선이 한 점에서 만나는 경우

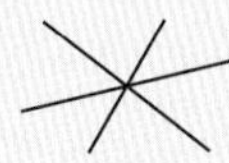

20 사각형 ABCD는 평행사변형이므로 두 직선 $y=2x+10$, $y=ax+b$는 평행하다.

$\therefore a=2$ … ❶

두 직선 $y=4$, $y=-3$ 사이의 거리가 7이고 평행사변형 ABCD의 넓이가 42이므로

$\overline{AD}\times 7=42 \qquad \therefore \overline{AD}=6$

$y=4$를 $y=2x+10$에 대입하면

$4=2x+10 \qquad \therefore x=-3$

즉, 두 직선 $y=2x+10$, $y=4$의 교점 A의 좌표는 $A(-3,\ 4)$이므로 $D(3,\ 4)$

직선 $y=ax+b$, 즉 $y=2x+b$는 점 $D(3,\ 4)$를 지나므로

$y=2x+b$에 $x=3$, $y=4$를 대입하면

$4=2\times 3+b \qquad \therefore b=-2$ … ❷

$\therefore ab=2\times(-2)=-4$ … ❸

답 -4

채점 기준	배점
❶ a의 값 구하기	20%
❷ b의 값 구하기	60%
❸ ab의 값 구하기	20%

21 민서에 대한 직선은 두 점 $(0,\ 50)$, $(250,\ 800)$을 지나므로

$(\text{기울기})=\frac{800-50}{250-0}=3$, ($y$절편)$=50$

따라서 민서에 대한 직선의 방정식은

$y=3x+50 \quad \cdots\cdots ㉠$

정호에 대한 직선은 두 점 $(0,\ 0)$, $(200,\ 800)$을 지나므로 그 직선의 방정식은

$y=4x \quad \cdots\cdots ㉡$ … ❶

㉠을 ㉡에 대입하면

$3x+50=4x$, $-x=-50 \qquad \therefore x=50$

$x=50$을 ㉡에 대입하면 $y=200$

즉, 두 직선의 교점의 좌표는 $(50,\ 200)$이다. … ❷

따라서 두 사람이 출발한 지 50초 후에 정호가 민서를 따라잡는다. … ❸

답 50초 후

채점 기준	배점
❶ 두 사람에 대한 직선의 방정식 구하기	50%
❷ 두 직선의 교점의 좌표 구하기	30%
❸ 정호가 민서를 따라잡는 데 걸리는 시간 구하기	20%

Real 실전 유형 again 2~9쪽

01 유리수와 순환소수

01 유한소수는 ㄱ, ㅁ, ㅂ의 3개이다. 답 ③

02 ① $\frac{3}{7}=0.428571428571\cdots$이므로 무한소수이다.

② $-\frac{9}{20}=-0.45$이므로 유한소수이다.

③ $\frac{4}{11}=0.363636\cdots$이므로 무한소수이다.

④ $-\frac{5}{6}=-0.8333\cdots$이므로 무한소수이다.

⑤ $\frac{11}{36}=0.30555\cdots$이므로 무한소수이다. 답 ②

03 ③ $\frac{5}{18}=0.2777\cdots$이므로 무한소수이다.

④ $\frac{1}{8}=0.125$이므로 유한소수이다.

⑤ $\frac{24}{5}=4.8$이므로 유한소수이다. 답 ⑤

04 ① $0.555\cdots$ ➡ 5 ② $1.1727272\cdots$ ➡ 72

③ $2.424242\cdots$ ➡ 42 ⑤ $3.457457457\cdots$ ➡ 457

답 ④

05 $\frac{10}{27}=0.370370370\cdots$이므로 순환마디는 370이다. 답 ⑤

06 주어진 분수를 소수로 나타내어 순환마디를 구하면 다음과 같다.

① $\frac{2}{3}=0.666\cdots$ ➡ 6

② $\frac{11}{6}=1.8333\cdots$ ➡ 3

③ $\frac{8}{37}=0.216216216\cdots$ ➡ 216

④ $\frac{4}{33}=0.121212\cdots$ ➡ 12

⑤ $\frac{16}{55}=0.2909090\cdots$ ➡ 90

따라서 순환마디를 이루는 숫자의 개수가 가장 많은 것은 ③이다. 답 ③

07 $\frac{8}{33}=0.242424\cdots$에서 순환마디는 24이므로 $x=2$ … ❶

$\frac{13}{7}=1.857142857142\cdots$에서 순환마디는 857142이므로

$y=6$ … ❷

$\therefore xy=2\times6=12$ … ❸

답 12

채점 기준	배점
❶ x의 값 구하기	40%
❷ y의 값 구하기	40%
❸ xy의 값 구하기	20%

08 ② $1.222\cdots=1.\dot{2}$

③ $2.452452452\cdots=2.\dot{4}5\dot{2}$

④ $0.123123123\cdots=0.\dot{1}2\dot{3}$ 답 ①, ⑤

09 $\frac{40}{27}=1.481481481\cdots=1.\dot{4}8\dot{1}$ 답 ⑤

10 ① $\frac{5}{9}=0.555\cdots=0.\dot{5}$

② $\frac{17}{60}=0.28333\cdots=0.28\dot{3}$

③ $\frac{9}{11}=0.818181\cdots=0.\dot{8}\dot{1}$

④ $\frac{3}{14}=0.2142857142857\cdots=0.2\dot{1}4285\dot{7}$

⑤ $\frac{7}{15}=0.4666\cdots=0.4\dot{6}$ 답 ③

11 $\frac{18}{37}=0.486486486\cdots=0.\dot{4}8\dot{6}$이므로 순환마디를 이루는 숫자는 4, 8, 6의 3개이다.

이때 $50=3\times16+2$이므로 소수점 아래 50번째 자리의 숫자는 순환마디의 두 번째 숫자인 8이다. 답 8

12 $0.\dot{6}51\dot{8}$의 순환마디를 이루는 숫자는 6, 5, 1, 8의 4개이다.

이때 $20=4\times5$이므로 소수점 아래 20번째 자리의 숫자는 순환마디의 네 번째 숫자인 8이다.

또, $75=4\times18+3$이므로 소수점 아래 75번째 자리의 숫자는 순환마디의 세 번째 숫자인 1이다.

따라서 $a=8$, $b=1$이므로

$a+b=8+1=9$ 답 ③

13 ③ $0.\dot{1}0\dot{6}$의 순환마디를 이루는 숫자는 1, 0, 6의 3개이고, $40=3\times13+1$이므로 소수점 아래 40번째 자리의 숫자는 순환마디의 첫 번째 숫자인 1이다.

④ $0.2\dot{1}\dot{5}$의 소수점 아래 순환하지 않는 숫자는 1개이고 순환마디를 이루는 숫자는 1, 5의 2개이다.

이때 $40=1+(2\times19+1)$이므로 소수점 아래 40번째 자리의 숫자는 순환마디의 첫 번째 숫자인 1이다. 답 ④

14 $\frac{18}{55}=0.3272727\cdots=0.3\dot{2}\dot{7}$이므로 소수점 아래 순환하지 않는 숫자는 1개이고 순환마디를 이루는 숫자는 2개이다.

… ❶

이때 $100=1+(2\times49+1)$이므로 소수점 아래 두 번째 자리부터 소수점 아래 99번째 자리까지 순환마디가 49번 반복된다. … ❷

따라서 구하는 합은 $3+(2+7)\times49+2=446$ … ❸

답 446

채점 기준	배점
❶ 순환하지 않는 숫자의 개수와 순환마디를 이루는 숫자의 개수 구하기	30%
❷ 순환마디가 반복되는 횟수 구하기	40%
❸ 소수점 아래 첫 번째 자리의 숫자부터 소수점 아래 100번째 자리의 숫자까지의 합 구하기	30%

15 $\frac{21}{60}=\frac{7}{20}=\frac{7}{2^2\times5}=\frac{7\times5}{2^2\times5\times5}=\frac{35}{100}=0.35$

따라서 $a=7$, $b=5$, $c=35$, $d=0.35$이므로

$a+b+c+d=7+5+35+0.35=47.35$ 답 47.35

16 $\frac{81}{150}=\frac{27}{2\times5^{\boxed{2}}}=\frac{27\times\boxed{2}}{2\times5^2\times\boxed{2}}=\frac{\boxed{54}}{100}=\boxed{0.54}$ 답 ③

17 $\frac{11}{20}=\frac{11}{2^2\times5}=\frac{11\times5}{2^2\times5\times5}=\frac{55}{10^2}=\frac{550}{10^3}=\cdots$ … ❶

$a=55$, $n=2$일 때, $a+n$의 값이 가장 작으므로 구하는 값은 $a+n=55+2=57$ … ❷

답 57

채점 기준	배점
❶ $\frac{11}{20}$의 분모를 10의 거듭제곱으로 나타내기	50%
❷ $a+n$의 값 중 가장 작은 값 구하기	50%

18 ① $\frac{1}{6}=\frac{1}{2\times3}$ ② $\frac{5}{12}=\frac{5}{2^2\times3}$

③ $\frac{11}{44}=\frac{1}{4}=\frac{1}{2^2}$ ④ $\frac{5}{70}=\frac{1}{14}=\frac{1}{2\times7}$

⑤ $\frac{8}{84}=\frac{2}{21}=\frac{2}{3\times7}$

따라서 유한소수로 나타낼 수 있는 것은 ③이다. 답 ③

19 ① $\frac{9}{2^5\times3}=\frac{3^2}{2^5\times3}=\frac{3}{2^5}$

② $\frac{33}{7\times11}=\frac{3}{7}$

③ $\frac{4}{2\times5\times7}=\frac{2^2}{2\times5\times7}=\frac{2}{5\times7}$

④ $\frac{21}{3^2\times5\times7}=\frac{3\times7}{3^2\times5\times7}=\frac{1}{3\times5}$

⑤ $\frac{45}{2^3\times3^2\times5}=\frac{3^2\times5}{2^3\times3^2\times5}=\frac{1}{2^3}$

따라서 유한소수로 나타낼 수 있는 것은 ①, ⑤이다.

답 ①, ⑤

20 $\frac{14}{49}=\frac{2}{7}$, $\frac{8}{36}=\frac{2^3}{2^2\times3^2}=\frac{2}{3^2}$, $\frac{3}{16}=\frac{3}{2^4}$,

$\frac{15}{72}=\frac{5}{24}=\frac{5}{2^3\times3}$, $\frac{9}{24}=\frac{3}{8}=\frac{3}{2^3}$

따라서 유한소수로 나타낼 수 없는 것은 $\frac{14}{49}$, $\frac{8}{36}$, $\frac{15}{72}$의 3개이다. 답 3

21 유한소수가 되려면 기약분수로 나타내었을 때 분모의 소인수가 2 또는 5뿐이어야 한다.

이때 주어진 분수의 분모는 모두 $12=2^2\times3$이므로 유한소수로 나타낼 수 있는 것은 분자가 3의 배수인 것이다.

따라서 유한소수로 나타낼 수 있는 분수는

$\frac{3}{12}$, $\frac{6}{12}$, $\frac{9}{12}$

의 3개이다. 답 3

22 $\frac{24}{720}=\frac{1}{30}=\frac{1}{2\times3\times5}$이므로 $\frac{24}{720}\times a$가 유한소수가 되려면 a는 3의 배수이어야 한다.

따라서 a의 값이 될 수 있는 가장 작은 두 자리 자연수는 12이다. 답 ②

23 $\frac{49}{3^2\times5^2\times7}=\frac{7}{3^2\times5^2}$이므로 $\frac{49}{3^2\times5^2\times7}\times a$가 유한소수가 되려면 a는 9의 배수이어야 한다.

따라서 a의 값이 될 수 없는 것은 ③이다. 답 ③

24 $\frac{30}{2^3\times5^2\times7\times11}=\frac{3}{2^2\times5\times7\times11}$이므로

$\frac{30}{2^3\times5^2\times7\times11}\times A$가 유한소수가 되려면 A는 $7\times11=77$의 배수이어야 한다.

따라서 77의 배수 중 가장 작은 세 자리 자연수는 154이다.

답 154

25 $\frac{n}{110}=\frac{n}{2\times5\times11}$이므로 $\frac{n}{110}$이 유한소수가 되려면 n은 11의 배수이어야 한다.

따라서 60 이하의 자연수 중 n이 될 수 있는 것은 11, 22, 33, 44, 55의 5개이다. 답 5

26 $360=2^3\times3^2\times5$이므로 $\frac{a}{360}$가 유한소수가 되려면 a는 9의 배수이어야 한다.

이때 a는 가장 작은 자연수이므로 $a=9$

$\frac{9}{360}=\frac{1}{40}$이므로 $b=40$

$\therefore b-a=40-9=31$ 답 31

27 $112=2^4\times7$이므로 $\frac{a}{112}$가 유한소수가 되려면 a는 7의 배수이어야 한다.

또, 기약분수로 나타내면 $\frac{3}{b}$이므로 a는 3의 배수이어야 한다.

즉, a는 $7\times3=21$의 배수이고 $20\le a\le30$인 자연수이므로

$a=21$ … ❶

$\frac{21}{112}=\frac{3}{16}$이므로 $b=16$ … ❷

$\therefore a+b=21+16=37$ … ❸

답 37

채점 기준	배점
❶ a의 값 구하기	40%
❷ b의 값 구하기	40%
❸ $a+b$의 값 구하기	20%

28 $\frac{9}{84}=\frac{3}{28}=\frac{3}{2^2\times7}$, $\frac{15}{330}=\frac{1}{22}=\frac{1}{2\times11}$

두 분수에 각각 a를 곱하여 모두 유한소수로 나타낼 수 있으려면 a는 7과 11의 공배수, 즉 $7\times11=77$의 배수이어야 한다.

따라서 가장 작은 자연수 a의 값은 77이다. 답 77

29 $\frac{18}{140}=\frac{9}{70}=\frac{9}{2\times5\times7}$, $\frac{12}{270}=\frac{2}{45}=\frac{2}{3^2\times5}$

$\frac{18}{140}\times A$, $\frac{12}{270}\times A$가 모두 유한소수가 되려면 A는 7과 $3^2=9$의 공배수, 즉 $7\times9=63$의 배수이어야 한다.

따라서 가장 작은 세 자리 자연수 A의 값은 126이다.

답 126

30 ⑤ $a=21$일 때, $\frac{35}{50\times21}=\frac{1}{2\times3\times5}$이므로 유한소수로 나타낼 수 없다. 답 ⑤

31 ③ $a=18$일 때, $\frac{21}{5^2\times7\times18}=\frac{1}{2\times3\times5^2}$이므로 소수로 나타내면 무한소수가 된다.

⑤ $a=33$일 때, $\frac{21}{5^2\times7\times33}=\frac{1}{5^2\times11}$이므로 소수로 나타내면 무한소수가 된다. 답 ③, ⑤

32 $\frac{7}{25\times a}=\frac{7}{5^2\times a}$이 유한소수가 되도록 하는 10 이하의 자연수 a는 1, 2, 4, 5, 7, 8, 10의 7개이다. 답 7

33 $\frac{21}{40\times a}=\frac{3\times7}{2^3\times5\times a}$이 유한소수가 되도록 하는 $20<a<30$인 자연수 a는 21, 24, 25, 28

따라서 모든 a의 값의 합은

$21+24+25+28=98$ 답 98

34 $\frac{24}{2^2\times5^3\times a}=\frac{2\times3}{5^3\times a}$이 순환소수가 되려면 기약분수의 분모에 2와 5 이외의 소인수가 있어야 한다.

이때 a는 한 자리 자연수이므로

$a=3, 6, 7, 9$

$a=3$이면 $\frac{2\times3}{5^3\times3}=\frac{2}{5^3}$이므로 유한소수가 된다.

$a=6$이면 $\frac{2\times3}{5^3\times6}=\frac{1}{5^3}$이므로 유한소수가 된다.

$\therefore a=7, 9$

따라서 모든 a의 값의 합은 $7+9=16$ 답 ③

35 $270=2\times3^3\times5$이므로 $\frac{a}{270}$가 순환소수가 되려면 a는 $3^3=27$의 배수가 아니어야 한다.

따라서 a의 값이 될 수 없는 것은 ②, ⑤이다. 답 ②, ⑤

36 $\frac{18}{2\times5^2\times a}=\frac{3^2}{5^2\times a}$이 순환소수가 되려면 기약분수의 분모에 2와 5 이외의 소인수가 있어야 한다.

$\therefore a=3, 6, 7, 9, 11, \cdots$

$a=3$이면 $\frac{3^2}{5^2\times3}=\frac{3}{5^2}$ $a=6$이면 $\frac{3^2}{5^2\times6}=\frac{3}{2\times5^2}$

$a=7$이면 $\frac{3^2}{5^2\times7}$

따라서 가장 작은 자연수 a의 값은 7이다. 답 7

37 ① $\frac{35}{14}=\frac{5}{2}$ ② $\frac{35}{15}=\frac{7}{3}$ ③ $\frac{35}{21}=\frac{5}{3}$

④ $\frac{35}{24}=\frac{5\times7}{2^3\times3}$ ⑤ $\frac{35}{30}=\frac{7}{2\times3}$

따라서 a의 값이 될 수 없는 것은 ①이다. 답 ①

38 $x=0.5\dot{2}\dot{0}$으로 놓으면 $x=0.5202020\cdots$ …… ㉠

㉠의 양변에 $\boxed{1000}$을 곱하면

$\boxed{1000}\,x=520.202020\cdots$ …… ㉡

㉠의 양변에 $\boxed{10}$을 곱하면

$\boxed{10}\,x=5.202020\cdots$ …… ㉢

㉡－㉢을 하면 $\boxed{990}\,x=515$ $\therefore x=\frac{\boxed{103}}{198}$

답 (가) 1000 (나) 10 (다) 990 (라) 103

39 $x=0.1\dot{4}\dot{5}=0.1454545\cdots$이므로

$1000x=145.454545\cdots$

$10x=1.454545\cdots$

$\therefore 1000x-10x=144$

따라서 가장 간단한 식은 ⑤이다. 답 ⑤

40 ④, ⑤ $x=10.0313131\cdots$이므로

$1000x=10031.313131\cdots$

$10x=100.313131\cdots$

$1000x-10x=9931$ $\therefore x=\frac{9931}{990}$ 답 ⑤

41 ① $0.\dot{4}\dot{5}=\frac{45}{99}=\frac{5}{11}$ ② $0.5\dot{1}=\frac{51-5}{90}=\frac{23}{45}$

③ $1.\dot{3}=\frac{13-1}{9}=\frac{4}{3}$ ④ $0.\dot{2}7\dot{0}=\frac{270}{999}=\frac{10}{37}$

⑤ $1.4\dot{1}\dot{5}=\frac{1415-14}{990}=\frac{467}{330}$ 답 ③

42 ④ $0.3\dot{6}\dot{2}=\frac{362-3}{990}$ 답 ④

43 $1.\dot{0}\dot{9}=\frac{109-1}{99}=\frac{108}{99}=\frac{12}{11}$이므로 $a=12$ 답 ④

44 $0.7\dot{3}=\frac{73-7}{90}=\frac{11}{15}$이므로 $a=\frac{15}{11}$ … ❶

$0.1\dot{3}\dot{6}=\frac{136-1}{990}=\frac{135}{990}=\frac{3}{22}$이므로 $b=\frac{22}{3}$ … ❷

$\therefore ab=\frac{15}{11}\times\frac{22}{3}=10$ … ❸

답 10

채점 기준	배점
❶ a의 값 구하기	40%
❷ b의 값 구하기	40%
❸ ab의 값 구하기	20%

45 ① $0.\dot{2}0\dot{1}=0.201201201\cdots$, $0.2\dot{0}\dot{1}=0.2010101\cdots$
이므로 $0.\dot{2}0\dot{1}>0.2\dot{0}\dot{1}$

② $\frac{9}{10}=0.9$, $0.\dot{8}=0.888\cdots$이므로 $\frac{9}{10}>0.\dot{8}$

③ $\frac{1}{15}=0.0\dot{6}$

④ $2.\dot{7}=2.777\cdots$이므로 $2.\dot{7}<2.8$

⑤ $0.\dot{3}=0.333\cdots$, $0.\dot{3}\dot{0}=0.303030\cdots$이므로 $0.\dot{3}>0.\dot{3}\dot{0}$

답 ②, ③

46 ① 0.205 ② $0.20\dot{5}=0.20555\cdots$

③ $0.2\dot{0}\dot{5}=0.2050505\cdots$ ④ $\frac{23}{111}=0.207207207\cdots$

⑤ $\frac{205}{999}=0.205205205\cdots$

따라서 가장 큰 수는 ④이다. 답 ④

47 $a=1.2\dot{6}=\frac{126-12}{90}=\frac{114}{90}=\frac{19}{15}$

$b=4.\dot{2}=\frac{42-4}{9}=\frac{38}{9}$

$\therefore \frac{a}{b}=\frac{19}{15}\div\frac{38}{9}=\frac{19}{15}\times\frac{9}{38}=\frac{3}{10}=0.3$ 답 ②

48 $1.1\dot{6}+0.5\dot{1}=\frac{116-11}{90}+\frac{51-5}{90}$

$=\frac{105}{90}+\frac{46}{90}=\frac{151}{90}=1.6\dot{7}$ 답 $1.6\dot{7}$

49 $\frac{6}{11}=x+0.\dot{4}\dot{0}$에서 $\frac{6}{11}=x+\frac{40}{99}$

$\therefore x=\frac{6}{11}-\frac{40}{99}=\frac{54}{99}-\frac{40}{99}=\frac{14}{99}=0.\dot{1}\dot{4}$ 답 ③

50 $0.\dot{4}\dot{9}=A-0.\dot{6}$에서 $\frac{49}{99}=A-\frac{6}{9}$

$\therefore A=\frac{49}{99}+\frac{6}{9}=\frac{49}{99}+\frac{66}{99}=\frac{115}{99}=1.\dot{1}\dot{6}$ 답 ③

51 $1.6\dot{1}-x=\frac{1}{4}\times0.4\dot{8}$에서 $\frac{161-16}{90}-x=\frac{1}{4}\times\frac{48-4}{90}$

$\frac{145}{90}-x=\frac{11}{90}$ … ❶

$\therefore x=\frac{145}{90}-\frac{11}{90}=\frac{134}{90}=1.4\dot{8}$ … ❷

답 $1.4\dot{8}$

채점 기준	배점
❶ 순환소수를 분수로 나타내기	40%
❷ x의 값을 순환소수로 나타내기	60%

52 $0.24\dot{1}=\frac{241-24}{900}=\frac{217}{900}=217\times\frac{1}{900}=217\times0.00\dot{1}$

$\therefore A=217$ 답 ③

53 $0.\dot{4}\dot{5}=\frac{45}{99}=\frac{5}{11}$이므로 a는 11의 배수이어야 한다.

따라서 두 자리 자연수 a는 11, 22, 33, …, 99의 9개이다.

답 9

54 $1.8\dot{4}=\frac{184-18}{90}=\frac{166}{90}=\frac{83}{3^2\times5}$

따라서 곱할 수 있는 자연수는 9의 배수이므로 가장 작은 자연수는 9이다. 답 ②

55 재성이는 분자는 제대로 보았으므로

$0.8\dot{4}=\frac{84-8}{90}=\frac{76}{90}=\frac{38}{45}$에서 처음 기약분수의 분자는 38이다.

지용이는 분모는 제대로 보았으므로

$0.\dot{4}\dot{7}=\frac{47}{99}$에서 처음 기약분수의 분모는 99이다.

따라서 처음 기약분수를 순환소수로 나타내면 $\frac{38}{99}=0.\dot{3}\dot{8}$

답 $0.\dot{3}\dot{8}$

56 분자는 제대로 보았으므로

$0.6\dot{1}\dot{5}=\frac{615-6}{990}=\frac{609}{990}=\frac{203}{330}$에서 처음 기약분수의 분자는 203이므로 $a=203$

따라서 처음 기약분수를 순환소수로 나타내면

$\frac{203}{999}=0.\dot{2}0\dot{3}$ 답 $0.\dot{2}0\dot{3}$

57 ① 모든 유리수는 유한소수 또는 순환소수로 나타낼 수 있다.

② 무한소수 중에는 순환소수가 아닌 무한소수도 있다.

③ 순환소수가 아닌 무한소수는 분수로 나타낼 수 없다.

⑤ 순환소수는 모두 유리수이다. 답 ④

58 유리수인 것은 ㄱ, ㄴ, ㄷ, ㅁ의 4개이다. 답 ④

59 ㄱ. 순환소수가 아닌 무한소수는 유리수가 아니다.

ㄴ. 순환소수는 유한소수로 나타낼 수 없지만 유리수이다.

따라서 옳은 것은 ㄷ, ㄹ이다. 답 ⑤

Real 실전 유형 again 10~17쪽

02 단항식의 계산

01 $5^3\times625=5^3\times5^4=5^7$이므로 $a=7$ 답 ③

02 $x^3\times x\times y^4\times x^2\times y^6\times y^2=x^3\times x\times x^2\times y^4\times y^6\times y^2$
$=x^6y^{12}$ 답 ①

03 ① $1+\square=5$ $\therefore \square=4$
② $\square=2+3+4=9$
③ $\square=3+2=5$
④ $\square+4+1+5=12$ $\therefore \square=2$
⑤ $\square+2=9$ $\therefore \square=7$
따라서 □ 안에 알맞은 수가 가장 큰 것은 ②이다. 답 ②

04 $3^{x+3}=3^x\times\square$에서 $3^{x+3}=3^x\times3^3$이므로
$\square=3^3=27$
$7^x\times7^3\times7^{\square}=7^{x+4}$에서 $7^x\times7^3\times7^{\square}=7^{x+3+\square}$이므로
$x+3+\square=x+4$ $\therefore \square=1$
따라서 □ 안에 알맞은 두 수의 합은
$27+1=28$ 답 28

05 $(3^3)^5\times(3^{\square})^6=3^{15}\times3^{\square\times6}=3^{15+\square\times6}$이므로
$15+\square\times6=27$ $\therefore \square=2$ 답 ②

06 $(a^2)^4\times(b^4)^3\times a^4\times(b^3)^3$
$=a^8\times b^{12}\times a^4\times b^9$
$=a^{12}b^{21}$ 답 ⑤

07 (가) $(a^2)^{\square}=a^{12}$에서 $2\times\square=12$이므로 $\square=6$
(나) $(a^2)^2\times a^3=a^{\square}$에서 $a^4\times a^3=a^{\square}$이므로 $\square=7$
(다) $(a^4)^3\times(a^{\square})^4=a^{24}$에서 $a^{12+\square\times4}=a^{24}$이므로
$12+\square\times4=24$ $\therefore \square=3$
따라서 □ 안에 알맞은 세 수의 합은
$6+7+3=16$ 답 16

08 $(x^4)^a\times(y^2)^6\times y^3=x^{4a}\times y^{12}\times y^3=x^{4a}y^{15}$이므로 … ❶
$4a=20$, $b=15$ $\therefore a=5$, $b=15$ … ❷
$\therefore a+b=5+15=20$ … ❸
답 20

채점 기준	배점
❶ 주어진 식의 좌변 간단히 하기	40%
❷ a, b의 값 구하기	40%
❸ $a+b$의 값 구하기	20%

09 ① $a^3\div a^6=\frac{1}{a^3}$
② $a^6\div a^6=1$
⑤ $(a^3)^2\div(a^2)^4=a^6\div a^8=\frac{1}{a^2}$ 답 ③, ④

10 ① $a^3\div a=a^2$
② $a^6\div a^3\div a=a^3\div a=a^2$
③ $a^8\div(a^2)^3=a^8\div a^6=a^2$
④ $a^6\div(a^3\div a^2)=a^6\div a=a^5$
⑤ $a^8\div(a^2)^2\div a^2=a^8\div a^4\div a^2=a^4\div a^2=a^2$
따라서 계산 결과가 나머지 넷과 다른 하나는 ④이다.
답 ④

11 $a^{18}\div a^{3x}\div a^{4x}=a^{18-3x}\div a^{4x}=a^{18-7x}$이므로
$18-7x=4$, $7x=14$ $\therefore x=2$ 답 ②

12 $(x^4)^6\div(x^3)^{\square}\div x^2=x^{24}\div x^{3\times\square}\div x^2=x^{24-3\times\square-2}$이므로
$24-3\times\square-2=10$ $\therefore \square=4$ 답 ④

13 $(-3x^{3a}y^b)^2=(-3)^2\times(x^{3a})^2\times(y^b)^2$
$=9x^{6a}y^{2b}=cx^{12}y^6$
이므로 $9=c$, $6a=12$, $2b=6$
$\therefore a=2$, $b=3$, $c=9$
$\therefore a+b+c=2+3+9=14$ 답 ⑤

14 ② $(-2x)^3=-8x^3$
④ $\left(\frac{1}{4}a^3b^2\right)^3=\left(\frac{1}{4}\right)^3\times(a^3)^3\times(b^2)^3=\frac{1}{64}a^9b^6$ 답 ②, ④

15 $(ax^by^4z^2)^5=a^5x^{5b}y^{20}z^{10}$이므로
$a^5=-243=(-3)^5$, $5b=15$, $c=20$, $d=10$
따라서 $a=-3$, $b=3$, $c=20$, $d=10$이므로
$a+b+c+d=-3+3+20+10=30$ 답 ④

16 $144=2^4\times3^2$ … ❶
즉, $144^4=(2^4\times3^2)^4=2^{16}\times3^8$이므로
$x=2$, $y=8$ … ❷
$\therefore x+y=2+8=10$ … ❸
답 10

채점 기준	배점
❶ 144를 소인수분해하기	30%
❷ x, y의 값 구하기	50%
❸ $x+y$의 값 구하기	20%

17 $\left(-\frac{3y^a}{x^4}\right)^6=\frac{729y^{6a}}{x^{24}}$이므로
$6a=18$, $b=729$, $c=24$

따라서 $a=3$, $b=729$, $c=24$이므로

$a+b+c=3+729+24=756$ 답 756

18 ④ $\left(-\frac{a}{bc^2}\right)^4=\frac{a^4}{b^4c^8}$ 답 ④

19 $\left\{\left(-\frac{3x^2y}{4}\right)^2\right\}^3=\left(\frac{3^2x^4y^2}{2^4}\right)^3=\frac{3^6x^{12}y^6}{2^{12}}$ 답 ⑤

20 $\left(\frac{az^3}{x^4y^b}\right)^3=\frac{a^3z^9}{x^{12}y^{3b}}$이므로 … ❶

$a^3=-27=(-3)^3$, $3b=6$, $c=9$, $d=12$

따라서 $a=-3$, $b=2$, $c=9$, $d=12$이므로 … ❷

$a+b+c+d=-3+2+9+12=20$ … ❸

답 20

채점 기준	배점
❶ 주어진 식의 좌변 간단히 하기	40%
❷ a, b, c, d의 값 구하기	40%
❸ $a+b+c+d$의 값 구하기	20%

21 ㄱ. $x^3\times x\times x^4=x^{3+1+4}=x^8$

ㄴ. $a^{10}\div a^2\div a^5=a^8\div a^5=a^3$

ㄷ. $(x^2y^3)^4=x^8y^{12}$

ㅁ. $2^4\div 2^2\div 2^2=2^2\div 2^2=1$

따라서 옳은 것은 ㄹ, ㅂ이다. 답 ㄹ, ㅂ

22 ① $x^8\div x^4=x^4$

② $(x^4)^3\div x^{10}=x^{12}\div x^{10}=x^2$

③ $(x^2)^3\div(-x)^4=x^6\div x^4=x^2$

④ $x^3\times x^3\div x^8=x^6\div x^8=\frac{1}{x^2}$

⑤ $x^{12}\div(x^2)^3\div x^9=x^{12}\div x^6\div x^9=x^6\div x^9=\frac{1}{x^3}$

따라서 계산 결과가 $\frac{1}{x^2}$인 것은 ④이다. 답 ④

23 ① $5-\square=1$이므로 $\square=4$

② $a^8\div(a^3)^4=a^8\div a^{12}=\frac{1}{a^4}$이므로 $\square=4$

③ $\left(-\frac{a^2}{b^{\square}}\right)^5=-\frac{a^{10}}{b^{\square\times 5}}$이므로

$\square\times 5=20$ ∴ $\square=4$

④ $3\times\square=12$이므로 $\square=4$

⑤ $x^{\square}\div x^4\times(x^2)^2=x^{\square}\div x^4\times x^4=x^{\square}$이므로 $\square=6$

따라서 $\square$ 안에 알맞은 수가 나머지 넷과 다른 하나는 ⑤이다. 답 ⑤

24 $81^{x-2}=(3^4)^{x-2}=3^{4x-8}$이므로

$4x-8=12-x$, $5x=20$ ∴ $x=4$ 답 ④

25 $3^{\square}\div 9^3=27^3$에서 $3^{\square}\div(3^2)^3=(3^3)^3$이므로

$3^{\square}\div 3^6=3^9$, $3^{\square-6}=3^9$

$\square-6=9$ ∴ $\square=15$ 답 ④

26 $5^{2x}\times 125^3\div 5^2=5^{2x}\times(5^3)^3\div 5^2$

$=5^{2x}\times 5^9\div 5^2$

$=5^{2x+9}\div 5^2$

$=5^{2x+7}$

이므로 $2x+7=11$, $2x=4$

∴ $x=2$ 답 ②

27 $64^{x-1}\times 8^{x-2}=(2^6)^{x-1}\times(2^3)^{x-2}$

$=2^{6(x-1)}\times 2^{3(x-2)}$

$=2^{9x-12}$ … ❶

이고, $32^3=(2^5)^3=2^{15}$이므로 … ❷

$9x-12=15$, $9x=27$ ∴ $x=3$ … ❸

답 3

채점 기준	배점
❶ 주어진 식의 좌변 간단히 하기	50%
❷ 32^3을 2의 거듭제곱으로 나타내기	30%
❸ x의 값 구하기	20%

28 $5^4+5^4+5^4+5^4+5^4=5\times 5^4=5^5$이므로 $x=5$

$5^4\times 5^4\times 5^4\times 5^4=5^{4+4+4+4}=5^{16}$이므로 $y=16$

∴ $xy=5\times 16=80$ 답 ⑤

29 $7^3+7^3+7^3+7^3+7^3+7^3+7^3=7\times 7^3=7^4$ 답 7^4

30 계산 결과가 모두 밑이 2가 되도록 식을 간단히 하면 다음과 같다.

① $32^2=(2^5)^2=2^{10}$

② $2^5\times 2^5=2^{5+5}=2^{10}$

③ $4^5+4^5=2\times 4^5=2\times(2^2)^5=2\times 2^{10}=2^{11}$

④ $4^4+4^4+4^4+4^4=4\times 4^4=4^5=(2^2)^5=2^{10}$

⑤ $2^8+2^8+2^8+2^8=4\times 2^8=2^2\times 2^8=2^{10}$

따라서 계산 결과가 나머지 넷과 다른 하나는 ③이다.

답 ③

31 $\frac{2^7+2^7+2^7+2^7}{27^2}\times\frac{3^5+3^5+3^5}{8^3+8^3+8^3+8^3}$

$=\frac{4\times 2^7}{(3^3)^2}\times\frac{3\times 3^5}{4\times 8^3}$

$=\frac{2^2\times 2^7}{3^6}\times\frac{3^6}{2^2\times(2^3)^3}$

$=\frac{2^9}{3^6}\times\frac{3^6}{2^{11}}=\frac{1}{4}$ 답 ⑤

32 $A=3^{x+1}=3^x\times3$이므로 $3^x=\dfrac{A}{3}$

$\therefore 81^x=(3^4)^x=3^{4x}=(3^x)^4=\left(\dfrac{A}{3}\right)^4=\dfrac{A^4}{3^4}=\dfrac{A^4}{81}$ 답 ⑤

33 $4^5\div4^{15}=\dfrac{1}{4^{10}}=\dfrac{1}{(2^2)^{10}}=\dfrac{1}{2^{20}}=\dfrac{1}{(2^5)^4}=\dfrac{1}{A^4}$ 답 ①

34 $36^x=(2^2\times3^2)^x=2^{2x}\times3^{2x}$
$=(2^x)^2\times(3^x)^2=A^2B^2$ 답 ⑤

35 $8^4\times9^6=(2^3)^4\times(3^2)^6=2^{12}\times3^{12}$
$=(2^3)^4\times(3^6)^2=A^4B^2$ 답 ②

36 $2^{x+3}+2^{x+1}+2^x=2^x\times2^3+2^x\times2+2^x$
$=2^x(2^3+2+1)=2^x\times11$
즉, $2^x\times11=88$이므로 $2^x=8=2^3$
$\therefore x=3$ 답 ③

37 $5^{x+1}+5^x=5^x\times5+5^x$
$=5^x(5+1)=5^x\times6$
즉, $5^x\times6=150$이므로 $5^x=25=5^2$
$\therefore x=2$ 답 ②

38 $3^{x+2}+5\times3^{x+1}+3^x=3^x\times3^2+5\times3^x\times3+3^x$
$=3^x(3^2+5\times3+1)$
$=3^x\times25$
즉, $3^x\times25=675$이므로 $3^x=27=3^3$
$\therefore x=3$ 답 ③

39 $4^{2x}(4^x+4^x+4^x)=4^{2x}(3\times4^x)=3\times4^{3x}$ … ❶
즉, $3\times4^{3x}=192$이므로 $4^{3x}=64=4^3$
$3x=3$ $\therefore x=1$ … ❷
답 1

채점 기준	배점
❶ 주어진 식의 좌변 간단히 하기	50%
❷ x의 값 구하기	50%

40 $8^4\times5^{15}=(2^3)^4\times5^{15}=2^{12}\times5^{15}$
$=2^{12}\times5^{12}\times5^3=5^3\times(2\times5)^{12}$
$=5^3\times10^{12}=125\times10^{12}$
따라서 $8^4\times5^{15}$은 15자리의 자연수이다. 답 ④

41 $2^9\times3^2\times5^7=2^2\times2^7\times3^2\times5^7=2^2\times3^2\times2^7\times5^7$
$=2^2\times3^2\times(2\times5)^7$
$=36\times(2\times5)^7$
$=36\times10^7$
따라서 $2^9\times3^2\times5^7$은 9자리의 자연수이므로
$n=9$ 답 ④

42 $\dfrac{20^6\times3^7}{12^3}=\dfrac{(2^2\times5)^6\times3^7}{(2^2\times3)^3}=\dfrac{2^{12}\times5^6\times3^7}{2^6\times3^3}$
$=2^6\times3^4\times5^6=3^4\times(2\times5)^6$
$=81\times10^6$
따라서 $\dfrac{20^6\times3^7}{12^3}$은 8자리 자연수이므로 $m=8$
또, 각 자리의 숫자의 합은 $8+1=9$이므로 $n=9$
$\therefore m+n=8+9=17$ 답 ②

43 $20\times25\times30\times35$
$=(2^2\times5)\times5^2\times(2\times3\times5)\times(5\times7)$
$=2^3\times3\times5^5\times7$ … ❶
$=3\times5^2\times7\times(2^3\times5^3)$
$=525\times10^3$ … ❷
따라서 주어진 수는 6자리 자연수이므로 $n=6$ … ❸
답 6

채점 기준	배점
❶ 주어진 수를 소인수들의 곱으로 나타내기	40%
❷ 주어진 수를 $a\times10^k$ 꼴로 나타내기	30%
❸ 자릿수 구하기	30%

44 $(-3xy)^2\times x^2y\times(-2xy^2)^3=9x^2y^2\times x^2y\times(-8x^3y^6)$
$=-72x^7y^9$ 답 ①

45 $\left(-\dfrac{1}{3}xy^2\right)^2\times\left(\dfrac{6x^2}{y}\right)^3=\dfrac{x^2y^4}{9}\times\dfrac{216x^6}{y^3}$
$=24x^8y$ 답 $24x^8y$

46 $\left(-\dfrac{1}{6}x^2y\right)^2\times(-3xy)^3\times4x^3y$
$=\dfrac{x^4y^2}{36}\times(-27x^3y^3)\times4x^3y$
$=-3x^{10}y^6$
따라서 $a=-3$, $b=10$, $c=6$이므로
$a+b+c=-3+10+6=13$ 답 ①

47 $ax^5y^4\times(-3x^2y)^b=ax^5y^4\times(-3)^b\times x^{2b}y^b$
$=a\times(-3)^b\times x^{2b+5}y^{b+4}$ … ❶
$a\times(-3)^b=-108$, $2b+5=11$, $b+4=c$이므로
$2b+5=11$에서 $b=3$ … ❷
$a\times(-3)^b=a\times(-3)^3=-27a=-108$에서
$a=4$ … ❸
또, $c=b+4=3+4=7$ … ❹
$\therefore a-b+c=4-3+7=8$ … ❺
답 8

채점 기준	배점
❶ 주어진 식의 좌변 간단히 하기	30%
❷ b의 값 구하기	20%
❸ a의 값 구하기	20%
❹ c의 값 구하기	20%
❺ $a-b+c$의 값 구하기	10%

48 $(-3x^3y)^2\div\frac{3}{4}x^2yz^3\div(-6xy^2z)$

$=9x^6y^2\times\frac{4}{3x^2yz^3}\times\left(-\frac{1}{6xy^2z}\right)=-\frac{2x^3}{yz^4}$ 답 ⑤

49 $(9a^3b^4)^2\div(-3a^3b^2)^3=(81a^6b^8)\div(-27a^9b^6)$

$=-\frac{81a^6b^8}{27a^9b^6}$

$=-\frac{3b^2}{a^3}$ 답 $-\frac{3b^2}{a^3}$

50 $24x^7y^6\div(-2xy^2)^4\div15xy^5$

$=24x^7y^6\div16x^4y^8\div15xy^5$

$=24x^7y^6\times\frac{1}{16x^4y^8}\times\frac{1}{15xy^5}=\frac{x^2}{10y^7}$

따라서 $a=2$, $b=10$, $c=7$이므로

$a+b+c=2+10+7=19$ 답 ③

51 $(2x^2y^a)^b\div(x^cy^3)^4=2^bx^{2b}y^{ab}\div x^{4c}y^{12}$

$=\frac{2^bx^{2b}y^{ab}}{x^{4c}y^{12}}=\frac{2^b}{x^{4c-2b}y^{12-ab}}$ … ❶

$2^b=8$, $4c-2b=6$, $12-ab=9$이므로

$2^b=8$에서 $2^b=2^3$ $\quad\therefore b=3$ … ❷

$4c-2b=6$에서 $4c-6=6$ $\quad\therefore c=3$ … ❸

또, $12-ab=9$에서 $12-3a=9$ $\quad\therefore a=1$ … ❹

$\therefore a+b+c=1+3+3=7$ … ❺

답 7

채점 기준	배점
❶ 주어진 식의 좌변 간단히 하기	30%
❷ b의 값 구하기	20%
❸ c의 값 구하기	20%
❹ a의 값 구하기	20%
❺ $a+b+c$의 값 구하기	10%

52 $(-2x^3y^2)^2\div\left(-\frac{3x}{y^2}\right)^3\times\left(-\frac{6y^2}{x^4}\right)^3$

$=4x^6y^4\div\left(-\frac{27x^3}{y^6}\right)\times\left(-\frac{216y^6}{x^{12}}\right)$

$=4x^6y^4\times\left(-\frac{y^6}{27x^3}\right)\times\left(-\frac{216y^6}{x^{12}}\right)$

$=\frac{32y^{16}}{x^9}$ 답 ⑤

53 ① $(-3a^3b^2)^2\times(a^2b^3)^3=9a^6b^4\times a^6b^9=9a^{12}b^{13}$

② $(-3x^3)^5\div\left(\frac{3x^3}{2}\right)^3=(-3)^5\times x^{15}\div\frac{3^3\times x^9}{2^3}$

$=(-3)^5\times x^{15}\times\frac{2^3}{3^3\times x^9}$

$=-72x^6$

③ $(-4a^2b^4)^2\div8ab^3\times5a^3b^5=16a^4b^8\times\frac{1}{8ab^3}\times5a^3b^5$

$=10a^6b^{10}$

④ $(-2x^2y^3)^2\div\left(-\frac{x^3y^2}{3}\right)^3=4x^4y^6\div\left(-\frac{x^9y^6}{27}\right)$

$=4x^4y^6\times\left(-\frac{27}{x^9y^6}\right)$

$=-\frac{108}{x^5}$

⑤ $(-2x^2y^3)^2\times\left(-\frac{2x}{y}\right)^3\div(-4xy^2)^3$

$=4x^4y^6\times\left(-\frac{8x^3}{y^3}\right)\div(-64x^3y^6)$

$=4x^4y^6\times\left(-\frac{8x^3}{y^3}\right)\times\left(-\frac{1}{64x^3y^6}\right)$

$=\frac{x^4}{2y^3}$ 답 ②, ⑤

54 $(2x^2y)^a\div9x^by^2\times(6x^2y)^2$

$=2^ax^{2a}y^a\div9x^by^2\times36x^4y^2$

$=2^ax^{2a}y^a\times\frac{1}{9x^by^2}\times36x^4y^2$

$=2^{a+2}x^{2a-b+4}y^a$

즉, $2^{a+2}x^{2a-b+4}y^a=cx^2y^2$이므로

$2^{a+2}=c$, $2a-b+4=2$, $a=2$

$a=2$이므로 $2a-b+4=2$에서

$4-b+4=2$ $\quad\therefore b=6$

또, $c=2^{a+2}=2^{2+2}=2^4=16$

$\therefore a+b+c=2+6+16=24$ 답 ④

55 $\square=9x^6y^3\div(-3x^3y^2)^2\times(-2xy^2)^3$

$=9x^6y^3\div9x^6y^4\times(-8x^3y^6)$

$=9x^6y^3\times\frac{1}{9x^6y^4}\times(-8x^3y^6)$

$=-8x^3y^5$ 답 ②

56 어떤 식을 $\square$라 하면

$\square\div6xy^2=3x$

$\therefore\square=3x\times6xy^2=18x^2y^2$ 답 ⑤

57 $\square=(-2x^9y^8)\div(-2x^3y^2)^3\times(4xy)^3$
$=(-2x^9y^8)\div(-8x^9y^6)\times 64x^3y^3$
$=(-2x^9y^8)\times\left(-\frac{1}{8x^9y^6}\right)\times 64x^3y^3$
$=16x^3y^5$

답 $16x^3y^5$

58 $\square=(-3x^3y^2)^2\div(-2xy^2)^3\div 9x^6y^3$
$=9x^6y^4\div(-8x^3y^6)\div 9x^6y^3$
$=9x^6y^4\times\left(-\frac{1}{8x^3y^6}\right)\times\frac{1}{9x^6y^3}$
$=-\frac{1}{8x^3y^5}$

답 $-\frac{1}{8x^3y^5}$

59 (물의 부피)$=\{\pi\times(4a^2b^2)^2\}\times\frac{a^2}{2b^2}\times\frac{3}{4}$
$=\pi\times 16a^4b^4\times\frac{a^2}{2b^2}\times\frac{3}{4}$
$=6\pi a^6b^2$

답 $6\pi a^6b^2$

60 (가로의 길이)×(세로의 길이)=(직사각형의 넓이)이므로
(가로의 길이)$\times\frac{2a^2b}{3}=24a^4b^3$
∴ (가로의 길이)$=24a^4b^3\div\frac{2a^2b}{3}$
$=24a^4b^3\times\frac{3}{2a^2b}=36a^2b^2$

답 ⑤

61 (밑넓이)×(높이)=(삼각기둥의 부피)이므로
$\frac{1}{2}\times 3a\times 2b\times$(높이)$=63a^3b^2$
∴ (높이)$=63a^3b^2\div 3ab=\frac{63a^3b^2}{3ab}=21a^2b$

답 ⑤

62 밑면의 지름의 길이가 $12ab^2$이므로 반지름의 길이는
$\frac{1}{2}\times 12ab^2=6ab^2$ … ❶
$\frac{1}{3}\times$(밑넓이)×(높이)=(원뿔의 부피)이므로
$\frac{1}{3}\times\pi\times(6ab^2)^2\times$(높이)$=48\pi a^5b^{12}$ … ❷
즉, $\frac{1}{3}\pi\times 36a^2b^4\times$(높이)$=48\pi a^5b^{12}$이므로
(높이)$=48\pi a^5b^{12}\div\frac{1}{3}\pi\div 36a^2b^4$
$=48\pi a^5b^{12}\times\frac{3}{\pi}\times\frac{1}{36a^2b^4}$
$=4a^3b^8$ … ❸

답 $4a^3b^8$

채점 기준	배점
❶ 밑면의 반지름의 길이 구하기	20%
❷ 원뿔의 부피 구하는 식 세우기	30%
❸ 높이 구하기	50%

Real 실전 유형 again 18~23쪽

03 다항식의 계산

01 $\left(\frac{1}{2}a-b+3\right)+\left(\frac{3}{4}a+\frac{3}{2}b-1\right)$
$=\frac{1}{2}a-b+3+\frac{3}{4}a+\frac{3}{2}b-1$
$=\left(\frac{1}{2}+\frac{3}{4}\right)a+\left(-1+\frac{3}{2}\right)b+3-1$
$=\frac{5}{4}a+\frac{1}{2}b+2$

답 ⑤

02 $3(2x+y-4)-(3x-2y+3)$
$=6x+3y-12-3x+2y-3$
$=3x+5y-15$
따라서 x의 계수는 3, 상수항은 -15이므로 그 합은
$3+(-15)=-12$

답 ①

03 $\left(\frac{4}{3}x+\frac{1}{15}y\right)-\left(-x+\frac{2}{3}y\right)$
$=\frac{4}{3}x+\frac{1}{15}y+x-\frac{2}{3}y$
$=\left(\frac{4}{3}+1\right)x+\left(\frac{1}{15}-\frac{2}{3}\right)y$
$=\frac{7}{3}x-\frac{3}{5}y$ … ❶
따라서 $a=\frac{7}{3}$, $b=-\frac{3}{5}$이므로 … ❷
$a+b=\frac{7}{3}-\frac{3}{5}=\frac{26}{15}$ … ❸

답 $\frac{26}{15}$

채점 기준	배점
❶ 주어진 식의 좌변 간단히 하기	60%
❷ a, b의 값 구하기	20%
❸ $a+b$의 값 구하기	20%

04 $\frac{2x-3y}{6}+\frac{3x+2y}{4}-\frac{5x-7y}{12}$
$=\frac{2(2x-3y)+3(3x+2y)-5x+7y}{12}$
$=\frac{4x-6y+9x+6y-5x+7y}{12}$
$=\frac{8x+7y}{12}$
$=\frac{2}{3}x+\frac{7}{12}y$

답 $\frac{2}{3}x+\frac{7}{12}y$

05 $(2x^2-x-1)-(5x^2-3x-6)$
$=2x^2-x-1-5x^2+3x+6$
$=-3x^2+2x+5$
따라서 $a=-3$, $b=2$, $c=5$이므로
$abc=-3\times 2\times 5=-30$

답 ④

06 $\left(\frac{1}{2}x^2-x+2\right)+\left(\frac{1}{4}x^2+\frac{1}{3}x-1\right)$

$=\frac{1}{2}x^2-x+2+\frac{1}{4}x^2+\frac{1}{3}x-1$

$=\frac{1}{2}x^2+\frac{1}{4}x^2-x+\frac{1}{3}x+2-1$

$=\frac{3}{4}x^2-\frac{2}{3}x+1$

답 ⑤

07 $(x^2+3x-1)-8\left(\frac{3}{4}x^2+\frac{1}{2}x-2\right)$

$=x^2+3x-1-6x^2-4x+16$

$=-5x^2-x+15$

따라서 x^2의 계수는 -5, 상수항은 15이므로 그 합은

$-5+15=10$

답 10

08 $6x-[5y-\{4x-(2x-y)\}]$

$=6x-\{5y-(4x-2x+y)\}$

$=6x-\{5y-(2x+y)\}$

$=6x-(5y-2x-y)$

$=6x-(-2x+4y)$

$=6x+2x-4y=8x-4y$

답 ①

09 $5x-4y-[-6x+3y-\{2x-(x+5y)\}]$

$=5x-4y-\{-6x+3y-(2x-x-5y)\}$

$=5x-4y-\{-6x+3y-(x-5y)\}$

$=5x-4y-(-6x+3y-x+5y)$

$=5x-4y-(-7x+8y)$

$=5x-4y+7x-8y$

$=12x-12y$

따라서 $a=12$, $b=-12$이므로

$a-b=12-(-12)=24$

답 ③

10 $4x^2-[-2x+x^2-\{5x^2+4x+(-2x^2+3x)\}]$

$=4x^2-\{-2x+x^2-(5x^2+4x-2x^2+3x)\}$

$=4x^2-\{-2x+x^2-(3x^2+7x)\}$

$=4x^2-(-2x+x^2-3x^2-7x)$

$=4x^2-(-2x^2-9x)$

$=4x^2+2x^2+9x=6x^2+9x$

답 ④

11 어떤 식을 A라 하면

$A+(-x^2-2x+4)=4x^2+x-3$

$\therefore A=4x^2+x-3-(-x^2-2x+4)$

$=4x^2+x-3+x^2+2x-4$

$=5x^2+3x-7$

따라서 바르게 계산한 식은

$5x^2+3x-7-(-x^2-2x+4)$

$=5x^2+3x-7+x^2+2x-4$

$=6x^2+5x-11$

답 ②

12 $4a+2b-5-A=2a+3b-1$이므로

$A=(4a+2b-5)-(2a+3b-1)$

$=4a+2b-5-2a-3b+1$

$=2a-b-4$

답 ④

13 어떤 식을 A라 하면

$A-(7x^2-3x+2)=-3x^2+4x-1$ … ❶

$\therefore A=-3x^2+4x-1+(7x^2-3x+2)$

$=-3x^2+4x-1+7x^2-3x+2$

$=4x^2+x+1$ … ❷

따라서 바르게 계산한 식은

$4x^2+x+1+(7x^2-3x+2)$

$=4x^2+x+1+7x^2-3x+2$

$=11x^2-2x+3$ … ❸

답 $11x^2-2x+3$

채점 기준	배점
❶ 주어진 조건을 식으로 나타내기	30%
❷ 어떤 식 구하기	40%
❸ 바르게 계산한 식 구하기	30%

14 좌변을 간단히 하면

$4x^2-\{\square-(x^2-2x)+x\}+2$

$=4x^2-(\square-x^2+2x+x)+2$

$=4x^2-\square+x^2-3x+2$

$=5x^2-3x+2-\square$

$5x^2-3x+2-\square=3x^2-6x+5$에서

$\square=5x^2-3x+2-(3x^2-6x+5)$

$=5x^2-3x+2-3x^2+6x-5$

$=2x^2+3x-3$

답 $2x^2+3x-3$

15 $2x(x-1)-2(-4x^2-8x+1)$

$=2x^2-2x+8x^2+16x-2$

$=10x^2+14x-2$

답 ②

16 $-2x^2(3x^2-5x+1)=-6x^4+10x^3-2x^2$

따라서 $a=-6$, $b=10$, $c=-2$이므로

$a+b-c=-6+10-(-2)=6$

답 6

17 $2a(-3a+5b+1)-4a(2b-a)$

$=-6a^2+10ab+2a-8ab+4a^2$

$=-2a^2+2ab+2a$

답 ④

18 $\frac{3}{4}x(4x-3)+\frac{1}{6}x(x+2)-(x^2+x+3)$

$=\frac{9x(4x-3)+2x(x+2)-12(x^2+x+3)}{12}$

$=\frac{36x^2-27x+2x^2+4x-12x^2-12x-36}{12}$

$=\frac{26x^2-35x-36}{12}$

$=\frac{13}{6}x^2-\frac{35}{12}x-3$

따라서 $a=\frac{13}{6}$, $b=-\frac{35}{12}$, $c=-3$이므로

$a+b+c=\frac{13}{6}-\frac{35}{12}-3=-\frac{15}{4}$ 답 $-\frac{15}{4}$

19 $(16x^2y^3-8x^2y)\div\frac{4}{5}x^2y$

$=(16x^2y^3-8x^2y)\times\frac{5}{4x^2y}$

$=16x^2y^3\times\frac{5}{4x^2y}-8x^2y\times\frac{5}{4x^2y}$

$=20y^2-10$ 답 ①

20 $\frac{9a^5b^3-15a^3b^2-3a^2b^2}{3ab^2}$

$=\frac{9a^5b^3}{3ab^2}-\frac{15a^3b^2}{3ab^2}-\frac{3a^2b^2}{3ab^2}$

$=3a^4b-5a^2-a$ 답 ④

21 $A=(6x^2-18xy)\div 6x$

$=\frac{6x^2-18xy}{6x}$

$=x-3y$ … ❶

$B=(8x^2y+4xy^2)\div\frac{2}{3}xy$

$=(8x^2y+4xy^2)\times\frac{3}{2xy}$

$=8x^2y\times\frac{3}{2xy}+4xy^2\times\frac{3}{2xy}$

$=12x+6y$ … ❷

$\therefore A+B=(x-3y)+(12x+6y)$

$=x-3y+12x+6y$

$=13x+3y$ … ❸

답 $13x+3y$

채점 기준	배점
❶ A를 간단히 하기	40%
❷ B를 간단히 하기	40%
❸ $A+B$를 간단히 하기	20%

22 $\square=(x^3y^2-2x^2y^2+3xy^2)\div\left(-\frac{y^2}{2x}\right)$

$=(x^3y^2-2x^2y^2+3xy^2)\times\left(-\frac{2x}{y^2}\right)$

$=x^3y^2\times\left(-\frac{2x}{y^2}\right)-2x^2y^2\times\left(-\frac{2x}{y^2}\right)$

$+3xy^2\times\left(-\frac{2x}{y^2}\right)$

$=-2x^4+4x^3-6x^2$ 답 ②

23 $\square=(18x^3y^2-24x^2y^3)\div 6x^2y^2$

$=\frac{18x^3y^2-24x^2y^3}{6x^2y^2}$

$=\frac{18x^3y^2}{6x^2y^2}-\frac{24x^2y^3}{6x^2y^2}=3x-4y$ 답 ②

24 $A\div 6xy=\frac{2}{3}xy+4y$이므로

$A=\left(\frac{2}{3}xy+4y\right)\times 6xy$

$=4x^2y^2+24xy^2$ 답 $4x^2y^2+24xy^2$

25 $(A+2x-1)\times(-3y)=6y^2+9xy-18y$이므로

$A+2x-1=(6y^2+9xy-18y)\div(-3y)$

$\therefore A=(6y^2+9xy-18y)\div(-3y)-(2x-1)$

$=\frac{6y^2+9xy-18y}{-3y}-(2x-1)$

$=-2y-3x+6-2x+1$

$=-5x-2y+7$ 답 $-5x-2y+7$

26 $3x(x-2y^2)+\{4x^3y^2-(3xy^2)^2\}\div\frac{1}{2}xy^2$

$=3x^2-6xy^2+(4x^3y^2-9x^2y^4)\times\frac{2}{xy^2}$

$=3x^2-6xy^2+8x^2-18xy^2$

$=11x^2-24xy^2$

따라서 $a=11$, $b=-24$이므로

$a+b=11+(-24)=-13$ 답 -13

27 $\frac{12x^2-21xy}{3x}-\frac{25xy-5y^2}{5y}$

$=4x-7y-(5x-y)$

$=4x-7y-5x+y=-x-6y$ 답 ⑤

28 ① $3x-\{2x+3y-(x-2y)+y\}$

$=3x-(2x+3y-x+2y+y)$

$=3x-(x+6y)$

$=3x-x-6y=2x-6y$

③ $3a(a-b+4)-4a(a-4b+1)$

$=3a^2-3ab+12a-4a^2+16ab-4a$

$=-a^2+13ab+8a$

④ $(15x^2y^2+9xy^3)\div 3x-(5x-7y)\times(-2y)^2$

$=\frac{15x^2y^2+9xy^3}{3x}-(5x-7y)\times 4y^2$

$=5xy^2+3y^3-20xy^2+28y^3$

$=-15xy^2+31y^3$

⑤ $(3x^2-9xy)\div 3x+(8xy+4y^2)\div(-2y)$

$=\frac{3x^2-9xy}{3x}+\frac{8xy+4y^2}{-2y}$

$=x-3y-4x-2y$

$=-3x-5y$ 답 ⑤

29 $(x^3y-2x^2y+xy^2)\div(-2xy)-\dfrac{x^3y-xy^2}{4}\div\dfrac{1}{2}xy$

$=\dfrac{x^3y-2x^2y+xy^2}{-2xy}-\dfrac{x^3y-xy^2}{4}\times\dfrac{2}{xy}$

$=-\dfrac{1}{2}x^2+x-\dfrac{1}{2}y-\dfrac{x^3y-xy^2}{2xy}$

$=-\dfrac{1}{2}x^2+x-\dfrac{1}{2}y-\dfrac{1}{2}x^2+\dfrac{1}{2}y$

$=-x^2+x$ … ❶

따라서 $a=-1$, $b=1$이므로 … ❷

$a-b=-1-1=-2$ … ❸

답 -2

채점 기준	배점
❶ 주어진 식 간단히 하기	60%
❷ a, b의 값 구하기	20%
❸ $a-b$의 값 구하기	20%

30 (색칠한 부분의 넓이)

$=5a\times4b-\left\{\dfrac{1}{2}\times(5a-b)\times4b+\dfrac{1}{2}\times5a\times(4b-2b)+\dfrac{1}{2}\times b\times2b\right\}$

$=20ab-(10ab-2b^2+5ab+b^2)$

$=20ab-15ab+b^2=5ab+b^2$

답 ③

31 (직육면체의 겉넓이)

$=2(3a^2\times4b+5a^2\times4b+3a^2\times5a^2)$

$=2(12a^2b+20a^2b+15a^4)$

$=2(32a^2b+15a^4)=30a^4+64a^2b$

답 $30a^4+64a^2b$

32 직각삼각형 ABC를 $\overline{AB}$를 회전축으로 하여 1회전 시키면 오른쪽 그림과 같이 밑면의 반지름의 길이가 $3x$인 원뿔이 되므로

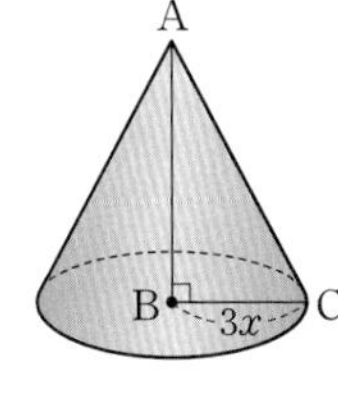

$\dfrac{1}{3}\times\pi\times(3x)^2\times$(높이)

$=12\pi x^3+18\pi x^2y$ … ❶

$3\pi x^2\times$(높이)$=12\pi x^3+18\pi x^2y$

∴ (높이)$=(12\pi x^3+18\pi x^2y)\div3\pi x^2$ … ❷

$=\dfrac{12\pi x^3+18\pi x^2y}{3\pi x^2}=4x+6y$ … ❸

답 $4x+6y$

채점 기준	배점
❶ 원뿔의 부피를 이용하여 식 세우기	30%
❷ 높이를 구하는 식 구하기	30%
❸ 높이 구하기	40%

33 $(4x^3y^2-8x^2y)\div2xy$

$=\dfrac{4x^3y^2-8x^2y}{2xy}=2x^2y-4x$

$=2\times2^2\times(-5)-4\times2$

$=-48$

답 ③

34 $x-3y+2-x(5x+1)=x-3y+2-5x^2-x$

$=-5x^2-3y+2$

$=-5\times(-2)^2-3\times1+2$

$=-20-3+2$

$=-21$

답 ②

35 $(x^2y-xy)\div(xy)^2-(3x^2y^2-x^2y)\div\dfrac{1}{3}x^2y$

$=\dfrac{x^2y-xy}{x^2y^2}-(3x^2y^2-x^2y)\times\dfrac{3}{x^2y}$

$=\dfrac{1}{y}-\dfrac{1}{xy}-3(3y-1)$

$=\dfrac{1}{y}-\dfrac{1}{xy}-9y+3$

$=3-1-9\times\dfrac{1}{3}+3=2$

답 2

36 $\dfrac{8x^2y-12xy^2}{4xy}-(-6xy+9y^2)\times\dfrac{1}{3y}$

$=2x-3y-(-2x+3y)$

$=2x-3y+2x-3y$

$=4x-6y$

$=4\times5-6\times\left(-\dfrac{1}{3}\right)=22$

답 ②

37 $2A-\{-B+3(A-B)\}=2A-(-B+3A-3B)$

$=2A-(3A-4B)$

$=2A-3A+4B=-A+4B$

$=-(3x-2y)+4(-x+3y)$

$=-3x+2y-4x+12y$

$=-7x+14y$

답 ③

38 $x-2y+3=x-2(5-x)+3$

$=x-10+2x+3=3x-7$

따라서 x의 계수는 3이다.

답 ③

39 $6B-\{A-3(A-3B)\}$

$=6B-(A-3A+9B)$

$=6B-(-2A+9B)$

$=6B+2A-9B$

$=2A-3B$ … ❶

$=2\times\dfrac{3x-y+3}{2}-3\times\dfrac{x+2y-2}{3}$ … ❷

$=3x-y+3-x-2y+2$

$=2x-3y+5$ … ❸

답 $2x-3y+5$

채점 기준	배점
❶ 주어진 식 간단히 하기	40%
❷ ❶의 식에 A, B 대입하기	20%
❸ x, y의 식으로 나타내기	40%

40 $2x+4y=3x-3y$에서

$x=7y$

$\therefore 3(x+5y)-(4x-2y)=3x+15y-4x+2y$

$=-x+17y$

$=-7y+17y$

$=10y$

답 ②

41 $(x+1):y=2:5$에서 $2y=5(x+1)$

$\therefore y=\frac{5}{2}(x+1)$

$\therefore 4x-2y+5=4x-2\times\frac{5}{2}(x+1)+5$

$=4x-5(x+1)+5$

$=4x-5x-5+5$

$=-x$

답 $-x$

42 $3x+y-2=0$에서

$y=-3x+2$

$\therefore 5x-y-[2x-\{7x-y-(4x+6y)-9\}]$

$=5x-y-\{2x-(7x-y-4x-6y-9)\}$

$=5x-y-\{2x-(3x-7y-9)\}$

$=5x-y-(2x-3x+7y+9)$

$=5x-y-(-x+7y+9)$

$=5x-y+x-7y-9$

$=6x-8y-9$

$=6x-8(-3x+2)-9$

$=6x+24x-16-9$

$=30x-25$

답 $30x-25$

43 $\frac{1}{x}+\frac{1}{y}=6$에서 $\frac{x+y}{xy}=6$

$\therefore x+y=6xy$ … ❶

$\therefore \frac{x+4xy+y}{x-5xy+y}=\frac{x+y+4xy}{x+y-5xy}$

$=\frac{6xy+4xy}{6xy-5xy}$

$=\frac{10xy}{xy}=10$ … ❷

답 10

채점 기준	배점
❶ 등식 변형하기	50%
❷ 식의 값 구하기	50%

Real 실전 유형 again 24~29쪽

04 일차부등식

01 ①, ⑤ 다항식　② 등식

답 ③, ④

02 답 ⑤

03 ㄷ, ㄹ. 다항식　ㅂ. 등식

따라서 부등식인 것은 ㄱ, ㄴ, ㅁ의 3개이다.

답 ③

04 ② $(x-3)\times4\le20$

답 ②

05 답 $3x-6\ge2(x+4)$

06 ① $700+2x>2000$

② $6x\le30$

④ $\frac{x}{100}\times200\le10$　$\therefore 2x\le10$

⑤ $\frac{1}{2}\times(x+5)\times3\ge36$　$\therefore \frac{3}{2}(x+5)\ge36$

답 ③

07 ① $2\times(-2)+5<3$ (참)　② $2\times(-1)+5<3$ (거짓)

③ $2\times0+5<3$ (거짓)　④ $2\times1+5<3$ (거짓)

⑤ $2\times2+5<3$ (거짓)

답 ①

08 ① $3+2>4$ (참)　② $3-2\le3\times3+1$ (참)

③ $4\times3\ge-2\times3+3$ (참)　④ $2\times3>3+3$ (거짓)

⑤ $3-1>-3$ (참)

답 ④

09 ① $-2\le2\times2$ (참)　② $5\times(-1)-1<2$ (참)

③ $0+0.7<0.9$ (참)　④ $\frac{5}{4}\le\frac{5-1}{2}$ (참)

⑤ $3\times(-2)>-2+2$ (거짓)

답 ⑤

10 주어진 부등식의 x에 -3, -2, -1, 0을 차례대로 대입하면

$3\times(-3)-4\le5\times(-3)-2$ (거짓)

$3\times(-2)-4\le5\times(-2)-2$ (거짓)

$3\times(-1)-4\le5\times(-1)-2$ (참)

$3\times0-4\le5\times0-2$ (참)

따라서 주어진 부등식의 해는 -1, 0의 2개이다.

답 2

11 ⑤ $a<b$의 양변에 -3을 곱하면 $-3a>-3b$

$-3a>-3b$의 양변에서 1을 빼면

$-3a-1>-3b-1$

답 ⑤

12 ① $a-3\le b-3$의 양변에 3을 더하면 $a\le b$
② $-a+2\le -b+2$의 양변에서 2를 빼면 $-a\le -b$
$-a\le -b$의 양변에 -1을 곱하면 $a\ge b$
③ $a+\frac{6}{5}\le b+\frac{6}{5}$의 양변에서 $\frac{6}{5}$을 빼면 $a\le b$
④ $-\frac{a}{7}+3\ge -\frac{b}{7}+3$의 양변에서 3을 빼면 $-\frac{a}{7}\ge -\frac{b}{7}$
$-\frac{a}{7}\ge -\frac{b}{7}$의 양변에 -7을 곱하면 $a\le b$
⑤ $2a-1\le 2b-1$의 양변에 1을 더하면 $2a\le 2b$
$2a\le 2b$의 양변을 2로 나누면 $a\le b$ 답 ②

13 $-\frac{1}{2}a+3>-\frac{1}{2}b+3$의 양변에서 3을 빼면
$-\frac{1}{2}a>-\frac{1}{2}b$
$-\frac{1}{2}a>-\frac{1}{2}b$의 양변에 -2를 곱하면 $a<b$
ㄴ. $a<b$의 양변에 2를 곱하면 $2a<2b$
ㄷ. $a<b$의 양변을 3으로 나누면 $\frac{1}{3}a<\frac{1}{3}b$
$\frac{1}{3}a<\frac{1}{3}b$의 양변에 1을 더하면
$\frac{1}{3}a+1<\frac{1}{3}b+1$
ㄹ. $a<b$의 양변에 -4를 곱하면 $-4a>-4b$
$-4a>-4b$의 양변에 1을 더하면 $1-4a>1-4b$
ㅁ. $a<b$의 양변에 -1을 곱하면 $-a>-b$
$-a>-b$의 양변을 -2로 나누면
$-a\div(-2)<-b\div(-2)$
따라서 옳은 것은 ㄷ, ㄹ, ㅁ의 3개이다. 답 3개

14 $-3\le x\le 2$의 각 변에 2를 곱하면 $-6\le 2x\le 4$
$-6\le 2x\le 4$의 각 변에 5를 더하면 $-1\le 5+2x\le 9$
따라서 $m=-1$, $M=9$이므로
$m+M=-1+9=8$ 답 ④

15 $-1<a<3$의 각 변에 -2를 곱하면 $-6<-2a<2$
$-6<-2a<2$의 각 변에 $\frac{1}{2}$을 더하면
$-\frac{11}{2}<-2a+\frac{1}{2}<\frac{5}{2}$
따라서 $-2a+\frac{1}{2}$의 값이 될 수 있는 것은 ①이다. 답 ①

16 ① $-2<x\le 1$의 각 변에 3을 더하면 $1<x+3\le 4$
② $-2<x\le 1$의 각 변에 -3을 곱하면 $-3\le -3x<6$
③ $-2<x\le 1$의 각 변을 3으로 나누면 $-\frac{2}{3}<\frac{x}{3}\le\frac{1}{3}$
④ $-2<x\le 1$의 각 변에 -1을 곱하면 $-1\le -x<2$
$-1\le -x<2$의 각 변에 2를 더하면 $1\le 2-x<4$
⑤ $-2<x\le 1$의 각 변에 -2를 곱하면 $-2\le -2x<4$
$-2\le -2x<4$의 각 변에 4를 더하면 $2\le 4-2x<8$
답 ④

17 $-3\le x\le 6$의 각 변을 3으로 나누면 $-1\le\frac{x}{3}\le 2$
$-1\le\frac{x}{3}\le 2$의 각 변에 2를 더하면
$1\le\frac{x}{3}+2\le 4$ $\therefore 1\le A\le 4$ … ❶
따라서 자연수 A의 값은 1, 2, 3, 4이므로 … ❷
그 합은 $1+2+3+4=10$ … ❸
답 10

채점 기준	배점
❶ A의 값의 범위 구하기	50%
❷ 자연수 A의 값 구하기	30%
❸ 모든 자연수 A의 값의 합 구하기	20%

18 ① $-6x+2<0$이므로 일차부등식이다.
② $3x-3<0$이므로 일차부등식이다.
③ $x^2-x+1\le 0$이므로 일차부등식이 아니다.
④ $6>0$이므로 일차부등식이 아니다.
⑤ $2x-3\ge 0$이므로 일차부등식이다. 답 ③, ④

19 ㄱ. $1>0$이므로 일차부등식이 아니다.
ㄴ. $3x-6\le 0$이므로 일차부등식이다.
ㄷ. $5-2x=3x-1$은 등식이다.
ㄹ. $-0.2x+5>-\frac{1}{5}x+1$에서 $4>0$이므로 일차부등식이 아니다.
ㅁ. $2-\frac{1}{x}\ge 0$이므로 일차부등식이 아니다.
ㅂ. $2x^2-3\ge 2x^2+3x+5$에서 $-3x-8\ge 0$이므로 일차부등식이다.
따라서 일차부등식은 ㄴ, ㅂ이다. 답 ③

20 $ax+1-x\ge 2x+5$에서 $ax-x-2x+1-5\ge 0$
$\therefore (a-3)x-4\ge 0$
이 부등식이 일차부등식이 되려면 $a-3\ne 0$이어야 한다.
$\therefore a\ne 3$ 답 ③

21 ① $x<-2+2x$에서 $-x<-2$ $\therefore x>2$
② $7-x<x+3$에서 $-2x<-4$ $\therefore x>2$
③ $4x+5>6x+1$에서 $-2x>-4$ $\therefore x<2$
④ $-3x<-6$에서 $x>2$
⑤ $8<3x+2$에서 $-3x<-6$ $\therefore x>2$ 답 ③

22 ① $2x-5<-1$에서 $2x<4$ $\therefore x<2$
② $-2x-1\le x+2$에서 $-3x\le 3$ $\therefore x\ge -1$
③ $2x-5\le 4x+1$에서 $-2x\le 6$ $\therefore x\ge -3$
④ $x+3\ge 6x-12$에서 $-5x\ge -15$ $\therefore x\le 3$
⑤ $2-3x<-4$에서 $-3x<-6$ $\therefore x>2$ 답 ⑤

23 $x-6\le 2x-3$에서 $-x\le 3$ $\quad\therefore x\ge -3$

이를 수직선 위에 나타내면 오른쪽 그림과 같다. 답 ③

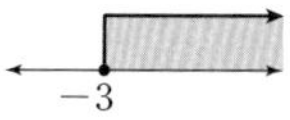

24 주어진 수직선에서 $x>-2$

① $3x-2\ge 5x+6$에서 $-2x\ge 8$ $\quad\therefore x\le -4$

② $4x-1\le 3$에서 $4x\le 4$ $\quad\therefore x\le 1$

③ $2x+3\ge 4x-5$에서 $-2x\ge -8$ $\quad\therefore x\le 4$

④ $5x-3>x+1$에서 $4x>4$ $\quad\therefore x>1$

⑤ $3x-1>x-5$에서 $2x>-4$ $\quad\therefore x>-2$ 답 ⑤

25 $4(x-1)+1\ge 2(x+3)$에서 $4x-4+1\ge 2x+6$

$2x\ge 9$ $\quad\therefore x\ge \frac{9}{2}$ 답 ②

26 $3(x-1)>-x+5$에서 $3x-3>-x+5$

$4x>8$ $\quad\therefore x>2$ 답 ⑤

27 $3(x+5)<4-2(2x+5)$에서 $3x+15<4-4x-10$

$7x<-21$ $\quad\therefore x<-3$

이를 수직선 위에 나타내면 오른쪽 그림과 같다. 답 ①

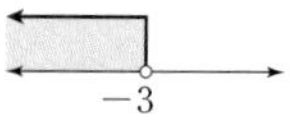

28 $4(2x-5)+7<3(x+5)+2$에서

$8x-20+7<3x+15+2$, $8x-3x<17+13$

$5x<30$ $\quad\therefore x<6$ … ❶

따라서 주어진 부등식을 만족시키는 자연수 x의 값은 1, 2, 3, 4, 5이므로 … ❷

그 합은 $1+2+3+4+5=15$ … ❸

답 15

채점 기준	배점
❶ 주어진 부등식 풀기	50%
❷ 자연수 x의 값 구하기	30%
❸ 자연수 x의 값의 합 구하기	20%

29 $0.2x-\frac{7}{10}\le 0.5x-1$의 양변에 10을 곱하면

$2x-7\le 5x-10$, $-3x\le -3$ $\quad\therefore x\ge 1$ 답 ③

30 $\frac{x-2}{3}-\frac{3x-1}{2}\ge 1$의 양변에 6을 곱하면

$2(x-2)-3(3x-1)\ge 6$, $2x-4-9x+3\ge 6$

$-7x\ge 7$ $\quad\therefore x\le -1$

이를 수직선 위에 나타내면 오른쪽 그림과 같다. 답 ①

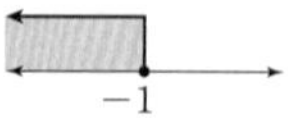

31 ① $0.2x>0.1(x-2)$의 양변에 10을 곱하면

$2x>x-2$ $\quad\therefore x>-2$

② $0.01x+0.08>-0.03x$의 양변에 100을 곱하면

$x+8>-3x$, $4x>-8$ $\quad\therefore x>-2$

③ $\frac{5-2x}{3}<3$의 양변에 3을 곱하면

$5-2x<9$, $-2x<4$ $\quad\therefore x>-2$

④ $\frac{1}{2}x-1>\frac{1}{3}x-\frac{3}{2}$의 양변에 6을 곱하면

$3x-6>2x-9$ $\quad\therefore x>-3$

⑤ $0.5x+1>\frac{1}{3}(x+2)$의 양변에 30을 곱하면

$15x+30>10(x+2)$, $15x+30>10x+20$

$5x>-10$ $\quad\therefore x>-2$ 답 ④

32 $0.3x-0.2>0.13x-0.03$의 양변에 100을 곱하면

$30x-20>13x-3$, $17x>17$

즉, $x>1$이므로 $a=1$ … ❶

$\frac{x}{2}-1\le \frac{x-2}{3}$의 양변에 6을 곱하면

$3x-6\le 2(x-2)$, $3x-6\le 2x-4$

즉, $x\le 2$이므로 $b=2$ … ❷

$\therefore ab=1\times 2=2$ … ❸

답 2

채점 기준	배점
❶ a의 값 구하기	40%
❷ b의 값 구하기	40%
❸ ab의 값 구하기	20%

33 $2ax-1>3$에서 $2ax>4$, $ax>2$

이때 $a<0$이므로 $x<\frac{2}{a}$ 답 ②

34 $3a<-ax$에서 $a>0$이므로 $3<-x$

$\therefore x<-3$ 답 ④

35 $2(2-ax)\le ax-2$에서 $4-2ax\le ax-2$

$\therefore -3ax\le -6$

이때 $a<0$에서 $-3a>0$이므로 $x\le \frac{2}{a}$ 답 ①

36 $ax-2a<x-2$에서 $ax-x<2a-2$

$\therefore (a-1)x<2(a-1)$

이때 $a<1$에서 $a-1<0$이므로 부등식의 해는 $x>2$

따라서 가장 작은 정수 x의 값은 3이다. 답 3

37 $ax-1<3$에서 $ax<4$

이 부등식의 해가 $x>-1$이므로 $a<0$

따라서 $x>\frac{4}{a}$이므로 $\frac{4}{a}=-1$ $\quad\therefore a=-4$ 답 ①

38 $x+a>2x-4$에서 $-x>-a-4$ $\quad\therefore x<a+4$

이 부등식의 해가 $x<2$이므로

$a+4=2$ $\quad\therefore a=-2$

답 -2

39 $-x-2\geq\frac{2x+1}{3}+a$의 양변에 3을 곱하면

$-3x-6\geq 2x+1+3a$, $-5x\geq 3a+7$

$\therefore x\leq\frac{-3a-7}{5}$ … ❶

이 부등식의 해가 $x\leq 4$이므로 … ❷

$\frac{-3a-7}{5}=4$ $\quad\therefore a=-9$ … ❸

답 -9

채점 기준	배점
❶ 주어진 부등식의 해 구하기	50%
❷ 수직선 위에 나타난 부등식의 해 구하기	20%
❸ a의 값 구하기	30%

40 $ax-3<2x-5$에서 $(a-2)x<-2$

이 부등식의 해가 $x>2$이므로 $a-2<0$

따라서 $x>-\frac{2}{a-2}$이므로 $-\frac{2}{a-2}=2$

$2a-4=-2$ $\quad\therefore a=1$

답 1

41 $2x+3\geq 4x-5$에서 $-2x\geq -8$ $\quad\therefore x\leq 4$

$4x-2\leq -a+x$에서 $3x\leq -a+2$ $\quad\therefore x\leq\frac{-a+2}{3}$

두 일차부등식의 해가 서로 같으므로 $\frac{-a+2}{3}=4$

$-a+2=12$, $-a=10$ $\quad\therefore a=-10$

답 -10

42 $0.5x+0.2\geq 0.1x-0.6$의 양변에 10을 곱하면

$5x+2\geq x-6$, $4x\geq -8$ $\quad\therefore x\geq -2$

$3(1-x)\leq a$에서 $3-3x\leq a$, $-3x\leq a-3$

$\therefore x\geq -\frac{a-3}{3}$

두 일차부등식의 해가 서로 같으므로

$-2=-\frac{a-3}{3}$, $a-3=6$ $\quad\therefore a=9$

답 9

43 $5x\leq 3x+a$에서 $2x\leq a$

$\therefore x\leq\frac{a}{2}$

0 1 2 3 4 5 $\frac{a}{2}$

이 부등식을 만족시키는 자연수 x가 4개이려면

$4\leq\frac{a}{2}<5$ $\quad\therefore 8\leq a<10$

답 ④

44 $4x-a\leq 2x+1$에서 $2x\leq a+1$

$\therefore x\leq\frac{a+1}{2}$

0 1 2 3 $\frac{a+1}{2}$

이 부등식을 만족시키는 자연수 x가 2개이려면

$2\leq\frac{a+1}{2}<3$, $4\leq a+1<6$ $\quad\therefore 3\leq a<5$

답 $3\leq a<5$

Real 실전 유형 again 30~37쪽

05 일차부등식의 활용

01 연속하는 세 자연수를 $x-1$, x, $x+1$이라 하면

$(x-1)+x+(x+1)>48$, $3x>48$ $\quad\therefore x>16$

따라서 x의 값 중 가장 작은 자연수는 17이므로 구하는 세 자연수는 16, 17, 18이다.

답 16, 17, 18

02 어떤 정수를 x라 하면 $4x-6\leq 3(x+2)$ … ❶

$4x-6\leq 3x+6$ $\quad\therefore x\leq 12$ … ❷

따라서 가장 큰 정수는 12이다. … ❸

답 12

채점 기준	배점
❶ 부등식 세우기	40%
❷ 부등식 풀기	40%
❸ 가장 큰 정수 구하기	20%

03 두 정수를 x, $x-3$이라 하면

$x+(x-3)\geq 25$, $2x\geq 28$ $\quad\therefore x\geq 14$

따라서 x의 값이 될 수 있는 가장 작은 수는 14이다.

답 14

04 연속하는 세 짝수를 $x-4$, $x-2$, x라 하면

$(x-4)+(x-2)+x<45$, $3x<51$ $\quad\therefore x<17$

이때 x는 짝수이므로 x의 값이 될 수 있는 가장 큰 수는 16이다.

답 ④

05 다섯 번째 과목의 시험에서 x점을 받는다고 하면

$\frac{91+83+85+80+x}{5}\geq 86$, $339+x\geq 430$ $\quad\therefore x\geq 91$

따라서 다섯 번째 과목 시험에서 91점 이상을 받아야 한다.

답 ④

06 4회에서 윗몸일으키기를 x회 했다고 하면

$\frac{32\times 3+x}{4}\leq 33$, $96+x\leq 132$ $\quad\therefore x\leq 36$

따라서 4회에서 윗몸일으키기를 36회 이내로 해야 한다.

답 36회

07 여학생 수를 x라 하면

$\frac{49\times 15+45\times x}{15+x}\geq 47$, $735+45x\geq 705+47x$

$-2x\geq -30$ $\quad\therefore x\leq 15$

따라서 여학생은 최대 15명이다.

답 ④

08 빵을 x개 산다고 하면

$1500\times 5+2000x+2000\leq 30000$

$2000x \le 20500 \quad \therefore x \le \frac{41}{4} = 10.25$

따라서 빵은 최대 10개까지 넣을 수 있다. 답 ⑤

09 카네이션을 x송이 산다고 하면

$800x + 1500 < 15000,\ 800x < 13500$

$\therefore x < \frac{135}{8} = 16.\times\times\times$

따라서 카네이션은 최대 16송이까지 넣을 수 있다. 답 ②

10 물건을 x개 싣는다고 하면

$50x + 110 \le 600$ … ❶

$50x \le 490 \quad \therefore x \le \frac{49}{5} = 9.8$ … ❷

따라서 물건은 최대 9개까지 실을 수 있다. … ❸

답 9개

채점 기준	배점
❶ 부등식 세우기	40%
❷ 부등식 풀기	40%
❸ 물건의 최대 개수 구하기	20%

11 아이스크림을 x개 산다고 하면 과자는 $(8-x)$개 살 수 있으므로

$1000x + 700(8-x) \le 6500,\ 1000x + 5600 - 700x \le 6500$

$300x \le 900 \quad \therefore x \le 3$

따라서 아이스크림은 최대 3개까지 살 수 있다. 답 ①

12 어른이 x명 입장한다고 하면 학생은 $(15-x)$명 입장하므로

$4000x + 2000(15-x) \le 50000$

$4000x + 30000 - 2000x \le 50000$

$2000x \le 20000 \quad \therefore x \le 10$

따라서 어른은 최대 10명까지 입장할 수 있다. 답 10명

13 복숭아를 x개 산다고 하면 사과는 $(20-x)$개 살 수 있으므로

$1800x + 1500(20-x) + 2500 \le 35000$ … ❶

$1800x + 30000 - 1500x + 2500 \le 35000$

$300x \le 2500 \quad \therefore x \le \frac{25}{3} = 8.\times\times\times$ … ❷

따라서 복숭아는 최대 8개까지 살 수 있다. … ❸

답 8개

채점 기준	배점
❶ 부등식 세우기	40%
❷ 부등식 풀기	40%
❸ 복숭아의 최대 개수 구하기	20%

14 x분 동안 주차한다고 하면

$4000 + 50(x-30) \le 10000,\ 4000 + 50x - 1500 \le 10000$

$50x \le 7500 \quad \therefore x \le 150$

따라서 최대 150분 동안 주차할 수 있다. 답 150분

15 문자 메시지를 x개 보낸다고 하면

$22(x-200) \le 4000,\ 22x \le 8400$

$\therefore x \le \frac{8400}{22} = 381.\times\times\times$

따라서 문자 메시지를 최대 381개까지 보낼 수 있다.

답 381개

16 사진을 x장 인화한다고 하면

$15000 + 500(x-8) \le 20000$ … ❶

$15000 + 500x - 4000 \le 20000,\ 500x \le 9000$

$\therefore x \le 18$ … ❷

따라서 사진은 최대 18장까지 인화할 수 있다. … ❸

답 18장

채점 기준	배점
❶ 부등식 세우기	40%
❷ 부등식 풀기	40%
❸ 사진을 최대 몇 장까지 인화할 수 있는지 구하기	20%

17 라면을 x개 산다고 하면

$1200 \times 5 + 800(x-5) \le 1000x$

$6000 + 800x - 4000 \le 1000x,\ -200x \le -2000$

$\therefore x \ge 10$

따라서 라면을 10개 이상 사야 한다. 답 10개

18 x개월 후부터라 하면

$20000 + 5000x > 35000 + 3000x$

$2000x > 15000 \quad \therefore x > 7.5$

따라서 8개월 후부터 언니의 저축액이 동생의 저축액보다 많아진다.

답 ②

19 x개월 후부터라 하면

$20000 + 5000x > 100000,\ 5000x > 80000 \quad \therefore x > 16$

따라서 17개월 후부터 예금액이 100000원보다 많아진다.

답 ③

20 x개월 후부터라 하면

$80000 + 4000x > 2(25000 + 3000x)$ … ❶

$80000 + 4000x > 50000 + 6000x$

$-2000x < -30000 \quad \therefore x > 15$ … ❷

따라서 16개월 후부터 혜진이의 저축액이 재성이의 저축액의 2배보다 많아진다. … ❸

답 16개월 후

채점 기준	배점
❶ 부등식 세우기	40%
❷ 부등식 풀기	40%
❸ 혜진이의 저축액이 재성이의 저축액의 2배보다 많아지는 것은 몇 개월 후부터인지 구하기	20%

21 오렌지를 x개 산다고 하면

$500x+2500<800x$, $-300x<-2500$

$\therefore x>\frac{25}{3}=8.\times\times\times$

따라서 오렌지를 9개 이상 사야 도매시장에서 사는 것이 유리하다.

답 ④

22 휴지를 x팩 산다고 하면

$15000\times\frac{95}{100}\times x+3000<15000x$

$14250x+3000<15000x$

$-750x<-3000$　　$\therefore x>4$

따라서 휴지를 5팩 이상 사야 온라인 마트를 이용하는 것이 유리하다.

답 5팩

23 정수기를 x개월 사용한다고 하면

$800000+3000x<35000x$

$-32000x<-800000$　　$\therefore x>25$

따라서 정수기를 26개월 이상 사용해야 구입하는 것이 유리하다.

답 26개월

24 입장객 수를 x라 하면

$15000\times\frac{70}{100}\times20<15000x$

$210000<15000x$　　$\therefore x>14$

따라서 15명 이상부터 20명의 단체 입장권을 사는 것이 유리하다.

답 ③

25 입장객 수를 x라 하면

$2500\times30<3000x$　　$\therefore x>25$

따라서 26명 이상부터 30명의 단체 입장권을 사는 것이 유리하다.

답 ⑤

26 입장객 수를 x라 하면

$8000\times\frac{80}{100}\times50<8000x$　… ❶

$320000<8000x$　　$\therefore x>40$　… ❷

따라서 41명 이상부터 50명의 단체 입장권을 사는 것이 유리하다.　… ❸

답 41명

채점 기준	배점
❶ 부등식 세우기	40%
❷ 부등식 풀기	40%
❸ 몇 명 이상부터 단체 입장권을 사는 것이 유리한지 구하기	20%

27 정가를 x원이라 하면

$x\times\frac{85}{100}-1700\geq1700\times\frac{25}{100}$

$\frac{17}{20}x\geq2125$　　$\therefore x\geq2500$

따라서 정가는 2500원 이상으로 정해야 한다.

답 ⑤

28 정가를 x원이라 하면

$x-5000\geq5000\times\frac{20}{100}$　　$\therefore x\geq6000$

따라서 정가는 6000원 이상으로 정해야 한다.

답 6000원

29 정가를 x원이라 하면

$x\times\frac{70}{100}-3500\geq3500\times\frac{15}{100}$

$\frac{7}{10}x\geq4025$　　$\therefore x\geq5750$

따라서 정가는 5750원 이상으로 정해야 하므로 원가에 최소 $5750-3500=2250$(원)을 더해서 정가를 정해야 한다.

답 2250원

30 원가를 x원이라 하면

$x\times\frac{120}{100}-x-2000\geq x\times\frac{10}{100}$

$120x-100x-200000\geq10x$

$10x\geq200000$　　$\therefore x\geq20000$

따라서 원가는 20000원 이상이다.

답 20000원

31 가장 긴 변의 길이가 $x+7$이므로

$x+7<(x+2)+(x+4)$, $-x<-1$　　$\therefore x>1$

답 ①

32 사다리꼴의 아랫변의 길이를 x cm라 하면

$\frac{1}{2}\times(8+x)\times4\leq32$, $2x+16\leq32$　　$\therefore x\leq8$

따라서 사다리꼴의 아랫변의 길이는 8 cm 이하이어야 한다.

답 8 cm

33 원기둥의 높이를 x cm라 하면

$\pi\times6^2\times x\geq360\pi$, $36\pi x\geq360\pi$　　$\therefore x\geq10$

따라서 원기둥의 높이는 10 cm 이상이어야 한다.

답 10 cm

34 가로의 길이를 x cm라 하면 세로의 길이는 $(x+2)$ cm이므로

$2\{x+(x+2)\}\geq120$　… ❶

$4x\geq116$　　$\therefore x\geq29$　… ❷

따라서 가로의 길이는 29 cm 이상이어야 한다.　… ❸

답 29 cm

채점 기준	배점
❶ 부등식 세우기	40%
❷ 부등식 풀기	40%
❸ 가로의 길이가 몇 cm 이상이어야 하는지 구하기	20%

35 시속 9 km로 뛰어간 거리를 x km라 하면 시속 3 km로 걸어간 거리는 $(12-x)$ km이므로

$\frac{x}{9}+\frac{12-x}{3}\le\frac{5}{3}$, $x+36-3x\le15$

$-2x\le-21$ $\therefore x\ge\frac{21}{2}=10.5$

따라서 시속 9 km로 뛰어간 거리는 10.5 km 이상이다.

답 ④

36 시속 5 km로 뛰어간 거리를 x km라 하면 시속 3 km로 걸어간 거리는 $(11-x)$ km이므로

$\frac{11-x}{3}+\frac{x}{5}\le3$, $55-5x+3x\le45$

$-2x\le-10$ $\therefore x\ge5$

따라서 시속 5 km로 뛰어간 거리는 5 km 이상이다.

답 5 km

37 자전거가 고장이 난 지점을 집으로부터 x km 떨어진 곳이라 하면 자전거가 고장이 난 지점에서 기차역까지의 거리는 $(20-x)$ km이므로

$\frac{x}{12}+\frac{20-x}{4}\le\frac{7}{3}$, $x+60-3x\le28$

$-2x\le-32$ $\therefore x\ge16$

따라서 자전거가 고장이 난 지점은 집으로부터 16 km 이상 떨어진 곳이다. 답 16 km

38 고속버스터미널에서 상점까지 거리를 x km라 하면

$\frac{x}{4}+\frac{15}{60}+\frac{x}{4}\le1$, $2x\le3$ $\therefore x\le\frac{3}{2}=1.5$

따라서 고속버스터미널에서 1.5 km 이내의 상점을 이용할 수 있다. 답 ①

39 집으로부터 x km 떨어진 곳까지 갔다 온다고 하면

$\frac{x}{4}+\frac{30}{60}+\frac{x}{6}\le3$ … ❶

$3x+6+2x\le36$, $5x\le30$ $\therefore x\le6$ … ❷

따라서 집으로부터 최대 6 km 떨어진 곳까지 갔다 올 수 있다. … ❸

답 6 km

채점 기준	배점
❶ 부등식 세우기	40%
❷ 부등식 풀기	40%
❸ 최대 몇 km 떨어진 곳까지 갔다 올 수 있는지 구하기	20%

40 x km 지점까지 올라갔다 온다고 하면

$\frac{x}{5}+\frac{x+2}{6}\le4$, $6x+5x+10\le120$, $11x\le110$ $\therefore x\le10$

따라서 최대 10 km 지점까지 올라갔다 올 수 있다.

답 10 km

41 지호와 은우가 x시간 동안 걷는다고 하면

$4x+5x\ge4.5$, $9x\ge\frac{9}{2}$ $\therefore x\ge\frac{1}{2}$

따라서 지호와 은우는 30분 이상 걸어야 한다. 답 ③

42 출발한 지 x분이 지났다고 하면

$250x+350x\ge3000$ … ❶

$600x\ge3000$ $\therefore x\ge5$ … ❷

따라서 형과 동생이 3 km 이상 떨어지는 것은 출발한 지 5분 후부터이다. … ❸

답 5분 후

채점 기준	배점
❶ 부등식 세우기	40%
❷ 부등식 풀기	40%
❸ 3 km 이상 떨어지는 것은 출발한 지 몇 분 후부터인지 구하기	20%

43 미애가 출발한 지 x분이 지났다고 하면 연희는 출발한 지 $(x-10)$분이 지났으므로

$3\times\frac{x-10}{60}+5\times\frac{x}{60}\ge7.5$, $3x-30+5x\ge450$

$8x\ge480$ $\therefore x\ge60$

따라서 미애가 출발한 지 60분 후부터이다. 답 ①

44 물을 x g 넣는다고 하면

$\frac{8}{100}\times500\le\frac{5}{100}(500+x)$, $4000\le2500+5x$

$-5x\le-1500$ $\therefore x\ge300$

따라서 최소 300 g의 물을 넣어야 한다. 답 ②

45 물을 x g 증발시킨다고 하면

$\frac{6}{100}\times200\ge\frac{10}{100}(200-x)$, $1200\ge2000-10x$

$10x\ge800$ $\therefore x\ge80$

따라서 최소 80 g의 물을 증발시켜야 한다. 답 ②

46 물을 x g 넣는다고 하면

$22\le\frac{10}{100}(188+22+x)$ … ❶

$2200\le2100+10x$, $-10x\le-100$ $\therefore x\ge10$ … ❷

따라서 최소 10 g의 물을 넣어야 한다. … ❸

답 10 g

채점 기준	배점
❶ 부등식 세우기	40%
❷ 부등식 풀기	40%
❸ 최소 몇 g의 물을 넣어야 하는지 구하기	20%

47 6 %의 소금물을 x g 섞는다고 하면

$\frac{12}{100}\times100+\frac{6}{100}\times x\ge\frac{8}{100}(100+x)$

$1200+6x \geq 800+8x$, $-2x \geq -400$ $\quad \therefore x \leq 200$

따라서 6 %의 소금물은 최대 200 g까지 섞을 수 있다.

답 ①

48 3 %의 설탕물을 x g 섞는다고 하면

$\frac{8}{100} \times 500 + \frac{3}{100} \times x \leq \frac{7}{100}(500+x)$

$4000+3x \leq 3500+7x$, $-4x \leq -500$ $\quad \therefore x \geq 125$

따라서 3 %의 설탕물은 최소 125 g을 섞어야 한다.

답 ②

49 6 %의 소금물을 x g 섞는다고 하면 10 %의 소금물은 $(500-x)$ g 섞어야 하므로

$\frac{6}{100} \times x + \frac{10}{100}(500-x) \geq \frac{9}{100} \times 500$ … ❶

$6x+5000-10x \geq 4500$

$-4x \geq -500$ $\quad \therefore x \leq 125$ … ❷

따라서 6 %의 소금물은 125 g 이하로 섞어야 한다. … ❸

답 125 g

채점 기준	배점
❶ 부등식 세우기	40%
❷ 부등식 풀기	40%
❸ 6 %의 소금물은 몇 g 이하로 섞어야 하는지 구하기	20%

50 A에게 x원을 준다고 하면 B에게는 $(100000-x)$원을 주게 되므로

$3x \leq 5(100000-x)$, $3x \leq 500000-5x$

$8x \leq 500000$ $\quad \therefore x \leq 62500$

따라서 A에게 최대 62500원을 줄 수 있다.

답 ④

51 x분 동안 물을 뺀다고 하면

$600-15x \geq 3(300-15x)$, $30x \geq 300$ $\quad \therefore x \geq 10$

따라서 물을 뺀 지 10분 후부터 A 탱크의 물의 양이 B 탱크의 물의 양의 3배 이상이 된다.

답 10분 후

52 x년 후의 어머니의 나이는 $(51+x)$살이고, 윤주의 나이는 $(15+x)$살이므로

$51+x \leq 3(15+x)$, $51+x \leq 45+3x$, $2x \geq 6$ $\quad \therefore x \geq 3$

따라서 3년 후부터 어머니의 나이가 윤주의 나이의 3배 이하가 된다.

답 3년 후

53 식품 A를 x g을 섭취한다고 하면 식품 B는 $(200-x)$ g을 섭취하므로

$\frac{12}{100}x + \frac{8}{100}(200-x) \geq 18$

$12x+1600-8x \geq 1800$, $4x \geq 200$ $\quad \therefore x \geq 50$

따라서 식품 A는 최소 50 g을 섭취해야 한다.

답 50 g

Real 실전 유형 again 38~45쪽

06 연립일차방정식

01 ③ $x^2+y=x^2-4$에서 $y+4=0$이므로 미지수가 1개인 일차방정식이다.

④ $\frac{1}{x}+\frac{1}{y}=6$에서 x, y가 분모에 있으므로 일차방정식이 아니다.

답 ③, ④

02 ㄹ. $x-4y=2(x+3y)$에서 $-x-10y=0$이므로 미지수가 2개인 일차방정식이다.

ㅂ. $x+y(1-y)+y^2=0$에서 $x+y=0$이므로 미지수가 2개인 일차방정식이다.

따라서 미지수가 2개인 일차방정식은 ㄴ, ㄹ, ㅂ이다.

답 ③

03 $(a-1)x-3y+1=2x-y-3$에서

$(a-3)x-2y+4=0$

이 식이 미지수가 2개인 일차방정식이 되려면

$a-3 \neq 0$ $\quad \therefore a \neq 3$

답 ⑤

04 ① $2\times4-2=6$

② $2\times2-(-2)=6$

③ $2\times1-(-4)=6$

④ $2\times(-1)-2=-4\neq6$

⑤ $2\times(-2)-(-10)=6$

답 ④

05 ① $2+1=3\neq1$ ② $2+2\times1=4\neq3$

③ $4\times2+3\times1=11$ ④ $5\times2-3\times1=7\neq6$

⑤ $3\times2-2\times1-4=0$

따라서 $x=2$, $x=1$을 해로 갖는 것은 ③, ⑤이다.

답 ③, ⑤

06 x, y가 5 이하의 자연수일 때, $x+2y=9$의 해는 $(1, 4)$, $(3, 3)$, $(5, 2)$이다.

답 $(1, 4)$, $(3, 3)$, $(5, 2)$

07 x, y가 자연수일 때, $2x+3y=19$의 해는

$(2, 5)$, $(5, 3)$, $(8, 1)$ … ❶

의 3개이다. … ❷

답 3개

채점 기준	배점
❶ 순서쌍 (x, y) 모두 구하기	60%
❷ 순서쌍 (x, y)의 개수 구하기	40%

08 $x=1$, $y=-2$를 $x+ay-3=0$에 대입하면

$1-2a-3=0$, $-2a=2$ $\quad \therefore a=-1$

답 ②

09 $x=-4$, $y=k$를 $3x-5y+2=0$에 대입하면

$-12-5k+2=0$, $-5k=10$ $\quad \therefore k=-2$

답 ①

10 $x=3$, $y=2$를 $ax-4y+2=0$에 대입하면

$3a-8+2=0$, $3a=6$ $\quad\therefore a=2$

$y=-2$를 $2x-4y+2=0$에 대입하면

$2x+8+2=0$, $2x=-10$ $\quad\therefore x=-5$

답 ①

11 $x=2$, $y=4$를 $5x+by=6$에 대입하면

$10+4b=6$, $4b=-4$ $\quad\therefore b=-1$ … ❶

$x=a+2$, $y=-6$을 $5x-y=6$에 대입하면

$5(a+2)-(-6)=6$, $5a=-10$ $\quad\therefore a=-2$ … ❷

$\therefore 2a-3b=2\times(-2)-3\times(-1)=-1$ … ❸

답 -1

채점 기준	배점
❶ b의 값 구하기	40%
❷ a의 값 구하기	40%
❸ $2a-3b$의 값 구하기	20%

12 총 18문제를 맞히었으므로 $x+y=18$

총 81점을 얻었으므로 $4x+5y=81$

$\therefore \begin{cases} x+y=18 \\ 4x+5y=81 \end{cases}$

답 ③

13 $\begin{cases} x+y=10 \\ 50x+100y=1000 \end{cases}$이므로 $a=10$, $b=50$, $c=1000$

$\therefore \dfrac{c}{ab}=\dfrac{1000}{10\times50}=2$

답 2

14 총 이동한 거리는 4 km이므로 $x+y=4$

총 걸린 시간은 40분, 즉 $\dfrac{40}{60}=\dfrac{2}{3}$(시간)이므로

$\dfrac{x}{5}+\dfrac{y}{3}=\dfrac{2}{3}$

따라서 필요한 식은 ㄱ, ㄹ이다.

답 ㄱ, ㄹ

15 ③ $x=-2$, $y=3$을 주어진 연립방정식에 대입하면

$\begin{cases} -2+2\times3=4 \\ 2\times(-2)-3=-7 \end{cases}$

답 ③

16 x, y가 자연수일 때, $2x-y=9$의 해는

$(5, 1)$, $(6, 3)$, $(7, 5)$, $(8, 7)$, $\cdots$

x, y가 자연수일 때, $3x+2y=17$의 해는

$(1, 7)$, $(3, 4)$, $(5, 1)$

따라서 주어진 연립방정식의 해는 $(5, 1)$이다.

답 $(5, 1)$

17 $x=2$, $y=-3$을 $ax+7y=-13$에 대입하면

$2a-21=-13$, $2a=8$ $\quad\therefore a=4$

$x=2$, $y=-3$을 $5x+by=4$에 대입하면

$10-3b=4$, $-3b=-6$ $\quad\therefore b=2$

$\therefore a+b=4+2=6$

답 6

18 $x=b$, $y=4$를 $3x+y=7$에 대입하면

$3b+4=7$, $3b=3$ $\quad\therefore b=1$ … ❶

$x=1$, $y=4$를 $5x-2y=a$에 대입하면

$a=5-8=-3$ … ❷

$\therefore ab=-3\times1=-3$ … ❸

답 -3

채점 기준	배점
❶ b의 값 구하기	40%
❷ a의 값 구하기	40%
❸ ab의 값 구하기	20%

19 $\begin{cases} 2x-5y=11 & \cdots\cdots ㉠ \\ 5x+3y=12 & \cdots\cdots ㉡ \end{cases}$

㉠$\times5-$㉡$\times2$를 하면 $-31y=31$ $\quad\therefore y=-1$

$y=-1$을 ㉠에 대입하면 $2x+5=11$

$2x=6$ $\quad\therefore x=3$

따라서 $a=3$, $b=-1$이므로

$a-b=3-(-1)=4$

답 ⑤

20 ② ㉠$\times2-$㉡$\times3$을 하면 $23y=23$

따라서 x가 없어진다.

답 ②

21 $\begin{cases} 3x+2y=5 & \cdots\cdots ㉠ \\ 5x+y=13 & \cdots\cdots ㉡ \end{cases}$

㉠$-$㉡$\times2$를 하면 $-7x=-21$ $\quad\therefore x=3$

$x=3$을 ㉠에 대입하면 $9+2y=5$

$2y=-4$ $\quad\therefore y=-2$ … ❶

$x=3$, $y=-2$를 $4x+ay=6$에 대입하면

$12-2a=6$, $-2a=-6$ $\quad\therefore a=3$ … ❷

답 3

채점 기준	배점
❶ 주어진 연립방정식 풀기	60%
❷ a의 값 구하기	40%

22 $\begin{cases} x=2y+5 & \cdots\cdots ㉠ \\ 3x+4y=5 & \cdots\cdots ㉡ \end{cases}$

㉠을 ㉡에 대입하면 $3(2y+5)+4y=5$

$10y=-10$ $\quad\therefore y=-1$

$y=-1$을 ㉠에 대입하면 $x=-2+5=3$

따라서 $a=3$, $b=-1$이므로

$a+b=3+(-1)=2$

답 2

23 ㉠을 ㉡에 대입하면 $3x+2(2x-1)=9$

$7x=11$ $\quad\therefore k=7$

답 ③

24 $\begin{cases} x-6y=-2 & \cdots\cdots ㉠ \\ x+4y=8 & \cdots\cdots ㉡ \end{cases}$

㉠에서 $x=6y-2$ $\cdots\cdots$ ㉢

㉢을 ㉡에 대입하면 $6y-2+4y=8$

$10y=10$ $\therefore y=1$

$y=1$을 ㉢에 대입하면 $x=6-2=4$ **답** $x=4,\ y=1$

25 $\begin{cases} x=-2y-1 & \cdots\cdots \text{㉠} \\ 5x+8y=-7 & \cdots\cdots \text{㉡} \end{cases}$

㉠을 ㉡에 대입하면 $5(-2y-1)+8y=-7$

$-2y=-2$ $\therefore y=1$

$y=1$을 ㉠에 대입하면 $x=-2-1=-3$ ⋯ ❶

$x=-3,\ y=1$을 $2x+9y=a$에 대입하면

$a=-6+9=3$ ⋯ ❷

답 3

채점 기준	배점
❶ 주어진 연립방정식 풀기	60%
❷ a의 값 구하기	40%

26 주어진 연립방정식을 정리하면

$\begin{cases} 4x-5y=3 & \cdots\cdots \text{㉠} \\ 5x-6y=4 & \cdots\cdots \text{㉡} \end{cases}$

㉠$\times 5-$㉡$\times 4$를 하면 $-y=-1$ $\therefore y=1$

$y=1$을 ㉠에 대입하면 $4x-5=3,\ 4x=8$ $\therefore x=2$

$\therefore x+y=2+1=3$ **답** ⑤

27 주어진 연립방정식을 정리하면

$\begin{cases} 3x-y=5 & \cdots\cdots \text{㉠} \\ 2x-3y=1 & \cdots\cdots \text{㉡} \end{cases}$

㉠$\times 3-$㉡을 하면 $7x=14$ $\therefore x=2$

$x=2$를 ㉠에 대입하면 $6-y=5$

$-y=-1$ $\therefore y=1$ **답** $x=2,\ y=1$

28 주어진 연립방정식을 정리하면

$\begin{cases} 3x-y=2 & \cdots\cdots \text{㉠} \\ 4x-3y=-4 & \cdots\cdots \text{㉡} \end{cases}$

㉠$\times 3-$㉡을 하면 $5x=10$ $\therefore x=2$

$x=2$를 ㉠에 대입하면 $6-y=2$ $\therefore y=4$

따라서 $a=2,\ b=4$이므로

$ab=2\times 4=8$ **답** 8

29 주어진 연립방정식을 정리하면

$\begin{cases} -x-8y=5 & \cdots\cdots \text{㉠} \\ 2x+3y=3 & \cdots\cdots \text{㉡} \end{cases}$

㉠$\times 2+$㉡을 하면 $-13y=13$ $\therefore y=-1$

$y=-1$을 ㉡에 대입하면 $2x-3=3,\ 2x=6$ $\therefore x=3$

$x=3,\ y=-1$을 $ax-4y=13$에 대입하면

$3a+4=13,\ 3a=9$ $\therefore a=3$ **답** ④

30 $\begin{cases} 0.6x+0.2y=4 & \cdots\cdots \text{㉠} \\ \dfrac{x-1}{3}-\dfrac{y-3}{2}=\dfrac{1}{3} & \cdots\cdots \text{㉡} \end{cases}$에서

㉠$\times 10$, ㉡$\times 6$을 하면

$\begin{cases} 6x+2y=40 \\ 2(x-1)-3(y-3)=2 \end{cases}$, 즉 $\begin{cases} 6x+2y=40 & \cdots\cdots \text{㉢} \\ 2x-3y=-5 & \cdots\cdots \text{㉣} \end{cases}$

㉢$-$㉣$\times 3$을 하면 $11y=55$ $\therefore y=5$

$y=5$를 ㉣에 대입하면 $2x-15=-5$

$2x=10$ $\therefore x=5$ **답** $x=5,\ y=5$

31 $\begin{cases} 0.2x-0.5y=-0.2 & \cdots\cdots \text{㉠} \\ 0.05x+0.1y=0.4 & \cdots\cdots \text{㉡} \end{cases}$에서

㉠$\times 10$, ㉡$\times 100$을 하면

$\begin{cases} 2x-5y=-2 & \cdots\cdots \text{㉢} \\ 5x+10y=40 & \cdots\cdots \text{㉣} \end{cases}$

㉢$\times 2+$㉣을 하면 $9x=36$ $\therefore x=4$

$x=4$를 ㉢에 대입하면 $8-5y=-2$

$-5y=-10$ $\therefore y=2$

$\therefore x+y=4+2=6$ **답** 6

32 $\begin{cases} \dfrac{1}{5}x-\dfrac{2}{3}y=3 & \cdots\cdots \text{㉠} \\ \dfrac{x-3}{2}-\dfrac{y-1}{4}=2 & \cdots\cdots \text{㉡} \end{cases}$에서

㉠$\times 15$, ㉡$\times 4$를 하면

$\begin{cases} 3x-10y=45 \\ 2(x-3)-(y-1)=8 \end{cases}$, 즉 $\begin{cases} 3x-10y=45 & \cdots\cdots \text{㉢} \\ 2x-y=13 & \cdots\cdots \text{㉣} \end{cases}$

㉢$-$㉣$\times 10$을 하면 $-17x=-85$ $\therefore x=5$

$x=5$를 ㉣에 대입하면 $10-y=13$ $\therefore y=-3$

따라서 $a=5,\ b=-3$이므로

$a+b=5-3=2$ **답** ②

33 $\begin{cases} 0.\dot{4}x+0.\dot{3}y=0.\dot{9} \\ \dfrac{1}{5}x-\dfrac{1}{2}y=-\dfrac{1}{5} \end{cases}$에서 $\begin{cases} \dfrac{4}{9}x+\dfrac{3}{9}y=1 & \cdots\cdots \text{㉠} \\ \dfrac{1}{5}x-\dfrac{1}{2}y=-\dfrac{1}{5} & \cdots\cdots \text{㉡} \end{cases}$

㉠$\times 9$, ㉡$\times 10$을 하면

$\begin{cases} 4x+3y=9 & \cdots\cdots \text{㉢} \\ 2x-5y=-2 & \cdots\cdots \text{㉣} \end{cases}$

㉢$-$㉣$\times 2$를 하면 $13y=13$ $\therefore y=1$

$y=1$을 ㉣에 대입하면 $2x-5=-2$

$2x=3$ $\therefore x=\dfrac{3}{2}$ **답** $x=\dfrac{3}{2},\ y=1$

34 주어진 방정식에서

$\begin{cases} 3x-2y-2=4x-y \\ 4x-y=x+2y \end{cases}$, 즉 $\begin{cases} -x-y=2 & \cdots\cdots \text{㉠} \\ 3x-3y=0 & \cdots\cdots \text{㉡} \end{cases}$

㉠$\times 3+$㉡을 하면 $-6y=6$ $\therefore y=-1$

$y=-1$을 ㉡에 대입하면 $3x+3=0$ $\therefore x=-1$

답 $x=-1,\ y=-1$

35 주어진 방정식에서

$\begin{cases} 3x+y+2=x \\ 4x+2y+1=x \end{cases}$, 즉 $\begin{cases} 2x+y=-2 & \cdots\cdots ㉠ \\ 3x+2y=-1 & \cdots\cdots ㉡ \end{cases}$

㉠×2−㉡을 하면 $x=-3$

$x=-3$을 ㉠에 대입하면 $-6+y=-2$ $\therefore y=4$

답 ②

36 주어진 방정식에서

$\begin{cases} \dfrac{x+y+5}{3}=1 & \cdots\cdots ㉠ \\ \dfrac{x-y-11}{5}=1 & \cdots\cdots ㉡ \end{cases}$ 에서

㉠×3, ㉡×5를 하여 정리하면

$\begin{cases} x+y=-2 & \cdots\cdots ㉢ \\ x-y=16 & \cdots\cdots ㉣ \end{cases}$ …❶

㉢+㉣을 하면 $2x=14$ $\therefore x=7$

$x=7$을 ㉢에 대입하면 $7+y=-2$ $\therefore y=-9$ …❷

따라서 $a=7$, $b=-9$이므로 …❸

$a-2b=7-2\times(-9)=25$ …❹

답 25

채점 기준	배점
❶ 주어진 방정식을 연립방정식으로 나타내기	20%
❷ 연립방정식 풀기	40%
❸ a, b의 값 각각 구하기	20%
❹ $a-2b$의 값 구하기	20%

37 주어진 방정식에서

$\begin{cases} 3x-y=x+6 & \cdots\cdots ㉠ \\ ax-y+4=x+6 & \cdots\cdots ㉡ \end{cases}$

$x=4$, $y=b$를 ㉠에 대입하면 $12-b=10$ $\therefore b=2$

$x=4$, $y=2$를 ㉡에 대입하면 $4a-2+4=10$

$4a=8$ $\therefore a=2$

$\therefore a+b=2+2=4$

답 4

38 $x=1$, $y=2$를 주어진 연립방정식에 대입하면

$\begin{cases} a+2b=3 & \cdots\cdots ㉠ \\ -2a+b=4 & \cdots\cdots ㉡ \end{cases}$

㉠×2+㉡을 하면 $5b=10$ $\therefore b=2$

$b=2$를 ㉠에 대입하면 $a+4=3$ $\therefore a=-1$

$\therefore a+b=-1+2=1$

답 1

39 $x=1$, $y=1$을 주어진 연립방정식에 대입하면

$\begin{cases} 3a+4b=-1 & \cdots\cdots ㉠ \\ 5a-2b=7 & \cdots\cdots ㉡ \end{cases}$

㉠+㉡×2를 하면 $13a=13$ $\therefore a=1$

$a=1$을 ㉠에 대입하면 $3+4b=-1$

$4b=-4$ $\therefore b=-1$

$\therefore a-b=1-(-1)=2$

답 2

40 주어진 연립방정식의 해는 세 일차방정식을 모두 만족시키므로

$\begin{cases} 3x-y=2 & \cdots\cdots ㉠ \\ 2x-3y=-8 & \cdots\cdots ㉡ \end{cases}$

의 해와 같다.

㉠×3−㉡을 하면 $7x=14$ $\therefore x=2$

$x=2$를 ㉠에 대입하면 $6-y=2$ $\therefore y=4$

$x=2$, $y=4$를 $4x+ay=-4$에 대입하면

$8+4a=-4$, $4a=-12$ $\therefore a=-3$

답 −3

41 주어진 연립방정식의 해는 세 일차방정식을 모두 만족시키므로

$\begin{cases} 0.5x+0.8y=-0.7 \\ x+5y=2 \end{cases}$, 즉 $\begin{cases} 5x+8y=-7 & \cdots\cdots ㉠ \\ x+5y=2 & \cdots\cdots ㉡ \end{cases}$

의 해와 같다.

㉠−㉡×5를 하면 $-17y=-17$ $\therefore y=1$

$y=1$을 ㉡에 대입하면 $x+5=2$ $\therefore x=-3$

$\therefore p=-3$, $q=1$

$x=-3$, $y=1$을 $2x+7y=a$에 대입하면 $a=-6+7=1$

$\therefore apq=1\times(-3)\times1=-3$

답 −3

42 x의 값이 y의 값의 5배이므로 $x=5y$

$\begin{cases} 2x-y=18 & \cdots\cdots ㉠ \\ x=5y & \cdots\cdots ㉡ \end{cases}$

㉡을 ㉠에 대입하면 $10y-y=18$, $9y=18$ $\therefore y=2$

$y=2$를 ㉡에 대입하면 $x=10$

$x=10$, $y=2$를 $ax+2y=-6$에 대입하면

$10a+4=-6$, $10a=-10$ $\therefore a=-1$

답 −1

43 x의 값이 y의 값보다 2만큼 크므로 $x=y+2$

$\begin{cases} 2x+y=10 & \cdots\cdots ㉠ \\ x=y+2 & \cdots\cdots ㉡ \end{cases}$

㉡을 ㉠에 대입하면 $2(y+2)+y=10$, $3y=6$ $\therefore y=2$

$y=2$를 ㉡에 대입하면 $x=2+2=4$

$x=4$, $y=2$를 $x+3y=8+k$에 대입하면

$4+6=8+k$ $\therefore k=2$

답 2

44 x와 y의 값의 비가 1 : 2이므로 $x:y=1:2$

$\therefore y=2x$ …❶

$\begin{cases} 2x-3y=-8 & \cdots\cdots ㉠ \\ y=2x & \cdots\cdots ㉡ \end{cases}$

㉡을 ㉠에 대입하면 $2x-6x=-8$

$-4x=-8 \quad \therefore x=2$

$x=2$를 ㉡에 대입하면 $y=4$ … ❷

$x=2$, $y=4$를 $3ax-2y=10$에 대입하면

$6a-8=10$, $6a=18 \quad \therefore a=3$ … ❸

답 3

채점 기준	배점
❶ 주어진 조건을 식으로 나타내기	30%
❷ 연립방정식 풀기	50%
❸ a의 값 구하기	20%

45 x와 y의 값의 합이 2이므로 $x+y=2$

$\begin{cases} 0.3x-0.1y=1 & \cdots\cdots ㉠ \\ x+y=2 & \cdots\cdots ㉡ \end{cases}$

㉠×10을 하면 $3x-y=10$ …… ㉢

㉡+㉢을 하면 $4x=12 \quad \therefore x=3$

$x=3$을 ㉡에 대입하면 $3+y=2 \quad \therefore y=-1$

$x=3$, $y=-1$을 $2x-3y=3a$에 대입하면

$6+3=3a$, $3a=9 \quad \therefore a=3$

답 ②

46 $3x+4y=4$의 y의 계수를 k로 잘못 보았다고 하면

$\begin{cases} 2x-3y=10 & \cdots\cdots ㉠ \\ 3x+ky=4 & \cdots\cdots ㉡ \end{cases}$

㉠에 $x=8$을 대입하면 $16-3y=10$

$-3y=-6 \quad \therefore y=2$

$x=8$, $y=2$를 ㉡에 대입하면 $24+2k=4$

$2k=-20 \quad \therefore k=-10$

따라서 y의 계수를 -10으로 잘못 보았다.

답 -10

47 $x=2$, $y=1$은 $\begin{cases} bx+ay=4 \\ ax+by=-1 \end{cases}$ 의 해이므로

$\begin{cases} a+2b=4 & \cdots\cdots ㉠ \\ 2a+b=-1 & \cdots\cdots ㉡ \end{cases}$

㉠−㉡×2를 하면 $-3a=6 \quad \therefore a=-2$

$a=-2$를 ㉡에 대입하면 $-4+b=-1 \quad \therefore b=3$

따라서 처음 연립방정식은 $\begin{cases} -2x+3y=4 & \cdots\cdots ㉢ \\ 3x-2y=-1 & \cdots\cdots ㉣ \end{cases}$

㉢×3+㉣×2를 하면 $5y=10 \quad \therefore y=2$

$y=2$를 ㉣에 대입하면 $3x-4=-1$

$3x=3 \quad \therefore x=1$

답 ③

48 진우는 a를 잘못 보고 풀었으므로 $x=-3$, $y=6$은 $bx+3y=6$의 해이다.

$-3b+18=6$, $-3b=-12 \quad \therefore b=4$ … ❶

영서는 b를 잘못 보고 풀었으므로 $x=1$, $y=2$는 $2x+y=a$의 해이다.

$\therefore a=2+2=4$ … ❷

따라서 처음 연립방정식은 $\begin{cases} 2x+y=4 & \cdots\cdots ㉠ \\ 4x+3y=6 & \cdots\cdots ㉡ \end{cases}$

㉠×2−㉡을 하면 $-y=2 \quad \therefore y=-2$

$y=-2$를 ㉠에 대입하면 $2x-2=4$

$2x=6 \quad \therefore x=3$ … ❸

답 $x=3$, $y=-2$

채점 기준	배점
❶ b의 값 구하기	30%
❷ a의 값 구하기	30%
❸ 처음 연립방정식 풀기	40%

49 두 연립방정식의 해는

$\begin{cases} 2x-3y=-5 & \cdots\cdots ㉠ \\ 2x-5y=-11 & \cdots\cdots ㉡ \end{cases}$

의 해와 같다.

㉠−㉡을 하면 $2y=6 \quad \therefore y=3$

$y=3$을 ㉠에 대입하면 $2x-9=-5$, $2x=4 \quad \therefore x=2$

$x=2$, $y=3$을 $3x+y=a$에 대입하면 $a=6+3=9$

$x=2$, $y=3$을 $x+by=-7$에 대입하면

$2+3b=-7$, $3b=-9 \quad \therefore b=-3$

$\therefore a+b=9+(-3)=6$

답 ⑤

50 네 일차방정식의 공통인 해는

$\begin{cases} y=1-2x & \cdots\cdots ㉠ \\ 3x+y=3 & \cdots\cdots ㉡ \end{cases}$

의 해와 같다.

㉠을 ㉡에 대입하면 $3x+1-2x=3 \quad \therefore x=2$

$x=2$를 ㉠에 대입하면 $y=1-4=-3$ … ❶

$x=2$, $y=-3$을 $3ax+y=9$에 대입하면

$6a-3=9$, $6a=12 \quad \therefore a=2$ … ❷

$x=2$, $y=-3$을 $6x+by=15$에 대입하면

$12-3b=15$, $-3b=3 \quad \therefore b=-1$ … ❸

답 $a=2$, $b=-1$

채점 기준	배점
❶ 공통인 해 구하기	40%
❷ a의 값 구하기	30%
❸ b의 값 구하기	30%

51 두 연립방정식의 해는

$\begin{cases} 5x-4(x-y)=5 \\ 2x+5y=4 \end{cases}$, 즉 $\begin{cases} x+4y=5 & \cdots\cdots ㉠ \\ 2x+5y=4 & \cdots\cdots ㉡ \end{cases}$

의 해와 같다.

㉠×2−㉡을 하면 $3y=6 \quad \therefore y=2$

$y=2$를 ㉠에 대입하면 $x+8=5 \quad \therefore x=-3$

$x=-3$, $y=2$를 $a(x+y)+by=6$에 대입하면

$-a+2b=6$ …… ㉢

$x=-3$, $y=2$를 $ax-by=10$에 대입하면

$-3a-2b=10$ …… ㉣

㉢+㉣을 하면 $-4a=16$ $\therefore a=-4$

$a=-4$를 ㉢에 대입하면 $4+2b=6$, $2b=2$ $\therefore b=1$

$\therefore ab=(-4)\times 1=-4$ 답 -4

52 $\begin{cases} 2ax+3y=12 \\ 4x-y=b \end{cases}$, 즉 $\begin{cases} 2ax+3y=12 \\ -12x+3y=-3b \end{cases}$의 해가 무수히 많으므로 $2a=-12$, $12=-3b$

$\therefore a=-6$, $b=-4$ 답 ①

53 ③ $\begin{cases} x-2y=4-x \\ -x+y=-2 \end{cases}$에서 $\begin{cases} 2x-2y=4 \\ -x+y=-2 \end{cases}$

즉, $\begin{cases} 2x-2y=4 \\ 2x-2y=4 \end{cases}$이므로 해가 무수히 많다.

⑤ $\begin{cases} 3x+y=2 \\ 6x+2y=4 \end{cases}$, 즉 $\begin{cases} 6x+2y=4 \\ 6x+2y=4 \end{cases}$이므로 해가 무수히 많다.

답 ③, ⑤

54 $\begin{cases} \frac{1}{2}x-\frac{1}{4}y=1 \\ ax+by=8 \end{cases}$, 즉 $\begin{cases} 4x-2y=8 \\ ax+by=8 \end{cases}$의 해가 무수히 많으려면

$a=4$, $b=-2$ $\therefore ab=4\times(-2)=-8$ 답 -8

55 $\begin{cases} 5x-ay=5 \\ 10x-12y=15 \end{cases}$, 즉 $\begin{cases} 10x-2ay=10 \\ 10x-12y=15 \end{cases}$의 해가 없으므로

$-2a=-12$ $\therefore a=6$ 답 ⑤

56 ② $\begin{cases} 5x+y=-7 \\ -5x-y=-7 \end{cases}$, 즉 $\begin{cases} 5x+y=-7 \\ 5x+y=7 \end{cases}$이므로 해가 없다.

③ $\begin{cases} -2x+y=5 \\ 4x-2y=8 \end{cases}$, 즉 $\begin{cases} 4x-2y=-10 \\ 4x-2y=8 \end{cases}$이므로 해가 없다.

답 ②, ③

57 $\begin{cases} 2x+3y=4 \\ -6x+(a+1)y=-12 \end{cases}$, 즉 $\begin{cases} -6x-9y=-12 \\ -6x+(a+1)y=-12 \end{cases}$의 해가 무수히 많으므로

$-9=a+1$ $\therefore a=-10$ … ❶

$\begin{cases} 2x-6y=3 \\ bx-12y=-6 \end{cases}$, 즉 $\begin{cases} 4x-12y=6 \\ bx-12y=-6 \end{cases}$의 해가 없으므로

$b=4$ … ❷

$\therefore a+b=-10+4=-6$ … ❸

답 -6

채점 기준	배점
❶ a의 값 구하기	40%
❷ b의 값 구하기	40%
❸ $a+b$의 값 구하기	20%

Real 실전 유형 again 46~53쪽

07 연립일차방정식의 활용

01 처음 수의 십의 자리의 숫자를 x, 일의 자리의 숫자를 y라 하면

$\begin{cases} x+y=12 \\ 10y+x=(10x+y)-36 \end{cases}$, 즉 $\begin{cases} x+y=12 & \cdots\cdots ㉠ \\ x-y=4 & \cdots\cdots ㉡ \end{cases}$

㉠+㉡을 하면 $2x=16$ $\therefore x=8$

$x=8$을 ㉠에 대입하면 $8+y=12$ $\therefore y=4$

따라서 처음 수는 84이다. 답 84

02 큰 수를 x, 작은 수를 y라 하면

$\begin{cases} x+y=67 & \cdots\cdots ㉠ \\ x=3y+3 & \cdots\cdots ㉡ \end{cases}$ … ❶

㉡을 ㉠에 대입하면 $3y+3+y=67$, $4y=64$ $\therefore y=16$

$y=16$을 ㉡에 대입하면 $x=48+3=51$ … ❷

따라서 두 수 중 큰 수는 51이다. … ❸

답 51

채점 기준	배점
❶ 연립방정식 세우기	40%
❷ 연립방정식 풀기	40%
❸ 큰 수 구하기	20%

03 수학 점수를 x점, 과학 점수를 y점이라 하면

$\begin{cases} \frac{80+x+y}{3}=78 \\ x=y+6 \end{cases}$, 즉 $\begin{cases} x+y=154 & \cdots\cdots ㉠ \\ x=y+6 & \cdots\cdots ㉡ \end{cases}$

㉡을 ㉠에 대입하면 $y+6+y=154$, $2y=148$ $\therefore y=74$

$y=74$를 ㉡에 대입하면 $x=74+6=80$

따라서 수학 점수는 80점이다. 답 ②

04 1500원짜리 볼펜을 x개, 1000원짜리 색연필을 y개 샀다고 하면

$\begin{cases} x+y=8 \\ 1500x+1000y=9500 \end{cases}$, 즉 $\begin{cases} x+y=8 & \cdots\cdots ㉠ \\ 3x+2y=19 & \cdots\cdots ㉡ \end{cases}$

㉠×2−㉡을 하면 $-x=-3$ $\therefore x=3$

$x=3$을 ㉠에 대입하면 $3+y=8$ $\therefore y=5$

따라서 색연필은 5개 샀다. 답 ③

05 50원짜리 동전을 x개, 100원짜리 동전을 y개 모았다고 하면

$\begin{cases} x+y=24 \\ 50x+100y=1900 \end{cases}$, 즉 $\begin{cases} x+y=24 & \cdots\cdots ㉠ \\ x+2y=38 & \cdots\cdots ㉡ \end{cases}$

㉠−㉡을 하면 $-y=-14$ $\therefore y=14$

$y=14$를 ㉠에 대입하면 $x+14=24$ $\therefore x=10$

따라서 50원짜리 동전은 10개이다. 답 10개

06 복숭아를 x개, 바나나를 y개 샀다고 하면

$\begin{cases} 1800x+900y=27000 \\ y=3x+5 \end{cases}$, 즉 $\begin{cases} 2x+y=30 & \cdots\cdots ㉠ \\ y=3x+5 & \cdots\cdots ㉡ \end{cases}$

㉡을 ㉠에 대입하면 $2x+3x+5=30$

$5x=25 \quad \therefore x=5$

$x=5$를 ㉡에 대입하면 $y=15+5=20$

따라서 바나나는 20개 샀다. 답 20개

07 어른 한 명의 입장료를 x원, 어린이 한 명의 입장료를 y원이라 하면

$\begin{cases} 5x+3y=60000 & \cdots\cdots ㉠ \\ 3x+6y=57000 & \cdots\cdots ㉡ \end{cases}$

㉠×2−㉡을 하면 $7x=63000 \quad \therefore x=9000$

$x=9000$을 ㉡에 대입하면 $27000+6y=57000$

$6y=30000 \quad \therefore y=5000$

따라서 어른 한 명의 입장료는 9000원, 어린이 한 명의 입장료는 5000원이므로 어른 2명과 어린이 1명의 입장료의 합은

$18000+5000=23000$(원) 답 23000원

08 재연이가 맞힌 문제 수를 x, 틀린 문제 수를 y라 하면

$\begin{cases} x+y=25 & \cdots\cdots ㉠ \\ 5x-3y=85 & \cdots\cdots ㉡ \end{cases}$

㉠×3+㉡을 하면 $8x=160 \quad \therefore x=20$

$x=20$을 ㉠에 대입하면 $20+y=25 \quad \therefore y=5$

따라서 재연이가 틀린 문제 수는 5이다. 답 5

09 합격품의 개수를 x, 불량품의 개수를 y라 하면

$\begin{cases} 600x-900y=51000 \\ x+y=100 \end{cases}$, 즉 $\begin{cases} 2x-3y=170 & \cdots\cdots ㉠ \\ x+y=100 & \cdots\cdots ㉡ \end{cases}$

㉠−㉡×2를 하면 $-5y=-30 \quad \therefore y=6$

$y=6$을 ㉡에 대입하면 $x+6=100 \quad \therefore x=94$

따라서 합격품의 개수는 94이다. 답 ③

10 민지가 맞힌 문제 수를 x, 틀린 문제 수를 y라 하면

$\begin{cases} 100x-50y=1400 \\ x=4y \end{cases}$, 즉 $\begin{cases} 2x-y=28 & \cdots\cdots ㉠ \\ x=4y & \cdots\cdots ㉡ \end{cases}$ … ❶

㉡을 ㉠에 대입하면 $8y-y=28$

$7y=28 \quad \therefore y=4$

$y=4$를 ㉡에 대입하면 $x=16$ … ❷

따라서 민지가 맞힌 문제 수는 16이다. … ❸

답 16

채점 기준	배점
❶ 연립방정식 세우기	40%
❷ 연립방정식 풀기	40%
❸ 민지가 맞힌 문제 수 구하기	20%

11 소영이가 이긴 횟수를 x, 진 횟수를 y라 하면 민경이가 이긴 횟수는 y, 진 횟수는 x이므로

$\begin{cases} 3x-2y=10 & \cdots\cdots ㉠ \\ -2x+3y=0 & \cdots\cdots ㉡ \end{cases}$

㉠×3+㉡×2를 하면 $5x=30 \quad \therefore x=6$

$x=6$을 ㉡에 대입하면 $-12+3y=0 \quad \therefore y=4$

따라서 민경이가 이긴 횟수는 4이다. 답 ③

12 해인이가 이긴 횟수를 x, 진 횟수를 y라 하면 지민이가 이긴 횟수는 y, 진 횟수는 x이므로

$\begin{cases} 2x-y=7 & \cdots\cdots ㉠ \\ -x+2y=4 & \cdots\cdots ㉡ \end{cases}$

㉠×2+㉡을 하면 $3x=18 \quad \therefore x=6$

$x=6$을 ㉠에 대입하면 $12-y=7 \quad \therefore y=5$

따라서 지민이가 이긴 횟수는 5이다. 답 ②

13 영아가 이긴 횟수를 x, 진 횟수를 y라 하면 민호가 이긴 횟수는 y, 진 횟수는 x이므로

$\begin{cases} 4x-3y=18 & \cdots\cdots ㉠ \\ -3x+4y=-3 & \cdots\cdots ㉡ \end{cases}$

㉠×3+㉡×4를 하면 $7y=42 \quad \therefore y=6$

$y=6$을 ㉠에 대입하면 $4x-18=18$

$4x=36 \quad \therefore x=9$

따라서 가위바위보를 한 횟수는

$9+6=15$ 답 15

14 남자 회원 수를 x, 여자 회원 수를 y라 하면

$\begin{cases} x+y=28 \\ \frac{2}{3}x+\frac{3}{4}y=28\times\frac{5}{7} \end{cases}$, 즉 $\begin{cases} x+y=28 & \cdots\cdots ㉠ \\ 8x+9y=240 & \cdots\cdots ㉡ \end{cases}$

㉠×8−㉡을 하면 $-y=-16 \quad \therefore y=16$

$y=16$을 ㉠에 대입하면 $x+16=28 \quad \therefore x=12$

따라서 이 산악회의 여자 회원 수는 16이다. 답 16

15 남학생 수를 x, 여학생 수를 y라 하면

$\begin{cases} x+y=34 \\ \frac{50}{100}x+\frac{75}{100}y=21 \end{cases}$, 즉 $\begin{cases} x+y=34 & \cdots\cdots ㉠ \\ 2x+3y=84 & \cdots\cdots ㉡ \end{cases}$

㉠×2−㉡을 하면 $-y=-16 \quad \therefore y=16$

$y=16$을 ㉠에 대입하면 $x+16=34 \quad \therefore x=18$

따라서 이 학급의 남학생 수는 18이다. 답 18

16 남학생 수를 x, 여학생 수를 y라 하면

$\begin{cases} x+y=30 \\ \frac{5}{8}x+\frac{5}{7}y=30\times\frac{2}{3} \end{cases}$, 즉 $\begin{cases} x+y=30 & \cdots\cdots ㉠ \\ 7x+8y=224 & \cdots\cdots ㉡ \end{cases}$

㉠×7−㉡을 하면 $-y=-14 \quad \therefore y=14$

$y=14$를 ㉠에 대입하면 $x+14=30$ $\quad\therefore x=16$

따라서 이 학급의 남학생 수는 16이다. 답 ③

17 작년 남학생 수를 x, 여학생 수를 y라 하면

$$\begin{cases} x+y=700 \\ -\frac{10}{100}x+\frac{5}{100}y=-25 \end{cases}$$

즉, $\begin{cases} x+y=700 & \cdots\cdots ㉠ \\ -2x+y=-500 & \cdots\cdots ㉡ \end{cases}$

㉠−㉡을 하면 $3x=1200$ $\quad\therefore x=400$

$x=400$을 ㉠에 대입하면 $400+y=700$ $\quad\therefore y=300$

따라서 작년 여학생 수는 300이므로 올해 여학생 수는

$\left(1+\frac{5}{100}\right)\times300=315$ 답 ③

18 지난달 남자 회원 수를 x, 여자 회원 수를 y라 하면

$\begin{cases} x+y=400 \\ \frac{6}{100}x-\frac{3}{100}y=6 \end{cases}$, 즉 $\begin{cases} x+y=400 & \cdots\cdots ㉠ \\ 2x-y=200 & \cdots\cdots ㉡ \end{cases}$

㉠+㉡을 하면 $3y=600$ $\quad\therefore y=200$

$y=200$을 ㉠에 대입하면 $x+200=400$ $\quad\therefore x=200$

따라서 지난달 여자 회원의 수는 200이다. 답 200

19 작년 감자의 수확량을 x상자, 고구마의 수확량을 y상자라 하면

$$\begin{cases} x+y=600 \\ -\frac{4}{100}x+\frac{14}{100}y=12 \end{cases}$$

즉, $\begin{cases} x+y=600 & \cdots\cdots ㉠ \\ -2x+7y=600 & \cdots\cdots ㉡ \end{cases}$ … ❶

㉠×2+㉡을 하면 $9y=1800$ $\quad\therefore y=200$

$y=200$을 ㉠에 대입하면 $x+200=600$

$\therefore x=400$ … ❷

따라서 작년 고구마의 수확량은 200상자이므로 올해 고구마의 수확량은

$\left(1+\frac{14}{100}\right)\times200=228$ (상자) … ❸

답 228상자

채점 기준	배점
❶ 연립방정식 세우기	30%
❷ 연립방정식 풀기	40%
❸ 올해 고구마의 수확량 구하기	30%

20 A 제품의 원가를 x원, B 제품의 원가를 y원이라 하면

$\begin{cases} x+y=48000 \\ \frac{30}{100}x-\frac{10}{100}y=7600 \end{cases}$, 즉 $\begin{cases} x+y=48000 & \cdots\cdots ㉠ \\ 3x-y=76000 & \cdots\cdots ㉡ \end{cases}$

㉠+㉡을 하면 $4x=124000$ $\quad\therefore x=31000$

$x=31000$을 ㉠에 대입하면 $31000+y=48000$

$\therefore y=17000$

따라서 A 제품의 원가는 31000원, B 제품의 원가는 17000원이다. 답 A: 31000원, B: 17000원

21 A 운동화의 원가를 x원, B 운동화의 원가를 y원이라 하면

$$\begin{cases} x+y=23000 \\ \frac{20}{100}x+\frac{30}{100}y=5400 \end{cases}$$

즉, $\begin{cases} x+y=23000 & \cdots\cdots ㉠ \\ 2x+3y=54000 & \cdots\cdots ㉡ \end{cases}$

㉠×2−㉡을 하면 $-y=-8000$ $\quad\therefore y=8000$

$y=8000$을 ㉠에 대입하면 $x+8000=23000$

$\therefore x=15000$

따라서 A 운동화 한 켤레의 원가는 15000원이다. 답 ④

22 A 제품의 개수를 x, B 제품의 개수를 y라 하면

$$\begin{cases} x+y=1000 \\ \frac{35}{100}\times1000x+\frac{20}{100}\times1500y=315000 \end{cases}$$

즉, $\begin{cases} x+y=1000 & \cdots\cdots ㉠ \\ 7x+6y=6300 & \cdots\cdots ㉡ \end{cases}$

㉠×6−㉡을 하면 $-x=-300$ $\quad\therefore x=300$

$x=300$을 ㉠에 대입하면 $300+x=1000$ $\quad\therefore y=700$

따라서 구입한 B 제품의 개수는 700이다. 답 ⑤

23 전체 일의 양을 1로 놓고, 영서와 정윤이가 하루에 할 수 있는 일의 양을 각각 x, y라 하면

$\begin{cases} 12x+12y=1 & \cdots\cdots ㉠ \\ 4x+16y=1 & \cdots\cdots ㉡ \end{cases}$

㉠−㉡×3을 하면 $-36y=-2$ $\quad\therefore y=\frac{1}{18}$

$y=\frac{1}{18}$을 ㉠에 대입하면 $12x+\frac{2}{3}=1$

$12x=\frac{1}{3}$ $\quad\therefore x=\frac{1}{36}$

따라서 이 일을 영서가 혼자 한다면 36일이 걸린다. 답 ⑤

24 물통에 물이 가득 차 있을 때의 물의 양을 1로 놓고, A, B 호스로 1시간 동안 넣을 수 있는 물의 양을 각각 x, y라 하면

$\begin{cases} 6x+5y=1 & \cdots\cdots ㉠ \\ 10x+3y=1 & \cdots\cdots ㉡ \end{cases}$

㉠×3−㉡×5를 하면 $-32x=-2$ $\quad\therefore x=\frac{1}{16}$

$x=\frac{1}{16}$을 ㉠에 대입하면 $\frac{3}{8}+5y=1$

$5y=\frac{5}{8}$ $\quad\therefore y=\frac{1}{8}$

따라서 B 호스로만 물통을 가득 채우는 데 8시간이 걸린다.

답 ③

25 전체 일의 양을 1로 놓고, A, B 두 사람이 하루에 작업할 수 있는 일의 양을 각각 x, y라 하면

$\begin{cases} 4x+6y=1 & \cdots\cdots ㉠ \\ 5x+3y=1 & \cdots\cdots ㉡ \end{cases}$ … ❶

㉠−㉡×2를 하면 $-6x=-1$ $\quad \therefore x=\frac{1}{6}$

$x=\frac{1}{6}$을 ㉠에 대입하면 $\frac{2}{3}+6y=1$

$6y=\frac{1}{3}$ $\quad \therefore y=\frac{1}{18}$ … ❷

따라서 이 일을 B가 혼자 작업한다면 18일이 걸린다. … ❸

답 18일

채점 기준	배점
❶ 연립방정식 세우기	40%
❷ 연립방정식 풀기	40%
❸ B가 혼자 하면 며칠이 걸리는지 구하기	20%

26 직사각형의 가로의 길이를 x cm, 세로의 길이를 y cm라 하면

$\begin{cases} 2(x+y)=64 \\ x=y-6 \end{cases}$, 즉 $\begin{cases} x+y=32 & \cdots\cdots ㉠ \\ x=y-6 & \cdots\cdots ㉡ \end{cases}$

㉡을 ㉠에 대입하면 $y-6+y=32$

$2y=38$ $\quad \therefore y=19$

$y=19$를 ㉡에 대입하면 $x=13$

따라서 이 직사각형의 가로의 길이는 13 cm이다. 답 ④

27 긴 줄의 길이를 x cm, 짧은 줄의 길이를 y cm라 하면

$\begin{cases} x+y=48 & \cdots\cdots ㉠ \\ x=2y+3 & \cdots\cdots ㉡ \end{cases}$

㉡을 ㉠에 대입하면 $2y+3+y=48$

$3y=45$ $\quad \therefore y=15$

$y=15$를 ㉡에 대입하면 $x=30+3=33$

따라서 긴 줄의 길이는 33 cm이다. 답 ⑤

28 사다리꼴의 윗변의 길이를 x cm, 아랫변의 길이를 y cm라 하면

$\begin{cases} y=2x \\ \frac{1}{2}\times(x+y)\times 8=72 \end{cases}$, 즉 $\begin{cases} y=2x & \cdots\cdots ㉠ \\ x+y=18 & \cdots\cdots ㉡ \end{cases}$ … ❶

㉠을 ㉡에 대입하면 $x+2x=18$

$3x=18$ $\quad \therefore x=6$

$x=6$을 ㉠에 대입하면 $y=12$ … ❷

따라서 사다리꼴의 아랫변의 길이는 12 cm이다. … ❸

답 12 cm

채점 기준	배점
❶ 연립방정식 세우기	40%
❷ 연립방정식 풀기	40%
❸ 사다리꼴의 아랫변의 길이 구하기	20%

29 걸은 거리를 x km, 달린 거리를 y km라 하면

$\begin{cases} x+y=3 \\ \frac{x}{4}+\frac{y}{10}=\frac{3}{5} \end{cases}$, 즉 $\begin{cases} x+y=3 & \cdots\cdots ㉠ \\ 5x+2y=12 & \cdots\cdots ㉡ \end{cases}$

㉠×2−㉡을 하면 $-3x=-6$ $\quad \therefore x=2$

$x=2$를 ㉠에 대입하면 $2+y=3$ $\quad \therefore y=1$

따라서 달린 거리는 1 km이다. 답 1 km

30 올라간 거리를 x km, 내려온 거리를 y km라 하면

$\begin{cases} x+y=12 \\ \frac{x}{3}+\frac{y}{5}=\frac{10}{3} \end{cases}$, 즉 $\begin{cases} x+y=12 & \cdots\cdots ㉠ \\ 5x+3y=50 & \cdots\cdots ㉡ \end{cases}$

㉠×3−㉡을 하면 $-2x=-14$ $\quad \therefore x=7$

$x=7$을 ㉠에 대입하면 $7+y=12$ $\quad \therefore y=5$

따라서 내려온 거리는 5 km이다. 답 ②

31 갈 때의 거리를 x km, 올 때의 거리를 y km라 하면

$\begin{cases} y=x-1.5 \\ \frac{x}{8}+\frac{y}{6}+\frac{1}{4}=\frac{7}{6} \end{cases}$, 즉 $\begin{cases} 2y=2x-3 & \cdots\cdots ㉠ \\ 3x+4y=22 & \cdots\cdots ㉡ \end{cases}$

㉠을 ㉡에 대입하면 $3x+2(2x-3)=22$

$7x=28$ $\quad \therefore x=4$

$x=4$를 ㉠에 대입하면 $2y=8-3=5$ $\quad \therefore y=2.5$

따라서 산이가 이동한 거리는

$4+2.5=6.5$(km) 답 6.5 km

32 오빠가 출발한 지 x분 후, 동생이 출발한 지 y분 후에 오빠와 동생이 만났다고 하면

$\begin{cases} x=y+30 \\ 50x=200y \end{cases}$, 즉 $\begin{cases} x=y+30 & \cdots\cdots ㉠ \\ x=4y & \cdots\cdots ㉡ \end{cases}$

㉠을 ㉡에 대입하면 $y+30=4y$

$-3y=-30$ $\quad \therefore y=10$

$y=10$을 ㉠에 대입하면 $x=10+30=40$

따라서 오빠가 학교 정문까지 가는데 40분이 걸렸다.

답 40분

33 민희가 걸은 거리를 x km, 지혜가 걸은 거리를 y km라 하면

$\begin{cases} x+y=18 \\ \frac{x}{4}=\frac{y}{5} \end{cases}$, 즉 $\begin{cases} x+y=18 & \cdots\cdots ㉠ \\ 5x-4y=0 & \cdots\cdots ㉡ \end{cases}$

㉠×4+㉡을 하면 $9x=72$ $\quad \therefore x=8$

$x=8$을 ㉠에 대입하면 $8+y=18$ $\quad \therefore y=10$

따라서 두 사람이 만날 때까지 민희가 걸은 거리는 8 km이다. 답 ③

34 하린이가 걸은 거리를 x m, 근수가 걸은 거리를 y m라 하면

$\begin{cases} x+y=700 \\ \frac{x}{80}=\frac{y}{60} \end{cases}$, 즉 $\begin{cases} x+y=700 & \cdots\cdots ㉠ \\ 3x-4y=0 & \cdots\cdots ㉡ \end{cases}$ … ❶

㉠×4+㉡을 하면 $7x=2800$ ∴ $x=400$

$x=400$을 ㉠에 대입하면 $400+y=700$ ∴ $y=300$

… ❷

따라서 두 사람이 처음으로 만날 때까지 하린이가 걸은 거리는 400 m이므로 출발한 지 $\frac{400}{80}=5$(분) 후에 처음으로 만난다. … ❸

답 5분 후

채점 기준	배점
❶ 연립방정식 세우기	40%
❷ 연립방정식 풀기	40%
❸ 두 사람이 처음으로 만날 때까지 걸린 시간 구하기	20%

35 정지한 물에서의 배의 속력을 시속 x km, 강물의 속력을 시속 y km라 하면

$\begin{cases} 2(x-y)=20 \\ x+y=20 \end{cases}$, 즉 $\begin{cases} x-y=10 & \cdots\cdots ㉠ \\ x+y=20 & \cdots\cdots ㉡ \end{cases}$

㉠+㉡을 하면 $2x=30$ ∴ $x=15$

$x=15$를 ㉡에 대입하면 $15+y=20$ ∴ $y=5$

따라서 정지한 물에서의 배의 속력은 시속 15 km이다.

답 ④

36 정지한 물에서의 배의 속력을 분속 x m, 강물의 속력을 분속 y m라 하면

$\begin{cases} 15(x-y)=1500 \\ 10(x+y)=1500 \end{cases}$, 즉 $\begin{cases} x-y=100 & \cdots\cdots ㉠ \\ x+y=150 & \cdots\cdots ㉡ \end{cases}$

㉠+㉡을 하면 $2x=250$ ∴ $x=125$

$x=125$를 ㉡에 대입하면 $125+y=150$ ∴ $y=25$

따라서 강물의 속력은 분속 25 m이다. 답 분속 25 m

37 정지한 물에서의 영훈이의 속력을 분속 x m, 강물의 속력을 분속 y m라 하면

$\begin{cases} 10(x-y)=180 \\ 6(x+y)=180 \end{cases}$, 즉 $\begin{cases} x-y=18 & \cdots\cdots ㉠ \\ x+y=30 & \cdots\cdots ㉡ \end{cases}$

㉠+㉡을 하면 $2x=48$ ∴ $x=24$

$x=24$를 ㉡에 대입하면 $24+y=30$ ∴ $y=6$

따라서 강물의 속력은 분속 6 m이므로 종이배가 150 m 떠내려가는 데 걸리는 시간은 $\frac{150}{6}=25$(분)이다. 답 25분

38 기차의 길이를 x m, 기차의 속력을 초속 y m라 하면

$\begin{cases} x+1300=50y & \cdots\cdots ㉠ \\ x+2200=80y & \cdots\cdots ㉡ \end{cases}$

㉠−㉡을 하면 $-900=-30y$ ∴ $y=30$

$y=30$을 ㉠에 대입하면 $x+1300=1500$ ∴ $x=200$

따라서 이 기차의 길이는 200 m이다. 답 ⑤

39 관광열차의 길이를 x m, 관광열차의 속력을 초속 y m라 하면

$\begin{cases} x+400=13y & \cdots\cdots ㉠ \\ x+800=23y & \cdots\cdots ㉡ \end{cases}$

㉠−㉡을 하면 $-400=-10y$ ∴ $y=40$

$y=40$을 ㉠에 대입하면 $x+400=520$ ∴ $x=120$

따라서 이 관광열차의 속력은 초속 40 m이다. 답 ⑤

40 터널의 길이를 x m, A 기차의 속력을 초속 y m라 하면 B 기차의 속력은 초속 $3y$ m이므로

$\begin{cases} 220+x=24y & \cdots\cdots ㉠ \\ 370+x=30y & \cdots\cdots ㉡ \end{cases}$

㉠−㉡을 하면 $-150=-6y$ ∴ $y=25$

$y=25$를 ㉠에 대입하면 $220+x=600$ ∴ $x=380$

따라서 이 터널의 길이는 380 m이다. 답 380 m

41 10 %의 소금물의 양을 x g, 15 %의 소금물의 양을 y g이라 하면

$\begin{cases} x+y=600 \\ \frac{10}{100}x+\frac{15}{100}y=\frac{12}{100}\times600 \end{cases}$

즉, $\begin{cases} x+y=600 & \cdots\cdots ㉠ \\ 2x+3y=1440 & \cdots\cdots ㉡ \end{cases}$

㉠×2−㉡을 하면 $-y=-240$ ∴ $y=240$

$y=240$을 ㉠에 대입하면 $x+240=600$ ∴ $x=360$

따라서 15 %의 소금물의 양은 240 g이다. 답 ②

42 15 %의 소금물의 양을 x g, 더 넣은 소금의 양을 y g이라 하면

$\begin{cases} x+y=300 \\ \frac{15}{100}x+y=\frac{32}{100}\times300 \end{cases}$

즉, $\begin{cases} x+y=300 & \cdots\cdots ㉠ \\ 3x+20y=1920 & \cdots\cdots ㉡ \end{cases}$

㉠×3−㉡을 하면 $-17y=-1020$ ∴ $y=60$

$y=60$을 ㉠에 대입하면 $x+60=300$ ∴ $x=240$

따라서 더 넣은 소금의 양은 60 g이다. 답 ③

43 5 %의 설탕물의 양을 x g, 6 %의 설탕물의 양을 y g이라 하면

$\begin{cases} x+150=y \\ \frac{5}{100}x+\frac{9}{100}\times150=\frac{6}{100}y \end{cases}$

즉, $\begin{cases} x-y=-150 & \cdots\cdots ㉠ \\ 5x-6y=-1350 & \cdots\cdots ㉡ \end{cases}$ … ❶

㉠×5−㉡을 하면 $y=600$

$y=600$을 ㉠에 대입하면 $x-600=-150$

$\therefore x=450$ … ❷

따라서 6 %의 설탕물의 양은 600 g이다. … ❸

답 600 g

채점 기준	배점
❶ 연립방정식 세우기	40%
❷ 연립방정식 풀기	40%
❸ 6 %의 설탕물의 양 구하기	20%

44 덜어낸 12 % 소금물의 양을 x g, 더 넣은 2 % 소금물의 양을 y g이라 하면

$$\begin{cases} 300-x+y=500 \\ \frac{12}{100}(300-x)+\frac{2}{100}y=\frac{6}{100}\times 500 \end{cases}$$

즉, $\begin{cases} x-y=-200 & \cdots\cdots ㉠ \\ -6x+y=-300 & \cdots\cdots ㉡ \end{cases}$

㉠+㉡을 하면 $-5x=-500$ $\therefore x=100$

$x=100$을 ㉠에 대입하면 $100-y=-200$ $\therefore y=300$

따라서 덜어낸 12 % 소금물의 양은 100 g이다. 답 100 g

45 설탕물 A의 농도를 x %, 설탕물 B의 농도를 y %라 하면

$$\begin{cases} \frac{x}{100}\times 300+\frac{y}{100}\times 200=\frac{8}{100}\times 500 \\ \frac{x}{100}\times 200+\frac{y}{100}\times 300=\frac{9}{100}\times 500 \end{cases}$$

즉, $\begin{cases} 3x+2y=40 & \cdots\cdots ㉠ \\ 2x+3y=45 & \cdots\cdots ㉡ \end{cases}$

㉠×2−㉡×3을 하면 $-5y=-55$ $\therefore y=11$

$y=11$을 ㉠에 대입하면 $3x+22=40$ $\therefore x=6$

따라서 설탕물 B의 농도는 11 %이다. 답 ③

46 소금물 A의 농도를 x %, 소금물 B의 농도를 y %라 하면

$$\begin{cases} \frac{x}{100}\times 400+\frac{y}{100}\times 400=\frac{6}{100}\times 800 \\ \frac{x}{100}\times 100+\frac{y}{100}\times 300=\frac{5}{100}\times 400 \end{cases}$$

즉, $\begin{cases} x+y=12 & \cdots\cdots ㉠ \\ x+3y=20 & \cdots\cdots ㉡ \end{cases}$

㉠−㉡을 하면 $-2y=-8$ $\therefore y=4$

$y=4$를 ㉠에 대입하면 $x+4=12$ $\therefore x=8$

따라서 소금물 A의 농도는 8 %이고, 소금물 B의 농도는 4 %이므로 농도 차는 $8-4=4(\%)$이다. 답 4 %

47 처음 설탕물 A의 농도를 x %, 처음 설탕물 B의 농도를 y %라 하면

$$\begin{cases} \frac{x}{100}\times 400+\frac{y}{100}\times 300=\frac{10}{100}\times 700 \\ \frac{x}{100}\times 300+\frac{y}{100}\times 400=\frac{12}{100}\times 700 \end{cases}$$

즉, $\begin{cases} 4x+3y=70 & \cdots\cdots ㉠ \\ 3x+4y=84 & \cdots\cdots ㉡ \end{cases}$

㉠×3−㉡×4를 하면 $-7y=-126$ $\therefore y=18$

$y=18$을 ㉠에 대입하면 $4x+54=70$ $\therefore x=4$

따라서 처음 설탕물 B의 농도는 18 %이다. 답 ④

48 합금 A의 양을 x g, 합금 B의 양을 y g이라 하면

$\begin{cases} \frac{40}{100}x+\frac{20}{100}y=160 \\ \frac{10}{100}x+\frac{30}{100}y=90 \end{cases}$, 즉 $\begin{cases} 2x+y=800 & \cdots\cdots ㉠ \\ x+3y=900 & \cdots\cdots ㉡ \end{cases}$

㉠×3−㉡을 하면 $5x=1500$ $\therefore x=300$

$x=300$을 ㉡에 대입하면 $300+3y=900$

$3y=600$ $\therefore y=200$

따라서 필요한 합금 B의 양은 200 g이다. 답 ②

49 합금 A의 양을 x g, 합금 B의 양을 y g이라 하면

$$\begin{cases} x+y=450 \\ \frac{90}{100}x+\frac{60}{100}y=\frac{70}{100}\times 450 \end{cases}$$

즉, $\begin{cases} x+y=450 & \cdots\cdots ㉠ \\ 3x+2y=1050 & \cdots\cdots ㉡ \end{cases}$ … ❶

㉠×2−㉡을 하면 $-x=-150$ $\therefore x=150$

$x=150$을 ㉠에 대입하면 $150+y=450$

$\therefore y=300$ … ❷

따라서 필요한 합금 A는 150 g, 합금 B는 300 g이다. … ❸

답 150 g, 300 g

채점 기준	배점
❶ 연립방정식 세우기	40%
❷ 연립방정식 풀기	40%
❸ 합금 A, B의 양을 차례대로 구하기	20%

50 식품 A, B의 1 g에 들어 있는 열량과 단백질의 양은 오른쪽 표와 같고 섭취해야 할 식품 A의 양을 x g, 식품 B의 양을 y g이라 하면

식품	열량(kcal)	단백질(g)
A	$\frac{6}{5}$	$\frac{1}{5}$
B	3	$\frac{1}{10}$

$\begin{cases} \frac{6}{5}x+3y=1560 \\ \frac{1}{5}x+\frac{1}{10}y=100 \end{cases}$, 즉 $\begin{cases} 2x+5y=2600 & \cdots\cdots ㉠ \\ 2x+y=1000 & \cdots\cdots ㉡ \end{cases}$

㉠−㉡을 하면 $4y=1600$ $\therefore y=400$

$y=400$을 ㉡에 대입하면 $2x+400=1000$

$2x=600$ $\therefore x=300$

따라서 식품 A는 300 g, 식품 B는 400 g을 섭취해야 하므로 섭취해야 할 전체 양은

$300+400=700(\text{g})$ 답 700 g

Real 실전 유형 again 54~61쪽

08 일차함수와 그래프 (1)

01 ② 다음 그림의 두 직사각형의 둘레의 길이는 모두 8 cm이지만 넓이는 각각 3 cm², 4 cm²이다.

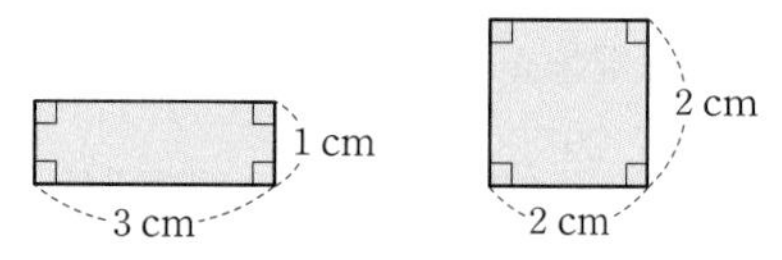

즉, $x=8$ cm일 때 y의 값이 오직 하나로 정해지지 않으므로 y는 x의 함수가 아니다. 답 ②

02 ㄱ. $x=2.5$일 때, 가장 가까운 정수는 2와 3으로 y의 값이 오직 하나로 정해지지 않으므로 y는 x의 함수가 아니다.
따라서 y가 x의 함수인 것은 ㄴ, ㄷ, ㄹ이다. 답 ㄴ, ㄷ, ㄹ

03 ① $x=2$일 때, 2의 배수는 2, 4, 6, …으로 y의 값이 오직 하나로 정해지지 않으므로 y는 x의 함수가 아니다.
② $x=4$일 때, 4 미만인 홀수는 1, 3으로 y의 값이 오직 하나로 정해지지 않으므로 y는 x의 함수가 아니다.
④ $x=6$일 때, $6=2\times3$이므로 6의 소인수는 2, 3이다. 즉, y의 값이 오직 하나로 정해지지 않으므로 y는 x의 함수가 아니다. 답 ③, ⑤

04 $f(4)=-\frac{3}{4}\times4=-3$
$f(-1)=-\frac{3}{4}\times(-1)=\frac{3}{4}$
$\therefore 3f(4)+4f(-1)=3\times(-3)+4\times\frac{3}{4}$
$=-9+3=-6$ 답 -6

05 ㄱ. $f(-4)=\frac{3}{4}\times(-4)=-3$
ㄴ. $f(-4)=-\frac{1}{2}\times(-4)=2$
ㄷ. $f(-4)=\frac{4}{3\times(-4)}=-\frac{1}{3}$
ㄹ. $f(-4)=-\frac{8}{-4}=2$
따라서 $f(-4)=2$를 만족시키는 것은 ㄴ, ㄹ이다.
답 ㄴ, ㄹ

06 ④ $11\div4=2\cdots3$이므로 $f(11)=3$
$8\div4=2$이므로 $f(8)=0$
$\therefore f(11)-f(8)=3-0=3$ 답 ④

07 $f(12)=\frac{3}{2}\times12=18$
$\therefore a=18$ … ❶
$\therefore g(a)=g(18)=-\frac{36}{18}=-2$ … ❷
답 -2

채점 기준	배점
❶ a의 값 구하기	50%
❷ $g(a)$의 값 구하기	50%

08 $f(a)=-8$에서 $-4a=-8$ $\therefore a=2$
$f(3)=-4\times3=-12$ $\therefore b=-12$
$\therefore a+b=2+(-12)=-10$ 답 ⑤

09 $f(a)=6$에서 $f(a)=-\frac{12}{a}=6$
$\therefore a=-2$ 답 -2

10 $f(6)=\frac{1}{3}$에서 $\frac{a}{6}=\frac{1}{3}$ $\therefore a=2$
따라서 $f(x)=\frac{2}{x}$이므로
$f(a^2)=f(4)=\frac{2}{4}=\frac{1}{2}$ 답 ③

11 $f(-6)=3$에서 $-6a=3$ $\therefore a=-\frac{1}{2}$ … ❶
따라서 $f(x)=-\frac{1}{2}x$이고, $f(b)=-\frac{7}{2}$이므로
$-\frac{1}{2}b=-\frac{7}{2}$ $\therefore b=7$ … ❷
$\therefore 4a+b=4\times\left(-\frac{1}{2}\right)+7=-2+7=5$ … ❸
답 5

채점 기준	배점
❶ a의 값 구하기	40%
❷ b의 값 구하기	40%
❸ $4a+b$의 값 구하기	20%

12 ㄴ. $y=-2x+1$이므로 y가 x의 일차함수이다.
ㄷ. $y=-2x+3$이므로 y가 x의 일차함수이다.
ㄹ. $y=\frac{1}{x-1}$이므로 y가 x의 일차함수가 아니다.
ㅁ. $y=\frac{4}{x}+2$는 y가 x의 일차함수가 아니다.
ㅂ. $y=\frac{1}{2}x-\frac{5}{2}$이므로 y가 x의 일차함수이다.
따라서 y가 x의 일차함수인 것은 ㄴ, ㄷ, ㅂ이다.
답 ㄴ, ㄷ, ㅂ

13 ③ $y=x-1$이므로 y가 x의 일차함수이다.
④ $y=x+3$이므로 y가 x의 일차함수이다.
⑤ $y=-x+2$이므로 y가 x의 일차함수이다. 답 ②

14 ① $y=x+15$이므로 y가 x의 일차함수이다.

② $10=\frac{1}{2}xy$에서 $y=\frac{20}{x}$이므로 y가 x의 일차함수가 아니다.

③ $y=2x$이므로 y가 x의 일차함수이다.

④ $y=360$이므로 y가 x의 일차함수가 아니다.

⑤ $y=\frac{60}{x}$이므로 y가 x의 일차함수가 아니다. 답 ①, ③

15 $y=ax+3(4-x)$에서 $y=(a-3)x+12$

이 함수가 x의 일차함수이려면

$a-3\neq0$ $\therefore a\neq3$ 답 $a\neq3$

16 $f(5)=5a-3=7$에서 $5a=10$

$\therefore a=2$

따라서 $f(x)=2x-3$이므로

$f(-4)=2\times(-4)-3=-11$ 답 ①

17 $f(a)=-\frac{2}{3}a+3=5$에서 $-\frac{2}{3}a=2$

$\therefore a=-3$ 답 -3

18 $f(-2)=1$에서 $-2a+b=1$ ⋯⋯ ㉠

$f(4)=13$에서 $4a+b=13$ ⋯⋯ ㉡

㉠−㉡을 하면 $-6a=-12$ $\therefore a=2$ ⋯ ❶

$a=2$를 ㉠에 대입하면

$-2\times2+b=1$ $\therefore b=5$ ⋯ ❷

$\therefore a+b=2+5=7$ ⋯ ❸

답 7

채점 기준	배점
❶ a의 값 구하기	50%
❷ b의 값 구하기	40%
❸ $a+b$의 값 구하기	10%

19 $f(-3)=1$에서 $-3a-5=1$

$-3a=6$ $\therefore a=-2$

$g(-6)=3$에서 $-\frac{3}{2}\times(-6)+b=3$

$9+b=3$ $\therefore b=-6$

따라서 $f(x)=-2x-5$, $g(x)=-\frac{3}{2}x-6$이므로

$f(2)-g(4)=(-2\times2-5)-\left(-\frac{3}{2}\times4-6\right)$

$=-9+12=3$ 답 ⑤

20 $y=ax-\frac{1}{2}$의 그래프가 점 $(-3, -2)$를 지나므로

$-2=-3a-\frac{1}{2}$, $3a=\frac{3}{2}$ $\therefore a=\frac{1}{2}$

$y=\frac{1}{2}x-\frac{1}{2}$의 그래프가 점 $(b, 2)$를 지나므로

$2=\frac{1}{2}b-\frac{1}{2}$, $\frac{1}{2}b=\frac{5}{2}$ $\therefore b=5$

$\therefore 2a+b=2\times\frac{1}{2}+5=6$ 답 ⑤

21 $y=-3x+8$에 $x=a+1$, $y=2a$를 대입하면

$2a=-3(a+1)+8$, $5a=5$ $\therefore a=1$ 답 1

22 ① $-4\times(-2)+2=10$

② $-4\times(-1)+2=6$

③ $-4\times0+2=2$

④ $-4\times2+2=-6\neq6$

⑤ $-4\times3+2=-10$

따라서 $y=-4x+2$의 그래프 위의 점이 아닌 것은 ④이다.

답 ④

23 $y=-\frac{3}{2}x+9$의 그래프가 점 $(4, b)$를 지나므로

$b=-\frac{3}{2}\times4+9=3$ ⋯ ❶

$y=ax+7$의 그래프가 점 $(4, 3)$을 지나므로

$3=4a+7$, $4a=-4$ $\therefore a=-1$ ⋯ ❷

$\therefore ab=-1\times3=-3$ ⋯ ❸

답 -3

채점 기준	배점
❶ b의 값 구하기	40%
❷ a의 값 구하기	40%
❸ ab의 값 구하기	20%

24 $y=5x-3$의 그래프를 y축의 방향으로 6만큼 평행이동한 그래프의 식은

$y=5x-3+6$ $\therefore y=5x+3$

위의 식이 $y=ax+b$와 같아야 하므로

$a=5$, $b=3$

$\therefore a-b=5-3=2$ 답 2

25 ③ $y=\frac{9}{8}x$의 그래프를 y축의 방향으로 12만큼 평행이동하면 $y=\frac{9}{8}x+12$의 그래프와 겹쳐진다. 답 ③

26 $y=-4x+b$의 그래프를 y축의 방향으로 -7만큼 평행이동한 그래프의 식은

$y=-4x+b-7$

위의 식이 $y=ax-2$와 같아야 하므로

$-4=a$, $b-7=-2$ $\therefore a=-4$, $b=5$

$\therefore a+b=-4+5=1$ 답 1

27 $y=\frac{2}{5}x+4$의 그래프를 y축의 방향으로 k만큼 평행이동한 그래프의 식은

$y=\frac{2}{5}x+4+k$ …… ㉠

$y=6ax$의 그래프를 y축의 방향으로 -6만큼 평행이동한 그래프의 식은

$y=6ax-6$ …… ㉡ … ❶

㉠, ㉡의 식이 서로 같으므로

$\frac{2}{5}=6a$, $4+k=-6$

$\therefore a=\frac{1}{15}$, $k=-10$ … ❷

$\therefore ak=\frac{1}{15}\times(-10)=-\frac{2}{3}$ … ❸

답 $-\frac{2}{3}$

채점 기준	배점
❶ 평행이동한 그래프의 식 구하기	50%
❷ a, k의 값 각각 구하기	30%
❸ ak의 값 구하기	20%

28 $y=-2x+5$의 그래프를 y축의 방향으로 -3만큼 평행이동한 그래프의 식은

$y=-2x+5-3$ $\therefore y=-2x+2$

이 그래프가 점 $(a, 4)$를 지나므로

$4=-2a+2$, $2a=-2$ $\therefore a=-1$

답 ②

29 $y=-\frac{4}{3}x$의 그래프를 y축의 방향으로 3만큼 평행이동한 그래프의 식은 $y=-\frac{4}{3}x+3$

① $-\frac{4}{3}\times(-6)+3=11$

② $-\frac{4}{3}\times(-3)+3=7$

③ $-\frac{4}{3}\times1+3=\frac{5}{3}\neq-\frac{1}{3}$

④ $-\frac{4}{3}\times0+3=3$

⑤ $-\frac{4}{3}\times3+3=-1$

따라서 평행이동한 그래프 위의 점이 아닌 것은 ③이다.

답 ③

30 $y=3x+k$의 그래프를 y축의 방향으로 -2만큼 평행이동한 그래프의 식은

$y=3x+k-2$

이 그래프가 점 $\left(-\frac{1}{2}, -\frac{1}{2}\right)$을 지나므로

$-\frac{1}{2}=3\times\left(-\frac{1}{2}\right)+k-2$ $\therefore k=3$

답 3

31 $y=a(x-2)$의 그래프를 y축의 방향으로 5만큼 평행이동한 그래프의 식은

$y=a(x-2)+5$ $\therefore y=ax-2a+5$

이 그래프가 점 $(-4, 3)$을 지나므로

$3=-4a-2a+5$, $6a=2$ $\therefore a=\frac{1}{3}$ … ❶

$y=\frac{1}{3}x+\frac{13}{3}$의 그래프가 점 $(b, 4)$를 지나므로

$4=\frac{1}{3}b+\frac{13}{3}$, $\frac{1}{3}b=-\frac{1}{3}$ $\therefore b=-1$ … ❷

$\therefore ab=\frac{1}{3}\times(-1)=-\frac{1}{3}$ … ❸

답 $-\frac{1}{3}$

채점 기준	배점
❶ a의 값 구하기	40%
❷ b의 값 구하기	40%
❸ ab의 값 구하기	20%

32 $y=3x-6$에서 $y=0$일 때 $0=3x-6$, $3x=6$ $\therefore x=2$

$x=0$일 때 $y=3\times0-6=-6$

따라서 이 그래프의 x절편은 2, y절편은 -6이므로

$a=2$, $b=-6$

$\therefore ab=2\times(-6)=-12$

답 ①

33 각 일차함수의 그래프의 x절편을 구하면

①, ②, ③, ⑤ 2 ④ -2

따라서 x절편이 나머지 넷과 다른 하나는 ④이다. 답 ④

34 $y=2kx-5$의 그래프가 점 $(-3, 4)$를 지나므로

$4=-6k-5$, $6k=-9$ $\therefore k=-\frac{3}{2}$

$y=-3x-5$에서 $y=0$일 때 $0=-3x-5$, $3x=-5$

$\therefore x=-\frac{5}{3}$

따라서 이 그래프의 x절편은 $-\frac{5}{3}$이다. 답 $-\frac{5}{3}$

35 $y=-\frac{4}{5}x+3$의 그래프를 y축의 방향으로 -7만큼 평행이동한 그래프의 식은

$y=-\frac{4}{5}x+3-7$ $\therefore y=-\frac{4}{5}x-4$

이 식에서 $y=0$일 때 $0=-\frac{4}{5}x-4$, $\frac{4}{5}x=-4$

$\therefore x=-5$

$x=0$일 때 $y=-\frac{4}{5}\times0-4=-4$

따라서 이 그래프의 x절편은 -5, y절편은 -4이므로

$a=-5$, $b=-4$

$\therefore a+b=-5+(-4)=-9$

답 ②

36 $y=ax-\frac{1}{4}$의 그래프를 y축의 방향으로 1만큼 평행이동한 그래프의 식은

$y=ax-\frac{1}{4}+1 \quad \therefore y=ax+\frac{3}{4}$

이 그래프의 x절편이 $-\frac{3}{2}$이므로

$0=-\frac{3}{2}a+\frac{3}{4}$, $\frac{3}{2}a=\frac{3}{4} \quad \therefore a=\frac{1}{2}$

이 그래프의 y절편이 $\frac{3}{4}$이므로 $b=\frac{3}{4}$

$\therefore a+2b=\frac{1}{2}+2\times\frac{3}{4}=2$

답 ①

37 $y=-6x+k$의 그래프의 y절편이 9이므로

$k=9$

따라서 $y=-6x+9$의 그래프의 x절편은

$0=-6x+9$에서 $x=\frac{3}{2}$

즉, 이 그래프의 x절편은 $\frac{3}{2}$이다.

답 $\frac{3}{2}$

38 $y=x-2k$의 그래프의 x절편은

$0=x-2k$에서 $x=2k$

즉, 이 그래프의 x절편은 $2k$이다.

$y=-3x+3k-4$의 그래프의 y절편은 $3k-4$이므로

$2k=3k-4 \quad \therefore k=4$

답 4

39 두 일차함수의 그래프가 x축 위에서 만나므로 두 그래프의 x절편이 같다. … ❶

$y=\frac{2}{3}x+2$의 그래프의 x절편은

$0=\frac{2}{3}x+2$에서 $x=-3$

즉, 이 그래프의 x절편은 -3이다. … ❷

$y=\frac{3}{2}x+k$의 그래프의 x절편이 -3이므로

$0=\frac{3}{2}\times(-3)+k \quad \therefore k=\frac{9}{2}$ … ❸

답 $\frac{9}{2}$

채점 기준	배점
❶ 두 그래프의 x절편이 같음을 알기	20%
❷ $y=\frac{2}{3}x+3$의 그래프의 x절편 구하기	40%
❸ k의 값 구하기	40%

40 $\frac{a-(-3)}{8}=\frac{3}{4}$이므로

$a+3=6 \quad \therefore a=3$

답 ④

41 x의 값이 5만큼 감소할 때 y의 값이 3에서 7까지 증가하는 일차함수의 그래프의 기울기는

$\frac{7-3}{-5}=-\frac{4}{5}$

따라서 그래프의 기울기가 $-\frac{4}{5}$인 것은 ③이다.

답 ③

42 $\frac{-12}{1-(-2)}=-4$이므로 $k=-4$

따라서 $\frac{(y\text{의 값의 증가량})}{-4}=-4$이므로

(y의 값의 증가량)$=16$

답 16

43 $y=2kx+4k+2$의 그래프가 점 $(-3, 4)$를 지나므로

$4=-6k+4k+2$, $2k=-2 \quad \therefore k=-1$ … ❶

따라서 $y=-2x-2$에서 기울기는 -2이고 y절편은 -2이므로

$m=-2$, $n=-2$ … ❷

$\therefore m+n=-2+(-2)=-4$ … ❸

답 -4

채점 기준	배점
❶ k의 값 구하기	40%
❷ m, n의 값 각각 구하기	40%
❸ $m+n$의 값 구하기	20%

44 $\frac{12-(k+1)}{-3-2}=3$이므로

$12-k-1=-15$, $-k=-26 \quad \therefore k=26$

답 ④

45 (기울기)$=\frac{5-3}{-5-(-1)}=-\frac{1}{2}$이므로

$\frac{(y\text{의 값의 증가량})}{3-9}=-\frac{1}{2}$

$\therefore$ (y의 값의 증가량)$=-\frac{1}{2}\times(-6)=3$

답 ⑤

46 그래프가 두 점 $(3, 0)$, $(0, k)$를 지나므로

(기울기)$=\frac{k-0}{0-3}=-4 \quad \therefore k=12$

답 12

47 $y=f(x)$의 그래프가 $(-2, 1)$, $(0, 3)$을 지나므로

$p=\frac{3-1}{0-(-2)}=1$

$y=g(x)$의 그래프가 $(-2, 1)$, $(0, -2)$를 지나므로

$q=\frac{-2-1}{0-(-2)}=-\frac{3}{2}$

$\therefore p+q=1+\left(-\frac{3}{2}\right)=-\frac{1}{2}$

답 $-\frac{1}{2}$

48 $\frac{a-0}{1-(-5)}=\frac{a+1-a}{3-1}$이므로

$\frac{a}{6}=\frac{1}{2} \quad \therefore a=3$

답 ①

49 $\frac{10-2}{6-a}=\frac{6-10}{b-6}$이므로

$\frac{8}{6-a}=\frac{-4}{b-6}$, $8b-48=-24+4a$

$4a-8b=-24$ $\therefore a-2b=-6$

답 -6

50 세 점 $(k+1, 2k)$, $(1, -5)$, $(-1, -10)$이 한 직선 위에 있으므로

$\frac{-5-2k}{1-(k+1)}=\frac{-10-(-5)}{-1-1}$, $\frac{-5-2k}{-k}=\frac{5}{2}$

$-10-4k=-5k$ $\therefore k=10$

답 10

51 $\mathrm{A}(-2, 6)$, $\mathrm{B}(k, 1)$, $\mathrm{C}(4, -3)$이고,

(두 점 A, B를 지나는 직선의 기울기)

=(두 점 A, C를 지나는 직선의 기울기)이므로

$\frac{1-6}{k-(-2)}=\frac{-3-6}{4-(-2)}$, $\frac{-5}{k+2}=-\frac{3}{2}$

$-10=-3k-6$, $3k=4$ $\therefore k=\frac{4}{3}$

답 ③

52 $y=-\frac{2}{3}x-8$의 그래프의 기울기는 $-\frac{2}{3}$, x절편은 -12, y절편은 -8이므로

$a=-\frac{2}{3}$, $b=-12$, $c=-8$

$\therefore abc=-\frac{2}{3}\times(-12)\times(-8)=-64$

답 -64

53 기울기는 $\frac{-4}{6}=-\frac{2}{3}$, x절편은 -6, y절편은 -4이므로

$a=-\frac{2}{3}$, $b=-6$, $c=-4$

$\therefore a-b+c=-\frac{2}{3}-(-6)+(-4)=\frac{4}{3}$

답 ⑤

54 $y=-5x+9$의 그래프를 y축의 방향으로 6만큼 평행이동한 그래프의 식은

$y=-5x+9+6$ $\therefore y=-5x+15$

이 그래프의 기울기는 -5, x절편은 3, y절편은 15이므로

$p=-5$, $q=3$, $r=15$

$\therefore p+q+r=-5+3+15=13$

답 13

55 $y=3x-6$의 그래프의 x절편이 2, $y=-\frac{5}{3}x-3$의 그래프의 y절편이 -3이므로 $y=ax+b$의 그래프의 x절편은 2, y절편은 -3이다. … ❶

따라서 $y=ax+b$의 그래프는 두 점 $(2, 0)$, $(0, -3)$을 지나므로

(기울기)$=\frac{-3-0}{0-2}=\frac{3}{2}$ … ❷

답 $\frac{3}{2}$

채점 기준	배점
❶ $y=ax+b$의 그래프의 x절편, y절편 각각 구하기	50%
❷ $y=ax+b$의 그래프의 기울기 구하기	50%

56 ③ $y=\frac{1}{4}x-9$의 그래프의 x절편이 36, y절편이 -9이므로 그 그래프는 오른쪽 그림과 같다.

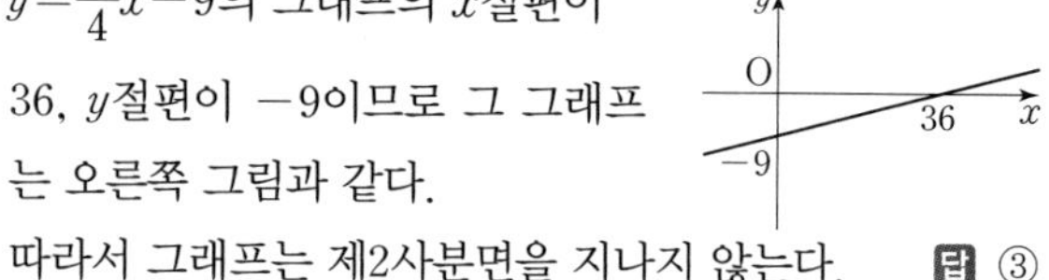

따라서 그래프는 제2사분면을 지나지 않는다.

답 ③

57 $y=\frac{4}{7}x+4$의 그래프의 x절편은 -7, y절편은 4이므로 그 그래프는 ③이다.

답 ③

58 $y=-3x-5$의 그래프를 y축의 방향으로 -1만큼 평행이동한 그래프의 식은

$y=-3x-5-1$ $\therefore y=-3x-6$

이 그래프의 x절편이 -2, y절편이 -6이므로 그 그래프는 오른쪽 그림과 같다.

따라서 제1사분면을 지나지 않는다.

답 제1사분면

59 $y=\frac{3}{2}x-6$의 그래프의 x절편은 4, y절편은 -6이므로 그 그래프는 오른쪽 그림과 같다.

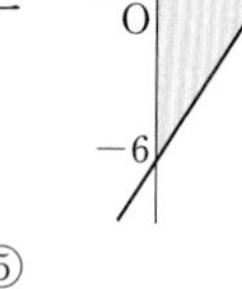

따라서 구하는 넓이는

$\frac{1}{2}\times4\times6=12$

답 ⑤

60 $y=ax+4$의 그래프의 x절편은 $-\frac{4}{a}$, y절편은 4이므로

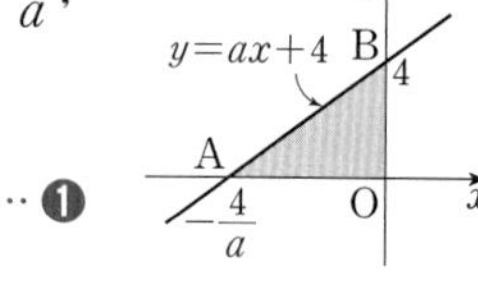

$\mathrm{A}\left(-\frac{4}{a}, 0\right)$, $\mathrm{B}(0, 4)$ … ❶

$\therefore \overline{\mathrm{OA}}=\frac{4}{a}$, $\overline{\mathrm{OB}}=4$

$\triangle\mathrm{AOB}=10$이므로

$\frac{1}{2}\times\frac{4}{a}\times4=10$ $\therefore a=\frac{4}{5}$ … ❷

답 $\frac{4}{5}$

채점 기준	배점
❶ 두 점 A, B의 좌표 각각 구하기	50%
❷ a의 값 구하기	50%

61 $y=\frac{1}{2}x+4$의 그래프의 x절편은 -8, y절편은 4이고,

$y=-\frac{4}{3}x+4$의 그래프의 x절편은 3, y절편은 4이므로

$\mathrm{A}(0, 4)$, $\mathrm{B}(-8, 0)$, $\mathrm{C}(3, 0)$

$\therefore \triangle\mathrm{ABC}=\frac{1}{2}\times\{3-(-8)\}\times4=22$

답 22

Real 실전 유형 again 62~69쪽

09 일차함수와 그래프 (2)

01 $y=4x-3$의 그래프는 오른쪽 그림과 같다.

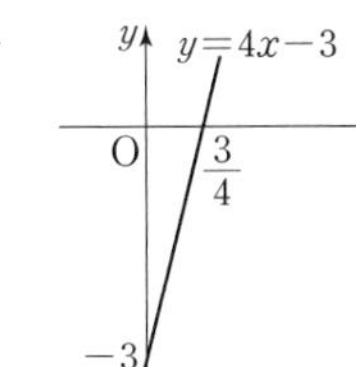

① x의 값이 증가하면 y의 값도 증가한다.
② y축과 음의 부분에서 만난다.
③ 점 $(-1, -7)$을 지난다.
④ 제1, 3, 4사분면을 지난다.

답 ⑤

02 $y=-\frac{1}{2}x-5$의 그래프를 y축의 방향으로 8만큼 평행이동한 그래프의 식은 $y=-\frac{1}{2}x+3$

ㄱ. y절편은 3이다.
ㄹ. x축과 만나는 점의 좌표는 $(6, 0)$이다.

답 ㄴ, ㄷ

03 ④ x축과 만나는 점의 좌표는 $\left(\frac{b}{a}, 0\right)$이다.

답 ④

04 주어진 일차함수의 기울기의 절댓값의 크기를 비교하면

$\left|-\frac{1}{2}\right|<|1|<|-2|<\left|-\frac{9}{4}\right|<|3|$

기울기의 절댓값이 작을수록 x축에 가까우므로 ③의 그래프가 x축에 가장 가깝다.

답 ③

05 $y=ax+2$의 그래프는 오른쪽 아래로 향하는 직선이므로 a는 음수이다. 이때 a의 절댓값이 $y=-\frac{1}{2}x+2$의 그래프의 기울기의 절댓값보다 크고, $y=-3x+2$의 그래프의 기울기의 절댓값보다 작아야 하므로 $-3<a<-\frac{1}{2}$

답 $-3<a<-\frac{1}{2}$

06 네 직선 l, m, n, k의 기울기를 각각 a_1, a_2, a_3, a_4라 하면

$a_1<0$, $a_2<0$, $a_3>0$, $a_4>0$ … ❶

$|a_1|<|a_2|$, $|a_4|<|a_3|$이므로

$a_2<a_1<a_4<a_3$ … ❷

따라서 기울기가 큰 것부터 차례대로 나열하면 n, k, l, m이다. … ❸

답 n, k, l, m

채점 기준	배점
❶ 네 직선의 기울기의 부호 알기	40%
❷ 네 직선의 기울기의 크기 비교하기	40%
❸ 기울기가 큰 직선부터 차례대로 나열하기	20%

07 조건 (가)에서 기울기가 음수이고

조건 (나)에서 기울기의 절댓값이 $\frac{7}{2}$보다 커야 한다.

따라서 조건을 모두 만족시키는 일차함수의 식은 ⑤이다.

답 ⑤

08 $a<0$, $b<0$에서

(기울기)$=a+b<0$, (y절편)$=ab>0$

이므로 $y=(a+b)x+ab$의 그래프는 오른쪽 그림과 같다.

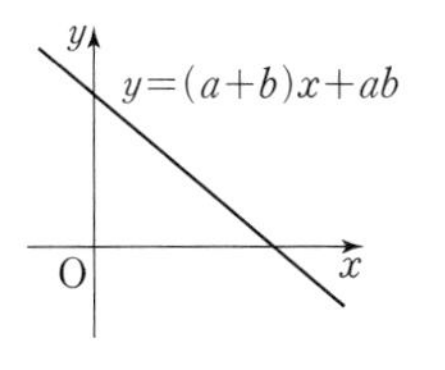

따라서 제3사분면을 지나지 않는다.

답 제3사분면

09 $a>0$, $b<0$일 때, 일차함수의 그래프는 각각 다음과 같다.

ㄱ. (기울기)$=-a<0$
(y절편)$=b<0$

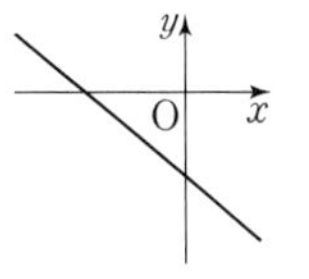

ㄴ. (기울기)$=a>0$
(y절편)$=-b>0$

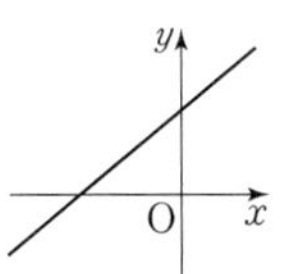

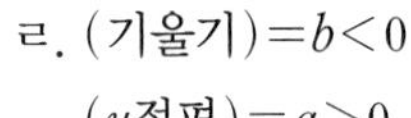

ㄷ. (기울기)$=-a<0$
(y절편)$=-b>0$

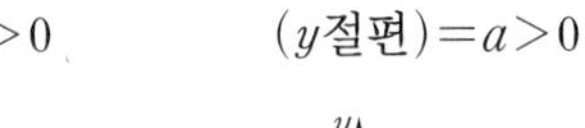

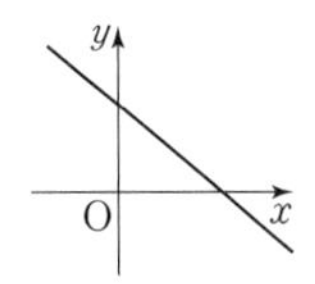

ㄹ. (기울기)$=b<0$
(y절편)$=a>0$

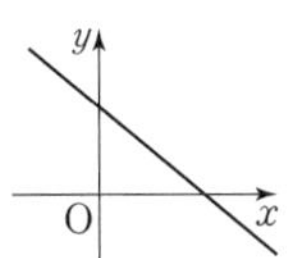

따라서 제3사분면을 지나지 않는 것은 ㄷ, ㄹ이다.

답 ㄷ, ㄹ

10 $\frac{a}{b}>0$이므로 $a>0$, $b>0$ 또는 $a<0$, $b<0$

이때 $a+b>0$이므로 $a>0$, $b>0$

$y=-ax-b$에서

(기울기)$=-a<0$, (y절편)$=-b<0$

따라서 $y=-ax-b$의 그래프는 오른쪽 아래로 향하고 y축과 음의 부분에서 만나므로 그 그래프로 알맞은 것은 ③이다.

답 ③

11 $y=-ax+b$의 그래프가

오른쪽 위로 향하는 직선이므로 $-a>0$, 즉 $a<0$

y축과 양의 부분에서 만나므로 $b>0$

답 ③

12 $y=ax+\frac{b}{a}$의 그래프가

오른쪽 아래로 향하는 직선이므로 $a<0$

y축과 음의 부분에서 만나므로 $\frac{b}{a}<0$

$\therefore a<0$, $b>0$

답 $a<0$, $b>0$

13 $y=-bx-a$의 그래프가

오른쪽 위로 향하는 직선이므로 $-b>0$, 즉 $b<0$

y축과 음의 부분에서 만나므로 $-a<0$, 즉 $a>0$

더블북

따라서 x절편이 a, y절편이 b인 일차함수의 그래프는 오른쪽 그림과 같으므로 제1, 3, 4사분면을 지난다.

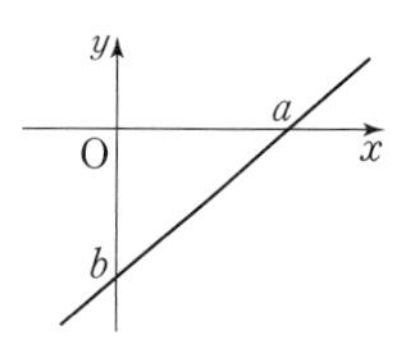

답 제1, 3, 4사분면

14 $y=ax-b$의 그래프가
오른쪽 아래로 향하는 직선이므로 $a<0$
y축과 음의 부분에서 만나므로
$-b<0$, 즉 $b>0$ … ❶
$y=(a-b)x-ab$에서
(기울기)$=a-b<0$, (y절편)$=-ab>0$ … ❷
따라서 $y=(a-b)x-ab$의 그래프는 오른쪽 그림과 같으므로 제3사분면을 지나지 않는다. … ❸

답 제3사분면

채점 기준	배점
❶ a, b의 부호 구하기	40%
❷ $y=(a-b)x-ab$의 그래프의 기울기와 y절편의 부호 구하기	40%
❸ 그래프가 지나지 않는 사분면 구하기	20%

15 $y=ax+6$과 $y=-4x-5$의 그래프가 평행하므로 $a=-4$
$y=-4x+6$의 그래프가 점 $(m, -2)$를 지나므로
$-2=-4m+6$, $4m=8$ $\therefore m=2$
$\therefore a+m=-4+2=-2$

답 -2

16 ⑤ $y=6x+12$의 그래프는 $y=6x-5$의 그래프와 평행하므로 만나지 않는다.

답 ⑤

17 주어진 그래프는 두 점 $(-6, 0)$, $(0, -4)$를 지나므로
(기울기)$=\dfrac{-4-0}{0-(-6)}=-\dfrac{2}{3}$
또, 그래프의 y절편이 -4이므로 주어진 그래프와 평행한 것은 ④이다.

답 ④

18 주어진 그래프는 두 점 $(9, 0)$, $(0, -3)$을 지나므로
(기울기)$=\dfrac{-3-0}{0-9}=\dfrac{1}{3}$
$y=ax+2$의 그래프가 주어진 그래프와 평행하므로
$a=\dfrac{1}{3}$
$y=\dfrac{1}{3}x+2$의 그래프의 x절편이 -6이므로
$y=-\dfrac{1}{3}x+b$의 그래프의 x절편도 -6이다.
즉, $0=-\dfrac{1}{3}\times(-6)+b$이므로 $b=-2$
$\therefore 6ab=6\times\dfrac{1}{3}\times(-2)=-4$

답 -4

19 $y=-2ax+9$와 $y=6x+a-2b$의 그래프가 일치하므로
$-2a=6$, $9=a-2b$
따라서 $a=-3$, $b=-6$이므로
$a-b=-3-(-6)=3$

답 ⑤

20 $y=3ax+8$의 그래프를 y축의 방향으로 -2만큼 평행이동한 그래프의 식은
$y=3ax+8-2$ $\therefore y=3ax+6$
즉, $y=3ax+6$의 그래프와 $y=-12x+a+b$의 그래프가 일치하므로
$3a=-12$, $6=a+b$
따라서 $a=-4$, $b=10$이므로
$ab=-4\times10=-40$

답 -40

21 $y=-x+2-a$의 그래프가 점 $(3, 4)$를 지나므로
$4=-3+2-a$ $\therefore a=-5$ … ❶
따라서 $y=-x+7$의 그래프와 $y=-bx+c-1$의 그래프가 일치하므로
$-1=-b$, $7=c-1$ $\therefore b=1$, $c=8$ … ❷
$\therefore a+b+c=-5+1+8=4$ … ❸

답 4

채점 기준	배점
❶ a의 값 구하기	30%
❷ b, c의 값 각각 구하기	50%
❸ $a+b+c$의 값 구하기	20%

22 조건 (가)에서
$5=a+6$, $-3\neq2a$ $\therefore a=-1$
조건 (나)에서 $y=5x-2$의 그래프를 y축의 방향으로 $-b$만큼 평행이동한 그래프의 식은
$y=5x-2-b$
이 일차함수의 그래프와 $y=5x+1$의 그래프는 일치하므로
$-2-b=1$ $\therefore b=-3$
$\therefore a-b=-1-(-3)=2$

답 2

23 ⑤ $y=-\dfrac{2}{3}x+1$의 그래프는 오른쪽 그림과 같으므로 제1, 2, 4사분면을 지난다.

답 ⑤

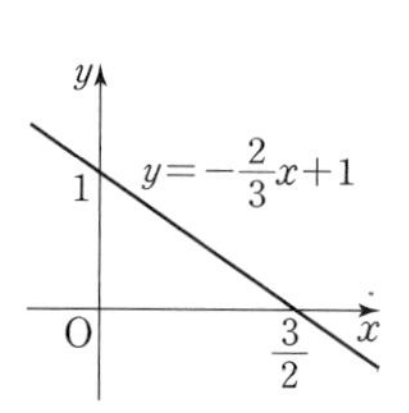

24 주어진 그래프는 두 점 $(4, 0)$, $(0, -3)$을 지나므로
(기울기)$=\dfrac{-3-0}{0-4}=\dfrac{3}{4}$
ㄱ. x의 값이 4만큼 증가하면 y의 값은 3만큼 증가한다.
ㄴ. $y=\dfrac{3}{4}x-3$의 그래프와 일치한다.

ㄹ. $y=\frac{3}{4}x-3$의 그래프를 y축의 방향으로 3만큼 평행이동한 그래프의 식은 $y=\frac{3}{4}x-3+3$, 즉 $y=\frac{3}{4}x$

$3=\frac{3}{4}\times4$이므로 이 그래프는 점 $(4, 3)$을 지난다.

따라서 옳은 것은 ㄷ, ㄹ이다. 답 ㄷ, ㄹ

참고 두 일차함수의 그래프가 평행하거나 일치하지 않으면 한 점에서 만난다.

25 ① $y=ax-b$의 그래프가 오른쪽 위로 향하는 직선이므로 $a>0$이고, y축과 양의 부분에서 만나므로 $-b>0$, 즉 $b<0$이다.

③ $a>0$이므로 $y=ax$의 그래프는 오른쪽 위로 향하고 원점을 지나므로 제1, 3사분면을 지난다.

④ $y=bx+a$에서 $b<0$이므로 오른쪽 아래로 향하는 직선이고, $a>0$이므로 y축과 양의 부분에서 만나므로 $y=bx+a$의 그래프는 제3사분면을 지나지 않는다.

⑤ $y=ax-b$의 그래프의 y절편은 $-b$, $y=-ax-b$의 그래프의 y절편도 $-b$이고 기울기가 다르므로 두 그래프는 y축에서 만난다.

따라서 옳지 않은 것은 ④이다. 답 ④

26 $y=-2x+3$의 그래프와 평행하므로 기울기는 -2이다.

$y=-\frac{3}{2}x+6$의 그래프와 y축에서 만나므로 y절편은 6이다.

따라서 구하는 일차함수의 식은

$y=-2x+6$ 답 ②

27 (기울기)$=\frac{-5}{2}=-\frac{5}{2}$이고, y절편이 4이므로

$y=-\frac{5}{2}x+4$

따라서 $y=-\frac{5}{2}x+4$의 그래프의 x절편은

$0=-\frac{5}{2}x+4$, $\frac{5}{2}x=4$ $\therefore x=\frac{8}{5}$

즉, x절편은 $\frac{8}{5}$이다. 답 $\frac{8}{5}$

28 조건 (가)에서 두 점 $(-1, -4)$, $(2, -5)$를 지나므로

(기울기)$=\frac{-5-(-4)}{2-(-1)}=-\frac{1}{3}$

조건 (나)에서 y절편이 $\frac{4}{3}$이므로 구하는 일차함수의 식은

$y=-\frac{1}{3}x+\frac{4}{3}$

$y=-\frac{1}{3}x+\frac{4}{3}$의 그래프가 점 $(7, -k)$를 지나므로

$-k=-\frac{1}{3}\times7+\frac{4}{3}=-1$ $\therefore k=1$ 답 1

29 두 점 $(6, 0)$, $(0, 8)$을 지나는 직선과 평행하므로

(기울기)$=\frac{8-0}{0-6}=-\frac{4}{3}$

또, $y=x+2$의 그래프와 y축에서 만나므로 (y절편)$=2$

즉, 구하는 일차함수의 식은 $y=-\frac{4}{3}x+2$ … ❶

$y=-\frac{4}{3}x+2$의 그래프가 점 $(3a, a-3)$을 지나므로

$a-3=-\frac{4}{3}\times3a+2$, $a-3=-4a+2$

$5a=5$ $\therefore a=1$ … ❷

답 1

채점 기준	배점
❶ 일차함수의 식 구하기	60%
❷ a의 값 구하기	40%

30 $y=-6x+5$의 그래프와 평행하므로 기울기는 -6이다.

일차함수의 식을 $y=-6x+b$로 놓고 $x=2$, $y=-5$를 대입하면

$-5=-6\times2+b$ $\therefore b=7$

$\therefore y=-6x+7$ 답 ②

31 기울기는 $\frac{5}{3}$이므로 일차함수의 식을 $y=\frac{5}{3}x+b$로 놓고

$x=-\frac{1}{5}$, $y=2$를 대입하면

$2=\frac{5}{3}\times\left(-\frac{1}{5}\right)+b$ $\therefore b=\frac{7}{3}$

따라서 $y=\frac{5}{3}x+\frac{7}{3}$의 그래프의 y절편은 $\frac{7}{3}$이다. 답 $\frac{7}{3}$

32 두 점 $(-3, -6)$, $(5, -2)$를 지나는 직선과 평행하므로

(기울기)$=\frac{-2-(-6)}{5-(-3)}=\frac{1}{2}$

일차함수의 식을 $y=\frac{1}{2}x+b$로 놓고 $x=2$, $y=-5$를 대입하면

$-5=\frac{1}{2}\times2+b$ $\therefore b=-6$

따라서 $f(x)=\frac{1}{2}x-6$이므로

$f(6)=\frac{1}{2}\times6-6=-3$ 답 -3

33 $y=-8x+7$의 그래프와 평행하므로 기울기는 -8이다.

$\therefore a=-8$ … ❶

$y=-\frac{4}{5}x-4$의 그래프의 x절편은 -5이므로 일차함수의 식을 $y=-8x+b$로 놓고 $x=-5$, $y=0$을 대입하면

$0=-8\times(-5)+b$ $\therefore b=-40$ … ❷

$\therefore a-b=-8-(-40)=32$ … ❸

답 32

채점 기준	배점
❶ a의 값 구하기	40%
❷ b의 값 구하기	40%
❸ $a-b$의 값 구하기	20%

34 $y=ax+b$의 그래프가 두 점 $(-4, 7)$, $(2, -3)$을 지나므로

$(\text{기울기})=\frac{-3-7}{2-(-4)}=-\frac{5}{3}$

$\therefore a=-\frac{5}{3}$

$y=-\frac{5}{3}x+b$에 $x=2$, $y=-3$을 대입하면

$-3=-\frac{5}{3}\times2+b \quad \therefore b=\frac{1}{3}$

$\therefore a-b=-\frac{5}{3}-\frac{1}{3}=-2$ 답 -2

35 두 점 $(-1, -6)$, $(3, 10)$을 지나므로

$(\text{기울기})=\frac{10-(-6)}{3-(-1)}=4$

일차함수의 식을 $y=4x+b$로 놓고 $x=-1$, $y=-6$을 대입하면

$-6=4\times(-1)+b \quad \therefore b=-2$

따라서 $y=4x-2$의 그래프의 y절편은 -2이므로 이 그래프와 y축에서 만나는 것은 ②이다. 답 ②

36 $y=ax+b$의 그래프가 두 점 $(-3, 5)$, $(1, -1)$을 지나므로

$(\text{기울기})=\frac{-1-5}{1-(-3)}=-\frac{3}{2} \quad \therefore a=-\frac{3}{2}$

일차함수의 식을 $y=-\frac{3}{2}x+b$로 놓고 $x=1$, $y=-1$을 대입하면

$-1=-\frac{3}{2}\times1+b \quad \therefore b=\frac{1}{2}$

따라서 $y=bx+a$, 즉 $y=\frac{1}{2}x-\frac{3}{2}$의 그래프 위에 있는 점은 ④이다. 답 ④

37 두 점 $(-3, 14)$, $(2, -6)$을 지나므로

$(\text{기울기})=\frac{-6-14}{2-(-3)}=-4$

일차함수의 식을 $y=-4x+b$로 놓고

$x=2$, $y=-6$을 대입하면

$-6=-4\times2+b \quad \therefore b=2$

$y=-4x+2$의 그래프를 y축의 방향으로 6만큼 평행이동한 그래프의 식은

$y=-4x+2+6 \quad \therefore y=-4x+8$

$y=-4x+8$의 그래프가 점 $(k, 7)$을 지나므로

$7=-4k+8$, $4k=1 \quad \therefore k=\frac{1}{4}$ 답 $\frac{1}{4}$

38 주어진 그래프는 두 점 $(4, 0)$, $(0, 5)$를 지나므로

$(\text{기울기})=\frac{5-0}{0-4}=-\frac{5}{4}$

y절편이 5이므로 구하는 일차함수의 식은

$y=-\frac{5}{4}x+5$

$y=-\frac{5}{4}x+5$의 그래프가 점 $(-4, k)$를 지나므로

$k=-\frac{5}{4}\times(-4)+5=10$ 답 10

39 $y=ax+b$의 그래프가 두 점 $(-8, 0)$, $(0, 6)$을 지나므로

$(\text{기울기})=\frac{6-0}{0-(-8)}=\frac{3}{4} \quad \therefore a=\frac{3}{4}$

y절편이 6이므로 $b=6$

$\therefore ab=\frac{3}{4}\times6=\frac{9}{2}$ 답 $\frac{9}{2}$

40 조건 (가)에서 $y=-2x+6$의 그래프와 x축에서 만나므로 구하는 일차함수의 x절편은 3이다.

조건 (나)에서 $y=\frac{9}{4}x+9$의 그래프와 y축에서 만나므로 구하는 일차함수의 y절편은 9이다.

즉, 구하는 일차함수의 그래프는 두 점 $(3, 0)$, $(0, 9)$를 지나므로

$(\text{기울기})=\frac{9-0}{0-3}=-3$

y절편은 9이므로 구하는 일차함수의 식은

$y=-3x+9$ 답 $y=-3x+9$

41 주어진 일차함수의 그래프는 두 점 $(2, 0)$, $(0, -4)$를 지나므로

$(\text{기울기})=\frac{-4-0}{0-2}=2$

y절편은 -4이므로 주어진 일차함수의 식은

$y=2x-4$ …… ㉠ … ❶

$y=ax+a-1$의 그래프를 y축의 방향으로 b만큼 평행이동한 그래프의 식은

$y=ax+a-1+b$ …… ㉡ … ❷

㉠, ㉡이 일치하므로

$2=a$, $-4=a-1+b$

따라서 $a=2$, $b=-5$이므로 … ❸

$a+b=2+(-5)=-3$ … ❹

답 -3

채점 기준	배점
❶ 주어진 일차함수의 그래프의 식 구하기	30%
❷ 평행이동한 그래프의 식 구하기	30%
❸ a, b의 값 각각 구하기	20%
❹ $a+b$의 값 구하기	20%

42 100 m 높아질 때마다 기온이 0.3 ℃씩 내려가므로 1 km 높아질 때마다 기온이 3 ℃씩 내려간다.

지면으로부터 x km인 지점의 기온을 y ℃라 하면

$y=15-3x$

이 식에 $y=9$를 대입하면

$9=15-3x$, $3x=6$ $\quad\therefore x=2$

따라서 기온 9 ℃인 지점은 지면으로부터 2 km이다.

답 2 km

43 물을 데우기 시작한 지 x분 후의 물의 온도를 y ℃라 하면

$y=15+17x$

이 식에 $y=100$을 대입하면

$100=15+17x$, $17x=85$ $\quad\therefore x=5$

따라서 물을 데우기 시작한 지 5분 후에 물이 끓기 시작한다.

답 5분 후

44 5 g인 물체를 달 때마다 용수철의 길이가 2 cm씩 늘어나므로 물건의 무게가 1 g씩 늘어날 때마다 용수철의 길이는 $\frac{2}{5}$ cm씩 늘어난다.

무게가 x g인 물건을 달았을 때, 용수철의 길이를 y cm라 하면

$y=15+\frac{2}{5}x$

이 식에 $x=30$을 대입하면

$y=15+\frac{2}{5}\times 30=27$

따라서 무게가 30 g인 물건을 달았을 때, 용수철의 길이는 27 cm이다.

답 27 cm

45 길이가 36 cm인 양초가 모두 타는 데 60분이 걸리므로 양초의 길이는 1분에 $\frac{36}{60}=\frac{3}{5}$(cm)씩 짧아진다.

양초에 불을 붙인 지 x분 후에는 $\frac{3}{5}x$ cm만큼 양초의 길이가 짧아지므로

$y=36-\frac{3}{5}x$ ··· ❶

이 식에 $y=24$를 대입하면

$24=36-\frac{3}{5}x$, $\frac{3}{5}x=12$ $\quad\therefore x=20$

따라서 남아 있는 양초의 길이가 24 cm가 되는 것은 양초에 불을 붙인 지 20분 후이다. ··· ❷

답 $y=36-\frac{3}{5}x$, 20분 후

채점 기준	배점
❶ x와 y 사이의 관계식 구하기	60%
❷ 양초의 길이가 24 cm가 되는 것은 불을 붙인 지 몇 분 후인지 구하기	40%

46 물통의 뚜껑을 열면 5분에 9 L씩 물이 흘러나오므로 1분에 $\frac{9}{5}$ L씩 물이 흘러나온다.

뚜껑을 연 지 x분 후에 물통에 남아 있는 물의 양을 y L라 하면

$y=90-\frac{9}{5}x$

이 식에 $y=54$를 대입하면

$54=90-\frac{9}{5}x$, $\frac{9}{5}x=36$ $\quad\therefore x=20$

따라서 뚜껑을 연 지 20분 후에 물통에 54 L의 물이 남아 있다.

답 20분 후

47 물을 채우기 시작한 지 x분 후에 물탱크에 채워진 물의 양을 y L라 하면 x분 동안 $4x$ L씩 채워지므로

$y=40+4x$

이 식에 $y=300$을 대입하면

$300=40+4x$, $4x=260$ $\quad\therefore x=65$

따라서 물탱크를 가득 채울 때까지 걸리는 시간은 65분이다.

답 65분

48 자동차가 18 km를 달리는 데 휘발유 1 L가 소모되므로 1 km를 달리는 데 $\frac{1}{18}$ L의 휘발유가 소모된다.

x km를 달리면 $\frac{1}{18}x$ L만큼 휘발유가 소모되므로

$y=50-\frac{1}{18}x$ ··· ❶

이 식에 $x=90$을 대입하면

$y=50-\frac{1}{18}\times 90=45$

따라서 90 km를 달린 후에 남아 있는 휘발유의 양은 45 L이다. ··· ❷

답 $y=50-\frac{1}{18}x$, 45 L

채점 기준	배점
❶ x와 y 사이의 관계식 구하기	60%
❷ 90 km를 달린 후에 남아 있는 휘발유의 양 구하기	40%

49 2분에 10 mL씩 들어가므로 1분에 5 mL씩 들어간다. 포도당을 투여하기 시작한 지 x분 후에 남아 있는 포도당의 양을 y mL라 하면 x분 동안 $5x$ mL씩 맞으므로

$y=800-5x$

이 식에 $y=0$을 대입하면

$0=800-5x$, $5x=800$ $\quad\therefore x=160$

따라서 포도당을 모두 투여하는 데 160분, 즉 2시간 40분이 걸리므로 오후 12시부터 투여하기 시작하였을 때, 포도당을 모두 투여했을 때의 시각은 오후 2시 40분이다.

답 ③

50 출발한 지 x분 후에 시운이의 지점에서 체육관까지의 거리를 y m라 하자. 4 km=4000 m이므로

$y=4000-80x$

이 식에 $x=35$를 대입하면

$y=4000-80\times35=1200$

따라서 출발한 지 35분 후의 체육관까지 남은 거리는 1200 m이다. 답 1200 m

51 x초 동안 내려온 거리가 $2.5x$ m이므로

$y=60-2.5x$ 답 $y=60-2.5x$

52 윤희가 집에서 출발한 지 x분 후에 미술관까지 남은 거리를 y km라 하자.

윤희가 x분 동안 자전거를 타고 간 거리가 $400x$ m, 즉 $0.4x$ km이므로

$y=8-0.4x$

이 식에 $y=2$를 대입하면

$2=8-0.4x$, $0.4x=6$ $\therefore x=15$

따라서 윤희가 집에서 출발한 지 15분 후에 꽃가게에 도착할 수 있다. 답 ⑤

53 출발 전 서연이와 민서 사이의 거리는 1.35 km, 즉 1350 m이므로 서연이와 민서는 x분 동안 각각 $70x$ m, $200x$ m만큼 움직이므로

$y=1350-(70x+200x)$ $\therefore y=1350-270x$ … ❶

이 식에 $y=0$을 대입하면

$0=1350-270x$, $270x=1350$ $\therefore x=5$

따라서 두 사람이 만나는 것은 출발한 지 5분 후이다. … ❷

답 5분 후

채점 기준	배점
❶ x와 y 사이의 관계식 구하기	60%
❷ 두 사람이 만나는 것은 출발한 지 몇 분 후인지 구하기	40%

54 점 P가 꼭짓점 A를 출발한 지 x초 후의 $\overline{PC}$의 길이는 $(24-2x)$ cm이므로 삼각형 PBC의 넓이를 y cm^{2}라 하면

$y=\frac{1}{2}\times18\times(24-2x)$ $\therefore y=216-18x$

이 식에 $y=90$을 대입하면

$90=216-18x$, $18x=126$ $\therefore x=7$

따라서 $\triangle$PBC의 넓이가 90 cm^{2}가 되는 것은 7초 후이다.

답 7초 후

55 $\overline{PC}=(12-x)$ cm이므로

$y=\frac{1}{2}\times(12-x+12)\times10$ $\therefore y=120-5x$ … ❶

이 식에 $x=6$을 대입하면

$y=120-5\times6=90$

따라서 $\overline{BP}=6$ cm일 때의 사다리꼴 PCDA의 넓이는 90 cm^{2}이다. … ❷

답 $y=120-5x$, 90 cm^2

채점 기준	배점
❶ x와 y 사이의 관계식 구하기	60%
❷ 사다리꼴 PCDA의 넓이 구하기	40%

56 점 P가 점 B를 출발한 지 x초 후의 삼각형 ABP와 삼각형 DPC의 넓이의 합을 y cm^{2}이라 하면 x초 후에

$\overline{BP}=3x$ cm, $\overline{PC}=(30-3x)$ cm이므로

$y=\triangle ABP+\triangle DPC$

$=\frac{1}{2}\times3x\times18+\frac{1}{2}\times(30-3x)\times12$

$=9x+180$

이 식에 $y=225$를 대입하면

$225=9x+180$, $9x=45$ $\therefore x=5$

따라서 $\triangle$ABP와 $\triangle$DPC의 넓이의 합이 225 cm^{2}가 되는 것은 5초 후이다. 답 5초 후

57 주어진 그래프가 두 점 (600, 0), (0, 50)을 지나므로

$(\text{기울기})=\frac{50-0}{0-600}=-\frac{1}{12}$

y절편이 50이므로 주어진 그래프의 식은

$y=-\frac{1}{12}x+50$

이 식에 $y=15$에 대입하면

$15=-\frac{1}{12}x+50$, $\frac{1}{12}x=35$ $\therefore x=420$

따라서 남은 휘발유가 15 L일 때, 이 자동차의 이동 거리는 420 km이다. 답 420 km

58 주어진 그래프가 두 점 (0, 10), (3, 22)를 지나므로

$(\text{기울기})=\frac{22-10}{3-0}=4$

y절편이 10이므로 주어진 그래프의 식은

$y=4x+10$

이 식에 $x=18$을 대입하면 $y=4\times18+10=82$

따라서 물을 넣기 시작한 지 18초 후의 물의 높이는 82 cm이다. 답 82 cm

59 주어진 그래프가 두 점 (25, 0), (0, 2000)을 지나므로

$(\text{기울기})=\frac{2000-0}{0-25}=-80$

y절편이 2000이므로 주어진 그래프의 식은

$y=-80x+2000$

④ $y=-80x+2000$에 $x=15$를 대입하면

$y=-80\times15+2000=800$

따라서 출발한 지 15분 후 도서관까지의 거리는 800 m이다. 답 ④

Real 실전 유형 again 70~78쪽

10 일차함수와 일차방정식의 관계

01 $2x-3y+12=0$에서 $y=\frac{2}{3}x+4$

① x의 값이 증가하면 y의 값도 증가한다.

③ $2x-3y+12=0$에 $x=3$, $y=5$를 대입하면 $2\times3-3\times5+12=3\neq0$이므로 점 $(3, 5)$를 지나지 않는다.

⑤ y축과 양의 부분에서 만난다.

답 ②, ④

02 $3x-4y-6=0$에서 $y=\frac{3}{4}x-\frac{3}{2}$ 답 ④

03 $6x+4y-5=0$에서 $y=-\frac{3}{2}x+\frac{5}{4}$

따라서 $6x+4y-5=0$의 그래프는 오른쪽 그림과 같으므로 제3사분면을 지나지 않는다.

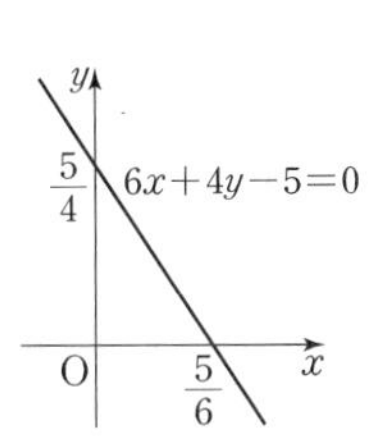

답 제3사분면

04 $x+5y+10=0$에서 $y=-\frac{1}{5}x-2$

$\therefore a=-\frac{1}{5}$, $c=-2$ … ❶

그래프의 x절편은 $x+10=0$에서 $x=-10$이므로

$b=-10$ … ❷

$\therefore abc=-\frac{1}{5}\times(-10)\times(-2)=-4$ … ❸

답 -4

채점 기준	배점
❶ a, c의 값 각각 구하기	60%
❷ b의 값 구하기	30%
❸ abc의 값 구하기	10%

05 $2x-y+5=0$에 $x=2a$, $y=a-4$를 대입하면

$4a-(a-4)+5=0$, $3a=-9$

$\therefore a=-3$ 답 -3

06 ① $4\times(-1)+12-8=0$

② $4\times0+8-8=0$

③ $4\times1+4-8=0$

④ $4\times2+1-8=1\neq0$

⑤ $4\times3-4-8=0$

따라서 주어진 일차방정식의 그래프 위의 점이 아닌 것은 ④이다. 답 ④

07 $3x-y-11=0$의 그래프가 점 $(m, -2)$를 지나므로

$3x-y-11=0$에 $x=m$, $y=-2$를 대입하면

$3m-(-2)-11=0$, $3m=9$ $\therefore m=3$ 답 3

08 $5x-2y-8=0$에 $x=a$, $y=11$을 대입하면

$5a-2\times11-8=0$, $5a=30$

$\therefore a=6$ … ❶

$5x-2y-8=0$에 $x=-2$, $y=b-3$을 대입하면

$-10-2(b-3)-8=0$, $-2b=12$

$\therefore b=-6$ … ❷

$\therefore a+b=6+(-6)=0$ … ❸

답 0

채점 기준	배점
❶ a의 값 구하기	40%
❷ b의 값 구하기	40%
❸ $a+b$의 값 구하기	20%

09 $3x+ay-11=0$에 $x=1$, $y=-4$를 대입하면

$3-4a-11=0$, $-4a=8$ $\therefore a=-2$

$3x-2y-11=0$에서 $y=\frac{3}{2}x-\frac{11}{2}$이므로

그래프의 y절편은 $-\frac{11}{2}$이다. 답 ②

10 $(a+3)x-5y-7=0$에 $x=-4$, $y=-3$을 대입하면

$-4(a+3)-5\times(-3)-7=0$

$-4a=4$ $\therefore a=-1$

$2x-5y-7=0$에 $x=1$, $y=b$를 대입하면

$2-5b-7=0$, $-5b=5$ $\therefore b=-1$

$\therefore a+b=-1+(-1)=-2$ 답 -2

11 $ax+by-10=0$에서 $y=-\frac{a}{b}x+\frac{10}{b}$

주어진 그래프의 기울기가 $\frac{4}{5}$, y절편이 4이므로

$-\frac{a}{b}=\frac{4}{5}$, $\frac{10}{b}=4$ $\therefore a=-2$, $b=\frac{5}{2}$

$\therefore a+b=-2+\frac{5}{2}=\frac{1}{2}$ 답 $\frac{1}{2}$

12 $3ax-(b-4)y-6=0$에서 $(b-4)y=3ax-6$

$\therefore y=\frac{3a}{b-4}x-\frac{6}{b-4}$

따라서 $\frac{3a}{b-4}=-\frac{3}{2}$, $-\frac{6}{b-4}=3$이므로

$a=1$, $b=2$

$\therefore a+b=1+2=3$ 답 3

더블북

13 두 점 $(-3,\ -7)$, $(1,\ -1)$을 지나므로

$(\text{기울기})=\dfrac{-1-(-7)}{1-(-3)}=\dfrac{3}{2}$

직선의 방정식을 $y=\dfrac{3}{2}x+b$로 놓고 $x=1$, $y=-1$을 대입하면

$-1=\dfrac{3}{2}+b \qquad \therefore b=-\dfrac{5}{2}$

따라서 $y=\dfrac{3}{2}x-\dfrac{5}{2}$, 즉 $3x-2y-5=0$이다. 답 ⑤

14 기울기가 $-\dfrac{5}{4}$이므로 직선의 방정식을 $y=-\dfrac{5}{4}x+b$로 놓고 $x=-8$, $y=4$를 대입하면

$4=-\dfrac{5}{4}\times(-8)+b \qquad \therefore b=-6$

따라서 $y=-\dfrac{5}{4}x-6$, 즉 $5x+4y+24=0$이다.

답 $5x+4y+24=0$

15 두 점 $(-2,\ -7)$, $(1,\ 2)$를 지나는 직선의 기울기는

$(\text{기울기})=\dfrac{2-(-7)}{1-(-2)}=3$ … ❶

직선의 방정식을 $y=3x+k$로 놓고 $x=3$, $y=5$를 대입하면

$5=3\times3+k \qquad \therefore k=-4$

따라서 $y=3x-4$, 즉 $3x-y-4=0$이므로 … ❷

$a=3$, $b=-1$

$\therefore a+b=3+(-1)=2$ … ❸

답 2

채점 기준	배점
❶ 기울기 구하기	30%
❷ 직선의 방정식 구하기	40%
❸ $a+b$의 값 구하기	30%

16 $12x+6y-5=0$에서 $y=-2x+\dfrac{5}{6}$

이 그래프와 평행한 직선의 방정식을 $y=-2x+b$로 놓자.

일차방정식 $4x-5y+6=0$의 그래프의 x절편은 $-\dfrac{3}{2}$이므로 구하는 직선의 x절편은 $-\dfrac{3}{2}$이다.

$y=-2x+b$에 $x=-\dfrac{3}{2}$, $y=0$을 대입하면

$0=-2\times\left(-\dfrac{3}{2}\right)+b \qquad \therefore b=-3$

따라서 $y=-2x-3$, 즉 $2x+y+3=0$이다. 답 ④

17 y축에 평행한 직선은 x좌표가 서로 같아야 하므로

$2k=-k-6$, $3k=-6 \qquad \therefore k=-2$ 답 ①

18 점 $(-4,\ 3)$을 지나고 y축에 수직인 직선의 방정식은

$y=3$, 즉 $y-3=0$이다. 답 ④

19 주어진 그래프는 점 $(0,\ 3)$을 지나고 x축에 평행한 직선이므로 그 그래프의 식은

$y=3$

$y=3$에서 $4y=12$

위의 식이 $ax+by=12$와 같으므로

$a=0$, $b=4$

$\therefore a-b=0-4=-4$ 답 -4

20 $y=-2x+5$에 $x=-3k$, $y=k-5$를 대입하면

$k-5=6k+5$, $5k=-10 \qquad \therefore k=-2$

따라서 점 $(6,\ -7)$을 지나고 x축에 수직인 직선의 방정식은 $x=6$ 답 $x=6$

21 네 직선 $x=-3$, $y=-1$, $x=4$, $y=3$은 오른쪽 그림과 같으므로 구하는 넓이는

$\{4-(-3)\}\times\{3-(-1)\}=28$

답 ①

22 네 직선 $x=0$, $y=0$, $x=5$, $y=-4$는 오른쪽 그림과 같으므로 구하는 넓이는

$5\times4=20$ 답 20

23 네 직선 $x=4$, $y=2$, $x=-4$, $y=-\dfrac{15}{4}$는 오른쪽 그림과 같으므로 구하는 넓이는

$\{4-(-4)\}\times\left\{2-\left(-\dfrac{15}{4}\right)\right\}$

$=46$ 답 ⑤

24 네 직선 $x=-2$, $x=4$, $y=-5$, $y=2a$는 오른쪽 그림과 같다. … ❶

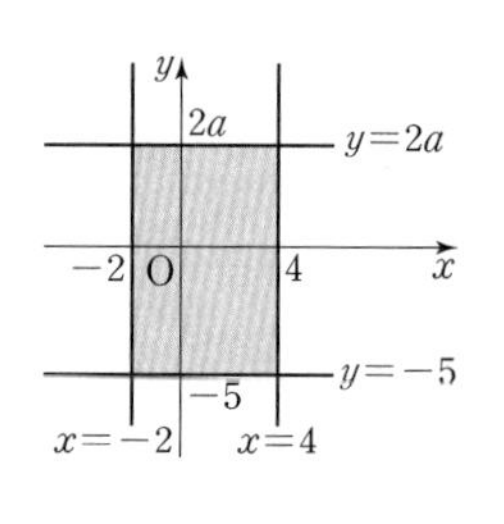

네 직선으로 둘러싸인 도형의 넓이가 54이므로

$\{4-(-2)\}\times\{2a-(-5)\}=54$

$6(2a+5)=54 \qquad \therefore a=2$ … ❷

답 2

채점 기준	배점
❶ 네 직선을 좌표평면 위에 나타내기	60%
❷ a의 값 구하기	40%

25

$ax+y+b=0$에서 $y=-ax-b$

주어진 그래프에서 (기울기)$=-a<0$, (y절편)$=-b>0$ 이므로

$a>0$, $b<0$ 답 ②

26

$ax+by+c=0$에서 $y=-\frac{a}{b}x-\frac{c}{b}$

$a<0$, $b>0$, $c>0$이므로

(기울기)$=-\frac{a}{b}>0$, (y절편)$=-\frac{c}{b}<0$이므로

$ax+by+c=0$의 그래프는 오른쪽 그림과 같이 제2사분면을 지나지 않는다. 답 제2사분면

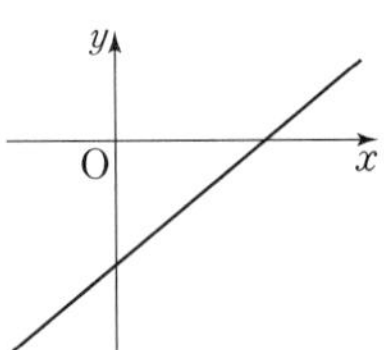

27

$ax-by+3=0$의 그래프가 y축에 수직이려면 $y=q$ 꼴이어야 하므로 $a=0$

$-by+3=0$, 즉 $y=\frac{3}{b}$의 그래프가 제3사분면과 제4사분면을 지나려면

$\frac{3}{b}<0$ $\therefore b<0$ 답 ②

28

점 $(ab, a-b)$가 제2사분면 위의 점이므로

$ab<0$, $a-b>0$

즉, $a>b$, $ab<0$이므로 $a>0$, $b<0$ … ❶

$ax+y+b=0$에서 $y=-ax-b$ … ❷

$-a<0$, $-b>0$이므로

$ax+y+b=0$의 그래프는 오른쪽 그림과 같이 제1, 2, 4사분면을 지난다. … ❸

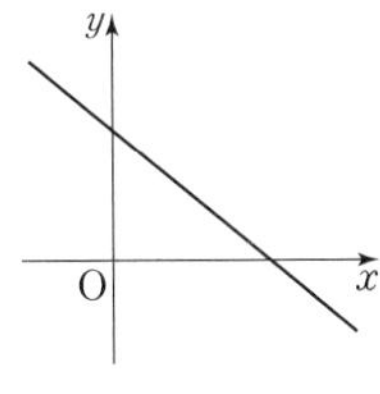

답 제1, 2, 4사분면

채점 기준	배점
❶ a, b의 부호 각각 구하기	40%
❷ $ax+y+b=0$을 $y=mx+n$ 꼴로 변형하기	30%
❸ $ax+y+b=0$의 그래프가 지나는 사분면 구하기	30%

29

$ax-by+c=0$에서 $y=\frac{a}{b}x+\frac{c}{b}$

주어진 그래프에서 $\frac{a}{b}<0$, $\frac{c}{b}<0$

이때 $cx+by-a=0$에서 $y=-\frac{c}{b}x+\frac{a}{b}$

따라서 $-\frac{c}{b}>0$, $\frac{a}{b}<0$이므로 $cx+by-a=0$의 그래프로 알맞은 것은 ④이다. 답 ④

30

$ax+by+c=0$에서 $y=-\frac{a}{b}x-\frac{c}{b}$

$a\neq0$, $b\neq0$, $c\neq0$이므로 그래프가 제2사분면을 지나지 않으려면

(기울기)$=-\frac{a}{b}>0$, (y절편)$=-\frac{c}{b}<0$

$\frac{a}{b}<0$에서 a와 b의 부호는 다르고, $\frac{c}{b}>0$에서 b와 c의 부호는 같다.

따라서 옳은 것은 ㄷ, ㄹ이다. 답 ㄷ, ㄹ

31

$x=-2$를 $x+2y-4=0$에 대입하면

$-2+2y-4=0$, $2y=6$ $\therefore y=3$

즉, 두 직선 $x=-2$, $x+2y-4=0$의 교점의 좌표는 $(-2, 3)$이다.

$y=-1$을 $x+2y-4=0$에 대입하면

$x+2\times(-1)-4=0$ $\therefore x=6$

즉, 두 직선 $y=-1$, $x+2y-4=0$의 교점의 좌표는 $(6, -1)$이다.

따라서 오른쪽 그림에서 구하는 도형의 넓이는

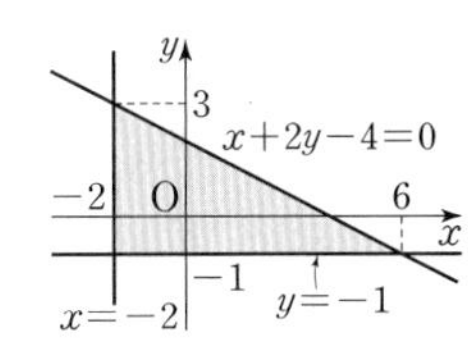

$\frac{1}{2}\times8\times4=16$ 답 16

32

$y=2$를 $3x+y-8=0$에 대입하면

$3x+2-8=0$, $3x=6$ $\therefore x=2$

즉, 두 직선 $y=2$, $3x+y-8=0$의 교점의 좌표는 $(2, 2)$이다.

$x=0$을 $3x+y-8=0$에 대입하면 $y=8$

즉, 직선 $3x+y-8=0$과 y축의 교점의 좌표는 $(0, 8)$이다.

따라서 오른쪽 그림에서 구하는 도형의 넓이는

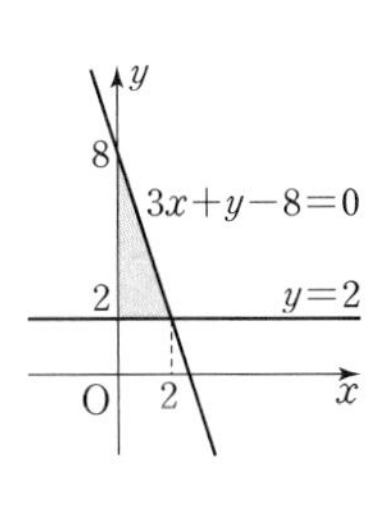

$\frac{1}{2}\times2\times6=6$ 답 6

33

$\overline{AB}=8$이므로 $B(k, 8)$

직선 $4x+5y=0$이 점 B를 지나므로

$4k+40=0$, $4k=-40$ $\therefore k=-10$

$\therefore \triangle AOB=\frac{1}{2}\times10\times8=40$ 답 -10, 40

34

$x=-2$를 $x-3y+k=0$에 대입하면

$-2-3y+k=0$, $3y=k-2$ $\therefore y=\frac{k-2}{3}$

즉, 두 직선 $x=-2$, $x-3y+k=0$의 교점의 좌표는 $\left(-2, \frac{k-2}{3}\right)$이다.

$x=4$를 $x-3y+k=0$에 대입하면

$4-3y+k=0$, $3y=k+4$ $\therefore y=\frac{k+4}{3}$

즉, 두 직선 $x=4$, $x-3y+k=0$의 교점의 좌표는

$\left(4,\ \frac{k+4}{3}\right)$이다.

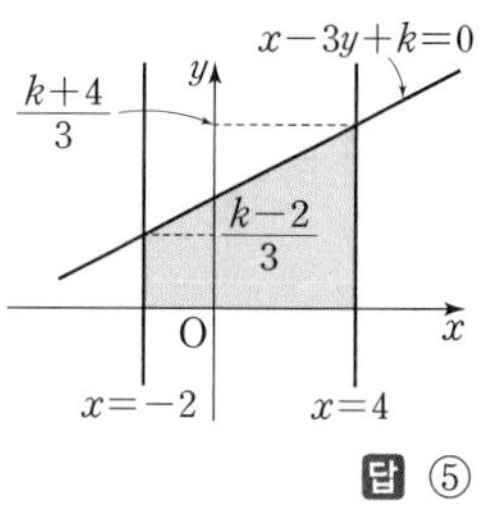

오른쪽 그림에서 색칠한 도형의 넓이가 24이므로

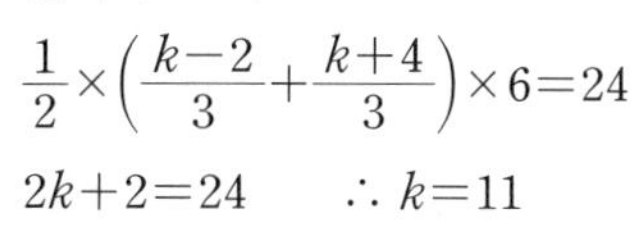

$\frac{1}{2}\times\left(\frac{k-2}{3}+\frac{k+4}{3}\right)\times 6=24$

$2k+2=24 \qquad \therefore k=11$

답 ⑤

35

직선 $y=ax+1$의 y절편이 1이므로 선분 AB와 만나려면 기울기 a는 점 A(2, 5)를 지나는 직선 $y=ax+1$의 기울기보다 작거나 같고, 점 B(4, 2)를 지나는 직선 $y=ax+1$의 기울기보다 크거나 같아야 한다.

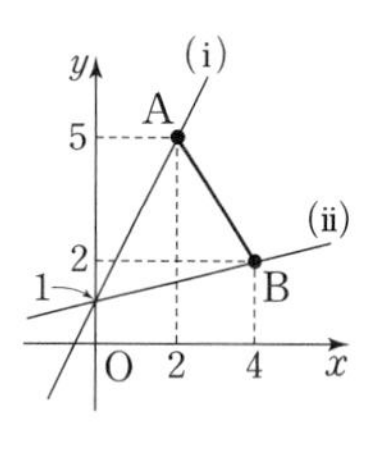

(i) 직선 $y=ax+1$이 점 A(2, 5)를 지날 때,

$5=2a+1$, $2a=4 \qquad \therefore a=2$

(ii) 직선 $y=ax+1$이 점 B(4, 2)를 지날 때,

$2=4a+1$, $4a=1 \qquad \therefore a=\frac{1}{4}$

(i), (ii)에서 a의 값의 범위는 $\frac{1}{4}\le a\le 2$

답 ①

36

직선 $y=ax-2$의 y절편이 -2이므로 선분 AB와 만나려면 기울기 a는 점 A(−3, 2)를 지나는 직선 $y=ax-2$의 기울기보다 작거나 같고 점 B(−1, 4)를 지나는 직선 $y=ax-2$의 기울기보다 크거나 같아야 한다.

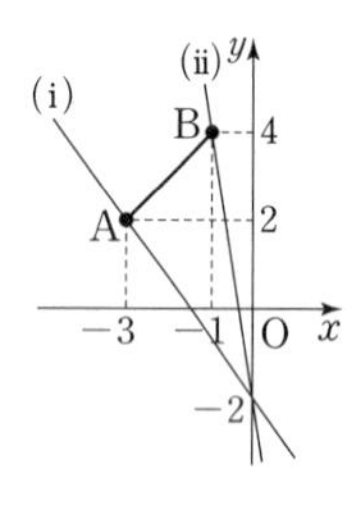

(i) 직선 $y=ax-2$가 점 A(−3, 2)를 지날 때,

$2=-3a-2$, $3a=-4 \qquad \therefore a=-\frac{4}{3}$

(ii) 직선 $y=ax-2$가 점 B(−1, 4)를 지날 때,

$4=-a-2 \qquad \therefore a=-6$

(i), (ii)에서 a의 값의 범위는 $-6\le a\le -\frac{4}{3}$

따라서 상수 a의 값이 될 수 없는 것은 ⑤이다.

답 ⑤

37

직선 $y=-2x+k$가 선분 AB와 만나려면 y절편 k는 점 A(−3, −1)을 지나는 직선 $y=-2x+k$의 y절편보다 크거나 같고 점 B(3, −5)를 지나는 직선 $y=-2x+k$의 y절편보다 작거나 같아야 한다.

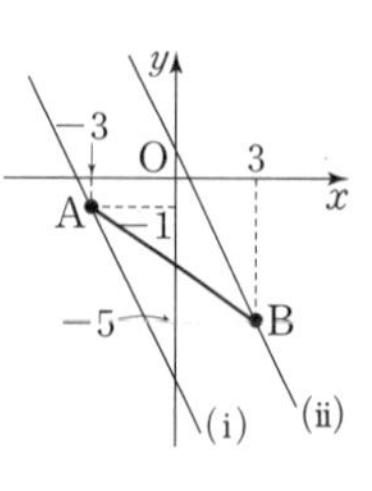

(i) 직선 $y=-2x+k$가 점 A(−3, −1)을 지날 때,

$-1=-2\times(-3)+k \qquad \therefore k=-7$ ··· ❶

(ii) 직선 $y=-2x+k$가 점 B(3, −5)를 지날 때,

$-5=-2\times 3+k \qquad \therefore k=1$ ··· ❷

(i), (ii)에서 k의 값의 범위는 $-7\le k\le 1$ ··· ❸

답 $-7\le k\le 1$

채점 기준	배점
❶ 점 A를 지날 때의 k의 값 구하기	40%
❷ 점 B를 지날 때의 k의 값 구하기	40%
❸ k의 값의 범위 구하기	20%

38

연립방정식 $\begin{cases}2x-y=-11 & \cdots\cdots ㉠\\ 3x+2y=1 & \cdots\cdots ㉡\end{cases}$에서

㉠×2+㉡을 하면 $7x=-21 \qquad \therefore x=-3$

$x=-3$을 ㉠에 대입하면 $2\times(-3)-y=-11$

$\therefore y=5$

따라서 두 그래프의 교점의 좌표는 $(-3, 5)$이므로

$a=-3$, $b=5 \qquad \therefore a+b=-3+5=2$

답 2

39

연립방정식 $\begin{cases}x+y=9 & \cdots\cdots ㉠\\ 3x-4y=-1 & \cdots\cdots ㉡\end{cases}$에서

㉠×3−㉡을 하면 $7y=28 \qquad \therefore y=4$

$y=4$를 ㉠에 대입하면 $x+4=9 \qquad \therefore x=5$

따라서 두 그래프의 교점의 좌표는 $(5, 4)$이므로

$p=5$, $q=4$

답 $p=5$, $q=4$

40

연립방정식 $\begin{cases}3x+y=8 & \cdots\cdots ㉠\\ 2x-3y=-2 & \cdots\cdots ㉡\end{cases}$에서

㉠×3+㉡을 하면 $11x=22 \qquad \therefore x=2$

$x=2$를 ㉠에 대입하면 $3\times 2+y=8 \qquad \therefore y=2$

따라서 점 $(2, 2)$가 직선 $kx-3y=8$ 위의 점이므로

$2k-3\times 2=8$, $2k=14 \qquad \therefore k=7$

답 ④

41

기울기가 −3, y절편이 5인 직선의 방정식은 $y=-3x+5$

연립방정식 $\begin{cases}x+y=7 & \cdots\cdots ㉠\\ 3x+y=5 & \cdots\cdots ㉡\end{cases}$에서

㉠−㉡을 하면 $-2x=2 \qquad \therefore x=-1$

$x=-1$을 ㉠에 대입하면 $-1+y=7 \qquad \therefore y=8$

따라서 두 그래프의 교점의 좌표는 $(-1, 8)$이다.

답 $(-1, 8)$

42

두 일차방정식의 그래프의 교점의 좌표가 $(-2, -4)$이므로 연립방정식 $\begin{cases}ax-y=2\\ x+by=-6\end{cases}$의 해는 $x=-2$, $y=-4$이다.

$ax-y=2$에 $x=-2$, $y=-4$를 대입하면

$-2a+4=2$, $-2a=-2 \qquad \therefore a=1$

$x+by=-6$에 $x=-2$, $y=-4$를 대입하면

$-2-4b=-6$, $-4b=-4 \qquad \therefore b=1$

$\therefore a+b=1+1=2$

답 2

43 두 직선의 교점의 좌표가 $(-4, 3)$이므로 연립방정식

$\begin{cases} 2x+ay=-5 & \cdots\cdots ㉠ \\ 3x-by=9 & \cdots\cdots ㉡ \end{cases}$의 해는 $x=-4$, $y=3$이다.

$2x+ay=-5$에 $x=-4$, $y=3$을 대입하면

$2\times(-4)+3a=-5$, $3a=3$ $\quad\therefore a=1$

$3x-by=9$에 $x=-4$, $y=3$을 대입하면

$3\times(-4)-3b=9$, $-3b=21$ $\quad\therefore b=-7$

$\therefore ab=1\times(-7)=-7$

답 ①

44 두 일차방정식의 그래프의 교점의 x좌표가 2이므로

$2x-y=7$에 $x=2$를 대입하면

$2\times2-y=7$ $\quad\therefore y=-3$

즉, 두 일차방정식의 그래프의 교점의 좌표는 $(2, -3)$이므로 $kx+y=3$에 $x=2$, $y=-3$을 대입하면

$2k-3=3$, $2k=6$ $\quad\therefore k=3$

답 3

45 두 직선의 교점이 y축 위에 있으므로 두 직선의 y절편이 같다.

직선 $5x+y=3$의 y절편은 3이므로

두 직선의 교점의 좌표는 $(0, 3)$이다. … ❶

$3x-2y=a$의 그래프가 점 $(0, 3)$을 지나므로

$3x-2y=a$에 $x=0$, $y=3$을 대입하면 $a=-6$ … ❷

두 직선 $5x+y=3$, $3x-2y=-6$이 x축과 만나는 점의 좌표는 각각 $\left(\frac{3}{5}, 0\right)$, $(-2, 0)$이므로 두 점 사이의 거리는

$\frac{3}{5}-(-2)=\frac{13}{5}$ … ❸

답 $\frac{13}{5}$

채점 기준	배점
❶ 두 직선의 교점의 좌표 구하기	30%
❷ a의 값 구하기	30%
❸ x축과 만나는 두 점 사이의 거리 구하기	40%

46 연립방정식 $\begin{cases} 2x-y=-6 & \cdots\cdots ㉠ \\ 3x+y=-4 & \cdots\cdots ㉡ \end{cases}$에서

㉠+㉡을 하면 $5x=-10$ $\quad\therefore x=-2$

$x=-2$를 ㉠에 대입하면 $2\times(-2)-y=-6$ $\quad\therefore y=2$

즉, 두 직선의 교점의 좌표는 $(-2, 2)$이다.

또, $2x+y+1=0$에서 $y=-2x-1$

따라서 기울기가 -2이므로 직선의 방정식을 $y=-2x+b$로 놓고 $x=-2$, $y=2$를 대입하면

$2=-2\times(-2)+b$ $\quad\therefore b=-2$

$\therefore y=-2x-2$

답 ①

47 연립방정식 $\begin{cases} 2x-3y=7 & \cdots\cdots ㉠ \\ 4x-3y=5 & \cdots\cdots ㉡ \end{cases}$에서

㉠−㉡을 하면 $-2x=2$ $\quad\therefore x=-1$

$x=-1$을 ㉠에 대입하면 $-2-3y=7$

$-3y=9$ $\quad\therefore y=-3$

즉, 두 그래프의 교점의 좌표는 $(-1, -3)$이다.

따라서 점 $(-1, -3)$을 지나고 y축에 수직인 직선의 방정식은 $y=-3$

답 $y=-3$

48 연립방정식 $\begin{cases} x+y=11 & \cdots\cdots ㉠ \\ 5x-2y=-1 & \cdots\cdots ㉡ \end{cases}$에서

㉠×2+㉡을 하면 $7x=21$ $\quad\therefore x=3$

$x=3$을 ㉠에 대입하면 $3+y=11$ $\quad\therefore y=8$

즉, 두 그래프의 교점의 좌표는 $(3, 8)$이다.

두 점 $(3, 8)$, $(6, -7)$을 지나는 직선의 기울기는

$\frac{-7-8}{6-3}=-5$

직선의 방정식을 $y=-5x+b$로 놓고 $x=6$, $y=-7$을 대입하면

$-7=-5\times6+b$ $\quad\therefore b=23$

따라서 이 직선의 y절편은 23이다.

답 ④

49 연립방정식 $\begin{cases} y=2x+8 & \cdots\cdots ㉠ \\ y=-5x-6 & \cdots\cdots ㉡ \end{cases}$에서

㉠을 ㉡에 대입하면 $2x+8=-5x-6$

$7x=-14$ $\quad\therefore x=-2$

$x=-2$를 ㉠에 대입하면 $y=-4+8=4$

즉, 두 직선의 교점의 좌표는 $(-2, 4)$이다. … ❶

이때 직선 $y=ax+b$의 y절편은 6이므로 $b=6$

즉, 직선 $y=ax+6$이 점 $(-2, 4)$를 지나므로

$4=-2a+6$, $2a=2$ $\quad\therefore a=1$ … ❷

$\therefore ab=1\times6=6$ … ❸

답 6

채점 기준	배점
❶ 두 직선의 교점의 좌표 구하기	40%
❷ a, b의 값 각각 구하기	40%
❸ ab의 값 구하기	20%

50 연립방정식 $\begin{cases} 2x+3y=-5 & \cdots\cdots ㉠ \\ 3x-7y=27 & \cdots\cdots ㉡ \end{cases}$에서

㉠×3−㉡×2를 하면 $23y=-69$ $\quad\therefore y=-3$

$y=-3$을 ㉠에 대입하면 $2x+3\times(-3)=-5$

$2x=4$ $\quad\therefore x=2$

즉, 두 직선 $2x+3y+5=0$, $3x-7y-27=0$의 교점의 좌표는 $(2, -3)$이다.

따라서 직선 $x+ay+7=0$이 점 $(2, -3)$을 지나므로

$2-3a+7=0$, $-3a=-9$ $\quad\therefore a=3$

답 ④

51 $5x+2y=-1$에 $y=2$를 대입하면

$5x+4=-1$, $5x=-5$ $\quad\therefore x=-1$

즉, 두 직선 $y=2$, $5x+2y=-1$의 교점의 좌표는 $(-1, 2)$이다. …❶

따라서 직선 $7x+ky=3$이 점 $(-1, 2)$를 지나므로

$-7+2k=3$, $2k=10$ $\quad\therefore k=5$ …❷

답 5

채점 기준	배점
❶ 교점의 좌표 구하기	50%
❷ k의 값 구하기	50%

52 연립방정식 $\begin{cases} 3x+2y=4 & \cdots\cdots ㉠ \\ 2x-y=5 & \cdots\cdots ㉡ \end{cases}$에서

㉠+㉡×2를 하면 $7x=14$ $\quad\therefore x=2$

$x=2$를 ㉡에 대입하면 $2\times2-y=5$ $\quad\therefore y=-1$

즉, 두 직선 $3x+2y=4$, $2x-y=5$의 교점의 좌표는 $(2, -1)$이다.

직선 $ax-2y=-4$가 점 $(2, -1)$을 지나므로

$2a-2\times(-1)=-4$, $2a=-6$ $\quad\therefore a=-3$

직선 $3x+by=10$이 점 $(2, -1)$을 지나므로

$3\times2-b=10$ $\quad\therefore b=-4$

$\therefore a-b=-3-(-4)=1$

답 1

53 두 점 $(-2, -7)$, $(3, 8)$을 지나는 직선의 기울기는

$\dfrac{8-(-7)}{3-(-2)}=3$이므로 이 직선의 방정식을 $y=3x+b$로 놓고 $x=3$, $y=8$을 대입하면

$8=9+b$ $\quad\therefore b=-1$

$\therefore y=3x-1$

연립방정식 $\begin{cases} y=3x-1 & \cdots\cdots ㉠ \\ 6x-5y+4=0 & \cdots\cdots ㉡ \end{cases}$에서

㉠을 ㉡에 대입하면 $6x-5(3x-1)+4=0$

$-9x+9=0$ $\quad\therefore x=1$

$x=1$을 ㉠에 대입하면 $y=3-1=2$

즉, 두 직선 $y=3x-1$, $6x-5y+4=0$의 교점의 좌표는 $(1, 2)$이다.

따라서 직선 $2x+ky-12=0$이 점 $(1, 2)$를 지나므로

$2+2k-12=0$, $2k=10$ $\quad\therefore k=5$

답 5

54 $2x-3y+a=0$에서 $y=\dfrac{2}{3}x+\dfrac{a}{3}$ $\quad\cdots\cdots ㉠$

$bx-6y-10=0$에서 $y=\dfrac{b}{6}x-\dfrac{5}{3}$ $\quad\cdots\cdots ㉡$

두 그래프의 교점이 무수히 많으려면 ㉠, ㉡의 그래프가 일치해야 하므로

$\dfrac{2}{3}=\dfrac{b}{6}$, $\dfrac{a}{3}=-\dfrac{5}{3}$

따라서 $a=-5$, $b=4$이므로

$a+b=-5+4=-1$

답 ②

55 연립방정식의 해가 한 쌍일 때, 두 일차방정식의 그래프가 한 점에서 만난다.

$3x-y=-4$에서 $y=3x+4$ $\quad\cdots\cdots ㉠$

$kx+2y=5$에서 $y=-\dfrac{k}{2}x+\dfrac{5}{2}$ $\quad\cdots\cdots ㉡$

두 그래프가 한 점에서 만나려면 ㉠, ㉡의 그래프의 기울기가 달라야 하므로

$3\neq-\dfrac{k}{2}$ $\quad\therefore k\neq-6$

답 $k\neq-6$

56 $2x+3y=4$에서 $y=-\dfrac{2}{3}x+\dfrac{4}{3}$ $\quad\cdots\cdots ㉠$

$kx-6y=-9$에서 $y=\dfrac{k}{6}x+\dfrac{3}{2}$ $\quad\cdots\cdots ㉡$

두 직선의 교점이 존재하지 않으려면 두 직선 ㉠, ㉡이 평행해야 하므로

$-\dfrac{2}{3}=\dfrac{k}{6}$ $\quad\therefore k=-4$

답 ②

57 연립방정식 $\begin{cases} x-y=-5 & \cdots\cdots ㉠ \\ 2x+3y=10 & \cdots\cdots ㉡ \end{cases}$에서

㉠×2−㉡을 하면 $-5y=-20$ $\quad\therefore y=4$

$y=4$를 ㉠에 대입하면 $x-4=-5$ $\quad\therefore x=-1$

즉, 두 직선의 교점의 좌표는 $(-1, 4)$이다.

이때 두 직선 $x-y+5=0$, $2x+3y-10=0$의 x절편은 각각 -5, 5이므로 오른쪽 그림에서 구하는 도형의 넓이는

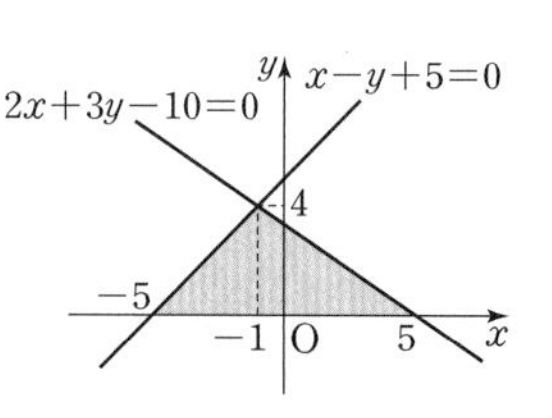

$\dfrac{1}{2}\times10\times4=20$

답 ①

58 연립방정식 $\begin{cases} x+2y=5 & \cdots\cdots ㉠ \\ 2x-3y=-4 & \cdots\cdots ㉡ \end{cases}$에서

㉠×2−㉡을 하면 $7y=14$ $\quad\therefore y=2$

$y=2$를 ㉠에 대입하면 $x+2\times2=5$ $\quad\therefore x=1$

즉, 두 직선 $x+2y-5=0$, $2x-3y+4=0$의 교점의 좌표는 $(1, 2)$이다. …❶

$y=-2$를 $x+2y-5=0$에 대입하면

$x+2\times(-2)-5=0$ $\quad\therefore x=9$

즉, 두 직선 $y=-2$, $x+2y-5=0$의 교점의 좌표는 $(9, -2)$이다. …❷

$y=-2$를 $2x-3y+4=0$에 대입하면

$2x-3\times(-2)+4=0$, $2x=-10$ $\quad\therefore x=-5$

즉, 두 직선 $y=-2$, $2x-3y+4=0$의 교점의 좌표는 $(-5, -2)$이다. …❸

따라서 오른쪽 그림에서 구하는 도형의 넓이는

$\frac{1}{2}\times14\times4=28$ ⋯ ❹

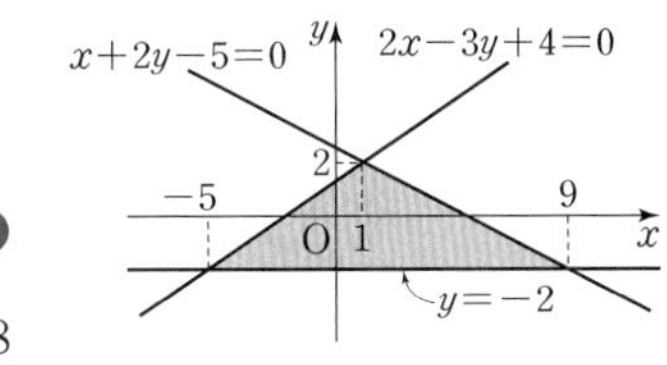

답 28

채점 기준	배점
❶ 두 직선 $x+2y-5=0$, $2x-3y+4=0$의 교점의 좌표 구하기	30%
❷ 두 직선 $y=-2$, $x+2y-5=0$의 교점의 좌표 구하기	20%
❸ 두 직선 $y=-2$, $2x-3y+4=0$의 교점의 좌표 구하기	20%
❹ 도형의 넓이 구하기	30%

59

연립방정식 $\begin{cases} y=\frac{2}{3}x & \cdots\cdots \text{㉠} \\ y=-\frac{2}{3}x+8 & \cdots\cdots \text{㉡} \end{cases}$ 에서

㉠을 ㉡에 대입하면

$\frac{2}{3}x=-\frac{2}{3}x+8$, $\frac{4}{3}x=8$ $\therefore x=6$

$x=6$을 ㉠에 대입하면 $y=\frac{2}{3}\times6=4$

즉, 두 직선 $y=\frac{2}{3}x$, $y=-\frac{2}{3}x+8$의 교점의 좌표는 $(6, 4)$이다.

연립방정식 $\begin{cases} y=-\frac{2}{3}x & \cdots\cdots \text{㉢} \\ y=\frac{2}{3}x-8 & \cdots\cdots \text{㉣} \end{cases}$ 에서

㉢을 ㉣에 대입하면

$-\frac{2}{3}x=\frac{2}{3}x-8$, $\frac{4}{3}x=8$ $\therefore x=6$

$x=6$을 ㉢에 대입하면 $y=-\frac{2}{3}\times6=-4$

즉, 두 직선 $y=-\frac{2}{3}x$, $y=\frac{2}{3}x-8$의 교점의 좌표는 $(6, -4)$이다.

같은 방법으로 하면 두 직선 $y=\frac{2}{3}x$, $y=-\frac{2}{3}x$의 교점은 $(0, 0)$이고, 두 직선 $y=\frac{2}{3}x-8$, $y=-\frac{2}{3}x+8$의 교점은 $(12, 0)$이다.

따라서 오른쪽 그림에서 구하는 도형의 넓이는

$\left(\frac{1}{2}\times12\times4\right)\times2=48$

답 48

60

$6x+7y=42$의 그래프의 x절편이 7, y절편이 6이므로

A(0, 6), C(7, 0)

점 B의 좌표를 $(k, 0)$이라 하면

$\triangle ABC=\frac{1}{2}\times(7-k)\times6=12$

$7-k=4$ $\therefore k=3$

$\therefore$ B(3, 0)

두 점 A(0, 6), B(3, 0)을 지나는 직선의 기울기는

$\frac{0-6}{3-0}=-2$

y절편이 6이므로 직선의 방정식은

$y=-2x+6$

따라서 $a=-2$, $b=6$이므로

$ab=-2\times6=-12$

답 -12

61

$2x+3y=4$의 그래프와 y축, x축의 교점을 각각 A, B라 하면 이 그래프의 y절편은 $\frac{4}{3}$, x절편은 2이므로 $A\left(0, \frac{4}{3}\right)$, B(2, 0)

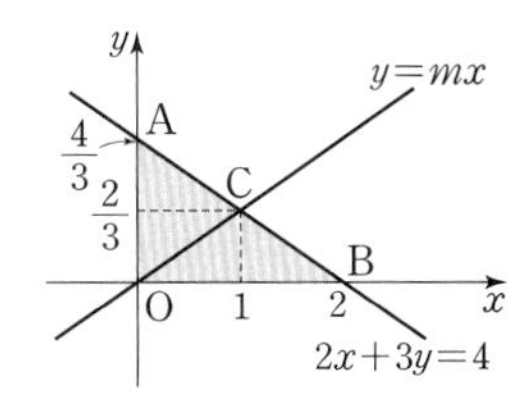

$\therefore \triangle AOB=\frac{1}{2}\times2\times\frac{4}{3}=\frac{4}{3}$

$\triangle AOB$의 넓이를 이등분하는 직선 $y=mx$와 직선 $2x+3y=4$의 그래프의 교점을 C라 하면

$\triangle COB=\frac{1}{2}\triangle AOB=\frac{1}{2}\times\frac{4}{3}=\frac{2}{3}$

이때 점 C의 y좌표를 k라 하면 $\triangle COB=\frac{2}{3}$에서

$\frac{1}{2}\times2\times k=\frac{2}{3}$ $\therefore k=\frac{2}{3}$

$2x+3y=4$에 $y=\frac{2}{3}$를 대입하면 $2x+3\times\frac{2}{3}=4$

$2x=2$ $\therefore x=1$

따라서 점 C의 좌표는 $\left(1, \frac{2}{3}\right)$이고 직선 $y=mx$가 점 $C\left(1, \frac{2}{3}\right)$를 지나므로 $m=\frac{2}{3}$

답 ③

62

직선 $y=\frac{4}{5}x+4$와 y축, x축의 교점을 각각 A, B라 하면 이 직선의 y절편은 4, x절편은 -5이므로

A(0, 4), B(-5, 0)

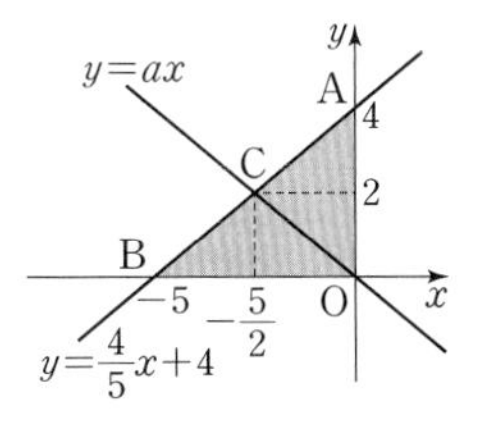

$\therefore \triangle ABO=\frac{1}{2}\times5\times4=10$

$\triangle ABO$의 넓이를 이등분하는 직선 $y=ax$와 직선 $y=\frac{4}{5}x+4$의 교점을 C라 하면

$\triangle CBO=\frac{1}{2}\triangle ABO=5$

이때 점 C의 y좌표를 k라 하면 $\triangle CBO=5$에서

$\frac{1}{2}\times5\times k=5$ $\therefore k=2$

$y=\frac{4}{5}x+4$에 $y=2$를 대입하면

$2=\frac{4}{5}x+4$, $\frac{4}{5}x=-2$ $\therefore x=-\frac{5}{2}$

따라서 점 C의 좌표는 $\left(-\frac{5}{2}, 2\right)$이고 직선 $y=ax$가

점 $C\left(-\frac{5}{2}, 2\right)$를 지나므로

$2=-\frac{5}{2}a \quad \therefore a=-\frac{4}{5}$ 답 $-\frac{4}{5}$

63 $6x-5y-30=0$의 그래프의 y절편은 -6, x절편은 5이므로

$A(0, -6)$, $B(5, 0)$

$\therefore \triangle OAB=\frac{1}{2}\times5\times6=15$ … ❶

$\triangle OAB$의 넓이를 이등분하는 직선 $y=mx$와

직선 $6x-5y-30=0$의 교점을 C라 하면

$\triangle OCB=\frac{1}{2}\triangle OAB=\frac{15}{2}$

이때 점 C의 y좌표를 k라 하면 $\triangle OCB=\frac{15}{2}$에서

$\frac{1}{2}\times5\times(-k)=\frac{15}{2} \quad \therefore k=-3$

$6x-5y-30=0$에 $y=-3$을 대입하면

$6x-5\times(-3)-30=0$, $6x=15$

$\therefore x=\frac{5}{2}$

따라서 점 C의 좌표는 $\left(\frac{5}{2}, -3\right)$이고 … ❷

직선 $y=mx$가 점 $C\left(\frac{5}{2}, -3\right)$을 지나므로

$-3=\frac{5}{2}m \quad \therefore m=-\frac{6}{5}$ … ❸

답 $-\frac{6}{5}$

채점 기준	배점
❶ $\triangle OAB$의 넓이 구하기	30%
❷ 점 C의 좌표 구하기	40%
❸ m의 값 구하기	30%

64 ① 물탱크 A에 대한 직선은 두 점 $(0, 1500)$, $(4, 1200)$을 지나므로

(기울기)$=\frac{1200-1500}{4-0}=-75$, ($y$절편)$=1500$

따라서 물탱크 A에 대한 직선의 방정식은

$y=-75x+1500$ …… ㉠

② 물탱크 B에 대한 직선은 두 점 $(0, 500)$, $(4, 700)$을 지나므로 (기울기)$=\frac{700-500}{4-0}=50$, (y절편)$=500$

따라서 물탱크 B에 대한 직선의 방정식은

$y=50x+500$ …… ㉡

③, ④, ⑤ ㉡을 ㉠에 대입하면 $50x+500=-75x+1500$

$125x=1000 \quad \therefore x=8$

$x=8$을 ㉡에 대입하면 $y=50\times8+500=900$

즉, 두 직선의 교점의 좌표는 $(8, 900)$이므로 8분 후에 두 물탱크의 양이 900 L로 같아진다. 답 ③, ④

65 대리점 A에 대한 직선은 두 점 $(0, 0)$, $(6, 900)$을 지나므로

(기울기)$=\frac{900-0}{6-0}=150$

따라서 대리점 A에 대한 직선의 방정식은

$y=150x$ …… ㉠

대리점 B에 대한 직선은 두 점 $(2, 0)$, $(6, 1200)$을 지나므로

(기울기)$=\frac{1200-0}{6-2}=300$

$y=300x+b$에 $x=2$, $y=0$을 대입하면 $b=-600$

따라서 대리점 B에 대한 직선의 방정식은

$y=300x-600$ …… ㉡

㉡을 ㉠에 대입하면 $300x-600=150x$

$150x=600 \quad \therefore x=4$

$x=4$를 ㉠에 대입하면 $y=600$

즉, 두 직선의 교점의 좌표는 $(4, 600)$이므로 두 대리점에서 총 판매량이 같아지는 것은 대리점 A에서 판매를 시작한 지 4개월 후이다. 답 4개월 후

유형
더블
중등수학
2-1